中国科学院科学出版基金资助出版

现代化学专著系列·典藏版 20

离子液体——从基础研究到工业应用

张锁江 吕兴梅 等 编著

科学出版社

北 京

内 容 简 介

本书以离子液体的基础研究和应用研究为主线，系统地介绍了离子液体的最新研究成果和进展，包括离子液体的分子模拟和设计、结构和性质、合成与制备，以及离子液体在有机合成、催化反应、配合反应、生物催化、萃取分离、材料制备、聚合反应、生物质转化、烷基化清洁工艺等领域的应用。本书由高校、科研院所和企业从事离子液体研究的专家共同撰写而成，反映了各位专家在离子液体相关领域的研究思路、研究方法和研究成果，集中展现了离子液体研究的新理论、新应用和新动态，展望了离子液体的广阔应用前景和前沿趋势。

本书可供化学、化工、材料、医药、环保等领域的研究人员及相关专业的高等院校师生参考，也适用于政府及企事业管理人员参考。

图书在版编目(CIP)数据

现代化学专著系列：典藏版 / 江明，李静海，沈家骢，等编著. —北京：科学出版社，2017.1

ISBN 978-7-03-051504-9

Ⅰ.①现… Ⅱ.①江… ②李… ③沈… Ⅲ.①化学 Ⅳ.①O6

中国版本图书馆 CIP 数据核字(2017)第 013428 号

责任编辑：朱 丽 吴伶伶 王国华 / 责任校对：朱光光
责任印制：张 伟 / 封面设计：铭轩堂

科学出版社 出版
北京东黄城根北街 16 号
邮政编码：100717
http://www.sciencep.com
北京厚诚则铭印刷科技有限公司印刷
科学出版社发行 各地新华书店经销
*
2017 年 1 月第 一 版 开本：B5（720×1000）
2017 年 1 月第一次印刷 印张：32 1/4
字数：624 000

定价：7980.00 元（全 45 册）
（如有印装质量问题，我社负责调换）

《离子液体——从基础研究到工业应用》撰稿人

第 **0** 章　张锁江　吕兴梅　（中国科学院过程工程研究所）

第 1 章　1.1　刘志平　吴晓萍　汪文川　（北京化工大学）

　　　　　1.2　董　坤　姚晓倩　张锁江　（中国科学院过程工程研究所）

　　　　　1.3　孙　宁　张香平　戴宏斌　张锁江　（中国科学院过程工程研究所）

第 2 章　2.1　吕兴梅　张锁江　（中国科学院过程工程研究所）

　　　　　　　杨家振　（辽宁大学）

　　　　　2.2　赵　扬　张虎成　轩小朋　王键吉　（河南师范大学）

　　　　　2.3　陈玉焕　吕兴梅　张锁江　（中国科学院过程工程研究所）

　　　　　2.4　李春喜　聂　毅　（北京化工大学）

第 3 章　3.1　李春喜　聂　毅　（北京化工大学）

　　　　　3.2　唐博合金　陈　波　孔爱国　单永奎　（华东师范大学）

　　　　　3.3　陶国宏　寇　元　（北京大学）

第 4 章　4.1　方岩雄　张　焜　（广东工业大学）

　　　　　　　宋　军　（华南理工大学）

　　　　　4.2　蒋景阳　陈殿军　（大连理工大学）

　　　　　4.3　余　江　（中国科学院过程工程研究所）

　　　　　4.4　刘志敏　韩布兴　（中国科学院化学研究所）

　　　　　4.5　张　军　（中国科学院化学研究所）

　　　　　4.6　刘丽英　陈洪章　（中国科学院过程工程研究所）

　　　　　4.7　张所波　谢海波　（中国科学院长春应用化学研究所）

　　　　　4.8　李福伟　陈玉焕　吕兴梅　张锁江　（中国科学院过程工程研究所）

第 5 章　5.1　胡徐腾　（中国石油天然气集团公司）

　　　　　5.2　孙学文　赵锁奇　（北京石油大学）

　　　　　5.3　乔聪震　（河南大学）

序 1

出版一本以我国学者的研究工作为主导的有关"离子液体"的专著可谓是当其时也。这不仅仅是因为我国学者发表的有关离子液体的论文数量正在迅速增长，更重要的是，离子液体的研究从基础或应用基础研究走向应用研究直至工业应用，现在应该是关键的时刻。国内已经出现了几家可以批量生产离子液体的企业。据了解，有多项以离子液体的应用为基础的绿色化工技术正在相当规模的中型试验之中。离子液体在我国实现工业应用指日可待。

因而，如书名所示，探讨从基础研究到工业应用的道路并论述各个环节，从这样的角度论述离子液体具有重要的现实意义。我国不少学者在离子液体领域的研究工作，虽然可能始于基础研究，但几乎一开始就着眼于最终的工业应用，这一特点在许多相关的研究工作中都有体现。很大程度上，这要归因于政府部门、社会、科技界对绿色可持续化学的关注，这种关注对离子液体研究形成巨大的推动力。努力实现其实用价值，是离子液体研究工作者共同的目标。其应用价值可能体现在新的绿色技术的开发上，也可能体现于其他的领域。不少学者已经注意到离子液体在绿色化应用中存在一定的制约，然而，离子液体品种的发展空间仍然十分巨大。使离子液体尽其所能并尽其所用，我们研究工作者可以从中找到广阔的用武之地。

希望这本专著的出版能进一步推动离子液体走向实用。更希望看到我国在离子液体工业应用领域能走在世界的前列。

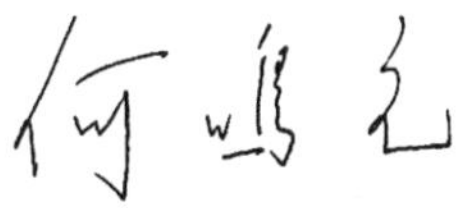

何鸣元

2006 年 2 月 8 日

序 2　China—A Growing Ionic Liquid Community

It is indeed a pleasure to write this preface to the book on ionic liquids (ILs) co-authored by Chinese specialists! Ionic liquids have become somewhat of a worldwide phenomenon since the mid-1990s when the concept of using a "liquid salt" as a solvent became widely publicized. Nowhere is this more evident than in China, as my discussion below will illustrate.

As the readership of this book will undoubtedly know, ILs are now commonly defined as salts which melt below 100℃. In the year 2000, Ken Seddon, Sergey Volkov and I organized a NATO Advanced Research Workshop in Crete, Greece entitled *"Green Industrial Applications of Ionic Liquids"*. The purpose of the workshop was to set a research agenda for this fledgling field of "Ionic Liquids". At the time it was difficult to find 50 people in the world that had worked or were interested in working with ILs!

The two most important outcomes of that workshop set the tone for the field:

• IL are intrinsically interest and worthy of study for advancing science (ionic vs. molecular solvents) with the expectation that something useful may be derived.

• Combined with green chemistry, a new paradigm in thinking about synthesis in general, ILs provide an opportunity for science/engineering/business to work together from the beginning of the fields'development.

The ensuing flurry of activity has been amazing and can easily be illustrated by the numbers of publications. As the first graph illustrates, there has been exponential growth in the published literature. There is no indication that this growth will slow down. This growth has been particularly evident in China as illustrated by the second graph.

In China, there has been a tendency to tie the ILs research directly to the development of "Green" technologies. While in some cases this is warranted, in others it is not. ILs are NOT inherently green, inherently safe, or inherently better than any other solvent or technological material.

The world community is only now coming to grip with the uniqueness and breadth of this fascinating field of study. Scientists and engineers are working to delve deeply into the fundamentals of what ILs are and how they can be useful in

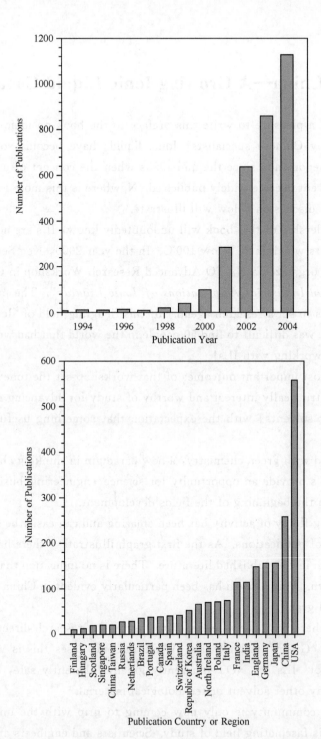

today's society. At the same time, many are battling the "hype" which is often associated with these materials. For example, non-volatile ILs can eliminate the major pathway to environmental chemical release, but are ionic liquids really green?

My answer to that question would rely on the fact that we, as a community, are trying to make processes better, more sustainable, greener. Although "green" solvents are a desirable goal, solvents do not have to be "green" to be part of the green chemistry paradigm, but rather, a step along the road to "green", sustainable technology!

I would also argue that one should not be distracted from special opportunities ILs offer, by "Green Chemistry" or by over emphasis on "ILs as Reaction Media"! Current research in ILs is driven by the perceived opportunities for improvements in industrial processes using green chemistry principles leading to overall efficiencies, but it is based on the new, interesting chemical and physical properties. ILs, are a unique architectural platform in which the anion can be fine tuned for its properties and, independently, the cation can be tuned to provide its own unique property set. ILs represent a platform strategy to deliver different chemical and physical functionality in the same compound, but segregated into different ion components; this has applicability in many different materials areas, but is currently under-recognized.

I wish the Chinese ILs community well, and look forward to working with you in the future. I will leave with one more thought for our field, "The only common property of the class of materials known as 'Ionic Liquids' is their definition!" It is up to each one of us, to find the right ILs for the right use! Good Luck!

Robin D. Rogers
Distinguished University Research Professor
Director, Center for Green Manufacturing
Editor, Crystal Growth & Design
Department of Chemistry
The University of Alabama
Tuscaloosa, AL 35487, USA

前　言

　　20世纪化学工业的发展在提高人类生活质量、给人类生活带来便利的同时也对生态环境造成了严重的破坏。面对日益恶化的生存环境，传统的先污染后治理的方案往往难以奏效，不能从根本上解决问题。因此利用化学原理从源头上减少或消除化学工业对环境的污染的思路，导致20世纪90年代后期绿色化学的兴起。绿色化学是化学家通过进一步认识化学规律，发展新的技术，避免和减少那些对人类健康、生态环境有毒有害物质产生的一门科学。绿色化学是化学化工发展的新阶段，为人类解决化学工业的污染问题、实现经济和社会的可持续发展提供了有效的手段，是解决21世纪环境和资源问题的根本出路之一。绿色化学的要求将导致化学学科基础性的变革。

　　离子液体是近10年来在绿色化学的框架下发展起来的全新的介质和软功能材料，具有不挥发、液程宽、溶解强、可调节等特性，其应用领域不断扩大并迅猛发展，目前已从化学制备扩展到材料科学、环境科学、工程技术、分析测试等诸多领域，并迅速在各领域形成研究热点，其诱人的工业应用前景更成为其发展的强大推动力。随着离子液体研究的日益深入，人们发现离子液体并不完全是绿色的，离子液体的绿色与否、绿色程度、绿色环节还有待研究。可以肯定的是离子液体的研究至少是对绿色化学的接近和探索。

　　国内外关于离子液体研究的专著已有几本，其中影响较大、在国内引用较多的有：2002年P. Wasserscheid和T. Welton合著的 *Ionic Liquids in Synthesis*，2003年R. D. Rogers和K. R. Seddon编著的 *Ionic Liquids as Green Solvents: Progress and Prospects*，2005年H. Ohno编著的 *Electrochemical Aspects of Ionic Liquids* 等。2004年由李汝雄教授编写的《绿色溶剂——离子液体的合成与应用》是我国离子液体领域内的第一本书。由于我国离子液体研究开展稍晚，所以大部分书是介绍国外同行的研究工作。近年来我国离子液体的研究已十分活跃，在离子液体领域2005年12月SCI文章检索中，发表文章最多的机构是中国科学院，名列国内第一，由中国人发表的关于离子液体的文章数已排至世界第二。由此可见，我国的离子液体研究虽然起步较晚，但是发展势头迅猛，而这些研究成果大多分散在国际刊物已发表的文章中。为了更好地了解和推进我国离子液体的发展，非常有必要把离子液体的国内外的成果研究结合起来，出版一本这方面的专著。

　　本书的撰写是由国内离子液体方面不同领域的专家共同完成的，这样能够充分体现离子液体研究领域的活跃性和宽泛性，并展现不同的学术思想和创新理念，从不同侧面完整地反映现今离子液体发展的前沿、离子液体研究中的关键问题和发展趋势。

本书以离子液体的基础研究和应用研究为主线，系统地介绍了离子液体的最新研究成果和进展，包括离子液体的分子模拟和设计、结构和性质、合成与制备，以及离子液体在有机合成、催化反应、配合反应、生物催化、萃取分离、材料制备、聚合反应、生物质转化、烷基化清洁工艺等领域的应用。本书由高校、科研院所和企业从事离子液体研究的专家共同撰写而成，反映了各位专家在离子液体相关领域的研究思路、研究方法和研究成果，集中展现了离子液体研究的新理论、新应用和新动态，展望了离子液体的广阔应用前景和前沿趋势。

全书共分 6 章，第 0 章介绍离子液体的发展史及其在新的产业革命中的机遇与挑战；第 1 章介绍离子液体的分子模拟，包括离子液体的量化计算及 QSPR 研究；第 2 章介绍离子液体的物理化学性质，包括纯离子液体、混合物、离子液体/ScCO$_2$，及一些重要性质的预测模型；第 3 章主要介绍离子液体的合成与制备，包括常规的、手性的及功能化的离子液体；第 4 章介绍离子液体在不同领域内的应用基础研究，包括有机合成、催化反应、萃取分离、材料制备、天然高分子、生物催化、聚合反应及 CO$_2$ 的转化和利用中的应用；第 5 章介绍离子液体的重要工业应用，包括苯-烯烃烷基化等。

本书的编写是众多专家学者共同努力的结果，参与本书撰写的人员如下（按姓氏汉语拼音为序）：陈波、陈殿军、陈洪章、陈玉焕、戴文斌、董坤、方岩雄、韩布兴、胡徐腾、蒋景阳、孔爱国、寇元、李春喜、李福伟、刘丽英、刘志敏、刘志平、吕兴梅、聂毅、乔聪震、单永奎、宋军、孙宁、孙学文、唐博合金、陶国宏、汪文川、王键吉、吴晓萍、谢海波、轩小朋、杨家振、姚晓倩、余江、张虎成、张军、张焜、张所波、张锁江、张香平、赵锁奇、赵扬。本书的撰写思路及提纲由张锁江和吕兴梅在征求有关同仁意见的基础上拟定，全书的整理、统稿及各章节协调也由张锁江和吕兴梅完成。在此谨向所有作者表示由衷的感谢。

在本书撰写过程中，得到了中国科学院过程工程研究所刘会洲所长等领导的大力支持，也特别感谢张懿院士所给予的指导。

本书的出版还得到何鸣元院士、美国 R. D. Rogers 教授的热情支持和帮助，他们的序为本书增色不少，特此向他们致以诚挚的谢意。本书的出版得到中国科学院出版基金资助，在此一并表示衷心的感谢。

本书内容涵盖离子液体研究的不同领域，各部分内容相对独立，对于交叉部分，考虑到各部分的完整性会有一些必要的重复，敬请读者谅解。由于离子液体是一门新兴的多学科交叉渗透的领域，涉及知识面广，而我们的知识和经验都十分有限，有些观点和结论尚待商讨，错误、纰漏之处在所难免，敬请广大读者批评指正。

作 者

2005 年 11 月

目　　录

第0章 离子液体的历史与机遇

0.1 离子液体的历史及现状

离子液体是由有机阳离子和无机或有机阴离子构成的、在室温或室温附近温度下呈液体状态的盐类[1]。它是从传统的高温熔盐演变而来的，但与常规的离子化合物有着很大的不同，常规的离子化合物只有在高温下才能变成液态，而离子液体在室温附近很宽的温度范围内均为液态，有些离子液体的凝固点甚至可达$-96℃$[2]；此外，离子液体的结构具有更大的可设计性，即可通过修饰或调变阴阳离子的结构或种类来调控离子液体的物理化学性质，以满足特定的应用需求。与传统的有机溶剂相比，离子液体具有许多独特的性质，如：①液态温度范围宽，从低于或接近室温到300℃以上，且具有良好的物理和化学稳定性；②蒸气压低，不易挥发，通常无色无嗅；③对很多无机和有机物质都表现出良好的溶解能力，且有些具有介质和催化双重功能；④具有较大的极性可调性，可以形成两相或多相体系，适合作分离溶剂或构成反应-分离耦合体系；⑤电化学稳定性高，具有较高的电导率和较宽的电化学窗口，可以用作电化学反应介质或电池溶液。

最早关于离子液体的研究可以追溯到1914年，Walden等报道了第一个在室温下呈液态的有机盐——硝酸乙基胺($[EtNH_3][NO_3]$)，其熔点为12℃，但当时并没有引起人们的关注[3]。

1948年，Hurley和Wier在寻找温和条件电解时，把N-烷基吡啶加入$AlCl_3$中，两固体混合物加热后变成无色透明液体，这一偶然发现成为现在离子液体的雏型，也可以说开创了第一代的离子液体，即氯铝酸盐离子液体。然而，这项研究工作并没有深入下去[4,5]。

20世纪70年代，Osteryoung等[6]在为导弹和空间探测器开发高效储能电池时，重新合成了N-烷基吡啶氯铝酸盐离子液体。当时，离子液体的研究主要集中于电化学方面，而氯铝酸盐对水的敏感性成为离子液体应用中无法回避的缺点。

20世纪80年代，Wilkes等[7]发现1,3-二烷基咪唑铝氯酸盐比N-烷基吡啶盐具有更负的电化学还原电位，在此基础上合成了1,3-二烷基咪唑氯铝酸类离子液体，并开始在有机合成中获得应用。Seddon、Hussey[8]等用氯铝酸盐作为非水极性溶剂，研究了不同过渡金属配合物在其中的电化学行为、谱学性质以及化学反应等。但氯铝酸盐系列离子液体的共同缺点是对水和空气不稳定，且具有较强的腐蚀性，限制了其应用范围。这时，探寻对水和空气稳定的离子液体显得十分迫切。

1992 年，Wilkes 等[9]合成了第一个对水和空气都稳定的离子液体 [emim][BF$_4$]，不久[emim][PF$_6$]也问世了。此后，大量的由咪唑阳离子与 [BF$_4$]$^-$、[PF$_6$]$^-$阴离子构成的新一代离子液体被相继合成，极大地扩展了离子液体在反应、分离及材料等领域的应用。1996 年，Bonhote 等[10]报道了含 [N(CF$_3$SO$_2$)$_2$]$^-$的咪唑类离子液体，此后具有配位能力的[N(CN)$_2$]$^-$类离子液体也被报道，这两类离子液体都具有低黏度和高电导率的特性，从而提供了性能优良的电化学体系。到 2000 年前后，吡咯类、季铵盐类、季碱盐类、多铵类、甚至双咪唑类阳离子等相继被报道[11]，阴离子种类更是繁多，迅速扩大的离子液体种类为离子液体的基础和应用研究的大规模开展奠定了基础。这个时期，离子液体的研究突飞猛进，并随着绿色化学的兴起，在全球范围内形成离子液体研究的热潮。

进入 21 世纪，离子液体研究进入了一个新的阶段。新型离子液体不断涌现，其主要特征是从"耐水体系"向"功能体系"发展，即根据某一应用需求，设计并合成具有特定功能的离子液体，如酸性离子液体[12]、手性离子液体[13]、具有配体性质的离子液体[14]、含氨基酸和 DNA 的离子液体[15]、复合离子液体或其他功能离子液体[16,17]；离子液体的应用领域不断扩大[18,19]，从合成化学和催化反应扩展到过程工程、产品工程、功能材料、资源环境以及生命科学等诸多领域，离子液体与超临界流体、电化学、生物、纳米、信息等技术的结合，将进一步拓展离子液体的发展空间和功能；离子液体的结构和性质数据的积累虽然十分有限，但毕竟已有一定的规模，为系统地探索离子液体的结构–性质关系并建立离子液体的分子设计方法奠定了基础[19~21]。

近年来，离子液体的研究日趋活跃。据统计，发表在国际学术期刊上的有关离子液体论文的速度，从 10 年前的每年约 10 篇达到现在的每周 20 多篇。2003 年，世界上第一套基于离子液体的脱酸工艺技术在德国 BASF 实现大规模工业应用，2005 年，我国建立了离子液体的大规模制备装置，目前在英国、法国和中国等国家，离子液体应用的多项技术已进入了中试或工业化设计阶段[22]。2005 年 6 月第一届离子液体国际会议在奥地利举行，在我国，离子液体国际或国内研讨会也相继召开。离子液体的研究正蓬勃发展，方兴未艾。

0.2　离子液体发展的机遇及挑战

离子液体之所以能够迅速崛起并受到世界各国的高度重视，固然与其特殊的结构与性质有密切关系，更重要的还应归因于绿色化学的兴起所带来的历史性机遇以及全球产业结构调整对传统材料和生产过程提出的挑战。离子液体的研究从最初的"try-and-error"到近期的"task specific"的转变本质上反映了这种需求。

在这样一个难得的历史性机遇下，人们都期冀着离子液体的理论和应用方面的重大突破。然而，迄今为止人们对离子液体这样一个新体系的认识还十分有限，许多认识还仅限于对某些实验事实的经验性、常识性的了解。现有实验数据（特别是物理、热力学、动力学和工程数据）还相当缺乏，对工程过程的预测能力也很有限。离子液体要对整个绿色化学领域产生影响，需要从理论和实验上对离子液体有更多的了解[23]。

概括而言，经过 20 年的研究，特别是近十年的高速发展，离子液体的理论和应用研究已经进入一个系统、深入的研究与开发的新阶段，基础-应用-产业化构成了离子液体发展的良性循环。当前和未来离子液体的研究应重点关注以下几个方面。

1. 离子液体的物理化学性质数据及数据库

离子液体基础数据的缺乏已成为其理论和应用研究的主要障碍之一。据统计[23]，目前已经合成的离子液体约 600 种，各种物性数据约 4000 个，平均 1 种离子液体只有 6 个物性数据，而且这些实验数据大都集中在几种常规的咪唑类离子液体。离子液体物性数据的稀缺，意味着现阶段难以建立普适性的结构-性质定量关系和理论预测模型，也难以建立真正有用的功能化离子液体的分子设计方法。在纯离子液体的物性数据之外，还应包括离子液体/有机溶剂、离子液体/水、离子液体/CO_2 等多元体系的热力学行为，如液-液平衡、气-液平衡、分配系数等。为此，准确地、系统地测定离子液体的物性数据是离子液体研究中一项十分重要的任务。

物性数据的测定需特别注意以下两个问题：①离子液体的纯度及测定的准确度。由于离子液体纯度不够，"液体"被报道成"固体"，"固体"被报道成"液体"，水敏感的离子液体合成不可避免导致水解[23]，纯的离子液体数据实际上却含有水或其他杂质，而在报道数据时却没有加以说明。在数据缺乏的情况下，实验数据的可靠性通常难以判断，只有对同一体系的实验数据不断积累，才能有效地进行甄别。②适合离子液体的特定测量技术，因为传统的物性测定方法有时难以适用。如采用红外光谱探针技术测定离子液体的 Lewis 酸性[24]就是一个很好的针对离子液体酸性测定的实例。

另外，文献中有关离子液体的物性数据的报道通常十分零散，多数是对某个或某些离子液体的某个或某类性质的实验测定。只有将这些零散的数据加以收集、分类、评价、分析和归纳，建立数据库系统，才能真正有效地发挥其作用。为此，要重视离子液体物性数据库的建立。

2. 离子液体的结构-性质关系及分子设计

离子液体的结构-性质关系是离子液体功能化设计的必由之路，也是离子液体理论和应用研究的不可或缺的基础。广义而言，结构-性质关系的研究应包括对结构-界面-相互作用-时间的多层次及其相互关系的研究[25]。结构和界面是物质的基本性质，包括原子、分子片、分子、分子簇、聚集体、单元、过程、系统等的结构和界面[26]；相互作用是物质之间的基本作用力，是决定物质世界呈现多层次结构的关键因素；时间是表征物质运动规律的基本尺度，分子层次的运动与物质宏观行为之间的关系对制备或制造过程和产品性能有直接影响，也是过程工程和产品工程的主要研究之一。实际上，结构-界面-相互作用-时间的多层次及其相互关系是科学研究长期的研究重点之一[27]。离子液体作为一类新型的物质体系或"软"材料，更应加强这方面的探索和研究。为方便起见，以下将"结构-界面-相互作用-时间的多层次及其相互关系的研究"简称为"结构-性质关系的研究"。

按研究方法划分，结构-性质关系的研究主要包括实验方法、理论模型和计算模拟。实验方法主要包括红外、紫外、拉曼、核磁、透射电镜等波谱及其他现代表征手段，对于传递和反应过程，还应注重原位表征、在线分析以及其他新技术的应用和开发。理论模型研究主要包括统计力学模型、半经验模型（如 G^E 模型、状态方程）等，QSPR（quanative structure property relationship）是基于实验数据与微观参数之间的一种关联，也可以归入模型研究。计算模拟主要包括量化计算、分子模拟（MC/MD）、流体力学模拟、过程模拟等。

按研究层次划分，主要包括分子片、分子、分子簇、聚集体、单元、过程、系统等层次，对每个层次分别研究并建立各层次之间的关联是核心研究内容，需要综合应用实验、理论和计算模拟的方法。例如，最近的实验和模拟研究都发现咪唑类离子液体中存在氢键网络结构，且对离子液体的熔点、溶解性、反应性、分相行为等宏观性质有直接影响，但目前的研究还基本上限于原子/分子层次，对于更高层次（如分子簇、聚集体、单元层次）的氢键网络结构及其随温度、时间和边界等的变化尚未进行深入研究。又如，近年来对某个或某类离子液体的分子结构、相互作用和宏观性质的研究逐渐增多，但对离子液体的分子片层次研究很少，如果能建立起离子液体分子片与宏观性质的规律性关系，对从庞大的离子液体中选择某种合适的离子液体或设计功能化离子液体具有重要的科学意义和应用价值[20]。

离子液体的最大特点之一是可设计性。然而，目前许多研究仍然沿袭传统的"try-and-error"方法来寻找合适的离子液体，这必然是难以适用的，因为阴阳离子组合形成的离子液体种类无以计数，性质千差万别，不论是将其作为溶剂、催化介质还是材料，筛选出满足需求的离子液体的工作量都是巨大的。如果没有科学的理论和规律作为指导，几乎是不可能的。离子液体的结构-性质关系的研究进展将极大地推动离子液体分子设计方法的开发进程。在现阶段，比较可行的是发展量子化学与统计力学相结合的物性预测及分子设计方法，如 COSMO-RS/

COSMOtherm[28]就是这样的一种研究思路和设计方法，已开始在离子液体中获得应用。随着对离子液体结构-性质关系认识的加深和计算机性能的提高，离子液体的分子设计必将取得突破性的进展。

3. 功能化离子液体的合成及规模化制备

功能化离子液体的合成是离子液体在绿色化学中发挥作用的重要途径，通过修饰或改变阴阳离子及其取代基团来调变离子液体的特定功能是离子液体发展的源泉。调变离子液体的密度、黏度、溶解度、极性、酸性、亲水性等是当前和未来功能化离子液体合成的重点，特别是手性的、生物相容性的、环境友好的、可降解的功能化离子液体的合成。为此，要重视以下三个方面：①要重视除咪唑外的杂环化合物、天然产物、生物制品为前体的离子液体的合成。由于天然产物、生物制品在结构上的复杂性，并且多具有官能团或手性[11]，期望能合成功能专一或性能独特的新型离子液体。基于抗生药物咪康唑（miconazole）的离子液体合成就是这样一个成功的案例[29]。②要重视混合离子液体的直接合成，如一种阳离子与两种或两种以上阴离子，多种阳离子与多种阴离子组成的混合离子液体的直接合成，因为混合离子液体能够克服单一离子液体的缺陷（如高黏度），且混合离子液体的直接合成能够简化合成过程并降低成本。③要重视复合离子液体材料的合成，如离子液体与过渡金属、固体分子筛、高分子材料、膜材料、磁性载体等之间的物理或化学结合，能够极大地扩展离子液体的功能。新型的复合离子液体材料与适当的工艺或设备相结合，有可能创造全新的工艺过程。

在实验室合成具有特定功能或结构的新型离子液体十分重要。但与此同时，必须注意到有些离子液体的合成过程实际上是非绿色的，如许多咪唑类离子液体的合成都经过离子交换反应，使用大量的挥发性溶剂（如二氯甲烷）和水溶剂，每合成1kg离子液体（如[bmim][BF$_4$]），就产生约1.5kg废有机溶剂、约2kg废水、约0.5kg固体废物。因此，要实现离子液体的大规模应用，一方面要重视离子液体的原料、路线及合成方法的系统优化，开发高原子经济性的离子液体合成的新途径；另一方面要研究开发离子液体的规模化制备的工艺及装置，研究离子液体的制备过程与其他工业过程之间的系统集成，提高离子液体制备过程的清洁化程度，并有效地降低离子液体的生产成本。我国在离子液体的规模化制备方面已经取得显著的成果，将来要进一步扩展到更多的新型离子液体的制备。

4. 基于离子液体的高效、清洁、节能的新工艺及新过程

离子液体作为一类新型的溶剂、介质、催化剂及"软"材料，为研究开发高效、清洁、节能的新工艺及新过程带来了新的机遇，同时也提出了新的挑战。目前，离子液体在催化反应、分离、材料制备、生物、环境、能源、电化学等方面的应用研究都很活跃，为建立中试或产业化装置奠定了必要的基础。为了更好地

推进离子液体应用的产业化进程，选择能够充分发挥离子液体潜在优势的应用对象并集中攻关，在未来几年内十分关键。然而，离子液体的产业化应用离不开系统的过程工程理论的支撑，目前人们对离子液体中反应和传递的规律性的认识还十分欠缺，这方面的研究亟待加强。

（1）加强离子液体中催化反应过程的研究，特别是烷基化、催化加氢、贝克曼重排、酯化或酯交换、氧化羰化等反应的研究。研究开发离子液体作为介质或载体的均相、拟均相或非均相催化体系，获得催化活性中心的结构及耦合作用的基本规律。研究开发与离子液体催化体系相适应的新型反应装置，获得离子液体体系中反应、传递、相互作用等的基本规律。

（2）加强离子液体在萃取、吸收、萃取-精馏等方面的应用研究，如 CO_2 的捕集与分离[30]、与超临界流体相结合的萃取分离、离子液体替代无机盐的萃取-精馏等。要研究开发低成本、高稳定、易于制备和循环的离子液体体系，获得离子液体的分配规律及其对分离系数的影响规律。研究开发清洁、高效、节能的分离工艺及设备，获得基于离子液体的分离过程的放大规律。

（3）加强基于离子液体的过程强化技术的研究开发，如电场、磁场、超重力场、微波等外场强化技术，以及反应-反应、反应-精馏、反应-结晶等耦合强化技术。要注重在强化或极端（如高温高压、超低温高压等）条件下离子液体的结构、相互作用及放大规律性的研究，注重过程强化工艺及设备的研究开发。

（4）大力研究开发离子液体在资源转化、材料制备、生化工程、环境工程、电化学以及分析化学中的应用新技术，如纤维素在离子液体中的溶解及功能化[31]、离子热合成分子筛、离子液体中生物酶催化反应、离子液体用于 H_2S、SO_2 和 NO_x 的捕集及回收、离子液体作为气相或液相色谱的固定相、离子液体中的电沉积技术等。

（5）加强对基于离子液体的单元/设备的多尺度模拟、解析及优化的研究。要发展描述离子液体体系的热力学模型、动力学模型及单元/设备模型，建立针对离子液体体系特点的多尺度模拟及优化的方法，为研究开发基于离子液体的新工艺、新设备及新过程提供科学支撑。

5. 离子液体的环境影响评价、循环利用及系统集成

随着离子液体从实验室走向产业化，离子液体的毒性、安全性和环境影响评价提到议事日程上来。离子液体作为溶剂或催化剂，最终必然有一部分要流失到环境中。离子液体对环境造成的污染会有多大、离子液体在自然界的降解性如何，以及离子液体在生物体内的累积程度和对生物体的毒性等一系列问题[32]，引起了广泛的关注。这方面的研究目前国内外都处于起步阶段，有关离子液体的毒性、生理效应、生物降解性等基础环境数据十分缺乏，亟待加强。

与离子液体的环境影响直接相关的一个问题是离子液体的循环利用，当然，

循环利用还能够有效地降低离子液体的应用成本，这也是绿色化学和清洁生产的基本要求[33~35]。离子液体循环利用必须解决两方面的问题：①离子液体的活性和稳定性的问题。活性下降可能是由于离子液体与体系中其他物质（包括微量杂质）的化学结合、相互作用或缓慢分解所致，也可能由于"机械损失"或夹带流失所引起。为此，要根据应用体系的性质和操作条件需求，研究开发满足工业应用的离子液体。②离子液体的绿色度及绿色过程集成的问题。需重点研究离子液体的绿色度方法以及适合离子液体的绿色过程集成的理论与方法[36]。

以上几方面的研究相互关联，共同构成了离子液体的基础、应用及产业化的平台。物性数据、结构-性质关系、合成与制备、清洁工艺及过程、系统集成是基本要素，离子液体的结构-性质关系是核心科学问题。绿色化学、清洁生产、循环经济已成为世界各国追求的共同目标，历史性的机遇孕育了离子液体的蓬勃发展，重大的挑战又为离子液体创造了新的机遇，离子液体的理论、应用及产业化正在迎来新的突破。

参 考 文 献

1 Seddon K R. Ionic liquids for clean technology. Chem. Biotechnol. , 1997, 2: 351~356

2 Holbery J D, Seddon K R. The phase behavior of 1-alkyl-3-methylimidazolium tetrafluoroborates: ionic liquids and ionic liquid crystals. J. Chem. Soc. , Dalton Trans. , 1999, 13: 2133~2139

3 Wasserscheid P, Keim W. Ionic liquids—new "solutions" for transition metal catalysis. Angew. Chem. Int. Ed. , 2000, 39: 3773~3789

4 Tait S, Osteryoung R A. Infrared study of ambient-temperature chloroaluminates as a function of melt acidity. Inorg. Chem. , 1984, 23: 4352~4360

5 Wilkes J S. A short history of ionic liquids—from molten salts to neoteric solvents. Green Chem. , 2002, 4 (2): 73~80

6 Chum H L, Koch V R, Miller L L et al. Electrochemical scrutiny of organometallic iron complexes and hexamethylbenzene in a room temperature molten salt. J. Am. Chem. Soc. , 1975, 97 (11): 3264~3265

7 Wilkes J S, Levisky J A, Wilson R A et al. Dialkylimidazolium chloroaluminate melts: a new class of room-temperature ionic liquids for electrochemistry, spectroscopy, and synthesis. Inorg. Chem. , 1982, 21 (3): 1263~1264

8 Hussey C L. Room temperature haloaluminate ionic liquids—novel solvents for transition metal solution chemistry. Pure & Appl. Chem. , 1988, 60 (12): 1763~1772

9 Wilkes J S, Zaworotko M J. Air and water stable 1-ethyl-3-methylimidazolium based ionic liquids. J. Chem. Soc. , Chem. Commun. , 1992, (13): 965~966

10 Bonhote P D, Dias A P. Hydrophobic, highly conductive ambient-temperature molten. Inorg. Chem. , 1996, 35: 1168~1178

11 杨雅立，王晓化，寇元等. 不断壮大的离子液体家族. 化学进展，2003，15 (6): 471~476

12 Cole A C, Jensen J L, Ntai I et al. Novel Brönsted acidic ionic liquids and their use as dual solvent-catalysts. J. Am. Chem. Soc., 2002, 124: 5962~5963

13 Bao W L, Wang Z M, Li Y X. Synthesis of chiral ionic liquids from natural amino acids. J. Org. Chem., 2003, 68: 591~593

14 Zhao D B, Fei Z F, Geldbach T J et al. Nitrile-functionalized pyridinium ionic liquids: synthesis, characterization, and their application in carbon-carbon coupling reactions. J. Am. Chem. Soc., 2004, 126 (48): 15 876~12 882

15 Leone A M, Weatherly S C, Williams M E et al. An ionic liquid form of DNA: redox-active molten salts of nucleic acids. J. Am. Chem. Soc., 2001, 123 (2): 218~222

16 Huang J, Jiang T, Gao H X et al. Active and stable catalyst-Pd nanoparticles immobilized onto molecular sieve by ionic liquid as heterogenerous catalyst for solvent-free hydrogenation. Angew. Chem. Int. Ed., 2004, 43: 1397~1399

17 Dai L Y, Yu S Y, Shan Y K et al. Novel room temperature inorganic ionic liquids. Eur. J. Inorg. Chem., 2004, 237~241

18 顾彦龙, 石峰, 邓友全. 室温离子液体: 一类新型的软介质和功能材料. 科学通报, 2004, 49 (6): 515~521

19 王均凤, 张锁江, 陈慧萍等. 离子液体的性质及其在催化反应中的应用. 过程工程学报, 2003, 3 (2): 177~185

20 Zhang S, Sun N, Zhang X et al. Periodicity and map for discovery of new ionic liquids. Sci. China Ser. B, 2006, 49 (2): 103~115

21 Zhang J, Zhang S, Dong K et al. Supported absorption of CO_2 by tetrabutylphosphonium amino acids ionic liquids. Chem. Eur. J., 2006, 12: 4021~4026

22 刘鹰, 刘植昌, 徐春明等. 室温离子液体催化异丁烷-丁烯烷基化的中试研究. 化工进展, 2005, 24 (6): 656~660

23 Seddon K. Foreword. Green Chem., 2002, 4 (2): G25

24 Yang Y L, Kou Y. Determination of the Lewis acidity of ionic liquids by means of an IR spectroscopic probe. Chem. Commun., 2004, 1: 226~227

25 Zhang S, Zhang X. Forum: structure, surface, interaction and time. China Particuology (Science & Technology of Particles), 2004, 2 (2): 50~51

26 徐光宪. 21 世纪的化学是研究泛分子的科学. 见: 张礼和主编. 化学学科进展. 北京: 化学工业出版社, 2005, 12~21

27 李静海等. 展望 21 世纪的化学工程. 北京: 化学工业出版社, 2004

28 Klamt A. COSMO-RS: From Quantum Chemistry to Fluid Phase Thermodynamics and Drug Design. Amsterdam: Elsevier Science Ltd., 2005

29 Davis Jr J H, Forrester K J, Merrigan T. Novel organic ionic liquids (OILs) incorporating cations derived from the antifungal drug miconazole. Tetrahedron Lett., 1998, 39: 8955~8958

30 Bates E D, Mayton R D, Ntai I et al. CO_2 capture by a task-specific ionic liquid. J. Am. Chem. Soc., 2002, 124 (6): 926~927

31　Rogers R D，Seddon K. Ionic liquids—solvents of the future? Science，2003，302（5646）：792～793

32　Swatloski R P，Spear S K，Holbrey J D et al. Dissolution of cellose with ionic liquids. J. Am. Chem. Soc.，2002，124：4974～4975

33　胡雪生，余江，夏寒松等. 离子液体的绿色合成及环境性质. 化学通报，2005，12：906～934

34　闵恩泽，吴巍. 绿色化学与化工. 北京：化学工业出版社，2002

35　张懿. 绿色过程工程. 过程工程学报，2001，1（1）：10～15

36　张锁江，张香平，李春山. 绿色过程系统合成与设计的研究与展望. 过程工程学报，2005，5（5）：580～590

第1章 离子液体的计算与模拟

1.1 离子液体的分子模拟

1.1.1 研究现状及进展

1.1.1.1 分子模拟概述

分子模拟是一种直接从分子间相互作用出发研究物质的微观结构、热力学以及动力学性质的方法。实际上分子模拟是通过构造出一系列分子构型的序列，再通过对这一序列进行各种分析得到诸如微观结构、能量分布、动力学等性质的。在 Monte Carlo（MC）模拟中，这一过程通过对分子非物理的随机移动来得到，因而不含有各个分子的动量信息。在分子动力学（molecular dynamics，MD）模拟中，通过求解运动方程能够获得每个分子在各个时刻的动量和位置，这对于研究动力学性质和许多类相关函数非常必要，但分子运动的时间标度一般为皮秒（picosecond，ps）级，因此受运算能力所限，MD 模拟很难直接用于研究长时间标度问题。

20 世纪 90 年代初，分子模拟研究的体系大多数还是非常简单的模型体系，也不太为化学工程界所重视。然而近十年来，随着计算能力的不断提升和算法的改进，分子模拟早已不再仅仅是理论物理学家和化学家独有的法宝，它越来越多地被应用于实际复杂体系的研究，成为化学工程师手中的重要研究工具之一。

对于离子液体，分子模拟可以通过增加、改变相关基团，计算预测其对宏观性质的影响，真正实现所谓"自下而上（bottom-up）"的分子设计。通过分子模拟不仅可以大大减少实验的工作量、有效地降低研究成本，而且可以更深入地理解离子液体各种独特性质的微观本质。除了可以从分子结构推算和预测其宏观性质之外，还可在某种程度上回答"为什么"之类的问题。

1.1.1.2 离子液体分子模拟的研究现状

对离子液体体系的分子模拟研究最早见诸于 2001 年底 Lynden-Bell 研究小组的报道[1]，随后不断有新的研究小组介入这一领域，目前国内外有包括北京化工大学在内的近十个研究小组开展了这方面的工作，阳离子大多都局限在烷基咪唑类，其分子结构示意图见图 1.1。阴离子则包括 X^-（$X = Cl$，Br，I）、$[BF_4]^-$、$[PF_6]^-$、$[NO_3]^-$、$[CF_3SO_3]^-$、$[N(CF_3SO_2)_2]^-$ 等。本书将对这些工作进行介绍和梳理。

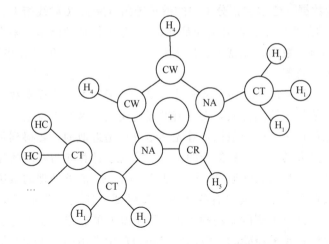

图 1.1 二烷基咪唑阳离子的结构示意图

1. 离子液体体系力场的建构和纯离子液体体系的分子模拟

1) 力场建构的基本方法和原则

如前所述，不论算法如何，分子模拟的基础都是分子间的相互作用，这些作用通过数学函数来描述就是所谓力场（force field）。20 世纪 90 年代以来，已经开发和完善了几套适合模拟生物分子以及常规有机体系的力场，如 AMBER[2]、CHARMM[3]、OPLS[4]等，这些力场都以原子作为模拟中的运动单元，通常称为全原子（all-atom，AA）模型。在早期的分子模拟中，为了节省计算时间，一般会将烷基基团（如甲基等）作为一个假想的原子考虑，称为联合原子（united-atom，UA）模型。上述几种力场的形式虽相对比较简单，但能够相当准确地反映分子的运动情况，是现阶段被广泛应用的力场形式，其数学函数表达如下：

$$U = \sum_{bonds} K_r(r - r_0)^2 + \sum_{angles} K_\theta(\theta - \theta_0)^2 + \sum_{dihedrals} K_\chi[1 + \cos(n\chi - \delta)] +$$
$$\sum_{i<j} 4\varepsilon_{ij}\left[(\sigma_{ij}/r_{ij})^{12} - (\sigma_{ij}/r_{ij})^6\right] + \sum_{i<j} q_i q_j / r_{ij} \qquad (1.1)$$

式中：U 表示系统的总能量；等式右边前三项表示成键项，包括以简谐振动描述的键拉伸（bonds）、键角弯曲项（angles）和以余弦函数描述的扭曲作用项（dihedrals）；K_r、K_θ 和 K_χ 分别表示各自的力常数，r_0、θ_0 和 δ 分别表示平衡键长、键角和扭转角，后两项称作非键项，分别是以 Lenard-Jone（LJ）6-12 势描述的短程作用和长程静电作用；ε 和 σ 是 LJ 的能量和尺寸参数；q 为原子所带电荷。

构建力场其实就是参数优化的过程，优化中普遍采用的目标函数就是计算值与"实际值"之间的绝对或相对偏差。该"实际值"有两方面的来源：

（1）实验数据。通常包括分子中的键长键角（来自 X 射线衍射、中子散射或微波谱）、振动频率（来自红外或拉曼光谱）、分子扭动的能垒（来自微波谱）以及凝聚态的热力学数据，如密度、压缩和热膨胀系数、气化或升华焓、比热容、水溶液中的溶解焓等。

（2）从头计算（*ab initio*）。从头计算仅仅基于基本的物理常数以及体系中原子类型和电子数目计算其性质，无需借助任何实验，因而具有很大的吸引力。然而从头计算也存在很大的局限性：首先其结果总是近似的，要得到足够可信的结果就必须采用更大的基组和更复杂的方法，这对于计算能力有限的计算机将是一个无休止的挑战。目前在普通 PC 上，用 Gaussian98 能够处理的系统仅能达到数十个原子和数百个电子。其次有些从头计算得到的性质需要进行标定（scale），如用 HF/6-31G 计算得到的振动频率需要乘上 0.9 的标定因子才与实验结果更加符合，而这种标定是纯经验的。目前在建构力场中常用的从头计算结果包括分子或分子复合体（complex）的构型与作用能、振动频率、分子能量随扭转角的变化曲线等。

2）国内外研究工作简述

Lynden-bell 等[1]提出的力场与式（1.1）有所不同，他们忽略了所有的成键项，即键拉伸、键弯曲和分子扭曲，而短程作用也不采用 LJ，而是用 Buckingham 势来描述。只有静电项函数同式（1.1），而各个原子上的电荷分布基于从头计算，采用多极分布分析法（distributed multipole analysis，DMA）获得。计算的体系包括 [dmim] 和 [emim] 的氯盐和 [PF$_6$]$^-$ 盐。他们也比较了全原子力场和联合原子力场（将甲基作为一个假想原子考虑）的模拟结果，发现对于动力学性质，如扩散系数和转动相关函数，两种力场模拟结果的差别较大。但由于该力场忽略了对动力学性质影响很大的扭曲作用，因此其结论不够精确。尽管如此，在该小组后续的模拟中都采用了联合原子力场。

de Andrade 等[5,6]基于 AMBER 开发了 [emim] 和 [bmim] 阳离子的全原子力场，其原子上的电荷基于从头计算，通过 RESP 方法[7]获得。他们报道了 [AlCl$_4$]$^-$、[BF$_4$]$^-$ 阴离子与上述阳离子构成的离子液体的 MD 模拟结果。

Maginn 等[8,9]基于 CHARMM 开发了 [bmim][PF$_6$] 的全原子力场，对该离子液体开展了较详细的 MD 模拟研究。其原子上的电荷基于从头计算，通过 CHelpG 方法[10]获得。同一小组[11]还开发了更简单的联合原子力场，但其 MC 模拟的结果表明全原子力场模型能够得到更准确的结果。

Padua 等[12,13]建构了烷基咪唑阳离子的全原子力场。与上述力场不同的是，他们细致地考虑了与氮相连的烷基链对构型的影响：通过从头计算获得了侧链与环的扭转能，再据此拟合出扭曲参数。其原子上的电荷也基于从头计算，采用 CHelpG 方法[10]获得。另外，该小组已经报道了两种重要阴离子 [CF$_3$SO$_3$]$^-$ 和

$[N(CF_3SO_2)_2]^-$ 的全原子力场[13]。

3) 改进型力场的建构

Liu、Huang 和 Wang[14] 通过参数的精细调整和反复优化，基于 AMBER 力场得到了能够更加准确描述烷基咪唑阳离子的全原子力场，具体过程如下：

(1) 通过类比，确定原子类型，并以由此获得的参数作为起点。

(2) 通过从头计算优化单个离子的构型，得到平衡键长和键角。

(3) 基于从头计算，通过 RESP 方法确定每个原子上的电荷。

(4) 调整键合项（主要是键拉伸和键弯曲）的力常数，以符合实验或从头计算得到的振动频率。

(5) 利用从头计算得到的扭曲能量曲线（torsion energy profile），调整个别 AMBER 中所缺的扭曲力常数。

(6) 用以上方法得到参数优化阴阳离子对的构型后，将有关几何参数与结合能（binding energy）同从头计算的结果进行比较，如有必要则调整非键项参数。

(7) 重复 (4) ～ (6) 步，直至所优化的参数不再变化。因为振动频率与扭曲力常数相关，而扭转能量曲线中包括了非键项的贡献。

(8) 用凝聚态的分子模拟验证所建构的力场。如需进一步调整，则重复 (4) ～ (7) 步。

此外，除了与 Padua 等[12,13] 类似考虑了与氮相连的烷基链的扭曲，与前述力场相比还有两个较大的改进，分述如下：

(1) 通过振动频率调整力常数。力常数指式 (1.1) 中成键项部分函数前面的系数，它们对于分子内运动影响较大。由于发表的离子液体红外和拉曼光谱数据相对比较缺乏[9,15~18]，量子化学计算（quantum mechanics，QM）的结果也被用于比较。根据以往的计算经验，用 Hartree-Fock（HF）方法计算得到的频率偏高 10%[19]，因此需要乘上 0.9 的校正因子[3]。

原 AMBER 参数对于环的振动频率明显估计过高，这一点 AMBER 开发组也注意到了，如他们曾指出[20] 苯环的振动频率实验值为 1596cm^{-1}，而原 AMBER 参数的预测结果为 1729cm^{-1}，他们降低了几个力常数后得到了较满意的结果。对于咪唑环情况也是如此[6]，实验的振动频率为 1574cm^{-1}，而 AMBER 预测为 1808cm^{-1}。通过调低咪唑环上键拉伸的力常数，预测得到该频率值为 1632cm^{-1}，很接近实验结果。另外一些扭曲力常数，对应光谱的低频段，也进行了调整。

振动频率的具体结果可参见文献 [14]，包括从头计算、原 AMBER、本文计算以及红外光谱的结果。除了上述环的振动频率，在低频段，作者优化参数后得到的结果也基本优于原 AMBER 力场，而低频段的分子内运动对 MD 模拟有更大影响。

(2) 通过离子对构型调整 LJ 参数。通过从头计算得到的分子复合体几何构型与能量往往用于力场的建构和检验[21,22]，最常用的包括双分子聚集体（dimmer）以及水合分子[3,23,24]。其方法是通过从头计算（QM）优化该复合体，将其构型和能量同分子力学（molecular mechanics，MM）的结果进行比较。在离子液体中，阴阳离子之间的作用非常重要，因此作者以阴阳离子对作为复合体，对所建立的力场进行检验。

在 HF/6-31G（d）水平上优化得到了三种阴阳离子对［dmim］［PF_6］、［emim］［BF_4］和［bmim］［PF_6］的能量最小的几何构型，图 1.2 给出了［dmim］［PF_6］的优化结果。当阳离子中 H 与阴离子中 F 之间的距离（C—H···F）小于 2.70 Å 时，一般就认为形成了氢键[25]。在图中也标出了这些氢键及其距离。表 1.1 则列出了 QM、MM 计算得到的氢键键长以及对应的结合能。由图 1.2 可清楚地看到 QM 优化的离子对［dmim］［PF_6］并非对称——虽然阴离子和阳离子分别都是对称的，这来自于 ［PF_6］¯ 的转动和倾斜以减小系统总能量。但这种非对称性却没有出现在 MM 优化的结果中（表 1.1），而且其氢键键长明显大于 QM 的结果。当 H_5 的半径减小到 2.14 Å 时（原 AMBER 力场为 2.432 Å），非对称性出现了，进一步减小到 1.782 Å（对应 $r_{min}=\sigma_{min}/2=1.0$ Å）时，各氢键键长的结果同 QM 比较接近。如其最短者为 2.17 Å，QM 为 2.09 Å，而 MM 为 2.46 Å（表 1.1）。

另外两对离子的结果同［dmim］［PF_6］类似。未经调整的力场明显高估了C—H···F的距离，当 H_5 的直径减小时，其结果同 QM 的差距也越来越小。由表 1.1 可见，H_5 的直径 1.782 Å 对于三种离子对都很适合，因此本书的力场采纳了这一数值。

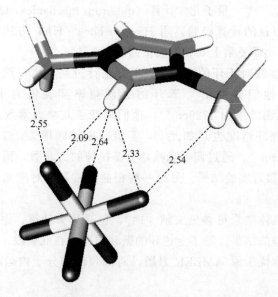

图 1.2 通过 QM 优化得到的［dmim］［PF_6］离子对几何构型[14]

表 1.1 QM、原 AMBER 和本书力场得到的离子对结合能与 C—H⋯F 氢键键长[14]

离子对	能量/(kJ·mol⁻¹)	距离 $b/\text{Å}$
[dmim][PF$_6$]		
QM	−323.5	2.55/2.09/2.64/2.33/2.54
原 AMBER	−321.6	2.84/2.46/3.05/2.46/2.84
本书	−326.1	2.67/2.17/2.75/2.23/2.75
[emim][BF$_4$]		
QM	−345.6	2.44/2.11/2.71/2.33/2.69/2.64
原 AMBER	−344.0	2.69/2.44/3.02/2.40/2.71/2.65
本书	−350.7	2.59/2.19/2.74/2.17/2.66/2.68
[bmim][PF$_6$]		
QM	−320.8	2.44/2.20/2.59/2.24/2.60/2.76
原 AMBER	−319.1	2.74/2.46/2.93/2.40/2.70/2.66
本书	−324.3	2.62/2.19/2.63/2.16/2.66/2.68

至于结合能，由表 1.1 可见，调整前力场的结果较 QM 偏小，而调整后其结果又偏大了。事实上同几何特征相比，QM 计算的结合能受不同基组和方法的影响要大得多。如在 HF/6-31G(d) 和 MP2/6-31+G∥HF/6-31G(d) 水平上计算[17]得到的结合能分别为 −341.3 kJ·mol⁻¹ 和 −369.9 kJ·mol⁻¹，而本书在 HF/6-31G(d) 水平上得到的结果为 −320.8 kJ·mol⁻¹。

该全原子力场的所有参数可参见文献 [14]。

虽然上述 AA 能够较准确地描述咪唑类离子液体，但由于该体系涉及很强的静电作用，一般采用 Ewald 算法[26]处理，致使模拟的计算量大为增加。如何在不损失过多精度下有效地减少计算量成为重要课题。因为甲基上 C—H、H—C—H 等的运动比 MD 中的运动快得多，所以可以忽略其上的 H 原子对体系构型的影响，将其作为一个原子，即"联合原子（UA）"来处理。虽然 Lynden-Bell[1]等报道过 UA 和 AA 力场模拟结果存在较大的区别，但如前所述，这很可能是由于在它们的力场中根本未考虑分子内运动的缘故，因此本书在 AA 力场的基础上，继续开发了 UA 力场[27]。计算表明，UA 力场所需的计算量仅为 AA 的 1/4～1/3（如对于 [bmim][PF$_6$] 体系）。

在 UA 力场的构建中，由图 1.1 可见，烷基链上存在两种氢原子，因此需要定义四种联合原子，即连接咪唑环的亚甲基（以 CN$_2$ 表示）、甲基（CN$_3$），以及常规的亚甲基（CT$_2$）和甲基（CT$_3$）。因此该 UA 力场建构的过程包括两个方面：

（1）联合原子 LJ 参数的获得。可通过 Monte Carlo 算法计算联合原子对的相互作用能得到。以 CN$_3$—CN$_3$ 为例，两个粒子之间的距离为 r，固定一个 CH$_3$ 粒子，另一个粒子可以在位置为 r 处绕其 C 原子质心自由旋转。对每一距离 r，另一粒子随机旋转次数为 10⁷ 次。通过拟合其势能最低点处的能量和位置即可得到 LJ 参数。表 1.2 比较了几种联合原子力场中甲基和亚甲基的 LJ 参数，可见这套参数也是可信的。

表 1.2　不同力场中联合原子 CH₂ 和 CH₃ 的 LJ 参数比较

原子	$\varepsilon/(\text{kJ} \cdot \text{mol}^{-1})$				$\sigma/\text{Å}$			
	本书	OPLS[28]	SKS[29]	TraPPE[30]	本书	OPLS[28]	SKS[29]	TraPPE[30]
CH₂	0.5580	0.4939	0.3908	0.3825	3.947	3.905	3.93	3.95
CH₃	0.7728	0.7325	0.9478	0.8148	3.902	3.905	3.93	3.75

（2）分子内原子电荷的确定。目前报道的联合原子力场通过直接加和该分子联合原子上各原子所带电荷来得到其电荷（本书称之为 simply summing from AA，SSAA），然而建构力场中确定原子电荷的原则是使分子周围的静电场尽可能与可靠的从头计算结果相符。因此有必要在联合原子力场中重新拟合电荷。拟合采用 RESP 方法，与前述 AA 力场[14]完全相同，不同的是去掉了所有烷基链上的氢原子。计算表明，通过 SSAA 方法得到的偶极矩与从头计算结果有很大出入，而本书重新拟合得到的电荷能给出准确的偶极矩。如对于 [dmim]⁺，SSAA 得到偶极矩为 0.660deb①，本书给出结果为 1.071deb，非常接近从头计算的结果 1.025deb。

该 UA 力场的参数可参见文献 [27]。

4）不同力场对纯离子液体模拟结果的比较

如前所述，在分子间相互作用力的基础上，可以由分子模拟求出纯离子液体的许多宏观性质，以下介绍通过上述力场模拟离子液体得到的部分结果。

（1）密度。表 1.3 列出了作者所在研究组提出的 AA 力场[14]预测得到的几种离子液体密度，并同其他力场以及实验数据进行了比较。通常基于 AMBER 的力场所预测的离子液体密度均较实验值偏低[12,31]。如对于 298K 和 1bar② 下的 [bmim][PF₆]，其结果为 1.337g · cm⁻³[12] 和 1.33g · cm⁻³[31]，而本书的 AA 和 UA 的结果为分别 1.350g · cm⁻³ 和 1.365 g · cm⁻³，都更接近实验值[32]1.360 g · cm⁻³。这显然得益于对参数的精细调整，尤其是通过离子对构型调整了环上氢原子的范德华半径。

因为 UA 力场大大降低了模拟的计算量，我们对[CₙmimＩ[PF₆]同系物的常温常压下的密度进行了预测，模拟结果如图 1.3 所示。可见吴晓萍等提出的 UA 力场能非常准确地预测该同系物的密度。

---

① deb 为非法定单位，1deb=3.335 64×10⁻³⁰C · m，下同。
② bar 为非法定单位，1bar=10⁵Pa，下同。

表 1.3 几种离子液体密度的实验、文献模拟和本书模拟的结果[27]

离子液体	T/K	密度/$(g \cdot cm^{-3})$				实验
		模拟				
		本书		文献		
		AA[14]	UA[27]			
[dmim][PF_6]	400	1.459		1.49[1]		
[bmim][PF_6]	298	1.350	1.365	1.337[12], 1.368[9], 1.33[31]		1.360[32]
[emim][BF_4]	298	1.284	1.264	1.255[6]		1.279[33]
[bmim][BF_4]	298	1.189	1.208	1.174[6]		1.211[34]
[dmim]Cl	423	1.150		1.06[1], 1.16[1]		1.138[35]

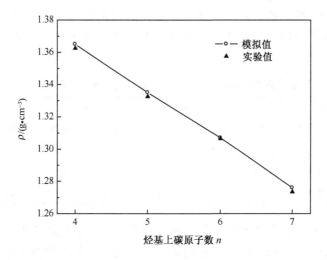

图 1.3 本书模拟的离子液体同系物 [C_n mim] [PF_6] 的
密度[27]和实验值的比较 (298 K, 0.1 MPa)[36]

（2）蒸发焓和内聚能。能量往往是拟合准确力场的必要信息，但由于离子液体几乎不可挥发，直接测定其蒸发焓是不可能的。因此尽管一些力场开发者[6,9,14]报道了蒸发焓或内聚能的模拟数据，但当时都缺乏检验。直至最近 Swiderski 等[37]才报道了借助反应常数实验估算得到的几种离子液体蒸发焓数据。表 1.4 列出了几种离子液体的蒸发焓 ΔH^{vap} 和内聚能 c 的模拟结果和实验估算值，可见，我们提出的力场能够更准确地预测离子液体的能量性质。另外，尽管 UA 力场更加简化，其模拟的结果却意外地优于 AA 力场。

表 1.4 几种离子液体的蒸发焓 ΔH^{vap} 和内聚能 c 的模拟结果和实验[37]估算值

离子液体	$\Delta H^{vap}/(\text{kJ} \cdot \text{mol}^{-1})$				$c/(\text{J} \cdot \text{cm}^{-3})$			
	模拟			实验[37]	模拟			实验[37]
	本书		文献		本书		文献	
	UA[27]	AA[14]			UA[27]	AA[14]		
[bmim][PF$_6$]	190.4	186.7		191	902.6	875.0	761[9]	912
[emim][BF$_4$]	175.8	175.9	255.8[6]		1105.8	1124.6		
[bmim][BF$_4$]	179.1	174.7	252.9[6]	203	937.4	906.2		998

（3）自扩散系数。在 MD 模拟中自扩散系数可以通过均方位移（mean square displacement，MSD）随时间的变化关系导出。表 1.5 列出了部分离子液体的模拟结果以及通过 NMR 测得的实验结果。可见，模拟获得数量级上一致的结果，要得到更准确的结果，一般需要更长的模拟时间[38]。另外，离子液体的自扩散系数较普通溶剂（如水）要小两个数量级，这也可以认为是其黏度较大所致。

表 1.5 几种离子液体自扩散系数的模拟和实验结果（单位：$10^{-11} \text{m}^2 \cdot \text{s}^{-1}$）

| 离子液体 | UA[27] | | AA[14] | | 文献 | | 实验 | |
	阳离子	阴离子	阳离子	阴离子	阳离子	阴离子	阳离子	阴离子
[bmim][PF$_6$]	1.2	0.6	1.2	1.0	0.97[9]	0.88[9]	0.7[39]	0.5[39]
[emim][BF$_4$]	2.1	2.0	1.1	0.9	1.5[6]	1.1[6]	4.9[33]	4.2[33]
[bmim][BF$_4$]	0.9	0.6	1.2	0.8	1.2[6]	1.0[6]	1.4[39]	1.3[39]

（4）径向和空间分布函数。分子模拟的优势之一在于能够得到详尽的微观结构信息，但是对于多原子体系，它们往往非常复杂。为了用数学语言描述它们，还需要定义各种分布函数[40]，最简单的就是径向分布函数 g_{ij}（r_{ij}）（radial distribution function，RDF）。该函数描述了在距离 i 原子（或质心）r_{ij} 位置处发现 j 原子（或质心）的概率。

图 1.4 给出[bmim][PF$_6$]在常温常压下阴阳离子质心的三种径向分布函数，可见由于长程静电作用的影响，阴阳离子在相当远的距离内还存在有序分布。该图也显示出 UA 力场得到的结果与 AA 力场切合得非常好。

径向分布函数只是一元函数，无法反映分子在空间的取向分布。空间分布函数则描述了在指定的基准分子周围各原子在空间分布的概率[41]。图 1.5 显示了[bmim][PF$_6$]中阴离子在阳离子周围的空间分布。可见在咪唑环上 H$_5$ 上下阴离子分布的浓度最大，而由于丁基的排斥作用，该区域明显向甲基侧偏移。另外两个分布区域则位于 H$_4$ 和烷基之间。图 1.5 也说明 UA 力场描述的微观分布几乎同 AA 力场一样。

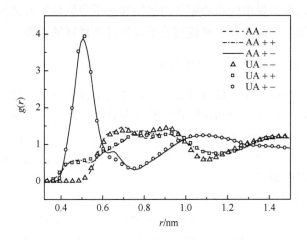

图 1.4　从全原子（AA）和联合原子（UA）力场模拟
得到的 298K，1bar 下[bmim][PF$_6$]的径向分布函数
＋表示阳离子质心，－表示阴离子质心

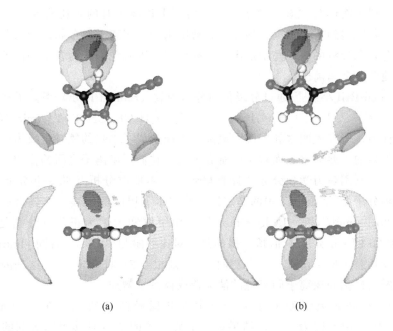

(a)　　　　　　　　　　　　　　　(b)

图 1.5　298K，1bar 下[bmim][PF$_6$]中阴离子在阳离子周围的空间分布
(a) 得自全原子（AA）力场；(b) 得自联合原子（UA）力场
上图为俯视图，下图为侧视图
深色和浅色分别表示该区域局部密度为平均值的 30 和 10 倍

综上所述，本书提出的联合原子力场能够在不降低精度的情况下有效地减少模拟所需的时间，从而为离子液体的分子设计打下良好的基础。

2. 含离子液体混合体系的分子模拟

离子液体的独特性质不仅表现在其纯流体的不挥发性、高导电率、高黏度等方面，更多体现在它与其他物质形成独特的混合物上。在实际应用中遇到的也都是混合体系。因此不论是从科学角度还是工程角度，研究离子液体的极性、亲水憎水性以及其他溶剂同它的互溶性、气体分子在其中的溶解度等都非常重要，本节简单介绍这方面的工作。

1) 小分子或离子在离子液体中的溶剂化

Wipff 研究小组[31,42~47]对金属离子（如 Sr^{2+}、La^{3+}、Eu^{3+}）、络合离子（如 UO_2^{2+}、$LaCl_n^{(n-3)-}$）以及中性盐（如 UO_2Cl_2、$LaCl_3$）组分在离子液体（[emim][AlCl_4]、[bmim][PF_6]）中的溶剂化进行了较系统的研究。他们发现这些离子和中性组分溶解到离子液体中都能使能量降低而趋于稳定[31,43]，因此离子液体可用于萃取金属离子。此外在数值上，它们在离子液体中的溶剂化能一般比其在水中的略小[45]。由于离子液体大部分具有很强的吸水性，最近他们开展了"干"离子液体与"湿"离子液体在溶解上述离子时的对比研究[42,44]。结果发现水在其中起到了非常重要的作用，通常水会与阴离子对金属离子的配位发生竞争，有时竟会将阴离子完全挤出第一配位层。因此他们认为含水的离子液体能更有效地溶解金属离子。

Lynden-Bell 小组[48]通过分级径向分布函数（ranked RDF）考察了几种不同极性的小分子（H_2O、CH_3OH、CH_3OCH_3、$CH_3CH_2CH_3$）在[dmim]Cl 中的溶剂化性质。研究表明水和甲醇同氯离子之间形成了很强的氢键，成为使整个体系能量下降的主要因素，而对于甲醚和丙烷，它们同阳离子之间的作用则占据了主导地位。利用热力学积分方法计算得到的自由能差分析[49]进一步定量地说明了这几种分子在[dmim]Cl 中的稳定性，其中水和甲醇的超额化学势为负值（分别是 $-29 kJ \cdot mol^{-1}$ 和 $-14 kJ \cdot mol^{-1}$），而甲醚和丙烷为正值（分别是 $7 kJ \cdot mol^{-1}$ 和 $26 kJ \cdot mol^{-1}$）。值得一提的是，对比甲醚和甲醇，二者同[dmim]Cl 的作用能仅相差 $7 kJ \cdot mol^{-1}$，而超额化学势则相差 $21 kJ \cdot mol^{-1}$，这是因为从甲醇到甲醚，羟基同氯离子间氢键的消失造成体系熵增加。

Shim 等则研究了双原子分子（中性和偶极两种情况）在[emim]Cl 和[emim][PF_6]中的行为[50,51]。结果表明溶质分子的电荷对其周围溶剂的有序化起着决定性作用，溶质周围溶剂分子的动力学存在两个特征时间尺度[52]：其一是皮秒级的阴离子平动；其二是纳秒级的阴阳离子扩散。前者对于结构松弛的贡献超过 50%。溶剂化作用阴离子往往起着决定性作用，相对而言[emim][PF_6]中阳离子扮演了较重要的角色。这一结论与 Karmakar 等[53,54]报道的皮秒级荧光衰减实验相符。他们还研究了似苯（benzenelike）分子的溶剂化[51,52]，发现在第一配位层中，90％以上的苯环与咪唑环呈平行分布，说明二者之间存在所谓π-π堆叠作用。正因如此，对于似苯溶质，阳离子在其溶剂化中会起更重要的作用。

2）小分子在离子液体中的溶解度

研究小分子（如气体）在离子液体中的溶解度对于离子液体在化学工程中的实际应用，如天然气的脱硫或脱碳等过程非常重要，而溶解度是相平衡相关的性质，涉及自由能或化学位的计算，如何通过分子模拟解决此类问题也颇具挑战性。

虽然较早即有通过不同方法测得的小分子在离子液体中的溶解度数据[55~61]，利用分子模拟预测该值直至 2004 年才见报道[59,62~64]。这些作者计算溶解度用到的分子模拟算法到目前为止共有三种，即 Widom 插粒子法[62,64]、扩展系综（expanded ensemble，EE）法[64] 和 Gibbs 系综（Gibbs ensemble Monte Carlo，GEMC）法[63]。

Widom 插粒子法[40]是较早提出的计算化学势的方法，其将待测物种作为虚拟粒子（ghost particle）插入实际体系，通过计算该粒子与体系其他粒子的相互作用能，求该能量的系综平均即得到所需化学势。Deschamps 等[62]用 Widom 插粒子法预测了甲烷、氧气、二氧化碳和水等小分子在 [bmim][BF$_4$] 和 [bmim][PF$_6$]中的亨利系数。认为小分子上的电荷会增加其溶解度。本书[65]也用同一方法研究了二氧化碳在不同离子液体中的亨利系数，发现 Deschamps 等在计算中使用的插入次数对于计算二氧化碳的溶解度是不够的。

最近 Shah 等[64]用 Widom 和扩展系综两种方法计算甲烷、乙烷、乙烯、氧气、二氧化碳和水分子在[bmim][PF$_6$]中的亨利系数。他们发现 Widom 法的结果依赖于模拟体系大小，而且对构象的收敛性也存在一定问题。这是因为该方法是在 MD 模拟得到的构象上静态插入的，而 MD 模拟的时间一般尚不及纳秒级，因此这些构象仅代表了所有构象中的很小一部分，这给计算与自由能相关的性质就引入了很多不确定因素。Shah 等采用的 EE 法得到了较好的结果，如预测出了乙烷同乙烯亨利系数的差别，以及相对正确地预测出氧气亨利系数随温度升高而下降的"反常现象"。他们也指出，溶质分子的力场对正确的预测非常关键，如只有对乙烷和乙烯采用双中心四极矩而非双中心 LJ 模型，才能得到正确的结论。EE 法一般能够获得更好的抽样，但是其加权因子的选择只能是经验性的[66]，而不当的选择会导致错误的结果。

GEMC 法是由 Panagiotopoulos[67]提出的一种通过分子模拟计算流体相平衡的巧妙方法，但对于密度较高的体系，由于粒子插入非常困难，该方法也就很难实施[68]。Urukova 等[63]应用 GEMC 法计算了二氧化碳、一氧化碳和氢气在[bmim][PF$_6$]中不同压力下的溶解度。虽然离子液体密度很高，但由于离子液体几乎不会挥发，可认为其不存在于气相，这样就避免了阴阳离子难以插入的问题，使得 GEMC 可用于此处。Urukova 等[63]对离子液体采用了 Shah 等提出的一个非常简单的联合原子力场[11]，其中 [PF$_6$]$^-$被视作一个球形粒子，但他们预测的溶解度与实验数据吻合很好，三个温度下的平均相对偏差不到 10%。

总之，对于小分子在离子液体中溶解度的模拟研究尚处于起步阶段，研究的离子液体基本还局限于[bmim][PF$_6$]，很多模拟方法还未被尝试，很多问题也尚待解决。

3）离子液体混合物的热力学性质

用分子模拟研究离子液体混合物目前见诸报道很少，目前仅有 Lynden-Bell 小组[69,70]和本书[71,72]开展了部分工作。

Hanke 和 Lynden-Bell[69]用 MD 模拟研究了两种离子液体（[dmim]Cl 和 [dmim][PF$_6$]）和水的混合物。发现[dmim][PF$_6$]与水混合物的过量体积和过量焓均为正值，而 [dmim] Cl 与水混合物则为负值，显示出亲水性不同的阴离子对溶液非理想性的影响。他们同时指出由于混合熵的非理想部分很难通过模拟得到，因此无法从热力学上判断这些混合物的稳定性。当水含量较小时，Cl$^-$与水之间形成强烈的氢键，随着水含量的增加，水分子之间的氢键越来越占主导地位，最终形成网络状水的结构。他们分别计算出水周围阴离子与水的配位数，推断在整个浓度范围内阴离子与水的作用都强过水分子之间的作用。对于相对憎水的阴离子 [PF$_6$]$^-$，他们的模拟结果表明上述性质与 Cl$^-$的情况非常类似。

Harper 和 Lynden-Bell[70]对苯、1，3，5-三氟代苯以及六氟代苯和 [dmim][PF$_6$]的混合物进行了模拟研究。这三种分子大小类似但电荷分布不同——苯和六氟代苯分子四极矩大小相似但电荷正好相反，而 1，3，5-三氟代苯四极矩要小一个数量级，因此可用于研究静电作用对微观结构和热力学性质的影响。他们发现苯与[dmim][PF$_6$]的混合物的混合能为负值，1，3，5-三氟代苯则为正值，而六氟代苯很接近零。苯分子的两极区域（正对苯环的上下区域）有较多的阳离子分布，赤道区域则能发现更多的阴离子。六氟代苯阴阳离子的分布区域正好相反。进一步的对能量组成的分析表明，苯与阳离子、六氟代苯与阴离子对能量贡献的静电部分皆为正值，而苯与阴离子、六氟代苯与阳离子对该能量的贡献为负值。这说明不论苯还是六氟代苯，促使体系稳定的因素是赤道区域分布的离子与芳香分子的静电作用（当然还有阴阳离子之间的静电作用）。与他们另一项研究中对自由能差的计算同样，这表明静电在离子液体同其他分子作用中起着非常重要的作用，而由此造成的局部有序结构可能会被催化，尤其是为手性分子的合成提供合适的化学环境。

本书[72]研究了[bmim][BF$_4$]与乙腈混合物的过量函数等热力学和黏度等动力学性质。混合溶液的密度在整个浓度范围都与实验数据[34]吻合得很好，最大平均偏差小于 2%。模拟预测的过量摩尔体积较实验结果[34]偏小，但趋势完全一致，同样在[bmim][BF₄]摩尔分数为 0.3 附近出现一个极小值。通过径向分布函数和空间分布对微观结构的分析发现，在该浓度附近，阴阳离子在乙腈周围的分布出现极小值，而乙腈在乙腈周围的分布出现极大值。说明与上述[bmim][BF₄]-水体系不同，乙腈与[bmim][BF₄]之间不存在特别强的相互作用，而且由于[bmim][BF₄]作为溶剂存在，乙腈分子之间的作用还有所加强。此外，通过 MD 模拟数据得到了混合溶液各组分的自扩散系数，再利用 Stokes-Einstein 关系[73]估算出溶液的黏度，其结果与实验数据也吻合得非常好。

最近，本书[71]也用 MD 模拟了[bmim][BF₄]与水混合物的性质，发现在第一配位层中水的存在对于阴阳离子径向分布函数的影响不明显，然而随着水的增加在第二配位层会形成更加有序的结构。阴离子-水和水-水径向分布函数与 Hanke 和 Lynden-Bell[69]的结果相似，即阴离子与水之间存在非常强的氢键。计算得到的一个粒子周围的局部组成以及缔合因子表明，距阳离子 0.3～0.5nm 范围内有较高浓度的水分子分布，而阴离子分布位于 0.4～0.7nm。为了从微观分布得到热力学相关性质，还计算了 Kirkwood-Buff 积分[74]。该积分实际上搭建了微观结构与宏观热力学性质（如偏摩尔体积、等温压缩因子以及活度系数对浓度的偏导数等）的桥梁。计算结果表明该溶液在[bmim][BF₄]摩尔分数为 0.5～0.6 附近有不稳定倾向，这与文献报道的过量摩尔体积的实验数据[75]是一致的。

1.1.2　关键科学问题

综观离子液体的分子模拟研究，可提炼出其中的关键科学问题：首先是描述所研究体系相互作用的数学函数的建构，即力场是否合理；其次是如何发展有效的算法以实现各种性质的计算。本节对此简要阐述。

1.1.2.1　力场建构

虽然上面已经详细描述了建构离子液体力场的过程和结果，但上述力场都属于所谓的"第一类力场"，即假定原子上的电荷不受其周围化学环境的影响，在模拟中都保持固定值。显然这并非实际情况，分子构型或者分子周围电场的变化都会影响分子电荷的分布，研究表明这种极化作用有时非常重要，如用固定电荷力场计算得到的钾离子与苯分子结合能严重偏小[76]。

Yan[77]等在[emim][NO₃]的 MD 模拟中采用 Thole 提出的偶极张量方法[78]，考虑了极化效应。他们的计算结果表明考虑极化效应以后得到的扩散系数比固定电荷模型高三倍左右。与之对应得到了较低的剪切黏度，其数值与实验值也更为接近。采用极化力场模拟所需的时间往往会增加一个数量级，已经有多种考虑极化的方法，适用于不同的体系与场合[79]，对于离子液体体系目前尚无比较性研究的报道。

最近，Del Popolo 等[80]首次报道了用从头计算 MD 方法（*ab initio* MD）研

究［dmim］Cl 体系的结果。这种方法基于第一原理直接计算体系中各粒子的相互作用，因而无需人为指定力场。分析表明从头计算得到的局部结构与经典力场的结果有所区别，如氯离子在阳离子咪唑环上氢原子周围的分布更加定向。从头计算 MD 最大的障碍是计算能力的不足，因此模拟体系至多为上百个原子，模拟时间也只能达到数十皮秒。如 Del Popolo 等[80]主要计算的体系仅有 8 个离子对，模拟时间仅达到十几皮秒。

1.1.2.2　分子模拟算法

多粒子体系状态分布的特殊性在于虽然其可能状态的数目是一个天文数字，但绝大部分状态出现的可能性几乎为零，因而对其最终宏观性质没有贡献，分子模拟实质上就是通过极小的样本来预测其总体性质。如何使得如此少的抽样仍然能够预测正确的性质，如何使得分子模拟的抽样尽量落在有效的范围中，就是分子模拟算法追求的目标。对于内能这样的能量性质，通过分子模拟很容易准确测得，但是对于更为重要的熵相关性质如自由能，由于涉及的是配分函数本身而非对其的加权平均，问题就变得非常富有挑战性。目前一般采用微扰的办法产生邻近的宏观状态，然后设计一定的路径计算出自由能[81]，此时所需的计算量较计算内能往往要增加数十倍。在自由能的分子模拟算法中存在许多技巧[82]，需要通过大量实践才能确定合理的路径与参数。

此外，离子液体是带有强电荷的体系，而静电是远程作用，即在相当远的距离内都不能通过截断的方法来计算能量，因此需要特殊的算法考虑其远程影响。测试表明在分子模拟中 90％以上的时间用于计算能量，而其中的 90％又用于静电部分的计算，因而实际上静电体系的模拟时间一般会达到非静电体系的 10 倍以上。目前常用的 Ewald 算法的计算量随模拟体系粒子数呈 $N^{3/2}$ 增长，此时对于较大体系（如 10^4 以上）的分子模拟，在普通硬件上已经几乎无法实现。因此开发新的静电算法在最近几年得到了模拟界的高度重视，但新开发的算法都不如 Ewald 算法得到公认，有必要进一步检验和改进这些算法。

1.1.3　发展方向及建议

通过分子模拟计算，能够获得大量离子液体的微观信息，特别是分子运动的详细信息（其中许多是无法通过实验直接得到的），并在此基础上推算和预测离子液体体系的宏观性质。这些信息奠定了离子液体分子设计的重要基石，可以对新型离子液体的设计和制备提供理论指导。应予指出，许多微观结构及运动的细节往往是芜杂冗余的，必须从中提取更有价值的信息为人所用。分子模拟一方面要通过发展可靠的力场和模拟算法以提供可靠的信息来源，另一方面也迫切需要通过定义特征函数或者开发可视化的方法对这些信息进行有效的分析和利用。因此作为一种独特的研究方法，分子模拟具有很大的优势和潜力，预计在近年来会兴起一个新的研究高潮。

1.1.4 结论与展望

　　由于离子液体可观的多样性，能否根据应用需要从分子结构出发设计合适的离子液体对于这种"绿色溶剂"能否获得成功是至关重要的研究课题。虽然分子模拟在这个领域的应用尚处于初级阶段，许多基本的问题尚待解决，但随着这一方法的不断成熟和推广，并配合宏观和微观的实验技术的发展与应用，它一定能够在离子液体宏观性质的推算和预测，以至新体系的分子设计中扮演重要角色。可以预期，离子液体体系的分子模拟在最近也将会有飞速的进展，成为充满挑战与机遇的重要领域。

参 考 文 献

1　Hanke C G, Price S L, Lynden-Bell R M. Intermolecular potentials for simulations of liquid imidazolium salts. Mol. Phys., 2001, 99 (10): 801~809

2　Cornell W D, Cieplak P, Bayly C I et al. A second generation force-field for the simulation of proteins, nucleic-acids, and organic-molecules. J. Am. Chem. Soc., 1995, 117 (19): 5179~5197

3　MacKerell A D, Bashford D, Bellott M et al. All-atom empirical potential for molecular modeling and dynamics studies of proteins. J. Phys. Chem. B, 1998, 102 (18): 3586~3616

4　Jorgensen W L, Maxwell D S, TiradoRives J. Development and testing of the OPLS all-atom force field on conformational energetics and properties of organic liquids. J. Am. Chem. Soc., 1996, 118 (45): 11 225~11 236

5　de Andrade J, Boes E S, Stassen H. A force field for liquid state simulations on room temperature molten salts: 1-ethyl-3-methylimidazolium tetrachloroaluminate. J. Phys. Chem. B, 2002, 106 (14): 3546~3548

6　de Andrade J, Boes E S, Stassen H. Computational study of room temperature molten salts composed by 1-alkyl-3-methylimidazolium cations-force-field proposal and validation. J. Phys. Chem. B, 2002, 106 (51): 13 344~13 351

7　Bayly C I, Cieplak P, Cornell W D et al. A well-behaved electrostatic potential based method using charge restraints for deriving atomic charges-the RESP Model. J. Phys. Chem., 1993, 97 (40): 10 269~10 280

8　Morrow T I, Maginn E J. Molecular dynamics study of the ionic liquid 1-n-butyl-3-methylimidazolium hexafluorophosphate. J. Phys. Chem. B, 2003, 107 (34): 9160

9　Morrow T I, Maginn E J. Molecular dynamics study of the ionic liquid 1-n-butyl-3-methylimidazolium hexafluorophosphate. J. Phys. Chem. B, 2002, 106 (49): 12 807~12 813

10　Breneman C M, Wiberg K B. Determining atom-centered monopoles from molecular electrostatic potentials the need for high sampling density in formamide conformational analysis.

J. Comp. Chem. , 1990, 11 (3): 361~373

11 Shah J K, Brennecke J F, Maginn E J. Thermodynamic properties of the ionic liquid 1-*n*-butyl-3-methylimidazolium hexafluorophosphate from Monte Carlo simulations. Green Chem. , 2002, 4 (2): 112~118

12 Lopes J N C, Deschamps J, Padua A A H. Modeling ionic liquids using a systematic all-atom force field. J. Phys. Chem. B, 2004, 108 (6): 2038~2047

13 Lopes J N C, Padua A A H. Molecular force field for ionic liquids composed of triflate or bistriflylimide anions. J. Phys. Chem. B, 2004, 108 (43): 16 893~16 898

14 Liu Z P, Huang S P, Wang W C. A refined force field for molecular simulation of imidazolium-based ionic liquids. J. Phys. Chem. B, 2004, 108 (34): 12 978~12 989

15 Campbell J L E, Johnson K E, Torkelson J R. Infrared and variable-temperature H-1-NMR investigations of ambient-temperature ionic liquids prepared by reaction of HCl with 1-ethyl-3-methyl-1h-imidazolium chloride. Inorg. Chem. , 1994, 33 (15): 3340~3345

16 Takahashi S, Curtiss L A, Gosztola D et al. Molecular-orbital calculations and Raman measurements for 1-ethyl-3-methylimidazolium chloroaluminates. Inorg. Chem. , 1995, 34 (11): 2990~2993

17 Paulechka Y U, Kabo G J, Blokhin A V et al. Thermodynamic properties of 1-butyl-3-methylimidazolium hexafluorophosphate in the ideal gas state. J. Chem. Eng. Data, 2003, 48 (3): 457~462

18 Turner E A, Pye C C, Singer R D. Use of *ab initio* calculations toward the rational design of room temperature ionic liquids. J. Phys. Chem. A, 2003, 107 (13): 2277~2288

19 Lii J H, Allinger N L. Molecular Mechanics-the MM3 force-field for hydrocarbons. 2. vibrational frequencies and thermodynamics. J. Am. Chem. Soc. , 1989, 111 (23): 8566~8575

20 Wang J M, Kollman P A. Automatic parameterization of force field by systematic search and genetic algorithms. J. Comput. Chem. , 2001, 22 (12): 1219~1228

21 Chalasinski G, Szczesniak M M. State of the art and challenges of the ab initio theory of intermolecular interactions. Chem. Rev. , 2000, 100 (11): 4227~4252

22 Engkvist O, Astrand P O, Karlstrom G. Accurate intermolecular potentials obtained from molecular wave functions: bridging the gap between quantum chemistry and molecular simulations. Chem. Rev. , 2000, 100 (11): 4087~4108

23 Chen I J, Yin D X, MacKerell A D. Combined *ab initio*/empirical approach for optimization of Lennard-Jones parameters for polar-neutral compounds. J. Comput. Chem. , 2002, 23 (2): 199~213

24 McDonald N A, Jorgensen W L. Development of an all-atom force field for heterocycles. Properties of liquid pyrrole, furan, diazoles, and oxazoles. J. Phys. Chem. B, 1998, 102 (41): 8049~8059

25 Fuller J, Carlin R T, Delong H C et al. Structure of 1-ethyl-3-methylimidazolium hexafluorophosphate-model for room-temperature molten-salts. J. Chem. Soc. Chem. Comm. ,

1994, (3): 299~300

26 Deleeuw S W, Perram J W, Smith E R. Simulation of electrostatic systems in periodic boundary-conditions . 1. Lattice sums and dielectric-constants. Proc. Roy. Soc. Lon. Ser. A-Math. Phys. Eng. Sci. , 1980, 373 (1752): 27~56

27 Wu X P, Liu Z P, Wang W C. A novel united-atom model molecular for imidazolium based ionic liquids. Phys. Chem. Chem. Phys. , 2006, 8: 1096~1104

28 Jorgensen W L, Madura J D, Swenson C J. Optimized intermolecular potential functions for liquid hydrocarbons. J. Am. Chem. Soc. , 1984, 106 (22): 6638~6646

29 Smit B, Karaborni S, Siepmann J I. Computer-simulations of vapor-liquid phase-equilibria of N-alkanes. J. Chem. Phys. , 1995, 102 (5): 2126~2140

30 Martin M G, Siepmann J I. Transferable potentials for phase equilibria. 1. United-atom description of N-alkanes. J. Phys. Chem. B, 1998, 102 (14): 2569~2577

31 Chaumont A, Engler E, Wipff G. Uranyl and strontium salt solvation in room-temperature ionic liquids. A molecular dynamics investigation. Inorg. Chem. , 2003, 42 (17): 5348~ 5356

32 Gu Z Y, Brennecke J F. Volume expansivities and isothermal compressibilities of imidazolium and pyridinium-based ionic liquids. J. Chem. Eng. Data, 2002, 47 (2): 339~345

33 Noda A, Hayamizu K, Watanabe M. Pulsed-gradient spin-echo H-1 and F-19 NMR ionic diffusion coefficient, viscosity, and ionic conductivity of non-chloroaluminate room-temperature ionic liquids. J. Phys. Chem. B, 2001, 105 (20): 4603~4610

34 Wang J J, Tian Y, Zhao Y et al. A volumetric and viscosity study for the mixtures of 1-n-butyl-3-methylimidazolium tetrafluoroborate ionic liquid with acetonitrile, dichloromethane, 2-butanone and N, N-dimethylformamide. Green Chem. , 2003, 5 (5): 618~622

35 Fannin A A, Floreani D A, King L A et al. Properties of 1, 3-dialkylimidazolium chloride aluminum-chloride ionic liquids . 2. Phase-transitions, densities, electrical conductivities, and viscosities. J. Phys. Chem. , 1984, 88 (12): 2614~2621

36 Chun S, Dzyuba S V, Bartsch R A. Influence of structural variation in room-temperature ionic liquids on the selectivity and efficiency of competitive alkali metal extraction by a crown ether. Anal. Chem. , 2001, 73: 3737~3741

37 Swiderski K, McLean A, Gordon C M et al. Estimates of internal energies of vaporisation of some room temperature ionic liquids. Chem. Comm. , 2004, 2178~2179

38 Del Popolo M G, Voth G A. On the structure and dynamics of ionic liquids. J. Phys. Chem. B, 2004, 108 (5): 1744~1752

39 Tokuda H, Ishii K, Hayamizu K et al. Physicochemical properties and structures of room temperature ionic liquids. 1. Variation of anionic species. J. Phys. Chem. B, 2004, 108: 16 593~16 600

40 Allen M P, Tildesley D J. Computer Simulations of Liquids. Oxford: Clarendon Press, 1987

41 Svishchev I M, Kusalik P G. Structure in liquid wate—a study of spatial-distribution functions. J. Chem. Phys. , 1993, 99 (4): 3049~3058

42 Vayssiere P, Chaumont A, Wipff G. Cation extraction by 18-crown-6 to a room-tempera-
    ture ionic liquid: the effect of solvent humidity investigated by molecular dynamics simula-
    tions. Phys. Chem. Chem. Phys. , 2005, 7 (1): 124~135

43 Chaumont A, Wipff G.. Solvation of M^{3+} Lanthanide cations in room-temperature ionic
    liquids. A molecular dynamics investigation. Phys. Chem. Chem. Phys. , 2003, 5 (16):
    3481~3488

44 Chaumont A, Wipff G. Solvation of Uranyl (Ⅱ) and Europium (Ⅲ) cations and their
    Chloro complexes in a room-temperature ionic liquid. A theoretical study of the effect of sol-
    vent "humidity". Inorg. Chem. , 2004, 43 (19): 5891~5901

45 Chaumont A, Wipff G. Solvation of Uranyl (Ⅱ), Europium (Ⅲ) and Europium (Ⅱ)
    cations in basic room-temperature ionic liquids: a theoretical study. Chem. Eur. J. , 2004,
    10 (16): 3919~3930

46 Chaumont A, Wipff G. M^{3+} Lanthanide chloride complexes in "neutral" room temperature
    ionic liquids: a theoretical study. J. Phys. Chem. B, 2004, 108 (10): 3311~3319

47 Chaumont A, Wipff G. Solvation of fluoro and mixed fluoro/chloro complexes of Eu-Ⅲ in
    the [bmim][PF$_6$] room temperature ionic liquid. A theoretical study. Phys. Chem. Chem.
    Phys. , 2005, 7 (9): 1926~1932

48 Hanke C G, Atamas N A, Lynden-Bell R M. Solvation of small molecules in imidazolium
    ionic liquids: a simulation study. Green Chem. , 2002, 4 (2): 107~111

49 Lynden-Bell R M, Atamas N A, Vasilyuk A et al. Chemical potentials of water and orga-
    nic solutes in imidazolium ionic liquids: a simulation study. Mol. Phys. , 2002, 100 (20):
    3225~3229

50 Shim Y, Duan J S, Choi M Y et al. Solvation in molecular ionic liquids. J. Chem. Phys. ,
    2003, 119 (13): 6411~6414

51 Shim Y, Choi M Y, Kim H J. A molecular dynamics computer simulation study of room-
    temperature ionic liquids. Ⅰ. Equilibrium solvation structure and free energetics. J. Chem.
    Phys. , 2005, 122 (4): 044510

52 Shim Y, Choi M Y, Kim H J. A molecular dynamics computer simulation study of room-
    temperature ionic liquids. Ⅱ. Equilibrium and nonequilibriurn solvation dynamics. J.
    Chem. Phys. , 2005, 122 (4): 044511

53 Karmakar R, Samanta A. Solvation dynamics of coumarin-153 in a room-temperature ionic
    liquid. J. Phys. Chem. A, 2002, 106 (18): 4447~4452

54 Karmakar R, Samanta A. Dynamics of solvation of the fluorescent state of some electron
    donor-acceptor molecules in room temperature ionic liquids, [bmim][(CF$_3$SO$_2$)$_2$N] and
    [emim][(CF$_3$SO$_2$)$_2$N]. J. Phys. Chem. A, 2003, 107 (38): 7340~7346

55 Blanchard L A, Brennecke J F. Recovery of organic products from ionic liquids using super-
    critical carbon dioxide. Ind. Eng. Chem. Res. , 2001, 40 (1): 287~292

56 Kamps A P S, Tuma D, Xia J Z et al. Solubility of CO_2 in the ionic liquid [bmim] [PF$_6$].
    J. Chem. Eng. Data, 2003, 48 (3): 746~749

57 Wu W Z, Zhang J M, Han B X et al. Solubility of room-temperature ionic liquid in super-critical CO_2 with and without organic compounds. Chem. Comm., 2003 (12): 1412~1413

58 Baltus R E, Culbertson B H, Dai S et al. Low-pressure solubility of carbon dioxide in room-temperature ionic liquids measured with a quartz crystal microbalance. J. Phys. Chem. B, 2004, 108 (2): 721~727

59 Cadena C, Anthony J L, Shah J K et al. Why is CO_2 so soluble in imidazolium-based ionic liquids? J. Am. Chem. Soc., 2004, 126 (16): 5300~5308

60 Camper D, Scovazzo P, Koval C et al. Gas solubilities in room-temperature ionic liquids. Ind. Eng. Chem. Res., 2004, 43 (12): 3049~3054

61 Shiflett M B, Yokozeki A. Solubilities and diffusivities of carbon dioxide in ionic liquids: [bmim][PF_6] and [bmim][BF_4]. Ind. Eng. Chem. Res., 2005, 44 (12): 4453~4464

62 Deschamps J, Gomes M F C, Padua A A H. Molecular simulation study of interactions of carbon dioxide and water with ionic liquids. Chem. Phys. Chem., 2004, 5 (7): 1049~1052

63 Urukova I, Vorholz J, Maurer G. Solubility of CO_2, CO, and H_2 in the ionic liquid [bmim] [PF_6] from Monte-Carlo simulations. J. Phys. Chem. B, 2005, 109 (24): 12 154~12 159

64 Shah J K, Maginn E J. Monte Carlo simulations of gas solubility in the ionic liquid 1-n-bu-tyl-3-methylimidazolium hexafluorophosphate. J. Phys. Chem. B, 2005, 109 (20): 10 395~10 405

65 Wu X P, Liu Z P, Wang W C. Molecular dynamics simulation of gas solubility in room temperature ionic liquids. Acta Phys. -Chim. Sin., 2005, 21 (10): 1138~1142

66 Lyubartsev A P, Martsinovski A A, Shevkunov S V et al. New approach to Monte-Carlo calculation of the free-energy - method of expanded ensembles. J. Chem. Phys., 1992, 96 (3): 1776~1783

67 Panagiotopoulos A Z. Direct determination of phase coexistence properties of fluids by monte-carlo simulation in a new ensemble. Mol. Phys., 1987, 61 (4): 813~826

68 Panagiotopoulos A Z. Monte Carlo methods for phase equilibria of fluids. J. Phys. -Condens. Mat., 2000, 12 (3): R25~R52

69 Hanke C G, Lynden-Bell R M. A simulation study of water-dialkylimidazolium ionic liquid mixtures. J. Phys. Chem. B, 2003, 107 (39): 10 873~10 878

70 Harper J B, Lynden-Bell R M. Macroscopic and microscopic properties of solutions of aromatic compounds in an ionic liquid. Mol. Phys., 2004, 102 (1): 85~94

71 Wu X P, Liu Z P. Computer simulation study of the mixtures of room temperature ionic liquid [bmim] [BF_4] and water. Acta Phys. -Chim. Sin., 2005, 21 (9): 1036~1041

72 Wu X P, Liu Z P, Wang W C. Molecular dynamics simulation of room temperature ionic liquid mixture of [bmim] [BF_4] and acetonitrile by a refined force field. Phys. Chem. Chem. Phys., 2005, 7: 2771~2779

73 Margulis C J, Stern H A, Berne B J. Computer simulation of a "Green Chem." room-temperature ionic solvent. J. Phys. Chem. B, 2002, 106 (46): 12 017~12 021

74 Kirkwood J G, Buff F P. J. Chem. Phys., 1951, 19: 774

75 Seddon K R, Stark A, Torres M J. Influence of chloride, water, and organic solvents on the physical properties of ionic liquids. Pure Appl. Chem., 2000, 72: 2275~2287

76 Ponder J W, Case D A. Force Fields for Protein Simulations. In Protein Simulations. San Diego: Academic Press Inc. 2003, 66: 27

77 Yan T Y, Burnham C J, Del Popolo M G et al. Molecular dynamics simulation of ionic liquids: the effect of electronic polarizability. J. Phys. Chem. B, 2004, 108 (32): 11 877~11 881

78 Thole B T. Molecular polarizabilities calculated with a modified dipole interaction. Chem. Phys., 1981, 59 (3): 341~350

79 Rick S W, Stuart S J. Potentials and algorithms for incorporating polarizability in computer simulations. New York: Wiley-VCH Inc, 2002, 89~146

80 Del Popolo M G, Lynden-Bell R M, Kohanoff J. *Ab initio* molecular dynamics simulation of a room temperature ionic liquid. J. Phys. Chem. B, 2005, 109 (12): 5895~5902

81 Kofke D A, Cummings P T. Quantitative comparison and optimization of methods for evaluating the chemical potential by molecular simulation. Mol. Phys., 1997, 92 (6): 973~996

82 Lu N D, Singh J K, Kofke D A. Appropriate methods to combine forward and reverse free-energy perturbation averages. J. Chem. Phys., 2003, 118 (7): 2977~2984

1.2 离子液体的量化计算

1.2.1 研究现状及进展

1.2.1.1 研究概况

室温离子液体是完全由特定阳离子和阴离子构成的、在室温或近于室温下呈液态的物质。离子液体是一种优良的有机溶剂，可溶解极性和非极性有机物、无机物，易于分离，可以循环使用，而且离子液体的液体温度很宽，无蒸气压，不挥发，不会造成环境污染，被誉为绿色溶剂[1]。离子液体的一个很好的特征是其性质可调性，即可以在一定程度上设计离子液体。例如，离子液体与水的溶解度可以通过选择阳离子上的取代基而改变，增加烷基链长可以减少与水的溶解度。选择阴离子也可以对物理性质有决定性的改变，Seddon 等提出负离子选择对离子液体与水混溶性的影响的一般规律：咪唑阳离子的卤素、硝酸、乙酸盐总体上是可以与水混溶的，而 [PF$_6$]$^-$、[NTf$_2$]$^-$ 的咪唑盐与水是不混溶的，[BF$_4$]$^-$、[OTf]$^-$ 的咪唑盐与水是否混溶取决于阳离子的取代基[2,3]。

由于离子液体具有其他有机溶剂不可替代的优点，经过化学家的不断研究，目前，离子液体已经广泛应用于分离、反应、电化学等相关领域[4]。在这些应用领域中使用离子液体作为绿色溶剂取得许多可喜的结果。例如，Alabama 大学的 Rogers 领导的研究小组[5]研究了苯及其 11 种衍生物在离子液体-水间的分配系数，为离子液体在分离中的应用奠定了基础。Notre Dame 大学的 Brennecke 等[6~9]系统研究了 CO_2 在一系列离子液体中的溶解度和高压相行为，将超临界 CO_2 和离子液体这两种绿色溶剂结合起来。国内对离子液体的研究也取得一定的进展，例如，中国科学院兰州化学物理研究所将 Cu（Ⅰ）盐催化剂固载到甲基丁基咪唑苯磺酸盐离子液体中，在较低压力下实现了二氧化碳和高位阻三级炔醇的成环反应，反应后沸点超过 200℃ 的产物都可以通过减压蒸馏近乎定量地得到，离子液体和催化剂没有损失，可以继续使用。他们首次在离子液体中实现了高效环己酮肟重排制己内酰胺的催化反应，使这一过程已经成为绿色过程，克服了目前固体酸催化剂易失活、频繁再生问题，为取代硫酸实现 Beckmann 重排过程的绿色化开辟一条新的道路[10,11]。中国科学院过程工程研究所建立了离子液体数据库[12]，在此基础上深入探索了离子液体结构和性质之间的周期变化规律，为离子液体的进一步利用和开发新型离子液体奠定了一定理论基础。

随着研究的不断深入，离子液体的种类迅速增加，阳离子主要包括 N,N-二烷基咪唑、N-烷基吡啶和季铵类，相对于阳离子，阴离子的种类较多，主要包括对水敏感的 $AlCl_3$ 类、对水不敏感的含 F 类的阴离子，如 $[PF_6]^-$、$[NTf_2]^-$。从微观角度说，离子液体性质不同于常规类离子化合物（如 NaCl、KCl）主要原因是阴阳离子体积较大、电荷分散、静电吸引力减弱、熔点降低、黏度增大。目前对离子液体的结构和性质之间的关系的研究还处于初步阶段，而且随着新型离子液体的不断出现，离子液体的数目不断增大，又出现了许多新的情况。人们根据需要已设计出了许多功能性的离子液体（task-specific ionic liquid），例如，设计利用胍类离子液体吸收 SO_2 气体[13]，吸收机理被推断主要是阳离子的胺基和 SO_2 发生化学反应，如图 1.6 所示，而带有胺基的离子液体对 CO_2 气体有较强的吸收能力[14]，吸收的机理也是阳离子的胺基和 CO_2 反应生成羧酸盐离子液体，如图 1.7 所示，而且当温度升高或压力减小时，CO_2 气体又会释放出来，离子液体可以循环使用，而不污染环境。这些功能化的离子液体的出现为控制和减少大气污染提供了一种新的手段。

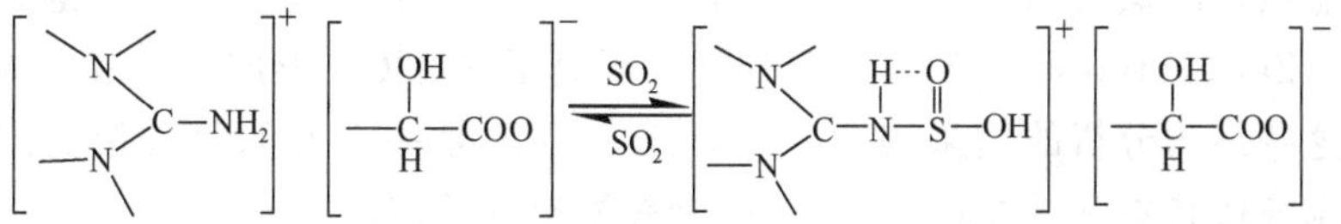

图 1.6　胍类离子液体吸收 SO_2 气体的反应机理

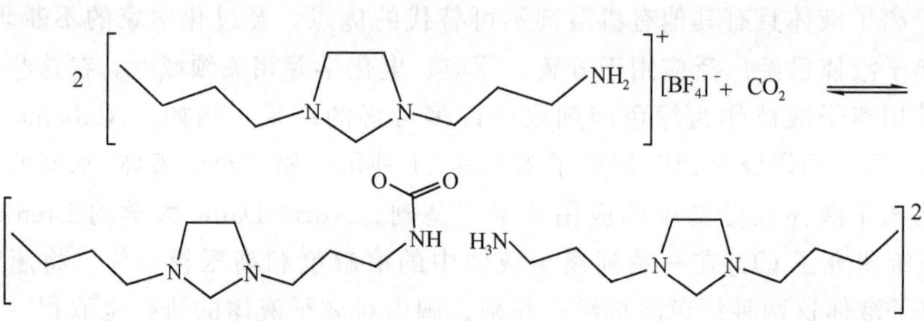

图 1.7　胺基离子液体吸收 CO_2 的反应机理

1.2.1.2　离子液体的结构探索

随着实验的深入，人们开发了许多新型的功能性的离子液体，使离子液体的应用更加广泛，但是由于缺乏对离子液体的微观结构和宏观性质之间关系以及离子液体在分离和反应中作用机理的深入研究，无法知道阴阳离子对离子液体性质的影响大小，使得离子液体进一步的开发和应用受到很大的限制。

对离子液体结构的认识开始于 20 世纪 80 年代初，Tait 和 Osteryoung[15] 测定了氯化吡啶离子液体/$AlCl_3$ 和氯化咪唑/$AlCl_3$ 形成的离子液体体系的 IR 光谱，发现在碱性环境下，即当有 Cl^- 存在时，Cl^- 与阳离子吡啶环上的或咪唑环上的 C_2—H 基团形成氢键，这是最早的对离子液体结构的认识。Fannin 等[16] 的对氯化咪唑/$AlCl_3$ 研究却给出了"堆积"模型（stack model），每一个阳离子和两个阴离子连接在一起，一个在环的上面，一个在环的下面，阴阳离子之间并没有形成氢键。Dieter 等[17] 通过 IR 光谱证明阴离子（Cl^-）不但能够和咪唑环上 C_2—H 形成氢键，而且能够和咪唑环上的 C_4—H 以及 C_5—H 形成氢键。

Dymek 和 Jr. Grossie 等[18] 报道了氯化咪唑盐的晶体结构，发现在一个晶胞内有四个[emim]Cl 离子对（ionic pair），一个 Cl^- 和咪唑环上 C 原子的平均距离为 3.55Å，范围在 3.34～3.80 Å 之间，说明 Cl^- 和咪唑环上的三个 C—H（C_2—H、C_4—H、C_5—H）基团形成氢键。同时作者发现上述离子液体的液体 IR 光谱和固态的 IR 光谱除了振动强度增大以外，其吸收频率基本上是一致的，这说明在室温时，上述氢键在液态同样存在，从而也证明了 Dieter 的结论。Abdul-Sada 等[19] 报道了 1-甲基-3-乙基咪唑碘化物（[emim]I）离子液体的晶体结构，发现存在和氯盐相似的氢键结构。因此从文献上看，大部分的作者支持"氢键"离子对的模型。Zaworotko 等[20] 测定了系列吡啶阳离子和 $AlCl_4$ 形成离子液体的晶体结构，对这些结构分析的结果表明，$[AlCl_4]^-$ 并不是一个好的氢键接受体，这说明在常温液体状态下 $[AlCl_4]^-$ 处于一种较游离的状态。

但由于卤化盐离子液体对水的敏感性，其应用受到很大的限制，20世纪末人们又相继开发合成了对水较稳定的二烷基咪唑氟类离子液体，如 [bmim][BF$_4$]、[bmim][PF$_6$]、[emim][(C$_3$F$_3$SO$_2$)$_2$N]、[emim][AsF]等，使得离子液体的应用大为扩展。对于这类多原子阴离子离子液体的结构的认识，相对于上述单原子阴离子离子液体还存在很大的局限性。对这类离子液体结构的认识主要是通过X射线衍射实验了解其晶体结构，然后根据晶体结构理解和预测离子液体在液态下的结构特征。但大部分的离子液体是在液体状态下合成和应用的，了解其液体状态下的结构和性质之间的关系是进一步研究这些离子液体的关键。通过IR和NMR光谱，人们发现阴离子的F原子和咪唑阳离子的C$_2$—H结构之间也同样存在氢键，但这种氢键相对于单原子的氢键来说是较弱的。Huang等[21]通过NMR研究了[emim][BF$_4$]离子液体在不同温度下的结构特征，发现当温度$T<330K$时，阴阳离子呈现离散离子对分布，而当温度$T>335K$时，阴阳离子是独立存在的形式，而且在F和C$_2$—H之间存在氢键。Fuller等[22]测定了[emim][PF$_6$]的晶体结构，得到与 [AlCl$_4$]$^-$类和 [BF$_4$]$^-$类离子液体相类似的结构特征，阴阳离子之间存在较弱的氢键作用。

因此，离子液体阴阳离子相互作用的方式以及结构特征是离子液体研究的一个重要课题，上面的研究说明，阴阳离子主要靠库仑静电作用力连接在一起并表现为氢键模型，但这种氢键会随着阴离子体积的增大而减弱，温度升高时，也会减弱甚至消失。

1.2.1.3 离子液体的量子化学研究

目前的研究表明，可能的阴阳离子组合成离子液体的数目可以达到1万亿之多，离子液体是一种性质可调节的溶剂，不同阴阳离子的组合会得到不同性质的离子液体，因此从实验上对这么多的离子液体进行全面而深入的研究，从现实的角度讲是不可能的。即使对少数的离子液体进行研究也会耗费很大的人力和物力，而物质的结构决定性质，由结构可以预测性质，对结构的深入了解可以达到设计分子的目的。QSPR（定量结构-性质关系）和QAPR（定量结构-活性关系）方法预测离子液体的熔点、黏度、密度等性质在最近几年里取得很大的进展。例如，Rogers研究小组用其开发的CODESSA对57种不同取代基的离子液体的熔点进行了关联，两个描述符和六个描述符的关联式相关系数的平方分别为0.788和0.713[23]。美国的空军研究所对1-烷基-4-氨基-1，2，4-三咪唑嗅盐和硝酸盐离子液体的熔点、密度和分子轨道、热力学、静电描述符进行了关联，相关系数多大于0.9，虽然有许多的描述符是用于描述化学反应的，但它们可以定量地说明阴阳离子之间相互作用[24]。

一般来说，分子的结构性质包括构型、能量、原子电荷分布、电子密度以及分子轨道等，而这些性质必须通过量子化学方法计算得到。利用量子化学方法对不同系列离子液体展开研究，理解其结构-性质之间的关系、阴阳离子静电作用方式、离子液体中的氢键，有针对性地探索不同阴/阳离子组成离子液体的性质变化的规律，以及离子液体在催化反应中的酸碱活性中心、反应的过渡态、活化能等，并在此基础上，针对特定的需求设计功能性的离子液体，这必将为实验提供理论的导向，减少实验的盲目性和不确定性，使离子液体的研究上一个新的台阶。

离子液体阴阳离子主要靠静电吸引作用而连接在一起，探索气态下离子液体离子对稳定构型、大量阴阳离子相互结合的微观结构以及光谱性质，从而模拟和预测液态下离子液体的结构和宏观实验性质之间的关系，以及在离子液体中化学反应的机理和微观基元反应，寻找合理的过渡态，是离子液体量子化学研究的重点和主要方向。Dieter[17]用半经验的 AM1 方法计算了[emim]Cl 的结构和 IR 光谱，并进一步解释了自己的实验结果，无论是单独的 [emim][+] 阳离子还是[emim]Cl分子，计算的 IR 频率和实验的频率吻合得很好，此时 Cl^- 和咪唑环上的C—H基团形成氢键结构。Sitze 等[25]用从头计算方法（HF）和密度泛函方法（DFT），加上全电子的 6-31G* 基组和 LANL2DZ 以及 CEP-31G 基组，计算研究了 1-丁基-3-甲基咪唑氯化盐/$FeCl_2$ 和 1-丁基-3-甲基咪唑氯化盐/$FeCl_3$ 两种体系的离子液体的阴离子结构和光谱性质，并和实验的 Raman 散射光谱进行比较，从而说明了在第一种离子液体中，阴离子的主要存在形式是 $[FeCl_4]^-$，在第二

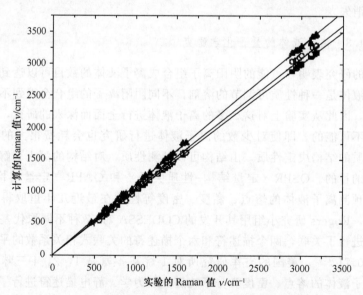

图 1.8 [emim][PF₆]的 Raman 和 IR 关联图

比例因子＝0.967（B3LYP），0.915（RHF）

相关系数＝0.999

▲ RHF；○ B3LYP；■ 相关系数为 1.00 的理论关联

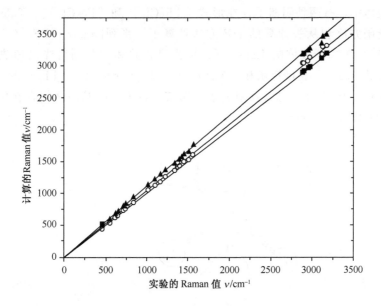

图 1.9 ［pmim］［PF₆］的 Raman 和 IR 关联图

比例因子＝0.965（B3LYP），0.914（RHF）

相关系数＝0.999

▲ RHF；○ B3LYP；■ 相关系数为 1.00 的理论关联

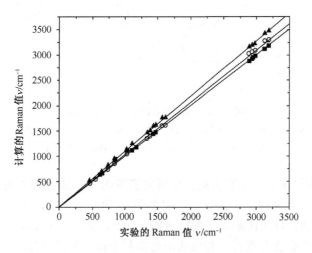

图 1.10 ［bmim］［PF₆］的 Raman 和 IR 关联图

比例因子＝0.964（B3LYP），0.914（RHF）

相关系数＝0.999

▲ RHF；○ B3LYP；■ 相关系数为 1.00 的理论关联

种离子液体中，有两种阴离子存在形式：[FeCl₄]⁻ 和 [Fe₂Cl₇]⁻。Talaty 等[26]用密度泛函方法和从头计算的 HF 方法计算了一系列[amim][PF₆]（a＝ethyl，propyl，butyl）离子液体的 Raman 和 IR 光谱，并和实验测得光谱值进行比较（图 1.8～图 1.10）。密度泛函和从头计算都表明气态下阴离子 [PF₆]⁻ 的 F 原子和阳离子的 C₂—H 基团之间以及阳离子烷基支链的 C—H 基团之间存在氢键结构（如图 1.11 所示的[emim][PF₆]）。

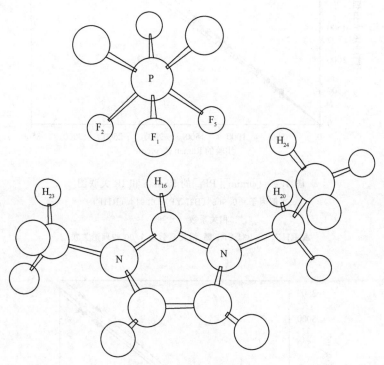

图 1.11 [emim][PF₆]的分子结构

氢键包括：F₂—H₂₃，2.256Å，F₂—H₁₆，2.078 Å；F₁—H₁₆，2.524 Å；F₅—H₁₆，
2.146 Å；F₅—H₂₀，2.545 Å；F₅—H₂₄，2.546 Å

Turner 等[27]用从头计算方法计算研究了不同 N-烷基侧链咪唑卤化物的稳定存在构型（图 1.12 描述了 [emim]⁺ 阳离子和 Cl⁻、Br⁻、I⁻ 阴离子在不同位置结合的稳定结构）以及阴阳离子的结合能（interaction energy），这种结合能反映了阴阳离子的库仑静电吸引力和烷基侧链范德华排斥力的平衡，而离子液体的熔点又强烈地依靠这种力的平衡，作者将结合能和熔点进行了关联，并找到结构和性质之间关系的变化趋势，为用从头计算理性地设计离子液体提供了一种思路。

在综合文献的基础上，我们用 DFT 方法系统地计算研究了一系列不同烷基侧链 N，N-二烷基咪唑阳离子（包括 [mmim]⁺、[emim]⁺、[pmim]⁺、[bmim]⁺）和 Cl⁻、Br⁻、[BF₄]⁻、[PF₆]⁻ 形成的离子液体的结构和结合能。

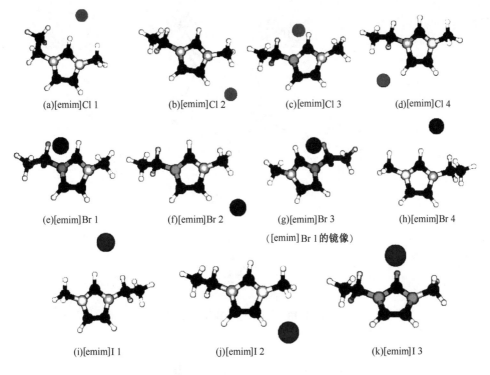

(a)[emim]Cl 1   (b)[emim]Cl 2   (c)[emim]Cl 3   (d)[emim]Cl 4

(e)[emim]Br 1   (f)[emim]Br 2   (g)[emim]Br 3   (h)[emim]Br 4

([emim]Br 1的镜像)

(i)[emim]I 1   (j)[emim]I 2   (k)[emim]I 3

图 1.12　[emim]Cl、[emim]Br、[emim]I 分子的稳定存在结构

研究的结果也同样证明了在阴阳离子之间形成氢键，在单原子阴离子离子液体，如[emim]Cl 中，阴阳离子对之间只有一个氢键存在（图 1.13），而且这种氢键结构会受到 N-烷基侧链的影响，随着侧链的增长，氢键作用减弱。在多原子阴离子离子液体，如[emim][PF₆]中，其最稳定的阴阳离子对结构之间存在三个氢键（图 1.14），因此我们可以推断在离子液体中存在一个氢键、两个氢键或三个氢键离子对结构，而且这种结构也会受到烷基侧链的影响，随着侧链的增长，氢键作用减弱。这些氢键离子对结构会相互结合成氢键网络结构，例如，图 1.15和图 1.16 分别描述[emim]Cl 和[emim][PF₆]的氢键网络结构，氢键网络结构从分子水平上描述了离子液体结构本质，反映了离子液体的性质和结构之间的关系。

　　单纯的量子化学具有局限性，很难对真实的液态下大量的离子液体做准确的描述，尤其是液态下离子处于不断的碰撞和游离状态。将从头计算分子动力学（ab initio molecular dynamics）计算用于离子液体的研究无疑是解决上述问题的一个较好的方法。Del Pópolo 等[28]第一次用从头计算分子动力学方法计算研究[dmim]Cl 离子液体区域液态结构，并和两种不同的经典力场以及中子散射实验的结果进行了比较，比较的结果显示其预测结构更准确。

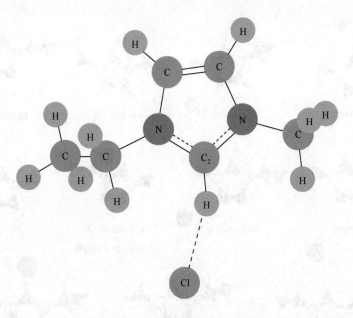

图 1.13 〔emim〕Cl 离子对结构

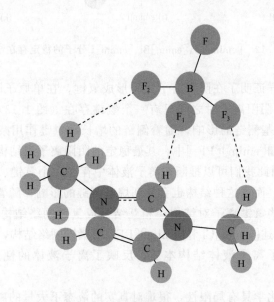

图 1.14 〔emim〕〔BF₄〕的离子对结构

　　离子液体除了作为溶剂用于分离以外，在离子液体中还会发生许多化学反应，如石油烷基化反应、Diels-Alder 环加成反应、Friedel-Crafts 酰基化反应等，离子液体为这些反应提供了不同于传统分子溶剂的环境，使得反应的转换率和选

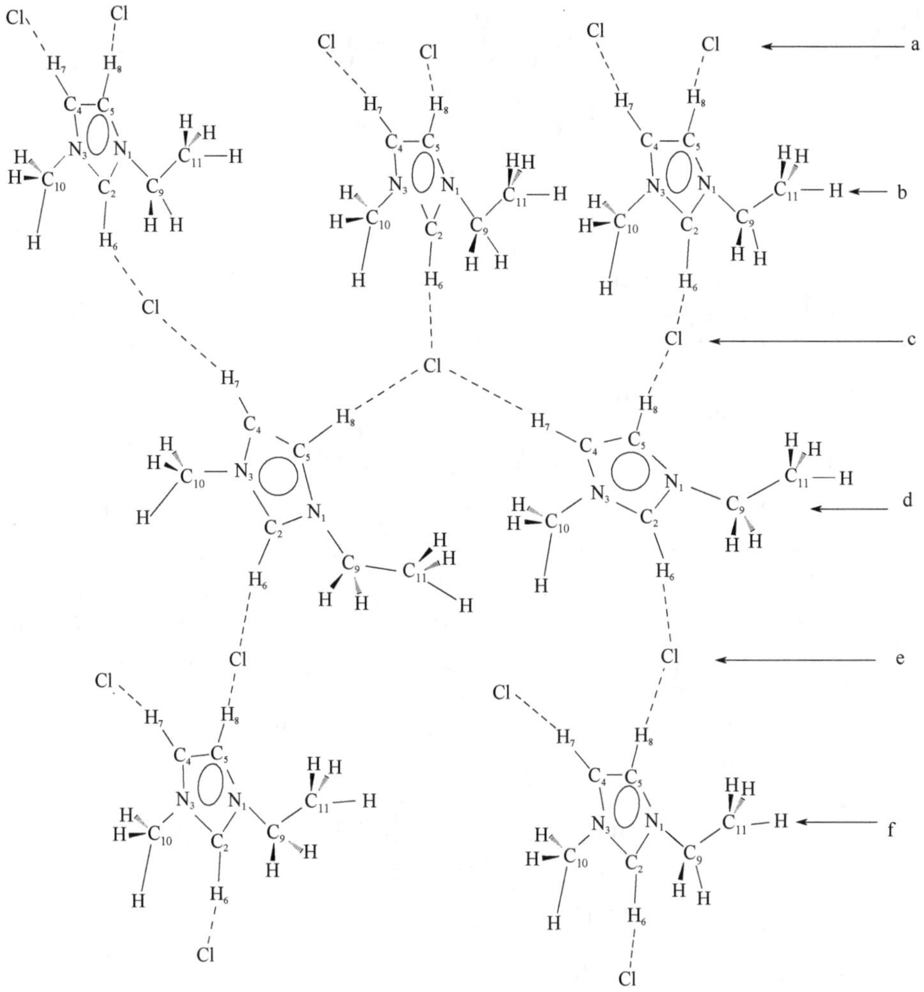

图 1.15 〔emim〕Cl 的氢键网络结构
a、c、e 代表不同层的阴离子；b、d、f 代表不同层的阳离子

择性更高，例如，〔emim〕Cl-AlCl$_3$ 离子液体中，当 AlCl$_3$ 的摩尔分数大于 0.5 时，有如图 1.17 所示的化学平衡存在，阴离子 〔Al$_2$Cl$_7$〕$^-$ 是 Lewis 酸中心，在烷基化反应中起酸性催化剂的作用，这样的离子液体可以替代有强烈腐蚀性的传统的强酸。咪唑型的离子液体相对于传统溶剂对 CO$_2$ 有很高的吸收效果，据报道在 50bar 的压力下，CO$_2$ 在咪唑型离子液体中的溶解度是 50%（摩尔分数）。虽然离子液体用于化学反应取得了不错的效果，使得许多绿色化学问题得到了解决，但是许多重要的反应机理、过渡态以及活化能等都尚不清楚，同一个反应使用不同种类阴阳离子组成的离子液体其结果有很大的差别，这对离子液体进一步

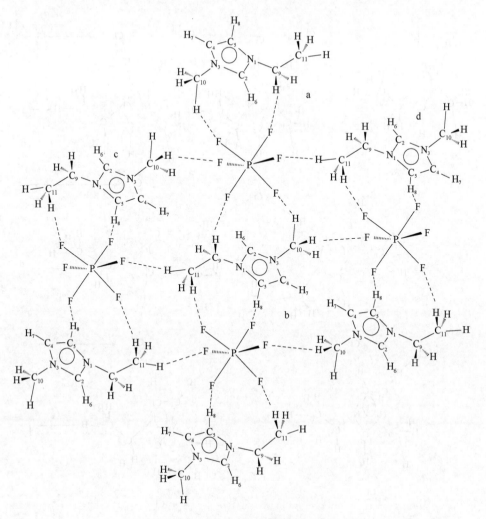

图 1.16　［emim］［PF₆］的氢键网络结构

a、b、c、d 代表不同层的阳离子

的应用产生很大的负面影响，因此用量子化学研究离子液体在化学反应中的结构和反应的机理以及针对于某一个反应设计功能化离子液体以达到更好的催化效果，又是离子液体研究的另外一个课题。

$$AlCl_3 + [AlCl_4]^- \rightleftharpoons [Al_2Cl_7]^-$$

图 1.17　［emim］Cl-AlCl₃离子液体体系中的阴离子的平衡

　　综上所述，人们对很多种离子液体进行了研究，利用各种手段了解其结构和性质的关系，试图揭示离子液体这种新型化合物的微观本质，并为离子液体的进一步应用奠定基础。离子液体许多的外在表观性质取决于阴阳离子的结构和相互作用的方式，不同阴阳离子组合会产生性质不同的离子液体以达到不同目的的应用，即"可设计性"，这也是离子液体最独特的性质。但目前对离子液体的结构的认识尚处于初步，还没有找到离子液体性质随结构变化的规律，不能对离子液体进行"设计"，有许多的问题还需要进一步的研究。

1.2.2　关键科学问题

离子液体应用的可设计性，是离子液体研究的一个核心问题。如图1.18所示，通过量子化学可以计算离子液体阴阳离子的结构、电荷分布、静电势以及前线分子轨道等结构性质，通过光谱，如IR、Raman、NMR等，可以将实验和计算结合起来，用计算解释实验的结果，用实验证明计算的可靠性，探索离子液体宏观性质随微观结构变化的规律，最终实现离子液体在一定范围内可设计的目的。

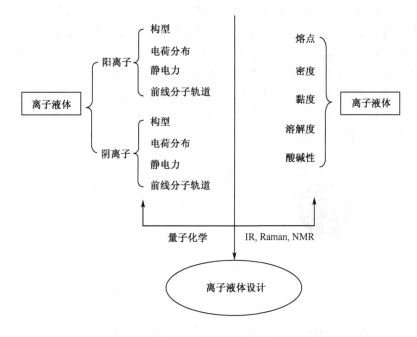

图 1.18　设计离子液体

1.2.3　发展方向及建议

离子液体具有可设计性，计算模拟的主要任务就是探索离子液体阴阳离子的分子结构、电荷分布、静电势、前线分子轨道等微观性质以及变化的规律，找到微观的结构和宏观物理化学性质之间的关系，例如，同一种阴离子和不同烷基侧链咪唑阳离子形成的离子液体，随着阳离子烷基侧链的增长，离子液体的性质，如熔点，会表现出规律性的变化趋势，从而实现离子液体设计应用的目的，这是离子液体研究的一个重要方向。

　　对于离子液体这种新的化合物，阴离子具有无机物的特征，阳离子具有有机物的特征，阴阳离子靠静电作用相互结合在一起的，利用量子化学对单一阴离子或阳离子进行计算，进而研究其性质是不符合实际的，有时计算的误差很大，而且无论是阴离子还是阳离子，其分子体积比一般的盐类要大得多，液态下分子的游离性很大，即使计算一个由阴阳离子结合而成的分子，也很难反映其真实的结构。当离子数目增大时，即使使用较小的基组（如 STO-3G），甚至半经验的方法（如 AM1），也会使计算的时间很长，有时很难收敛。目前的量子化学计算方法处理较大、具有强烈静电作用的体系时，其结果通常不是很令人满意。因此，针对于离子液体这种新型的化合物，能够接近于其真实的体系、有较快的收敛效率的计算方法成为进一步研究离子液体的另一个重要方向。

　　分子力学方法（MM）能够处理较大的体系，原子数可达数千，并且对静电作用力（也就是非键作用力）有较好的处理机制。将量子化学（QM）和分子力学两种计算方法结合起来，无疑是计算处理离子液体的一种理想方式。ONIOM是一种多层的、将 QM 和 MM 集成起来的新的处理大体系的方法，目前使用最多的是三层的 ONIOM 方法，它的处理机制如图 1.19 所示，MM 层次主要描述体系外部的静电作用力，中间的 QM 方法描述接近于活性中心的官能团或配位体的电子作用，而最里层是用较好的 QM 方法计算电子相关性以及反应的特性，式（1.2）给出了这种方法计算能量的方法。

图 1.19　ONIOM 方法三层计算机理

$$
\begin{aligned}
E(\text{ONIOM3}) = {} & E[\text{高层,模型体系}(\text{High,SModel})] + \\
& E[\text{中间层,间体系}(\text{Med,IModel})] + \\
& E[\text{低层,真实体系}(\text{Low,Real})] - \\
& E[\text{中间层,模型体系}(\text{Med,SModel})] - \\
& E[\text{低层,中间体系}(\text{Low,IModel})]
\end{aligned}
\tag{1.2}
$$

式中，$E(\text{ONIOM3})$ 表示体系的总能量；$E[$高层,模型体系$(\text{High,SModel})]$ 表示用精确水平的计算方法计算的模型体系的能量；$E[$中间层,间体系$(\text{Med,IModel})]$ 表示用中等水平的计算方法计算的中间体系的能量；$E[$低层,真实体系$(\text{Low,Re}$-

al)]表示用低水平的计算方法计算的整个分子的能量;E[中间层,模型体系(Med,SModel)]表示用中等水平的计算方法计算的模型体系的能量;E[低层,中间体系(Low,IModel)]表示用低水平的计算方法计算的中间体系的能量。

图 1.20 给出了用 ONIOM 三层方法计算[P(C₄H₉)₄]C₃H₆NO₂这样较大原子数目的氨基酸类离子液体吸收 CO₂的模型。整个离子液体分子被看作 Real,用较低的 MM 方法处理;反映阴阳离子静电作用的中间 IModel 用一般的 QM 方法,如 B3LYP/3-21G 处理;反应的活性部位,即阴离子和 CO₂作用的 SModel 用较高水平的计算方法和较大的基组,如 MP2/6-31＋G*处理。这样的处理比单独的使用较高水平的计算方法大大节约了计算时间和计算资源,并且计算的结果也很理想。

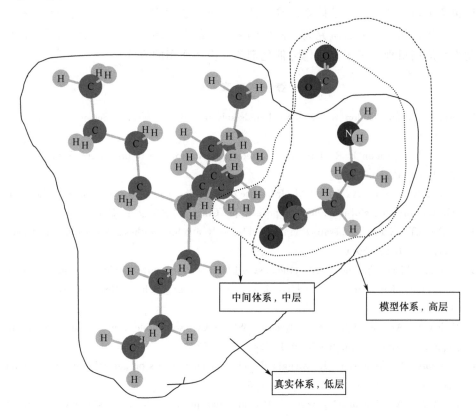

中间体系,中层

模型体系,高层

真实体系,低层

图 1.20　用 ONIOM 方法对反应[P(C₄H₉)₄]C₃H₆NO₂＋CO₂的划分

离子液体在化学反应中作为催化剂,可以代替氢氟酸等强酸,但离子液体分子和反应物的作用方式、反应过渡态等反应机理尚不清楚。利用量子化学计算方法研究离子液体电子结构性质,找到催化活性中心,以及和反应物的作用方式、反应过渡态的结构、反应的活化能等和化学反应有关的微观结构性质,从而为特定的化学反应设计高效的离子液体催化剂，是离子液体研究的又一个重要方向。

1.2.4 结论与展望

随着离子液体研究的深入，离子液体阴阳离子结构和性质之间的关系，成为进一步研究和利用离子液体的关键。从目前文献的报道看，对离子液体的结构的认识处于初步探索阶段，还有很多的问题需要研究。虽然人们认识到阴阳离子靠静电作用结合在一起，并且有氢键存在，但由于离子液体有较大的体积、电荷分布不集中，对于液态下离子液体分子的平衡存在方式还缺乏足够的认识。对于离子液体内发生的化学反应，没有了解其反应的机理，使得其应用受到很大的限制。因此，把量子化学方法和分子力学方法结合起来，用分子力学方法研究和探讨包含大量离子液体分子体系的静电性质、热力学性质，了解阴阳离子平衡存在方式；用量子化学方法研究离子液体阴阳离子的电子结构性质，探讨离子液体内化学反应的机理、离子液体作为催化剂和反应物作用的方式。

参 考 文 献

1　Rogers R D，Seddon K R. Ionic liquids-solvents of the future? Science，2003, 302：792～793

2　Earle M J，Seddon K R. Ionic liquid green solvents for the future. Pure Appl. Chem.，2000, 72：1391～1398

3　Seddon K R，Stark A，Torres M. Influence of chloride, water, and organic solvents on the physical properties of ionic liquids. pure Appl. Chem.，2000, 72：2275～2287

4　Welton T. Room temperature ionic liquids：solvents for synthesis and catalysis. Chem. Rev.，1999, 99：2071～2083

5　Abraham M H，Zissimos A M，Huddleston J G et al. Some novel liquid pantioning systems：water-ionic liquids and aqueous biphasic systems. Ind. Eng. Chem. Res.，2003, 42：413～418

6　Cadena C，Anthony J L，Shah J K et al. Why is CO_2 so soluble in imidazolium-based ionic liquids? J. Am. Chem. Soc.，2004, 126：5300～5308

7　Anthony J L，Anderson J L，Maggin E J et al. Anion effects on gas solubility in ionic liquids. J. Phys. Chem. B, 2005, 109：6366～6374

8　Aki S N V K，Mellein B R，Saurer E M et al. High-pressure phase behavior of cation dioxide with imidazolium-based ionic liquids. J. Phys. Chem. B, 2004, 108：20 355～20 365

9　Blanchard L A，Hancu D，Beckman E J et al. Green processing using ionic liquid and CO_2. Nature (London)，1999, 399：28～29

10　Gu Y，Shi F，Deng Y. Ionic liquid as an efficient promoting medium for fixation of CO_2：clean synthesis of α-methylene cyclic carbonates from CO_2 and propargyl alcohols catalyzed by metal salts under mild conditions. J. Org. Chem.，2004, 69：391～394

11　Peng J，Deng Y. Catalytic Beckmann rearrangement of ketoximes in ionic liquids. Tetrahedron Lett. , 2001, 42: 403~405

12 Sun N, Zhang S, Zhang X et al. Physical properties of ionic liquids: database and evalua-
tion. 18th IUPAC International Conference on Chemical Thermodynamics, 2004, 458

13 Wu W, Han B, Gao H et al. Desulfurization of flue gas: SO_2 absorption by an ionic liquid.
Angew. Chem. Int. Ed. , 2004, 43: 2415~2417

14 Bates E D, Mayton R D, Ntai I et al. CO_2 capture by a task-specific ionic liquid. J. Am.
Chem. Soc. , 2002, 124: 926~927

15 Tait S, Osteryoung R A. Infrared study of ambient-temperature chloroaluminates as a func-
tion of melt acidity. Inorg. Chem. , 1984, 23: 4352~4360

16 Jr. Fannin A A, King L A, Levisky J A et al. Properties of 1,3-dialkylimidazolium chlo-
ride-aluminum chloride ionic liquids. 1. Ion interactions by nuclear magnetic resonance spec-
troscopy. J. Phys. Chem. , 1984, 88: 2609~2614

17 Dieter K M, Jr. Dymek C J, Heimer N E et al. Ionic structure and interactions in 1-methyl-
3-ethylimidazolium chloride-$AlCl_3$ molten salts. J. Am. Chem. Soc. , 1988, 110:
2722~2726

18 Jr. Dymek C J, Grossie D A, Fratini A V et al. Evidence for the presence of hydorgen-
bonded ion-ion interacions in the molten salt precursor, 1-methyl-3-ethylimidazolium chlo-
ride. J. Mol. Struc. , 1989, 213: 25~34

19 Abdul-Sada A K, Greenway A M, Hitchcock P B et al. Upon the structure of room temper-
ature halogenoaluminate ionic liquids. J. Chem. Soc. Commun. , 1986, 759: 1753~1754

20 Zaworotko M J, Cameron T S, Linden A et al. Structures of the tetrachloroaluminate salts
of the N-ethylpyridinium, 2-ethylpyridinium, pyridinium and 1-chloromethyl-1, 2, 3, 4,
5, 6-hexamethylbenzenium cations. Acta Cryst. , 1989, C45: 996~1002

21 Huang J F, Chen P Y, Sun I W et al. NMR evidence of hydrogen bonding in 1-ethyl-3-
methylimidazolium-tetrafluoroborate room temperature ionic liquid. Iorganica Chimica Acta,
2001, 320: 7~11

22 Fuller J, Carlin R T, de Long H C et al. Structure of 1-ethyl-3-methylimidazolium hexaflu-
orophosphate: model for room temperature molten salts. J. Chem. Soc. , Chem. Com-
mun. , 1994, 299~300

23 Katritzky A R, Jain R, Lomaka A et al. Correlation of the melting point of potentail ionic
liquids (imidazolium bromides and benzimidazolium bromides) using the CODESSA pro-
gram. J. Chem. Inf. Comput. Sci. 2002, 42: 225~231

24 Trohalaki S, Pachter R, Drake G W et al. Quantitative structure-property relationships for
melting points and densities of ionic liquids. Energy & Fuels, 2005, 19: 279~284

25 Sitze M S, Schreiter E R, Patterson E V et al. Ionic liquids based on $FeCl_3$ and $FeCl_2$. Ra-
man scattering and *ab initio* calculations. Inorg. Chem. , 2001, 40: 2298~2304

26 Talaty E R, Raja S, Storhaug V J et al. Raman and infrared spectra and *ab initio* calcula-
tions of $C_{2\sim4}$ mim imidazolium hexafluorophosphate ionic liquids. J. Phys. Chem. B, 2004,
108: 13 177~13 184

27 Turner E A, Pye C C, Singer R D. Use of *ab initio* calculations toward the rational design of room temperature ionic liquids. J. Phys. Chem. A, 2003, 107: 2277~2288

28 Del Pópolo M G, Lynden-Bell M, Kohanoff J. *Ab initio* molecular dynamics simulation of a room temperature ionic liquid. J. Phys. Chem. B, 2005, 109: 5895~5902

1.3 离子液体的 QSPR 研究

1.3.1 QSPR 研究方法介绍

定量结构-性质相关（quantitative structure-property relationship，QSPR）研究的基础是化合物的性质依赖于其结构[1]。定量结构-性质相关的常用研究方法有量子化学法、神经网络法、基团贡献法等。

1.3.1.1 量子化学在定量结构-性质相关中的应用

通过量子力学方法能够对每一种化合物的电子结构和立体结构做出计算。相比于传统的经验参数，量子化学参数对化合物结构的描述更加全面、细致，物理意义更加明晰，理论性更强。量子化学参数可以快速而准确地通过计算获得，不需要实验测定，从而可以节省大量的实验费用、实验设备和时间。因此，量子化学在定量结构-性质-活性相关研究中具有广泛的应用前景。

模型主要是由 Kamlet 等发展起来的线性溶解能相关（LSER）理论[2,3]，是线性自由能关系（LFER）的一种。Kamlet 等的研究表明，溶解包含下面三个与自由能有关的过程：①在溶剂中形成一个可以容纳溶质分子的空穴；②溶质分子互相分离并进入空穴；③溶质与溶剂间产生吸引力。据此，提出如下模型：

$$XYZ = XYZ_0 + 空穴项 + 偶极项 + 氢键项 \tag{1.3}$$

式中：XYZ 代表溶解度或与溶解、分配有关的性质（如水溶解度、有机溶剂-水分配系数、生物组织间分配系数等），XYZ_0 的下标 0 表示不考虑空穴项、偶极项和氢键项状态下的性质。根据 LFER 理论，XYZ 常以某一测得值的对数表示；空穴项描述在溶剂分子中形成空穴时的吸收能量效应；偶极项表示溶剂分子与溶质分子间的偶极-偶极和偶极诱导偶极作用，这种作用常常是释放能量的；氢键项表示溶剂分子与溶质分子间的氢键作用，这种作用也是释放能量的。如果研究一系列溶质在同一种溶剂中的溶解度或一系列溶质在两种体系中的分配，方程（1.3）在引入溶剂化变色参数表征后，则表示为

$$XYZ = XYZ_0 + mV_i/100 + s\pi^* + a\alpha_m + b\beta_m \tag{1.4}$$

式中：m，s、a 和 b 为系数；$V_i/100$ 表示分子的本征摩尔体积（van der Waals 摩尔体积），可以通过程序计算得到；π^*、α_m 和 β_m 为 Kamlet 等采用溶剂化变色比较法（solvatochromic comparison method）得到的溶剂化变色参数。LSER 模型在用于研究有机物的水溶解度、辛醇-水分配系数、HPLC 保留因子以及反

应性毒性等时取得很大的成功。研究表明 LSER 模型适用的化合物范围最广，得出的预测方程精确度最高，而且，预测方程具有直观的物理意义。但是，LSER 法所应用的溶剂化变色参数主要由实验测得，对一些简单的化合物能估算，但对于结构复杂的化合物，溶剂化变色参数难以获得，因而限制了该模型的应用。

1.3.1.2 人工神经网络技术在定量结构-性质相关中的应用

在结构-性质-活性关系研究中已经知道结构与性质、性质与性质之间不仅有着线性关系，而且还存在着非线性关系。对于线性问题，运用统计学中的一元回归、多元回归分析等方法就能迎刃而解，而非线性问题的处理则要复杂得多。非线性问题大致分为三类：第一类问题比较简单，通过恰当的数学变换，不难将其转化为线性问题处理；第二类虽不能将其转化为线性问题但只要能够提出一个适当的非线性函数，通过拟合，特别是通过计算机拟合最终也能获得解决。第三类是那些因果关系不明了、推理规则不确定的非线性问题，要想解决这一类问题，用常见的计算方法极难奏效。近年来人工神经网络（artificial neural network，ANN）技术获得重大突破。它完全不同于 MLR（多元线性回归分析）和 ALS（最小二乘法），具有强大的非线性问题处理能力，能自动逼近那些最佳刻画了样本数据规律的函数，为结构-性质构效关系研究开拓了一片新天地。

作为新型的 QSPR 数据分析手段，ANN 技术不同于回归分析等传统方法，它没有明确的模型，一切有关的结构-性质-活性信息均存储在网络内部的权重矩阵中，完全属于黑箱模型。因此，仍无法用标准的统计方法评价 ANN 技术的拟合程度、建立预测值的置信区间或评价每个自变量对于响应量误差的贡献。ANN 技术的外推能力较弱，当没有或远离训练样本的自变量空间区域时，网络的输出是不可靠的。所以在运用 ANN 技术处理 QSPR 数据时，必须进行严谨的可行性研究，将具体问题合理的数学化，正确设置网络的各种参数，使网络处于良好的工作状态，防止严重病态的出现。

1.3.1.3 拓扑学方法在结构-性质相关研究中的应用

在 QSPR 研究中，目前主要采取三种方法描述化合物的结构：第一种是以分子式为基础，根据实验测定的经验常数描述化合物的电性和立体结构方面的特征，如 Hansch 方法、线性自由能相关方法（LSER）等，这种方法虽然解决了一些实际问题，但由于其方法的经验性和繁琐性，加之实验所引起的误差等，其发展受到限制；第二种方法是应用量子力学方法对分子进行精确计算，以了解分子结构的全部信息，但是由于该法计算复杂，较难掌握，也不适合于大规模地应用于系列化合物的计算，因此该法的推广亦受到限制；第三种方法就是拓扑学方法，相比于另外两种方法，拓扑学方法具有其独特的优越性。

拓扑学参数直接产生于化合物的分子结构，它从化合物分子结构的直观概念出发采用图论的方法以数量来表征分子结构，如 Winer 指数、Randic 指数、Hosoya 指数 和 Balaban 指数等。这些拓扑指数可以反映分子中键的性质、原子间的结合顺序、分支的多少及分子的形状等拓扑信息，根据这些信息，就可能推测出分子的某些性质、活性。多年来，拓扑学方法不断丰富、发展，在结构-性质-活性相关研究中得到广泛的应用。在拓扑学方法中，目前最为常用的是 Kier 等提出的分子连接性指数（MCI）方法。MCI 法是在 Randic 分子分支指数基础上提出和发展起来的，它通过对分子中各原子点价的计算得到 MCI 指数。

多年来，分子连接性指数在结构-性质-活性相关研究中取得了丰硕的成果，但在实践中也暴露了一些弱点。MCI 指数是通过对分子中各原子点价的计算得到的，而点价主要是基于原子在分子中所连化学键的数目和原子的大小来确定的，因而 MCI 法主要局限于描述化合物的立体结构，而反映化合物电子结构的能力相对较弱。最近有不少研究者致力于开发新的拓扑指数，以求更全面、细致地描述分子的结构特征，如许禄等基于增广邻接矩阵提出了一种 Am 指数，并成功地应用于有机物结构-性质-活性相关研究；王连生等则对传统的自相关拓扑指数进行适当的改进，将其应用于估算有机污染物的理化性质、生物活性，获得了成功[11]。

1.3.1.4　基团贡献法预测有机物理化性质

基团贡献法（group contribution method）是结构-性质-活性相关研究中应用最广的方法之一。根据 Langmuir 的独立作用原理："在分子中的较小原子群与其他可能存在的原子群的本性无关，而在对某种性质具有固定的贡献这一基础上，复杂分子的很多性质至少是能够近似地求得"，基团贡献法假定不同分子或混合物中同一基团的贡献完全相同，把纯物质或混合物的性质看成是构成它们的基团对此性质的贡献的加和。

基团贡献法的好处是显而易见的，根据几十个基团贡献的参数，就可预测包括这些基团的大量纯物质和混合物的性质，因此，它被广泛地用于预测化合物的各种物理化学性质，如溶解度、活度系数、分配系数、沸点、临界参数、液体的饱和蒸气压、比热容、理想气体标准生成热、理想气体标准熵、混合热、混合熵以及生物降解性等，并且具有较高的预测精度。

1.3.2　常用的量子化学及 QSPR 软件简介

1.3.2.1　MOPAC（6.0 版）

在众多的量子力学计算软件中，MOPAC（Molecular Orbital Package）是一个大众化、功能强大、计算结果精确、占用机时较少、使用方便的半经验分子轨道量子力学计算软件包[4,5]，MOPAC（6.0 版）由 Stewart[5] 于 1990 年编写完成，该版在 VAX 计算机上运行；1993 年 Peeter Burk 和 Ivar Koppel 等将其移植到微型计算机上，由 MS-DOS 操作系统支持。在 MOPAC（6.0 版）中，包含有 MINDO/3、MNDO、AM1 和 PM3 等半经验分子轨道算法并采用约 140 个关键词控制其计算方式、计算精度、计算结果的输出等。MOPAC（6.0 版）可以计算分子、自由基、离子和聚合物的振动光谱、热力学性质、同位素取代效应和力常数等参数。使用 MOPAC 软件，可以采用直角坐标、自然坐标（内坐标）和高斯 Z 矩阵（Gaussian Z-matrice）编写分子结构输入文件。

1.3.2.2 Gaussian 系列

Gaussian 计算化学软件包[6]，广泛应用于计算化学领域，至今 Gaussian 已经有 92、94、98 和 03 四种版本，每一种版本都有 UNIX 和 Windows 两种版本，这两种版本虽然操作方式有差别，但基本的输入和输出过程是类似的，因此我们在此只介绍 03 版 Windows 软件。

Gaussian03W 能够解决的化学问题主要有：计算分子的能量和结构、过渡态的能量和结构、振动频率；计算 IR、Raman 光谱，键能和反应能以及热力学性质；反应路径分析；计算分子轨道、原子电荷、多重极矩（包括偶极矩、四极矩和六极矩）、NMR 屏蔽常数和磁化系数。

一般情况下，Gaussian 计算的物理条件是真空状态下，温度为 0K 时的单个分子的形状以及各种相关的性质，在 98 版本后对零点能进行了更为扩充的校正，使计算更能接近于真实的体系。Gaussian03W 的输入很简单，可以用一般的编辑程序（如记事本、写字板）进行输入，也可以使用程序自带的输入界面，输入文件的扩展名为.GJF，一般分为四部分：草稿文件的路径（scratch 文件，扩展名为.chk），计算路径部分（calculation route），主题（title）部分和电荷、自选多重度以及分子说明部分（molecular specification）。Gaussian 的输出文件很简单，一般是文本形式，扩展名为.OUT。

1.3.2.3 CODESSA 软件包

CODESSA[7]（comprehensive descriptors for structural and statistical analysis）是一个被广泛应用于 QSPR/QSAR 研究的计算软件，曾成功地被用来预测多种物理化学性质，如熔点、沸点、蒸气压、密度、毒性以及分配系数等[8~10]。该软件基于化合物的 3D 几何构型，运用多种数学工具计算分子描述符，共计 500 多种。描述符主要有六种类型：结构描述符、拓扑描述符、几何描述符、静电描述符、量子化学描述符、热力学描述符。

软件中常用的统计分析方法主要有启发式算法（heuristic）和最佳多元线性回归（best multilinear regression）。下面对两种方法的计算过程做简单的介绍。

1) 启发式算法

(1) 对描述符进行预选，把数据不全的描述符以及对所有结构数值相同的描述符去掉。

(2) 对剩余的描述符进行单参数关联，将下述类型的描述符删除：F 检验值低于 1.0 者；相关性系数小于设定的最小相关系数（R^2_{min}，默认值 0.1）者；t 检验值小于设定值 t_1（默认值 1.5）者；描述符间相互关联程度较大者（$>r_{full}$，默认值 0.99）。

(3) 剩余的描述符按照相关系数由大至小排列，从相关系数最大的描述符开始，每一个描述符与剩余的描述符两两组合后与研究的性质关联，得到最好的，即有最大 F 值的两参数关联方程（工作样本）。

(4) 把剩余的内关联程度较小的描述符（$<r_{sig}$，默认值 0.9）依次加入选出的工作样本中。如果关联模型的 F 检验值大于 $F_{workingn}/(n+1)$（n 是工作样本的描述符个数，初始值为 2），即此关联比原来的样本显著性大，说明扩展后的描述符是有效的，可以用于下一步的计算。

(5) 如果得到的模型中的最大描述符个数小于用户设定的最大值 ND_{max}，则工作样本重复第（4）步的工作；否则，计算过程结束，保存模型。最后结果是筛选出的十个相关系数和 F 检验值最大的关联方程。

统计分析中 F 值用来衡量整个模型的显著性，t 值用来衡量模型中各个参数的显著性。

2) 最佳多元线性回归法

(1) 首先搜取所有计算出的正交描述符 i，j（$R^2_{ij}<R^2_{min}$）；

(2) 用这些描述符与性质关联得到二元线性方程，筛选出 N_c（$\leqslant400$）个方程（有较大相关系数）进行进一步的回归分析；

(3) 向方程中加入非共线描述符 k（$R^2_{ik}<R^2_{nc}$，$R^2_{kj}<R^2_{nc}$）成为三参数模型，如果三参数模型的 F 值小于最佳的两参数模型的 F 值，两参数模型为最后结果，反之，保存最佳三参数模型（最大相关系数）并用于下一步的计算；

(4) 向方程中再次加入非共线描述符，类似第（3）步，把得到的（$n+1$）参数模型 F 值与最佳的两参数模型的 F 值比较；

(5) 最后结果显示具有最大 F 值和交叉验证系数的多元关联方程。

1.3.3 研究现状及进展

定量构效关系（QSPR）法是用半经验方程把物质性能与分子特点联系起来，预测物质性质。化合物结构与性质相关的研究最初应用在生物领域（即 QSAR, quantitative structure-activity relationship），是定量药物设计的一个研究分支领域，为了适应合理设计生物活性分子的需要而发展起来的。由于计算机技术的发展和应用，QSPR 的研究提高到了一个新的水平，日益成熟，其应用范围也迅速扩大。QSPR 分析具有如下两方面的功能：

（1）根据所阐明的构效关系的结果，为设计、筛选或预测任意性质的化合物指明方向；

（2）根据已有的化学知识，探求物质性质与结构的相互作用规律，从而推论呈现物质某些性质的机制[11]。

早期的 QSPR 研究往往比较注重预测功能，人们习惯采用一些经验参数来定量描述化合物的结构，只要能获得良好的预测功能，结果就令人满意了，而最近的 QSPR 研究更注意定量模型的理论性，人们期望一个成功的运算模型，能从本质上揭示和描述物质性质、活性与结构间的关系，从而有目的地设计分子。

1.3.3.1　国外研究现状

截至本书出版之前，用 QSPR 方法研究离子液体性质的文章共有六篇。其中四篇预测离子液体的熔点，两篇预测离子液体无限稀释活度系数。根据我们收集到的数据，这两种性质是相对其他性质研究较多、数据较充分的两类，为QSPR 分析提供了必要的数据基础。

Katritzky[12] 以及他领导的小组做了许多有关 QSPR 方面的工作，他们开发的 CODESSA 软件被广泛应用于 QSPR 的研究。他们在 2002 年报道了用 QSPR方法关联吡啶溴类离子液体的熔点。数据共 126 个，大部分是超过 100℃ 高熔点的吡啶溴盐。采用 Hyperchem 中 MM＋半经验方法对阳离子进行初始优化，进而用 MOPAC 软件的 AM1 方法进行二次优化。基于 CODESSA 软件包计算化学描述符，用启发式算法进行统计分析，筛选出最佳模型，最终得到六参数方程，其相关系数 $R^2 = 0.788$，交叉验证相关系数 $R^2_{cv} = 0.788$，F 值为 73.24。此外，Katritzky 等 [13] 用类似的方法研究了咪唑溴类离子液体的熔点。文中根据侧链结构的不同分成三组数据，分别得到 QSPR 的关联模型。这些研究结果表明：基于 CODESSA 软件开发的 QSPR 模型可以较好地用于离子液体的熔点预测。

Eike[14] 等研究了两类季铵盐离子液体的熔点，两组数据样本数分别是 75 和34。阳离子的几何结构用 Cerius2 进行优化，然后用 MOPAC 软件 PM3 方法进行二次优化。关联模型用 GFA（genetic function approximation）获得。最终得到的模型结果为 $R^2 = 0.775$，0.766。模型中主要涉及拓扑结构描述符和静电描述符。最后用五个非训练样本数据来验证模型的预测精度。此外，他们还用类似方法预测了三种离子液体在不同溶剂中的无限稀活度系数，得到了较好的预测效果。

Trohalaki 等[15]用 QSPR 方法研究了烷基取代三唑基溴（13 种）和三唑基硝酸盐（13 种）的熔点和密度。基于 Gaussian98 RHF 方法 6-31G＊＊ 优化阳离子的几何构型，进而采用 CODESSA 中的启发式算法得到 QSPR 关联模型，相关系数 R^2 分别为 0.914 和 0.933，交叉验证系数 R^2_{cv} 分别为 0.784 和 0.872，F 值分别为 31.9 和 41.5。

1.3.3.2 QSPR 研究离子液体熔点实例

我们选择了两类常见的离子液体，即双取代咪唑四氟硼酸盐（A）和双取代咪唑六氟磷酸盐（B），对其熔点用 QSPR 方法进行研究。训练集和测试集中的数据都来自我们建立的离子液体数据库（ILDB）[16]，A 组有 19 个数据，B 组有 29 个数据。分别取出三个和四个作为测试集。这样，训练集中 A 组共 16 个数据，B 组共 25 个数据。有一些物质的熔点有多个文献报道，有一定的偏差，把数值接近的文献进行比较，选择最近报道的值。

1. 计算方法

阳离子的几何构型用半经验量子化学计算方法——AM1 进行优化，输出文件为计算描述符提供基础。用 CODESSA 中的最佳多元线性回归法（BMLR）寻找最佳的回归模型。由于 BMLR 方法对描述符的个数有要求，需要对描述符的种类进行预选。首先，以四个化合物为例，研究了两类离子液体的几何构型：

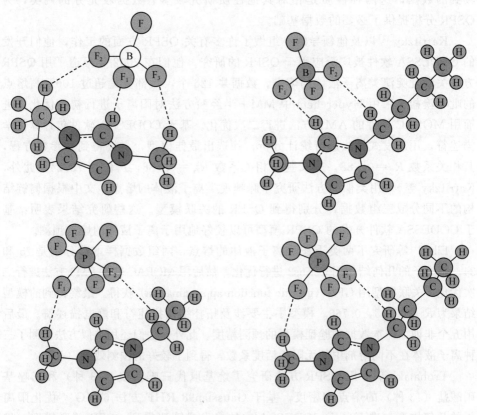

图 1.21　四种离子液体的最优化结构：[emim][BF₄]、[bmim][BF₄]、[emim][PF₆]、[bmim][PF₆]

［emim］［BF$_4$］、［bmim］［BF$_4$］、［emim］［PF$_6$］、［bmim］［PF$_6$］。我们基于 Gaussian03W 在 B3LYP/6-31＋G* 水平下得到化合物最稳定的结构，见图 1.21。

在优化的过程中，［BF$_4$］$^-$ 阴离子由咪唑环的旁边向顶部靠近，由于静电作用，烷基侧链的构型发生变化。在［emim］［BF$_4$］中，我们发现三个 F 原子（F$_1$、F$_2$、F$_3$）与临近的 H 原子形成氢键，而在［bmim］［BF$_4$］中，只有两个 F 原子和临近的 H 原子形成氢键，F$_1$ 与咪唑环上的 C*—H* 基团结合形成氢键，F$_2$ 与烷基侧链上的 C*—H* 基团结合形成氢键。对于［emim］［PF$_6$］、［bmim］［PF$_6$］，两个 F 原子分别与两侧烷基侧链上的 C*—H* 集团结合形成氢键。形成的氢键与阴离子中的单键相似，例如，F$_1$⋯C* 键长为 0.2927nm 和 0.2926nm。相互作用能比较接近，当烷基侧链增长时，相互作用能呈下降趋势。四种稳定构型的结构参数见表 1.6、表 1.7。

表 1.6　双取代咪唑四氟硼酸盐的结构参数

项目	［emim］［BF$_4$］	［bmim］［BF$_4$］
F$_1$⋯H* /nm	0.1891	0.2044
H*—C/nm	0.1085	0.1081
∠F$_1$⋯H*—C* / (°)	158.21	136.60
F$_1$⋯C* /nm	0.2927	0.2926
F$_2$⋯H* /nm	0.2387	0.2650
H*—C/nm	0.1093	0.1092
∠F$_1$⋯H*—C* / (°)	128.03	113.21
F$_2$⋯C* /nm	0.3180	0.3244
F$_3$⋯H* /nm	0.2258	—
H*—C/nm	0.1091	—
∠F$_3$⋯H*—C* / (°)	139.56	—
F$_3$⋯C* /nm	0.3169	—
E/(kJ · mol^{-1})	−344.73	−342.89

表 1.7　双取代咪唑六氟磷酸盐的结构参数

项目	［emim］［PF$_6$］	［bmim］［PF$_6$］
F$_1$⋯H* /nm	0.2502	0.2527
H*—C* /nm	0.1091	0.1091
∠F$_1$⋯H*—C* / (°)	129.27	123.40
F$_1$⋯C* /nm	0.3303	0.3258
F$_2$⋯H* /nm	0.2276	0.2297
H*—C* /nm	0.1090	0.1090
∠F$_2$⋯H*—C* / (°)	147.38	145.81
F$_2$⋯C* /nm	0.3248	0.3258
E/(kJ · mol^{-1})	−364.68	−319.52

基于对四种离子液体的结构分析，我们选择了以下几种描述符：静电描述

符、量子化学描述符以及拓扑结构描述符。这三种描述符可以反映离子的电荷分布、成键反应以及原子的连接性，满足关联熔点的要求。

2. 结果与讨论

根据相关系数、F 检验值、交叉验证相关系数和标准差筛选得到最优的多元线性回归方程。A 组数据用三参数模型：

$$T_m(K) = -1704 - 2641.2E_{Onsager} + 16.146E_{min, e-e, C-C} + 4.5854HDSA_{Q-C}$$

$$(1.5)$$

$$N = 16, R^2 = 0.9047, R_{cv}^2 = 0.7763, F = 37.99, s = 19.18$$

方程（1.5）中显著性最大的描述符是 $HDSA_{Q-C}$（H-donors surface area），即氢键给予体的表面积，它反映了阳离子的氢键给予能力，表明氢键对双取代咪唑四氟硼酸盐的熔点影响很大。其次是 $E_{min, e-e, C-C}$（the minimum e-e repulsion for a C—C bond），即碳-碳键最小电子排斥能，计算方法如下：

$$Eee(A) = \sum_{B \neq A} \sum_{\mu, \nu \in A} \sum_{\lambda, \sigma \in B} P_{\mu\nu} P_{\lambda\sigma} \langle \mu \nu \mid \lambda \sigma \rangle \qquad (1.6)$$

式中：$P_{\mu\nu}$ 和 $P_{\lambda\sigma}$ 为密度矩阵元；$\langle \mu\nu \mid \lambda\sigma \rangle$ 为基于 $\{\mu\nu\lambda\sigma\}$ 原子函数的电子排斥积分。此相互作用能与构象的转变以及分子中原子的反应性密切相关[7]，它取决于分子的大小和形状、晶体的分布以及温度，从而决定晶体的结构以及熔点的高低[17]。$E_{Onsager}$（the image of the Onsager-Kirkwood solvation energy）的意思是以 Onsager-Kirkwood 为模型的溶剂化能。

B 组数据则得到六参数模型：

$$T_m(K) = -13\,936 + 22.418E_{min, e-e, C-C} + 819.81E_{max, R, C-H} + 8861.6q_{min, H}$$

$$- 11.4RNCS_{Q-C} + 2410.8P_N - 299.01BC_{max, MO} \qquad (1.7)$$

$$N = 25, R^2 = 0.9207, R_{cv}^2 = 0.8423, F = 34.85, s = 15.23$$

式（1.7）中，最重要的描述符是 $E_{min, e-e, C-C}$，其次是 $E_{max, R, C-H}$（the maximum resonance energy for a C—H bond），表示碳-氢键间的最大共振能，与氢键的形成有关。$q_{min, H}$（the minimum partial charge for a H atom）表示氢原子的最小局部电荷，它同样也与氢键以及阴阳离子的相互作用有关。$RNCS_{Q-C}$（relative negative charged surface area）表示相对负电荷的表面积，决定了分子间极化作用的特征。$BC_{max, MO}$（maximum bonding contribution of a molecular orbit）表示分子轨道的最大成键贡献。P_N（the maximum bond order of a N atom）是氮原子的最大键级，它与化合价相关，描述分子内键键之间的相互作用的强度，包括咪唑环上氮原子的多极作用。计算公式如下：

$$P_{AB} = \sum_{i=1}^{occ} \sum_{\mu \in A} \sum_{\nu \in B} n_i c_{i\mu} c_{j\nu} \qquad (1.8)$$

第一个加和是对与 A、B 原子相关的所有被占据分子轨道的加和，n_i 表示分子轨道的占有个数，另外两个加和是对原子轨道 A、B 的加和，两原子在分子轨道中的系数分别是 c_{iu}，c_{jv}。

各描述符系数及截距的偏差和 t 值如表 1.8 所示。

表 1.8　各描述符系数及截距的偏差和 t 值

项目	偏差	t 值
式（1.5）		
截距	367.88	−4.632
$HDSA_{Q-C}$	0.79641	5.7576
$E_{min, e-e, C-C}$	2.9269	5.5163
$E_{Onsager}$	553.5	−4.7719
式（1.7）		
截距	1313.9	−10.6072
$E_{min, e-e, C-C}$	2.0345	11.0191
$E_{max, R, C-H}$	74.561	10.9952
$q_{min, H}$	1227.5	7.2193
$RNCS_{Q-C}$	3.2791	−3.4765
P_N	598.43	4.0286
$BC_{max, MO}$	181.43	−1.648

两组数据实验值与预测值的比较见表 1.9、表 1.10。结果表明实验值与预测值比较吻合，最大的相对误差为 20.43%，其余的在 10.30% 以内，所以关联方程是可信的。

表 1.9　双取代咪唑四氟硼酸盐实验值与预测值的比较

序号	1-位	3-位	T_m/K		
			计算值	实验值	偏差
1	$-CH_3$	$-CH_3$	384.00	376.55	7.45
2	$-C_2H_5$	$-CH_3$	263.61	286.15	−22.54
3	$n\text{-}C_4H_9$	$-CH_3$	183.50	192.15	−8.65
4	$n\text{-}C_{10}H_{21}$	$-CH_3$	210.42	195.65	14.77
5	$n\text{-}C_{11}H_{23}$	$-CH_3$	311.19	294.55	16.64
6	$-CH_2OC_{10}H_{21}$	$-CH_3$	317.26	329.50	−12.24
7	$-CH_2OC_{11}H_{23}$	$-CH_3$	300.30	334.50	−34.20
8	$n\text{-}C_{13}H_{27}$	$-CH_3$	317.99	322.25	−4.26
9	$n\text{-}C_{14}H_{29}$	$-CH_3$	294.10	315.55	−21.45
10	$n\text{-}C_{15}H_{31}$	$-CH_3$	320.44	328.35	−7.91
11	$n\text{-}C_{16}H_{33}$	$-CH_3$	321.43	319.15	2.28
12	$-CH_2OC_{10}H_{21}$	$n\text{-}C_6H_{13}$	337.39	311.15	26.24
13	$-CH_2OC_{11}H_{23}$	$-CH_2OC_4H_9$	308.27	295.15	13.12
14	$n\text{-}C_{18}H_{37}$	$-CH_3$	338.11	339.95	−1.84
15	$n\text{-}C_9H_{19}$	$-CH_3$	215.46	195.95	19.51
16	$n\text{-}C_3H_7$	$-CH_3$	269.22	256.15	13.07

表 1.10　双取代咪唑六氟磷酸盐实验值与预测值的比较

序号	1-位	3-位	T_m/K		
			计算值	实验值	偏差
1	—CH_3	—CH_3	383.58	388.15	—4.57
2	—C_3H_7	—CH_3	318.63	313.15	5.48
3	i-C_3H_7	—CH_3	366.81	375.15	—8.34
4	—$C_2H_4OCH_3$	—CH_3	244.88	247.15	—2.27
5	—C_4H_9	—CH_3	258.67	283.15	—24.48
6	n-C_6H_{13}	—CH_3	255.50	212.15	43.35
7	—$CH_2C_6H_5$	—CH_3	405.53	403.15	2.38
8	n-C_8H_{17}	—CH_3	196.93	203.15	—6.22
9	—$C_2H_4C_6H_5$	—CH_3	365.68	376.15	—10.47
10	—$CH_2OC_4H_9$	—$CH_2OC_3H_7$	331.61	321.15	10.46
11	n-C_9H_{19}	—CH_3	282.97	287.15	—4.18
12	—$C_3H_6C_6H_5$	—CH_3	344.74	325.15	19.59
13	—$CH_2OC_4H_9$	—$CH_2OC_4H_9$	327.90	330.15	—2.25
14	n-$C_{10}H_{21}$	—CH_3	295.90	305.15	—9.25
15	—$CH_2OC_5H_{11}$	—$CH_2OC_4H_9$	317.68	311.15	6.53
16	—$CH_2OC_{10}H_{21}$	—CH_3	309.18	319.5	—10.32
17	—$CH_2OC_6H_{13}$	—$CH_2OC_4H_9$	311.59	323.15	—11.56
18	n-$C_{12}H_{25}$	—CH_3	334.11	333.15	0.96
19	—$CH_2OC_{11}H_{23}$	—CH_3	332.77	325.5	7.27
20	—$CH_2OC_7H_{15}$	—$CH_2OC_4H_9$	331.55	330.15	1.40
21	n-$C_{14}H_{29}$	—CH_3	336.15	346.15	—10.00
22	—$CH_2OC_9H_{19}$	—$CH_2OC_4H_9$	329.30	323.15	6.15
23	—$CH_2OC_{10}H_{21}$	—$CH_2OC_4H_9$	337.44	327.15	10.29
24	—$CH_2OC_{11}H_{23}$	—$CH_2OC_4H_9$	318.62	333.15	—14.53
25	—$CH_2OC_{11}H_{23}$	—C_6H_5	307.70	303.15	4.55

式（1.5）、式（1.7）中各描述符与剩余描述符之间的最大关联系数如表 1.11 所示。

表 1.11　各描述符与剩余描述符之间的最大关联系数

描述符	R^2
式（1.5）	
$HDSA_{Q\text{-}C}$	0.1275
$E_{min,\,e\text{-}e,\,C\text{—}C}$	0.1275
$E_{Onsager}$	0.0931
式（1.7）	
$RNCS_{Q\text{-}C}$	0.4993
$BC_{max,\,MO}$	0.4993
P_N	0.2782
$q_{min,\,H}$	0.2099
$E_{min,\,e\text{-}e,\,C\text{—}C}$	0.0862
$E_{max,\,R,\,C\text{—}H}$	0.0862

用以上的两个模型，我们可以预测测试集中离子液体的熔点，结果如表 1.12 所示，前三种是四氟硼酸盐，后四种是六氟磷酸盐，其熔点分别用式（1.5）和式（1.7）来预测。该研究结果表明所得到的两个模型具有良好的预测性能。

表 1.12　测试集的实验值与预测值的比较

| 序号 | 1-位 | 3-位 | T_m/K | | |
			计算值	实验值	偏差
1[1]	$n\text{-}C_{12}H_{25}$	—CH_3	315.2459	307.15	8.0959
2[1]	—$CH_2OC_{12}H_{25}$	—CH_3	330.6841	336.15	−5.4659
3[1]	—$CH_2OC_{10}H_{21}$	—$CH_2OC_4H_9$	309.8277	289.15	20.6777
4[2]	—$CH_2OC_7H_{15}$	—CH_3	272.7229	310.65	−37.9271
5[2]	—$CH_2OC_{12}H_{25}$	—CH_3	299.2789	335.15	−35.8711
6[2]	$n\text{-}C_{16}H_{33}$	—CH_3	339.0689	348.15	−9.0811
7[2]	$n\text{-}C_{18}H_{37}$	—CH_3	377.319	353.15	24.169

1）四氟硼酸盐。

2）六氟磷酸盐。

把本节得到的模型与文献中用 QSPR 方法研究离子液体熔点得到的模型进行比较，结果如表 1.13 所示。文献［13］中研究了咪唑溴盐离子液体的熔点，回归模型中，有些描述符，如与氢键相关的描述符 $HDSA_{Q\text{-}C}$，以及反映静电相互作用的描述符 $RNCS_{Q\text{-}C}$，与我们的模型相似。除此以外，文献［13］中的拓扑结构描述符和静电描述符在我们的模型中并未涉及，这种现象表明了阴离子对熔点的影响。

表 1.13　不同文献用 QSPR 方法研究离子液体熔点得到模型的比较

结构	n	R^2	F	N_p	文献
1-取代-4-氨基-1，2，4-三唑啉溴盐	13	0.914	31.9	3	［15］
1-取代-4-氨基-1，2，4-三唑啉硝酸盐	13	0.933	41.5	3	［15］
吡啶溴盐	126	0.7883	73.24	6	［12］
咪唑溴盐	57	0.7442	29.67	5	［13］
咪唑溴盐	29	0.7517	13.93	5	［13］
咪唑溴盐	18	0.9432	77.53	3	［13］
苯并咪唑溴盐	45	0.6899	16.91	5	［13］
四烷基铵溴盐	75	0.775		5	［14］
n-羟基基-三烷基铵溴盐	34	0.716		5	［14］
二取代咪唑四氟硼酸盐	16	0.9047	37.99	3	本书
二取代咪唑六氟磷酸盐	25	0.9207	34.85	6	本书

注：n 是结构的数目，R^2 是相关系数的平方，F 是 F 检验值，N_p 是参数的数目。

1.3.4　结论与展望

作为一种半经验方法，QSPR 不像量子化学，或者分子模拟能够对微观分子结构及构象做比较精确的描述，但是它方法简单，省时，得到的关联方程能够直观地反映化学结构描述符与性质间的定量关系，并且清楚地表明各种描述符对性质贡献的大小。研究者可以根据物质结构很容易地得到性质的具体数值，虽然有一定的偏差但是对物质的筛选和设计具有一定的指导意义。目前对离子液体的QSPR研究并不多，并且由于数据的限制，研究的对象集中在常见离子液体的熔点、无限稀释活度系数等。随着数据的不断补充，研究的范围将会逐渐扩大。

参 考 文 献

1　Blum D J W, Speece R E. Determining chemical toxicity to aquatic species: the use of QSAR and surogate organisms. Environ. Sci. Technol., 1990, 24: 284～293

2　Kamlet M J, Doherty R M, Abboud J L M et al. Solubility: a new look. Chemtech., 1986, 16: 566～576

3　Kamlet M J, Doherty Abraham M H et al. Linear solvation energy relationship. 46. An improved equation for correlation and prediction of octanol/water partition coefficients of organic nonelectrolytes (including strong hydrogen bond donor solutes). J. Phys. Chem., 1988, 92 (18): 5244～5255

4　Dewar M J S. MOPAC (Version 6.0) Manual, Frank J. Seiler Reasearch Laboratory, U. S. Air Force Academy, Co 80840, 1990

5　Stewar J J P. MOPAC (Version 6.0) Manual, Frank J. Seiler Reasearch Laboratory, U. S. Air Force Academy, Co 80840, 1990

6　James B. Foresman, Æleen Frisch. Gaussian03W User's Reference. Pittsburgh, PA U. S. A: Gaussian, Inc

7　Katritzky A R, Lobanov V S, Karelson M. CODESSA User Manual. Version 2.0. University of Florida, 1996

8　Cronin M T D, Netzeva T I, Dearden J C et al. Assessment and modeling of the toxicity of organic chemicals to *Chlorella vulgaris*: development of a novel database. Chem. Res. Toxicol., 2004, 17: 545

9　Katritzky A R, Tamm K, Kuanar M et al. Aqueous biphasic systems: partitioning of organic molecules: a QSPR treatment. J. Chem. Inf. Comput. Sci., 2004, 44: 136～142

10　Karelson M, Maran U, Wang Y. QSPR and QSAR models derived using large molecular descriptor spaces: a review of CODESSA applications. Collect. Czech. Chem. Commun., 1999, 64: 1551～1571

11　王连生，韩朔睽等. 分子结构、性质与活性. 北京：化学工业出版社，1997

12　Katritzky A R, Lomaka A, Petrukhin R et al. QSPR correlation of the melting point for pyridinium bromides, potential ionic liquids. J. Chem. Inf. Comput. Sci., 2002, 42: 71～74

13　Katritzky A R, Jain R, Lomaka A et al. Correlation of the melting points of potential ionic liquds (imidazolium bromides and benzimidazolium bromides) using the CODESSA program. J. Chem. Inf. Comput. Sci., 2002, 42: 225～231

14　Eike D M, Brennecke J F, Maginn E J. Predicting melting points of quaternary ammonium ionic liquids. Green Chemistry, 2003, 5: 323~328

15　Trohalaki S, Pachter R, Drake G W et al. Quantitative structure-property relationships for melting points and densities of ionic lquids. Energy & Fuels, 2005, 19: 279~284

16　Sun N, Zhang S J, Zhang X P et al. The 18th IUPAC International Conference on Chemical Thermodynamics, Physical Properties of Ionic Liquids: Database and Evaluation. World Wide Web, 2004, 458

17　Kitaigorodsky A I. In Molecular Crystals and Molecules. New York: Academic Press, 1973, 56

第 2 章 离子液体的结构和性质

2.1 离子液体的物理性质

2.1.1 研究现状及进展

离子液体是完全由阴、阳离子组成且常温下呈液态的离子化合物。室温离子液体作为一类新型的绿色溶剂在许多领域得到广泛应用并迅速发展成为研究热点。与易挥发的有机溶剂相比，离子液体没有可测量的蒸气压、不可燃、热容大、热稳定性好、离子电导率高、电化学窗口宽，因而被视为绿色化学和清洁工艺中最有发展前途的溶剂，并得到了广泛的应用[1]。更可贵的是离子液体可通过选择适当的阴离子或微调阳离子的烷基链，改善离子液体的物理性质和化学性质。鉴于这种可调控性，离子液体又被称为"绿色设计者溶剂"[2]。许多学者认为室温离子液体与超临界萃取相融合，可以相互补充，将成为 21 世纪清洁绿色工业的最理想的反应介质[3,4]。

室温离子液体在环境、化工、生物等领域得到越来越广泛的应用，近年来对离子液体的研究多集中于化学反应和分离过程，而离子液体物理性质的研究是其应用于反应、分离和电化学等工业过程的前提，是相关工业设计和开发的重要基础，同时，离子液体物理化学性质的研究也为离子液体结构的研究以及新型及功能化的离子液体的设计提供了基础。可以说离子液体的物性研究是离子液体研究中最基本的研究课题，而其物理化学性质的研究大部分散见于一些原始研究论文中，这方面的研究报道近年呈增加趋势，近来也有少量综述问世，但与离子液体其他方面的研究相比还是较少。本节根据张锁江等建立的离子液体数据库就离子液体的分类及结构与物性的关系做简要介绍，并对近年来其物性研究进行评述和展望，以期为寻找和设计离子液体提供有力依据。

2.1.2 离子液体的结构和分类

离子液体是由有机阳离子和无机阴离子组成的盐，离子间的静电引力较弱，因而具有较小的晶格能，在常温下呈液态。按阴阳离子的不同排列组合方式，离子液体的种类有 10^{18} 种之多[5]。目前通用的方法是根据有机阳离子母体的不同，将离子液体主要分为四类[6]，分别是咪唑盐类（Ⅰ）、吡啶盐类（Ⅱ）、季铵盐类（Ⅲ）和季膦盐类（Ⅳ）。毋庸置疑，二烷咪唑离子液体是最流行的离子液体，因为它易于合成且性质稳定。季铵盐类离子液体（通常熔点较高）可商业获得，在催化反应中也经常利用。当然，离子液体的种类已不仅限于这些，其他代表性的离子液体还有胍类离子液体[7,8]、锍盐离子液体[9,10]、两性离子液体[11,12]、手性离子液体[13,14]等。

常见阳离子和阴离子列于表 2.1 和表 2.2。

表 2.1　一些离子液体有机阳离子的结构示意图

编号	英文名称	缩写	结构	中文名称
1	imidazolium	$[R_1R_2R_3im]$		咪唑阳离子
2	quatermary ammonium	$[N_{1234}]$		季铵阳离子
3	pyridinium	$[R_1R_2R_3py]$		吡啶阳离子
4	tetraalkylphosphonium	$[P_{1234}]$		季磷阳离子
5	pyrrolidinium	$[P_{12}]$		吡咯烷䓬阳离子 吡咯啉阳离子
6	guanidinium			胍类阳离子
7	sulfonium			锍盐阳离子
8	viologen-type			紫罗碱型阳离子
9	choline-based			胆碱型阳离子

编号	英文名称	缩写	结构	中文名称
10	triazole			三唑阳离子
11	pyrazole			吡唑阳离子
12	thiazole			噻唑阳离子
13	benzimidazole			苯并咪唑阳离子

表 2.2　一些离子液体阴离子的结构示意图

编号	英文名称	缩写	结构	中文名称
1	halide（bromide）	$[Cl, Br, I]^-$	Cl^-，Br^-，I^-	卤化阴离子
2	tetrafluoroborate	$[BF_4]^-$		四氟硼酸阴离子
3	hexafluorophosphate	$[PF_6]^-$		六氟磷酸阴离子
4	acetate	$[CH_3CO_2]^-$		乙酸阴离子
5	methylsulfate	$[MeSO_4]^-$		硫酸单甲酯阴离子
6	ethylsulfate	$[EtSO_4]^-$ 或 $[ES]^-$		乙基硫酸酯阴离子

编号	英文名称	缩写	结构	中文名称
7	2-(2-methoxy-ethoxy)-ethylsulfate	$[C_5H_{11}O_2SO_4]^-$		2（2-甲氧基-乙氧基)-硫酸乙酯阴离子
8	docusate	$[doc]^-$		丁二酸二辛基磺酸阴离子
9	trifluoroacetate	$[CF_3CO_2]^-$、$[TFA]^-$、$[TA]^-$		三氟乙酸阴离子
10	trifluoromethanesulfonates triflate	$[OTf]^-$		三氟甲基磺酸阴离子
11	bis（trifluoromethylsulfonyl）imide	$[Tf_2N]^-$或$[NTf_2]^-$		三氟甲基硫酰胺阴离子
12	bis［(perfluoroethane) sulfonyl］imide	$[BETI]^-$或$[BeTI]^-$		五氟乙基硫酰胺阴离子或二（五氟乙基）硫酰亚胺阴离子
13	trifluoroacetyltrifluoromethanesulfonamide	$[TSAC]^-$		三氟乙酰三氟甲磺酰胺阴离子
14	dicyanimide	$[dca]^-$或$[C(CN)_2]^-$		双氰基胺阴离子

以咪唑离子液体为例简单说明它们的命名原则。咪唑离子液体通常使用两个取代烷基第一个字母的大写（或小写）缩写后边跟"IM"或"im"。这样丁基甲基咪唑写作"BMIM"或"bmim"。在有三个取代烷基的情况下，三个烷基都是以第一个字母的缩写形式出现，除非特殊的情况假设所列的最后的烷基位置是在2-位上。其他离子液体命名基本相似。现有的文献中大小写通用。

2.1.3 离子液体的物理性质

2.1.3.1 离子液体的熔点

熔点和液程是评价离子液体的关键指标，也是离子液体的重要性质之一。事实上，熔点也是离子液体研究中报道最多的物理性质。这并不令人惊奇，因为离子液体定义的根据就是熔点的高低。部分离子液体的熔点甚至低至－96℃，液程宽达400℃，这使得离子液体中的许多反应具有优良的动力学可控性。由于离子液体结构的特殊性，不同阴阳离子组成的离子液体熔点差异很大。研究离子液体的熔点和液程与其结构和组成之间的关系也因此具有特别重要的意义。

1. 咪唑类离子液体的熔点

目前，最流行的离子液体就是那些咪唑离子液体。可以说，离子液体化学的现代兴起主要归因于这些咪唑盐的异乎寻常的低熔点，而这可以追溯到 Wilkes 和 Zaworotko 的最初报道[15]。对于烷基取代的咪唑阳离子，咪唑环上取代基长度的不同使得离子液体的分子对称性受到影响，导致熔点的大幅度改变，差异可以达到150K 以上。结果是，大量的不同取代基和阴离子的咪唑离子液体被报道，以至于所报道的材料有些难以整理。为了便于理解，我们把咪唑阳离子上取代基的影响和阴离子的影响分开讨论。

1) 阳离子的影响

一般认为，离子液体熔点除了与离子大小有关外，还与电子的离域作用、氢键、氟原子作用及结构对称性等因素存在密切联系[16]。有机阳离子的结构影响离子液体的疏水和氢键作用，而无机阴离子的结构则影响其溶解性和溶解能力，离子液体的结构对称性差是导致其熔点低的主要原因。通过对不同离子液体熔点的比较，可以清楚地看出阳离子对其熔点的影响：有机阳离子的体积越大，电荷越分散，分子对称性越差，则离子液体的熔点越低。

必须指出，许多咪唑类离子液体特别是二烷基咪唑系列，没有熔点，只有玻璃化温度。更为复杂的是，许多离子液体呈过冷液体，有时可达几天甚至一周。在 Handy 的研究中[17]，三烷基铵（三丁基癸烷铵、三丁基辛烷铵和三丁基十二烷基铵）的甲磺酰盐和对甲苯磺酸盐中特征明显。例如，三丁基十烷铵对甲苯磺酸盐至少十天之后才开始固化，且45℃时更易于液化。故熔点的测定并不总是简单的，并且如果没有注意到研究过程中可能的液态，有些化合物的熔点就是错误的。根据现有数据，Handy 已对离子液体的熔点变化规律做了系统的总结。

目前双取代咪唑（1，3 双取代）熔点的变化趋势已较好地建立了。从表2.3所报道的 $[PF_6]^-$ 盐数据可见，最小的烷基（甲基、乙基、丙基）导致咪唑盐具有较高的熔点，室温下通常是固体。当烷基链变长时（丁基或辛基），熔点变低且在这个范围内达到最低点。超过这一点，熔点又升高，当碳链足够长时（十四烷基或是更高），离子液体呈现出玻璃态，并有液晶相出现。

表 2.3　[PF₆]⁻盐的烷基侧链对熔点的影响

编号	RTIL[1]	熔点/℃
1[15]	emim	58~60
2[18]	pmim	49
3[19]	bmim	−8
4[20]	bmim	6.4
5[20]	hmim	−61
6[20]	omim	−82[2]
7[21]	ddmim	60
8[21]	tdmim	74[3]
9[21]	hdmim	75[3]
10[21]	odmim	80[3]
11[22]	sbmim	83.3
12[22]	tbmim	159.7
13[18]	ipmim	102

1) e 表示 ethyl, p 表示 propyl, b 表示 butyl, h 表示 hexyl, o 表示 octyl, dd 表示 dodecyl, td 表示 tetraedecyl, hd 表示 hexadecyl, od 表示 octadecyl, sb 表示 *sec*-butyl, tb 表示 *tert*-butyl, ip 表示 *iso*-propyl。

2) 玻璃化温度。

3) 液晶相形成。

　　这种变化趋势也可以从咪唑的其他盐类（如 [BF₄]⁻盐和 Cl⁻盐）中发现。以 1-烷基-3-甲基咪唑（[CₙmimV]⁺）类离子液体为例，说明阳离子结构对于离子液体熔点的影响。如图 2.1 所示，[BF₄]⁻盐和 Cl⁻盐的熔点随碳链的变化趋势与 [PF₆]⁻盐是相似的。阳离子的对称性越好，熔点越高。当烷基侧链较短时，库仑力是离子液体中主要的吸引力。随着烷基侧链碳原子数增加，较长的烷基链降

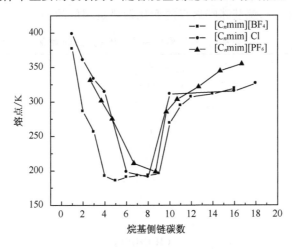

图 2.1　1-烷基-3-甲基咪唑盐的熔点随烷基侧链的变化

低了咪唑阳离子的对称性，分子不对称性增大，阻碍了有效结晶堆积，熔点则随之降低。但当烷基侧链足够大时，即碳链增加到一定程度（$n > 9$）时，van der Waals力则成为离子堆积的主要吸引力，色散力增强，从而导致熔点的稳定增加。

可以得出如下结论：任何妨碍堆积的因素都将降低熔点。低熔点盐的阳离子具有不对称、弱分子间力、阳离子中电荷分布均匀等特征。

可以预料到，对于具有相同分子质量的咪唑阳离子来说，增加取代烷基链的分支也会导致熔点增加（表2.3中2~4和11~13）。这样，叔丁基甲基咪唑熔点比仲丁基甲基咪唑高，相应地，仲丁基甲基咪唑熔点比直链丁基甲基咪唑熔点高。

除简单的烷基基团以外，最近也报道了很多具有功能化侧链的烷基咪唑离子液体。这些研究的目的主要是功能化离子液体的制备[23]、更简便的合成及改善生物降解等[24,25]。但同时也确实提供了检验这些改变对咪唑离子液体物理性质影响的一个机会。通常部分氟化的烷基基团与它们的非氟化对应物熔点相比有略微增加的趋势。另外，由酯、腈、胺、醚或羟基修饰的醚所形成的离子液体的熔点与相对分子质量相近的由简单烷基醚形成的离子液体的熔点几乎没有差异。遗憾的是，许多这类化合物，只报道了室温下是液态的化合物的熔点，而特殊的熔点并没有报道。结果基于这些功能化基团的化合物熔点的特有趋势未能发现。

阳离子上功能化侧链对离子液体的熔点影响不大，表面上是相当令人惊奇的，因为存在于这些功能化基团间的较强的分子间作用力（如偶极-偶极、氢键）似乎应是影响熔点的吸引力的重要贡献者。但实际上，与较大的咪唑部分相比，这个功能化基团也许只是分子的一小部分，（并且这样的库仑作用）反映到熔点上就变得相当微小了。

最近，已经证明所预测的对称咪唑阳离子也能够形成离子液体，见表2.4。在六氟磷酸盐系列中，发现二丁基、二苯基、二辛基、二壬基化合物在室温下都是液体[26]，而且与二烷基咪唑熔点的变化趋势是相似的。

表 2.4 对称咪唑阳离子 [PF$_6$]$^-$ 盐的熔点

编号	RTIL	熔点/℃
1[26]	mmim	89
2[26]	eeim	70
3[26]	ppim	43
4[26]	bbim	−69[1)]
5[26]	PePemim	−72[1)]
6[26]	hhim	73
7[26]	HeHeim	47
8[26]	ooim	19
9[26]	nnim	11
10[27]	eeim[2)]	14
11[28]	CH$_2$CH$_2$CF$_3$	69
12[28]	CH$_2$CH$_2$CF$_3$[2)]	−62

编号	RTIL	熔点/℃
13[28]	$(CH_2)_3F$	27
14[28]	$(CH_2)_2F^{2)}$	-80
15[29]	CH_2OBu	$57\sim58$
16[29]	$CH_2OBu^{3)}$	$1^{6)}$
17[27]	$mimm^{4)}$	39
18[27]	$mimm^{2)}$	22
19[27]	$mimm^{5)}$	52

1) 玻璃化温度。

2) TSAC 盐。

3) 四氟硼酸盐。

4) 三氟甲基磺酸盐。

5) 三氟乙酸盐。

6) 室温下是液态。

咪唑环上其他位置的修饰也已被简单地测定了[27,30,31]。C-2 位置的甲基化对熔点的影响十分显著。C-2 位上甲基基团的存在与 C-2 位上没有取代基相比,通常熔点升高,对氯化物盐来说大约增加 30℃ 左右,例如,[bmim]Cl 的熔点为 97℃,远高于[bmim]Cl 的熔点 41℃,这表明 C-2 位上甲基基团的 van der Waals 作用占主导地位。同时,烷基化也使玻璃化温度呈降低趋势。

有两篇文献报道[19,27],C-4 位的取代基与相应的未取代化合物的熔点相比变化很小,例如,[em-4m-im][OTf]的熔点是 6℃,[emim][OTf]的熔点是 $-9℃$;[em-4m-im][Tf_2N]的熔点是 $-3℃$,[emim][Tf_2N]的熔点是 $-3℃$。虽然这是从很有限的数据得到的结论,但它也表明 C-4 位的取代基对熔点的影响不是很大。

2) 阴离子的影响

与咪唑离子液体熔点密切相关的另一个影响因素就是它的阴离子。部分阴离子对离子液体熔点的影响如图 2.2 所示。从图中可以看出,阴离子尺寸越大,离子液体熔点越低。呈现出如下顺序:$Cl^- > [PF_6]^- > [NO_2]^- > [NO_3]^- > [AlCl_4]^- > [BF_4]^- > [CF_3SO_3]^- > [CF_3CO_2]^-$。

通常一个较大且弱配位的阴离子要比一个较小且强配位(硬的)阴离子在获得低熔点盐方面占有优势。很多情况下,这是正确的。例如,$[BF_4]^-$盐确实显示了比氯化物盐低的熔点,如[bmim]Cl 的熔点是 41℃,[bmim][BF_4]的熔点是 $-81℃$[20]。甚至更低配位的阴离子,如 $[Tf_2N]^-$,也显示了较低的熔点,在 $[emim]^+$ 系列甚至是室温离子液体。不幸的是,这种变化趋势是有限的。Reed 及合作者制备了系列极弱配位的碳硼烷阴离子的 $[emim]^+$ 盐[32]。虽然它们是已知最低的配位阴离子之一,但是它们所形成盐的熔点都在室温之上,有的甚至超

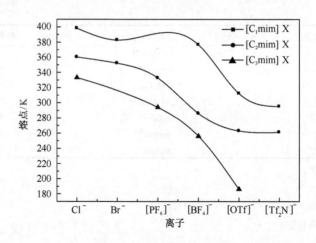

图 2.2　1-烷基-3-甲基咪唑盐的熔点随阴离子的变化

过 100℃（表 2.5）。因此设计新的离子液体时也应该考虑到阴离子的大小。可以想像到低熔点碳硼盐设计的失败可能归因于存在于庞大的阴离子之间的过强的 van der Waals 力。

表 2.5　各种碳硼烷阴离子对 [emim]$^+$ 离子液体熔点的影响

RTIL	$CB_{11}H_{12}$	$CB_{11}H_6Cl_6$	$CB_{11}H_6Br_6$	$MeCB_{11}H_{11}$	$EtCB_{11}H_{11}$	$PrCB_{11}H_{11}$	$BuCB_{11}H_{11}$
熔点/℃	122	114	139	59	64	45	49

最近文献中常讨论的另一个特征是离子的对称性。这种性质对咪唑盐熔点影响的大小难以评估。对于 [bmim]$^+$ 和 [emim]$^+$ 系列，比较硼酸阴离子，从对称的 [BF$_4$]$^-$ 到低对称的 [MeBF$_3$] 熔点确实降低，例如，[emim][BF$_4$] 的熔点是 −81℃[20]，[emim][MeBF$_4$] 的熔点是 −108℃（玻璃化温度）[33]，[bmim][BF$_4$] 的熔点是 10℃[34]，[bmim][MeBF$_4$] 的熔点是 −19℃[33]。同时，Matsumoto 及合作者的研究显示"非对称"TSAC 的 [emim]$^+$ 盐的熔点实际上要比 [Tf$_2$N]$^-$ 和 [CF$_3$CO$_2$]$^-$ 盐高[35]。因此，使用阴离子的对称性作为降低离子液体熔点的标尺必须小心。

2. 其他类离子液体的熔点

由于离子液体结构的特殊性，不同阴阳离子组成的离子液体熔点差异较大。一般来说，相变温度主要由 van der Waals 力和静电力的大小所决定。对于不同的离子液体，两种力的重要性不同。例如，季铵盐类离子液体熔点受 van der Waals 力影响较大，也就是说，对于此类离子液体，熔点随阳离子的变化比随阴离子的变化大。

杂环类离子液体——吡啶离子液体，虽已发现多时，但与咪唑离子液体相比，不十分令人感兴趣，这可能是由于它在亲核试剂存在下稳定性有限的原因。尽管如此，仍有文献报道[21,36]称应用这些试剂很有效[37,38]。由于吡啶离子液体易于吸湿，在空气下不很稳定，所以许多情况下，准确测定熔点是困难的。然而，通常熔点的趋势还是可观察到的，C_8 烷基基团范围内熔点是最小的，且随着烷基链长的增加熔点也缓慢增加。最近，报道了一个预测吡啶离子液体的熔点的方法[39]。

与吡啶离子液体相似的是紫罗碱类离子液体。大部分紫罗碱都是高熔点固体，有一小部分显示了较低的熔点。作为 $[NTf_2]^-$ 盐，两个长链的碳氢衍生物显示了较宽的液晶范围[40]。另外，部分低氟化处理的单或二季盐带[triflimide]$^-$ 或 [triflate]$^-$ 的抗衡离子缺乏这样的液晶相[41]。这些材料大部分的熔点低于 100℃，但也并不全是室温，而且，氟含量越高，盐的熔点越高。其他的杂芳族化合物也有报道，但是真正的离子液体并不多见[42]。

另一个已被发现多时的离子液体就是季铵盐类离子液体。其阳离子的低对称性是必要的，而长的烷基链会降低熔点。Gorgon 研究一系列对称的碘盐、高氯酸盐、硝酸盐[43]，尽管没有一个是离子液体，但当链长增加时熔点降低的趋势是明显的。他们研究的一系列阳离子始终包含 20 个碳的铵盐[44]显示，甚至是最温和的对称性改变，如二庚基二丙基溴盐，已足以获得室温离子液体，而进一步降低对称性并不会导致熔点的进一步显著降低。

虽然低对称阳离子是很重要的，但熔点的大幅降低还需使用低配位的阴离子来实现。对于低对称阴离子，甚至是对称的 [triflimide]$^-$、[dicyanimide]$^-$、[TSAC]$^-$ 和 [saccharin]$^-$，季铵盐都具有相当低的熔点。其中 [TASC]$^-$ 盐似乎通常熔点最低[35]。进一步使用低对称的阳离子可以使熔点大大降低。结果是，相当小的阳离子的盐也能具有低于 0℃ 的熔点，如[111allyl][TSAC]的熔点是 −3.9℃。

对于卤化物和羧酸盐的熔点需要小心。虽然不是所有的，但许多这类化合物是相当吸湿的，并以水合物稳定存在。有些水合物显示了相当低的熔点，并变成了室温离子液体。例如，四乙基铵乙酸盐就是如此，其他类似的情况也存在[45]。所以对于这类阴离子的非水季铵盐超低的熔点应该谨慎。

季铵盐阳离子的另一个改变是使用环胺。该领域中的大部分工作集中在使用甲基吡咯上，虽然也有使用䓬唑啉、吗啉和内酰胺的报道[46~48]。对于熔点的影响，与线状季铵盐基本相同，通常在 C_3 和 C_4 是最小的，像[TASC]$^-$ 和 [dicyanimide]$^-$这样的低配位阴离子显示了最低的熔点。有趣的是，这些环状化合物与同碳、同阴离子的线状盐相比始终具有较高的熔点。如$[P_{11}][Tf_2N]$的熔点是105℃，而$[N_{1113}][Tf_2N]$的熔点是 19℃[35]。由于数据有限，对于其他环状化合物还难以评价。

另一类在有机化学和其他领域得到快速应用的是碱盐类离子液体[49]。已发表的与其物理性质相关的数据很少有令人惊奇的[50]。通常认为四烷基铵盐及四烷基碱盐具有相同的趋势。这就意味着体积小、更对称的化合物将显示较高的熔点，而对称性差的阳离子将显示较低的熔点。例如，四丁基碱的硫酸氢盐的熔点是 122~124℃，而三丁基十六烷基碱的硫酸氢盐是室温液体[51]。所以最常见的碱盐离子液体都具有三个相同的烷基和一个相当长的烷基。阴离子的影响大部分与咪唑盐和季铵盐系列相同。

一类较新的离子液体就是胍类离子液体[7,8]。只有少量相关化合物的物理性质报道，通常的趋势并不令人惊异。甚至对于氯酸盐，烷基链增长（从丁基、己基到癸基）也可导致室温离子液体的形成。与烷基相关的对称性也似乎起作用，虽然相当小，也可以从 [PF$_6$]$^-$ 系列中看到，四丁基化合物是室温固体，而二甲基/二丁基化合物是室温液体。

还有一类基于三烷基锍盐的离子液体，由于其有限的化学稳定性，特别是在碱性条件下，只有两篇文章进行了报道[9,10]。然而，Matsumoto 及合作者制备了三个由 [triflimide]$^-$ 阴离子形成的对称锍盐离子液体，正如所料，熔点随着阳离子体积的增加而降低。

2.1.3.2　玻璃化温度、清亮点和凝固点

有的离子液体在相变过程中不能直接转化成液态，所以存在多个相变点：玻璃化温度（glass transition point，T_g）和清亮点（clearing point，T_c）[52~54]。取代基链比较长时会形成互变的介晶态，此状态只能存在于一定的温度范围内，这一温度范围的下限温度（T_1）称为熔点，其上限温度（T_2）称清亮点。对烷基

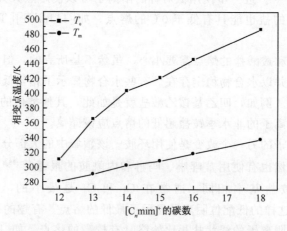

图 2.3　[C$_n$mim][BF$_4$]离子液体的熔点和清亮点比较

取代咪唑四氟硼酸盐熔点和清亮点的比较如图 2.3 所示。随着链长增加，清亮点和熔点的差距增大。

理论上，凝固点（freezing point，T_f）和熔点（melting point，T_m）应该在同一温度，然而对于离子液体会出现过冷现象。图 2.4 给出 1-乙基-3-甲基咪唑类离子液体凝固点和熔点随阴离子的变化，凝固点与熔点相差 40～90K，过冷现象比较明显。

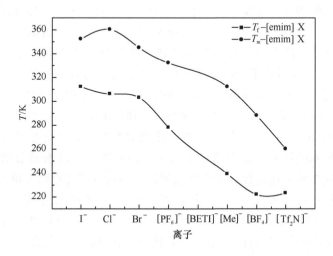

图 2.4　1-乙基 3-甲基咪唑盐的熔点和凝固点随阴离子的变化

2.1.3.3　离子液体的热稳定性和分解温度

离子液体的热稳定性较好，大部分离子液体的热分解温度在 300℃ 以上，因此可以在高温反应中代替传统溶剂作为反应介质。离子液体的热稳定性随阳离子烷基链长增加而降低，阴离子结构及含水量对于离子液体的热稳定性也有很大影响。离子液体的热稳定性主要取决于其碳、氢与杂原子间键合力的强弱[18,20,27,55～59]。

直接由膦或胺的质子化作用得到的离子液体，其热稳定性较弱，大多含三烷基铵离子的离子液体分解温度在 80℃ 以下（由相应胺或酸的沸点决定）。由胺或膦的烷基化作用获得的离子液体易于发生烷基转移或脱烷基反应（逆季铵化反应），该反应与离子液体的阴离子的性质有关。二烷基咪唑阳离子类离子液体热稳定性好，阴离子的选择往往决定其失重温度，[emim][BF₄] 在 400℃ 左右也可稳定存在，但[emim][CF₃COO]在 150℃ 就开始失重，可见阴离子的选择是其稳定性的决定因素，[emim][(CF₃SO₂)₂N]（m. p. −3℃）和[emim][CF₃SO₃]（m. p. −9℃)在 400℃ 以上仍可稳定存在[27]。能够提供好的热稳定性的离子液体阴离子顺序为：$[PF_6]^- > [BETI]^-$（$[(C_2F_5SO_2)_2N]^-$）$> [Tf_2N]^-$（$[(CF_3SO_2)_2N]^-$）$>[CF_3SO_3]^->[BF_4]^->[Me]^-$（$[(CF_3SO_2)_3C]^-$）$\gg I, Br,$

Cl。当阴离子相同，咪唑盐阳离子 2-位上被烷基取代时，RTIL 的起始热分解温度明显提高；3-位氮上的取代基为线形烷基时较稳定。与水和大多数有机溶剂不同，一些离子液体在 400℃ 以上仍以液体形式存在，使之具有良好的动力学可控性和优良的催化活性。

Joan F. Brennecke 等系统地研究了吡啶离子液体的相变、热分解温度、热熔和黏度[60]。分解温度列于表 2.6。表中给出了起始温度（T_{onset}，即实验开始后，分解曲线的切线与基线的交叉点），和开始温度（T_{start}，即样品开始分解的温度）。把收集到的这两类温度作为分解温度（T_{decomp}）。分解温度主要依赖于配位阴离子的性质，高配位的卤素阴离子离子液体分解温度相当低。弱配位的二（三氟甲基硫酸）亚胺离子的离子液体的分解温度是最高的。其他的离子液体都在这两极之间。阳离子对分解温度的影响较小。阳离子的烷基链长对分解温度的影响与 Huddleston 等所观察到的咪唑离子液体阳离子上烷基链长（如 [bmpy]$^+$ 对 [hmpy]$^+$ 和 [ompy]$^+$）没有不同[20]。热稳定性最好的化合物是那些在环的第四位上包含氨基的物质。二甲基氨和哌啶基团使电荷更均衡地分散在阳离子环上，很明显这导致热稳定性一定程度地增加，使得这些化合物变得对高温应用具有特别的吸引力。从表 2.6 中注意到，对应的咪唑和吡啶离子液体（如 [omim][Tf$_2$N] 和 [ompy][Tf$_2$N]），咪唑化合物显示了稍好的热稳定性。表中也可以看到甲基咪唑的 C_2 位的氢由甲基取代可以获得额外的稳定性，这与 Ngo 等结果一致[18]。

表 2.6　离子液体的 T_{onset} 和 T_{start}

编号	IL	T_{onset}/K	T_{start}/K
1	[epy][EtSO$_4$]	576	483
2	[empy][EtSO$_4$]	554	486
3	[emmpy][EtSO$_4$]	570	482
4	[Et$_2$Nic][EtSO$_4$]	526	458
5	[bpy]Br	510	467
6	[bmpy]Br	508	472
7	[bmpy][Tf$_2$N]	670	590
8	[bmpy][BF$_4$]	637	506
9	[bmmpy]Br	512	471
10	[bDMApy][Br]	564	526
11	[bmDMApy][Br]	543	498
12	[b$_2$Nic][Tf$_2$N]	592	569
13	[hpy]Br	511	468
14	[hpy][Tf$_2$N]	665	605
15	[hmpy]Br	510	472
16	[hmpy][Tf$_2$N]	672	603
17	[hmmpy]Br	512	474
18	[hmmpy][Tf$_2$N]	678	613

编号	IL	T_{onset}/K	T_{start}/K
19	[hemmpy][Tf$_2$N]	657	601
20	[hpeepy][Tf$_2$N]	654	598
21	[hDMApy]Br	561	525
22	[hDMApy][Tf$_2$N]	716	649
23	[hmDMApy]Br	548	505
24	[hmDMApy][Tf$_2$N]	717	631
25	[h(mPip)py]Br	557	517
26	[h(mPip)py][Tf$_2$N]	720	640
27	[opy]Br	509	460
28	[ompy]Br	506	459
29	[ompy][Tf$_2$N]	667	605
30	[ompy][BF$_4$]	647	547
31	ECOENG 41M	363	357
32	[bmim][CH$_3$CO$_2$]	493	446
33	[bmim][CF$_3$CO$_2$]	443	415
34	[hmim]Br	549	492
35	[hmim][Tf$_2$N]	700	620
36	[hmim][BF$_4$]	631	556
37	[hmmim][Tf$_2$N]	710	633
38	[perfluoro-hmim][Tf$_2$N]		
39	[omim]Br		
40	[omim][Tf$_2$N]		
41	[omim][BF$_4$]		
42	[N$_{4444}$][doc]		
43	ECOENG 500	488	429

最后，碱盐离子液体的优势是它们对亲核试剂和碱性条件的稳定性。虽然脱烷基化也能发生，但通常只发生在较高温度下，也就是说很多碱盐离子液体的热稳定性在或高于 400℃，比对应的咪唑离子液体高很多。

2.1.3.4 离子液体的密度

密度是离子液体的另一个易于调变的物理性质[55,20,59]。有趣的是，它也是受温度改变或卤素和其他溶剂（包括水）等杂质影响最小的物理性质[61]。除了一些吡咯盐和胍盐密度在 $0.9\sim0.97$ g·cm^{-3} 范围内，所有咪唑离子液体的密度都大于 1g·cm^{-3}，其他大部分离子液体的密度都大致在 $1.1\sim1.6$g·cm^{-3} 之间。这意味着通常在两相应用中它们比水更重。

离子液体的密度主要由阴阳离子的类型而定。阴离子对密度的影响更加明显，通常阴离子越大，离子液体的密度越大[62]，而有机阳离子的体积越大，离子液体的密度越小，阳离子结构的微小变化都可以使离子液体的密度得到精细的调整[27]。另外，无论是取代基（附加部分氟化烷基链）或是阴离子（如

$[PF_6]^-$、$[BF_4]^-$）中增加卤素的含量都会增加密度。在极限情况下，可以获得接近 $2g \cdot cm^{-3}$ 的密度。

不同离子液体的密度随阳离子取代基中碳原子数的变化如图 2.5 所示。对于这三类离子液体，在各种取代基的变化中，烷基链长的增加趋向于降低密度。这种趋势也可以通过 1，3-二烷基咪唑的氯代铝酸盐和溴代铝酸盐类离子液体的密度得以证实：离子液体的密度与咪唑盐阳离子上 N-烷基链的长度几乎呈线性关系[27]。氯铝酸咪唑盐（$x_{AlCl_3} = 0.5$）的密度随着咪唑基氯上烷基的增大而减小；随着氯化铝摩尔分数的增加，离子液体密度也相应增加。在温度不高时，温度的升高会略微降低离子液体的密度。

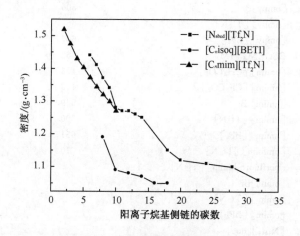

图 2.5　密度随烷基侧链的变化

Fisher 公司提供了一个用于计算不同温度下室温离子液体密度的公式：

$$\rho = a + b(T - 60) \tag{2.1}$$

式中：T 为温度（℃）；a 为系数；b 为密度系数（$g \cdot cm^{-3} \cdot K^{-1}$）。

从表 2.7 中可以清楚地看出，不同阴离子的离子液体密度差别较大。阴离子对密度的影响更加明显，通常阴离子越大，离子液体的密度越大[62]。那些含有较大体积且配合能力较弱的阴离子的离子液体密度相对较高，这种趋势与阳离子无关。因此，设计不同密度的离子液体，首先选择相应的阴离子来确定大致范围，然后通过选择阳离子对密度进行微调。

表 2.7　$[emim]^+$ 离子液体密度与其阴离子的关系

$[emim]^+$盐类	$F(HF)_n^-$	$[BF_4]^-$	$[CF_3COO]^-$	$[CF_3SO_3]^-$	$[(CF_3CO_2)_2N]^-$
密度/（$g \cdot cm^{-3}$）	1.13	1.24	1.285	1.38	1.50

通常温度的增加会降低密度。这可以从很多文献中得到证实。

值得注意的是，在实验过程中各种杂质对室温离子液体的密度均有影响，如少量的水即可导致密度变化。因此，数据库中密度数据统一性并不好。

2.1.3.5 离子液体的黏度

离子液体的又一个很重要的性质就是黏度。与传统有机溶剂相比，离子液体的黏度通常要高出 1～3 个数量级[63]，这给化工操作过程带来许多负面的影响，并可能成为离子液体在应用方面的限制因素。然而，应该注意到，在大多数的应用中，离子液体是与其他低黏度化合物混合使用的。例如，当作为反应溶剂使用时，离子液体将包含反应物和产物。这些化合物的存在可以很好地降低混合物的黏度，一定程度上改善了离子液体固有的高黏度。尽管如此，纯离子液体的黏度仍是一个重要的性质。

在更为详细地讨论这些影响之前，有必要注意离子液体黏度与密度是极不相同的，它是对温度改变（见下文）和污染物的存在高度敏感的。事实上，有机溶剂对离子液体黏度的影响的某些详细研究已经报道过了[64]。温度的微小升高或者少量杂质的存在，都会导致离子液体的黏度明显降低。应该注意到以不纯物存在于离子液体中的水将会降低实际的浓度。因此，经常是在黏度测定后立即用 Karl-Fishcher 或 Coulometry 测定离子液体的水含量，故可看到黏度的数据后附有离子液体的水含量数据。如 [Tf$_2$N]$^-$ 离子液体中水含量低于 200ppm[①]，对黏度不会产生本质上的影响。但阴离子是 [BF$_4$]$^-$、[EtSO$_4$]$^-$ 的离子液体的水含量分别是 350ppm、700ppm 时，根据 Widegren 等的工作，这将导致比干燥离子液体的黏度降低 3%～6%[65]。此外，离子液体中存在的卤素杂质能极大地增加黏度。但所研究离子液体的 Br$^-$ 的含量少于 10ppm，卤素杂质对黏度的影响将被忽略。

Crosthwaite 等在 283～343K 的温度间测定了 22 种不同离子液体的黏度，列于表 2.8。所有吡啶离子液体的黏度都随着阳离子氮上烷基侧链的增加而增加，比较 [bmpy][Tf$_2$N]、[hmpy][Tf$_2$N] 和 [ompy][Tf$_2$N] 即可以看出。[Tf$_2$N]$^-$ 阴离子的离子液体的黏度要比 [BF$_4$]$^-$ 和 [EtSO$_4$]$^-$ 阴离子的黏度低。吡啶环上添加更多的甲基会增加黏度，比较 [hpy][Tf$_2$N]、[hmpy][Tf$_2$N] 和 [hmmpy][Tf$_2$N] 即可以看到。吡啶环上 C$_4$ 位上的二甲胺能增加黏度，但只像环上的甲基增加的那么大。芳环取代基链长的增加降低黏度，这种影响可能是由空间位阻抑制了离子间的紧密缔合而造成的。

从几乎不能倾倒的液体（[C$_4$CNmim] Cl，25℃时黏度为 5222 cP）到流动性强的物质（[eeim][Tf$_2$N]，20℃时黏度为 34cP），咪唑离子液体的黏度范围相当宽。然而，甚至黏度最小的离子液体与常规的有机溶剂相比也是相当黏的

---

① ppm 一般可改为"×10^{-6}"，也可根据具体情况改为诸如 μg·g^{-1}、mg·L^{-1}、μL·L^{-1}、mg·m^3 等。

表 2.8　不同温度下的离子液体黏度

编号	IL	$\eta/(\text{mPa} \cdot \text{s})$								水含量 /ppm
		283K	293K	298K	303K	313K	323K	333K	343K	
1	[epy][EtSO₄]	356	183	137	105	66	43	31	23	683
2	[empy][EtSO₄]	414	204	150	114	70	45	32	23	256
3	[Et₂Nic][EtSO₄]	19610	5675	3173	1986	846	405	221	130	659
4	[bmpy][Tf₂N]	138	80	63	51	34	24	18	14	28
5	[bmpy][BF₄]	517	246	177	132	78	48	33	23	327
6	[b₂Nic][Tf₂N]	1830	774	531	379	203	117	73	48	40
7	[hpy][Tf₂N]	189	106	80	64	42	29	21	16	107
8	[hmpy][Tf₂N]	197	110	85	67	44	30	22	16	152
9	[hmmpy][Tf₂N]	251	136	104	81	52	35	24	18	30
10	[hemmpy][Tf₂N]	708	338	245	182	106	64	42	29	258
11	[hpeepy][Tf₂N]	579	281	206	155	91	57	39	27	132
12	[hDMApy][Tf₂N]	285	146	111	86	54	36	25	19	68
13	[hmDMApy][Tf₂N]	278	148	112	87	55	37	26	19	33
14	[ompy][Tf₂N]	268	146	112	88	56	27	26	19	70
15	[emim][Tf₂N]	52	36	32	26	19	15	12	9	204
16	ECOENG 41M	4070	1676	1033	731	392	228	146	98	831
17	[bmim][CH₃CO₂]	1630	646	440	309	165	97	62	42	11 003
18	[bmim][CF₃CO₂]	155	89	70	53	35	24	18	13	2246
19	[hmim][Tf₂N]	148	86	68	55	37	26	19	15	31
20	[hmmim][Tf₂N]	317	171	131	101	63	42	30	22	13
21	[N₄₄₄₄][doc]			12 100	7560	3180	1470	755	411	
22	ECOENG 500	10 240	2780	2790	1910	964	511	300	187	1044

（20℃时黏度为21cP）。如图 2.6 所示，所有咪唑离子液体的黏度都随着阳离子氮上烷基链的增加而增加，比较［bmpy］［Tf₂N］与［bmim］［Tf₂N］、［hmpy］［Tf₂N］与［hmim］［Tf₂N］、［ompy］［Tf₂N］与［omim］［Tf₂N］可以看到，咪唑离子液体的其他研究工作也可认证[27,53]，而且，环上另一个甲基基团的增加也会增加黏度。咪唑与吡啶离子液体的黏度的变化趋势是同样的。有趣的是，在大多数情况下，吡啶离子液体的黏度仅比同样的咪唑离子液体黏度稍大一点。通常，含有［emim］⁺ 的离子液体黏度较低，这是由于［emim］⁺ 离子的低相对分子质量侧链有足够的活性的缘故，且此类离子液体，阴离子的尺寸和黏度的关系并不明显[27]。

比较咪唑和吡啶离子液体，可以看到离子液体中 van der Waals 引力和氢键的相互作用。阳离子上烷基链较长、支链较多或具有氟化烷基链的离子液体，具有较强的 van der Waals 引力，从而导致较高的黏度，而由［emim］［CF₃SO₃］与［bmim］⁺ 相比较可知：含有［Tf₂N］⁻ 的离子液体即使存在较强的 van der Waals 力，也显示出较低的黏度，这是由弱氢键力使体系黏度降低的程度超过了因 van

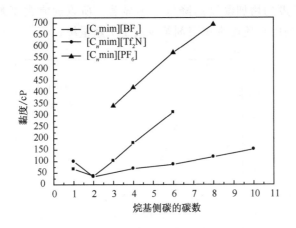

图 2.6　咪唑离子液体密度随烷基侧链的变化

der Waals 力作用可能引起黏度的增加所致。同熔点相似，C_2 位置的甲基化增大了离子液体的黏度。此外，碳链分支降低了碳链的转动自由度，从而使黏度增加，例如，1-异丁烯-3-甲基咪唑三氟甲基磺酰亚胺的黏度是 83 cP，而 1-丁烯-3-甲基咪唑三氟甲基磺酰亚胺黏度是 27 cP，前者是后者的 3 倍。

对于相同的阳离子，其阴离子的尺寸越大，黏度越高。不同阴离子的咪唑类离子液体黏度随碳链长度变化如图 2.7 所示。

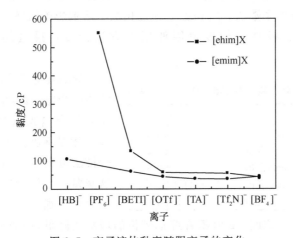

图 2.7　离子液体黏度随阴离子的变化

离子液体的黏度能通过结构变化以外的方法来降低。本质上，迄今为止所研究的所有的离子液体的特征是当温度增加时，黏度会有显著地降低，如图 2.8 所示。因此黏度相当高的离子液体也能通过适度增加温度（20～60℃）而使黏度降到相当低。然而这种影响也是有限度的，因为那些黏度已经很低的离子液体

（＜50cP），随温度的增加黏度的降低并不显著。所以通常黏度最低的离子液体（在 5～10cP 范围内）还比常规溶剂至少高 1 个数量级。

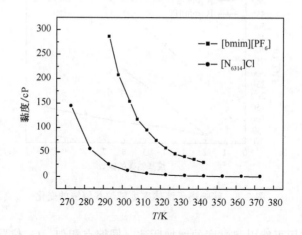

图 2.8　离子液体黏度随温度的变化

2.1.3.6　离子液体的极性

离子液体的极性用常规的方法往往难以表达，因此有许多研究者在不同的方面做了很多努力，建立替代的方法来表征离子液体的极性。如溶剂显色法、荧光探针染料法、分配系数法、气相色谱固定相法、溶剂影响法等。极性是定义了，然而并不严格，极性的标度也因使用的方法而变，报道的部分极性差别悬殊[1,66～68]。

表 2.9　咪唑离子液体在 298.15K 的介电常数

编号	IL	ε
1	[emim][OTf]	15.2±0.3
2	[emim][BF$_4$]	12.8±0.6
3	[bmim][BF$_4$]	11.7±0.6
4	[emim][PF$_6$]	11.4±0.6
5	[hmim][PF$_4$]	8.9±0.9

Wakai 等[69]研究了室温离子液体的介电常数,他们使用兆赫/千兆赫的介电光谱测定了 5 个 1-烷基-3-甲基咪唑盐的介电作用,通过外推法可获得介电常数,结果显示这些离子液体为中等极性的溶剂,如表 2.9 所示,在 298.15K 下的 ε

值介于 15.2～8.8 之间。ε 值随着烷基链长的增加而降低,阴离子的影响的顺序是[Tf]$^-$＞[BF$_4$]$^-$＞[PF$_6$]$^-$。结果表明,该方法测定的极性比极性敏感染料光谱测定的极性明显低很多。

离子液体的极性研究大部分是利用极性敏感染料和荧光探针的方法来进行的。不同的探针得到的结果有时是矛盾的,但通常的趋势是明显的[27]。大部分探针所得到的离子液体极性比介电常数观测的要高。以 Reichardt[70]和 Aki 等[71]的工作为例,他们认为离子液体的极性接近于短链醇,如甲醇(ε＝32.5)。介电常数的研究显示离子液体的极性相当于中等链长的醇，如正丙醇（ε＝15.1）和正辛醇（ε ＝8.8），而且，大部分的研究表明离子液体的极性主要与阳离子的性质有关，而介电常数的研究则显示 ε 主要是与阴离子有关。

例如，离子液体的极性可用溶剂化显色剂，如尼罗红（Nile red）或者 Reichardt's dye 测量。常用的极性指标是 $E_T(30)$、E_{NR}、E_T^N。$E_T(30)$ 的计算方法如下[72]：

$$E_T(30)\ (\text{kcal} \cdot \text{mol}^{-1}) = 28\,591/\lambda_{max}(\text{nm}) \tag{2.2}$$

式中：λ_{max} 为 Reichardt's dye 的最大吸收波长。为了表达方便，常常把 $E_T(30)$ 标准化，用 E_T^N 来表示。定义四甲基硅烷的 E_T^N 值为 0.0，水的 E_T^N 为 1.0。E_{NR} 的计算方法与 $E_T(30)$ 类似，但它是基于尼罗红的。

寇元等[73]以吡啶和乙腈分子为探针，使用红外光谱法研究了常用室温离子液体的酸性。采用吡啶为探针分子时，出现的～1450 cm^{-1}、～1540 cm^{-1} 吸收带可以分别指示离子液体的 Lewis、Brönsted 酸性；采用乙腈为探针分子时，～2253 cm^{-1} 的 C≡N 伸缩振动向高波数移动并伴有新峰的出现，可以指示离子液体的 Lewis 酸性。可以通过比较吡啶探针～1450 cm^{-1} 吸收带的峰位置对离子液体的 Lewis 酸强度进行排序，并且可以用乙腈探针更灵敏地区分出不同离子液体的 Lewis 酸的强度。使用该方法研究了离子液体的结构对其 Brönsted/Lewis 酸性的影响。

2.1.3.7　离子液体的电化学性质

离子液体优良的导电性能是其电化学应用的基础[18,27,56,59,74-76]。氯铝酸 RTIL 具有较宽的电化学窗口在很早就已经为人们熟知。[emim]Cl-AlCl$_3$（x_{AlCl_3}＝0.5）的电化学窗口达到了 4V。高电导率通常伴随着低黏度，对于酰亚胺类离子液体随着电导率增大其玻璃转化温度降低[27]。常温下离子液体的导电系数在 10^{-1} $\Omega^{-1} \cdot m^{-1}$ 级。影响其导电性主要因素有液体密度、相对分子质量、黏度、离子大小等[27]。因此，估算各种因素对导电性的影响程度大小是很困难的。但是，在较宽的范围内，对一些化合物，导电性与黏度之间呈反比，黏度越大，导电性越差。密度对离子液体导电性的影响与黏度正相反。在黏度和密度相近时两离子液体导电性进行比较，其相对分子质量和离子大小决定了导电性能，通常离子越小其导电性越佳。对于离子液体的导电性和电化学性能的研究具有极其重要的实际应用价值，可以用室温离子液体制备电化学电池和太阳能板材料。

Bonhōte 等[27]得出了电导率和水力学半径以及其他物理参数的关系：

$$\sigma = yF^2 d/(6\pi N_A FW\eta)[(\zeta_a r_a)^{-1} + (\zeta_c r_c)^{-1}] \tag{2.3}$$

式中：y 为电离度；F 为 Farady 常量。

从式（2.3）可以看出离子液体的电导率（σ）与离子液体的密度（d）、相对分子质量（FW）、黏度（η）、水力学半径（r）及考虑自由离子间相互作用的校正因子（ζ）等因素有关。下标 a、c 分别表示阴离子和阳离子。黏度越大,离子半径越大,电导性越差;相反,密度越大,电导性能越好。

此外,VTF(Vogel-Tammann-Fulcher)经验方程能较好地描述电导率与温度的关系:

$$\sigma(T) = \frac{A}{\sqrt{T}} \exp\left(\frac{-B}{T - T_0}\right) \qquad (2.4)$$

式中:A、B 为与活化能有关的频率因子;T_0 为理想玻璃化温度[19]。不同频率下测量的电导率随温度的变化如图 2.9 所示。

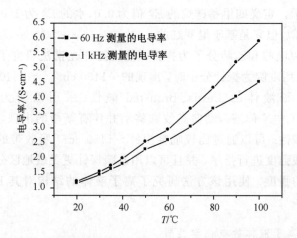

图 2.9　不同频率下[emim][BF₄]电导率随频率的变化

离子液体电化学窗口对其电化学应用也非常重要。电化学窗口就是离子液体开始发生氧化反应的电位和开始发生还原反应的电位差值。大部分离子液体的电化学稳定电位窗为 4V 左右,这与一般有机溶剂相比是较宽的,这也是离子液体的优势之一。离子液体的氧化电位与阴离子有关,一般在约 2V(相对 I^-/I_3^-);还原电位因阳离子的不同而有差异,如 1,3-二烷基咪唑的还原电位与其 2-位上的 H 的酸性有关。

2.1.3.8　表面张力

表面张力的数据十分有限[20,56,57,59,77~80]。总体上,离子液体在空气中的表面张力数值比传统溶剂(如正己烷,1.8Pa·cm)高,但低于水的表面张力(7.3 Pa·cm)。另外,离子液体的表面张力受结构影响较大,阴离子相同时,表面张力随阳离子取代烷基链长增加而降低,如图 2.10 所示。阳离子相同时,表面张力随阴离子尺寸增加而增大。Dzyuba 等[20]报道了[$C_n$mim][PF₆]和[$C_n$mim][TFSI]两类离子液体中侧链碳原子数对表面张力的影响。随着碳原子数增加,表面张力减小,而且一般来讲,[PF₆]⁻类离子液体比[TFSI]⁻类的表面张力高。常见的离子液体的表面张力见表 2.10。

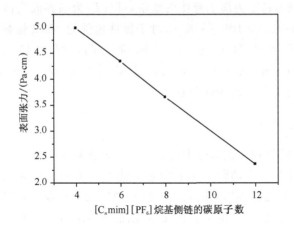

图 2.10 表面张力随烷基链长的变化

表 2.10 常见离子液体的表面张力

编号	阳离子	阴离子	表面张力/(Pa·cm)
1[20,59]		$[BF_4]^-$	4.66
2[20]	$[bmim]^+$	$[PF_6]^-$	4.88
3[20,59]		Cl^-	4.25
4[20]	$[hmim]^+$	$[PF_6]^-$	4.36
5[27]		Br^-	3.2
6[20,59]	$[omim]^+$	Cl^-	3.38

离子液体表面张力随温度变化能很好服从 Eotvos 方程(图 2.11):

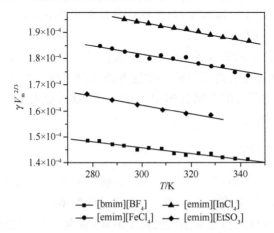

图 2.11 表面张力随温度的变化

$$\gamma V_m^{2/3} = k(T_c - T) \tag{2.5}$$

式中：γ 为表面张力；V_m 为离子液体的摩尔体积；T_c 为临界温度；k 为经验常数，对于非极性液体，$k \approx 2.3 \times 10^{-7} J \cdot K^{-1}$，对于极性很强的 NaCl 熔盐，$k = 0.4 \times 10^{-7}$ $J \cdot K^{-1}$，而离子液体的 k 值，介于两者之间。图 2.11 给出离子液体 $[bmim][BF_4]$、$[emim][EtSO_3]$、$[emim][FeCl_4]$ 和 $[emim][InCl_4]$ 的 $\gamma V_m^{2/3}$ 对 T 的关系图，从图可见很好的线性关系[77~80]。

2.1.4 关键科学问题

在离子液体的物理性质研究中有如下几个关键科学问题：

(1)任何物质的性质的测定都假定它的纯度为 100%，而事实上，离子液体的纯度始终是一个困扰着科学家的问题。离子液体的非挥发性，使得它作为溶剂很难通过蒸馏而进行精制，又由于它是液体，也很难用结晶的方法来达到精制。所以离子液体的纯化方法要规范、方便，便于物理性质测定的重现性。因为离子液体的许多物理性质都与它的纯度密切相关，并且影响显著，离子液体的纯度是物理性质数据是否可靠的根本保证。

(2)由于许多离子液体都是亲水性的，而且即便不是亲水性的离子液体，它在空气中的吸湿性也较之许多有机溶剂大很多，因此在对离子液体进行测定时环境的影响是十分重要的，一定要保证是在干燥的环境下或是在手套箱中进行。

(3)虽然已有大量文献报道了离子液体的物理性质，并且在现有的基础上将会有更多的报道。但是与大量的不断涌现的新型的离子液体相比，显然对离子液体的物理性质的系统研究还是十分有限的，更不要说针对一些特定反应的需要而进行的特殊性质的测定。事实上，确切地说，从大规模或者工业背景上讲还有大量的相当本质的知识领域所受关注不足。例如，只到最近离子液体的毒性才被研究[76]。极性的研究还没有统一适用的标准，相似的，传递现象也只是在一两种离子液体中简单地测定了。溶解度/可溶性信息甚至几乎不是量化的，且也只测定了几种物质。分配数据也同样地缺少。

(4)能够基于简单的实验数据或使用方便的计算方法，来选择理想的离子液体将是离子液体物性研究的终极目标。在这方面所做工作虽然不多，但已有少量的研究出现了，只不过所有的文献都集中于熔点[25]，这可能与熔点的数据较之其他性质的而言相对多些有关。

2.1.5 发展方向及建议

离子液体的研究方向应在现有的基础上继续扩大它在物理性质上的研究范围，即不仅局限于咪唑类或基本的四大类离子液体类型，还应扩大到其他类型的离子液体，特别是具有特殊性质或结构的离子液体，对离子液体物理性质的研究可能具有更加直接的跳跃式的推进；不仅局限于只是对熔点、密度、黏度的测定，还应包括其他种类的物理性质,如溶解度的准确数值及传质传热等扩散系数;对于纯离子液体的物理性质的影响因素的探讨则不仅限于只是碳链、基团、温度的影响,还应该包括压力的影响,这方面的研究还是十分有限的,只有少数几篇文章,此外,对于杂质在其中的影响也应进行相关的报道,如水、合成所用溶剂的影响等;除此之外,有些系列物质只有少数几种是室温离子液体,一般的研究者只报道了作为离子液体的物质的相关数据,还应适当增加离子液体附近的近室温离子液体的重要物性的测定,以便于探讨物理性质和结构的关系,特别是为物理性质与结构的定量关联带来可能。

对于离子液体物理性质的研究当然不能只满足于测定数据,因为数据的测定是有限的,与离子液体的数量相比,毕竟只是杯水车薪,况且也没有必要在类似的事情上做不必要的简单重复,更为重要的是要找到离子液体的物理性质与结构的关系,由初步的定性关系到深入的定量关联,由单一离子液体的关联到多类离子液体的关联统一,由复杂的学术的关联公式到简单的、符号明确的、便于应用的实际公式,还有很多工作要做。通过离子液体的结构与物理性质的关联,可以预测其宏观的性质,真正实现所谓"自下而上"(bottom-up)的分子设计;可以减少实验工作量,降低科研成本,加速新型离子液体的开发;可以深入地理解离子液体各种独特性质的微观本质;还可在某种程度上回答"为什么"之类的问题。

而对于离子液体的物理性质的更为深刻的理解应该是建立在离子间、原子间、分子间的相互作用的理解上,对于此种研究,需要的不仅是简单的测量手段,还要辅以相关的其他光谱手段、计算手段,以达到对离子液体的物理性质研究从宏观测定到微观解释的目的。最终达到功能化离子液体的设计、制备的目的,为其他的应用提供充分的、准确的数据。

2.1.6　结论与展望

离子液体作为绿色溶剂为科学工作者所接受,且在不同领域被广泛应用,还需要做大量的工作。结构与性质定量关系的建立是离子液体研究的首要任务,此方面的成果目前还十分有限,这种情况严重制约了离子液体的进一步开发和应用。结构与性质定量关系的建立还需要对离子液体进行系统的物理化学性质测定,以便收集完整的离子液体物性数据,从而寻找离子液体的结构物性规律,为工业应用提供有力帮助。结构与性质定量关系的建立还会把离子液体的研究推进到新的高度,为功能化离子液体的设计提供依据。结构与性质定量关系的探索和研究也迫切需要理论化学和物理化学的紧密结合,近年国内已有大批科研工作者着手离子液体物性研究,都已取得初步成果,相信随着更多的科研人员的参与以及近代物性测试方法和现代分析手段的介入,我国离子液体的物性研究将开创出一个崭新的时代。

参 考 文 献

1 Seddon K R. Ionic liquid for clean technology. J. Chem. Technol. Biotech. , 1997,68(4):
351~356

2 Brennecke J F, Maginn E J. Ionic liquids: Innovative fluids for chemical processing. AIChE
J, 2001, 47(11):2384~2389

3 Welton T. Ionic liquids in catalysis. Coord. Chem. Rev. , 2004,248: 2459~2477

4 Blanchard L A, Hancu D, Beckman E J et al. Green processing using ionic liquid and CO_2.
Nature, 1999, 399(6731): 28~29

5 王均凤, 张锁江, 陈慧萍等. 离子液体的性质及其在催化反应中的应用. 过程工程学报,
2003, 3(2): 177~185

6 Dean J A. Lange's Handbook of Chemistry (the 15th edition). New York: McGraw-
Hill, 1999

7 Mateus N M M, Branco L C, Lourenco N M T et al, Synthesis and properties of tetra-alkyl-
dimethylguanidinium salts as a potential new generation of ionic liquids. Green Chem. , 2003,
5(3):347~352

8 Xie H B, Zhang S B, Duan H F. An ionic liquid based on a cyclic guanidinium cation is an ef-
ficient medium for the selective oxidation of benzyl alcohols. Tetrahedron Lett. , 2004, 45
(9): 2013~2015

9 Matsumoto H, Matsuda T, Miyazaki Y. Room temperature molten salts based on trialkyl-
sulfonium cations and bis (trifluoromethylsulfonyl) imide. Chem. Lett. , 2000, 29 (12):
1430~1431

10 Stegemann H, Rohde A, Reiche A et al. Room-temperature molten polyiodides. Electro-
chim. Acta, 1992, 37(3): 379~383

11 Pujol-Fortin M L, Galin J C. Poly(ammonium alkoxydicyanoethenolates) as new hydropho-
bic and highly dipolar poly (zwitterions). 1. Synthesis. Macromolecules, 1991, 24(16):
4523~4530

12 Cole A C, Jensen J L, Ntai I et al. Novel Brönsted acidic ionic liquids and their use as dual
solvent-catalysts. J. Am. Chem. Soc. , 2002, 124(21): 5962~5963

13 Baudequin C, Baudoux J, Levillain J et al. Ionic liquids and chirality: opportunities and
challenges. Tetrahedron Asymm. , 2003, 14(20): 3081~3093

14 Howarth J, Hanloin K, Fayne D et al. Moisture stable dialkylimidazolium salts as heteroge-
neous and homogeneous Lewis acids in the Diels-Alder reaction. Tetrahedron Lett. , 1999,
38: 3097~3100

15 Wilkes J S, Zaworotko M J. Air and water stable 1-ethyl-3-methylimidazolium based ionic
liquids. Chem. Commun. , 1992, (13):965~967

16 Wilkes J S, Levisky J A, Wilson R A et al. Dialkylimidazolium chloroaluminate melts: A
new class of room-temperature ionic liquids for electrochemistry, spectroscopy, and synthe-
sis. Inorg. Chem. , 1982,21(3): 1263~1264

17 Handy S T. Room temperature ionic liquids: different classes and physical properties. Current Org. Chem. , 2005, 9(10): 959~988

18 Ngo H L, LeCompte K, Hargens L et al. Thermal properties of imidazolium ionic liquids. Thermochim. Acta. , 2000, 357: 97~102

19 Carda-Broch S, Berthod A, Armstrong D W. Solvent properties of the 1-butyl-3-methylimidazolium hexafluorophosphate ionic liquids. Anal. Bioanal. Chem. , 2003, 375:191~199

20 Huddleston J G, Visser A E, Reichert W M et al. Characterization and comparison of hydrophilic and hydrophobic room temperature ionic liquids incorporating the imidazolium cation. Green Chem. , 2001,3(4):156~164

21 Gordon C M, Holbrey J D, Kennedy A R et al. Ionic liquid crystals: hexafluorophosphate salts. J. Mater. Chem. , 1998,8(12):2627~2636

22 Carmichael A J, Hardacre C, Holbrey J D et al. Eleventh international symposium on molten salts. In:Truelove P C, de Long H C, Stafford G R, Deki S(ed). The Electrochemical Society. NJ:Pennington, 1999,209

23 Visser A E, Swatloski R P, Reichert W M et al. Task-specific ionic liquids for the extraction of metal ions from aqueous solutions. Chem. Commun. , 2001, (1):135~136

24 Gathergood N, Scammells P J. Design and preparation of room-temperature ionic liquids containing biodegradable side chains. Aust. J. Chem. , 2002, 55(9):557~560

25 Gathergood N, Garcia M T, Scammells P J. Biodegradable ionic liquids: Part Ⅰ. Concept, preliminary targets and evaluation. Green Chem. , 2004, 6(3):166~175

26 Dzyuba S V, Bartsch R A. New room-temperature ionic liquids with C_2-symmetrical imidazolium cations. Chem. Commun. , 2001,(16):1466~1467

27 Bonhôte P, Dias A P, Papageorgiou N et al. Hydrophobic, highly conductive ambient-temperature molten salts. Inorg. Chem. , 1996,35(5):1168~1178

28 Singh R P, Manandhar S, Shreeve J M. New dense fluoroalkyl-substituted imidazolium ionic liquids. Tetrahedron Lett. , 2002,43(52):9497~9499

29 Pernak J, Czapukowicz A, Poźniak R. New ionic liquids and their antielectrostatic properties. Ind. Eng. Chem. Res. , 2001, 40(11):2379~2383

30 Holbery J D, Reichert W M, Swatloski R P et al. Efficient, halide free synthesis of new, low cost ionic liquids: 1,3-dialkylimidazolium salts containing methyl-and ethyl-sulfate anions. Green Chem. , 2002,4(5):407~413

31 Fox D M, Awad W H, Gilman J W et al. Flammability, thermal stability, and phase change characteristics of several trialkylimidazolium salts. Green Chem. , 2003,5(6):724~727

32 Larsen A S, Holbery J D, Tham F S et al. Designing ionic liquids: imidazolium melts with inert carborane anions. J. Am. Chem. Soc. , 2000, 122(30):7264~7272

33 Zhou Z B, Matsumoto H, Tatsumi K. Low-viscous, low-melting, hydrophobic ionic liquids. 1-alkyl-3-methylimidazolium trifluoromethyltrifluoroborate. Chem. Lett. , 2004, 33 (6):680~681

34　Noda A, Hayamizu K, Watanabe M. Pulsed-gradient spin-echo $_1$H and $_{19}$F NMR ionic diffusion coefficient, viscosity, and ionic conductivity of non-chloroaluminate room-temperature ionic liquids. J. Phys. Chem. B, 2001, 105(20):4630~4610

35　Matsumoto H, Kageyama H, Miyazaki Y. Room temperature ionic liquids based on small aliphatic ammonium cations and asymmetric amide anions. Chem. Commun. , 2002, 16: 1726~1727

36　Pernak J, Branicka M. The properties of 1-alkoxymethyl-3-hydroxypyridinium and 1-alkoxymethyl-3-dimethylaminopyridinium chlorides. Surfactants and Detergents, 2003, 6 (2):119~123

37　Xiao Y, Malhotra S V. Diels-Alder reactions in pyridinium based ionic liquids. Tetrahedron Lett. , 2004, 45(45):8339~8342

38　Chiappe C, Imperato G, Napolitano E et al. Ligandless stille cross-coupling in ionic liquids. Green Chem. , 2004,6(1):33~36

39　Carrera G, Aires-de-Sousa J. Estimation of melting points of pyridinium bromide ionic liquids with decision trees and neural networks. Green Chem. , 2005,7(1):20~27

40　Bhowmik P K, Han H, Cebe J J et al. Ambient temperature thermotropic liquid crystalline viologen bis(triflimide) salts. Liquid Crystals, 2003,30(12):1433~1440

41　Singh R P, Shreeve J M. Bridged tetraquaternary salts from N, N'-polyfluoroalkyl-4,4'-bipyridine. Inorg Chem. , 2003,42(23): 7416~7421

42　Mirzaei Y R, Shreeve J M. New Quatemary Polyfluoroalkyl-1,2,4-triazolium salts leading to ionic liquids. Synthesis, 2003, 337: 24~26

43　Gordon J E. Fused organic salts. Ⅳ. 1a characterization of low-melting quaternary ammonium salts. Phase equilibria for salt-salt and salt-nonelectrolyte systems. Properties of the liquid salt medium. J. Am. Chem. Soc. , 1965, 87(19):4347~4358

44　Gordon J E, Subba Rao G N. Fused organic salts. 8. Properties of molten straight-chain isomers of tetra-n-pentylammonium salts. J. Am. Chem. Soc. , 1978, 100 (24): 7445~7454

45　Quinn R. Room temperature molten carboxylate salt hydrates. Synthesis and reactivity in inorganic and metal-organic Chemistry 2001, 31:359~369

46　Demberelnyamba D, Shin B K, Lee H. Ionic liquids based on N-vinyl-γ-butyrolactam: potential liquid electrolytes and green solvents. Chem. Commun. , 2002, 14:1538~1539

47　Kim J, Sinigh R P, Shreeve J M. Low melting inorganic salts of alkyl-,fluoroalkyl-,alkyl ether-,and fluoroalkyl ether-substituted oxazolidine and morpholine. Inorg. Chem. , 2004, 43(9):2960~2966

48　Zhou Z B, Matsumoto H, Tatsumi K. Low-melting, low-viscous, hydrophobic ionic liquids: N-alkyl (alkyl ether)-N-methylpyrrolidinium perfluoroethyltrifluoroborate. Chem. Lett. , 2004, 33(12):1636~1637

49　Gerritsma D A, Robertson A, McNulty J et al. Heck reactions of aryl halides in phosphonium salt ionic liquids: library screening and applications. Tetrahedron Lett. , 2004, 45(41):

7629～7631

50　Bradaric C J, Downard A, Kennedy C et al. Industrial preparation of phosphonium ionic liq-
uids. Green Chem. , 2003,5(2):143～152

51　de Giorgi M, Landini D, Maia A et al. Syn. Commun. , 1987, 17:521

52　Holbrey J D, Turner M B, Reichert W M et al. New ionic liquids containing an appended
hydroxyl functionality from the atom-efficient, one-pot reaction of 1-methylimidazole and
acid with propylene oxide. Green Chem. ,2003,5(6): 731～736

53　Branco L C, Rosa J N, Ramos J J M et al. Preparation and characterization of new room
temperature ionic liquids. Chem. Eur. J. , 2002, 8(16):3671～3677

54　Omotowa B A, Shreeve J M. Triazine-based polyfluorinated triquaternary liquid salts: syn-
thesis, characterization, and application as solvents in rhodium(I)-catalyzed hydroformyla-
tion of 1-octene. Organometallics, 2004, 23(4):783～791

55　Nishida T, Tashiro Y, Yamamoto M. Physical and electrochemical properities of 1-alkyl-3-
methy-limidazolium tetrafluoroborate for electrolyte. J. Fluorine Chem. , 2003, 120(2):
135～141

56　Suarez P A Z, Einloft S, Dullius J E L et al. Synthesis and physical-chemical properties of
ionic liquids based on 1-n-butyl-3-methylimidazolium cation. J. Chim. Phys. , 1998,
95:1626

57　Law G, Watson P R. Surface tension measurements of N-alkylimidazolium ionic liquids.
Langmuir, 2001, 17(20):6138～6141

58　Holbrey J D, Seddon K R. The phase behaviour of 1-alkyl-3-methylimidazolium tetraflu-
oroborates; ionic liquids and ionic liquid crystals. J. Chem. Soc. Dalton Trans. , 1999,
(13):2133～2140

59　Ann E V, Reichert W M, Swatloski R P et al. Characterization of hydrophilic and hydro-
phobic ionic liquids: Alternatives to volatile organic compounds for liquid-liquid separations.
Ionic liquids industrial applications to green chemistry. ACS Symposium Series, 2002, 818:
289～308

60　Crosthwaite J M, Muldoon M J, Dixon J K et al. Phase transition and decomposition tem-
peratures, heat capacities and viscosities of pyridinium ionic liquids. J. Chem. Thermo. ,
2005, 37: 559～568

61　Perry R L, Jones K M, Scott W D et al. Densities, viscosities, and conductivities of mix-
tures of selected organic cosolvents with the Lewis basic aluminum chloride＋1-methyl-3-
ethylimidazolium chloride molten salt. J. Chem. Eng. Data, 1995, 40(3):615～619

62　Dzyuba S V, Bartsch R A. Influence of structural variations in 1-alkyl(aralkyl)-3-methyli-
midazolium hexafluorophosphates and bis(trifluoromethylsulfonyl)imides on physical prop-
erties of the ionic liquids. Chem. Phys. Chem. , 2002,3(2):161～166

63　Gu Z, Brennecke J F. Volume expansivities and isothermal compressibilities of imidazolium
and pyridinium-based ionic liquids. J. Chem. Eng. Data, 2002, 47(2):339～345

64　Seddon K R, Stark A, Torres M J. Influence of chloride, water, and organicsolvents on the physical properties of ionic liquids. Pure Appl. Chem. , 2000, 72:2275~2287

65　Widegren J A, Laesecke A, Magee J W. The effect of dissolved water on the viscosities of hydrophobic room-temperature ionic liquids. Chem. Commun. , 2005, 12: 1610~1612

66　Wasserscheid P, Keim W. Ionic liquids—New "solutions" for transition metal catalysis. Angew. Chem. Int. Ed. , 2000, 39(21):3772~3789

67　Welton T. Room-temperature ionic liquids. Solvents for synthesis and catalysis. Chem. Rev. , 1999, 99(8): 2071~2084

68　Wasserscheid P, Welton T. Ionic Liquids in Synthesis. Weinheim: Wiley-VCH, 2003

69　Wakai C, Oleinkova A, Ott M et al. How polar are ionic liquids? Determonation of the static dielectric constant of an imidazolium-based ionic liquid by microwave dielectric spectroscopy. J. Chem. Phys. B, 2005, 109: 17028~17030

70　Reichardt C. Polarity of ionic liquids determined empirically by means of solvatochromic pyridinium N-phenolate betaine dyes. Green Chem. , 2005, 7(5):339~351

71　Aki S N V K, Brennecke J F, Samanta A. How polar are room-temperature ionic liquids? Chem. Commun. , 2001, 5:413~414

72　McFarlane D R, Sun J, Golding J et al. High conductivity molten salts based on the imide ion. Electrochimica Acta. , 2000, 45(8~9): 1271~1278

73　王晓化,陶国宏,吴晓牧等. 离子液体酸性的红外光谱探针法研究. 物理化学学报,2005, 21(5):528~533

74　Fuller J, Carlin R T, Osteryoung R A. The room temperature ionic liquid 1-ethyl-3-methylimidazolium tetrafluoroborate: electrochemical couples and physical properties. J. Electrochem. Soc. , 1997, 144:3881~3886

75　Nanjundiah C, McDevitt F, Koch V R. Differential capacitance measurements in solvent-free ionic liquids at Hg and C interfaces. J. Electrochem. Soc. , 1997, 144: 3392~3397

76　Carlin R T, Fuller J. Ionic liquid-polymer gel catalytic membrane. Chem. Commun. , 1997, 15:1345~1347

77　Yang J Z, Lu X M, Gui J S et al. A new theory for ionic liquids—the interstice model Part 1. The density and surface tension of ionic liquid EMISE. Green Chem. , 2004, 6:541~543

78　杨家振,桂劲松,吕兴梅等. 离子液体 BMIBF₄ 性质研究. 化学学报, 2005, 63:577~580

79　Zhang Q G, Yang J Z, Lu X M et al. Studies on an ionic liquid based on FeCl₃ and its properties. Fluid Phase Equilibia, 2004, 226: 207~211

80　Zang S L, Zhang Q G, Huang M et al. Studies on ionic liquid [emim]Cl₄. Fluid Phase Equilibia, 2005, 230: 192~196

2.2　离子液体混合物的性质[①]

2.2.1　研究现状及进展

2.2.1.1　离子液体混合物的热力学性质

1. 密度

离子液体混合物的热力学性质是与溶液组成密切相关的物理量,即使少量第二组分的加入都会对离子液体本身的物理化学性质以及对离子液体作为溶剂或催化剂的反应具有重要的影响[1~5]。例如,1%（质量分数）的 Cl^- 存在可使离子液体的密度下降 0.016 g·cm^{-3}[4]。因此在测定含离子液体混合物的热力学和热物理性质之前,必须对离子液体进行严格的纯化处理,并分析离子液体中各种杂质的含量。否则,很难对所报道的实验数据的可靠性进行评价。实际上,目前国内外不同实验室所报道的离子液体物性数据上的差异,主要是由离子液体所含杂质的水平不同所引起的。

水,作为一种普通而又重要的最绿色溶剂,它与离子液体构成的混合物的热力学性质也显得尤为重要。[emim][BF$_4$][6]、[bmim]Br[7]、[bmim][BF$_4$][1]、[emim][C$_2$H$_5$OSO$_3$][8]离子液体＋水混合物的密度数据均有报道。以 [emim][BF$_4$]＋H$_2$O 体系为例,图 2.12 表示出这类混合物的密度随组成的变化关系。总的说来,体系的密度随水含量的增加呈下降趋势。在富水区,$x_w > 0.5$,混合物的密度迅速下降并向纯水的密度靠近;在富离子液体区,$x_w < 0.5$,混合物的密度变化比较平缓,逐步接近离子液体的密度。

离子液体与非水组分形成的混合物的密度数据文献中也有报道。所研究的体系主要包括[emim]Cl＋AlCl$_3$＋卤化碱金属盐[9]、[emim]Cl＋AlCl$_3$＋有机化合物(乙腈、苯、二氯甲烷)[10,11]、[bmim][BF$_4$]＋有机化合物(乙腈、二氯甲烷、2-丁酮、N,N-二甲基甲酰胺)[3]、[bmim]Br＋甲醇(或乙醇)[7]、[bmim][PF$_6$]＋有机化合物(丙酮、2-丁酮、戊酮、环戊酮、乙酸乙酯、乙腈、甲醇)[12,13]、吡啶类离子液体[bmpy][BF$_4$]＋甲醇[14]混合物,以及离子液体[emim]Cl＋离子液体[emim][GaCl$_4$]的混合物[15]等。

Hussey 等[11]在研究[emim]Cl＋AlCl$_3$＋有机物体系的密度时,曾提出用下列多项式来描述定温条件下体系的密度与混合物组成之间的关系:

$$\rho = \sum_{i=0}^{n} a_i w^i \tag{2.6}$$

① 国家自然科学基金资助项目(20273019)。

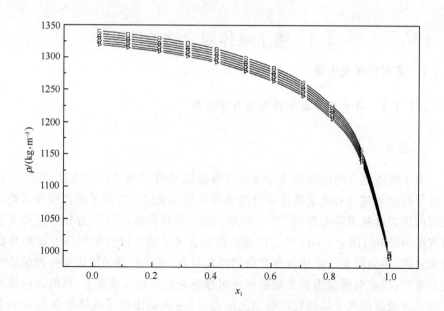

图 2.12　H_2O (1) + [emim][BF_4](2)混合物在不同温度下的密度随水含量的变化
□ 293.15K；○ 298.15K；△ 303.15K；▽308.15K；◇313.15K；◁318.15K；▷323.15K

式中：w 为离子液体在混合物中的质量分数；a_i 为待定参数。用此方程拟合要想得到较好的结果，至少需要三个可调参数。通过该方程可以计算任一组成下混合物的密度。

2. 过量摩尔体积

利用密度数据可以计算混合物的摩尔体积：

$$V_m = \left(\sum_i x_i M_i \right)/\rho \qquad (2.7)$$

式中：M_i 和 x_i 分别表示 i 组分的摩尔质量和该组分在混合物中的摩尔分数；ρ 为溶液的密度。混合物的摩尔体积还可以表示为

$$V_m = V_m(\text{ideal}) + V_m^E \qquad (2.8)$$

式中：$V_m(\text{ideal})$表示形成理想混合物时的摩尔体积；V_m^E 为实际混合物与理想混合物的摩尔体积之差，称为混合物的过量摩尔体积。含离子液体二元混合物的过量摩尔体积可以根据式(2.9)计算：

$$V_m^E = [x_1 M_1 + (1-x_1)M_2]/\rho - x_1 M_1/\rho_1 - (1-x_1)M_2/\rho_2 \qquad (2.9)$$

式中：ρ_i 和 M_i 分别代表组分 i 的密度和摩尔质量；x_1 为组分 1 在混合物中的摩尔分数。过量摩尔体积随组成的变化，可用 Redlich-Kister 多项式拟合

$$V_m^E = x_1(1-x_1) \sum_{j \geqslant 0} B_j(1-2x_1)^j \qquad (2.10)$$

式中：B_i 为可调参数，可通过最小二乘法拟合得到。

目前，下列混合物的过量摩尔体积已有文献报道：[bmim][BF₄][1]（[emim][BF₄][6]、[bmim]Br[7]）＋水混合物、[bmim][PF₆]＋（水＋乙醇）混合物[16]、[bmim][BF₄]＋乙腈（二氯甲烷、2-丁酮、N,N-二甲基甲酰胺）混合物[3]、[bmim]Br＋甲醇（乙醇）混合物[7]、[bmim][PF₆]＋丙酮（2-丁酮、戊酮、环戊酮、乙酸乙酯、乙腈、甲醇）混合物[12,13]，以及吡啶类离子液体[bmpy][BF₄]＋甲醇混合物[14]等。此外，6个二元离子液体混合物（[$C_m$mim]＋[$C_n$mim]）[N(CF₃SO₃)₂]（$n=2，4，6，8；m=8，10$），3个以[bmim]⁺为阳离子的离子液体混合物（[bmim]([N(CF₃SO₃)₂]＋[PF₆])、[bmim]([N(CF₃SO₃)₂]＋[BF₄])、[bmim]([BF₄]＋[PF₆]))的过量摩尔体积也有报道[17]。分析文献数据得到：离子液体与极性有机物形成的混合体系一般具有负的过量摩尔体积，如图 2.13 所示；离子液体与水形成的混合体系往往具有正的过量摩尔体积，如图 2.14 所示；二元离子液体混合物的过量摩尔体积一般表现为较小的正值，只有当离子液体阳离子上烷基链的长度或阴离子的性质差异较大时，混合物的过量摩尔体积才具有较大的正值。

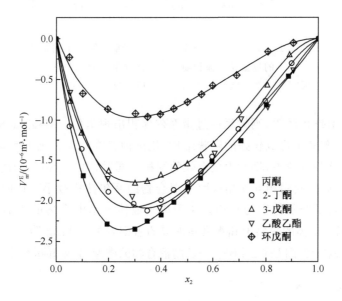

图 2.13　298.15K 时有机物(1)＋[bmim][PF₆](2)体系的过量摩尔体积随离子液体摩尔分数的变化关系

根据分子相互作用理论，当两种不同的组分混合后，如果异种分子间的吸引作用较弱，同组分分子间的化学或非化学吸引作用为主要作用方式，则混合物的过量摩尔体积出现正值。如果分子在混合物中的堆积比在纯组分中更为有效，即异种

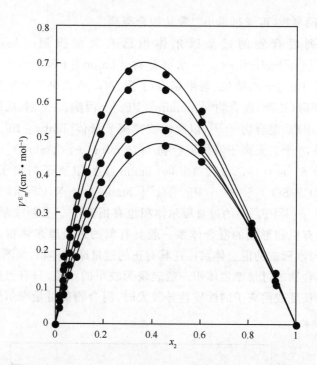

图 2.14　$H_2O(1)+[bmim][BF_4](2)$混合物在不同温度
下的过量摩尔体积随离子液体含量的变化关系

温度(K)从上到下依次为 333.15, 323.15, 313.15, 303.15, 298.15

分子间的吸引作用较强,则体系的过量摩尔体积出现负值。Maginn 等[18]指出,离子液体的阴、阳离子形成较强的网状结构,流体内存在空隙。因此可以推测,有机小分子嵌入这些空隙中,将发生更有效的堆积。同时,离子液体的阳离子与有机分子间的离子-偶极吸引相互作用也引起混合物的摩尔体积减小。这两种因素均导致混合物的过量摩尔体积为负值。关于离子液体+水混合物的正的过量摩尔体积,可能与离子液体的阴离子和水之间形成的氢键有关。Wang 等[19]应用分子动力学模拟成功地预测了$[bmim][BF_4]$+乙腈混合物的密度、黏度和过量摩尔体积。

3. 表观摩尔体积

离子液体在混合物中的表观摩尔体积根据式(2.11)计算:

$$V_{2,\phi} = M/\rho - 10^3(\rho-\rho_0)/(m\rho\rho_0) \qquad (2.11)$$

式中:M 为离子液体的摩尔质量;ρ_0 和 ρ 分别代表溶剂和溶液的密度 $(g \cdot cm^{-3})$;m 为离子液体在混合物中的质量摩尔浓度 $(mol \cdot kg^{-1})$。在较低的浓度范围内,离子液体在混合物中的表观摩尔体积与浓度之间的关系可用 Redlich-Mayer 方程表示:

$$V_{2,\phi} = V_{2,\phi}^0 + S_v m^{1/2} + B_v m \tag{2.12}$$

式中：$V_{2,\phi}^0$ 是无限稀释时离子液体在混合物中的表观摩尔体积，即极限表观摩尔体积，在数值上等于标准偏摩尔体积，能够反映离子液体与溶剂间的相互作用（离子溶剂化）的信息；S_v 和 B_v 为经验参数，可通过最小二乘法拟合得到，其中 S_v 在一定程度上是离子-离子之间相互作用的量度。

[bmim][BF$_4$]＋水（甲醇、乙醇）混合物[7]和[bmim][PF$_6$]＋（水＋乙醇）混合物[16]的标准偏摩尔体积已见文献报道。离子液体在混合物中的标准偏摩尔体积由离子液体的阴、阳离子和溶剂的性质决定。根据分子动力学模拟结果[20]，一般认为，对于能形成氢键的高介电溶剂，它们与离子液体的相互作用主要由它们与离子液体的阴离子的相互作用决定，而对于低介电溶剂，它们与离子液体的相互作用主要由它们与离子液体阳离子的相互作用所控制。离子液体[bmim][BF$_4$]在水、甲醇、乙醇中的标准偏摩尔体积的相对顺序为 $V_{2,\phi}^0$（水）＞$V_{2,\phi}^0$（甲醇）＞$V_{2,\phi}^0$（乙醇），主要反映了水、甲醇、乙醇与[BF$_4$]$^-$氢键相互作用的差别。

当离子液体的浓度较大（$0.2 \sim 3.0$ mol·kg^{-1}）时，其表观摩尔体积与浓度之间的关系可以通过 Pitzer 方程来描述[8]：

$$V_{2,\phi} = V_{2,\phi}^0 + \nu |z_M z_X| (A_V/2b)\ln(1 + 1.2 I^{1/2})$$
$$+ 2\nu_X \nu_M RT [mB_{MX}^V + (\nu_M z_M)m^2 C_{MX}^V] \tag{2.13}$$

式中：下标 M 和 X 分别代表离子液体的阳离子和阴离子；z 和 ν 分别表示阴阳离子所带的电荷数和 1mol 离子液体能够解离成阴阳离子的物质的量数；A_V 为体积函数中的 Debye-Hückel 系数；I 为混合物的离子强度；m 为离子液体的浓度。在上述方程中，右端第二项表示长程静电作用，第三项中 B_{MX}^V 可以通过式（2.14）来表示：

$$B_{MX}^V = B_{MX}^{(0)V} + 2(B_{MX}^{(1)V}/\alpha^2 I)[1 - (1 + \alpha I^{1/2})\exp(-\alpha I^{1/2})] \tag{2.14}$$

式中：$B_{MX}^{(0)V}$ 和 $B_{MX}^{(1)V}$ 称作 Pitzer 参数，表达阴阳离子之间不同类型的短程相互作用；C_{MX}^V 是三粒子相互作用项，在高浓度时才是重要的。对于 1:1 电解质的水溶液，$b = 1.2$，$\alpha = 2.0$。

利用实验测定的[emim][C$_2$H$_5$OSO$_3$]＋水混合物的体积数据对方程（2.10）进行拟合，即可得到[emim][C$_2$H$_5$OSO$_3$]的标准偏摩尔体积 $V_{2,\phi}^0$、Pitzer 参数 $B_{MX}^{(0)V}$、$B_{MX}^{(1)V}$ 以及 C_{MX}^V。拟合结果表明，在所研究的任一温度（$278.15 \sim 333.15$K）下，[emim][C$_2$H$_5$OSO$_3$]在水中的标准偏摩尔体积均为正值，并且随着温度的升高而逐渐增大。Pitzer 参数 $B_{MX}^{(0)V}$ 和 $B_{MX}^{(1)V}$ 均为负值。所有实验数据拟合的标准偏差都较小，表明运用 Pitzer 方程可以很好地描述高浓度离子液体混合物的体积性质。

4. 等熵压缩系数

含离子液体混合物的等熵压缩系数可以根据实验所测定的混合物的密度及声速数据，利用 Laplace-Newton 方程计算：

$$\kappa_s = 1/\rho\upsilon^2 \tag{2.15}$$

式中：ρ 和 υ 分别指混合物的密度和声速。离子液体[bmim]Br＋水（或甲醇、乙醇）以及[bmim][PF_6]＋甲醇（或乙腈）混合物的等熵压缩系数已有报道[7, 13]。不同温度下，[bmim]Br＋水混合物和[bmim]Br＋甲醇混合物的 κ_s 值随浓度的变化关系示于图 2.15 和图 2.16 中。

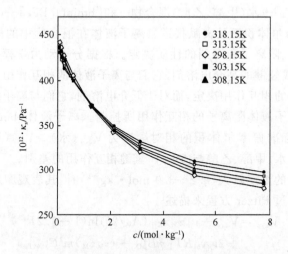

图 2.15　不同温度下[bmim]Br＋H_2O 混合物的等熵压缩系数随离子液体浓度的变化

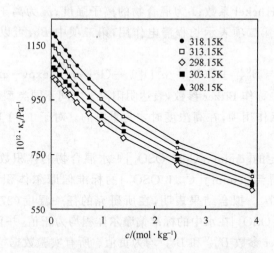

图 2.16　不同温度下[bmim]Br＋甲醇混合物的等熵压缩系数随离子液体浓度的变化

实验数据表明，在相同的浓度和温度下，混合物的等熵压缩系数：[bmim]Br＋甲醇 ＞[bmim]Br＋水，[bmim][PF_6] ＋甲醇 ＞[bmim][PF_6]＋乙腈。说明含甲醇的离子液体混合物更易压缩。

从图 2.15 还可以看出,当离子液体的浓度为 1.2772 mol·kg^{-1} 时,[bmim]Br＋水混合物的五条等熵压缩曲线相交于一点,说明该浓度下的 κ_s 与温度无关,即 dκ_s/d$T=0$。如图 2.16 所示,[bmim]Br＋甲醇混合物在 5 个温度下的等熵压缩曲线没有出现交叉,但是如果将曲线向高浓度方向外推的话,交叉点将会出现。Zafarani-Moattar 和 Shekarri 预测[7],在该特定的浓度下,混合物中有胶束状结构形成。但是,这一推测还需要通过进一步研究来证实。关于离子液体在混合物中的表观摩尔等熵压缩系数和标准偏摩尔等熵压缩系数,可用与上面表观摩尔体积、标准偏摩尔体积相类似的方法进行计算和分析讨论。

5. 有机物在离子液体中的活度系数

关于有机物在离子液体中的活度系数的测定方法很多,主要包括气相色谱法[21~24]和稀释法[25],还可以利用气–液平衡数据计算[26, 27]。到目前为止,大约有 50 种有机物在 13 种离子液体中的极限活度系数已见文献报道[21~29]。总结有机物在离子液体中的无限稀释活度系数的实验数据,总体上可以把有机物分为三类:①强极性有机物,如醇类化合物;②可极化的非极性有机物,如芳香类化合物;③惰性的难以极化的有机物,如

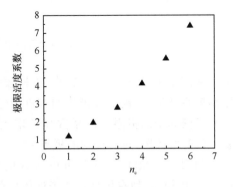

图 2.17 313K 时脂肪醇在离子液体 [bmpy][BF$_4$] 中的极限活度系数随碳原子数的变化关系

饱和烃类化合物。这三类有机物的活度系数随其碳原子数的变化关系示于图 2.17～图 2.19。

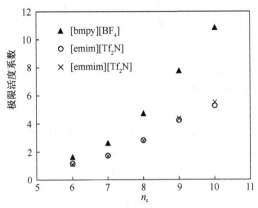

图 2.18 313K 时苯、甲苯、乙基苯、乙丙基苯、叔丁基苯在离子液体中的极限活度系数随碳原子数的变化关系

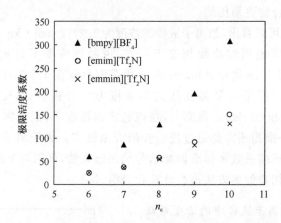

图 2.19 313K 时烷烃在离子液体中的极限活度系数随碳原子数的变化关系

从图中可以看出,体积较小、极性较强的有机物(如脂肪醇)在离子液体中的极限活度系数最小,能够被极化的有机物(如苯)的极限活度系数有所增加,饱和烷烃在离子液体中的极限活度系数显著增大。此外,离子液体阳离子咪唑环上的 H_2 被—CH_3 取代后,对有机物的极限活度系数没有明显的影响。

利用 COSMO-RS 模型可以对有机物在离子液体中的极限活度系数进行预测[30]。比较 38 种有机物在离子液体中的极限活度系数的预测值与实验值[21, 22],可以认为该方法具有一定的预测能力,但仍需要进一步改进,从而提高预测的精度。

6. 过量摩尔焓和过量摩尔自由能

与过量摩尔体积类似,离子液体混合物的过量摩尔焓 H_m^E 和过量摩尔自由能 G_m^E 均表示实际混合物与理想混合物的偏差。含离子液体混合物的过量摩尔焓可利用微量量热技术直接测定,过量摩尔自由能由式(2.16)计算:

$$G_m^E = x_1 \mu_1^E + x_2 \mu_2^E \tag{2.16}$$

式中:μ_1^E 和 μ_2^E 分别表示混合物中分子溶剂和离子液体的过量化学势,可通过测定体系的蒸气压而得到。根据热力学关系式 $G_m^E = H_m^E - TS_m^E$,便可由 H_m^E 和 G_m^E 计算过量摩尔熵。

由于离子液体本身的蒸气压可以忽略不计,可以认为离子液体+分子溶剂体系的蒸气压等于体系中分子溶剂的蒸气分压 p_1。若气相按照理想气体处理,则分子溶剂的过量化学势就可以通过式(2.17)计算:

$$\mu_1^E = RT\ln\left(\frac{p_1}{x_1 p_1^0}\right) \tag{2.17}$$

式中:p_1^0 为纯分子溶剂在一定温度下的蒸气压。离子液体在混合物中的过量化学

势 μ_2^E 可以根据 Gibbs-Duhem 公式计算:

$$x_1 \delta \mu_1^E + x_2 \mu_2^E = 0 \qquad (2.18)$$

总的来讲,关于离子液体混合物的过量摩尔焓和过量摩尔自由能的研究报道甚少[1, 27, 31, 32]。Katayanagi 等[31]系统地测定了[bmim][BF$_4$]+H$_2$O 和[bmim]I+H$_2$O 混合物的 H_m^E、G_m^E 和 S_m^E,以及水和[bmim][BF$_4$]在混合物中的过量偏摩尔焓、过量化学势和过量偏摩尔熵。作为示例,图 2.20 表示了 298.15K 时[bmim][BF$_4$]+水混合物的这些过量摩尔函数随混合物组成的变化关系。在全组成范围内,这些过量热力学函数均大于零,说明混合物形成时,离子液体-水的相互作用比纯离子液体中阴、阳离子之间的相互作用与纯水中 H$_2$O-H$_2$O 之间相互作用之和要弱。

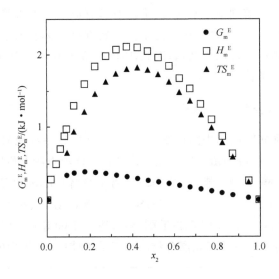

图 2.20　298.15K 时 H$_2$O (1) +[bmim][BF$_4$] (2)
体系的过量热力学函数

在 283K、298K 和 308K,实验测得水在[bmim][PF$_6$]、[omim][BF$_4$]、[omim][PF$_6$]离子液体中的无限稀释过量化学势均为负值[33]。离子液体阳离子上烷基链长度的变化对过量化学势的影响较小:从[bmim]$^+$变化到[omim]$^+$,过量化学势仅增大 1.1 kJ·mol^{-1};但过量化学势对阴离子的变化比较敏感:[BF$_4$]$^-$被[PF$_6$]$^-$取代,过量化学势增大 3.2 kJ·mol^{-1},说明混合物中离子液体的阴离子与水分子间的相互作用占主导地位。Lynden-Bell 等[33]利用分子模拟的方法计算了 400K 时水、甲醇、二甲醚、丙酮、丙烷在[mmim]Cl 中的过量化学势。计算结果将溶剂分为三类:① 非极性有机物(如丙烷)的过量化学势值在 20~25kJ·mol^{-1};② 可极化的偶极分子(如二甲醚、丙酮)的过量化学势值近似在 5 kJ·mol^{-1};③ 带有—OH 的极性分子(如水、甲醇)的过量化学势为负值,近似在 −14 kJ·mol^{-1}。模拟结果与实验结果相符。利用过量化学势可以判断有机物在离子液体中的溶解性能,反过来根据有机物在不同溶剂中的过量化学势的差异,可以进行选择性分离[34]。

2.2.1.2　离子液体混合物的相平衡

就咪唑类离子液体而言,其混合物的相行为主要取决于它本身作为氢键接受体和给予体的能力、阴离子电荷的离域程度等因素。一般认为,咪唑类离子液体借助于它的阴阳离子之间较强的氢键作用,形成具有某种高度有序的结构,这种有序结构不仅是离子液体在众多化学反应和物理化学过程中表现出特异性能的重要原因,而且对离子液体混合物的相行为产生显著的影响,尤其是当具有复杂结构的离子液体晶相在非极性溶剂中溶解时,通常涉及具有原晶格的多聚体向液相的逐步转移,从而导致体系相图的复杂化。由于作为氢键接受体和给予体的醇类化合物能够破坏离子液体的氢键网络结构,因此,咪唑类离子液体+脂肪醇混合物成为相图研究较广泛的一类体系。

1. 离子液体混合物的气-液平衡

由于在理论和实际应用中的重要地位,人们已比较系统地研究了一些离子液体+有机物体系的气-液平衡。所研究的体系包括低沸点的有机物(如水、环己烷、环己烯、低级脂肪醇、丙酮、苯、甲苯等)+ 离子液体[bmim][BF₄]([hmim]Cl、[emim][N(CF₃SO₃)₂]、[bmim][N(CF₃SO₃)₂])混合物[35]、一些具有较低蒸气压的有机物(如壬醛、4-甲基苯甲醛、2-壬酮、4-苯基-2-丁酮等)+ 离子液体的二元体系[35],以及含有离子液体的三元混合物。在离子液体中,有机物的气-液平衡通常

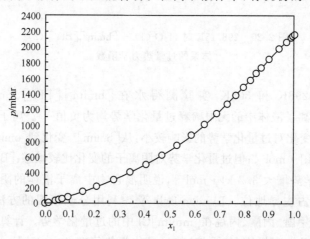

图 2.21　丙酮(1)+[emim][N(CF₃SO₃)₂](2)混合物
在353.15K 的 p-x_1 图

均表现出非理想行为,图 2.21 和图 2.22 分别表示出了对 Raoult 定律产生负偏差的丙酮+[emim][N(CF₃SO₃)₂]混合物的蒸气压-组成(p-x)图和产生正偏差的 2-丙醇+水+[bmim][Tf₂N]三元混合物的气-液平衡相图[36]。

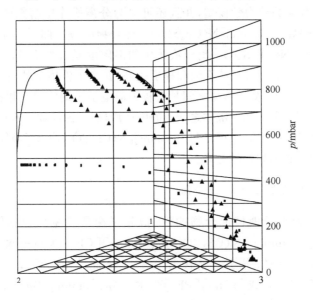

图 2.22 2-丙醇(1)+水(2)+[emim][N(CF₃SO₃)₂](3)
三元混合物在 353.15K 的 p-x 图

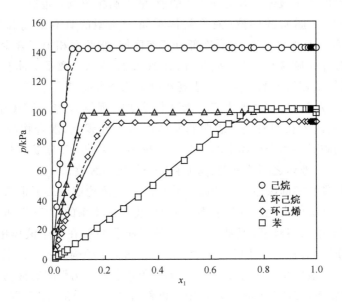

图 2.23 353.15K 时烷烃(1)+[emim][N(CF₃SO₃)₂](2)
混合物的 p-x 图

通过测定离子液体+有机化合物体系的气-液平衡数据,可以计算有机物在离子液体中的活度系数,分析组分的结构和混合物的组成对离子液体-有机物相互作用的影响,定量表征有机物的挥发性以及气态有机物在离子液体中的溶解度,建立含离子液体混合物的热力学模型,并且还可以为分离操作中溶剂的选择和优化提供指导。根据烷烃+[emim][N(CF$_3$SO$_3$)$_2$]混合物的 p-x 图[27](图 2.23),可以得到烷烃在[emim][N(CF$_3$SO$_3$)$_2$]离子液体中的溶解度具有如下顺序:己烷 < 环己烷 < 环己烯 < 苯。即烷烃的不饱和程度越高,在离子液体中的溶解度就越大,显然这是由于不饱和烃与离子液体之间具有较强静电引力的缘故。相比之下,苯的不饱和程度最高,因而苯与离子液体之间的静电作用最强,这导致了苯在该离子液体中具有最大的混溶区域。因此,可以利用[emim][N(CF$_3$SO$_3$)$_2$]离子液体,通过液-液萃取操作,实现苯与其他烷烃的分离。

2. 离子液体混合物的液-液平衡

近年来,关于离子液体混合物的液-液相平衡研究主要包括[bmim][PF$_6$]([bmim][BF$_4$]、[emim][N(CF$_3$SO$_3$)$_2$]、[bmim][CF$_3$SO$_3$])+水(脂肪醇、多元醇、醚、芳香烃、烷烃、烯烃、氯代烃等)二元混合物[37,38],以及离子液体[emim][N(CF$_3$SO$_3$)$_2$]或[omim][PF$_6$]+水+醇、[bmim][BF$_4$]+水+无机盐、[omim]Cl+乙醇+叔戊基乙基醚、[bmim][BF$_4$]+水+非离子表面活性剂、[emim][PF$_6$]或[bmim][I$_3$]+苯+烷烃三元混合物[39~41]等。除咪唑类离子液体外,其他类型的离子液体+有机物体系的液-液平衡相图也有报道[42,43]。

离子液体+脂肪醇的液-液平衡体系属于典型的具有最高临界溶解温度(UCST)的部分互溶双液系,并且在部分互溶区域,脂肪醇相中仅含少量的离子液体,而离子液体相则含有较多的脂肪醇,如图 2.24 所示。离子液体和脂肪醇的结构与组成对体系相行为的影响主要表现在以下几个方面[44~46]:

(1)对伯醇或仲醇与咪唑类离子液体构成的二元混合物,其 UCST 通常随着脂肪醇烷基链的增长而升高。表明脂肪醇的疏水性越强,混合物的 UCST 就越高,相应地脂肪醇在离子液体中的溶解度就越小。这是由于脂肪醇烷基链的增长削弱了醇与离子液体之间的氢键、偶极和库仑作用的缘故。

(2)比较具有相同碳原子数的脂肪醇与离子液体构成的二元混合物的相图可见,脂肪醇烷基链的支化程度几乎不影响液-液平衡体系的 UCST,也不影响离子液体在脂肪醇中的溶解度,但是却能显著地影响脂肪醇在离子液体中的溶解度。在[bmim][BF$_4$]分别与正丁醇、2-丁醇、异丁醇和叔丁醇构成的二元混合物的部分互溶区,富离子液体相的相转变温度随脂肪醇烷基链支化程度的提高而降低。说明在一定温度下,支链醇在离子液体中的溶解度大于直链醇,叔丁醇溶解度最大。Kamlet-Taft β 参数是表征化合物作为氢键接受体能力的一种量度,丁醇的 β 参数具有如下顺序:0.45(正丁醇)~0.45(异丁醇)< 0.51(2-丁醇)< 0.57(叔丁醇)。

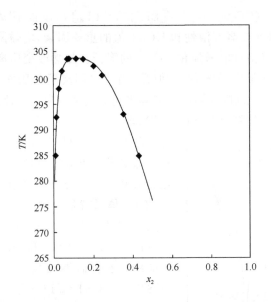

图 2.24 乙醇(1)+[bmim][PF₆](2)混合物的液-液平衡相图

因此,这种支化效应可以认为是作为较强氢键给予体的咪唑阳离子与碱性较强的支链醇发生更加有效的氢键相互作用的结果。

(3)随着 1-烷基-3-甲基咪唑阳离子上烷基链的增长,离子液体与给定醇构成的二元混合物的 UCST 显著降低,即离子液体与脂肪醇的互溶程度显著增强,这种现象可能是由于咪唑阳离子与脂肪醇的烷基链之间 van der Waals 相互作用增强的缘故。

(4)若咪唑环上的 C_2 氢原子被甲基取代,则引起离子液体与脂肪醇互溶程度的显著变化。比较[pmmim][N(CF₃SO₃)₂]和[pmim][N(CF₃SO₃)₂]+正丁醇双液系的相图发现,当咪唑环上的 C_2 氢原子被甲基取代后,混合物的 UCST 明显提高。咪唑环上的 C_2 氢原子比其他氢原子具有更强的酸性,因而它与醇羟基之间的氢键作用最强。该氢原子被甲基取代后,破坏了这种氢键作用,从而导致离子液体-脂肪醇之间相互溶解度的显著降低。这也说明醇羟基与咪唑环上酸性氢原子之间的氢键作用对混合物的相行为起着重要的作用。

(5)就相同的咪唑阳离子而言,阴离子性质的变化对离子液体-脂肪醇体系的相行为也有很大的影响。实验结果表明,室温下,[bmim][N(CN)₂]和[bmim][CF₃SO₃]与短链醇可形成完全互溶的体系;正十二烷醇是能与[bmim][CF₃SO₃]形成部分互溶双液系的烷基链最短的脂肪醇,而该脂肪醇却能与[bmim][N(CN)₂]完全互溶;[bmim][N(CF₃SO₃)₂]、[bmim][BF₄]和[bmim][PF₆]均可与正丁醇形成部分互溶双液系,并且它们的 UCST 依次升高。综合这些实验事实可以认为,阴离子与脂肪醇之间的亲和力的顺序为[N(CN)₂]⁻

$>[CF_3SO_3]^-＞[N(CF_3SO_3)_2]^-＞[BF_4]^-＞[PF_6]^-$。显然，阴离子与脂肪醇之间的氢键作用也是决定二者互溶性和 UCST 值的重要因素，增强阴离子的接受氢键能力，有利于二者互溶性的增强和 UCST 的降低。虽然改变阴离子是调节离子液体-脂肪醇互溶性的最容易的方法，但是，当咪唑阳离子与脂肪醇之间的 van der Waals 作用增强时，可以削弱阴离子与醇之间的氢键效应。因此，当醇分子的烷基链增长时，阴离子对体系混溶性的影响减弱。

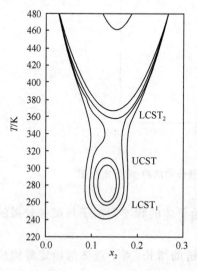

图 2.25　$CHCl_3(1)$ ＋ $[C_m mim][N(CF_3SO_3)_2](2)$
体系的相图

除上述具有 UCST 的液-液平衡体系外，具有最低临界溶解温度（LCST）的液-液平衡体系也有报道。图 2.25 所示$[C_m mim][N(CF_3SO_3)_2]$＋$CHCl_3$体系就是一例[47]，其中 m 为咪唑烷基链的平均链长（$4≤m≤5$）。该相图包含一个 $LCST_2$，以及由 $LCST_1$ 和 UCST 构成的封闭溶度曲线，这些临界温度之间具有如下顺序：$LCST_1＜UCST＜LCST_2$。这类相图的显著特点是：当温度变化时，可以观察到两种独特的相分离现象；尤其是当温度降低时，体系可以重新恢复到均相状态。当热力学条件改变时，混合物的 $LCST_2$ 和 UCST 可以重合在一起，而呈漏斗形状的相图。图中表明了 m 从 4.34 变化到 4.30 时，即可诱导产生 $LCST_2$ 和 UCST 的重合，导致体系的部分互溶区域增大。

3. 离子液体＋脂肪醇混合物的固-液平衡

对[bmim]Cl＋脂肪醇（醇的碳原子数为2～12）混合物的固-液平衡研究表明[48]：①当脂肪醇烷基链上的碳原子数小于 8 时，[bmim]Cl 在醇中的溶解度随醇相对分子质量的增加呈逐渐减小的趋势；若进一步增长脂肪醇的烷基链，对离子液体的溶解度无显著影响。②与其他脂肪醇相比较，[bmim]Cl 在正丁醇中的溶解度最大（图 2.26），这可能是由于正丁醇和咪唑环上的正丁基具有相同的碳原子数，二者能够在溶液中发生很好的堆积效应的缘故。③在丁醇的异构体中，[bmim]Cl 的溶解度的顺序为正丁醇＞2-丁醇＞叔丁醇，这与液-液平衡研究所得到的结果不同，显然是由于固态离子液体在结构上的复杂性所致。④[bmim]Cl在乙醇、正丁醇、2-丁醇和叔丁醇中的溶解度较理想溶解度高，而在其他醇中较理想溶解度低。⑤[bmim]Cl 与叔丁醇、正癸醇或正十二烷醇可以形成具有低共熔点的二元体系（图 2.27），并且低共熔温度与组成主要取决于混合物中脂肪醇的熔点。

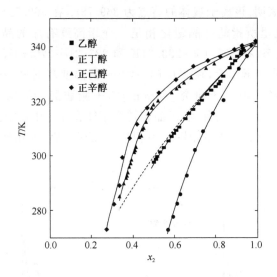

图 2.26　脂肪醇(1)＋[bmim]Cl(2)混合物的固-液平衡相图

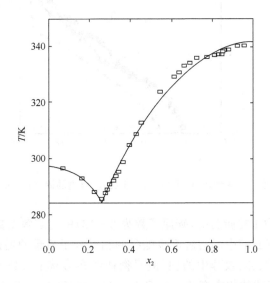

图 2.27　正十二烷醇(1)＋[bmim]Cl(2)体系的固-液平衡相图

依据 DSC 研究结果[49]，固态[bmim]Cl 具有比较简单的晶相结构，除了在 341.95K 和 197.35K 时分别出现与熔点和玻璃化转变温度有关的吸热峰外，在 ～315K 还能观察到一个很小的峰，表示离子液体的固-固相转变。正是这一小的 固-固相转变导致了上述[bmim]Cl＋脂肪醇体系(图 2.26)的液相线上出现折点。然 而，随着咪唑环上取代烷基链的增长，固态离子液体的结构也随之变得比较复杂，从 而引起离子液体-脂肪醇固液相行为的多样性。200～400K 温度范围内[ddmim]Cl

的 DSC 热谱数据表明:该离子液体的熔点为 369.78K,在 369.78~310.15K 之间为介晶塑化相 α_1,这里所指的介晶塑化相是一介于高度有序的晶相和其液相之间的、长程无序的相态;在 310.15~283.21K 和 283.21~270.61K 之间分别为晶相 β_1 和 γ_1。若进一步降低温度,在 270.61~200K 的温度范围内,还可以观察到两种 [ddmim]Cl 的晶相。但由于研究 [ddmim]Cl+脂肪醇的固液相平衡通常是在 273K 以上进行的,所以这两种固-固晶相转变不能在相图中观察到。因此,可以期望在 [ddmim]Cl+脂肪醇体系相图的液相线上发现与固-固相转变相关的两个折点(图 2.28)。

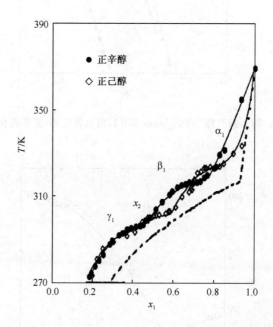

图 2.28　脂肪醇(1)+[ddmim]Cl (2)混合物的固-液平衡相图

分析 [ddmim]Cl 在脂肪醇(碳原子数为 2~12)中的溶解度数据[49]可以看出:①[ddmim]Cl 在脂肪醇中的溶解度也随醇的相对分子质量的增加呈减小的趋势。②[ddmim]Cl 在伯、仲、叔醇中的固-液平衡曲线在形状上大体相同,其溶解度的差别主要与离子液体的相态有关。高温下,[ddmim]Cl 的 α_1 相在脂肪醇中的溶解度的顺序为叔丁醇 >2-丁醇>正丁醇,而低温下,[ddmim]Cl 的 γ_1 相在脂肪醇中的溶解度顺序为 2-丁醇>正丁醇>叔丁醇。③[ddmim]Cl 与叔丁醇、正癸醇或正十二烷醇也可以形成具有低共熔点的二元体系(图 2.29)。④在辛醇中,当离子液体含量较高时,咪唑环上的烷基链长对离子液体的溶解度的影响为 [dmim]Cl < [ddmim]Cl < [bmim]Cl。达固-液平衡时,离子液体的溶解度与其熔点和熔化焓有关,因而 [ddmim]Cl 比 [dmim]Cl 具有较高溶解度的原因在于,固-固相转变的焓降低了 [ddmim]Cl 的熔化焓,导致了它的溶解度升高。⑤在固-液平衡相图中,

[ddmim]Cl 的固-固相转变温度与纯离子液体的相转变温度不同,这可能是由于咪唑环和较长烷基链的离子液体在溶剂的作用下,形成比纯离子液体更多的介晶塑化相,导致了参与固-液相平衡的中间相态数增加的缘故。

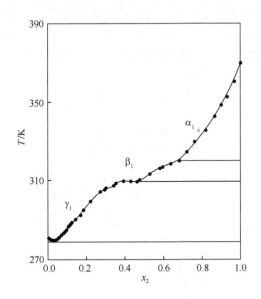

图 2.29　正癸醇(1)+[ddmim]Cl(2)混合物的固-液平衡相图

4. 其他二元混合物的相平衡

图 2.30 给出[emim][PF$_6$]+乙醇混合物的液-液和固-液平衡相图[50]。当混合物中离子液体含量较低时,[emim][PF$_6$]+乙醇混合物呈现典型的部分互溶双液系的相图,但由于乙醇的沸点较低,不能观察到体系的 UCST;当离子液体的含量较高时,混合物具有固-液平衡体系的特征。因此,这类体系的相图可以近似看

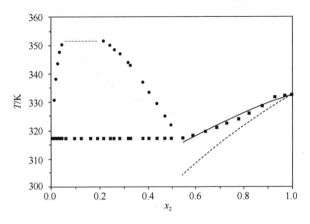

图 2.30　乙醇(1)+[emim][PF$_6$](2) 混合物的相图

作是由离子液体-脂肪醇混合物的液-液平衡相图和固-液平衡相图加和而成,并且二者的互溶规律与上述讨论结果相符合。

在离子液体中总是伴随着一定量的水分,因此研究水对离子液体的结构与性质的影响,无疑对离子液体的开发和应用都是非常重要的。水可以视为烃基被氢原子取代的醇,也是烷基链最短的醇。水与醇相似,它主要与离子液体的阴离子发生氢键作用,因此离子液体-水的相行为与离子液体-醇的相行为相似。在[omim]Cl+水体系的液-液平衡相图上有一 UCST,而在[ddmim]Cl+水体系的固-液平衡相图上有两个折点[51](图 2.31 和图 2.32)。

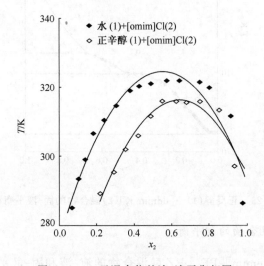

图 2.31　二元混合物的液-液平衡相图

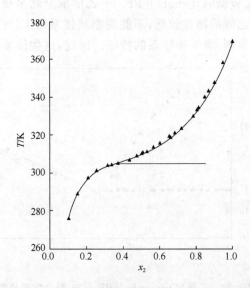

图 2.32　水(1)+[ddmim]Cl (2) 混合物的固-液平衡相图

5. 离子液体三元混合物的相平衡

$[PF_6]^-$不是良好的氢键接受体,它与咪唑阳离子构成的离子液体呈现疏水特性,因此该类离子液体在水和乙醇中具有较低的溶解度。实验数据表明:在298K,水与$[bmim][PF_6]$、$[hmim][PF_6]$、$[omim][PF_6]$均形成部分互溶体系,水在这些离子液体中的溶解度(质量分数)分别为1.2%、0.92%、0.47%,说明随咪唑环上烷基链的增长,水的溶解度逐渐降低;在相同的温度下,虽然$[hmim][PF_6]$和$[omim][PF_6]$能与乙醇完全互溶,但$[bmim][PF_6]$仍与乙醇形成部分互溶体系。因此,$[bmim][PF_6]$+水+乙醇三元体系中有两个与离子液体不完全互溶的组分,$[hmim][PF_6]$或$[omim][PF_6]$+水+乙醇三元体系中有一个与离子液体不完全互溶的组分。

图2.33和图2.34分别表示出了$[bmim][PF_6]$或$[hmim][PF_6]$+水+乙醇三组分体系的相图[52]。纯水和纯乙醇在$[bmim][PF_6]$中的溶解度(质量分数)分别为1.2%和10.1%,二者与离子液体的部分互溶行为导致在三元相图上出现了$[bmim][PF_6]$+H_2O和$[bmim][PF_6]$+乙醇两个液对的两相平衡区,在这两条双结点曲线之间则为三组分完全互溶区(图2.33)。图2.34示出仅有$[hmim][PF_6]$+H_2O一个液对的部分互溶区域,随着体系中乙醇含量的增加,它们的互溶程度增加,最终成为完全互溶的单相体系。相反,若增加$[hmim][PF_6]$+乙醇体系中水的含量,则能得到由离子液体相和水相构成的两相平衡体系。

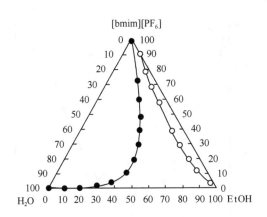

图2.33　298K时$[bmim][PF_6]$+水+乙醇三元混合物的相图

由图2.32可见,虽然$[bmim][PF_6]$不能与纯水和纯乙醇完全互溶,但却能与含50%～90%(质量分数)乙醇的水溶液完全互溶。若在部分互溶的$[bmim][PF_6]$+乙醇体系中加入不能与$[bmim][PF_6]$互溶的水,却能使疏水的$[bmim][PF_6]$完全溶解在水+乙醇的混合溶剂中。水与乙醇的这一协同效应,可

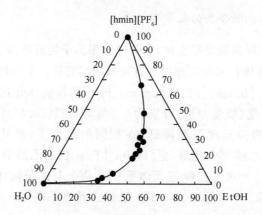

图 2.34 298K 时[hmim][PF₆]＋水＋乙醇三元混合物的相图

以通过混合溶剂中水的含量对[bmim][PF₆]＋乙醇体系的临界温度的影响得到说明(图 2.35)。由此可见,随着水在乙醇中的加入,混合物的临界溶解温度逐渐降低。当 $x_{H_2O} = 0.45$ 时,混合溶剂对离子液体具有最大的溶解能力,此时混合物的临界溶解温度(288.4K)比[bmim][PF₆]＋水双液系(～415K)低 127K,比[bmim][PF₆]＋乙醇双液系(324.9K)低 37K。此后若进一步增加水的含量,体系

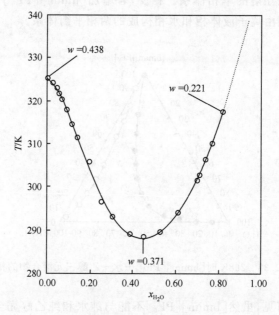

图 2.35 水的加入对 $w+(1-w)[x_{H_2O}+(1-x)_{EtOH}]$

体系 UCST 的影响

w 为离子液体[bmim][PF₆]在混合物中的质量分数

的临界温度呈逐渐上升趋势[53]。因此,通过调节[bmim][PF₆]+水+乙醇三元体系中水和乙醇的物质的量比,可以得到完全互溶、部分互溶和几乎完全不互溶的体系,以满足实际应用的需要,这一结论对分离萃取具有重要的指导作用。

2.2.1.3　离子液体混合物的传输性质

1. 黏度

黏度作为传输性质,是溶液的一个基本的物理参数。尽管离子液体被广泛认为是一类优良的"可设计溶剂"。但到目前为止,关于含离子液体的二元或多元混合物的黏度数据报道很少。近年来,所研究的体系主要有[emim]Cl+AlCl₃+有机物(乙腈、苯、二氯甲烷)体系[10,11]、[pmim]Cl+水(或甲醇)混合物[54]、吡啶类离子液体[bmpy][BF₄]+甲醇混合物[14]、[bmim][BF₄]+有机物(乙腈、二氯甲烷、2-丁酮、N,N-二甲基甲酰胺)混合物[3]、[bmim][PF₆]+有机物(丙酮、2-丁酮、戊酮、环戊酮、乙酸乙酯、乙腈、甲醇、水+乙醇、水+丙酮)混合物[12,16,54]等。

研究表明,含离子液体混合物的黏度随着有机物含量的增加而逐渐减小。离子液体的黏度是一般有机溶剂的几十倍到几百倍,这主要是由离子液体的阴、阳离子间存在较强的氢键,形成了不同程度的聚集体引起的。当水或有机化合物加入到离子液体后,它们将与离子液体的阴离子形成氢键或与离子液体的阳离子发生离子–偶极相互作用,从而削弱了离子液体阴、阳离子间的氢键相互作用,增大了离子的湍度,有效地降低了离子液体的黏度。

Seddon 等[4]曾建议用如下方程表示离子液体+有机物体系的黏度随组成的变化关系:

$$\eta = \eta_2 \exp(- x_1 / b') \tag{2.19}$$

式中:η 和 η_2 分别表示混合物和离子液体的黏度;x_1 为有机物在混合物中的摩尔分数;b' 为实验待定参数。Seddon 等[4]认为 b' 值仅与离子液体的本性有关,而与有机物的介电性质和极性无关。我们最近的研究结果表明,b' 值是一个与离子液体和有机物的黏度均有关的参数。导致不同结论的主要原因是,Seddon 等所选取的有机化合物的黏度非常接近,从而观察不到有机物的特性对 b' 值的影响。利用该方程可以很方便地关联和预测离子液体混合物的黏度。

2. 过量对数黏度

过量黏度数值的大小及随组成的变化规律可以用来分析混合物中组分间的相互作用。混合物的过量对数黏度依据式(2.20)计算

$$(\ln\eta)^E = \ln\eta - [x_1\ln\eta_1 + (1 - x_1) \ln\eta_2] \tag{2.20}$$

式中:η 为二元混合物的黏度;η_1 和 η_2 分别为有机物和离子液体的黏度;x_1 为有机物在混合体系中的摩尔分数。与体系的过量摩尔体积类似,离子液体 + 有机物

体系在全组成范围内的过量对数黏度随体系组成的变化,同样可用 Redlich-Kister 多项式拟合。

对所研究的体系,无论是吡啶类离子液体[bmpy][BF₄]+甲醇混合物[14],还是[bmim][BF₄]+乙腈(二氯甲烷、2-丁酮、N,N-二甲基甲酰胺)混合物[3]、[bmim][PF₆]+丙酮(2-丁酮、戊酮、环戊酮、乙酸乙酯、乙腈、甲醇、水+乙醇)混合物[12, 16],其过量对数黏度在全组成范围内均为正值(图 2.36),这表示有机物或水的加入降低了离子液体的黏度。

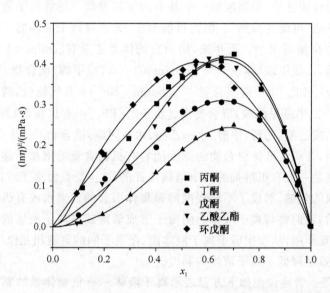

图 2.36　有机物(1)+[bmim][PF₆](2)体系的过量对数黏度
随有机物摩尔分数的变化

3. 黏度 B-系数

简单电解质溶液的黏度与电解质浓度的关系遵守著名的 Jones-Dole 方程

$$\eta_r = \eta / \eta_1 = 1 + Ac^{1/2} + Bc \tag{2.21}$$

式中:η 和 η_1 分别表示溶液和溶剂的黏度(mPa·s);η_r 为相对黏度;c 为电解质的体积摩尔浓度(mol·L⁻¹)。

将式(2.22)整理得到

$$(\eta_r - 1)/c^{1/2} = A + Bc^{1/2} \tag{2.22}$$

利用线性回归可以求得 B-系数。黏度 B-系数提供了离子-溶剂相互作用的信息。

研究表明,离子液体混合物的黏度行为与简单电解质溶液相似。我们系统地研究了 298.15K 时,离子液体[bmim][PF₆]在甲酸乙酯、乙酸乙酯、吡啶、四氯乙烷、丁酮、四氢呋喃、三氯甲烷、乙腈、甲酸乙酯+吡啶、四氯甲烷+丁酮、四氢呋喃

＋乙酸乙酯、三氯甲烷＋乙腈体系以及[bmim][BF₄]在水、乙醇、甲酸乙酯、乙二胺、乙腈、二氯甲烷、丙酮、丁酮、乙腈＋水、乙醇＋水、乙二胺＋乙腈、甲酸乙酯＋丙酮中的黏度B-系数。离子液体的黏度B-系数随混合溶剂组成变化的不同趋势,表明离子液体在不同溶剂中的存在状态及溶剂化程度存在差异。这种差异主要分为两类:①离子液体的黏度B-系数随混合溶剂介电常数的减小而增加,如离子液体＋含水混合溶剂体系;②离子液体的黏度B-系数随混合溶剂介电常数的减小而减小,如离子液体＋有机物混合溶剂体系。在离子液体 ＋(水＋有机物)体系中,水分子与离子液体阴离子之间形成氢键,相互作用较强,随着低介电常数有机物的加入,离子静电场的影响范围扩大,进一步加强了离子–溶剂间的相互作用,导致黏度B-系数增加。离子液体与不能形成氢键的有机物分子之间主要以离子–偶极相互作用为主,随着溶剂介电常数的降低,极性降低,离子–偶极作用减弱,导致离子液体的黏度B-系数减小。需要指出的是,黏度B-系数和标准偏摩尔体积所得到的关于离子液体与溶剂相互作用的规律是基本一致的。这进一步证实,这两种物理化学参数是混合物中溶质–溶剂相互作用的灵敏探针。

4. 电导

电导是离子液体能否在电化学中应用的重要指标之一。混合物的电导率及其随组成的变化关系可用来解释电解质的电化学行为,讨论在其中发生的化学或物理过程的机理,了解电解质的内部结构和溶质与溶剂的相互作用。到目前为止,离子液体混合物的电导研究仍然很少[25]。Hussey 等[10,11]研究了氯铝酸型离子液体与有机物混合体系的电导率,发现少量苯的加入,使得混合物的黏度降低,电导率增加。在苯的质量分数约为 0.35 时,混合物的电导率达到最大值。随后,混合物的电导率随苯的进一步加入而降低。本书对[bmim][BF₄]＋水(乙醇、二氯甲烷、乙腈、水＋乙醇、二氯甲烷＋乙腈)和[omim][BF₄]＋二氯甲烷(丁酮、二氯甲烷＋丁酮)混合物的研究也得到了类似的结果。此外,[Cₙmim][BF₄]($n=2\sim4$) ＋碳酸丙烯酯(γ-丁内酯、乙腈)混合物[55]、[bmim][PF₆] ＋ 水 ＋ 丙酮和[bmim][PF₆]＋ 水 ＋ 乙醇混合物[56]、烯丙基咪唑氯化物离子液体 ＋ 水 ＋ 乙醇混合物[54]的电导数据也有报道。

离子液体的电导率一般为 10^{-3} S·cm^{-1},比有机物的电导率 10^{-6} S·cm^{-1}大得多。由于在纯离子液体中,阴、阳离子依氢键而显著缔合,当加入有机物后,有机分子或与离子液体的阴离子形成氢键,或与其阳离子发生离子–偶极相互作用。这些相互作用削弱了离子液体阴、阳离子的缔合,增加了溶液中的带电粒子数,提高了离子的淌度和离子电导率。但是,随着有机物含量的进一步增加,有机物扮演了"稀释剂"的角色,引起混合物电导率的下降。这两种相反因素的竞争,决定了体系的电导率在混合物的某一组成出现最大值。

通过分析可以看出:离子液体的缔合程度(带电粒子数)、溶剂化程度和溶液的黏度是影响混合物电导率的主要因素。因此,为了得到较高电导率的离子液体混合物,应该选择具有较高介电常数和较低黏度的分子溶剂。

2.2.2 关键科学问题

2.2.2.1 离子溶剂化、离子聚集和离子液体混合物的结构

体系中的离子溶剂化和离子聚集对离子液体混合物的热力学性质、传输性质和反应性能都具有重要的影响,因此是离子液体混合物研究的核心问题。由于离子的聚集是以溶剂为介质的,离子溶剂化和离子缔合之间具有一定的联系。溶剂化是离子缔合的基础,离子溶剂化越强,离子的聚集作用就越弱。

在含离子液体的混合物中,离子的溶剂化主要是靠离子与分子溶剂之间的氢键、离子-偶极、离子-诱导偶极等相互作用来实现的。离子缔合的驱动力主要是阴、阳离子之间的静电相互作用和氢键的形成。在离子液体的浓度无限稀释的极限条件下,离子-离子间的相互作用可以忽略,因此,离子液体的标准偏摩尔体积、标准溶解焓、极限摩尔电导、黏度 B-系数等物理化学参数均可以用来研究离子液体在分子溶剂中的溶剂化[16]。在宏观物理化学性质中,电导是对离子液体阴、阳离子聚集甚为敏感的参数[57]。从原理上讲,利用精确的电导数据不但可以确定离子聚集的类型(如溶剂分割离子对、直接接触离子对、三离子聚集体等),还可以计算相关的缔合平衡常数,但目前未见这方面的报道。此外,非无限稀释条件下的物理化学性质如过量热力学函数(V_m^E、H_m^E、S_m^E 和 G_m^E)、溶解热等也可以用来研究离子聚集和离子液体混合物的微观结构,但自由能函数的三阶偏导能够提供更精细的信息。例如,在精确测定[bmim][BF$_4$]或 [bmim]I+水混合物的过量摩尔焓的基础上,Koga 及其同事[31]用式(2.23)计算了水溶液中离子液体-离子液体相互作用的焓参数:

$$H_{IL-IL}^E = (1 - x_{IL}) \left(\frac{\partial H_{IL}^E}{\partial x_{IL}} \right) \tag{2.23}$$

式中:x_{IL} 和 H_{IL}^E 分别表示离子液体在混合物中的摩尔分数和过量偏摩尔焓,后者可从过量摩尔焓数据求得。分析这些热力学数据表明:当[bmim][BF$_4$]的浓度 $x_{IL} < 0.015$ 或[bmim]I 的浓度 $x_{IL} < 0.013$ 时,离子液体在水中完全解离;高于这一临界浓度,[bmin]$^+$ 和[BF$_4$]$^-$ 便开始缔合;当 $x_{IL} > 0.5 \sim 0.6$ 时,离子液体形成了一定结构的簇集体,其状态与离子液体在纯态时的聚集状态相同。对正丙醇在[bmim]Cl+H$_2$O 溶剂中相互作用焓参数的分析[32],再次验证了在 $x_{IL} < 0.013$ 时,[bmim]Cl 离子液体是完全解离的,大于此浓度,离子液体的阴、阳离子便发生不同程度的簇集。

2.2.2.2 离子液体对有机物的选择性分离

在一定温度和压力下,稀溶液中的溶质 i 在两相中分配达到平衡时,它在 α 相

中的浓度 x_i^{α} 和在 β 相中的浓度 x_i^{β} 的比值称为分配系数，可表示为

$$K_i = \lim_{x_i \to 0} \frac{x_i^{\alpha}}{x_i^{\beta}} = \lim_{x_i \to 0} \frac{c_i^{\alpha}}{c_i^{\beta}} = \frac{\gamma_i^{\infty,\beta}}{\gamma_i^{\infty,\alpha}} \qquad (2.24)$$

式中：x_i 和 γ_i 分别为溶质 i 的摩尔分数和活度系数。K_i 数据不仅可以为液-液萃取分离提供指导，而且还可以表征溶质的疏水性或亲水性。

298K 时，水在辛醇中的溶解度较大，其摩尔分数可达 0.275，而辛醇在水中达饱和时，其摩尔分数仅为 7.5×10^{-5}。咪唑离子液体在辛醇-水体系中的分配系数数据表明[58]：① 就阳离子为 [bmim]$^+$ 的离子液体而言，当阴离子为 [BF$_4$]$^-$、[NO$_3$]$^-$、Cl$^-$、Br$^-$ 时，体系具有较低的 K 值（~0.0033），说明这些离子液体都具有很强的亲水性，能与水完全互溶，而含 [PF$_6$]$^-$ 的离子液体体系的 $K=0.022$，含 [N(CF$_3$SO$_3$)$_2$]$^-$ 的离子液体体系的 $K=0.11 \sim 0.62$，表现出了一定的疏水性。② K 值随着咪唑环上烷基链的增长而增加，这与离子液体在醇中的溶解度随咪唑环上烷基链的增长而增大是一致的。③ 用甲基取代咪唑环上的 C$_2$ 氢原子，对 K 值没有明显的影响。④ 对 [bmim][N(CF$_3$SO$_3$)$_2$] 研究发现，K 值与浓度有关，随着水相中离子液体含量的增加，K 值呈线性增加的趋势。然而对含其他阴离子的离子液体，尚未观察到 K 的浓度依赖性。

若在离子液体中有溶质 i 和 j，且假定 α 相为气相，β 相为离子液体相。当溶质 i 和 j 的分压趋于零时，则气相中溶质的活度系数之间符合 $\gamma_i^{\infty,\alpha} = \gamma_j^{\infty,\alpha} = 1$，由此可得到这两种溶质在离子液体中分配系数的比值为

$$S_{ij}^{\infty} = \frac{K_i}{K_j} = \frac{\gamma_i^{\infty,\beta}}{\gamma_j^{\infty,\beta}} \qquad (2.25)$$

式中：S_{ij}^{∞} 称为选择比，是离子液体对混合物中 i 和 j 分离能力的量度。根据离子液体对有机物的选择比，可以为物质的选择性分离设计适当的介质。例如，在 298K 时，不同离子液体对正己烷和苯的选择比具有如下顺序[59]：S^{∞}([omim]Cl, 8.7) $<$ S^{∞}([bmim][N(CF$_3$SO$_3$)$_2$], 16.7) $<$ S^{∞}([emim][N(CF$_3$SO$_3$)$_2$], 24.2) $<$ S^{∞}([bmim][NC$_2$H$_5$OSO$_3$], 41.4)。这表明 [bmim][NC$_2$H$_5$OSO$_3$] 离子液体具有很好的分离正己烷和苯的能力。建立在这一基础上的分离技术已有专利申请[28]。

2.2.2.3 离子液体＋脂肪醇部分互溶双液系和固-液平衡相图的热力学解释

在部分互溶体系中，平衡体系的相行为是体系的焓和熵对 Gibbs 能贡献达到平衡的结果，当过量 Gibbs 能（G^E）大于临界 Gibbs 能（G_C）时，即可引起体系的相分离。由图 2.37 所示的体系的过量性质随温度的变化曲线可见[47]：虽然过量焓（H^E）和过量熵（S^E）有着大体相同的变化趋势，但 H^E 的符号在随温度变化过程中经历了两次变化。相应地，G^E 随温度的变化也经历了两种特定的区域。当 $G^E > G_C$ 时，体系呈现两相，而当 $G^E < G_C$ 时，体系为一相。由此可以解释体系形成 LCST 的两种不同的机理。处于低温下的 LCST$_1$，S^E 随温度的升高而增加，表明 LCST$_1$

主要取决于体系中较强相互作用的形成与破坏。就［bmim］［N(CF₃SO₃)₂］＋CHCl₃混合物而言，则主要是由于两组分之间氢键和偶极相互作用的结果，而处于高温下的 LCST₂，S^E 随温度的升高而减小，这是由于与离子液体混合后，离子对有机分子的电致收缩而引起熵减小。

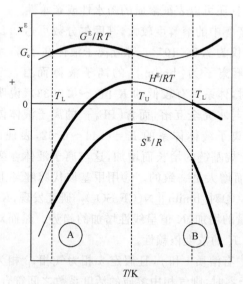

图 2.37 ［bmim］［N(CF₃SO₃)₂］＋CHCl₃
混合物相分离的热力学解释

由于离子液体的摩尔体积远大于脂肪醇的摩尔体积，离子液体＋脂肪醇部分互溶体系的相图通常很不对称(图 2.24)。这一现象常见于聚合物与有机溶剂形成的双液体系，因此对离子液体＋脂肪醇二元混合物的相图，也可以采用 Flory-Huggins 似晶格模型理论做定量的热力学描述。该理论把混合物的体积划分成众多链节，每一链节近似等于低相对分子质量组分 1 的分子体积，而具有较大体积的组分分子 2 则可看作是由 r 个链节构成。由此得到体系的混合 Gibbs 能为[1,46]

$$\Delta G_m = RT[x_1\ln\varphi_1 + x_2\ln\varphi_2 + \chi(T,p)x_1\varphi_2] \tag{2.26}$$

式中：x_i 为组分 i 的摩尔分数；$\chi(T, p)$ 为不同分子间链段-链段的相互作用参数。组分 i 的链节分数 φ_i 可由下式计算得到：

$$\varphi_1 = \frac{x_1}{rx_2 + x_1}$$

$$\varphi_2 = \frac{rx_2}{rx_2 + x_1}$$

式中：r 为组分 2 和组分 1 占据的链节数目的比值，可以近似看作两种纯组分摩尔体积的比值，即 $r \approx V_2/V_1$。对每摩尔链节而言，其 Gibbs 能为

$$\Delta G_{\mathrm{m}}^{*} = \frac{\Delta G_{\mathrm{m}}}{rx_2 + x_1} = RT\left[\frac{\varphi_2}{r}\ln\varphi_2 + \varphi_1\ln\varphi_1 + \chi(T,p)\varphi_1\varphi_2\right] \qquad (2.27)$$

依据临界条件

$$\frac{\partial^2\left(\dfrac{\Delta G_{\mathrm{m}}^{*}}{RT}\right)}{\partial\varphi_2^2} = \frac{\partial^3\left(\dfrac{\Delta G_{\mathrm{m}}^{*}}{RT}\right)}{\partial\varphi_2^3} = 0$$

可以得到

$$x_{2,\mathrm{c}} = \frac{1}{1 + r^{3/2}}$$

$$\varphi_{2,\mathrm{c}} = \frac{1}{1 + r^{1/2}}$$

$$\chi_{\mathrm{c}} = \frac{1}{2}\left(1 + \frac{1}{r^{1/2}}\right)^2$$

可见,当 $r=1$ 时,发生相分离的临界点组成为 0.5,呈对称的液-液平衡相图。但由于离子液体与脂肪醇在摩尔体积上的差别,导致它们液-液平衡相图的不对称。上述结论可以较好地预测体系的 LCST 和 UCST 相对应的临界组成。然而,由于离子液体+脂肪醇是一类具有特殊相互作用的混合物,因而该模型不能在全部组成范围内描述离子液体+脂肪醇双液体系。下述最简单的能量相互作用参数的表示式,可以对常见液-液平衡做出一般的描述:

$$\chi(T,P) = d_0(p) + \frac{d_1(p)}{T} - d_2\ln T \qquad (2.28)$$

式中:d_0 为与混合物的过量熵有关的参数;d_1 和 d_2 为与混合物过量焓有关的参数。由于 $\chi(T,p)$ 是对混合物的 G^{E} 的量度,因此当 $\chi(T,p)$ 大于 χ_{c} 时,体系即可发生相分离。

固体 2 在液体中的溶解度可以使用下述一般公式来表述:

$$-\ln x_2 = \frac{\Delta_{\mathrm{f}}H_2}{R}\left(\frac{1}{T_2} - \frac{1}{T_{\mathrm{f},2}}\right) - \frac{\Delta_{\mathrm{f}}C_{p2}}{R}\left(\ln\frac{T_2}{T_{\mathrm{f},2}} + \frac{T_{\mathrm{f},2}}{T_2} - 1\right) + \ln\gamma_2 \qquad (2.29)$$

式中:x_2 为溶质的摩尔分数;γ_2 为活度系数;$\Delta_{\mathrm{f}}H_2$ 为熔化焓;$\Delta_{\mathrm{f}}C_{p2}$ 为熔化温度下固态和液态溶质的热容差;$T_{\mathrm{f},2}$ 为溶质的熔点;T_2 为饱和溶液的平衡温度。该方程适用于具有低共熔混合物的体系。利用实验测定溶质的活度系数,就可以对离子液体在固-液平衡时的组成和温度之间的关系进行定量地热力学描述。

2.2.3　发展方向及建议

从目前离子液体混合物的热力学和传输性质的研究现状来看,虽然近年来人们已经做了大量的工作,但远远不能满足离子液体在有机合成、萃取分离、催化反应、材料制备、高能电池、生物技术等领域广泛应用的需要。目前的主要问题是实验数据有限,研究的体系不系统,测定的性质也不全面。因此,对离子液体混合物的宏观物理化学性质还不能有比较系统的认识。例如,尽管传输性质在化学反应过程和分离技术中起着重要的作用,但文献上报道的离子液体混合物的黏度和电导数据很少,扩散系数的数据更少。目前仅有[bmim][PF$_6$]+甲醇一个体系的报道[60]。关于离子液体混合物的热导率、热容、表面和界面张力等还未见文献报道。这些问题可能在一定程度上制约离子液体在工业上的应用。鉴于这些情况,建议进一步开展或加强以下研究工作:

(1) 选择在理论或应用上具有代表性的含离子液体的混合物,系统地测定体系的热力学性质和传输性质,尤其是混合物的过量热力学函数、溶解度、电导率、黏度、扩散系数、热导率、表面张力、界面张力和气-液、液-液平衡相图等,进一步积累和丰富离子液体混合物的物性实验数据。在此基础上,总结离子液体和分子溶剂的化学结构对混合物物理化学性质影响的宏观规律。

(2) 离子液体和分子溶剂的种类很多,使得离子液体混合物成为一类极其庞大的体系,试图测定所有体系的实验数据是不可能的。因此,我们需要在上述研究工作和现代电解质溶液理论的基础上,建立离子液体混合物物理化学性质的关联模型,发展预测这些性质的分子热力学理论。

(3) 关于离子液体混合物中的离子溶剂化、离子缔合和混合物的结构研究才刚刚起步,应充分借鉴溶液化学的宏观研究方法,系统分析离子液体混合物中的离子-溶剂、离子-离子的相互作用,以及这些微观的相互作用对混合物的结构和性质的影响规律,解释离子液体混合物对理想体系产生偏差的主要原因。在这些方面,要重视高精度电导技术在研究离子簇集问题上的应用,并注意多种热力学方法的配合和研究结果的相互印证。

(4) 核磁共振和振动光谱(IR 和 Raman)技术是研究离子溶剂化、离子簇集和混合物结构的微观手段。通过这些技术可以获得离子-溶剂相互作用的位点,以及离子-溶剂、离子-离子相互作用的结构等微观信息。因此,应注意将上述宏观方法与这些微观手段紧密结合起来,才能对离子液体混合物中的离子溶剂化、离子缔合和混合物的结构有实质性的认识。此外,分子模拟和量子化学计算等对认识离子液体混合物的结构和性质具有重要的补充作用,应加强这方面的研究工作。

2.2.4　结论与展望

随着离子液体的工业应用前景日益明朗,离子液体混合物的物理化学性质研究已引起学术界和产业界的重视。尽管这方面的研究还不够系统、全面和深入,但目前的研究已能够初步阐明一些离子液体中阳离子的结构、烷基链的长度、C$_2$取代基、阴离子的类型、分子溶剂的结构与离子液体混合物热力学、相平衡和传输性质的联系。对离子液体混合物中离子溶剂化、离子簇集和混合物的结构等问题的研究正在逐步开展,并得到了一些有重要意义的结果。在理论研究方面,Pitzer 电解质溶液理论、COSMO-RS 模型和 Flory-Huggins 似晶格模型理论分别已被用来描述和预测混合物的体积性质、无限稀释活度系数和相行为。所有这些工作均为我们今后的研究奠定了一定的基础。

离子液体混合物研究的兴起对溶液化学的发展提供了新的机遇。我们相信，离子液体混合物物理化学性质研究的进一步开展，将对离子液体混合物的结构和性能的认识以及它们的工业应用起到重要的促进作用，并对催化化学、有机合成、分离分析化学、环境化学等相关学科产生重要的影响。

参 考 文 献

1 Rebelo L P N, Najdanovic-Visakm V, Visak Z P et al. A detailed thermodynamic analysis of [bmim][BF$_4$] + water as a case study to model ionic liquid aqueous solutions. Green Chem. , 2004, 6: 369~381

2 Huddleston J G, Visser A E, Reichert W M et al. Characterization and comparison of hydrophilic and hydrophobic room temperature ionic liquids incorporating the imidazolium cation. Green Chem. , 2001, 3: 156~164

3 Wang J, Tian Y, Zhao Y et al. A volumetric and viscosity study for the mixtures of 1-N-butyl-3- methylimidazolium tetrafluoroborate ionic liquid with acetonitrile, dichloromethane, 2-butanone and N, N-dimethylformamide. Green Chem. , 2003, 5: 618~622

4 Seddon K R, Stark A, Torres M J. Influence of chloride, water, and organic solvents on the physical properties of ionic liquids. Pure Appl. Chem. , 2000, 72: 2275~2287

5 Fredlake C P, Crosthwaite J M, Hert D G et al. Thermophysical properties of imidazolium-based ionic liquids. J. Chem. Eng. Data, 2004, 49: 954~964

6 Zhang S J, Li X, Chen H P et al. Determination of physical properties for the binary system of 1-ethyl-3-methylimidazolium tetrafluoroborate+H$_2$O. J. Chem. Eng. Data, 2004, 49: 760 ~764

7 Zafarani-Moattar M T, Shekarri H. Apparent molar volume and isentropic compressibility of ionic liquid 1-butyl-3-methylimidazolium bromide in water, methanol and ethanol at T = (298. 15 to 318. 15)K. J. Chem. Thermodyn. , 2005, 37: 1029~1035

8 Lu X M, Xu W G, Gui J S et al. Volumetric properties for room temperature ionic liquid. 1. the system of {1-methyl-3-ethylimidazolium ethyl sulfate + water} at temperature in the range (278. 15 to 333. 15)K. J. Chem. Thermodyn. , 2005, 37: 13~19

9 Elias A M, Wilkes J S. Densities, molar volumes, and thermal expansivities of 1-methyl-3-ethylimidazolium chloride + aluminum chloride + alkali-metal halide molten salts. J. Chem. Eng. Data, 1994, 39: 79~82

10 Perry R L, Jones K M, Scott W D et al. Densities, viscosities, and conductivities of mixtures of selected organic cosolvents with the Lewis basic aluminum chloride + 1-methyl-3-ethylimidazolium chloride molten salt. J. Chem. Eng. Data, 1995, 40: 615~619

11 Liao Q, Hussey C L. Densities, viscosities, and conductivities of mixtures of benzene with the Lewis acidic aluminum chloride + 1-methyl-3-ethylimidazolium chloride molten salt. J. Chem. Eng. Data, 1996, 41: 1126~1130

12 Wang J J, Zhu A L, Zhao Y et al. Excess molar volumes and excess logarithm viscosities

for binary mixtures of the ionic liquid 1-butyl-3-methylimidazolium hexaflurophosphate with some organic compounds. J. Soln. Chem. , 2005, 34: 585~596

13 Taghi Zafarani-Moattar M, Shekaari H. Volumetric and speed of sound of ionic liquid, 1-butyl-3- methylimidazolium hexafluorophosphate with acetonitrile and methanol at $T =$ (298. 15 to 318. 15) K. J. Chem. Eng. Data, 2005, 50: 1694~1699

14 Heintz A, Klasen D, Lehaann J K. Excess molar volumes and viscosities of binary mixtures of methanol and the ionic liquid 4-methyl-N-butylpyridinium tetrafluoroborate at 25, 40, and 50℃. J. Soln. Chem. , 2002, 31: 467~476

15 Yang J Z, Jin Y, Xu W G et al. Studies on mixtures of ionic liquid EMIGaCl₄ and EMIC. Fluid Phase Equilibria, 2005, 227: 41~46

16 Wang J J, Han L J, Zhao Y et al. Solvation of the ionic liquid [bmim][PF₆]in aqueous ethanol solutions from molar volume, viscosity and conductivity measurements. Z. Phys. Chem. , 2005, 219: 1145~1158

17 Canongia Lopes J N, Cordeiro T C, Esperanca M S S S et al. Deviations from ideality in mixtures of two ionic liquids ccontaining a common ion. J. Phys. Chem. B, 2005, 109: 3519~3525

18 Cadena C, Authony J L, Brennecke J F et al. Why is CO₂ so soluble in imidazolium-based ionic liquids? J. Am. Chem. Soc. , 2004, 126: 5300~5308

19 Wu X P, Liu Z P, Huang S P et al. Molecular dynamics simulation of room - temperature ionic liquid mixture of [bmim][BF₄] and acetonitrile by a refined force field. phys. Chem. Chem. Phys. , 2005, 7: 2771~2779

20 Hanke C G, Atamas N A, Lynden-Bell R M. Solvation of small molecules in imidazolium ionic liquids: a simulation study. Green Chem. , 2002, 4: 107~111

21 Heintz A, Kulikov D V, Verevkin S P. Thermodynamic properties of mixtures containing ionic liquids. 1. Activity coefficients at infinite dilution of alkanes, alkenes and alkyl-benzenes in 4-methyl-n-butylpyridinium tetrafluoroborate using gas-liquid chromatography. J. Chem. Eng. Data, 2001, 46: 1526~1529

22 Heintz A, Kulikov D V, Verevkin S P. Thermodynamic properties of mixtures containing ionic liquids. 2. Activity coefficients at infinite dilution of hydrocarbons and polar solutes in 1-methyl-3-ethyl-imidazolium bis (trifluoromethyl-sulfonyl) amide and in 1, 2-dimethyl-3-ethyl-imidazolium bis(trifluoromethyl-sulfonyl) amide using gas-liquid chromatography. J. Chem. Eng. Data, 2002, 47: 894~899

23 David W, Letcher T M, Ramjugernath D et al. Activity coefficients of hydrocarbon solutes at infinite dillution in the ionic liquid, 1-methyl-3-octyl-imidazolium chloride from gas-liquid chromatography. J. Chem. Thermodyn. , 2003, 35: 1335~1341

24 Letcher T M, Deenadayalu N, Soko B et al. Activity coefficients at infinite dilution of or-ganic solutes in 1-hexyl-3-methylimidazolium hexafluorophosphate from gas-liquid chroma-tography. J. Chem. Eng. Data, 2003, 48: 708~711

25 Marsh K N, Deev A, Wu A C et al. Room temperature ionic liquids as replacements for

conventional solvents-a review. Korean J. Chem. Eng. , 2002, 47: 357~362

26 Vasiltsova T V, Verevkin S P, Bich E et al. Thermodynamic properties of mixtures contai-
ning ionic liquids. Activity coefficients of ethers and alcohols in 1-methyl-3-ethyl- imidazoli-
um bis (trifluoromethyl-sulfonyl) imide using the transpiration Method. J. Chem. Eng.
Data, 2005, 50: 142~148

27 Kato R, Krummen M, Gmehling J. Measurement and correlation of vapor - liquid equilibria
and excess enthalpies of binary systems containing ionic liquids and hydrocarbons. Fluid
Phase Equilibria, 2004, 224: 47~54

28 Heintz A. Recent developments in thermodynamics and thermophysics of non-aqueous mix-
tures containing ionic liquids—a review. J. Chem. Thermodyn. , 2005, 37: 525~535

29 Marsh K N, Boxall J A, Lichtenthaler R. Room termperature ionic liquids and their mix-
tures —a review. Fluid Phase Equilibria, 2004, 219: 93~98

30 Diedenhofen M, Eckert F, Klamt A. Prediction of infinite dilution activity coefficients of
organic compounds in ionic liquids using COSMO-RS. J. Chem. Eng. Data, 2003, 48:
475~479

31 Katayanagi H, Nishikawa K, Shimozaki H et al. Mixing schemes in ionic liquid -H$_2$O sys-
tems: a thermodynamic study. J. Phys. Chem. B, 2004, 108: 19 451~19 457

32 Miki K, Westh P, Nishikawa K et al. Effect of an "Ionic Liquid" cation, 1-butyl-3-methy-
limidazolium, on the molecular organization of H$_2$O. J. Phys. Chem. B, 2005, 109:
9014~9019

33 Lynden-Bell R M, Atamas N A, VasilYuk A et al. Chemical potential of water and organic
solutes in imidazolium ionic liquids: a simulation study. Molecular Physics, 2002, 100:
3225~3229

34 Blanchard L A, Brennecke J F. Recovery of organic products from ionic liquids using super-
critical carbon dioxide. J. Ind. Eng. Chem. Res. , 2001, 40: 287~292

35 Verevkin S P, Vasiltsova T V, Bich E et al. Thermodynamic properties of mixtures contai-
ning ionic liquids: activity coefficients of aldehydes and ketones in 1-methyl-3-ethyl-imidazo-
lium bis (trifluoromethyl-sulfonyl) imide using the transpiration method. Fluid Phase
Equilib. , 2004, 218:165~175

36 Doker M, Gmehling J. Measurement and prediction of vapor-liquid equilibria of ternary sys-
tems containing ionic liquids. Fluid phase Equilib. , 2005, 227:255~266

37 Domanska U, Marciniak A. Solubility of 1-alkyl-3-methylimidazolium hexafluorophosphate
in hydrocarbons. J. Chem. Eng. Data, 2003, 48: 451~456

38 Wagner M, Stanga O, Schroer W. Corresponding states analysis of the critical points in bi-
nary solutions of room temperature ionic liquids. Phys. Chem. Chem. Phys. , 2003, 5:
3943~3950

39 Gutowski K E, Broker G A, Willauer H D et al. Controlling the aqueous miscibility of ionic
liquids: aqueous biphasic systems of water-miscible ionic liquids and water-structuring salts
for recycle, metathesis, and separations. J. Am. Chem. Soc. , 2003, 125:6632~6633

40　Gao X, Li J, Han B et al. Microemulsions with ionic liquid polar domains. Phys. Chem. Chem. Phys. , 2004, 6:2914~2916

41　Arce A, Rodryguez O, Soto A. Experimental determination of liquid-liquid equilibrium using ionic liquids: *tert*-amyl ethyl ether + ethanol + 1-octyl-3-methylimidazolium chloride system at 298.15 K. J. Chem. Eng. Data, 2004, 49:514~517

42　Domanska U, Bogel-Lukasik R. Physicochemical properties and solubility of alkyl-(2-hydroxyethyl)-dimethylammonium Bromide. J. Phys. Chem. B, 2005, 109:12 124~12 132

43　Henderson W A, Passerini S. Phase behavior of ionic liquid-liX mixtures: pyrrolidinium cations and TFSI⁻ anions. Chem. Mater. , 2004, 16:2881~2885

44　Crosthwaite J M, Aki S N V K, Maginn E J et al. Liquid phase behavior of imidazolium-based ionic liquids with alcohols. J. Phys. Chem. B, 2004, 108:5113~5119

45　Crosthwaite J M, Aki S N V K, Maginn E J et al. Liquid phase behavior of imidazolium-based ionic liquids with alcohols: effect of hydrogen bonding and non-polar interactions. Fluid phase Equilib. , 2005, 228~229:303~309

46　Najdanovic-Visak V, Esperanca J M S S, Rebelo L P N et al. Pressure, isotope, and water co-solvent effects in liquid-liquid equilibria of (ionic liquid + alcohol) systems. J. Phys. Chem. B, 2003, 107:12 797~12 807

47　Lachwa J, Szydlowski J, Najdanovic-Visak V et al. Evidence for lower critical solution behavior in ionic liquid solutions. J. Am. Chem. Soc. , 2005, 127:6542~6543

48　Domanska U, Bogel-Lukasik E. Solid-liquid equilibria for systems containing 1-butyl-3-methylimidazolium chloride. Fluid phase Equilib. , 2004, 218:123~129

49　Domanska U, Bogel-Lukasik E, Bogel-Lukasik R. Solubility of 1-dodecyl-3-methylimidazolium chloride in alcohols (C₂~C₁₂). J. Phys. Chem. B, 2003, 107:1858~1863

50　Domanska U, Marciniak A. Solubility of ionic liquid [emim][PF₆] in alcohols. J. Phys. Chem. B, 2004, 108:2376~2382

51　Domanska U, Bogel-Lukasik E, Bogel-Lukasik R. 1-octanol/water paretition coefficient of 1-alkyl-3methylimidazolium chloride. Chem. Eur. J. , 2003, 9:3033~3041

52　Swatloski R P, Visser A E, Reicher W M et al. On the solubilization of water with ethanol in hydrophobic hexafluorophosphate ionic liquids. Green Chem. , 2002, 4: 81~87

53　Najdanovic-Visak V, Esperanca J M S S, Rebelo L P N et al. Phase behaviour of room temperature ionic liquid solutions: an unusually large co-solvent effect in (water + ethanol). Phys. Chem. Chem. Phys. , 2002, 4:1701~1703

54　Xu H, Zhao D, Xu P et al. Conductivity and viscosity of 1-allyl-3-methyl-imidazolium chloride + water and + ethanol from 293.15 K to 333.15 K. J. Chem. Eng. Data, 2005, 50: 133~135

55　Nishida T, Tashiro Y, Yamamoto M. Physical and electrochemical properties of 1-alkyl-3-methylimidazolium tetrafluoroborate for electrolyte. J. Fluorine Chem. , 2003, 120: 135~141

56　Zhang J, Wu W, Jiang T et al. Conductivities and viscosities of the ionic liquid [bmim][PF₆]+ water + ethanol and [bmim][PF₆] + water + acetone ternary mixtures. J. Chem. Eng. Data, 2003, 48: 1315~1317

57 Consorti C S, Suarez P A Z, Douza R F D et al. Identification of 1, 3-dialkylimidazolium salt supramolecular aggregates in solution. J. Phys. Chem. B, 2005, 109: 4341 ～ 4349

58 Ropel L, Belveze L S, Aki S N V K et al. Octanol-water partition coefficients of imidazolium-based ionic liquids. Green Chem., 2005, 7: 83～90

59 Letcher T M, Marciniak A, Marciniak M et al. Determination of activity coefficients at infinite dilution of solutes in the ionic liquid 1-butyl-3-methylimidazolium octyl sulfate using gas-liquid chromatography at a temperature of 298.15 K, 313.15 K, or 328.15 K. J. Chem. Eng. Data, 2005, 50: 1294～1298

60 Richter J, Leuchter A, Palmer G. Translational Diffusion. in: Wasserscheid, Welton T (ed). ionic liquid in synthesis. Weinheim: Wiley-VCH, 2003

2.3 离子液体/ScCO$_2$ 体系的热力学性质

2.3.1 研究现状及进展

随着环境问题的日益严重，消除环境污染成为 21 世纪的必然选择。1996 年，美国设立了"总统绿色化学挑战奖"，鼓励利用化学原理从根本上减少化学污染方面的科学研究与技术开发。替代原料、替代溶剂以及新型催化剂，是当前绿色化学的重点研究领域。美国佐治亚州科技学院（Georgia Institute of Technology）的 Charles A. Eckert 教授和 Charles L. Liotta 教授获得 2004 年美国"总统绿色化学挑战奖"。他们研究的内容是：反应分离过程中的友好可调变溶剂（benign tunable solvent coupling reaction and separation process）。他们应用超临界 CO$_2$ 调节反应平衡和反应速率，提高反应选择性，同时又排除污染。他们首次将超临界 CO$_2$ 用于相转移催化，实现了既经济又有效的产品分离，而且催化剂可以循环使用。同时他们还研究了利用近临界水较高的解离度来调节酸碱性从而实现酸碱催化反应以及通过 CO$_2$ 改变有机溶剂的体积从而较容易地回收催化剂。他们已将这些技术用于相转移催化、手性催化及酶催化反应中，利用这些可调变溶剂，设计合成反应，实现污染最小化，过程经济有效，从而展示出巨大的工业应用前景。

离子液体和超临界流体是两大绿色溶剂，两者可构成相变和极性可调控的体系。

离子液体与 CO$_2$ 相结合，具有许多独特的性质。Blanchard 等[1] 发现：①CO$_2$ 可以大量地溶解在离子液体中，而离子液体几乎不溶于 CO$_2$ 相；②在较高的压力和温度下，该体系仍保持气-液两相；③离子液体溶解大量的 CO$_2$ 后，其体积膨胀率很小。这些特性可以为吸收 CO$_2$ 提供新途径，同时也可以提供反应-分离耦合及萃取分离的新体系中。随后，有大量的工作研究了 IL-scCO$_2$ 体系在有机合成、催化、生物催化中的应用。Lozano 等[2] 最早在 scCO$_2$-离子液体体系中进行生物催化反应，将酶 candida antarctica lipase B （CALB）溶解于

[bmim][NTf$_2$]中，产品丁酸丁酯经减压回收，反应中，酶的催化活性和选择性均较高。另外，Gu 等[3]通过[bmim][PhSO$_3$]/CuCl 这一催化体系以 CO$_2$ 和炔丙醇为原料合成 α-亚甲基环状碳酸酯（4，4-二烷基-1，3-二氧环戊-2-酮），反应条件温和，反应速率快，转化率 99%，选择性≥99%，产率 97%，而且离子液体可以进行循环利用，该反应避免了大量叔胺和含氮有机溶剂，既充分体现了 IL 和 scCO$_2$ 相结合的优越性，同时又有效地固定了 CO$_2$。

因此，离子液体[4~9]及离子液体-CO$_2$ 体系[10~19]的研究已经成为国内外近几年的热点。图 2.38、图 2.39 分别总结了近几年国际关于离子液体和离子液体-CO$_2$ 体系研究的最新论文数目情况（至 2005 年 7 月 31 日）。由此可见，有关离子液体和离子液体-CO$_2$ 的研究十分活跃，特别 2001 年以来。

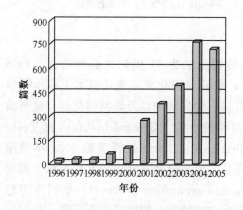

图 2.38　世界 IL 论文

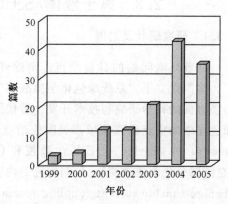

图 2.39　世界 IL-CO$_2$ 论文

Dzyuba 等对 IL-CO$_2$ 体系的应用研究做了较为详细的总结[20]，但引用文献限于 2003 年之前；且该体系的应用研究离不开基础性质的研究，离子液体-CO$_2$ 体系的相平衡和热力学性质研究为该体系的应用提供理论依据和基础数据。因此，本节对国内外关于 IL-CO$_2$ 的最新研究进展进行系统的评述，包括常规离子液体/功能化离子液体-CO$_2$ 体系的相平衡及由于其相平衡的特殊性而引起的液相物理性质的变化，并通过模拟对该现象从机理上加以阐释，在本节的最后对该体系发展前景和趋势做了展望。

2.3.2　关键科学问题

2.3.2.1　IL-CO$_2$ 体系的相平衡

离子液体-CO$_2$ 体系的相平衡研究有较多的报道[21~25]，均表明 CO$_2$ 在离子液体中溶解度较大。

文献 [26~28] 表明对于离子液体-有机物质完全互溶的二元体系，引入

CO_2 后，在一定的温度和压力下，该体系会发生一系列的相变。Scurto 等[28]研究了 CO_2 作为一种萃取剂把甲醇从完全互溶的离子液体中分离出来。甲醇和 [bmim][PF$_6$] 在室温条件下完全互溶，但是引入 CO_2 后，在一定压力即低临界端点（LCEP）下，出现另外一个液相，下层密度较大的液相富含离子液体（L$_1$），上层液相富含甲醇（L$_2$），气相（V）主要为 CO_2，含有部分甲醇。当压力高于低临界端点时，随着压力的升高，富含甲醇的液相迅速膨胀，而富含离子液体的液相则变化较小。当压力到达另外一个临界点（K 点）时，富含甲醇的液相全部变为气相，和 CO_2 气相合并为一个气相。在 K 点，L$_2$ 液相中的少量的离子液体和甲醇分开，而气相中不含离子液体。但是，如果温度低于 CO_2 的临界温度，则不存在临界相转移（K 点），而且，随着离子液体-甲醇混合物中离子液体初始含量的减少，LCEP 所需的压力越高。如 40℃，离子液体的最初含量为 9%（摩尔分数）时，LCEP 所需的压力是 69.12 bar；离子液体含量为 1%（摩尔分数）时，LCEP 所需的压力为 73.84 bar。在 25 ℃时，不存在 K 点。相变化略图如图 2.40 所示。

除有机物外，Scurto 等[29]发现二氧化碳-水-离子液体体系也出现同样的现象，但是出现液-液-气三相体系的浓度区间较小。这是一种全新的实验现象，利用该相变行为，可以达到分离离子液体-有机物质的目的。

[bmim][PF$_6$] 和水及乙醇均不互溶，但是 Swatloski 等[30, 31] 和 Najdanovic-Visak 等[32]发现水（或乙醇）加入离子液体-乙醇（或水）体系中，可以增加它们之间的互溶性，直至出现均相。Najdanovic-Visak 等[33] 在此基础上，研究了离子液体-水-乙醇这

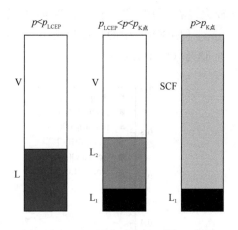

图 2.40　CO_2 压力对 [bmim][PF$_6$]/甲醇体系相变的影响

一均相体系在引入二氧化碳后的相变行为，相变和上述三元体系的变化相似，同样存在一个三相点 p_3（LCEP）和一个临界点 p_c（K 点）。如混合物物质的量比为 [bmim][PF$_6$]：乙醇：水＝0.111：0.740：0.149 时，三相点 p_3 是 6.5 MPa，临界点 p_c 是 9.4 MPa。他们通过 CO_2 的相变调节作用，在该体系进行异佛乐酮（3，5，5-三甲基-2-环己烯-1-酮）的环氧化反应，合成异佛乐酮的氧化物，反应在室温下进行，在高压下进行产品分离，催化剂可以循环利用，实现反应-分离过程的耦合。

离子液体-CO_2 二元体系相平衡和热力学性质研究较多的是 CO_2 在咪唑类离子液体体系中[21~24, 34~41]。归纳起来，可以总结如下结论：①CO_2 在离子液体中

的溶解度随温度和压力的变化规律同传统的有机溶剂相似，压力升高、温度降低，有利于 CO_2 气体的吸收；②CO_2 在疏水性离子液体中的溶解度较亲水性离子液体中的溶解度大；③CO_2 在 [NTf₂]⁻ 阴离子类离液体中的溶解度较其他类离子液体中的溶解度大[23]；④在相同阴离子的离子液体中，溶解度随着阳离子上取代基碳链的增加略有增加，但是增加不大；⑤较其他极性气体（如甲烷、一氧化碳等）或非极性气体（如乙烯、乙烷、氩气、氢气、氮气等），CO_2 在离子液体中的溶解度都大得多。

Blanchard 等[42]研究了高压下 CO_2 在 [bmim][PF₆]、[omim][PF₆]、[omim][BF₄]、[bmim][NO₃]、[emim][EtSO₄] 和 [N-bupy][BF₄] 六种离子液体中的溶解度，发现在温度为 40～60℃和压力为 0～95bar 范围内，CO_2 在六种离子液体中的溶解度的大小关系为：[bmim][PF₆]＞[omim][PF₆]＞[omim][BF₄]＞[N-bupy][BF₄]＞[bmim][NO₃]＞[emim][EtSO₄]。图 2.41 给出 40℃时 CO_2 在离子液体中的溶解度。CO_2 在六种离子液体中的溶解度随温度的变化不大，而随压力的增加明显增大。但 CO_2 在每一种离子液体中的溶解度差别比较大，在 [PF₆]⁻ 类离子液体中的溶解度最大，如在 70bar 时，CO_2 在 [emim][EtSO₄] 中的溶解度为 0.36%（摩尔分数），而在 [omim][PF₆] 中为 0.63%（摩尔分数）。

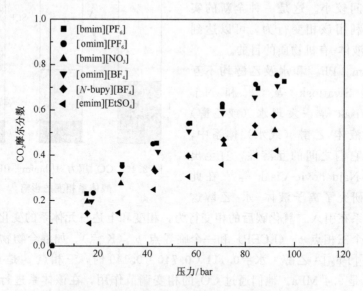

图 2.41　40℃时离子液体-CO_2 体系的液相组成

2.3.2.2　IL-CO_2 体系的热力学性质

随着 CO_2 在液相中摩尔分数的增加，液相摩尔体积迅速下降，但离子液体相的体积膨胀变化很小，温度对液相摩尔体积的影响很小，如图 2.42 所示。Kazarian等[22]通过 ATR-IR 发现 CO_2 与 $[PF_6]^-$、$[BF_4]^-$ 之间有弱的 Lewis 酸碱作用，而与阳离子没有相互作用。这与传统的有机溶剂-CO_2 体系不同，如对于含 CO_2 0.740%（摩尔分数）的甲苯-CO_2 体系在 40 ℃、70 bar 时，液相体积增加 134%，而含 CO_2 0.69%（摩尔分数）的 CO_2-[bmim][PF_6]体系，体积只增加 18%。

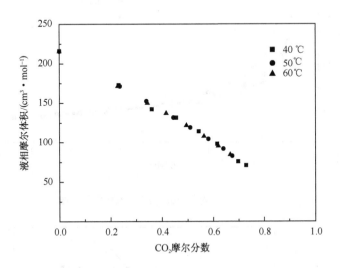

图 2.42 [bmim][PF_6]液相摩尔体积随 CO_2 组成的变化

离子液体溶解大量的 CO_2 后，其物理性质也发生很大的变化，如黏度、体积膨胀率、电导率及熔点。Liu 等[26]研究了 CO_2 饱和的[bmim][PF_6]的黏度，如图 2.43 所示。温度升高，黏度降低；压力小于 4.0 MPa 时，黏度随压力的增加急剧下降，而大于 4.0 MPa 时，黏度下降缓慢。这主要是因为，压力较低时，CO_2 的溶解度小，温度对黏度的影响起主导作用，因此压力较低时，不同温度下的离子液体的黏度差别比较大，而压力较高时，溶解在离子液体中的 CO_2 对黏度的影响占主导地位，低温有利于 CO_2 的溶解，因此，较高压力时，不同温度下的离子液体的黏度基本一致。Zhang 等[43]研究了高压 CO_2 存在下不同温度、不同压力下[bmim][PF_6]的电导率，温度范围是 313.15 K 和 323.15 K，CO_2 压力范围为 0～130 bar，如图 2.44 所示。发现温度升高，离子液体的电导率升高。在一定温度下，离子液体的电导率随 CO_2 压力的增大而增大，但是在不同压力范围内增大的幅度不同。Kazarian 等[44]研究发现，CO_2 压力升高可以降低离子液体的熔点，在 70 bar 压力时，[hdmim][PF_6]的熔点从 75 ℃降低到 50 ℃。

由于离子液体的结构可调节性，及随着功能化离子液体的发展[45]，研究离子液体的作用机理，设计高效、清洁的功能化离子液体越来越成为研究的需要。

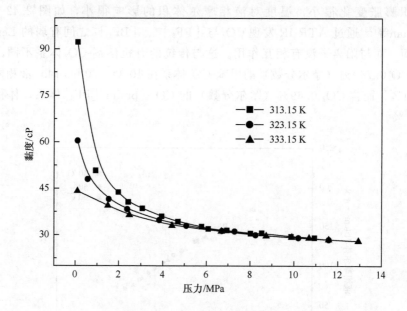

图 2.43　CO₂ 对［bmim］［PF₆］的黏度的影响

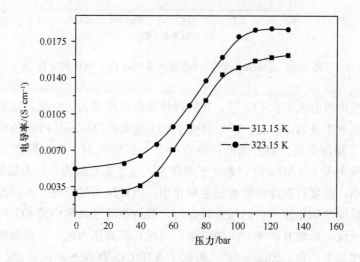

图 2.44　CO₂ 对［bmim］［PF₆］的电导率的影响

Cadena 等[46] 及其他研究者[47,48] 都在离子液体-CO₂ 体系的模拟方面做了工作。
Cadena 等[46] 通过实验和模拟对咪唑类离子液体纯物质和离子液体-CO₂ 混合物的
性质做了研究，如密度、体积膨胀率、CO₂ 吸收焓、纯液相的结构及吸收 CO₂ 后
的离子液体的结构。研究表明［bmim］⁺ 阳离子咪唑环 2-位碳上的氢显示缺电子，
使得该氢原子和咪唑阳离子之间的作用较强，因此［PF₆］⁻ 阴离子和咪唑环 2-位
碳的作用较强。当咪唑环 2-位上的氢被—CH₃取代时（［bmmim］⁺），［PF₆］⁻ 阴

离子的分布相对于［bmim］$^+$ 中的分布就会发生改变，但对 CO_2 和阳离子之间的作用影响很小。CO_2 对离子液体体系的影响很小，主要是因为液体之间有强的库仑力作用，可以形成网状结构，而溶解的 CO_2 进入网状结构的空隙中，因此离子液体溶解大量 CO_2 后，体积变化很小。离子液体的阴离子对 CO_2 的溶解度起主要作用，而阳离子则起次要作用，阳离子结构的改变对 CO_2 的吸收影响很小，这是由于 CO_2 为线性分子，和球形阴离子之间可以形成切线，使得二者之间的相互作用达到最大值。因此，CO_2 在［bmim］［PF_6］和［bmmim］［PF_6］中的溶解度差别不大。

2.3.3　发展方向及建议

目前，大部分的研究工作集中在常规离子液体-CO_2 二元体系，如 CO_2 在离子液体中的溶解度、CO_2 对离子液体的热力学性质的影响以及常规离子液体-CO_2 体系中催化反应、生物催化、电化学反应等。但是在实际应用过程中，需要考虑到多组分离子液体体系并根据离子液体的结构可调性"量体裁衣"以满足不同的要求，因此，应重视以下几个方面的研究：

（1）混合离子液体-CO_2 多元体系热力学性质的研究。早期的研究认为，在离子液体-CO_2 体系中，CO_2 相中几乎检测不到离子液体，但最近的研究结果表明当有共溶剂存在时，将影响到离子液体在 CO_2 相中的溶解度。因此，共存溶剂及其他气体成分对离子液体相热力学性质及离子液体在两相中分配规律的研究应该得到加强。

（2）离子液体-CO_2 体系中反应-分离耦合过程的研究。离子液体-CO_2 体系的极性、密度、黏度等可在较大范围内调控，与单独使用离子液体或 CO_2 相比具有许多优点，离子液体-CO_2 作为一类新型介质体系可以实现反应-分离耦合新过程。另外，CO_2 又可作为反应物，离子液体作为催化剂，据此可以实现 CO_2 的固定-转化耦合新过程。这方面的研究对开发新一代的强化工艺及过程具有重要意义。

（3）功能化离子液体-CO_2 体系的研究。设计功能化离子液体使离子液体-CO_2 体系满足不同的需要将成为今后研究的一个重点。如目前已有功能化离子液体用于吸收 CO_2 气体的研究报道，但离子液体的高黏度成为其重要缺陷之一，设计既可满足高选择性吸收 CO_2 的要求又具有与常规有机溶剂相当的低黏度特性的功能化离子液体，是一个挑战性的研究课题。

2.3.4　结论与展望

以上这些研究表明 IL-scCO_2 是一个具有优良发展前景的绿色体系，基础性质的研究为它的应用研究提供了可靠的依据。目前大量的研究工作已经展示了其在催化、生物、电化学、分离等方面的优越性和潜力。IL-scCO₂双绿色体系可以代替传统的有机溶剂作为生物催化及其他反应介质，离子液体可以通过改变阴阳离子的结构，实现对目标反应进行准确的控制，而 scCO₂ 已经是一项较成熟的技术，最终实现 IL-scCO₂ 基础研究到工业应用，有望把对环境的污染降低到最小化。

参 考 文 献

1 Blanchard L A, Hancu D, Beckman E J et al. Green processing using ionic liquids and CO₂. Nature, 1999, 399: 28

2 Lozano P, de Diego T, Carrié D et al. Continuous green biocatalytic processes using ionic liquids and supercritical carbon dioxide. Chem. Commun., 2002, 7: 692

3 Gu Y L, Shi F, Deng Y Q. Ionic liquid as an efficient promoting medium for fixation of CO₂: clean synthesis of γ-methylene cyclic carbonates from CO₂ and propargyl alcohols catalyzed by metal salts under mild conditions. J. Org. Chem., 2004, 69: 391

4 Zhang S J, Li X, Chen H P et al. Determination of physical properties for the binary system of 1-ethyl-3-methylimidazolium tetrafluoroborate + H₂O. J. Chem. Eng. Data, 2004, 49: 760

5 Wang J F, Zhang S J, Chen H P et al. Properties of ionic liquids and its applications in catalytic reactions. The Chinese Journal of Process Engineering, 2003, 3 (2): 178

6 Li G H, Zhang S J, Li Z G et al. Effect of ionic liquid on the oxidative esterification from methacrolein to methyl methacrylate. Chemical Journal of Chinese Universities, 2004, 25: 1137

7 Li X, Zhang S J, Zhang J M et al. Extraction of phenols with hydrophobic ionic liquids. The Chinese Journal of Process Engineering, 2003, 3 (2): 178

8 Lee S Y, Yong H H, Lee Y J et al. Two-cation competition in ionic-liquid-modified electrolytes for lithium ion batteries. J. Phys. Chem. B, 2005, 109 (28): 13 663

9 Li Q B, Hunter K C, East A L L. A theoretical comparison of Lewis acid vs. Brönsted acid catalysis for n-hexane→propane+propene. J. Phys. Chem. A, 2005, 109 (28): 6223

10 Tang J B, Tang H D, Sun W L et al. Poly (ionic liquid) s: a new material with enhanced and fast CO₂ absorption. Chem. Commun., 2005, (26): 3325

11 Sabio E, Lozano M, de Espinosa M et al. Lycopene and β-carotene extraction from tomato processing waste using supercritical CO₂. Ind. Eng. Chem. Res., 2003, 42 (25): 6641

12 Davis J H. Task-specific ionic liquids for separations of petrochemical relevance: reactive capture of CO₂ using amine-incorporating ions. ACS Symposium Series, 2005, 902: 49

13 Sakellarios N I, Kazarian S G. In situ IR spectroscopic study of the CO₂-induced swelling of ionic liquid media. ACS Symposium Series, 2005, 901: 89

14 Webb P B, Kunene T E, Cole-Hamilton D J. Continuous flow homogeneous hydroformylation of alkenes using supercritical fluids. Green Chem., 2005, 7 (5): 373

15 Jessop P G. The utility of carbon dioxide in homogeneously-catalyzed organic synthesis.

Studies in Surface Science and Catalysis, 2004, 153: 355

16　Tommasi I, Sorrentino F. Utilisation of 1, 3-dialkylimidazolium-2-carboxylates as CO_2-carriers in the presence of Na^+ and K^+: application in the synthesis of carboxylates, monomethylcarbonate anions and halogen-free ionic liquids. Tetrahedron Letters, 2005, 46 (12): 2141

17　Baltus R E, Counce R M, Culbertson B H et al. Examination of the potential of ionic liquids for gas separations. Separation Science and Technology, 2005, 40 (1~3): 525

18　Li F W, Xiao L F, Xia C G et al. Chemical fixation of CO_2 with highly efficient $ZnCl_2$/ [bmim] Br catalyst system. Tetrahedron Letters, 2004, 45 (45): 8307

19　Alvaro M, Baleizao C, Das D et al. CO_2 fixation using recoverable chromium salen catalysts: use of ionic liquids as cosolvent or high-surface-area silicates as supports. J. Catalysis, 2004, 228 (1): 254

20　Dzyuba S V, Bartsch R A. Recent advances in applications of room-temperature ionic liquid/supercritical CO_2 Systems. Angew. Chem. Int. Ed., 2003, 42: 148

21　Zhang S J, Chen Y H, Ren R X F et al. Solubility of CO_2 in sulfonate ionic liquids at high pressure. J. Chem. Eng. Data, 2005, 50 (1): 230

22　Kazarian S G, Briscoe B J, Welton T. Combining ionic liquids and supercritical fluids: in situ ATR-IR study of CO_2 dissolved in two ionic liquids at high pressures. Chem. Commun, 2000, 20: 2047

23　Anthony J L, Maginn E J, Brennecke J F. Solubilities and thermodynamic properties of gased in the ionic liquid 1-n-butyl-3-methylimidazolium hexafluorophoshoate. J. Phys. Chem. B, 2002, 106: 7315

24　Anthony J L, Crosthwaite J M, Hert D G et al. Phase equilibria of gases and liquids with 1-n-butyl-3-methylimidazolium tetrafluoroborate. ACS Symposium Series, 2003, 856: 110

25　Tang J B, Tang H D, Sun W L et al. Low-pressure CO_2 sorption in ammonium-based poly (ionic liquid) s. Polymer, 2005, 46 (26): 12 460

26　Liu Z, Wu W, Han B et al. Study on the phase behaviors, viscosities, and thermodynamic properties of CO_2/ [bmim] [PF_6] /methanol system at elevated pressures. Chem. -Eur. J., 2003, 9: 3897

27　Zhang Z F, Wu W Z, Liu Z M et al. A study of tri-phasic behavior of ionic liquid-methanol-CO_2 systmes at elevated pressures. PCCP, 2004, 6 (9): 2352

28　Scurto A M, Aki S N V K, Brennecke J F. CO_2 as a separation switch for ionic liquid/organic mixtures. J. Am. Chem. Soc., 2002, 124: 10 276

29　Scurto A M, Aki S N V K, Brennecke J F. Carbon dioxide induced separation of ionic liquids and water. Chem. Commun., 2003, 5: 572

30　Swatloski R P, Visser A E, Reichert W M et al. Solvation of 1-butyl-3-methylimidazolium hexafluorophosphate in aqueous ethanol—a green solution for dissolving "hydrophobic" ionic liquids. Chem. Commun., 2001, 20: 2070

31　Swatloski R P, Visser A E, Reichert W M et al. On the solubilization of water with ethanol in hydrophobic hexafluorophosphate ionic liquids. Green Chem., 2002, 4: 81

32　Najdanovic-Visak V, Esperanáa J M S S, Rebelo L P N et al. Phase behaviour of room temperature ionic liquid solutions: an unusually large co-solvent effect in (water + ethanol). Phys. Chem. Chem. Phys. , 2002, 4: 1701

33　Najdanovic V, Serbanovic A, Esperanca J M S S et al. Supercritical carbon dioxide-induced phase changes in solutions (ionic liquid, water and ethanol mixture) : application to biphasic catalysis. Chemphyschem, 2003, 4: 520

34　Anthony J L, Maginn E J, Brennecke J F. Gas solubilities in 1-n-butyl-3-methylimidazolium hexafluorophosphate. ACS Smposium Series, 2002, 818: 260

35　Husson-Borg P, Majer V, Gomes M F. Solubilities of oxygen and carbon dioxide in butyl methyl imidazolium tetrafluoroborate as a function of temperature and at pressures close to atmospheric pressure. J. Chem. Eng. Data, 2003, 48: 480

36　Kamps A P, Tuma D, Xia J et al. Solubility of CO_2 in the ionic liquid [bmim] [PF_6]. J. Chem. Eng. Data, 2003, 48: 746

37　Shariati A, Peters C J. High-pressure phase behavior of systems with ionic liquids. Ⅱ. The binary system carbon dioxide + 1-ethyl-3-methylimidazolium hexafluorophosphate. J. Supercritical Fluids, 2004, 29: 43

38　Kroon M C, Shariati A, Costantini M et al. High-pressure phase behavior of systems with ionic liquids. part Ⅴ. The binary system carbon dioxide + 1-butyl-3-methylimidazolium tetrafluoroborate. J. Chem. Eng. Data, 2005, 50: 173

39　Costantini M, Toussaint V A, Shariati A et al. High-pressure phase behavior of systems with ionic liquids. part Ⅳ. The binary system carbon dioxide + 1-hexyl-3-methylimidazolium tetrafluoroborate. J. Chem. Eng. Data, 2005, 50: 52

40　Shariati A, Peters C J. High-pressure phase equilibria of systems with ionic li-quids. J. Supercritical Fluids, 2005, 34 (2): 171

41　Shariati A, Peters C J. High-pressure phase behavior of systems with ionic liquids. Ⅲ. The binary system carbon dioxide + 1-hexyl-3-methylimidazolium hexafluorophosphate. J. Supercritical Fluids, 2004, 30: 139

42　Blanchard L A, Gu Z, Brennecke J F. High-pressure phase behavior of ionic liquid/CO_2 systems. J. Phys. Chem. B, 2001, 105: 2437

43　Zhang J, Yang C, Hou Z et al. Effect of dissolved CO_2 on the conductivity of the ionic liquid [bmim][PF_6]. New J. Chem. , 2003, 27: 333

44　Kazarian S G, Sakellarios N, Gordon C M. High-pressure CO_2-induced reduction of the melting temperature of ionic liquids. Chem. Commun. , 2002, 12: 1314

45　Visser A E, Swatloski R P, Reichert W M et al Task-specific ionic liquids incorporating novel cations for the coordingation and extraction of Hg^{2+} and Cd^{2+} synthesis, characterization, extraction studies. Environmental Science & Technology, 2002, 36 (11): 2523

46　Cadena C, Anthony J L, Shah J K et al. Why is CO_2 so soluble in imidazolium-based ionic liquids? J. Am. Chem. Soc. , 2004, 126: 5300

47　Shariati A, Peters C J. High-pressure phase behavior of systems with ionic liquids: measurements and modeling of the binary system fluoroform + 1-ethyl-3-methylimidazolium hexafluorophosphate. J. Supercrit. Fluids，2003，25：109

48 Camper D，Scovazzo P，Koval C et al. Gas solubilities in room-temperature ionic liquids. Ind. Eng. Chem. Res.，2004，43：3049

2.4 离子液体性质的预测模型

2.4.1 研究现状及进展

从粒子间作用力和基团构成来看，离子液体兼具无机熔盐和一般有机物甚至聚合物的性质。例如，离子液体的相对密度一般在 1.1～1.6 之间，黏度为水的 10～100 倍，蒸气压几乎为 0，具有良好的导电能力。离子液体与无机熔盐、有机物和高分子物质之间的比较如表 2.11 所示。可见，其结构和性质特点之间有一定程度的相似性，因此，离子液体体系的性质模型化方面也存在三种类型：第一种是当作有机分子处理；第二种是将离子液体作电解质处理；第三种同时考虑其分子和离子特性。下面，就离子液体的熔点、密度、黏度、气-液平衡、液-液平衡方面的模型化研究现状和进展，进行简要介绍。

表 2.11　离子液体与无机熔盐、有机物和高分子物质之间的比较

构成与性质	离子液体	无机熔盐	有机物质	高分子
构成	阴阳离子	阴阳离子	分子	分子
离子特征	复杂阴阳离子	简单阴阳离子	电离度极低	—
熔点	常温（＜80℃）	高温	常温	软化点＞100℃
导电性	导电	导电	一般不导电	一般不导电
蒸气压	极低	极低	较高	极低
液体温度范围/℃	300～400	100～1000	100～300	100～800
相对密度	1～1.6	＞1	0.5～1.1	＜1
黏度（25℃）/cP	10～1000	固体	＜1	固体，其溶液黏度很大

2.4.1.1 熔点

离子液体的熔点是一个重要性质，它关系到低温熔盐能否作为室温离子液体（RTIL）用于替代传统的有机溶剂。熔点为固体转化为液体的相变温度，它反映了物质由规则排列的晶体状态克服晶格能的束缚转变为具有流动性液体的难易程度。物质由晶体转化为液体状态是一个能量升高的过程，能量的升高值称为熔化热。固体的晶格能越大，熔化温度也越高，而晶格能的大小主要取决于离子的电荷、离子直径、离子的色散力大小，以及离子的对称性等因素。

一个公认的经验规则是：离子液体的阳离子越大且不对称，其熔点越低。对于阳离子相同的离子液体，其熔点的大致顺序如下：X⁻（Cl⁻＞Br⁻）＞[NO₃]⁻＞[BF₄]⁻＞[PF₆]⁻＞[CF₃COO]⁻＞[NTf₂]⁻。需要注意的是，离子液体的熔点随阳离子取代基中碳原子数的变化并不是单调的，例如，对于[MRim][BF₄]或[MRim][PF₆]类离子液体（其中 M 为甲基，R 为烷基，im 为咪唑），当 R 从甲基逐渐增加为戊基时，熔点逐渐降低并达到最低值，从戊基到壬基熔点变化很小，从壬基之后随碳链的增长熔点又逐渐升高。当碳链很长时还可能形成液晶结构。

　　由于离子液体结构的复杂性，目前尚缺乏适用于各类离子液体的统一的熔点预测模型，而只能针对不同离子液体类别，采用定量结构–性质关系（QSPR）原理分别提出熔点与离子液体分子参数的经验关联式。QSPR 原理的基本思想是：一个化合物的各种物理性质与其化学结构是直接相关的，它是一种关联物理性质与分子参数的经验方法。这些参数用于描述分子的不同结构特点，如拓扑指数表示分子的分叉、连通性以及分子的整体拓扑性；电子参数用于分析一个分子周围的电荷分布情况；量子参数包括通过量化计算得到的各种数值，如 LUMO 和 HOMO 等。这种方法首先利用一些已知物质的性质数据实验值和量化参数，采用多元回归的方法分析这些量子参数的影响，并建立性质的经验关联式。由此建立的关联式对于结构类似的同类物质的性质具有一定的预测功能。

　　Katritzky 等对 104 种咪唑和苯并咪唑类溴化物以及吡啶类溴化物的熔点进行了 QSPR 研究[1,2]。根据取代基的不同，他们首先将该类物质分为 4 组，根据熔点实验数据建立了 4 个经验方程，例如，当 R₁ 为烷基时，该组 57 个物质的熔点可用五参数方程［式（2.30）］进行关联和预测，计算结果如图 2.45 所示。

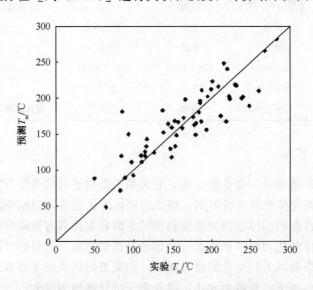

图 2.45　QSPR 方法对 57 个离子液体熔点的关联结果与实验值比较

$$T_m = -(62.02 \pm 6.16)E_{\text{HOMO-LUMO}} + (96.58 \pm 14.68)J + (1482.1 \pm 232.1)P_\mu$$
$$+ (667.4 \pm 141.7)Q_{\text{max,N}} - (8.17 \pm 1.89)E_{\text{max,e-n,c}} + (9.54 \pm 3.56)$$
$$(R^2 = 0.7442, R_{\text{cv}}^2 = 0.6853, F = 29.67, s = 29.2, n = 57) \qquad (2.30)$$

式中，$E_{\text{HOMO-LUMO}}$ 为分子的最高占据轨道与最低未占轨道的能差，用于估计该类物质的化学反应活性和活化能；J 为 Balanban 指数，该拓扑指数用于描述分子中原子的连接度；P_μ 为最低原子轨道的电子分布数，与分子的亲核性质有关；$Q_{\text{max,N}}$ 为氮原子上的最大部分电荷；$E_{\text{max,e-n,c}}$ 为碳原子中电子与原子核之间的最大吸引能。在其他组的熔点关联式中，用到的分子参数还有：HDSA，氢授体表面积；$Q_{\text{max,O}}$，氧原子上的最大部分电荷；RNCS 和 RPCS，分别表示表面的相对负电荷和正电荷，它与分子的极化作用有关；$E_{\text{e-n,max,C-N}}$ 和 $E_{\text{e-n,min,C-N}}$，分别为 C—N 键电子与原子核之间的最大和最小作用能；$E_{\text{c(C-H)}}$，C—H 键的最大库仑作用能；$E_{\text{min,ex(C-C)}}$，C—C 键的最小交换能；其他一些分子参数。这些与分子的构成、拓扑、静电等有关的结构和能量参数均由 CODESSA 商用程序计算给出。该方程可以预测属于同类同组未知物质的熔点。

据报道[3]，含二烷基咪唑阳离子的离子液体对水生生物具有中等毒性，而含季铵阳离子的离子液体的毒性更低。Eike 等[4]也采用 QSPR 方法对基于烷基取代的吡啶阳离子和季铵阳离子类的溴化物的熔点进行了关联。阳离子的拓扑、电荷、电子等参数采用 Cerius2 软件中的 QSAR 模块计算。由于 Cerius2 和 CODESSA 软件的差异，二者所得到的分子参数的种类是不同的，但同样能够关联和预测熔点，而且精度相当。例如，对于 126 个 N-烷基吡啶溴化物，其熔点的关联式如方程（2.31），关联精度如图 2.46 所示。

$$T_m(\text{℃}) = 125.846 + 0.577\,344\,6[\text{PNSA}_2] - 2273.22[\text{FNSA}_3]$$
$$- 104.034[\text{BIC}] + 254.703[\text{RNCG}] - 74.3734[\text{RPCS}] \qquad (2.31)$$

式中：$[\text{PNSA}_2]$、$[\text{FNSA}_3]$、$[\text{RNCG}]$ 和 $[\text{RPCS}]$ 为与带电表面积分数有关的参数；$[\text{BIC}]$ 为成键参数，它表明，一个复杂的不对称分子的熔点会更低。类似的研究参见文献 [5]。

总之，这种经验关联式的精度只能认为是半定量的或定性的，而且，对于不同种类和组别的阳离子，需要采用不同的分子结构参数，没有适用于各类阳离子的通用分子结构参数。这种预测尽管是定性正确的，但对于低熔点离子液体的分子设计具有一定的指导意义，而且，上述针对溴化物离子液体的预测规律对于其他阴离子体系也有一定的借鉴作用。

2.4.1.2　密度和膨胀系数

常压下离子液体与一般有机物的密度、膨胀系数和压缩系数的比较如表 2.12 所示[6]。可见，与分子溶剂相比，离子液体的密度较高，恒温压缩系数和恒压膨胀系数均较小，这与离子液体中存在较强的库仑力有关。

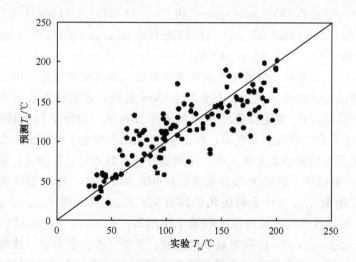

图 2.46　N-烷基吡啶溴化物熔点预测结果与实验值的比较
（训练组数据，$R^2 = 0.790$）

表 2.12　常压下离子液体与一般有机物的密度(ρ_T)、膨胀系数(α_T) 和压缩系数(β_T) 的比较

物质	$\rho_{298K}/$ (g·cm^{-3})	$10^4 \alpha_{298K}/$T^{-1}	$10^6 \beta_T/$bar^{-1}	$\Delta\rho_{298\sim343K}/\rho_{298K} \times 100$
[bmim][PF$_6$]	1.3603	6.1126	42.3	−2.68
[omim][PF$_6$]	1.2245	5.9515	43.6	−3.23
[bmim][BF$_4$]	1.0912	6.2464	49.8	−2.90
[N-bupy][BF$_4$]	1.2144	5.4287	37.8	−2.37
1-甲基咪唑	1.0316	8.631	62.5	−3.85
甲苯	0.8626	6.1126	157.4	−4.61
NaCl (1000K)	~2.0	3.1	40.0	—

　　由图 2.47 可见，离子液体的密度随温度的升高而线性降低。对于所考察的离子液体，其密度随压力的变化可以用 Tait 方程 [式(2.32)]（适合于分子溶剂体系）很好地关联。

$$\frac{\rho - \rho^0}{\rho} = C\ln\left(\frac{B + p}{B + p^0}\right) \tag{2.32}$$

　　Shariati 和 Peters 采用传统的 P-R 状态方程计算了 CF$_3$H-[emim][PF$_6$] 体系的高压相平衡[7]，当然也包括该混合体系的密度性质。据此推断，传统的三参数状态方程也适合于离子液体密度性质的计算。

　　Yang 等[8]提出了空隙模型理论，该理论给出了空隙的平均体积表达式。对于所考察的 EMISE（乙基甲基咪唑硫酸乙酯）离子液体，计算的的总空隙分数

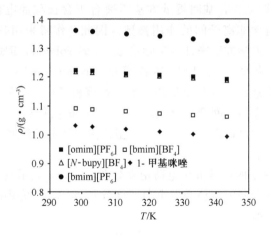

图 2.47　几种离子液体和分子溶剂在 0.099 MPa 和 298.2～343.2 K
的密度比较

为 0.12，这与固液相变过程中体积的的膨胀率为 10%～15% 是一致的，而且预测的恒压膨胀系数与实验值比较吻合。

Canongia Lopes 等[9]研究了六个（[C$_m$mim] + [C$_n$mim]）[NTf$_2$] 二元混合物（碳链长度 m，$n=2～10$）以及具有相同阳离子 [bmim]$^+$ 而阴离子不同的几个二元体系，如 [bmim]（[NTf$_2$] + [PF$_6$]）、[bmim]（[NTf$_2$] + [BF$_4$]）和 [bmim]（[BF$_4$] + [PF$_6$]），在 298 K 和 333 K 和不同组成下的过量体积。实验发现 V^E 为很小的正值（<1cm^3 · mol^{-1}），符合加和性规则，且基本上与温度和压力无关。实验数据可以用 Flory 理论 [式（2.33）] 进行半定量关联，并用该理论预测了体系的过量焓。

$$V^E_{Flory} = (x_1 v_1^* + x_2 v_2^*)(\tilde{v} - \phi_1 \tilde{v}_1 - \phi_2 \tilde{v}_2) \tag{2.33}$$

式中：x 为组分的摩尔分数；v^* 为特征摩尔体积；$\tilde{v}$ 为对比体积。

结果表明，尽管离子液体体系包含复杂的离子-分子（静电、van der Waals 力以及氢键）作用，但在很多情况下可以作为简单的分子体系处理，这可能是用于"抵消"或"屏蔽"作用所致，因此，离子液体体系与长链醇体系混合物的 V^E 规律具有类比性，而且可以用 Flory 理论进行描述。

2.4.1.3　无限稀释活度系数的 QSPR 模型

选择离子液体作为溶剂，首先要了解其与溶质分子之间相互作用的情况，而溶质的无限稀释活度系数 γ_i^∞ 正好反映了溶质-溶剂相互作用对溶液非理想性的贡献。另外，无限稀释活度系数也有很多实际应用，如环境污染中微量杂质的分离方法设计、离子液体在液-液平衡和萃取精馏中的潜在应用，以及气体在离子液体中的溶解度等都需要 γ_i^∞ 数据。

Diedenhofen[10] 认为，基团贡献方法不适合于含长程静电作用的离子体系，因为这类模型只包含非离子间的作用参数。因此，作者采用基于 COSMO 量化计算结果的统计热力学方法来计算实际溶液（real solvent，RS）的热力学性质，这是一种预测性模型。"类导体屏蔽模型（conductor-like screening model，COSMO)"是介电连续溶剂化模型的变形。在该模型中，溶质周围为导体环境，在溶质分子与环境界面之间产生感应电荷 σ，该电荷反作用于溶质分子产生一个比真空中更高的极化电荷密度。其中，构型的优化和电子密度分布均采用自洽场 SCF 方法进行计算。

每个分子 X 周围的三维极化电荷密度分布 $p^{X_i}(\sigma)$ 表示具有极化电荷密度 σ 的表面积分数，整个溶剂 S 体系的电荷密度分布 $p_S(\sigma)$ 可用溶剂体系的组分摩尔分数平均计算，即

$$p_S(\sigma) = \sum_{i \in S} X_i p^{X_i}(\sigma) \tag{2.34}$$

分子间作用能包括静电能 E_{misfit}、氢键能 E_{HB} 以及 van der Waals 能 E_{vdW}，其计算方法如下：

$$E_{misfit}(\sigma,\sigma') = a_{eff} \frac{\alpha'}{2}(\sigma+\sigma')^2 \tag{2.35}$$

$$E_{HB} = a_{eff} c_{HB} \min[0; \min(0; \sigma_{donor}+\sigma_{HB}) \max(0; \sigma_{acceptor}-\sigma_{HB})] \tag{2.36}$$

$$E_{vdW} = a_{eff}(\tau_{vdW}+\tau'_{vdW}) \tag{2.37}$$

其中包含 5 个调节参数，即相互作用参数 α'、有效接触面积 a_{eff}、氢键强度 c_{HB}、形成氢键的阈值 σ_{HB} 以及 van der Waals 作用参数 τ_{vdW}。E_{misfit} 和 E_{HB} 为两个相互作用节点 (σ, σ') 或 $(\sigma_{donor}, \sigma_{acceptor})$ 之间极化电荷密度的函数。

因此，溶剂中分子之间的相互作用可用 $p_S(\sigma)$ 来描述，表面节点的化学位可表示为

$$\mu_S(\sigma) = -\frac{RT}{a_{eff}} \ln\left\{ \int p_S(\sigma') \exp\left[\frac{a_{eff}}{RT}(\mu_S(\sigma') - E_{misfit}(\sigma,\sigma') - E_{HB}(\sigma,\sigma')) \right] d\sigma' \right\} \tag{2.38}$$

$\mu_S(\sigma)$ 用于衡量溶剂体系 S 与极化电荷密度为 σ 的表面之间的亲和势。其中 van der Waals 能被合并到溶液的参考能（即 COSMO 结果的能量项）之中，因此，式（2.38）中没有 E_{vdW} 项。溶剂系统 S 中组分 X_i 的化学位可通过对该化合物表面节点化学位 $\mu_S(\sigma)$ 的积分得到

$$\mu_S^{X_i} = \mu_{C,S}^{X_i} + \int p^{X_i}(\sigma) \mu_S(\sigma) d\sigma \tag{2.39}$$

为了考虑分子形状和尺寸的影响，式（2.39）引入了与分子面积和体积有关的可调参数项 $\mu_{C,S}^{X_i}$。由化学位表达式，可以计算各种热力学性质，如组分 X_i 的活度系数 $\gamma_S^{X_i}$ 为

$$\gamma_S^{X_i} = \exp\left(\frac{\mu_S^{X_i} - \mu_{X_i}^{X_i}}{RT} \right) \tag{2.40}$$

式中：$\mu_S^{X_i}$ 为组分 X_i 在溶剂 S 中的化学位；$\mu_{X_i}^{X_i}$ 为纯组分 X_i 的化学位。所有 COSMO-RS 计算，均采用 COSMOtherm 程序。在计算活度系数时，将离子液体看作是由等物质的量阴阳离子组成的混合物，即分别计算阴阳离子的 $p_S(\sigma)$。活度系数的计算结果如图 2.48 所示。

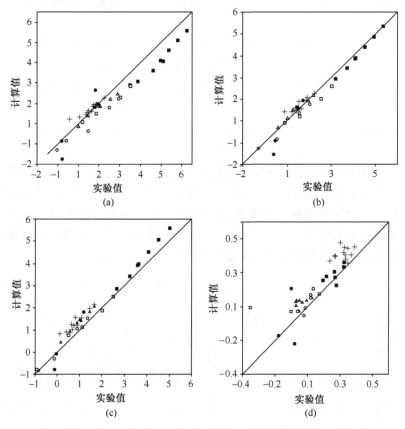

图 2.48　在 314K 条件下，几种有机物在不同离子液体中无限稀释活度系数 $\ln\gamma_{i,314K}^{\infty}$ 的计算结果与实验值比较

（a）离子液体[bmpy][BF$_4$]；（b）离子液体[emmim][NTf$_2$]（c）离子液体[emim][NTf$_2$]；

（d）离子液体[emim][NTf$_2$]中的（$\ln\gamma_{i,314K}^{\infty} - \ln\gamma_{i,343K}^{\infty}$）值

■ 烷烃；□ 烯烃；△ 烷基苯；＋ 醇；○ 极性有机物；● 氯代甲烷

对 38 个有机溶质分子在三种离子液体中无限稀释活度系数的计算表明，尽管 COSMO-RS 模型是针对中性溶剂体系而开发的，但它同样适用于各种离子液体中无限稀释活度系数的预测，在不对理论和参数做任何调整的情况下，其预测准确度与通常的有机溶剂体系相同。

QSPR 方法不仅用于关联离子液体的熔点性质，也用于关联有机物在水中的无限稀释活度系数。该方法首先利用已有实验数据建立物质性质与结构之间的定

量关系，然后根据某未知物质的结构来预测其性质，该方法的关键是如何定量表征分子的结构。Eike 等[11]采用 QSPR 方法对上述 38 个溶质分子在三种离子液体和 298K 下的无限稀释活度系数重新进行了关联和预测，而且难能可贵的是关联方程采用了统一的四个参数，且计算精度优于上述 COSMO-RS 方法。对于[bmpy][BF$_4$]、[emim][NTf$_2$]和[emmim][NTf$_2$]三种离子液体，其关联方程如下：

$$\ln\gamma_i^{\infty} = 0.908\,97 + 1.097\,94[\lg K_{ow}] - 0.019\,395[\text{Hbonds}]$$
$$- 0.063\,367[\text{WNSA}_1] - 0.106\,841[S_{\text{aaCH}}] \tag{2.41}$$

$$\ln\gamma_i^{\infty} = 0.112\,755 + 1.071[\lg K_{ow}] + 0.457\,946[\text{Hbonds}]$$
$$- 0.047\,271[\text{WNSA}_1] - 0.094\,863[S_{\text{aaCH}}] \tag{2.42}$$

$$\ln\gamma_i^{\infty} = 0.245\,454 + 1.028\,78[\lg K_{ow}] + 0.627\,051[\text{Hbonds}]$$
$$- 0.046\,383[\text{WNSA}_1] - 0.104\,532[S_{\text{aaCH}}] \tag{2.43}$$

[Hbonds]为溶质分子中氢键授体的数目。其他三个参数均可采用量化软件进行计算，它们分别表示溶质分子的如下性质：[$\lg K_{ow}$]为辛醇-水分配系数；[WNSA1]为带负电表面占总表面积的分数，其值越大表面负电荷越多，因此与离子液体的作用越强；[S_{aaCH}]表示与一个氢和两个芳香环键相连的碳原子电子拓扑态值的和。计算结果与实验值的比较如图 2.49 所示。

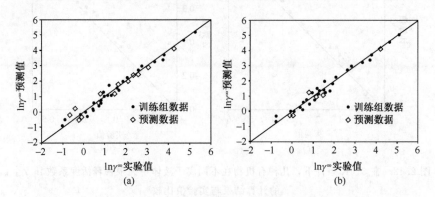

图 2.49　在 298K 条件下 38 个有机溶质在不同离子液体中无限稀释活度
系数（$\ln\gamma_i^{\infty}$）的计算结果与实验值比较

（a）离子液体[emim][NTf$_2$]（$R^2 = 0.975$）；（b）离子液体[emmim][NTf$_2$]（$R^2 = 0.970$）

2.4.2　活度系数模型与相平衡计算

离子液体在非极性溶剂中主要以离子对的形式存在，电导率也很小，因此，在很大程度上呈现极性分子的性质，很多研究者直接将非电解质溶液的热力学模型扩展应用于离子液体体系，并取得了一定的成功[12]。另外，也有研究者将强电解质溶液理论直接应用于离子液体体系，也取得了良好的计算结果。实际上，由于离子液体的阳离子很大，且有复杂取代基，因此呈现一定的非电解质特性，而离子液体的不挥发性表明，其中离子间静电作用的贡献也是不可忽略的。可见，完整的离子液体体系热力学模型应该同时考虑这两种粒子间作用力。

2.4.2.1 非电解质溶液模型的扩展

1. 用 PR 状态方程计算气-液平衡

Alireza 和 Peters[13] 测定了 $CF_3H+[emim][PF_6]$ 二元体系的高压 VLE 相平衡数据，并采用 PR 状态方程和 Adachi-Sugie 改进的二次型混合规则对数据进行了关联计算。尽管对于该体系，PR 方程并非一个合理的选择，但该方程可以对 CF_3H 在 $[emim][PF_6]$ 中的溶解度进行准确的描述，并能定性预测离子液体在 CF_3H 中的溶解度。所用的状态方程和混合规则如下：

$$p = \frac{RT}{V-b} - \frac{a}{V(v+b)+b(V-b)} \tag{2.44}$$

其中

$$a = \sum \sum x_i x_j a_{ij}$$
$$b = \sum \sum x_i x_j b_{ij} \tag{2.45}$$

式中：p、T 为体系的平衡压力、温度；R 为摩尔气体常量（8.314J·mol^{-1}·K^{-1}）；V 为混合物的摩尔体积；x_i 为组分 i 的摩尔分数；a、b 分别为与分子间作用力和分子固有体积有关的两个参数。

$$a_{ij} = \sqrt{a_i a_j}[1 - k_{ij} - \lambda_{ij}(x_i - x_j)]$$
$$b_{ij} = \frac{b_i + b_j}{2}(1 - l_{ij}) \tag{2.46}$$

式中：k_{ij}、l_{ij}、λ_{ij} 为二元作用参数。纯组分参数 a_i、b_i 计算式如下：

$$a_i = 0.457\,235\left(\frac{R^2 T_{c_i}^2}{p_{c_i}}\right)\alpha_i$$
$$b_i = 0.077\,796\frac{RT_{c_i}}{p_{c_i}} \tag{2.47}$$

$$\alpha_i = \left[1 + m_i\left(1 - \sqrt{\frac{T}{T_{c_i}}}\right)\right]^2$$
$$m_i = 0.374\,64 + 1.542\,26\omega_i - 0.269\,92\omega_i^2 \tag{2.48}$$

式中：T_{c_i}、p_{c_i}、ω_i 分别为 i 组分的临界温度、临界压力、偏心因子。

2. 利用非电解质 g^{ex} 模型计算 VLE、LLE、SLE

Doker 和 Gmehling[14] 测定了离子液体 $[emim][NTf_2]$ 和 $[bmim][NTf_2]$ 与丙

酮、异丁醇和水组成的六个二元系在 353K 下的饱和蒸气压数据，并用 Wilson、NRTL 和 UNIQUAC 方程进行了关联，其关联误差分别为 3.92%、1.45% 和 1.53%。这三种 g^{ex} 模型的二元作用参数进一步用于四个含离子液体三元体系蒸气压的预测，预测的误差分别为 5.61%、7.22% 和 5.02%，预测结果令人满意。由图 2.50 可见，无论二元体系对理想溶液出现负偏差 [图 2.50(a)、(b)]，正偏差 [图 2.50(c)、(d)]，还是部分互溶体系 [图 2.50(e)、(f)] 都可以用 NRTL 方程进行关联。

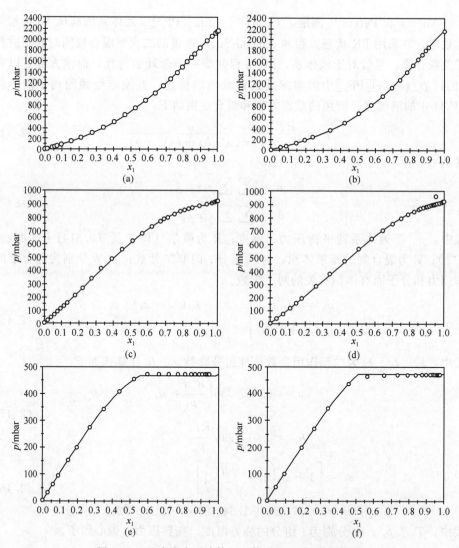

图 2.50 几个含离子液体二元体系 VLE 的关联结果

(a) 丙酮(1)-[emim][NTf₂](2)；(b) 丙酮(1)-[bmim][NTf₂](2)；(c) 2-丙醇(1)-[emim][NTf₂](2)；

(d) 2-丙醇(1)-[bmim][NTf₂](2)；(e) 水(1)-[emim][NTf₂](2)；(f) 水(1)-[bmim][NTf₂](2)；

Kato 等[15]还采用 NRTL 和 UNIQUAC 方程对几个含离子液体体系在不同温度和组成下的 VLE、无限稀释活度系数，以及过量焓进行了同时关联。NRTL 计算误差分别为 4.6%、1.7% 和 3.6%，UNIQUAC 的精度与 NRTL 模型相当。

史奇冰等[16]采用非电解质溶液 NRTL 方程表示溶液的非理想性，关联了[bmim][PF₆]-H₂O 及[omim][PF₆]-H₂O 二元体系的等温气-液平衡，关联误差在 2% 之内；预测了这些体系在其他温度下的气-液平衡，预测的总平均误差均在 5% 之内。通过关联不同温度下有机物在离子液体[emim][NTf₂]和[emmim][NTf₂]中的无限稀释活度系数的实验数据，得到了有关 NRTL 方程的二元作用参数，在此基础上预测了离子液体对二元共沸体系气-液平衡的影响。结果表明，含离子液体体系的气-液平衡可以采用传统的非电解质溶液模型如 NRTL 方程来描述，离子液体的"盐效应"可以显著提高组分的相对挥发度甚至消除共沸现象。不同温度下水蒸气在离子液体[bmim][PF₆]中溶解度的预测结果以及离子液体[emim][NTf₂]对己烷-乙醇共沸体系气-液平衡的预测结果如图 2.51、图 2.52 所示。

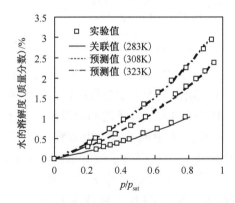
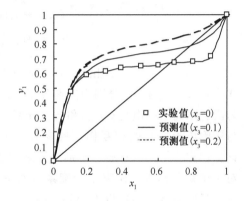

图 2.51　不同温度下水蒸气在离子液体　　　　图 2.52　己烷(1)-乙醇(2)-
[bmim][PF₆]中溶解度的计算结果　　　　　　[emim][NTf₂]（3）气-液平衡曲线

Letcher 等测定了 1-甲基-3-辛基-咪唑氯化物＋苯＋烷烃[17]和 1-甲基-3-辛基-咪唑氯化物＋醇＋烷烃三元体系[18]在 298K 和 1atm 下的液-液平衡数据，并用非电解质溶液的 NRTL 方程进行了成功的关联。说明 NRTL 模型可以用于含离子液体体系的液-液平衡计算，但作者采用 UNIQUAC 方程对液-液平衡的关联计算并不成功。

Wilson、NRTL 和 UNIQUAC 方程还用于关联含离子液体体系的固-液平衡数据，即离子液体固体在一系列有机溶剂中的溶解度数据[19,20]。

2.4.2.2　电解质溶液 g^{ex} 模型在离子液体中的扩展应用

目前，含咪唑或吡啶环阳离子的离子液体体系的热力学性质数据很缺乏，但有关季铵盐水溶液的热力学数据很多，而且季铵离子也可以作为离子液体的阳离子。Belveze 等[21]采用 Chen 等提出的电解质溶液的 NRTL 方程[22,23]描述了 57 种季铵盐在 298K 水溶液中的活度系数性质。该模型仅需要两个可调参数，即电解质-溶剂和溶剂-电解质之间的作用能参数。

在该模型中，采用 Pitzer 改进的 D-H 理论考虑了离子之间的静电作用（PDH 项）和非电解质溶液 NRTL 模型描述离子-溶剂之间的中短程作用（NRTL 项），由此得到的活度系数表达式为

$$\ln\gamma_i^{*\,\mathrm{PDH}} = -\sqrt{\frac{1000}{M_\mathrm{S}}}A_\varphi\left[\frac{2Z_i^2}{\rho}\ln(1+\rho I^{0.5})+\frac{Z_i^2 I^{0.5}-2I^{1.5}}{1+\rho I^{0.5}}\right] \tag{2.49}$$

式中：星号表示采用了非对称参考态，即纯溶剂的活度系数为 1，而在无限稀释时离子的活度系数 $\gamma_i^* = 1$；M_S 为溶剂的相对分子质量；ρ 为离子间的最接近距离，对所有体系均取 14.9。I 为基于离子摩尔分数 x_i 的离子强度 $I = \frac{1}{2}\sum_i Z_i^2 x_i$；$Z_i$ 为离子电荷；A_φ 为 D-H 参数，取决于溶剂的性质和温度。

$$\ln(\gamma_a^{*\,\mathrm{NRTL}}) = \frac{\tau_{\mathrm{ca,m}}x_\mathrm{m}^2 G_{\mathrm{ca,m}}}{(x_\mathrm{a}G_{\mathrm{ca,m}}+x_\mathrm{c}G_{\mathrm{ca,m}}+x_\mathrm{m})^2}+\frac{\tau_{\mathrm{m,ca}}Z_\mathrm{a}x_\mathrm{m}G_{\mathrm{m,ac}}}{x_\mathrm{c}+x_\mathrm{m}G_{\mathrm{m,ca}}}$$
$$-\frac{\tau_{\mathrm{m,ca}}Z_\mathrm{c}x_\mathrm{c}x_\mathrm{m}G_{\mathrm{m,ca}}}{(x_\mathrm{m}G_{\mathrm{m,ca}}+x_\mathrm{a})^2}-\tau_{\mathrm{ca,m}}G_{\mathrm{ca,m}}-\tau_{\mathrm{m,ca}}Z_\mathrm{a} \tag{2.50}$$

$$\ln(\gamma_i^*) = \ln(\gamma_i^{*\,\mathrm{PDH}})+\ln(\gamma_i^{*\,\mathrm{NRTL}}) \tag{2.51}$$

式中：x_m、x_c 和 x_a 分别为溶剂分子、阳离子和阴离子的摩尔分数；Z_a、Z_c 分别为阴、阳离子的电荷；$\tau_{\mathrm{ca,m}}$ 和 $\tau_{\mathrm{m,ca}}$ 分别为阴阳离子与溶剂分子之间以及溶剂分子与阴阳离子之间的相互作用能参数；$G_{\mathrm{ca,m}}$ 和 $G_{\mathrm{m,ca}}$ 为中间变量，由方程（2.52）计算；$\gamma_\mathrm{a}^{*\,\mathrm{NRTL}}$ 为电解质与溶剂分子之间的中短程作用对阴离子活度系数的贡献；对于中短程作用对阳离子活度系数的贡献 $\gamma_\mathrm{c}^{*\,\mathrm{NRTL}}$，其表达式与 $\gamma_\mathrm{a}^{*\,\mathrm{NRTL}}$ 具有对称性，只要将（c，a）以及（m，ca）对调即可。模型的两个可调参数为 $\tau_{\mathrm{ca,m}}$、$\tau_{\mathrm{m,ca}}$，其他参量可用式（2.52）计算

$$\begin{aligned}G_{\mathrm{ca,m}} &= \exp(-\alpha\tau_{\mathrm{ca,m}})\\ G_{\mathrm{m,ca}} &= \exp(-\alpha\tau_{\mathrm{m,ca}})\end{aligned} \tag{2.52}$$

对所有的电解质，有序参数 $\alpha = 0.2$。由于实验测定的数据只有阴阳离子的平均活度系数 $\gamma_{\pm\mathrm{m}}$，因此，需要将式（2.51）计算的离子活度系数按式（2.52）转化为阴阳离子的平均活度系数，其中 m 为电解质的质量摩尔浓度（摩尔/千克溶剂），υ 为 1 mol 电解质完全电离出来的物质的量数。

$$\ln(\gamma_{\pm\mathrm{m}}^*) = \frac{1}{\upsilon}\left[\upsilon_+\ln(\gamma_\mathrm{c}^*)+\upsilon_-\ln(\gamma_\mathrm{a}^*)\right]-\ln(1+0.001M_\mathrm{S}m\upsilon) \tag{2.53}$$

图 2.53、图 2.54 给出该模型对 298K 下几种胺盐水溶液活度系数的关联结果。可见，电解质溶液 NRTL 方程可以描述具有复杂阳离子结构的电解质水溶液的活度系数，其精度与 Pitzer 方程相当。

谭志诚等[24]利用等温溶解反应量热计测定了 303.15K 下不同浓度硫酸乙酯 1-甲基-3-乙基咪唑（EMIES）室温离子液体在水中的摩尔溶解热（$\Delta_s H_m$），根据 Pitzer 理论得到了 EMIES 的无限稀释摩尔溶解热（$\Delta_s H_{0m}$）和 Pitzer 焓参数

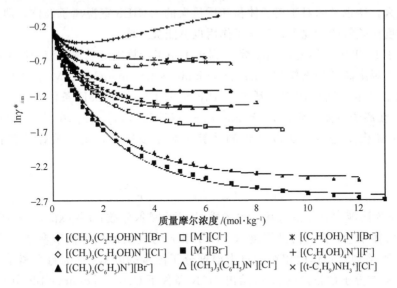

图 2.53　含乙氧基、四乙氧基和苯取代基的胺盐水溶液在 298K 下活度系数的计算结果

$[M^+]=[(CH_3)_2(C_2H_4OH)(C_6H_5)N]^+$

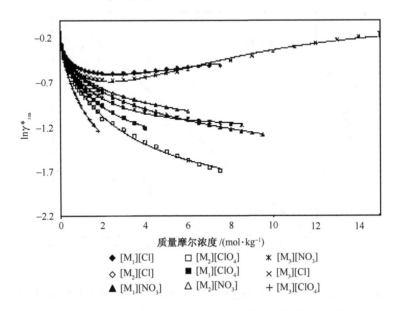

图 2.54　298K 下几种甲胺盐水溶液活度系数计算结果与实验值比较

$[M_1]=[(CH_3)NH_3]^+$　$[M_2]=[(CH_3)_2NH_2]^+$　$[M_3]=[(CH_3)_3NH]^+$

（$\beta_{MX}^{(0)L}$，$\beta_{MX}^{(1)L}$ 和 c_{MX}^L），并计算了表观相对摩尔焓和溶质、溶剂的相对偏摩尔焓。结果表明，离子液体 EMIES 的 $\beta_{MX}^{(0)L}$ 和 $\beta_{MX}^{(1)L}$ 的绝对值都比通常电解质大很多，这正是由于 EMIES 的正、负离子质量和体积都比通常电解质大得很多的缘故。c_{MX}^L 数值也较大，这也说明对于离子体积和质量大的 EMIES 室温离子液体，即使在溶液的浓度比较低的情况下，三离子作用也不能被忽略。

基于 BET 吸附模型，Ally 等[25]提出了用于计算电解质浓溶液中溶剂和溶质活度的不规则离子晶格模型（irregular ionic lattice model，IILM）。该模型用两个参数来表示溶液中溶剂的活度。Ally 测定了 298～333K 条件下，二氧化碳（溶质）在离子液体（溶剂）[bmim][PF$_6$] 和 [C$_8$mim][BF$_4$] 中的溶解度数据，并用 IILM 模型进行了关联和预测计算。对于该体系，离子液体溶剂的活度 a^{IL} 为

$$\frac{a^{IL}(1-x)}{x(1-a^{IL})} = \frac{1}{cr} + \frac{(c-1)a^{IL}}{cr} \tag{2.54}$$

式中：x 为溶液中处于溶解状态的溶质 CO_2 的摩尔分数；$c = \exp(-\varepsilon/RT)$，$R$ 为摩尔气体常量，T 为溶液温度（K），r 和 ε 为模型的两个调节参数。其中，ε 表示溶质-溶剂相互作用相对于自由溶剂分子能量的降低；r 为每个离子液体溶解的 CO_2 的分子数目。图 2.55 给出 313K 条件下 CO_2 在 [omim][BF$_4$] 中溶解度的预测结果。该研究表明，适用于浓电解质溶液的活度系数模型 IILM 也适用于气体在离子液体中溶解度的计算（gas-liquid equilibria，GLE）。

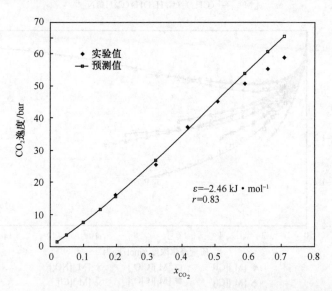

图 2.55 CO_2 在 313K[omim][BF$_4$]中溶解度的预测结果与实验值的比较

2.4.3 关键科学问题

离子液体的不挥发性和导电特性都是由其离子特性决定的，因此，建立含离子液体体系的热力学模型时，必须充分考虑离子之间的静电作用项。原则上，静电作用可以采用基于平均场近似的 Debye-Hückel 理论，或者基于积分方程理论的超网链近似或平均球近似方程处理。但强电解质溶液理论的热力学模型中涉及的离子基本上都是呈球对称的简单阴阳离子，其体积小，表面电荷密度高，且沿球半径呈对称分布。在离子液体中，阴阳离子要复杂得多，离子体积大，表面电荷密度低，且离子上的有机支链会对离子电荷产生一定的覆盖和屏蔽作用，电荷在表面的分布也不再对称，因此呈现一定的各向异性特征，甚至离子液体会出现液晶的特点，这些都是经典强电解质溶液理论所没有的特点，需要开发一些新的方法。另外，在强电解质溶液理论中，主要处理的是离子间的静电作用，而离子间的色散等短程作用力采用简单的维力方程（如 Pitzer 理论）或 NRTL（Chen NRTL 电解质溶液模型）或 UNIQUAC（如 LIQUAC 电解质溶液模型）就可以了。在离子液体中，阴阳离子上连接着大量的有机基团，离子间的色散力等短程作用要比强电解质溶液中显著得多。因此，在建立离子液体的热力学模型时，长短程作用能的考虑同等重要，需要解决的关键问题包括：

（1）如何定量表征复杂阴阳离子的结构，如表面电荷密度分布和表面电荷裸露分数，这些参数可以借助于分子模拟得到。

（2）如何处理结构复杂的离子之间的静电相互作用能，例如，利用表面电荷分布和电荷裸露分数的精细处理，代替经典的点电荷处理方式。

（3）离子液体的阴阳离子在尺寸上是高度不对称的，从而会产生晶格的严重扭曲，使其熔点落在室温范围内。对于尺寸高度不对称体系的硬球作用能的定量描述也是需要解决的关键问题。因为传统的硬球方程如 CS 方程对于离子液体体系可能会有很大的误差。

（4）离子液体中大量有机链节的存在以及离子液体所表现出的有机物特点决定了基团贡献方法在建立离子液体体系的热力学模型过程中的重要意义。

2.4.4 发展方向及建议

对于传统的非电解质体系，半理论模型（如 NRTL 方程）以及基于微扰理论和积分方程理论的状态方程（如 SAFT 方程）均取得了重要进展，具有良好的实用价值。对于典型的强电解质溶液，Pitzer 理论、电解质 NRTL 方程以及平均球近似方程理论都是比较成功的，而从结构和分子间作用力来看，离子液体介于有机物与无机电解质之间。因此，离子液体体系的模型研究可以从如下方面入手：

（1）考察传统电解质溶液模型和非电解质溶液模型对离子液体体系的适用性

和问题所在，为理论的进一步改进提供建议。

（2）对传统的非电解质溶液理论进行改进，主要包括复杂离子静电作用能的描述。

（3）对强电解质溶液理论进行改进，包括离子尺寸的不对称性、电荷分布的不对称性、链节基团对静电作用的影响以及离子间色散等长程作用能的描述。

（4）利用量化软件，计算离子液体分子中的基团上的电荷分布、作用表面积参数，并粗粒化为基团参数。

（5）利用分子模拟手段，研究离子液体的结构和热力学性质，考察离子尺寸、对称性、电荷以及侧链基团的影响。

（6）利用基团贡献的基本思想和微扰理论的方法，结合量化软件和分子模拟的结果，建立离子液体的基团溶液模型。

2.4.5 结论与展望

离子液体的热力学模型研究是一个新的研究课题，在该体系的热力学理论研究方面几乎还是空白，而且离子液体体系的热力学性质实验数据报道也很少。目前，对于离子液体体系热力学性质的描述多采用传统的非电解质溶液模型或电解质溶液模型，而且未加任何改进。从性质关联的角度看，这些现有的模型尚有一定的适用性。但要实现热力学性质的预测，尤其是不同性质之间的相互预测，则必须开发新的模型，以充分反映离子液体的结构和分子间作用力特点。

参 考 文 献

1 Katritzky A R, Jain R, Lomaka A et al. Correlation of the melting points of potential ionic liquids (imidazolium bromides and benzimidazolium bromides) using the CODESSA program. J. Chem. Inf. Comput. Sci., 2002, 42: 255~231

2 Katritzky A R, Lomaka A, Petrukhin R et al. QSPR correlation of the melting point for pyridinium bromides, potential ionic liquids. J. Chem. Inf. Comput. Sci., 2002, 42: 71~74

3 Jastorff B, Stormann R, Ranke J et al. How hazardous are ionic liquids? Structure-activity relationships and biological testing as important elements for sustainability evaluation. Green Chem., 2003, 5: 136~142

4 Eike D M, Brennecke J F, Maginn E J. Predicting melting points of quaternary ammonium ionic liquids. Green Chem., 2003, 5: 323~328

5 Trohalaki S, Pachter R, Drake G W et al. Quantitative structure-property relationships for melting points and densities of ionic liquids. Energy & Fuels, 2005, 19: 279~284

6 Gu Z, Brennecke J F. Volume expansivities and isothermal compressibilities of imidazolium and pyridinium based ionic liquids. J. Chem Eng. Data, 2002, 47: 339~345

7 Shariati A, Peters C J. High pressure phase behavior of systems with ionic liquids: measurements and modeling of the binary system fluoroform + 1-ethyl-3-methylimidazolium hexaflu-

orophosphate. J. Supercritical fluids, 2003, 25: 109～117

8 Yang J Z, Lu X M, Gui J S et al. A new theory for ionic liquids—the interstice model. Part 1. The density and surface tension of ionic liquid EMISE. Green Chem. , 2004, 6: 541～543

9 Canongia Lopes J N et al. Deviation from ideality in mixtures of two ionic liquid containing a common ion. J. Phy. Chem. B, 2005, 109: 3519～3525

10 Diedenhofen M, Eckert F, Klamt A. Prediction of infinite dilution activity coefficients of organic compounds in ionic liquids using COSMO-RS. J. Chem. Eng. Data, 2003, 48: 475～479

11 Eike D M, Brennecke J F, Maginn E J. Predicting infinite-dilution activity coefficients of organic solutes in ionic liquids. Ind. Eng. Chem. Res. , 2004, 43: 1039～1048

12 Tatiana V V, Sergey P V et al. Thermodynamic properties of mixtures containing ionic liquids. Activity coefficients of ethers and alcohols in 1-methyl-3-ethyl-imidazolium bis (trifluoromethyl-sulfonyl) imide using the transpiration method. J. Chem. Eng. Data, 2005, 50: 142～148

13 Alireza S, Peters C J. High pressure phase behavior of systems with ionic liquids: measurements and modeling of the binary system fluoroform ＋ 1-ethyl-3-methyl-imidazolium hexafluorophosphate. J. Supercritical Fluids, 2003, 25: 109～117

14 Doker M, Gmehling J. Measurement and prediction of vapor-liquid equilibria of ternary systems containing ionic liquids. Fluid Phase Equilibria, 2005, 227: 255～266

15 Kato R, Krummen M, Gmehling J. Measurement and correlation of vapor-liquid equilibria and excess enthalpies of binary systems containing ionic liquids and hydrocarbons. Fluid Phase Equilibria, 2004, 224: 47～54

16 史奇冰, 郑逢春, 李春喜等. 用 NRTL 方程计算含离子液体体系的气-液平衡. 化工学报, 2005, 56 (5): 751～756

17 Letcher T M , Deenadayalu N. Ternary liquid-liquid equilibria for mixtures of 1-methyl-3-octyl-imidazolium chloride ＋ benzene ＋ an alkane at 298. 2K and 1atm. J. Chem. Thermodynamics, 2003, 35: 67～76

18 Letcher T M, Deenadayalu N, Soko B et al. Ternary liquid-liquid equilibria for mixtures of 1-methyl-3-octyl-imidazolium chloride ＋ an alkanol ＋ an alkane at 298. 2K and 1bar. J. Chem. Eng. Data, 2003, 48: 904～907

19 Domanska U , Marciniak A. Solubility of 1-alkyl-3-methylimidazolium hexafluorophosphate in hydrocarbons. J. Chem Eng. Data, 2003, 48: 451～456

20 Domanska U, Marciniak A. Solubility of 1, 3-dialkylimidazolium chloride or hexafluorophosphate or methylsulfonate in organic solvents: Effect of the anions on solubility. Fluid Phase Equilibria, 2004, 221: 73～82

21 Belveze L S, Brennecke J F, Stadtherr M A. Modelling of activity coefficients of aqueous solution of quaternary ammonium salts with the electrolyte-NRTL equation. Ind. Eng. Chem. Res. , 2004, 43: 815～825

22 Chen C C, Britt H I, Boston J F et al. Local composition model for excess Gibbs energy of electrolyte systems. AIChE J, 1982, 28: 588～596

23 Chen C C, Evans L B. Local composition model for the excess Gibbs energy of aqueous electrolyte systems. AIChE J, 1986, 32: 444~454

24 谭志诚，张志恒，孙立贤等. 室温离子液体的热化学研究——EMIES溶解热和 Pitzer 参数. 化学学报，2004，62（21）：2161~2164

25 Ally M R, Braunstein J, Baltus R E et al. Irregular ionic lattice model for gas solubilities in ionic liquids. Ind. Eng. Chem. Res., 2004, 43: 1296~1301

第3章　离子液体的合成与制备

3.1　常规离子液体的合成

3.1.1　研究现状及进展

$AlCl_3$型离子液体是研究最早的品种之一，但由于其热稳定性和化学稳定性较差，尤其是对水和空气敏感，因此，非$AlCl_3$型离子液体是目前研究的重点，下面对近年来离子液体的合成方法进行简要概述。

3.1.1.1　离子液体的离子类型

离子液体是由阳阴离子构成的离子流体或低温熔盐，阴阳离子之间的众多组合方式决定了离子液体的品种和数目非常繁多。

常规离子液体的阳离子一般为含氮或磷的有机大离子，其中季铵类离子包括：

(1) 咪唑离子$[im]^+$及其取代衍生物。咪唑离子的两个 N 原子是相同的，如N，N'(或1,3)-取代的咪唑离子记为$[R_1R_3im]^+$，N-乙基-N'-甲基咪唑离子记为$[emim]^+$，若 2-位上还有取代基则记为$[R_1R_2R_3im]^+$。

(2) 吡啶离子 $[Py]^+$ 及其衍生物。吡啶离子的 N 原子上有取代基 R 则记为$[Rpy]^+$。

(3) 季铵离子$[R_4N]^+$。R_4表示 N 原子上的四个取代基，如二甲基乙基丁基铵可简记为$[N_{1124}]^+$。此外，还有其他种类的季铵。如 N，N-甲基乙基取代的四氢吡咯 (吡咯烷) 正离子记为 P_{12}^+。

其中最稳定、最常见的是烷基取代的咪唑阳离子，而且通过调整烷基取代基的长度和对称性可以形成低熔点的咪唑类离子液体。常见含氮类阳离子的结构如图 3.1 所示。

离子液体的阴离子有单核和多核两类。多核阴离子如$[Au_2Cl_7]^-$、$[Fe_2Cl_7]^-$、$[Sb_2F_{11}]^-$、$[Cu_2Cl_3]^-$、$[Cu_3Cl_4]^-$等，由相应的酸制成，对水和空气不稳定；单核阴离子如$[BF_4]^-$、$[PF_6]^-$、$[SnCl_3]^-$、$[SbF_6]^-$、$[ZnCl_3]^-$、$[CuCl_2]^-$、$[NO_3]^-$、$[NO_2]^-$、$[SO_4]^{2-}$、$[PO_4]^{3-}$、$[CH_3COO]^-$、$[CF_3COO]^-$、$[OTf]^-$（即$[CF_3SO_3]^-$）、$[NTf_2]^-$（即$[N(CF_3SO_2)_2]^-$）、$[CTf_3]^-$（即$[C(CF_3SO_2)_3]^-$）等，这类阴离子组成的离子液体性质比较稳定[1,2]。

中国科学院张锁江课题组建立了离子液体数据库，其中包含了 276 种阳离子、55 种阴离子和 588 种离子液体[3]。

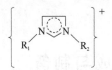

R₁=CH₃
R₂=C₄H₉,C₂H₅,C₃H₇等
烷基咪唑类

[R₄N]⁺
R=C₄H₉,CH₃,C₂H₅,C₃H₇等
季铵盐类

R=C₄H₉,CH₃,C₂H₅,C₃H₇等
烷基吡啶类

[R₄P]⁺
R=C₄H₉,CH₃,C₂H₅,C₃H₇等
季鏻盐类

图 3.1　离子液体中常见的阳离子类型

3.1.1.2　离子液体的合成方法

$AlCl_3$ 型离子液体是研究最早的离子液体[4]，由卤化烷基铵盐与卤化铝按一定比例混合而成，通过控制卤化铝的加入量调节离子液体的酸碱性。例如 $[bmim][Al_xCl_{3x+1}]$，当 $AlCl_3$ 的摩尔分数 $x=0.5$ 时为中性，$x<0.5$ 时为碱性，$x>0.5$ 时为酸性。在室温下将固体的卤化铵盐与无水 $AlCl_3$ 直接混合即可得液态的离子液体，为避免反应过程中大量放热使离子液体分解，通常可交替将两种固体缓慢加入已制好的同种离子液体中以利于散热。此类离子液体的缺点是极易水解，需要在真空或惰性气氛下制备和处理。

为了克服上述离子液体容易水解和污染环境的缺点，真正实现离子液体的工业应用，必须开发其他新型阴离子，如 $[BF_4]^-$、$[PF_6]^-$、$[CF_3SO_3]^-$、$[(CF_3SO_2)N]^-$、$[C_3F_7COO]^-$、$[C_4F_9SO_3]^-$、$[CF_3COO]^-$、$[(CF_3SO_2)_3C]^-$、$[(C_2F_5SO_2)_2N]^-$、$[SbF_6]^-$、$[AsF_6]^-$、$[CB_{11}H_{12}]^-$ 等。从而制备众多对水和空气稳定的新型室温离子液体（熔点最低可达－60℃左右）。

离子液体的合成方法主要取决于目标离子液体的结构和组成，没有固定的方法可循，因此，下面的一步法和两步法只是一种唯象的分类方法，以便于问题的阐述。

1. 一步法

一步合成法包括由亲核试剂——叔胺（包括吡啶、咪唑和吡咯）与卤代烃或酯类物质（羧酸酯、硫酸酯或磷酸酯）发生亲核加成反应，或利用叔胺的碱性与酸发生中和反应而一步生成目标离子液体的方法。

1）亲核加成反应

（1）叔胺与卤代烃反应。叔胺与卤代烷发生亲核加成反应生成季铵卤化物型

离子液体，同时它也是合成非卤化物型离子液体的前体。以 N-烷基咪唑（Rim）为例，其反应为

$$\text{Rim} + \text{R}'\text{X} \longrightarrow [\text{RR}'\text{im}]\text{X} \tag{3.1}$$

【例 3.1】 溴化 1-乙基-3-甲基咪唑（[emim]Br）的合成[5]

在 30℃ 温度下，把 1.1mol 溴乙烷在 3h 内滴加到脱水的 1mol 1-甲基咪唑的甲苯溶液中，用磁力搅拌器搅拌 5h，反应液冷却至 0℃ 进行结晶；将晶体溶解在 100mL 无水乙腈中，再加入无水乙酸乙酯使之再结晶，得到产品，其熔点为 74.5℃。所有操作均在氮气环境中进行以保持干燥。

其他该类离子液体的合成条件见文献，例如，氯化 1-丁基-3-甲基咪唑 [bmim] Cl（收率 99%）[6]、氯化 1，2-二甲基-3-丁基咪唑（[mmbim]Cl）和氯化 1，2-二甲基-3-丙基咪唑（[mmpim]Cl）[7]（收率 80% 左右）。

【例 3.2】 溴化 N-戊基吡啶盐（[N-pentylpyridinium]$^+$ Br$^-$）的合成[8]

将 3.0mL（23.89mmol）的 1-溴戊烷加入到装有 10mL 干燥吡啶的 50mL 三颈圆底烧瓶中，混合液加热回流恒速搅拌 4h，冷却至室温后，减压蒸馏除去挥发性组分，得到粗产品，在吡啶-醚（1∶3）中重结晶，得到 [N-pentyl-C$_5$H$_5$N]$^+$ Br$^-$，产率 95%。

【例 3.3】 吡咯类卤化物离子液体的合成——2-甲基-1-丙基吡咯啉碘化物 [MP$_3$I] 的合成[9]

4.26g（0.071mol）2-甲基吡咯啉与 14g（0.08mol）碘丙烷、15g 乙腈混合，混合物在 70℃ 油浴中搅拌 24h，氮气气氛。蒸馏除去溶剂，固体产物用汽油洗 3 次，最后在室温下真空干燥 48h，得 [MP$_3$I]，收率 96%。

同样方法合成了 1-丁基-2-甲基吡咯啉碘化物 [MP$_4$I]，收率 89%。

1，1-二甲基吡咯烷碘化物 [P$_{11}$-I]、1-乙基-1-甲基吡咯烷碘化物 [P$_{12}$-I]、1-甲基-1-丙基吡咯烷碘化物 [P$_{13}$-I]、1-丁基-1-甲基吡咯烷碘化物 [P$_{14}$-I] 的合成见文献 [10]。

【例 3.4】 季铵盐卤化物[11]

$$\text{R}_1\text{R}_2\text{R}_3\text{N} + \text{R}_4\text{I} \longrightarrow [\text{R}_1\text{R}_2\text{R}_3\text{R}_4\text{N}]^+ \text{I}^- \tag{3.2}$$

（2）叔磷与卤代烃反应。季鏻卤化物类离子液体 [R'PR$_3$]$^+$ X$^-$ 由叔磷与卤代烃发生亲核加成反应制备[12]，反应式如下：

$$\text{PR}_3 + \text{R}'\text{X} \longrightarrow [\text{R}'\text{PR}_3]^+ \text{X}^- \tag{3.3}$$

【例 3.5】 三己基十四烷基鏻氯化物的合成

将三己基鏻加入到等物质的量的 R'Cl 中，在 140℃ 氮气气氛下，搅拌 12h。反应充分后，将反应混合物真空下蒸发，除掉挥发性组分如己烯、十四碳烯异构体以及过量的 R'Cl，得到澄清淡黄色液体，产率 98%。

（3）叔胺与酯反应。烷基咪唑与硫酸、磷酸、乙酸等的烷基酯发生烷基化反

应，一步合成离子液体。

【例 3.6】 烷基硫酸盐离子液体

以甲苯为溶剂，合成了 10 种烷基硫酸盐离子液体[13]，合成路线如图 3.2 所示。

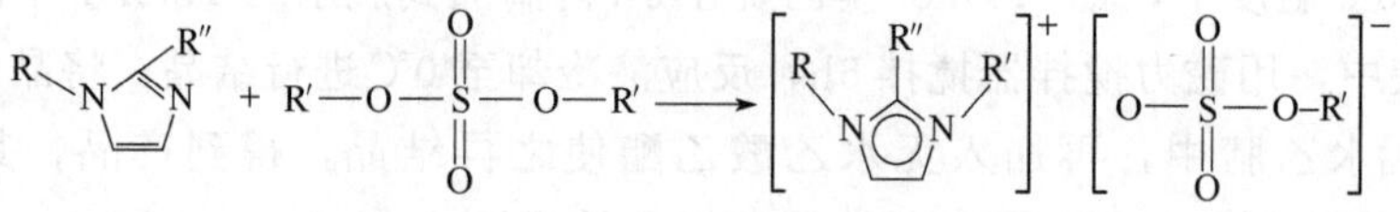

图 3.2 烷基硫酸盐离子液体合成路线

1-乙基-3-甲基咪唑硫酸盐离子液体的合成过程为[14]：将二乙基硫酸酯逐滴加入到等物质的量的 1-甲基咪唑的苯溶液中，冰浴冷却、氮气气氛下操作，保证反应温度维持在 313.15K，很快形成的离子液体使溶液由澄清变浑浊，然后分成两相：离子液体相和苯相。二乙基硫酸酯全部加入后，将反应液于室温下搅拌 2h。静置后分离离子液体相与溶剂甲苯相，倒出上层有机相，下层离子液体相用甲苯洗 3 次，在 343.15K 下减压干燥，清除残余的甲苯，最后真空干燥得到无色的 1-乙基-3-甲基咪唑乙基硫酸盐（EMISE）离子液体，反应式见图 3.3。

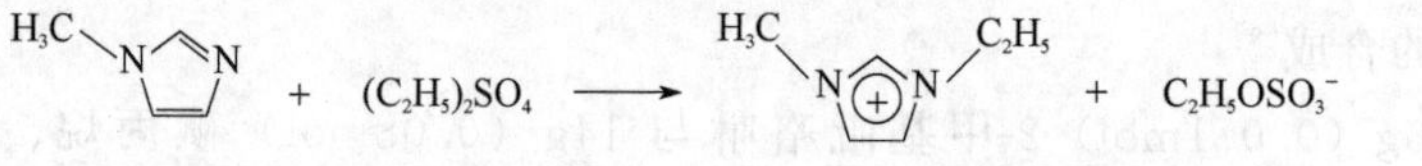

图 3.3 1-乙基-3-甲基咪唑硫酸盐离子液体的合成路线

【例 3.7】 烷基咪唑烷基磷酸盐离子液体的合成[15,16]——N, N-二甲基咪唑二甲基磷酸盐的合成

将磷酸三甲酯（127.6g，0.883mol）在 1h 内逐滴加入到装有 72.2g（99%，0.87mol）N-甲基咪唑的 300mL 烧瓶中，反应缓慢升温至 140℃，反应温度接近 140℃时，反应升温速率明显，保温搅拌 3h。混合物冷却后移至旋转蒸发仪，在 150℃、5mmHg① 下干燥 4h，得到产品 194g，收率 100%，合成路线如图3.4 所示。

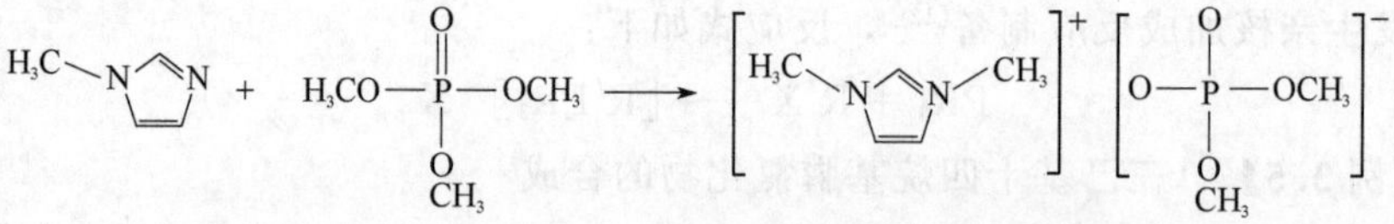

图 3.4 N, N-二甲基咪唑二甲基磷酸盐的合成路线

---

① mmHg 为非法定单位，1mmHg＝1.333 22×10² Pa，下同。

2）中和反应

通过酸碱中和反应一步合成离子液体，该方法操作简便、经济，没有副产物，产品易纯化。例如，硝基乙胺离子液体就是由乙胺的水溶液与硝酸中和反应制备[17]。具体制备过程是：中和反应后真空除去多余的水，为了确保离子液体的纯净，再将其溶解在乙腈或四氢呋喃等有机溶剂中，用活性炭处理，最后真空除去有机溶剂得到产物离子液体。用酸碱中和方法合成的离子液体有 100 多种，如［eim］［OTf］、［mim］［BF₄］等。

【例 3.8】 叔胺与 HBF₄ 中和反应

Hirao 等用 21 种叔胺（均为双环或单环含氮有机碱）与 HBF₄ 反应合成了 21 种氟硼酸盐[18]，见表 3.1。其中，有许多在常温下为液体，该反应很快，剧烈放热，应在低温下进行。

表 3.1　用胺与氟硼酸 HBF₄ 中和制得的离子液体的阳离子

序号	阳离子	序号	阳离子	序号	阳离子
1	2-甲基吡咯啉	8	2，6-二甲基吡啶	15	2，3-二甲基吲哚
2	1-乙基-2-苯基吲哚	9	N，N-二甲基环己胺	16	2-甲基吲哚
3	1，2-二甲基吲哚	10	N，N-二甲基环己基甲胺	17	吡咯
4	1-乙基咔唑	11	1-甲基吲哚	18	咔唑
5	2，4-二甲基吡啶	12	1-甲基吡咯	19	1-甲基咪唑
6	2，3-二甲基吡啶	13	1-甲基吡唑	20	1-乙基六氢吡啶
7	3，4-二甲基吡啶	14	1-甲基苯并吡唑	21	1-甲基四氢吡咯

类似地，将乙基咪唑［eim］与相应的酸反应合成了 9 种离子液体，即［eim］Cl、［eim］Br、［eim］［NO₃］、［eim］［BF₄］、［eim］［PF₆］、［eim］［OTf］、［eim］［NTf₂］、［eim］［(C₂F₅SO₂)₂N］和［eim］［ClO₄］。

2. 两步法

两步法合成离子液体路线如图 3.5 所示。第一步先由叔胺与卤代烃反应合成

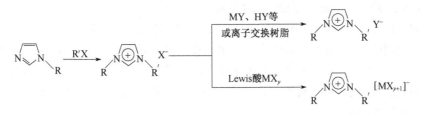

图 3.5　两步法合成离子液体路线

季铵的卤化物；第二步再将卤素离子转换为目标离子液体的阴离子。将离子液体前体的阴离子转化为目标阴离子的方法很多，如利用络合反应、复分解反应、离子交换或电解法等。下面结合具体离子加以介绍。

1) 阴离子络合反应

阴离子络合反应主要利用卤素离子与过渡金属卤化物的络合反应生成单核或多核的络合阴离子，其反应为

$$X^- + MX_n = [MX_{n+1}]^- + [M_2X_{2n+1}]^- + \cdots \qquad (3.4)$$

这些阴离子包括$[AlCl_3]^-$、$[Al_2Cl_7]^-$、$[FeCl_4]^-$、$[ZnCl_3]^-$、$[CuCl_2]^-$、$[SnCl_3]^-$等[19~22]。其中，络合离子的形式分布主要取决于金属盐与卤离子的物质的量比。

$AlCl_3$类离子液体的合成只需将季铵的卤化物盐与$AlCl_3$按要求的物质的量比混合即可，该反应多为放热反应，应缓慢分别将两种固体分批加入，以免过热。例如，在干燥空气中，将$2mol\ AlCl_3$缓慢加入到搅拌着的$1mol$盐酸三甲胺中，反应放热，形成浅褐色液体，再搅拌$1h$，得到$[(CH_3)_3NH]^+[Al_2Cl_7]^-$离子液体[20]。反应式如下：

$$(CH_3)_3NHCl + 2AlCl_3 \longrightarrow [(CH_3)_3NH]^+[Al_2Cl_7]^- \qquad (3.5)$$

离子液体$ZnCl_2/EMIMCl$[21]和$[bmim][FeCl_4]$[22]的合成见文献。

2) 复分解反应

复分解反应是离子液体合成的最常用的方法，它是将分别包含目标阴阳离子的两种电解质，通过复分解反应得到所需要的离子液体。该方法的关键是要通过一定的手段使复分解反应进行得尽量完全，这样合成反应的收率较高，而且也有利于产品的提纯。促进复分解反应的条件包括形成新相，如新的液相、沉淀或气体，或改换反应溶剂使复分解反应的产物之一沉淀析出。下面举一些具体的例子来阐述这几种离子液体的制备过程。

(1) 沉淀反应。离子液体的前体通常为卤化物，因此，一种方法是借生成卤化银沉淀而促进反应，该法又称银盐法。通常用银盐法制备的离子液体收率和纯度都高，但制造成本很高，不适于工业化生产。有的离子液体为不溶于水的固体有机物，也属于此类。

【例3.9】 $[emim][BF_4]$的合成[23]

将$23.2g$（$0.1mol$）Ag_2O和$36.9g\ HBF_4$的48%水溶液（$0.2mol$）加入$300mL$水中，搅拌直到Ag_2O全部溶解，变为清亮溶液；将$29.3g$（$0.2mol$）的$[emim]Cl$溶解在水中并加入上述溶液中，搅拌$2h$，过滤除去$AgCl$沉淀，滤液经旋转蒸发得清亮无色液体，在$60℃$下真空干燥一夜，得产品$[emim][BF_4]$ $33.6g$（收率85%）。

其他离子液体如吡咯烷四氟硼酸盐$[P_{1n}][BF_4]$（$n=1\sim4$）[24]以及$[P_{1n}][N(CN)_2]$[25]合成路线分别如图3.6、图3.7所示。

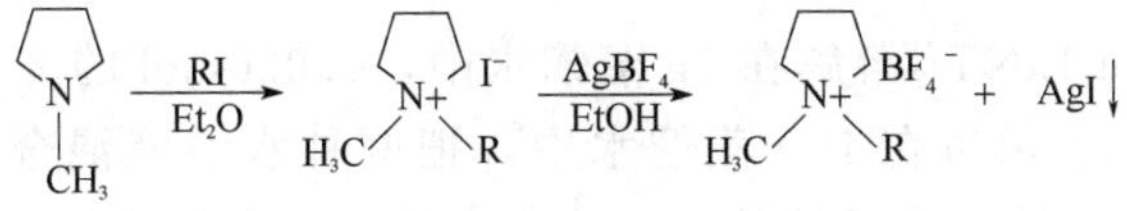

图 3.6　吡咯烷四氟硼酸盐的合成

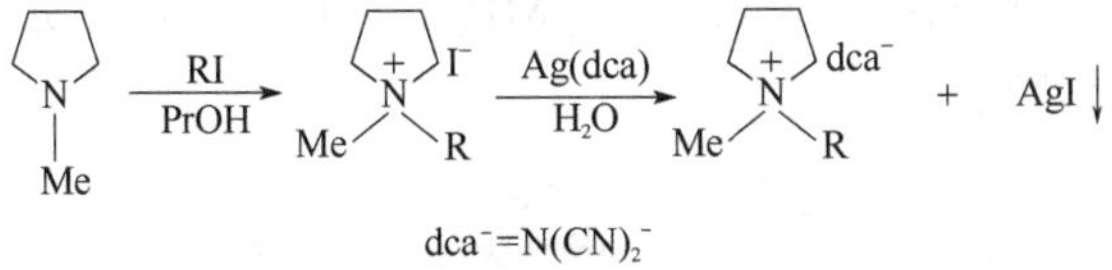

dca$^-$=N(CN)$_2^-$

图 3.7　P$_{1n}$N(CN)$_2$ 离子液体的合成

文献［11］报道了 22 种季铵阳离子三氟甲基磺酰胺酸盐的合成。以水作溶剂，因为产物［R$_1$R$_2$R$_3$R$_4$N］［NTf$_2$］憎水，因此产物以固体析出，或生成另一液层，而 LiI 留在水层而分离，方程式如下

$$R_1R_2R_3R_4NI + LiNTf_2 \longrightarrow [R_1R_2R_3R_4N][NTf_2] + LiI \qquad (3.6)$$

类似方法合成的离子液体见文献［26，27］。

（2）形成新相。对于油溶性离子液体，通常可将反应物在水相中混合反应，由于生成的离子液体不溶于水而形成新的液相，从而可以使复分解反应进行得比较完全。

【例 3.10】　1-丁基-3-甲基咪唑六氟磷酸盐［bmim］［PF$_6$］的合成[6,28]

在冰浴中将［bmim］Cl（313g，1.764mol）溶解于水（250mL）中，在快速搅拌的同时缓慢加入六氟磷酸（264mL，40％水溶液），搅拌 2h，降到室温，然后倾倒掉上层水相，用水（5×500mL）和饱和碳酸氢钠水溶液（2×500mL）洗涤下层离子液体相以确保中性，再用 400mL 二氯甲烷萃取。用硫酸镁干燥有机相，过滤，减压除去溶剂，并在 70℃真空干燥 6h，最终得到 400g(1.41mol)无色液体［bmim］［PF$_6$］，产率 80％。

上述反应的 HPF$_6$ 也可用 KPF$_6$ 代替[29]，如［R$_1$R$_2$im］［PF$_6$］的合成步骤如图 3.8 所示，其中第一步收率为 75％～89％；第二步收率为 89％～95％。

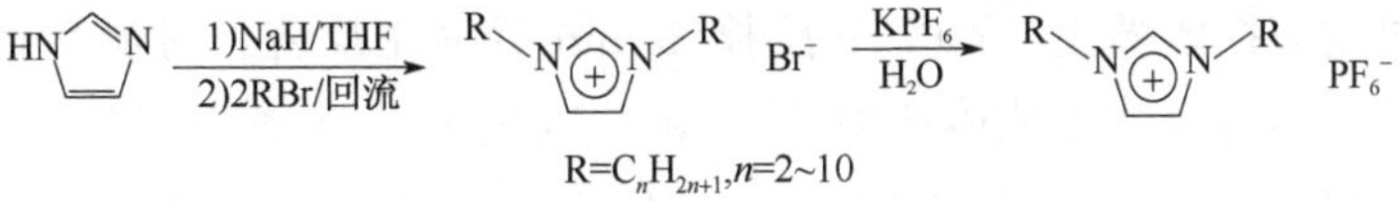

R=C$_n$H$_{2n+1}$,n=2~10

图 3.8　1，3-二烷基溴化咪唑和六氟磷酸唑盐的合成

【例 3.11】　2-甲基-1-丙基吡咯啉三氟甲基磺酰胺酸盐［MP$_3$］［NTf$_2$］的

合成[9]

将 0.021mol LiNTf₂ 溶解在 5g 蒸馏水中，0.020mol 的 2-甲基-1-丙基吡咯啉碘化物 [MP₃I] 溶解在 10g 蒸馏水中，把两种水溶液混合，在室温下搅拌 3h，用分液漏斗把油性离子液体相和水相分离，用蒸馏水洗 2 次洗掉水溶性的杂质，最后将产品在室温下真空干燥 48h 以上，得到 7.5g [MP₃][NTf₂]，收率为 90%。

同样的方法合成 [MP₂][NTf₂]、[MP₄][NTf₂]，收率分别为 91%、88%，合成路线如图 3.9 所示。

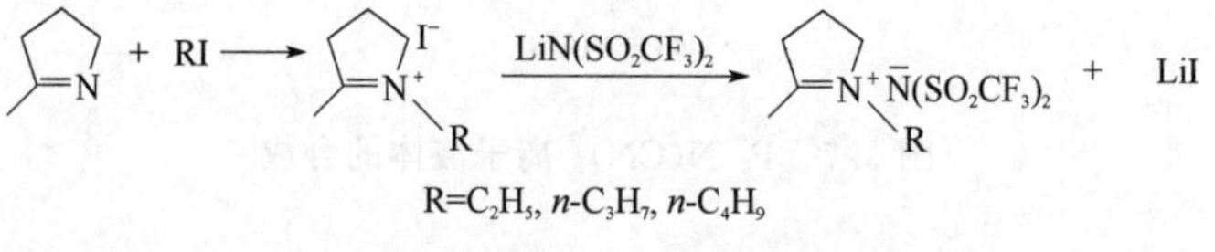

R=C₂H₅, n-C₃H₇, n-C₄H₉

图 3.9　2-甲基-1-烷基吡咯啉三氟甲基磺酰胺酸盐的合成路线

文献 [10] 报道了 1-甲基-1′-烷基吡咯烷三氟甲基磺酰胺酸盐 [P₁ₙ][NTf₂]（$n=1\sim4$）的合成方法，操作步骤与例 3.11 完全相同，收率也均在 85% 以上，合成反应如图 3.10 所示。

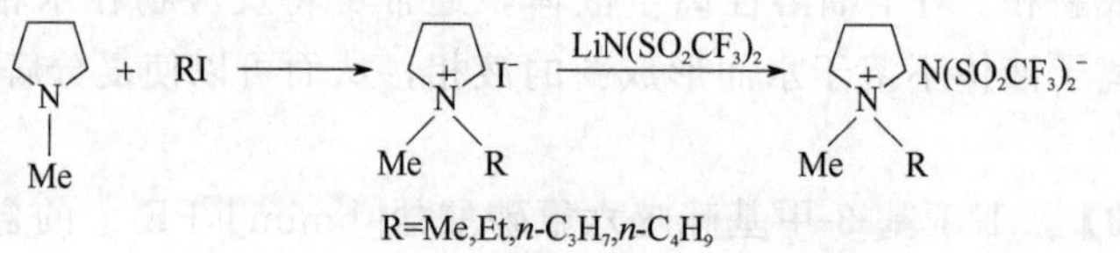

R=Me,Et,n-C₃H₇,n-C₄H₉

图 3.10　1-甲基-1′-烷基吡咯烷三氟甲基磺酰胺酸盐的合成

（3）非水相反应。对于水溶性离子液体的制备，通常在极性溶剂如甲醇、丙酮、乙腈等中进行。由于反应原料在溶剂中的溶解度较大，而复分解反应的产物之一溶解度较小而以固体形式析出，这与生成沉淀的效果相同，从而可使复分解反应进行得比较完全。

【例 3.12】　[bmim]⁺[BF₄]⁻ 的合成[30]

取纯 [bmim]Br 和 NH₄BF₄ 各 1mol 及 50mL 甲醇依次加入 100mL 锥形瓶中，在恒温磁力搅拌器上、40℃ 下搅拌 30min 后停止反应，过滤后的清液经蒸馏除去甲醇，即得浅黄色液体产物 [bmim]⁺[BF₄]⁻，收率 96.2%。

$$[bmim]^+Br^- + NH_4BF_4 \longrightarrow [bmim]^+[BF_4]^- + NH_4Br \downarrow \tag{3.7}$$

【例 3.13】　过渡金属羰基化合物咪唑离子液体 [bmim][Co(CO)₄] 的合成[31]

该离子液体可作为化学反应的催化剂和溶剂。其合成过程为：在氮气气氛下

边搅拌边将 [bmim]Cl(14.0g)与丙酮的悬浊液缓慢加入有 $NaCo(CO)_4$(12.0g) 的烧瓶中，溶液的颜色很快从淡黄色变为蓝色并有 $NaCl$ 沉淀析出，继续搅拌 24h，滤去沉淀，减压除去丙酮，得到深蓝色液体，在高真空下干燥脱气 24h 后，在惰性气气氛、$-20℃$ 下保存。用相似的方法合成了 $[bmim][HFe(CO)_4]$ 和 $[bmim][Mn(CO)_5]$。

文献 [27, 32, 33] 报道了 70 种含咪唑环阳离子的离子液体的制备方法。

3）离子交换法

离子交换法是将含目标阳离子的离子液体前体配成水溶液，然后通过含目标阴离子的交换树脂，通过离子交换反应得到目标离子液体的水溶液，然后蒸发除水得到产品。离子交换方法的缺点是树脂的交换容量小，需要反复再生处理，交换反应不完全时会影响产品的纯度，而且离子液体也可能会残留在树脂孔内，影响产品的洗涤过程和收率。这种方法不适合离子液体的工业化制备。

【例 3-14】 硫酸盐离子液体 $[bmim]_2$ $[SO_4]$ 的合成[34]

将[bmim] Cl 水溶液通过离子交换树脂 Amberlyst A27 得到 $[bmim]_2[SO_4]$ 水溶液，然后蒸发除水，湿的残余物溶解在乙腈中，在旋转蒸发器中蒸发乙腈溶液除去水分，以上步骤重复三次，直到残余物不溶于乙腈。反应混合物在氩气下过滤，用乙腈洗两次，高真空 50℃ 下干燥蒸发水分过夜，得到白色粉末状结晶，收率 80%。同样的方法合成了离子液体 $[bmim][(CF_3SO_2)_2N]$、$[omim][(CF_3SO_2)_2N]$、$[bmim][B(HSO_4)_4]$ 和 $[omim]$ $[B(HSO_4)_4]$。

同样的方法还用于 N-甲基-N-烷基吡咯烷的甲基磺酸盐和甲苯磺酸盐[26]以及聚铵离子磷酸盐[35]离子液体的合成。

4）电解法

电解法直接电解含目标阳离子的氯化物前体水溶液，生成氯气和含目标阳离子的氢氧化物，后者再与含目标阴离子的酸发生中和反应，得到目标离子液体的水溶液。蒸发除水，得到纯离子液体。电解池可以为两室、三室或四室，阳极为镀铱氧化物膜的钛，阴极为镍金属板。采用该专利方法[35]制得了 $[bmim][H_2PO_4]$、$[bmim]$ $[NO_3]$（产率 51%）、$[bpy]$ $[NO_3]$ 和 $[bmim]$ $[HCO_2]$ 等多种离子液体。

电解法是一种通用的方法，该方法充分利用了离子液体的导电性质，具有工业化生产的潜力，值得大力研究。

3.1.1.3 离子液体合成过程的强化

1. 微波强化

离子液体的常规制备方法通常需要使用有机溶剂，这不符合绿色化学的原则，而且要加热回流几个或几十个小时。微波是强化反应的一种新型手段，其原理是极性分子在快速变化的电磁场中不断改变方向，从而引起分子的摩擦发热，属于体相加热技术。微波加热升温速度快，而且分子的不断转动本身也是一种分子级别的搅拌作用，因此，可以极大地提高反应速率，甚至产率和选择性，有些反应可以从几天缩短为几分钟完成，而且不用溶剂。一般采用功率可调的家用微波炉即可，随着大型微波装置的工业化，这种方法将具有潜在的实际应用价值。

例如，离子液体 [bmim] Cl、[hmim] Cl 和 [omim] Cl 的微波合成[36,37]。据报道[38]，将 [bmim] Cl 和 NH_4BF_4 按 1∶1.05 物质的量比混合，在微波火力 360W 下，反应几分钟内即可完成生成 [bmim] [BF_4]，收率 81%～91%，合成反应如式（3.8）所示。同样[39]，将 [bmim] Br 和 $NaHSO_4 H_2O$ 等物质的量混合，微波火力 70W，反应 20s 即可生成 [bmim] [HSO_4]，收率可达 92%，合成反应如式（3.9）所示。

$$\overset{X^-}{\underset{R}{N{\bigoplus}N}} \xrightarrow{NH_4BF_4,MW} \overset{BF_4^-}{\underset{R}{N{\bigoplus}N}} + NH_4X \tag{3.8}$$

$$\left\{ N{\bigoplus}N \diagdown\diagdown\diagdown \right\} Br^- + NaHSO_4 \xrightarrow{MW,20s} \left\{ N{\bigoplus}N \diagdown\diagdown\diagdown \right\} HSO_4^- + NaBr \tag{3.9}$$

2. 超声波强化

超声波借助于超声空化作用可以在液体内部形成局部的高温高压微环境[40]，而且由于超声波的振动搅拌作用可以极大地提高反应速率，尤其是非均相化学反应。Vasudevan 等[41]在一密闭容器中用超声波强化 1，3-二烷基咪唑氯化物的制备，在超声波作用下，在接近室温的条件下就能很快完成反应，而且无需有机溶剂。在超声辐射 1-氯丁烷和 1-甲基咪唑过程中，反应混合物的温度由 22℃升到 80℃并稳定在 80℃，又由于形成离子液体的放热反应特性，使温度升高到了 115℃。用此方法也可有效地制备丁基、己基和辛基双阳离子盐，而且产品的纯度比用传统加热方法更高，这可能是因为对于所形成的固体产品，超声波使得混合和传热更为有效。

超声波对化学反应的强化作用已经形成超声化学的一个主要研究内容，但其工业化应用的困难在于目前大功率密度的超声设备的工业化尚有一定困难。

3.1.2 关键科学问题

离子液体的合成方法有一步法、两步法，而对于结构更复杂的离子液体甚至需要多步法，方法的选择主要取决于目标离子液体的组成和结构。例如，以卤素为阴离子的离子液体一般均可采用一步法，而对于非卤素目标阴离子，则需要通过复分解反应进行离子交换来制备。为了使复分解反应进行得完全，产物之一最好为沉淀、气体或新的液体相。复分解反应最好采用无溶剂法或以水为溶剂，以减少离子液体制备过程中对环境的污染。如果复分解反应必须借助于有机溶剂，则溶剂的毒性要尽可能小，而且要保证溶剂对反应物的充分溶解，而对产物几乎不溶或溶解度很低。为此，就需要研究常见离子液体及其前体和相关无机盐在常见溶剂中的溶解度，从而使得溶剂的选择更合理，离子液体的分离纯化过程更为简单有效。

离子液体的分离和纯化是迫切需要解决的问题。离子液体作为一种低温熔盐，其对体系中相关的无机盐具有一定的溶解度，因此，无机盐与离子液体尤其是水溶性离子液体的分离是需要解决的一个核心问题。为此，需要充分利用现代分离技术的最新成果和方法，如膜过滤、电渗析或利用有机溶剂中溶解度的差异进行纯化。这样，就需要研究离子液体的电迁移性质，以及与离子液体分离过程有关的热力学性质等。

离子液体分析方法的建立是又一个需要加强的研究领域。目前，离子液体纯度和浓度的分析方法十分缺乏，一般多采用核磁方法分析纯度。离子液体浓度分析方法的缺乏严重制约着对制备过程及性质的研究。

3.1.3　发展方向及建议

离子液体是由结构复杂的有机阳离子或有机阴离子构成的低温熔盐，但目前的阳离子主要为有机氮和有机磷所构成，因此，可通过概念的外延开发一些新型的离子液体，以及一些功能化的离子液体以作为反应的催化剂或用于反应和分离过程的替代溶剂。

常规离子液体展现了广阔的应用前景，但其高昂的价格是限制其工业化应用的一个重要瓶颈。目前文献报道的离子液体的合成方法原料成本高，收率低，分离过程复杂，效率不高，且需要使用大量的有机溶剂。因此，应该针对几种有应用前景的常规离子液体，对其合成方法和分离技术进行深入细致的研究，并进行反应和分离条件的优化，从而为离子液体的工业化应用奠定基础。

为了解决离子液体制备和分离过程中的一些基本问题，需要重点研究以下问题：

（1）离子液体体系分析方法的系统研究，尤其是仪器分析方法如液相色谱方法、分光光度法等；

（2）与常规离子液体制备有关的有机和无机盐在常用溶剂和水中的溶解度、液-液平衡等热力学性质、迁移性质以及电化学性质；

（3）开发膜技术在离子液体分离纯化方面的应用，以避免纯化过程中有机溶剂的使用。

（4）开展离子液体新合成方法如电化学方法以及基于膜反应与分离过程的耦合。

3.1.4 结论与展望

　　离子液体具有广泛的应用前景，但目前工业化制备面临着原料成本和制造成本严重偏高的问题。离子液体种类繁多，但其合成方法却大同小异，因此，常规离子液体制备和分离技术的研究对于功能化专用离子液体的制备也具有重要的指导意义。目前，离子液体研究的重点在于新型离子液体的合成及其应用探索，而对其合成及分离方法的优化研究很少，而且合成方法基本上限于本节介绍的上述方法。通过针对常规离子液体新合成方法和分离技术的研究以及针对常规反应和分离方法的系统条件优化，不断提高反应和分离的效率，降低离子液体的成本，离子液体替代传统有机溶剂应用于工业化过程也就为时不远了。

参 考 文 献

1　Olivier-Bourbigou H，Magna L. Ionic liquids：perspectives for organic and catalytic reactions. Journal of Molecular Catalysis A：Chemical，2002，182~183：419~437

2　Zhao D，Wu M，Kou Y et al. Ionic liquids：applications in catalysis. Catalysis Today，2002，74：157~189

3　孙宁，张锁江，张香平等. 离子液体物理化学性质数据库及 QSPR 分析. 过程工程学报，2005，5（6）：698~702

4　Wilkes J S，A short history of ionic liquids—from molten salts to neoteric solvents. Green Chemistry，2002，4：73~80

5　Tetsuo Nishida，Yasutaka Tashiro，Masashi Yamamoto. Physical and electrochemical properties of 1-alkyl-3-methylimidazolium trtrafluoroborate for electrolyte. Journal of Fluorine Chemistry，2003，120：135~141

6　Cull S G，Holbrey J D，Vargas-Mora V et al. Room-temperature ionic liquids as replacements for organic solvents in multiphase bioprocess operations. Biotechnology and Bioengineering，2000，69：227~233

7　Sutto T E，de Long Hugh C，Trulove P C. Physical of substituted imidazolium based ionic liquids gel electrolytes. the NATO Advanced Study Institute，Kas，Turkey，2001，4~14

8　Zhu Y H，Ching C B，Carpenter Keith et al. Synthesis of the novel ionic liquid [*N*-pentylpyridinium]$^+$ [*closo*-CB$_{11}$H$_{12}$]$^-$ and its usage as a reaction medium in catalytic dehalogenation of aromatic halides. Applied organometallic Chemistry，2003，17：346~350

9　Sun J，McFarlane D R，Forsyth M. A new family of ionic liquids based on the 1-alkyl-2-methylpyrrolinium cation. Electrochimica Acta，2003，48：1707~1711

10　MacFarlane D R，Meakin P，Sun J et al. Pyrrolidinium imides：a new family of molten salts and conductive plastic crystal phases. J. Phys. Chem. B，1999，103：4164~4170

11　MacFarlane D R，Sun J，Golding J et al. High conductivity molten salts based on the imide ion. Electrochimica Acta，2000，45：1271~1278

12　Bradaric C J，Downard A，Kennedy C et al. Industrial preparation of phosphonium ionic liquids . Green Chemistry, 2003, 5: 143～152

13　Holbrey J D, Reichert W M. Efficient, halide free synthesis of new, low cost ionic liquids: 1, 3-dialkylimidazolium salts containing methyl-and ethyl-sulfate anions. Green Chemistry, 2002, 4: 407～413

14　Yang J Z, Lu X M, Guic J S et al. A new theory for ionic liquids—the interstice model. Part 1. The density and surface tension of ionic liquid EMISE. Green Chemistry, 2004, 6: 541～543

15　Zhou Y H, Robertson A J, Hillhouse J H. Phosphonium and imidazolium salts and methods of their preparation. WO2004016631, 2004-02-26

16　李春喜，于春影. 室温离子液体及其制备方法. ［专利］2004100968413, 2004

17　石家华，孙逊，杨春和等. 离子液体研究进展. 化学通报, 2002, (4): 243～250

18　Michiko Hirao, Hiromi Sugimoto, Hiroyuki Ohno. Preparation of novel room-temperature molten salts by neutralization of amines. Journal of The Electrochemical Society, 2000, 147 (11): 4168～4172

19　Zhang S G, Zhang Q L, Zhang Z C. Extractive desulfurization and denitrogenation of fuels using ionic liquids. Ind. Eng. Chem. Res. , 2004, 43: 614～622

20　Sherif F G, Shyu L J, Greco C C. Linear alxylbenzene formation using low temperature ionic liquid. , US 5824832, 1998-10-20

21　Hsiu S I, Huang J F, Sun I W et al. Lewis acidity dependency of the electrochemical window of zinc chloride-1-ethyl-3-methylimidazolium chloride ionic liquids. Electrochimica Acta, 2002, 47: 4367～4372

22　Zhang Q G, Yang J Z, Lu X M et al. Studies on an ionic liquid based on $FeCl_3$ and its properties. Fluid Phase Equilibria, 2004, 226: 207～211

23　李汝雄，绿色溶剂-离子液体的合成与应用. 北京：化学工业出版社

24　Forsyth S, Golding J, MacFarlane D R et al. N-methyl-N-alkylpyrrolidinium tetrafluoroborate salts: Ionic solvents and solid electrolytes. electrochim. Acta, 2001, 46: 1753～1757

25　MacFarlane D R, Golding J, Forsyth S et al. Low viscosity ionic liquids based on organic salts of the dicyanamide anion. Chem. Commun, 2001, (16): 1430～1431

26　Golding J, Forsyth S, MacFarlane D R et al. Methanesulfonate and p-toluenesulfonate salts of the N-methyl-N-alkylpyrrolidinium and quaternary ammonium cations: novel low cost ionic liquids. Green Chemistry, 2002, 4: 223～229

27　Hajime Matsumoto, Hiroyuki Kageyama, Yoshinori Miyazaki. Room temperature ionic liquids based on small aliphatic ammonium cations and asymmetric amide anions. Chem. Commun. , 2002, 21 (16): 1726～1727

28　Aniruddha Paul, Prasun Kumar Mandal, Anunay Samanta. How transparent are the imidazolium ionic liquids? A case study with 1-methyl-3-butylimidazolium hexafluorophosphate, ［bmim］［PF_6］. Chemical Physics Letters, 2005, 402: 375～379

29　Dzyuba S V, Bartsch R A. New room-temperature ionic liquids with C_2-symmetrical imidazolium cations. Chem. Commun. , 2001, 1466～1467

30 叶天旭，张予辉，刘金河等．烷基咪唑氟硼酸盐离子液体的合成与溶剂性质研究．石油大学学报（自然科学版），2004，28（4）：105～111

31 Brown R J C，Dyson P J，Ellisb D J et al. 1-butyl-3-methylimidazolium cobalt tetracarbonyl ［bmim］［Co（CO）₄］：a catalytically active organometallic ionic liquid. Chem. Commun.，2001，21（18）：1862～1863

32 Rika Hagiwara，Yasuhiko Ito. Room temperature ionic liquids of alkylimidazolium cations and fluoroanions. Journal of Fluorine Chemistry，2000，105：221～227

33 Visser A E，Swatloski R P，Reichert W M et al. Task-specific ionic liquids for the extraction of metal ions from aqueous Solutions. Chem. Commun.，2001，135～136

34 Peter Wasserscheid，Martin Sesing，Wolfgang Korth. Hydrogensulfate and tetrakis（hydrogensulfato）borate ionic liquids：synthesis and catalytic application in highly Brönsted-acidic systems for Friedel-Crafts alkylation. Green Chemistry，2002，4：134～138

35 Roger Moulton. Electrochemical process for producing ionic liquids. US2003/0094380A1，2003-05-22

36 Varma R S，Namboodiri V V. An expeditious solvent-free route to ionic liquids using microwaves. Chem. Commun.，2001，643～644

37 Namboodiri V V，Varma R S. Microwave-assisted preparation of dialkylimidazolium tetrachloroaluminates and their use as catalysts in the solvent-free tetrahydropyranylation of alcohols and phenols. Chem. Commun.，2002，342～343

38 Namboodiri V V，Varma R S. An improved preparation of 1，3-dialkylimidazolium tetrafluoroborate ionic liquids using microwaves. Tetrahedron Letters，2002，43：5381～5383

39 Vasundhara Singh，Sukhbir Kaur，Varinder Sapehiyia et al. Microwave accelerated preparation of ［bmim］［HSO₄］ionic liquid：an acid catalyst for improved synthesis of coumarins. Catalysis Communications，2005，6：57～60

40 李春喜，宋红艳，王子镐．超声波在化工中的应用与研究进展．石油学报，2001，17（3）：86～94

41 Namboodiri V V，Varma R S. Solvent-free sonochemical preparation of ionic liquids. Organic Letters，2002，18：3161～3163

3.2 手性离子液体的合成

手性（chirality）一词源于希腊词 chir（o）"手"，指左手与右手的差异特征。其确切含义，可以这么说，如果一个物体不能与其镜像重合，该物体就称为手性物体。手性是三维物体的一个基本属性。在自然界中，从微观的原子组合或分子结构，到宏观的矿石和动植物的器官都可以看到这一特性。由此可见，手性是自然界的普遍现象，是自然界的基本属性之一。特别是自然界的生命体中蕴藏着大量的手性分子。分子的手性在生命科学中起着极为关键的作用，因为许多主要的生物学活性都是通过严格的手性匹配产生分子识别而实现的。手性的研究在生命科学、制药以及材料科学中起着极为重要的作用。手性离子液体除具有一般手性物体的功能特征外，还具备一般液体材料没有的优异特性，如：

（1）较低的挥发性和在常温下几乎观察不到的蒸气压；

（2）非易燃性；

（3）对许多有机和无机物有良好的溶解性；

（4）是一类极性的、非配位的溶剂；

（5）有非常宽的液态范围；

（6）可通过选择阴、阳离子对其理化性质进行调控。

因此手性离子液体具有手性材料和液体材料的双重功能，在许多手性有机反应中取代传统的有机溶剂，避免了有毒、腐蚀性等缺点，是绿色的、对环境友好的。同样，因为与传统的有机溶剂有不同的热力学和动力学行为，它们在手性金属有机和酶催化合成方面也表现出更好的性能，增强了金属有机试剂和酶催化剂的稳定性，提高选择性和（或）转化率。此外，还有产物易于分离、液体材料可以循环使用等优点。同时它们的应用也扩展到分析化学、电化学、分离技术和材料科学领域。

然而，自然界的手性分子是如何产生的或者手性是如何起源的问题一直使人们百思不得其解，它甚至可能与生命的起源有关。在手性的形成过程中，可能有一个从非手性到手性的选择过程，也就是说，当分子或结构基元通过相互作用进行有序组装形成手性有序组装体时，不一定要求分子或结构基元本身都必须具有手性，非手性分子也可能形成手性聚集体，或者手性聚集体的形成是由于手性分子或手性结构基元的参与所致。不论那种形式都存在着一些普遍性的问题，即特定的手性聚集体是怎样形成的？如何控制带有特定结构和指定功能手性聚集体的产生？这些也是手性材料制备科学中长期以来一直被人们所关注的关键科学问题。手性离子液体合成方面的研究同样也是以这些问题的研讨为基础的。但由于手性离子液体是液体材料，在研究手性离子液体合成时，除考虑手性限定因素外，还要考虑到离子和液体特性的限制。在一个合成的工艺中，要使目的产物的手性特征、离子和液体特性同时存在，这就使合成及设计工作变得十分复杂和更加困难。手性离子液体的合成制备不仅为探索基础科学研究的新领域和开发现代高新技术提供了广阔空间，而且也是一个诱人并令人望而生畏的挑战。本章所要介绍的内容都是围绕这些关键科学问题进行的。

3.2.1　研究现状及进展

3.2.1.1　手性离子液体制备研究的发展简介

物体中的手性主要来源有三：一是手性中心；二是手性轴；三是手性平面。对于手性离子液体，除具有手性特征外，还必须是在指定的温度（一般限制在

100℃）以下呈液态的离子化合物或具有离子化合物特征的物质。按照这个基本的科学概念，追溯求源，可发现 1996 年 Herrmann 等报道的研究结果是属于手性离子液体合成的前驱性的工作[1]。他们合成出相应的手性咪唑阳离子（图3.11）。因为咪唑阳离子是最为常见的离子液体的阳离子组分。手性咪唑阳离子的出现，就应该意味着手性离子液体的诞生。但令人遗憾的是这方面的研究工作没有继续下去。所得到的手性咪唑阳离子被当作前驱体用于其他合成过程之中（图 3.11）。

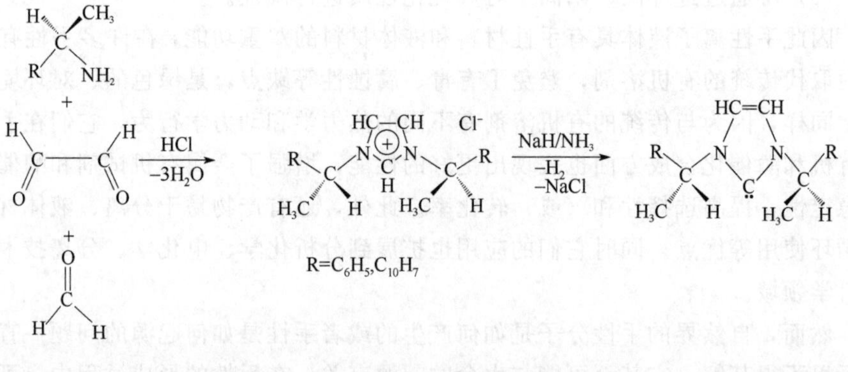

图 3.11　手性咪唑阳离子的制备方法

1997 年，Howarth 等[2]研究催化环戊二烯和巴豆醛/异丁烯醛（2-甲基丙烯醛）的 Diels-Alder 反应时使用一种二烷基咪唑溴盐作 Lewis 酸催化剂。这种催化剂是用（S）-（+）-2-甲基-1-溴丁烷与 N-三甲基硅基咪唑回流加热合成的对水稳定的溴化 N，N-二（2′S-2′-甲基丁基）咪唑（图 3.12），产率为 21％。其中（S）-（+）-2-甲基-1-溴丁烷是结构最简单的一种手性结构。毫无疑问，这个离子化合物是符合手性离子液体的科学概念。虽然 Howarth 等并没有把它当作手性离子液体进行认真的研究，但从制备的角度来看，溴化 N，N-二（2′S-2′-甲基丁基）咪唑制备的成功，确实标志着手性离子液体的诞生。同时表现出手性离子液体的手性来源于阳离子的手性中心。

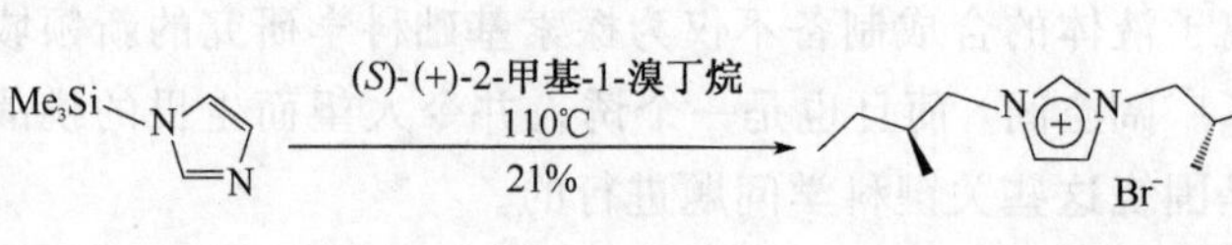

图 3.12　N，N-二（2′S-2′-甲基丁基）咪唑溴盐的合成

1999 年，Seddon 等[3]采用氯化 1-甲基-3-丁基咪唑与 S-构型的乳酸钠在丙酮中进行阴离子交换合成了 1-甲基-3-丁基咪唑乳酸盐（图 3.13）。这是表明手性离子液体的手性来源于阴离子的手性中心的第一个例子。

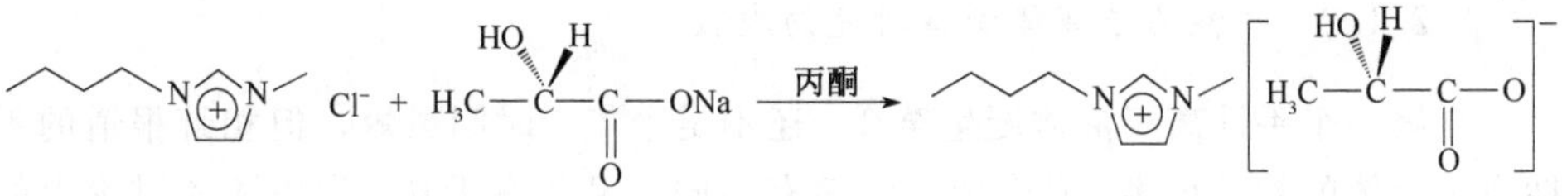

图 3.13　[bmim][lactate] 离子液体的合成

2002 年，Saigo 等[4]选取 2，4-双取代咪唑，利用两端卤代的烷烃进行两次烷基化来实现环化。咪唑环 4-位的取代基起到引入平面手性的作用，2-位的取代基起到阻碍平面环翻转的作用。再与锂盐进行阴离子交换得到阳离子部分具有手性面的环形咪唑盐离子液体（图 3.14）。此项工作的科学意义在于把手性面引入到离子液体之中。

图 3.14　具有手性面的咪唑盐离子液体

2005 年，Judeinstein 等[5]将 4-吡啶甲醛缩醛化，随后溴化得到的顺式构型化合物在溴化氢蒸气中异构化为反式构型，在过量手性 N-甲基麻黄素的醇钾盐作用下脱去一个溴化氢，便得到有光学活性的化合物。由此化合物出发，通过烷基化、阴离子交换等方法又可以制备出一系列含有手性轴的手性离子液晶。液晶属于一种特定的物质凝聚状态，是介于经典的固体和液体之间的物质存在形式，其结构基元的排列具有一维或二维近似长程有序，具有晶体的有序性，但它又具有液体的流动性和一些与液体有关的力学性质。按照手性离子液体的基本科学概念，手性离子液晶与手性离子液体似乎有些差别，但从合成制备角度上看，它们都有一个"以液态存在"的共同基础。在此讨论这项工作的科学意义在于含有手性轴的离子化合物在常温下能以"液态"存在。

综上所述，迄今为止，普通手性材料的结构特征均可出现在离子液体之中。这些特殊的手性结构必将赋予离子液体奇异的功能，手性离子液体将会提供出一个生机勃勃、欣欣向荣的手性科学研究的新领域。

3.2.1.2　手性离子液体制备研究的现状

自第一个手性离子液体诞生至今，还不足十年。时间虽短，但相继报道的手性离子液体的数目很多，其合成方法多有不同，又各有千秋。为描述和讨论上的方便，现将手性离子液体的制备方法按照手性的形成过程分成两大类：其一是从手性到手性，即以手性物质为原料合成手性离子液体；其二是从非手性到手性，是以非手性物质为原料制备手性离子液体。现分别讨论如下。

1. 利用手性物质制备手性离子液体

1) 在阳离子上建造手性中心

在阳离子上建造手性中心是制备手性离子液体的最为常见的一种方法，就是利用烷基化、环化、加成等手段在阳离子上建造手性中心，进而制备手性离子液体。具体可分以下几类：

（1）手性胺氮原子的烷基化反应。以生物碱麻黄素为原料，经由 Leuckart-Wallach 反应后，在二氯甲烷中用硫酸二甲酯烷基化形成盐，并进行阴离子交换，得到季铵阳离子型手性离子液体 ［图 3.15（a）］[6]。以相同的的方法从手性 2-氨基-1-丁醇出发，又合成了如图 3.15（b）所示的手性离子液体[6]。总产率为 75%～80%。与预期的一样，它不溶于水，可以用来作水溶液的萃取剂。核磁研究显示它们具有手性识别能力，可以用于手性合成或手性分离。这一合成方法的优点是能得到较高的产率，另外，由于手性起始材料价廉易得，这对手性离子液体的大批量生产是有益的。

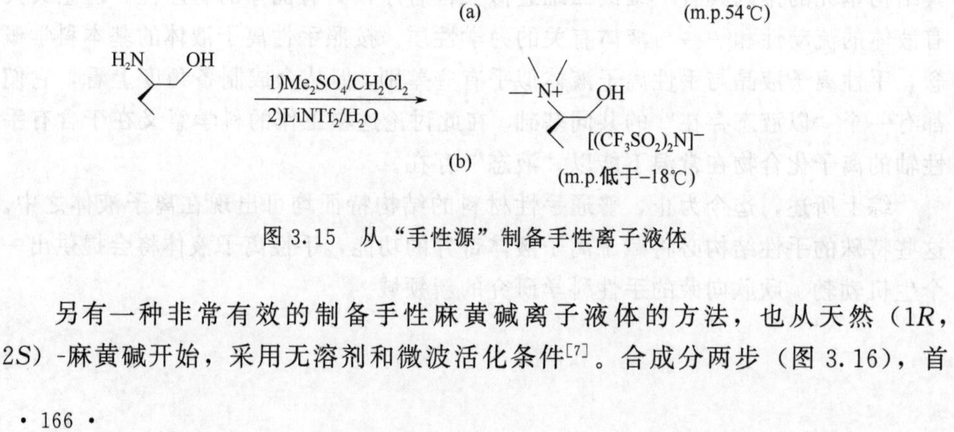

图 3.15　从"手性源"制备手性离子液体

另有一种非常有效的制备手性麻黄碱离子液体的方法，也从天然（1R, 2S）-麻黄碱开始，采用无溶剂和微波活化条件[7]。合成分两步（图 3.16），首先是（1R，2S）-N-甲基麻黄碱直接烷基化制备其烷基溴盐，试用了 4 种链长的烷基。为了降低熔点，在接下来的第二步，将（1R，2S）-N-甲基麻黄碱溴盐与碱或具有较大阴离子（$[BF_4]^-$、$[PF_6]^-$、$[NTf_2]^-$）的铵盐交换阴离子。12 个最终产物中有 10 个熔点低于室温。与传统的合成方法相比，所有反应均在完全不需要溶剂的条件下进行。此方法的优点包括反应时间的明显减少、反应量增加，同时因为不使用溶剂，反应是环境友好的。

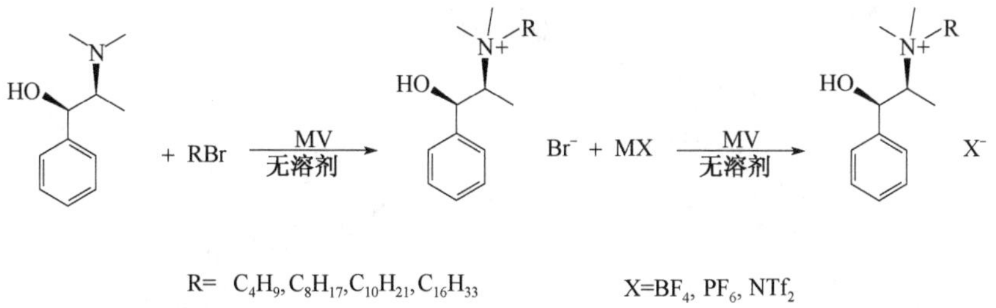

R= $C_4H_9, C_8H_{17}, C_{10}H_{21}, C_{16}H_{33}$ X=BF_4, PF_6, NTf_2

图 3.16　无溶剂微波辅助制备（1R，2S）-N-烷基甲基麻黄碱离子液体

　　类似这样直接在手性胺氮原子上进行烷基化反应，创造新型手性阳离子制备手性离子液体的方法，在许多情况下均可用。如以天然的手性(S)-烟碱为原料制备手性离子液体时，首先利用卤代烷在手性(S)-烟碱中的氮原子上进行烷基化反应生成相应的盐（图 3.17），再与$(CF_3SO_2)_2NLi$ 交换阴离子，从而制得(S)-N-乙基烟碱-二（三氟甲磺酸酰）胺手性离子液体[8,9]。

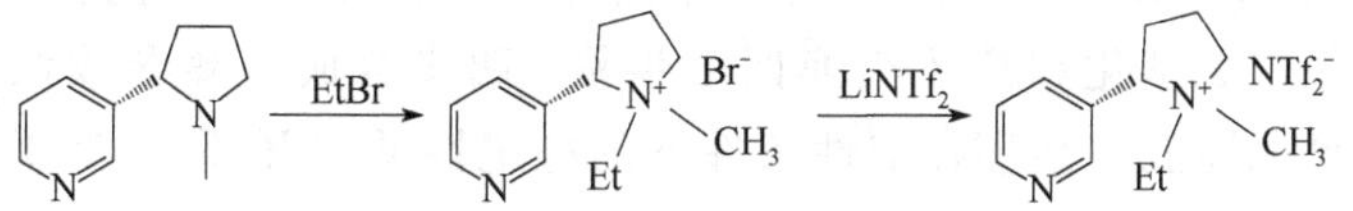

图 3.17　烟碱基手性离子液体

　　（2）Schiff 碱氮原子的烷基化反应。含有手性松萜/蒎烯基离子液体的制备过程，虽然有很多反应步骤，但是在手性阳离子形成时仍然属于 Schiff 碱氮原子上进行烷基化反应的基本特征（图 3.18）[10]。制备的起始原料是(1S)-(-)-α-松萜/蒎烯。这些手性离子液体的总产率在 50%～70%之间。

　　在合成其他含有 Schiff 碱结构的氮氧、硫氧五元杂环的手性离子液体时，也可采用这种方法。如以手性的(S)-缬氨酸甲酯作为基本原料制备手性离子液体时，首先是将缬氨酸甲酯在酸性的 THF 溶液中利用 $NaBH_4$ 还原成相应的手性醇，然后和丙酸在二甲苯中进行环化，形成含有 Schiff 碱结构的氮氧手性五元杂环（唑啉），用溴代烷使环中氮原子烷基化而成盐类，通过离子交换制得手性离

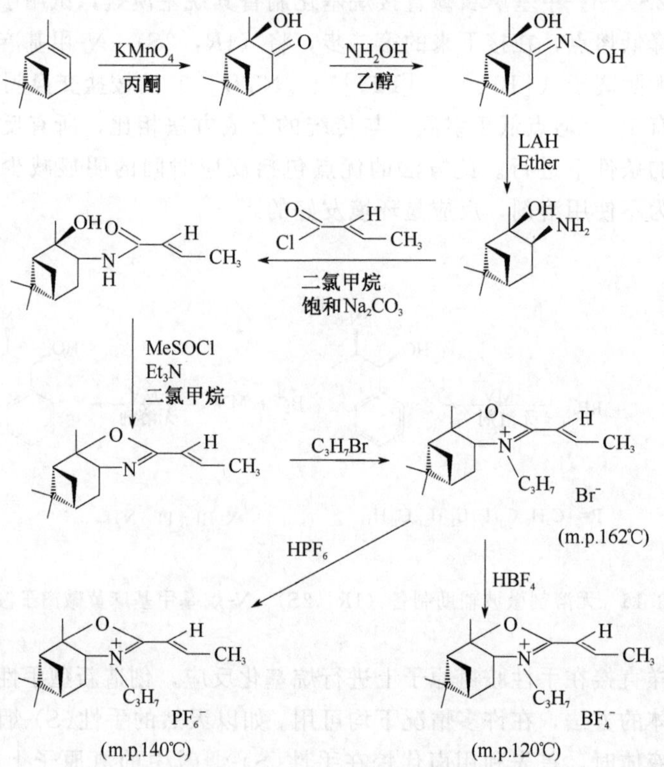

图 3.18 松萜基手性离子液体的合成

子液体 [图 3.19 (a)][6]。这个手性离子液体的制备过程也是比较复杂的，经历了还原、环化、烷基化和离子交换四个步骤。四步合成步骤导致低的反应产率（40％）。氮氧手性五元杂环在酸性条件下的稳定性低（开环），此类离子液体的应用受到了一些限制。

这种方法又可用于噻唑啉盐手性离子液体的制备，合成路线见图 3.19 (b)[11,12]。以价廉易得的纯 2-氨醇和二硫酯合成手性噻唑啉，然后手性噻唑啉与卤代烷基发生烷基化，随后进行阴离子交换，得到多种手性噻唑啉离子液体。总收率为 31％～69％，可以大量制备。这种手性离子液体可溶于二氯甲烷、氯仿、乙腈和其他强极性溶剂以及水，微溶于醚、甲苯和其他弱极性溶剂。其熔点在0～137℃之间，N-烷基链长的不同和对阴离子的天然特性导致熔点的变化，通过精心选择阴阳离子，可以得到较低熔点的噻唑啉盐。与唑啉类离子液体[6]不同，噻唑啉基离子液体在酸碱条件下均有好的稳定性，即使在酸性条件下氨醇也不发生水解。TGA 测量其在 170℃ 以下热稳定。

（3）芳香杂环氮原子的烷基化反应。烷基咪唑、N-烷基吡啶类等阳离子稳定性较好，有较好的物理化学性质，是离子液体研究中最广泛使用的阳离子，显

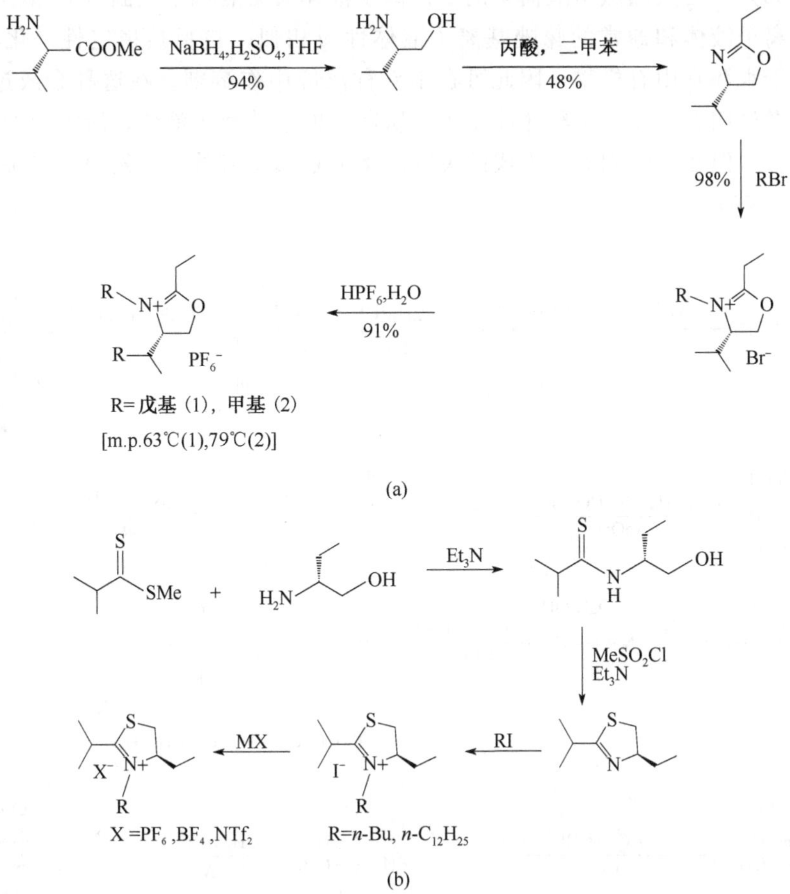

图 3.19　氮硫杂环手性离子液体的合成

然它们也是手性中心良好的建造基地。利用这种方法制备手性离子液体的成功例子很多。如第一个被合成的离子液体，Howarth 等[2] 报道的溴化 *N*，*N*-二 (2'*S*-2'-甲基丁基) 咪唑 (图 3.12) 就是使用(*S*)-(＋)-2-甲基-1-溴丁烷与 *N*-三甲基硅基咪唑回流加热，在咪唑环上进行烷基化得到的。其中 *S*-(＋)-2-甲基-1-溴丁烷是结构最简单的一种手性试剂。此种手性离子液体除手性中心外不具有其他任何官能团，因此这种离子液体非常适合作为反应溶剂。

从手性胺和天然氨基酸 (L-丙氨酸、L-亮氨酸和 L-缬氨酸) 开始，经过环化、烷基化以及离子交换等步骤可制备手性咪唑离子液体[13,14]。由氨基酸制备咪唑环有两条路线：一条路线是氨基酸还原为氨醇后再与醛缩合成咪唑环，但羟基可能会阻碍氨基和醛缩合；另一条路线是在碱性条件下，将氨基酸与醛直接缩合成咪唑环。此氨基酸再经 4 步反应制得手性离子液体 (图 3.20)，总收率为

30%～33%；由天然氨基酸而来的手性离子液体其熔点低于室温（5～16℃），这些手性离子液体和通常的咪唑基离子液体性质相似，包括热稳定性、化学稳定性、溶于水和常用有机物，因此可在不对称反应中作溶剂。在这种合成过程中，有时要经过四五个反应步骤才能制备出所需要的手性离子液体，所涉及的化学反应有多种，但在手性阳离子生成的关键步骤上是属于芳香杂环氮原子的烷基化反应（图 3.20）。

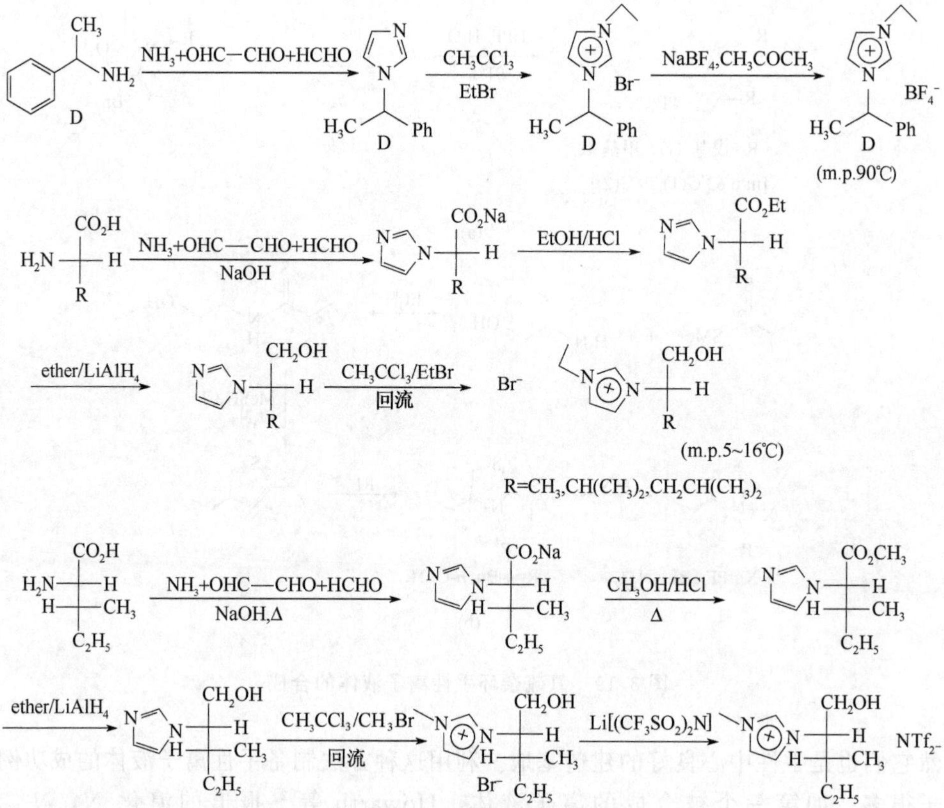

图 3.20　从手性胺和天然氨基酸合成手性离子液体

　　芳香杂环上的氮原子可发生烷基化反应或季铵盐化反应。因而咪唑和吡啶类环上氮原子与手性分子的烷基化反应是建造手性阳离子的一个直接而有效的方法。利用这种方法，许多手性离子液体都能被合成出来。如利用手性羟基酸酯与甲基咪唑在二氯甲烷中进行烷基化反应，然后再进行离子交换，可制备多种手性离子液体（图 3.21）[15]。

　　香茅醇可转化成相应的香茅基溴盐，与 1-烷基咪唑或吡啶发生烷基化反应，能够分别生成相应手性离子液体（图 3.22）[16]。其手性由手性香茅醇衍生而来。

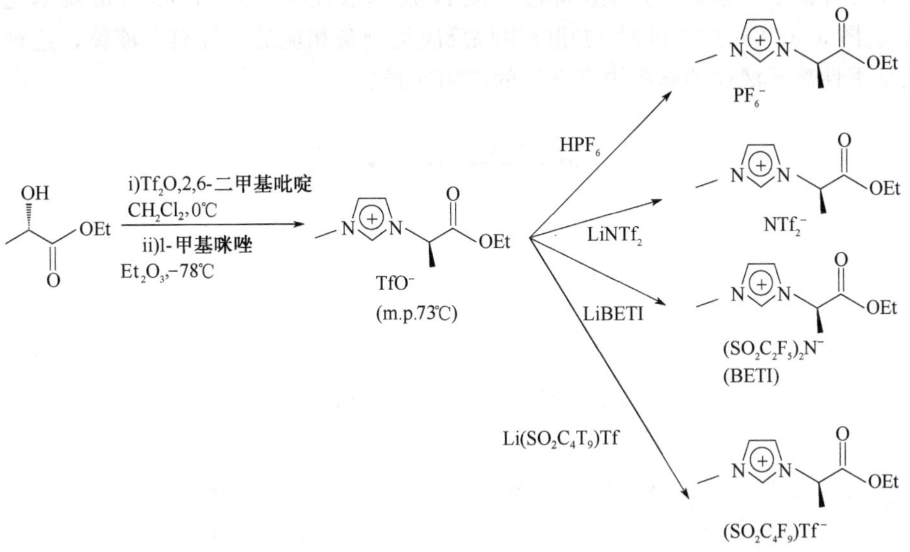

图 3.21　酯-咪唑离子液体的制备

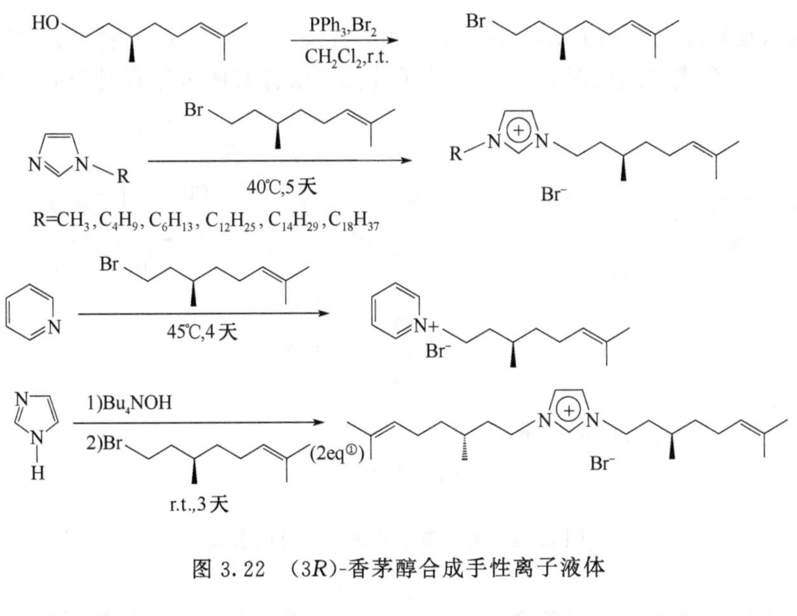

R=CH₃,C₄H₉,C₆H₁₃,C₁₂H₂₅,C₁₄H₂₉,C₁₈H₃₇

图 3.22　(3R)-香茅醇合成手性离子液体

利用咪唑进行 Mitsunobu 烷基化反应，能够制备手性 N-烷基取代咪唑，它可作为反应前驱体制备所需要的咪唑基离子液体（图 3.23）[17]。这个方法的价值

―――――――――――――――

① eq（当量）为非法定单位，当量＝物质的量×得失电子数，下同。

在于另开辟了一条新的方便从咪唑生成 N-烷基取代咪唑的 Mitsunobu 烷基化路线 。图 3.23 中的 2# 和 4# 与吲哚甲烷反应可制备相应的手性离子液体，这种方法在手性离子液体的制备中有良好的应用前景。

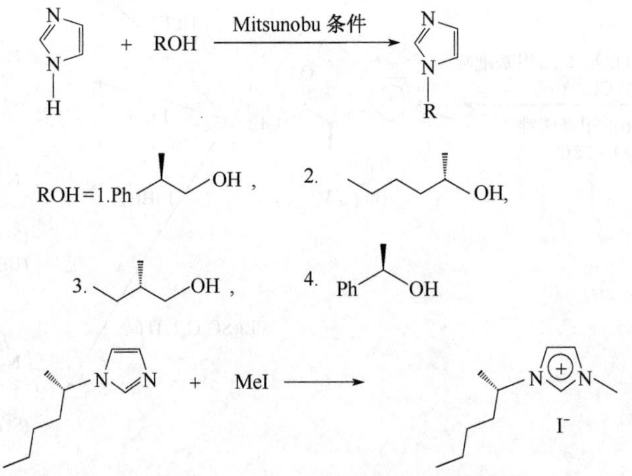

图 3.23 Mitsunobu 烷基化反应制备手性 N-烷基取代咪唑

利用吡啶环上氮原子的烷基化反应和取代反应，可合成一些新的手性吡啶离子液体[18]，合成路线见图 3.24。这些手性离子液体有的可作有机合成的溶剂。

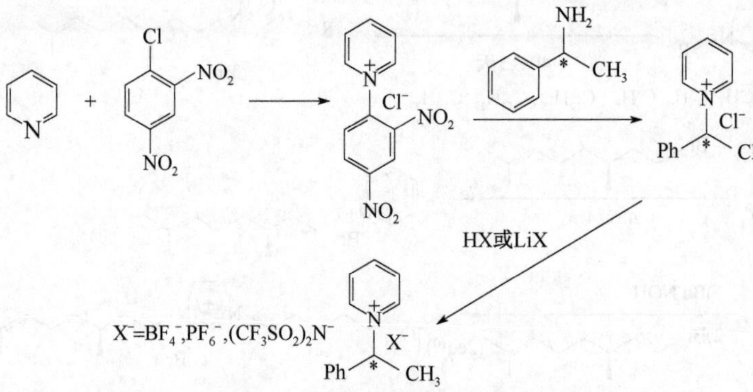

图 3.24 吡啶基手性离子液体的合成

根据同样的道理可制备含有 1，3-二氧杂 唑环的一类手性离子液体，其结构见图 3.25[19]。这种手性离子液体以双环为核心，手性中心在吡啶环的取代烷基上。其合成路线是：先对吡啶环进行修饰，然后再用手性 3-甲基-1-溴戊烷进行烷基化，产生手性阳离子。这一类化合物具有液晶性能。但因其液晶相转变温度要低于人们通常认定的 100℃ 这个离子液体界限，并且具有离子液体常有的季铵盐结构，可以看作是一种离子液体。液晶也可看作是离子液体的用途之一，但液晶相的生成缩小了液态区间，降低了其作为溶剂的使用价值。

（4）离子的交换作用。离子液体中的离子大小、结构、对称性以及电荷密度等均对离子液体的熔点有重要的影响。改变这些因素就可改变离子液体类物质的熔点。带有相反电荷离子的任何组合都可能为新型离子液体的诞生提供机会。那么对已知含有手性离子的盐的离子交换作用就理所当然地成为新型手性离子液体制备的一种有效途径。当以

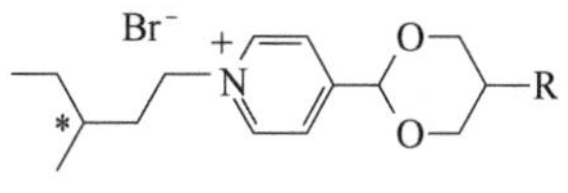

R=C₃H₇,C₁₀H₂₁,C₁₁H₂₃,C₁₈H₃₇

图 3.25　1，3-二　烷环系
列手性离子液体

NTf₂⁻ 阴离子替代某些手性阳离子盐中的卤素阴离子时，可产生许多手性离子液体（图 3.26）[20]。其中的一些，如（a）～（c）可以由市售的卤盐和 N-三氟甲基磺酸锂盐通过交换阴离子获得。由于二（三氟甲磺酸）胺离子液体与水不互溶，所以最终的离子液体相可容易与水相分离并以多次水洗纯化。其手性来源于（一）-N-苯基-N-甲基麻黄碱（a），D-（＋）-肉毒碱腈氯盐（b）以及（一）-东莨菪碱-N-丁基溴（c），其他类型手性离子液体（d）～（f）则含有咪唑阳离子。对（e）和（f）手性由咪唑环上 N-1 位侧链引入。

这种方法在以前讨论的内容中，作为合成中的一种辅助手段，曾多次提出过。现在又把这个问题单独提出的主要目的是把它作为一个独立的方法，依据阴阳离子各自属性、成盐性能、相互作用以及对所成盐功能影响的能力设计制造新型手性离子液体。实质上这也是离子液体研究初期阶段的主要制备方法，同时也是多元混合型离子液体研究的理论基础。

2）在阴离子上建造手性中心

从制备角度来看，相比较而言，应用手性阴离子来制备手性离子液体的可能性更大一些，因为阴离子以钠盐的形式存在，比较容易得到，制备成本也容易得到控制。但迄今为止，能够用于手性离子液体的阴离子的数量非常有限，这可能是含有手性的阴离子难以制备的缘故。目前研究最多的含手性阴离子的手性离子液体是羟基酸盐离子液体。如通过 ［bmim］Cl 与(S)-2-羟基丙酸钠盐交换阴离子制得 1-丁基-3-甲基咪唑（［bmim］）乳酸盐（图 3.13）[3]。通过改变咪唑环上的取代基，可以制备出一系列含有乳酸根的手性离子液体[21]。直到今天它也是少数几个由阴离子提供手性的手性离子液体之一。此种手性离子液体对水稳定，无毒害作用，环境友好，能在臭氧的水溶液中稳定地分解，因而可以应用在医学上。但由于乳酸根存在比较强的分子内氢键，使离子液体的黏度增大，熔点提高，不利于作为溶剂使用。

酒石酸氢根与有机季铵盐可形成手性离子液体（图 3.27）[22]，它是通过相应具有液晶性质的胺与 L-（＋）-酒石酸形成离子复合物，它也是一种液晶。这种离子液体具有铁电性，它的液晶相具有较大的温度区间。

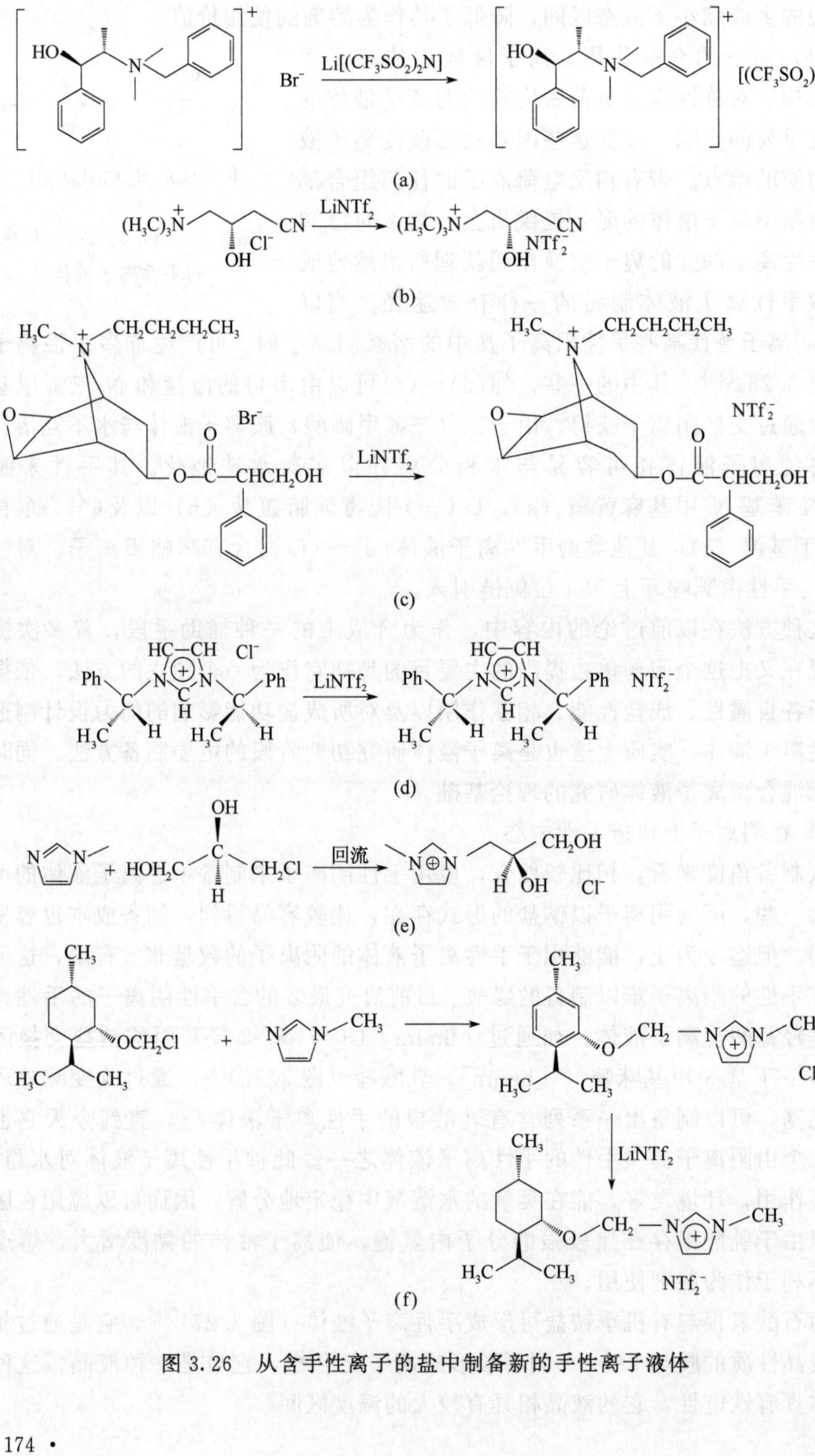

图 3.26 从含手性离子的盐中制备新的手性离子液体

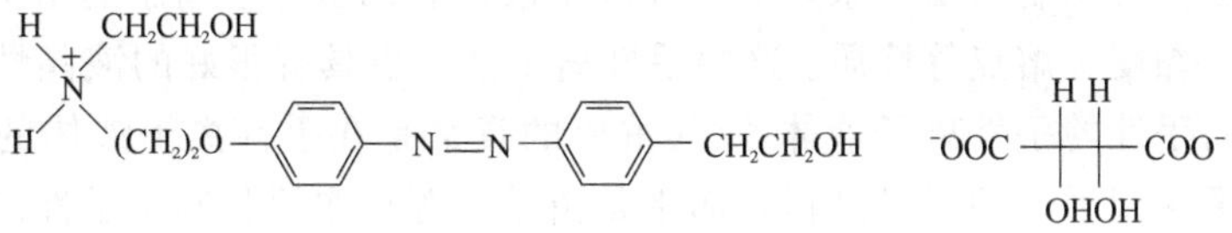

图 3.27　酒石酸氢根手性离子液体

以羟基酸为原料制备手性离子液体的独特之处是，可以通过阴离子部分引入手性中心，从而获得阴离子具有手性的功能化离子液体。

把经过剪切修饰的 DNA 加入到 Co(MePEG-bpy)$_3$(ClO$_4$)$_2$ 中，将溶液稀释后进行长时间的渗析，然后在室温下将水蒸干，并用纯水洗涤，经真空干燥后就可得到黏稠透明的离子液体 Co（MePEG-bpy）$_3$ · DNA[23]。如果把 Co(MePEG-bpy)$_3$(ClO$_4$)$_2$ 改为 MePEG-NEt$_3$Cl，则又可制得另一种离子液体 MePEG-NEt$_3$ · DNA。在手性离子液体中，DNA 中的每个碱基对对应着一个 Co 络合物或两个季铵阳离子。由于 DNA 链的存在，这种以手性 DNA 双链作为阴离子，聚醚修饰的过渡金属络合物 Co（MePEG-bpy）$_3{}^{2+}$ 作为阳离子〔其中配体 MePEG-bpy 为 4，4′-[CH$_3$(OCH$_2$CH$_2$)$_7$OCO)$_2$-2，2′-联吡啶，其结构如图 3.28 所示〕的手性离子液体的黏度大大增加。这种奇特的手性离子液体——DNA 离子液体制备的科学意义在于有可能通过调控核酸序列来影响其性质，满足离子液体功能化的需求。

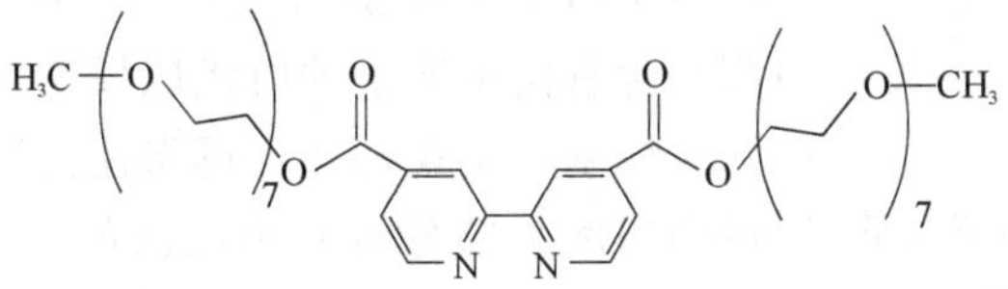

图 3.28　DNA 离子液体阳离子中的配体

2. 利用非手性物质制备手性离子液体

利用非手性物质制备手性离子液体的方法主要是指在手性离子液体的制备过程中所用的原料是非手性的，并且不是通过创造手性中心来建造手性分子，而是要通过组成分子的基本结构单元的自组装来构筑分子整体的手性，即在分子中产生手性轴或手性面。这种现象在手性材料中尚不多见，在离子液体中更是寥寥无几，但还是有例可寻的。如利用亚甲基丙二醇先将 4-吡啶甲醛缩醛化，然后在 CCl$_4$ 溶液中溴化得到的顺式构型化合物，在溴化氢蒸气中异构化为反式构型，在过量手性 N-甲基麻黄素的醇盐作用下脱去一个溴化氢，便得到有光学活性的化合物。通过烷基化将此化合物转为离子型化合物（图 3.29）[8,24]，再通过阴离子交换等方法又可以制备出一系列的手性离子液体。调节这些离子的结构可以调控其溶解性、黏度、熔点等性质。这些手性离子液体也具有很好的液晶性能。这是首例含轴向手性的手性离子液体，其重要的意义是在手性离子液体的制备中实现了从非手性到手性的形成过程，而不是由手性源获取原料制备手性离子液体。

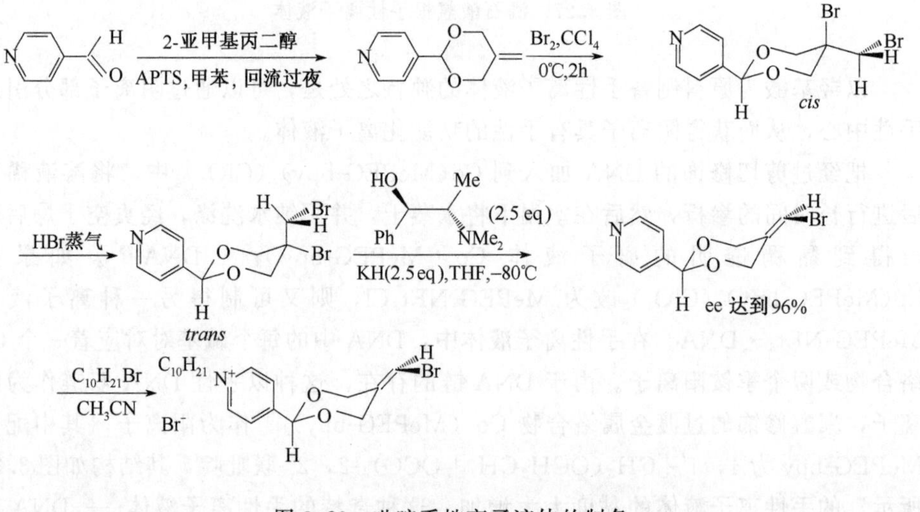

图 3.29　吡啶手性离子液体的制备

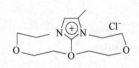

图 3.30　具有假冠醚结构的咪唑盐离子液体

具有平面手性的化合物不含手性中心原子，手性的产生是由于某些基团阻碍环平面空间的翻转。当利用两端含有卤素原子的卤代烷烃使 2,4-双取代咪唑进行两次烷基化实现环化，再与锂盐进行阴离子交换时，可得到阳离子部分具有手性面的环形咪唑盐离子液体（图 3.14）[4]。咪唑环 4-位的取代基起到引入平面手性的作用，同时对称性的降低，导致了化合物的熔点的降低。2-位的取代基起到阻碍平面环翻转的作用。当用矿物油代替两端卤代的烷烃，合成了具有假冠醚结构的咪唑盐离子液体（图 3.30）[24]。这些离子液体都具有手性面，核磁分析表明它们能与光学纯的试剂发生手性识别作用。但是，合成的这些具有平面手性的离子液体都是外消旋体，如何制备具有光学活性的平面手性离子液体尚需进一步深入的研究。

3.2.2　关键科学问题

由于手性离子液体本身特殊属性所限，手性离子液体同时具备三方面的基本属性：一是手性特征；二是离子化合物特性；三是液体功能。在材料的制备中，定向制备具有某一功能的材料就已经是不易之事，要制备同时满足三个物质基本属性的材料就更加困难。对于手性离子液体来说，各个方面的研究均处于初期阶段，相关方面研究发展不均衡。纵观现状，在合成制备研究中，关键的科学问题是：

（1）寻找和设计制备手性离子液体的新方法，制备新型手性离子液体，并对其详细表征，也就是进一步完善手性离子液体的制备技术。这是制备科学中永恒的主题。

（2）如何制备具有光学活性的手性离子液体。目前所合成的手性离子液体大多是利用手性原料制备而成，有时，手性原料虽具有光学活性，但得到的产物却是外消旋体，失去了原有的光学活性。因为影响外消旋化的因素很多，并没有统一的理论解释。因而在制备过程中如何控制消除外消旋化，制备出具有光学活性的手性离子液体是手性离子液体制备科学中一个具有挑战性的问题。

（3）开发新资源，降低成本。现在用于手性离子液体的原料大多来源于手性试剂，品种稀少，价格昂贵，成本过高。为满足实际应用的需求，必须寻找品种丰富、价格低廉，并具有与生态环境相容的替代资源。否则，手性离子液体的研究没有经济价值，永远走不出基础理论研究的实验平台。

（4）开发高原子经济性和高选择性的清洁型手性离子液体的合成路线。目前所报道的手性离子液体的合成大多步骤多，过程复杂，选择性差，产率低，废弃物过量，并与生态环境不容。如果不摒弃这些劣迹，一方面影响经济成本，另一方面将失去手性离子液体研究的社会价值。

（5）进一步提高手性离子液体实用性功能的质量。手性离子液体作为新型材料的一个突出特点是将手性引入到离子液体之中，但引入的手性使离子液体的熔点升高，黏度增大，热稳定性下降。这将影响作为离子液体的实用功能。只有开发新型制备技术，使手性引入的同时不降低其他实用功能质量或者使某些功能的质量有所提高，才能充分体现出手性离子液体的优越性能和广阔的实用前景。

3.2.3 发展方向及建议

手性离子液体集手性、离子和液体三种特性于一身，确属于非常少见的一种多功能材料。这种与普通手性物质、离子化合物以及液体溶剂不同的内在本质，必将赋予手性离子液体与众不同的功能。在科学技术发展的过程中，科学和技术每前进一步都对相应的材料提出更高、更严格的要求。同样，每一种新材料的出现都为科学和技术的发展提供出新的空间。手性离子液体的出现，为手性合成、手性分离、手性检测、分子电子材料以及光学数据储存等材料的研究发展提供更多的机会。特别是在手性物制备、医学药物和数据储存材料方面，在市场需求和市场经济的作用下，将可能会出现突飞猛进的发展。相关于手性离子液体的手性技术，会出现一个全球性竞相开发的竞争态势。为顺应这种发展趋势，满足手性离子液体研究发展的需要，在手性离子液体制备方面，人们将要关注下列几个问题：

1）制备规模的扩大

随着手性离子液体研究的不断深入和发展，其研究的涉及领域迅速增多，范围不断扩大，特别是基础理论研究向实用型研究的快速转变，均需手性离子液体的大剂量制备。这将成为一个关键问题。目前，虽有许多手性离子液体及其制备方法已见诸报道，但制备规模很小，离大批量生产或商业化程度甚远。因此必须针对大批量生产的目标，以可持续发展为原则，对已有制备方法进行改进和完善或开发新型制备技术。满足手性离子液体在高速发展阶段对其量的需求，这也是手性离子液体研究迅猛发展的必要条件，生产规模大小及数量多少也是技术成熟程度的标志。

2）品种数量的增多

目前许多事实证明，手性离子液体能够有效地应用于生命科学、药物医学、分析化学及材料科学等多学科领域。随着研究领域的扩大，人们不再满足自然界中所提供的 D 型糖和 L 型的氨基酸，广泛的基础研究和实用技术开发的需要，多种多样手性离子液体、结构新颖、功能奇特的新型手性离子液体的研究仍是手性离子液体研究的一个非常重要的方向，同时新物质、新材料的制备永远是科学发展的基础。

3）高效率制备技术的开发

纯手性体的制备常常需要多步合成。为满足实用技术的需要，对制备全过程的原子经济性和选择性都有更高的要求。同时，作为一个实用技术还要考虑到经济社会效益及对生态环境的影响。显然要在制备过程中实现这些目标，更要求大量的基础研究。特别是要考虑到注意开发高效的催化剂和特殊的技术手段，如酶的利用。因酶催化剂具有专一性高、选择性高、反应条件温和等优点，它在其他手性物质研究中已经得到广泛的应用。相似地，它在手性离子液体制备中也能有很好的作用。还有一类是特殊的制备条件，如微波的应用，将无溶剂条件和微波辐射结合起来可以大大缩短反应时间，增强转化率，有时甚至能够提高选择性和经济效益，对生态环境也有很大的好处[24~39]。这种方法已经成功地应用于合成咪唑盐和含有手性麻黄碱阳离子的手性离子液体。

4）新型阴离子的制备

顾名思义，离子液体的主要成分一定是阳离子和阴离子。目前对于手性离子液体的制备大多集中在阳离子上。对于另一半的组成——阴离子研究不多。实质上，在阴离子上引入或制造手性的机会应该与手性阳离子是均等的。目前发现的手性阴离子以羧酸类为多，由于带有羧基所成盐类常常熔点升高，因此形成固态盐类而非离子液体。但我们相信其他手性阴离子的出现一定能给手性离子液体的研究带来生机。

5）手性离子液体形成机制的研究

手性是宇宙的普遍特征，从原子到人类本身，都有不对称现象存在。在生命的产生和演变过程中，自然界往往对手性也是有所偏爱。研究手性离子液体的形成机理、探讨各种反应条件对手性离子的状态性质及结构的影响、集聚状态、微观结构与功能之间的关系变化规律，将对人们在分子水平上按要求设计制备手性离子液体、探索生命的起源等诸多重大科学问题都有重大意义。

虽然手性离子液体的合成和应用还处在发展阶段，但在不久的将来，它们所蕴含的巨大的潜在价值将被很快地展现在世人面前。

3.2.4 结论与展望

任何一个制备工艺的质量都是由原料的属性和制备过程中的技术操作决定的。这两方面的因素不仅规定了产品的行为，也决定了产品和工艺的经济效益、社会效益和对生态环境的影响。对于制备技术的设计研究主要就是研究使用什么原料、哪些技术操作以及原料和技术操作在工艺过程中起到了什么作用。基于这种思想，对手性离子液体的研究现状进行深入分析，可将手性离子液体的制备原料分为三类：

（1）手性试剂，来源于化学合成；

（2）手性天然产物，来源于自然界；

（3）非手性原料，来源于化学合成或天然产物。

对于前两种原料，如果是离子型的，其制备过程就很简单，一般情况下只通过离子交换就可以得到手性离子液体[25]。如果不是离子型的或者是属于第三种类型的非手性的原料，其合成过程往往就复杂一些，其中都必须包含一个手性离子的转化过程。按照手性离子液体中手性离子的形成过程，可把手性离子液体的制备过程分成三种情况：

（1）手性原料直接转化，大多数已报道的手性离子液体均属于这种情况；

（2）由手性试剂（或催化剂）诱导转化，如前面描述的含有手性轴的手性离子液体制备；

（3）非手性分子自组装成手性离子液体，如前面描述的含有手性面的手性离子液体制备。

按照上述方法，所合成的手性离子液体有咪唑盐或取代咪唑盐、铵盐、吡啶盐、唑啉盐、氨醇或生物碱、氨基酸、噻唑盐、松萜类及手性来自阴离子等类型。最常见、研究最多的就是咪唑基手性离子液体。然而所合成的手性离子液体常常表现出外消旋化作用。低温 X 射线衍射分析结果证明所合成的手性离子液体是完全的外消旋化的（图 3.31）[15]。所有的阳离子被 3 个 $[NTf_2]^-$ 阴离子紧紧包围，C—H—O 和 C—H—N 的氢键在阳离子的氢和阴离子的氧或氮之间被观测到（表 3.2），在离子液体之中存在着广泛的氢键[15,40,41]。所以在手性离子液体的制备过程中如何防止外消旋化、控制合成具有光学活性的单一旋光异构体仍然是一项十分艰巨的任务。

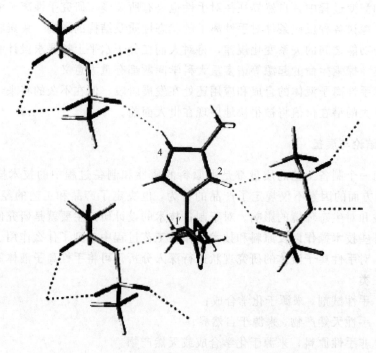

图 3.31　X射线衍射分析外消旋物的 3D 网状结构

表 3.2　键长、键角数据

键	C—X 键长/Å	C—H—X 键长/Å	C—H—X 键角/(°)
C(1′)—H—N	2.445	3.395	160.62
C(4)—H—O	2.444	3.329	156.85
C(2)—H—O	2.361	3.185	146.13
C(2)—H—O	2.509	3.287	140.18

　　手性离子液体性能独特，在不对称诱导中可能比传统的手性溶剂更有效，这大大地扩展了手性溶剂的范围。大多数离子液体具有聚合物的行为，是高度有序的氢键液体（阴、阳离子由氢键连接起来构成三维网状结构）[15,40~43]。近来有文献认为氢键参与了控制 Diels-Alder 反应中的受体选择[44]，这些发现均说明手性离子液体有着极为广阔的实用前景。手性离子液体在不对称反应中主要有三种作用：

　　（1）手性来源于手性物质或手性试剂，而离子液体取代有害的有机溶剂；

　　（2）手性来源于催化剂（过渡金属或生物催化剂），而离子液体用于稳定或手性催化剂的再生；

（3）手性识别来源于离子液体本身，作为一个手性促进剂[8,26,45~48]。

参 考 文 献

1　Herrmann W A, Goossen L J, Köcher C et al. Chiral heterocyclic carbenes in asymmetric homogeneous catalysis. Angew. Chem. Int. Ed. Engl. , 1996, 35: 2805~2807

2　Howarth J, Hanlon K, Fayne D et al. Moisture stable dialkylimidazolium salts as heterogeneous and homogenous Lewis acids in the Diels-Alder reaction. Tetrahedron Lett. , 1997, 38: 3097~3100

3　Earle M J, McCormac P B, Seddon K R. Diels-Alder reactions in ionic liquids: a safe recyclable alternative to lithium perchlorate-diethyl ether mixtures. Green Chem. , 1999, 1: 23~26

4　Ishida Y, Miyauchib H, Saigo K. Design and synthesis of a novel imidazolium-based ionic liquid with planar chirality. Chem. Commun, 2002, 19: 2240~2241

5　Baudoux J, Judeinstein P, Cahard D et al. Design and synthesis of novel ionic liquid/liquid crystals (IL²Cs) with axial chirality. Tetrahedron Letter, 2005, 46: 1137~1140

6　Wasserscheid P, Bösmann A, Bolm C. Synthesis and properties of ionic liquids derived from the "chiral pool". Chem. Commun. , 2002, 200~201

7　Vo-Thanh G, Pegot B, Loupy A. Solvent-free microwave-assistant preparation of chiral ionic liquids from (−)-N-methylephedrine. Eur. J. Org. Chem. , 2004, 5: 1112~1116

8　Baudequin C, Baudoux J, Levillain J et al. Ionic liquids and chirality: opportunities and challenges. Tetrahedron Asymmetry, 2003, 14: 3081~3093

9　Kitazume T. Preparation of optically active ion liquid of nicotinium bis (trifluoro-methylsulfonyl) amides for solvents. US 0031875, 2001

10　Wang Y. Synthesis and application of novel chiral ionic liquids derived from a-pinene. M. Sc. thesis. New Jersey Institute of Technology, Department Chemistry and Environmental Science, 2003

11　Levillain J, Dubant G, Abrunhosa I et al. Synthesis and properties of thiazoline based ionic liquids derived from the chiral pool. Chem. Commun. , 2003: 2914~2915

12　Abrunhosa I, Gulea M, Levillain J et al. Synthesis of new chiral thiazoline-containing ligands. Tetrahedron Asymmetry, 2001, 12: 2851~2859

13　Bao W, Wang Z, Li Y. Synthesis of chiral ionic liquids from natural amino acids. J. Org. Chem. , 2003, 68: 591~593

14　Ding J, Armstrong D W. Optically enhanced chiral ionic liquids. Patent pending. 2004

15　Jodry J J, Mikami K. New chiral imidazolium ionic liquids: 3D-network of hydrogen bonding. Tetrahedron Lett. , 2004, 45: 4429~4431

16　Tosoni M, Laschat S, Baro A. Synthesis of novel chiral ionic liquids and their phase behavior in mixtures with smectic and nematic liquid crystals. Helv. Chim. Acta, 2004, 87: 2742~2749

17 Kim E J, Ko S Y, Dziadulewicz E K. Mitsunobu alkylation of imidazole; a convenient route to chiral ionic liquids. Tetrahedron Lett. , 2005, 46; 631~633

18 Patrascu C, Sugisaki C, Mingotaud C et al. New pyridinium chiral ionic liquids. Heterocycles, 2004, 63; 2033~2041

19 Haramoto Y, Miyashita T, Nanasawa M et al. Liquid crystal properties of new ionic liquid crystal compounds having a 1, 3-dioxane ring. Liq. Cryst. , 2002, 29; 87~90

20 Ding J, Desikan V, Han X et al. Use of chiral ionic liquids as solvents for the photoisomerization of dibenzobicyclo[2.2.2]octatrienes. Org. Lett. , 2005, 7; 335~337

21 Pernak J, Goc I, Mirska I. Anti-microbial activities of protic ionic liquids with lactate anion. Green Chem. , 2004, 6; 323~329

22 Ujiie S, Iimura K. Ion complex type of novel chiral smectic C* liquid-crystal having chiral hydrogentartrate counterion. Chemistry Letters, 1994; 17~20

23 Leone A M, Weatherly S C, Williams M E et al. An ionic liquid form of DNA; redox-active molten salts of nucleic acids. J. Am. Chem. Soc. , 2001, 123; 218~222

24 Ishida Y, Sasaki D, Miyauchi H et al. Design and synthesis of novel imidazolium-based ionic liquids with a pseudo crown-ether moiety; diastereomeric interaction of a racemic ionic liquid with enantiopure europium complexes. Tetrahedron Letter, 2004, 45; 9455~9459

25 Bonhote P, Dias A P, Papageorgiou N et al. Hydrophobic highly conductive ambient-temperature molten salts. Inorg. Chem. , 1996, 35 (5); 1168~1178

26 Biedron T, Kubisa P. Radical polymerization in a chiral ionic liquid; atom fransfer radical polymerization of acrylates. J. Pol. Science, Part; A-Polymer Chem. , 2005 , 43 (15); 3454~3459

27 Loupy A, Petit A, Hamelin J et al. New solvent-free organic synthesis using focused microwaves. Synthesis, 1998, 9; 1213~1234

28 Varma R S. Solvent-free organic syntheses—using supported reagents and microwave irradiation. Green Chem. , 1999, 1; 43~55

29 Tanaka K. Solvent-Free Organic Synthesis. Weinheim; Wiley-VCH, 2003

30 Varma R S, Namboodiri V V. An expeditious solvent-free route to ionic li-quids using microwaves. Chem. Commun. , 2001, 7; 643~644

31 Varma R S, Namboodiri V V. Solvent-free preparation of ionic liquids using a household microwave oven. Pure Appl. Chem. , 2001, 73; 1309~1313

32 Khadilkar B M, Rebeiro G L. Microwave-assisted synthesis of room-temperature ionic liquid precursor in closed vessel. Org. Proc. Res. & Develop. , 2002, 6; 826~828

33 Law M C, Wong K Y, Chan T H. Solvent-free route to ionic liquid precursors using a water-moderated microwave process. Green Chem. , 2002, 4; 328~330

34 Varma R S, Namboodiri V V. Microwave-assisted preparation of dialkylimidazolium tetrachloroaluminates and their use as catalysts in the solvent-free tetrahydropyranylation of alcohols and phenols. Chem. Commun. , 2002, 342~343

35 Dubreuil J F, Famelart M H, Bazureau J P. Ecofriendly fast synthesis of hydrophilic poly (ethyleneglycol)-ionic liquid matrices for liquid-phase organic synthesis. Org. Proc. Res.

& Develop. , 2002，6：374～378

36　Varma R S, Namboodiri V V. An improved preparation of 1, 3-dialkylimidazolium tetrafluoroborate ionic liquids using microwaves. Tetrahedron Lett. , 2002，43：5381～5383

37　Deetlefs M, Seddon K S. Improved preparations of ionic liquids using microwave irradiation. Green Chem. , 2003，5：181～186

38　Perreux L, Loupy A. A tentative rationalization of microwave effects in organic synthesis according to the reaction medium, and mechanistic considerations. Tetrahedron, 2001，57：9199～9223

39　Holbrey J D, Reichert W M, Swatloski R P et al. Efficient, halide free synthesis of new, low cost ionic liquids: 1, 3-dialkylimidazolium salts containing methyl-and ethyl-sulfate anions. Green Chem. , 2002，4：407～413

40　Desiraju G R. The C—H—O hydrogen bond: structural implications and supramolecular design. Acc. Chem. Res. , 1996，29：441

41　Calhorda M J. Weak hydrogen bonds: theoretical studies. Chem. Commun. , 2000，10：801～809

42　Dupont J, Suarez P A Z, de Souza R F et al. C—H—π Interactions in 1-N-butyl-3-methylimidazolium tetraphenylborate molten salt: solid and solution structures. Chem. Eur. J. , 2000，6：2377～2381

43　Steiner T, Desiraju G R. Distinction between the weak hydrogen bond and the van der Waals interaction. Chem. Commun. , 1998，891～892

44　Aggarwal A, Lancaster N L, Sethi A R et al. The role of hydrogen bonding in controlling the selectivity of Diels-Alder reactions in room-temperature ionic liquids. Green Chem. , 2002，4：517～520

45　Pégot B, Vo-Thanh G, Gori D et al. First application of chiral ionic liquids in asymmetric Baylis-Hillman reaction. Tetrahedron Lett. , 2004，45：6425～6428

46　Ding J, Armstrong D W. Chiral ionic liquids: synthesis and applications. Chirality, 2005，17：281～292

47　Hervé Clavier, Loïse Boulanger, Nicolas Audic et al. Design and synthesis of imidazolinium salts derived from (L)-valine. Investigation of their potential in chiral molecular recognition. Chemical Communications, 2004，(10)：1224～1225

48　Ding J, Desikan V, Han X X et al. Use of chiral ionic liquids as solvents for the enantioselective photoisomerization of dibenzobicyclo[2.2.2] octatrienes. Organic Letters, 2005，7 (2)：335～337

3.3　功能化离子液体的合成

3.3.1　引言

　　离子液体是近年来绿色化学新兴研究领域之一[1]。离子液体是一类特殊的液体熔融盐，具有优良的物理化学性质以及可修饰、调变的阴阳离子结构，且可以循环使用，被认为是替代常用挥发有机溶剂的新型绿色溶剂[2~4]。离子液体被称为"设计者的溶剂"[5]，这种经设计而满足专一性要求的离子液体就是功能化的离子液体，包括针对物理性质（如流动性、传导能力、液态范围、溶解性）的功能化和针对化学性质（极性、酸性、手性、配位能力）的功能化。调变化学性质的功能化离子液体近年受到高度重视[6]，不同官能团的引入实现了离子液体特定的功能化需求，含质子酸的离子液体[7]、含手性中心的离子液体[8]、具有配体性质的离子液体[9]都已见诸报道。

功能化离子液体的合成方法与常用离子液体的合成方法差别不大，基本上是选用带有特定官能团的原料，经由相似的反应过程制备。主要可分为阳离子烷基侧链的功能化、阴离子的功能化、含双官能团的功能化离子液体几大类。

3.3.2　阳离子烷基侧链的功能化

大多数功能化离子液体都是利用阳离子烷基侧链的功能化来获得，这主要是因为合成过程比较成熟，常用的烷基化反应效果较好，并且可引入的官能团种类也比较广泛，可以包括诸如羟基、醚基、巯基、羧酸基、磺酸基、酯基及酰胺等多种官能团。原料使用烷基咪唑和含有链端卤素的醇、醚、酸、酯和酰胺等，基本的烷基化合成反应为

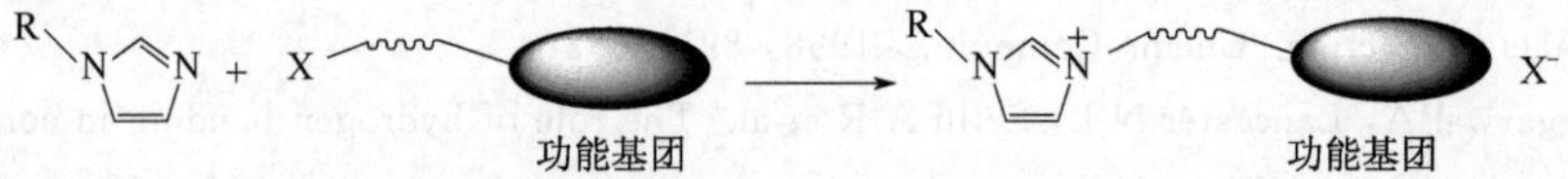

功能基团　　　　　　　　　　功能基团

另外，人们也发展出一些其他的合成方法，如使用环氧烷烃或磺酸酯等与烷基咪唑反应，制备具有羟基或磺酸基的离子液体，其合成反应可归结为

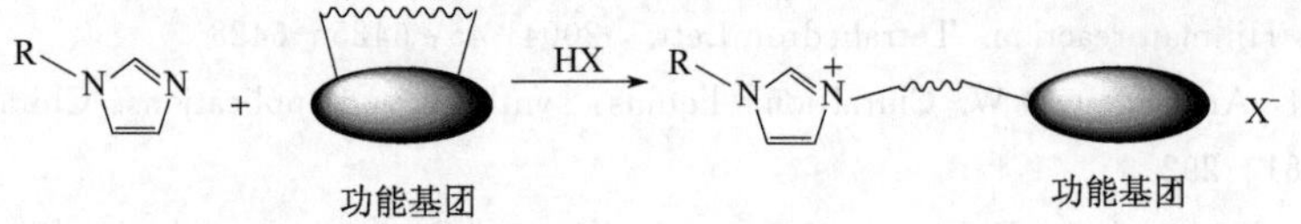

功能基团　　　　　　　　　　功能基团

3.3.2.1　含羟基的功能化离子液体

烷基链端含有羟基的离子液体即是采用基本的烷基化反应获得。使用过量的氯乙醇与甲基咪唑直接在 80℃下反应 24h，得到[C_2OHmim]Cl 离子液体前体，以丙酮为溶剂与 $NaBF_4$ 或 KPF_6 进行阴离子置换反应，可以得到较低黏度的阴离子为 BF_4^- 或 PF_6^- 的离子液体。与常见的[bmim][PF_6]相比，[C_2OHmim][PF_6]溶解 LiCl、$HgCl_2$ 和 $LaCl_3$ 的能力提高了 5~10 倍[10]。使用微波方法，可以将合成[C_nOHmim]Cl 离子液体前体的时间缩短为 10~30min，反应原料为等物质的量比，产率达到 73%~94%，这样可以减少毒性较大的卤代醇的使用。使用寡聚乙二醇代替氯代醇，可以合成含有聚乙二醇单元的离子液体，这种离子液体烷基链含 1~3 个乙二醇单元，链端为羟基，可用于液相组合化学进行高通量合

成（图 3.32）[11]。

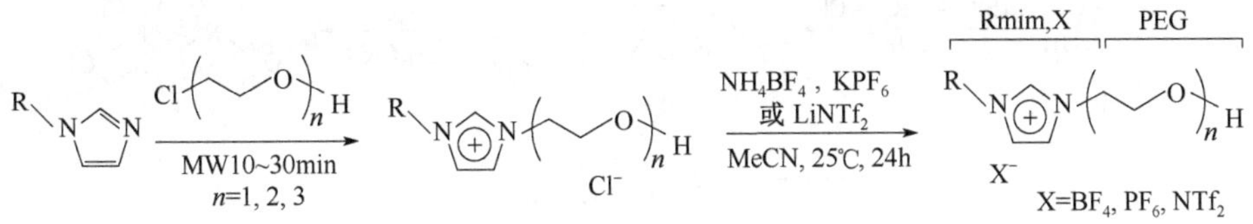

图 3.32　含聚乙二醇单元的羟基功能化离子液体的合成

　　另外一种获得烷基链端含有羟基的离子液体的方法是使用 1，2-环氧烷烃作为烷基化剂，具体是将烷基咪唑先用略过量的强酸酸化，再加入 1，2-环氧烷烃室温密封搅拌 24～48h，减压蒸去溶剂获得（图 3.33）。这种方法的优点是可以接近原子经济反应，实现无卤素的一锅法合成，但环氧烷烃是易挥发易燃液体，并且酸化步骤剧烈放热，因此这种方法尚未被推广[12]。

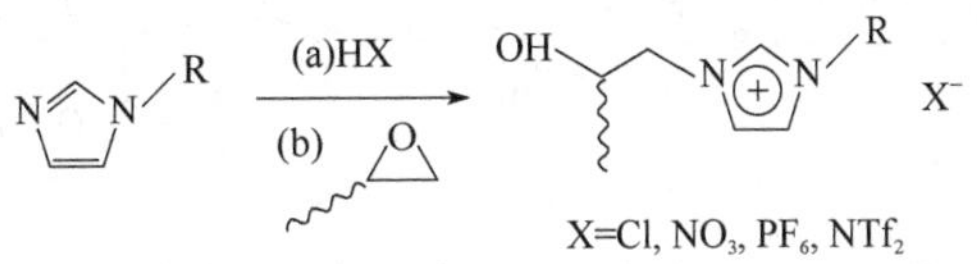

图 3.33　1，2-环氧烷烃合成羟基功能化离子液体

3.3.2.2　含醚基的功能化离子液体

　　烷基链端含羟基的离子液体的合成方法可以很方便地用于合成含醚基的离子液体。使用 2-乙基甲基醚代替氯乙醇与甲基咪唑反应，能够得到[C$_3$Omim]Cl 离子液体前体，同样经过阴离子置换反应，可以得到较低黏度的[C$_3$Omim][BF$_4$]或[C$_3$Omim][PF$_6$]的离子液体[10]。该方法同样适用于合成含不同长度的乙二醇单元长链醚。

　　如果选取两端卤代的长链醚，利用 2，4-双取代咪唑在强碱作用下进行两次烷基化形成环结构，可用于合成具有假冠醚结构的功能化离子液体（图 3.34）。这种离子液体具有手性面，核磁分析表明它们能与光学纯的试剂发生手性识别作用。但是，这些具有平面手性的离子液体都是消旋的，如何制备和应用具有光学活性的平面手性离子液体尚需进一步的研究[13]。

　　冠醚结构具有很好的配位性质，选用合适的取代基，可以将完整的冠醚环引入到离子液体结构。例如，选取苯并-15-冠-5 和溴代羧酸为原料，70℃反应 4h，在多聚磷酸存在下脱水，先生成含有链端卤素的冠醚，再用烷基化反应接到咪唑环上，能够得到阳离子含有冠醚结构的离子液体（图 3.35）[14]。

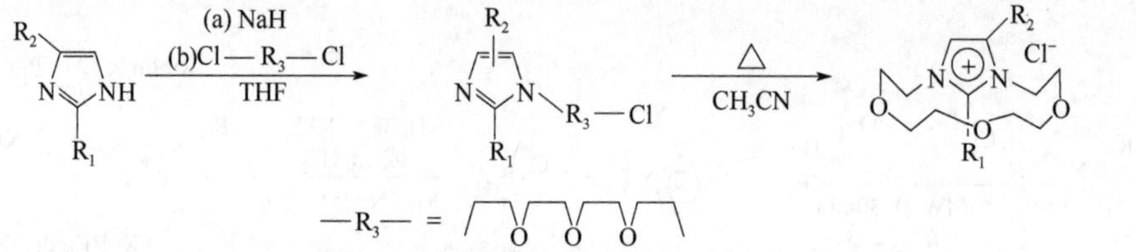

图 3.34 具有假冠醚结构的功能化离子液体的合成

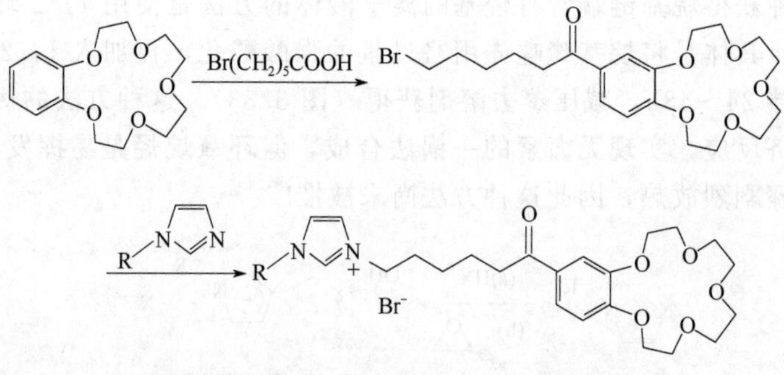

图 3.35 冠醚阳离子功能化离子液体的合成

3.3.2.3 含巯基的功能化离子液体

巯基容易与金原子形成独特的 Au—S 键，在纳米科学中很受关注。通过常用的离子液体合成方法，以 3-氯-1，2-丙二醇为原料，很容易得到咪唑环一个烷基链或两个烷基链上含羟基的离子液体，使用该离子液体与巯基乙酸在少量对甲基苯磺酸催化下酯化，可以将巯基接到离子液体阳离子上。产物进一步与 3-巯基丙磺酸钠进行阴离子交换，可以得到阴阳离子都具有巯基基团的功能化离子液体（图 3.36）。这种离子液体可用于合成一定尺寸的金和铂纳米粒子[15]。

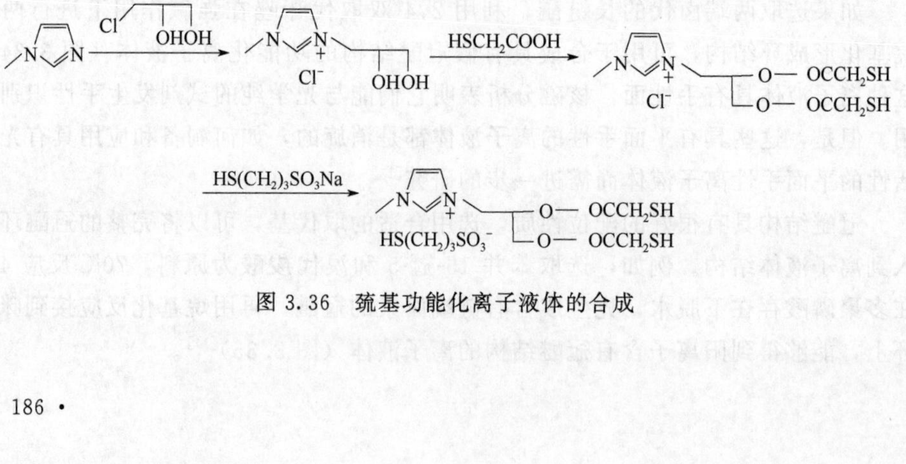

图 3.36 巯基功能化离子液体的合成

两个巯基之间很易形成比较稳定的二硫键，也能起到类似的稳定金纳米粒子的功能。6-巯基己醇经过碘处理，与亚磺酰氯作用将反应物两端羟基换为氯，再与甲基咪唑反应得到含硫醚的功能化离子液体（图 3.37）。这种离子液体也被用于合成金纳米粒子[16]。

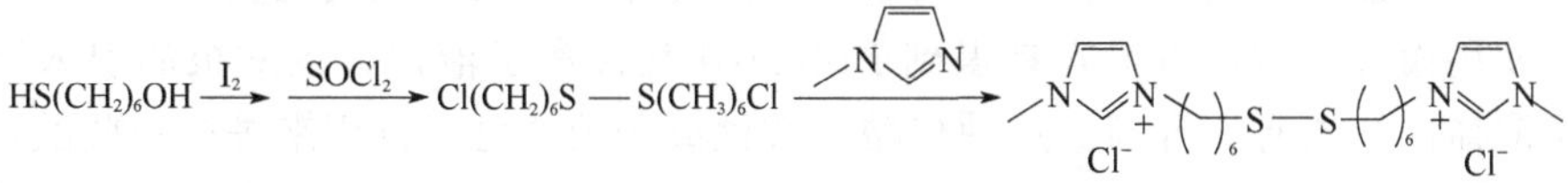

图 3.37　含硫醚的功能化离子液体的合成

3.3.2.4　含酯基的功能化离子液体

含有酯基的离子液体可以参照常规离子液体的合成方法（图 3.38）[17]。类似地，用卤代磷酸酯代替卤代羧酸酯，可以合成烷基链端含有磷酸酯基的离子液体，这种功能化离子液体具有很好的润滑功能[18]。

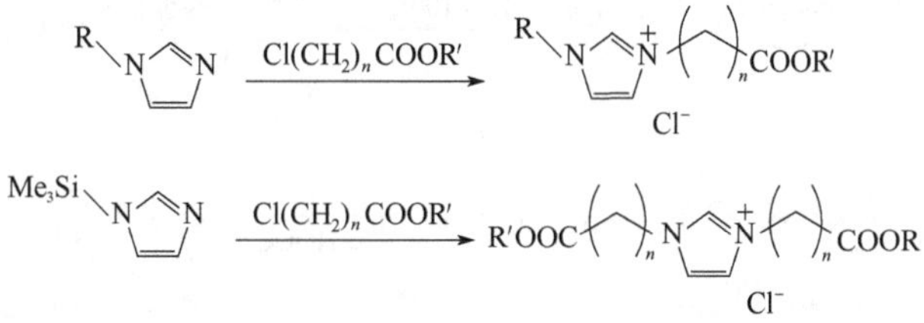

图 3.38　磷酸酯功能化离子液体的合成

一条新颖的路线则是 Wasserscheid 提出的 Michael 加成反应，以 α，β-不饱和酯为烷基化试剂，烷基咪唑先经过酸处理，再与 α，β-不饱和酯进行 Michael 加成反应，得到含酯基的功能化离子液体（图 3.39）。这条路线可以不引入卤素，并且反应很完全，是一个比较有效的合成方法，但是反应物的结构比较特殊，不能作为一种获得功能化离子液体的普遍方法[19]。

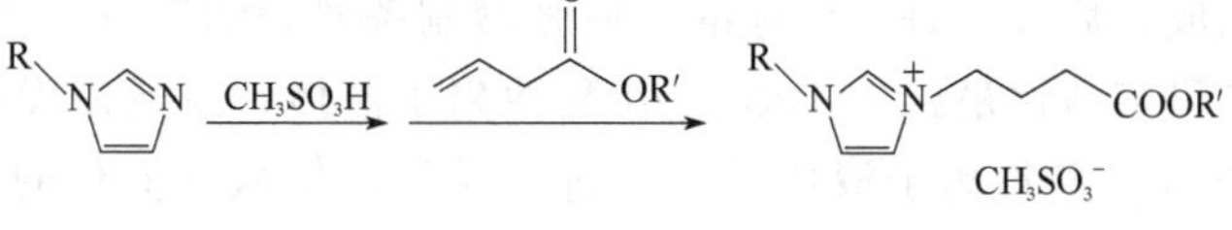

图 3.39　Michael 加成反应合成酯基功能化离子液体

3.3.2.5 Brönsted 酸性离子液体

Brönsted 酸性离子液体需要有含活泼氢的酸性基团，比较常见的有机酸有羧酸和磺酸。利用两端分别含卤素和酸基的卤代酸，可以利用烷基化反应很方便地接到离子液体阳离子上；使用活泼性强的内酯也能实现烷基化反应。

使用卤代羧酸可以很容易得到 Brönsted 酸性离子液体，羧酸根的引入造成离子液体的熔点有所升高。这种羧酸的酸性离子液体已经被用来进行一些酸性催化反应[20][图3.40(a)]。获得羧酸离子液体也可以采取间接的方法，即先合成含酯基的离子液体，用浓盐酸 100℃ 水解 2h，可以得到相应的羧酸离子液体 [图3.40(b、c)]。这个方法对合成阳离子咪唑环两端烷基链都含羧基的离子液体也比较有效[17]。

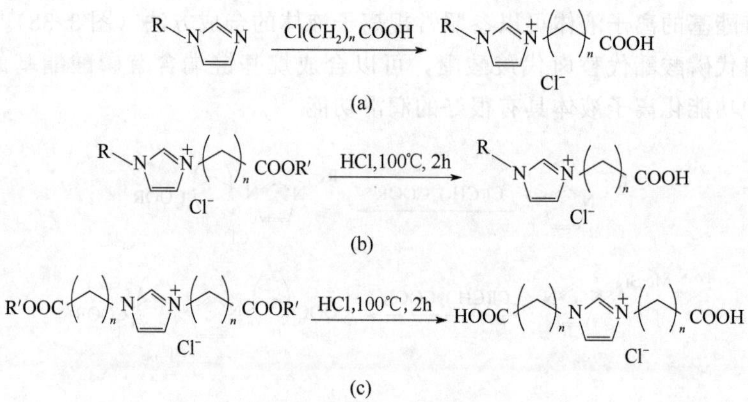

图 3.40　羧酸功能化离子液体的合成

由于羧酸自身就属于酸性较弱的酸，因此不能满足许多要求较强酸性反应的需求，而磺酸属于中强酸，在有机体系中相对酸性较强，但磺酸的存在对于直接合成含有磺酸基的离子液体不利，这需要先合成具有磺酸根结构的离子液体，再经过酸化获得。目前报道的磺酸离子液体基本都采用 Davis 等提出的方法制备，即胺或膦与磺酸内酯反应得到具有磺酸根的自阴阳离子，自阴阳离子再与强酸直接混合制备而成，后一步是一个标准的由强酸制备弱酸的反应[7]（图 3.41）。磺酸离子液体是目前酸性最强的 Brönsted 酸性离子液体，虽然尚没有统一的方法对已知的 Brönsted 酸性离子液体的酸性进行排序，但从其催化的酯化、醚化以及 Pinacol 重排的结果来看，还没有其他 Brönsted 酸性离子液体能达到这样的催化效果。

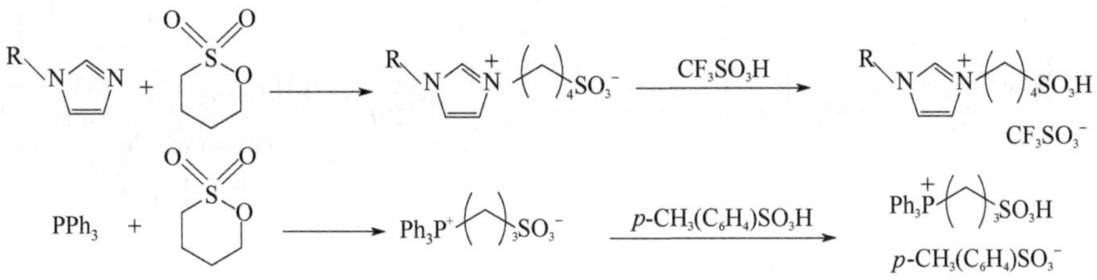

图 3.41　磺酸功能化离子液体的合成

3.3.2.6　含配位基的功能化离子液体

配位基团对于许多金属参与的催化反应具有重要作用。在离子液体结构上嫁接配位基团，可以将金属催化剂分散到分子水平，金属中心处于三维自由旋转状态，比在固体载体上只保持二维的半束缚状态要好得多，从而大大提高催化活性，并且催化剂可能具有很好的稳定性和可循环能力。可以起到配位作用的化学基团有很多种，包括烯基、炔基、苯环、氰基、膦基等。含配位基的功能化离子液体由于功能基团的性质有很大差异，以此合成方法也不尽相同，对于烯基、炔基、苯环、氰基这些比较稳定的基团，采用的仍然多为最常见的烷基化方法。

Mauduit、Dyson 及 Schottenberger 等均是采用官能团带有链端卤素的化合物作为原料，分别合成了含有烯基（图 3.42）[21]、炔基（图 3.43）[22,23]、苯环（图 3.44）[24]、氰基（图 3.45）[9, 25]的功能化离子液体，这些功能化离子液体分别与不同的金属形成配合物，均具有很好的催化性能。

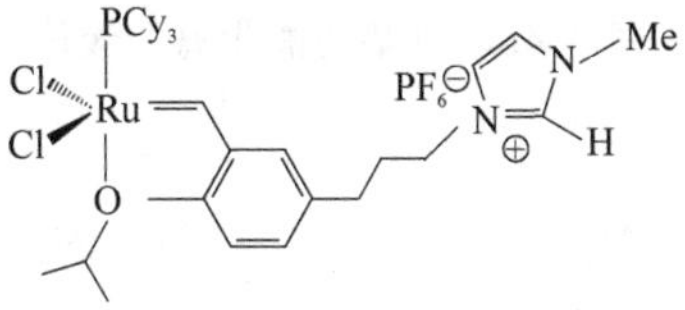

图 3.42　1，2-环氧烷烃合成羟基功能化离子液体

膦是一种较常用到的 π 配体，由于膦有一定的化学活性，很难将膦配体部分作为特征官能团直接使用烷基化反应接到离子液体结构中。常见的咪唑类离子液体中，咪唑环上的 2-氢具有弱酸性，可以使用强碱将氢脱去。在强碱存在下，用三卤化膦与烷基咪唑反应，再经过膦基迁移，将膦基接到咪唑环的 2-位上，得到 2-取代（N-甲基咪唑膦）。再将它们与 Et$_3$OBF$_4$ 或 Me$_2$SO$_4$、NH$_4$BF$_4$ 反应，可以得到 2-位膦配体的功能化离子液体[26]。这个过程也可以通过另外的方法实现，直接由已有离子液体 1-甲基-3-丁基咪唑盐出发，利用丁基锂脱去 2-氢，接着与二苯膦反应即可得到 2-位膦配体的功能化离子液体（图 3.46）[27]。

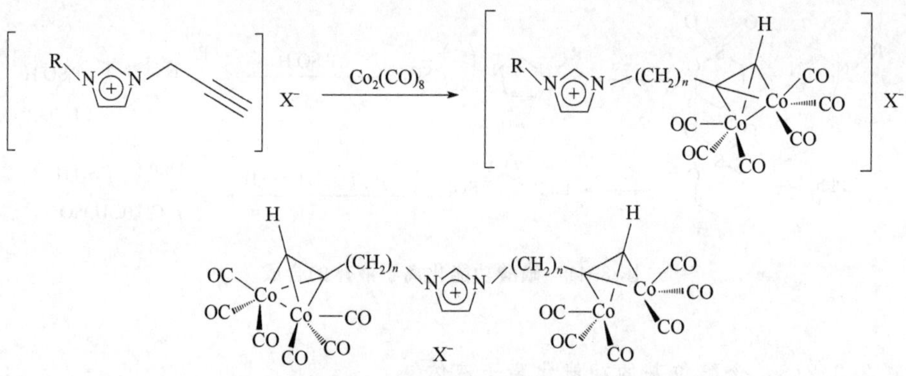

图 3.43　炔基功能化离子液体形成的金属催化剂

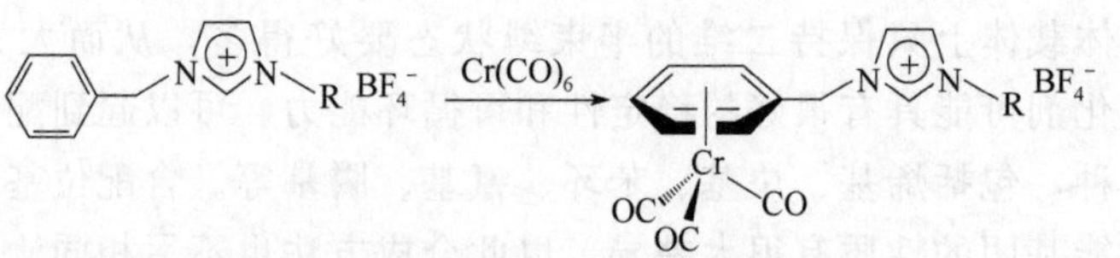

图 3.44　苯基功能化离子液体形成的金属催化剂

图 3.45　氰基功能化离子液体

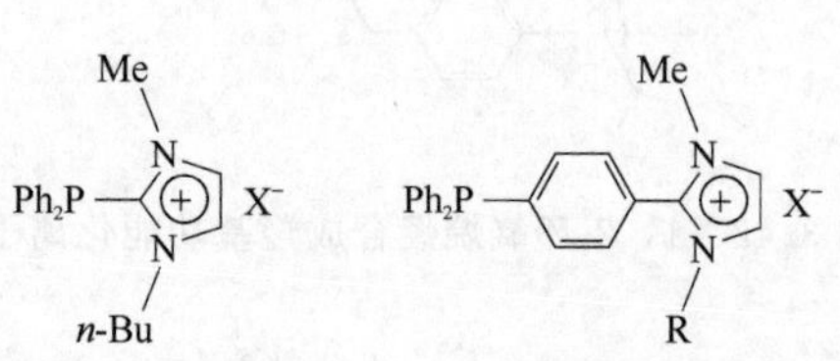

图 3.46　2-位功能化的 π 配体离子液体

使用二卤代烷与烷基咪唑反应，先合成烷基链端含卤素基团的离子液体，再由链端卤素与二苯基膦钾反应接上二苯膦基，可以合成 N-位膦配体的功能化离子液体（图 3.47）[28]。还有一条路线以乙烯基咪唑为原料，在叔丁醇钾作用下与苯基膦通过反马氏加成得到 1-咪唑乙基膦。通过引入硫作为膦的保护基团，用 MeOBF₄或 MeI 进行烷基化反应，然后用直接脱硫法除去硫，最终获得 N-位功

能化的 π 配体离子液体（图 3.48）。其中对于脂肪族膦，由于 P—H 酸性较低，需要使用更强的碱，如正丁基锂[29]。

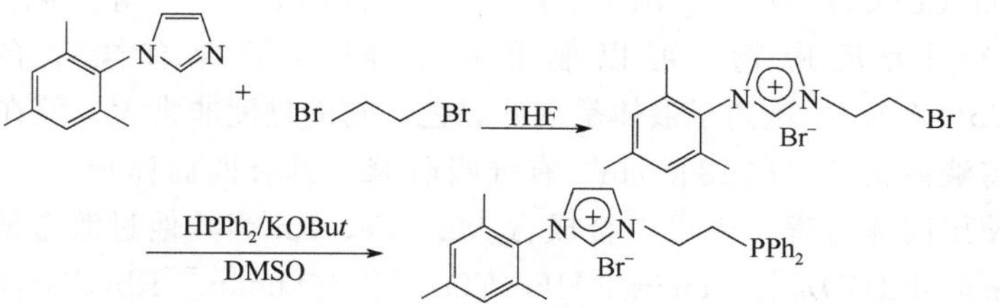

图 3.47　N-位功能化的 π 配体离子液体的合成

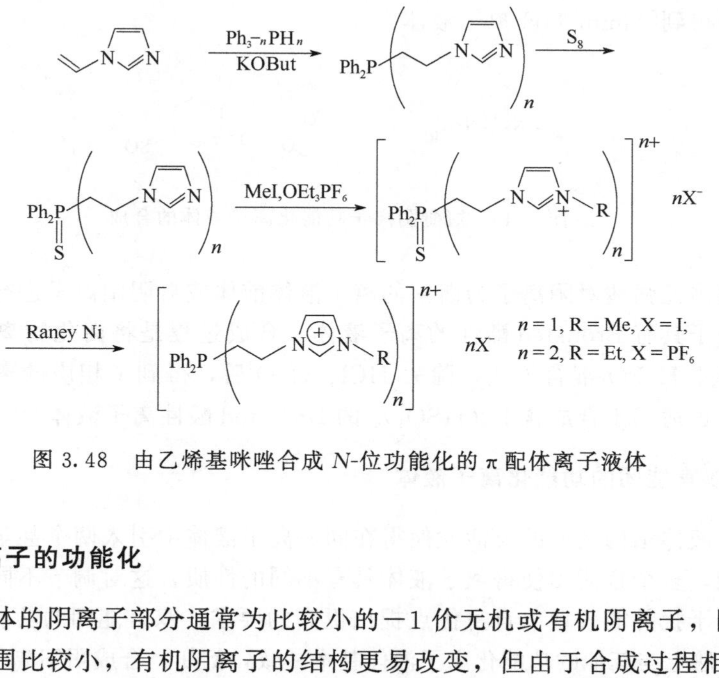

$n = 1, R = Me, X = I;$
$n = 2, R = Et, X = PF_6$

图 3.48　由乙烯基咪唑合成 N-位功能化的 π 配体离子液体

3.3.3　阴离子的功能化

　　离子液体的阴离子部分通常为比较小的 −1 价无机或有机阴离子，阴离子结构调变的范围比较小，有机阴离子的结构更易改变，但由于合成过程相对复杂，因此可引入的官能团种类比较有限。阴离子功能化的离子液体通常采用阴离子置换反应获得，主要由相应的钾、钠、铵、银等一价盐与阴离子为卤素的离子液体前体反应，利用卤化物在有机溶剂丙酮或乙腈等中的低溶解度推动反应进行。这里引入的官能团通常尽量远离负电中心，基本反应式为

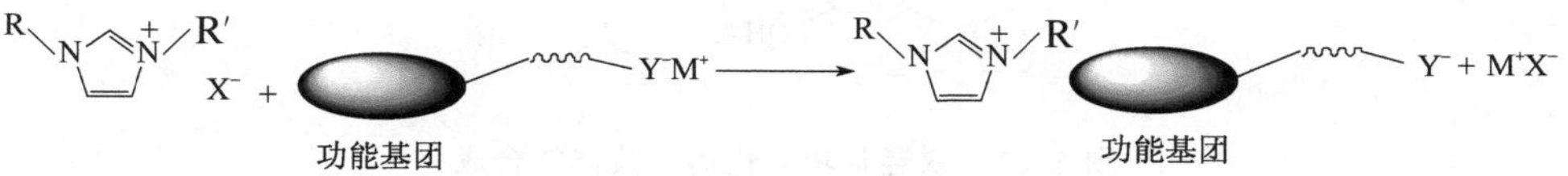

例如，以［bmim］Cl 与 Na［n-C$_8$H$_{17}$OSO$_3$］反应，即可合成离子液体 ［bmim］［n-C$_8$H$_{17}$OSO$_3$］[30]。常用的一些金属羰化物也可以作为离子液体的阴离子部分，如［Co(CO)$_4$］$^-$、［Mn(CO)$_5$］$^-$、［HFe(CO)$_4$］$^-$ 等。以［bmim］Cl 与 Na［Co(CO)$_4$］为反应物，可以制备一种阴离子含有羰基的离子液体 ［bmim］［Co(CO)$_4$］。该离子液体呈现蓝绿色，它的黏度非常大，但在 0 ℃ 的条件下仍然保持液体状态，在 1890 cm^{-1} 有强吸收峰，具有四面体形［Co(CO)$_4$］$^-$ 的特征吸收。使用同样过程，也可以合成含 Mn、Fe、Rh 等其他过渡金属的羰基离子液体［bmim］［Mn(CO)$_5$］、［bmim］［HFe(CO)$_4$］[31] 与［bmim］［Rh(CO)$_2$I$_2$］[32]。苯并-15-冠-5 经浓硫酸磺化可以生成磺酸钠盐，与离子液体前体反应可以得到阴离子含有冠醚结构的离子液体（图 3.49）[14]。如果将阴离子盐换为碱，则可合成阴离子为氢氧根的离子液体，使用固体 KOH 与［bmim］Br 在 CH$_2$Cl$_2$ 中反应，除去沉淀后即可得到［bmim］OH 离子液体[33]。

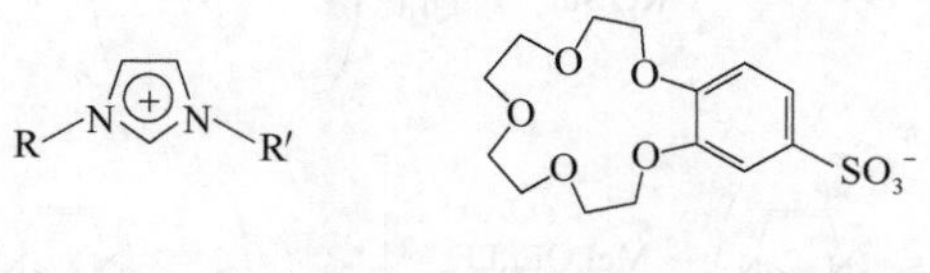

图 3.49　冠醚阴离子功能化离子液体的合成

使用多元强酸对阴离子为卤素的离子液体前体或自阴阳离子进行酸化，可以合成阴离子具有 Brönsted 酸性的离子液体，合成过程是将卤化物离子液体前体与 H$_2$SO$_4$、H$_3$PO$_4$ 混合加热，除去 HCl、H$_2$O 后，得到了相应的离子液体。同样的方法也适用于合成含 B(HSO$_4$)$_4^-$ 的 Brönsted 酸性离子液体[34]。

3.3.4　双官能团的功能化离子液体

离子液体结构调变的灵活性使得在同一离子液体中引入两个甚至多个功能团成为可能，多个官能团使得离子液体具有不同的性质，这对调节不同性质官能团使其互不干扰并能表现出自身优点提出更高的要求。双官能团的功能化离子液体在合成方法上与其他的功能化离子液体基本一致，例如，合成阴阳离子均含羟基的离子液体即是先通过烷基化反应获得阳离子含羟基的离子液体前体，再与阴离子含羟基的有机酸钠盐经过置换反应获得（图 3.50）。由于羟乙酸根与阳离子含有的功能化基团均为羟基，这样它们之间不会互相干扰，功能化效果会有所增强[35]。

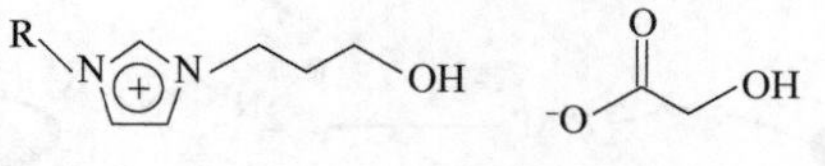

图 3.50　双羟基功能化离子液体的合成

类似的，合成阴阳离子均含 Brönsted 酸的离子液体与前述合成方法也很一致，只是用来酸化含磺酸根自阴阳离子的强酸选用了多元的硫酸，因此该离子液体的 Brönsted 酸的酸密度相比前述 Brönsted 酸性离子液体更高（图 3.51）[36]。

图 3.51 双磺酸功能化离子液体的合成

3.3.4 结论与展望

功能化离子液体是正在迅猛发展的领域，获得功能化离子液体已经有上述多种比较成熟的合成路线。功能化离子液体的合成方法均比较简便，近来有一些使用微波或超声的改进手段也正受到人们的关注。目前需要解决的问题主要是确定功能基团的结构与相应物理化学性能之间的一一对应关系，以选择引入针对需求更有效的功能基团。但功能化离子液体官能团的引入会导致有较高熔点，使用时仍会需要常规的离子液体作为溶剂。要发挥离子液体液态性质的优势，就需要寻找更多低熔点的功能化离子液体，因而低熔点是在设计功能化离子液体结构时需要考虑的重要问题。功能化离子液体作为一类可以"随心所欲"设计的液体材料，它们将随着人们探索新材料的前进步伐而不断发展，离子液体的功能化也会为其他相关研究的发展注入新的动力。

参 考 文 献

1 Seddon K R. Ionic liquids—a taste of the future. Nature materials，2003，2（6）：363～365

2 Wilkes J S. Ionic Liquids in Synthesis. Weinheim：Wiley-VCH，2003

3 Rogers R D，Seddon K R. Ionic liquids—solvents of the future? Science，2003，302：792～793

4 Zhao D B，Wu M，Kou Y et al. Ionic liquids：applications in catalysis. Catalysis Today，2002，74（1～2）：157～189

5 Freemantle M. Designer solvents—ionic liquids may boost clean technology development. Chem. Eng. News，1998，76：32～37

6 Davis J H，Task-specific ionic liquids. Chem. Lett.，2004，33（9）：1072～1077

7 Cole A C，Jensen J L，Ntai I et al. Novel Brönsted acidic ionic liquids and their use as dual solvent-catalysts. J. Am. Chem. Soc，2002，124：5962～5963

8 Bao W L，Wang Z M，Li Y X. Synthesis of chiral ionic liquids from natural amino acids. J. Org. Chem，2003，68：591～593

9 Zhao D B，Fei Z F，Geldbach T J et al. Nitrile-functionalized pyridinium ionic liquids：synthesis，characterization，and their application in carbon-carbon coupling reactions. J. Am. Chem. Soc.，2004，126（48）：15 876～15 882

10 Branco L C，Rosa J N，Moura Ramos J J et al. Preparation and characterization of new room temperature ionic liquids. Chem. Eur. J，2002，8（16）：3671～3677

11 Fraga-Dubreuil J，Famelart M，Bazureau J P. Ecofriendly fast synthesis of hydrophilic poly

(ethyleneglycol)-ionic liquid matrices for liquid-phase organic synthesis. Organic Process Research & Development, 2002, 6: 374~378

12　Holbrey J D, Turner M B, Reichert W M et al. New ionic liquids containing an appended hydroxyl functionality from the atom-efficient, one-pot reaction of 1-methylimidazole and acid with propylene oxide. Green Chemistry, 2003, 5: 731~736

13　Ishida Y, Sasaki D, Miyauchi H et al. Design and synthesis of novel imidazolium-based ionic liquids with a pseudo crown-ether moiety: diastereomeric interaction of a racemic ionic liquid with enantiopure europium complexes. Tetrahedron Letters, 2004, 45: 9455~9459

14　Liu H, Wang H, Tao G et al. Novel imidazolium-based ionic liquids with a crown-ether moiety. Chemistry Letters, 2005, 34 (8): 1184~1185

15　Kim K, Demberelnyamba D, Lee H. Size-selective synthesis of gold and platinum nanoparticles using novel thiol-functionalized ionic liquids. Langmuir, 2004, 20: 556~560

16　Itoh H, Naka K, Chujo Y. Synthesis of gold nanoparticles modified with ionic liquid based on the imidazolium cation. J. Am. Chem. Soc. , 2004, 126: 3026~3027

17　Fei Z, Zhao D, Geldbach T J et al. Brönsted acidic ionic liquids and their zwitterions: synthesis, characterization and pK_a determination. Chem. Eur. J. , 2004, 10: 4886~4893

18　Mu Z, Zhou F, Zhang S et al. Effect of the functional groups in ionic liquid molecules on the friction and wear behavior of aluminum alloy in lubricated aluminum-on-steel contact. Tribology International, 2005, 38: 725~731

19　Wasserscheid P, Drießen-Hölscher B, van Hal R et al. New functionalised ionic liquids from Michael-type reactions—a chance for combinatorial ionic liquid development. Chem. Commun. , 2003, (16): 2038~2039

20　Li D, Shi F, Peng J et al. Application of functional ionic liquids possessing two adjacent acid sites for acetalization of aldehydes. J. Org. Chem. , 2004, 69: 3582~3585

21　Audic N, Clavier H, Mauduit M et al. An ionic liquid-supported Ruthenium carbene complex: a robust and recyclable catalyst for ring-closing olefin metathesis in ionic liquids. J. Am. Chem. Soc. , 2003, 125 (31): 9248~9249

22　Schottenberger H, Wurst K, Horvath U E I et al. Synthesis and characterisation of organometallic imidazolium compounds that include a new organometallic ionic liquid. Dalton Trans. , 2003, (22): 4275~4281

23　Fei Z F, Zhao D B, Scopelliti R et al. Organometallic complexes derived from alkyne-functionalized imidazolium salts. Organometallics. , 2004, 23 (7): 1622~1628

24　Moret M, Chaplin A B, Lawrence A K et al. Synthesis and characterization of organometallic ionic liquids and a heterometallic carbene complex containing the chromium tricarbonyl fragment. Organometallics, 2005, 24: 4039~4048

25　Zhao D, Fei Z, Scopelliti R et al. Synthesis and characterization of ionic liquids incorporating the nitrile functionality. Inorg. Chem. , 2004, 43: 2197~2205

26　Tolmachev A A, Yurchenko A A, Merculov A S et al. Phosphorylation of 1-alkylmidazoles and 1-alkylbenzimidazoles with phosphorus (Ⅲ) halides in the presence of bases. Hetero

Chem. , 1999, 10 (7): 585~597

27　Brauer D J, Kottsieper K W, Like C et al. Phosphines with 2-imidazolium and para-phenyl-
2-imidazolium moieties—synthesis and application in two-phase catalysis. J. Organomet
Chem. , 2001, 630, (2): 177~184

28　Yang C L, Lee H M, Nolan S P. Highly efficient heck reactions of aryl bromides with
n-butyl acrylate mediated by a palladium/phosphine-Imidazolium salt system. Org. Lett. ,
2001, 3 (10): 1511~1514

29　Kottsieper K W, Stelzer O, Wasserscheid P. 1-vinylimidazole—a versatile building block
for the synthesis of cationic phosphines useful in ionic liquid biphasic catalysis. J. Mol.
Catal. A, 2001, 175 (1~2): 285~288

30　Wasserscheid P, van Hal R, Bösmann A. 1-*n*-butyl-3-methylimidazolium([bmim])octylsul-
fate—an even "greener" ionic liquid. Green Chem. , 2002, 4 (4): 400~404

31　Brown R J C, Dyson P J, Ellis D J et al. 1-butyl-3-methylimidazolium cobalt tetracarbonyl
[bmim][Co(CO)₄]: a catalytically active organometallc ionic liquid. Chem. Commun. ,
2001, (18): 1862~1863

32　Dyson P J, Scott McIndoe J, Zhao D B. Direct analysis of catalysis immobilized in ionic
liquids using electrospray ionization ion trap mass spectrometry. Chem. Commun. , 2003,
(4): 508~509

33　Ranu B C, Banerjee S. Ionic liquid as catalyst and reaction medium. The dramatic influence
of a task—specific ionic liquid, [bmim]OH, in Michael addition of active methylene com-
pounds to conjugated ketones, carboxylic esters, and nitriles. Organic Letters, 2005, 7
(14): 3049~3052

34　Wasserscheid P, Sesing M, Korth W. Hydrogensulfate and tetrakis (hydrogensulfato) bo-
rate ionic liquids: synthesis and catalytic application in highly Brönsted acidic systems for
Friedel-Crafts alkylation. Green Chem. , 2002, 4: 134~138

35　Walker A J, Brucea, N C. Combined biological and chemical catalysis in the preparation of
oxycodone. Tetrahedron, 2004, 60: 561~568

36　Gui J, Ban H, Cong X et al. Selective alkylation of phenol with *tert* -butyl alcohol catalyzed
by Brönsted acidic imidazolium salts. Journal of Molecular Catalysis A: Chemical. , 2005,
225: 27~31

第4章　离子液体的应用基础研究

4.1　离子液体在有机合成中的应用①

目前在有机合成中所使用的溶剂大多数为有机溶剂，由于这些有机溶剂存在有毒、易挥发、易燃易爆等诸多不安全的因素，因此，无毒无污染合成是有机合成中追求可持续发展的重要目标，其中溶剂的绿色化是实现这一目标的主要手段之一。离子液体与有机溶剂相比，由于其具有不挥发、不易燃易爆、不易氧化、较高的热稳定性和化学稳定性，因此，近年来在有机合成中作为溶剂或催化剂得到广泛应用。由于篇幅等原因，本节仅涉及离子液体作为溶剂在有机合成中的主要应用。

4.1.1　研究现状及进展

与传统的用水、氟或极性有机溶剂的两相催化相比，离子液体中的过渡金属催化，代表了一种结合均相和非均相催化特殊优点的先进方法。在许多应用中，一种离子液体载体上的过渡金属配合物已经表现出它的独特魅力。在精细化学品合成方面，成功例子在飞速增加[1]。下面按主要反应类型进行介绍研究现状与进展。

4.1.1.1　氧化反应

对于用氧气为氧化剂的氧化反应，通常在使用挥发性有机物作为溶剂时，由于其会被在气相生成爆炸性混合物的爆炸极限所限制，在使用方面受到诸多限制。如果采用非挥发性离子液体作溶剂，就不会产生这个问题。因此，非挥发性的离子液体对于反应的安全性极其有利。

Howarth[2]用 $Ni(acac)_2$ 溶解在[bmim][PF_6]中作为催化剂，在常压下氧气为氧化剂，氧化各种芳香醛成相应的羧酸，这个工作开始了离子液体中氧化反应的研究。

1. 烯烃的环氧化

烯烃环氧化是非常重要的化学合成反应，广泛用于高分子材料、医药、印染

①　国家自然科学基金（20376015，20306009）和广东省自然科学基金（32491）资助项目。

等领域。Song 等[3]用 NaOCl 为氧化剂在[bmin][PF$_6$]：CH$_2$Cl$_2$＝1：4（体积比）的混合溶剂中研究了 Mn（Salen）催化环氧化，发现环氧化产物有很高的对映选择性。Owens 等[4]和 Soldaini 等[5]采用甲基三氧化铼（MTO）在 RTIL 中催化烯烃环氧化取得了更理想的结果，反应以均相形式进行，多种烯烃的转化率都在 95％以上，而且产物选择性很高。Lau 等[6]在 [bmim][BF$_4$]中利用酶催化方法催化脂肪酸的过氧化，原位生成的过氧酸再氧化环己烯为环氧化合物，环氧化己烯产率 83％。虽然这个结果比在乙腈中的低，但是这种方法避免了对有毒溶剂和反应的直接操作。Bortolini 等[7]和 Bernini 等[8]则在离子液体中几乎计量地实现了亲电烯烃的环氧化。

Abu-Omar 等[4]报道了烯烃和烯丙醇的氧化，用尿素-H$_2$O$_2$加合物（UHP）作氧化剂，甲基三氧化铼（MTO）溶解在[emim][BF$_4$]中作催化剂，MTO 和 UHP 两者都完全溶解在离子液体中，发现转化率取决于烯烃的反应性和烯烃底物在反应层中的溶解度。一般来讲，过氧化反应的反应速率与在传统溶剂中的反应速率相当[9]。

在金属卟啉催化体系中，有机含碘化合物是一种常用的氧化剂。用 PhI(Oac)$_2$为氧化剂，在离子液体[bmin][PF$_6$]-CH$_2$Cl$_2$中实现了多种烯烃的环氧化[10]，收率和选择性大都在 80％以上，最高达到 98％。但在催化剂经 6 次重复实验后收率和选择性都有所下降，因此还需解决催化剂的稳定性问题。

对于空间位阻较大的 α，β-不饱和羰基化合物，一般在强碱性条件下用过渡金属/过氧化氢水溶液体系进行环氧化，反应采用低温（<0℃）和分批加料的方法进行，条件较苛刻。Wang 等[11,12]在[bmim][PF$_6$]-H$_2$O 两相体系内用 H$_2$O$_2$为氧化剂，在室温下实现了 α，β-不饱和羰基化合物的环氧化，其底物的转化率和选择性都接近 100％。同有机溶剂相比，离子液体的使用对环氧化产物选择性的提高很有帮助，这可能与有机反应和产物在离子液体和水之间的萃取平衡有关。由于产物存在于离子液体中，而离子液体中的 OH$^-$浓度很低，因此，避免了过高浓度 OH$^-$造成的环氧化合物开环生成二醇的现象，从而提高了选择性。在碱催化下的氧化还可以在其他离子液体中进行。

2. 烯烃的二醇化

四氧化锇催化烯烃生成邻二醇的反应虽然已广泛应用在有机合成中，但由于具有毒性、挥发性和成本高，这个反应在工业中的应用极少。将[emim][BF$_4$]作为 OsO$_4$-NMO(N-methylmorpholin-N-oxid)氧化体系的溶剂[13]，高收率地获得了二醇(91％～96％)，催化剂可以保留在离子液体中重复使用 5 次，二醇收率没有明显变化；但用 [bmim][PF$_6$]为溶剂则二醇化反应不发生。同时发现[emim][BF$_4$]的使用大大降低了 OsO$_4$的挥发性和毒性。

若用 NMO 为共氧化剂，在离子液体中，原位用(QN)$_2$PHAL 作催化剂，利用手性配体的循环也可立体选择性地实现烯烃的二醇化[14]。

从烯糖氧化成环氧化合物很容易，但生成的环氧化合物也很容易分解，在离子液体[bmim][BF$_4$]中，用 MTO 催化，采用尿素-H$_2$O$_2$氧化体系，在磷酸二丁酯的存在下，可以将烯糖氧化成糖基磷酸盐[15]。

烯烃的氧化锇催化手性二醇化是制备手性邻二醇的最有效方法，通常为了保证获得高 ee 值，需要在反应中慢慢加入烯烃，而在离子液体中，一次性加入烯烃也可以获得高 ee 值，如表 4.1 所示[16]。

表 4.1　离子液体作反应介质的烯烃二醇化反应

序号	底物	离子液体	产率/%	ee/%
1	苯乙烯	[bmim][NTf$_2$]	92	93
2	苯乙烯	[bdmim][NTf$_2$]	92	98
3	α-甲基苯乙烯	[bmim][NTf$_2$]	92	89
4	α-甲基苯乙烯	[bdmim][NTf$_2$]	94	89
5	1-己烯	[bmim][NTf$_2$]	96	97
6	1-己烯	[bdmim][NTf$_2$]	93	95
7	1-甲基环己烯	[bmim][NTf$_2$]	99	98
8	1-甲基环己烯	[bdmim][NTf$_2$]	92	93
9	trans-1、2-二苯乙烯	[bmim][NTf$_2$]	97	67
10	trans-1、2-二苯乙烯	[bdmim][NTf$_2$]	94	85
11	trans-5-癸烯	[bmim][NTf$_2$]	94	99
12	trans-5-癸烯	[bdmim][NTf$_2$]	89	98

注：反应条件：底物(0.5mmol)，K$_2$OsO$_2$(OH)$^+$(0.5%，摩尔分数)，(DHQD)$_2$PHAL(1.0%，摩尔分数)，NMO(0.5mmol)，离子液体(1.0mL)，r. t. ，24 h。

3. 醇的氧化

以二氯甲烷/水为溶剂，在相转移催化下，苯甲醇衍生物可以被次氯酸钠氧化成相应的醛，其收率约 65%。由于二氯甲烷溶剂会产生严重的污染，而用[bmim][PF$_6$]为溶剂进行反应，醛的收率也没有明显提高。考虑到六烷基胍盐已广泛地用作相转移催化剂，用一种含环状胍阳离子的离子液体作为溶剂，取代二氯甲烷，结果获得了满意的收率（95%）和选择性（98%）。反应后用醚萃取反应产物，离子液体则用水进行洗涤，真空干燥后循环使用 5 次收率没有明显下降[17]。

用廉价的氧化剂，如分子氧和过氧化氢，进行催化氧化的研究，一直在工业过程发展中扮演非常重要的角色。$RuCl_2(PPh_3)_3$/TEMPO(2,2,6,6-tetramethylpiperidine-1-oxyl)体系用于各种醇的氧气氧化反应非常有效，直接用 $RuCl_2(PPh_3)_3$ 与离子液体相结合，进行醇的氧化研究[18]，反应条件为常压 80℃下，发现在最常见的离子液体 [bmim][BF_4] 和 [bmim][PF_6] 中反应不发生，在 [bmim]Cl 中转化率为 15%，在氢氧化四甲铵和 Aliquat 中转化率则可以达到 95%～99%。研究还发现用 Aliquat 时的转化率较高，但用 Aliquat 时要用蒸馏来分离产物，虽然也可用水萃取，但水会与 Aliquat 形成乳液。用氢氧化四甲铵时则可以用正己烷萃取，催化剂留在氢氧化四甲铵离子液体中，可以重复使用。

过碘试剂是一种温和的、具有选择性的环境友好的氧化剂，已越来越引起大家的兴趣，其中 IBX(idoxybenzoic acid)最常用，它高效、温和、适用性广，且对空气和水稳定。但 IBX 需在有机溶剂中经高温和长时间的反应才能使反应完成，用[emim][BF_4]为溶剂可实现醇的选择性氧化生成相应的醛和酮[19]，收率在 85%～97%；还可以将邻二醇顺利地氧化成邻二酮，而不发生二醇的 C—C 键断裂。研究还发现用 DMP(dess-martin-periodinane)比用 IBX 为氧化剂，反应速率更快。[bmim]Br 作溶剂，收率则为 71%～92%。

用碘苯接到离子液体上，形成一种新型氧化剂，在离子液体[emim][BF_4]中，伯醇氧化得到相应醛的收率为 57%～95%[20]。用 PhI(OAc)$_2$ 时，芳香醇的芳基上有给电子基取代时产物收率高，而芳基上有吸电子基取代时收率低，且空间位阻也会大大降低收率。

用这种新型氧化剂时，无论芳基上取代基如何、空间位阻如何，都能得到比用 PhI(OAc)$_2$ 为氧化剂时高得多的收率。这种氧化剂的咪唑阳离子是一个吸电子基，它的存在增加了反应速率。研究还发现，在体系中含有少量的 Br$^-$，可以加快反应的进行，但加入 10% 的溴离子（以 NaBr 形式加入）时，离子液体溶液变得很黏稠并难以搅拌，反应收率也降低。离子液体[emim][BF_4]在阻碍醛过氧化成羧酸的过程中起到了非常重要的作用。

也可以用离子液体作溶剂，用 TPAP 作催化剂、分子氧为氧化剂、CuCl 为助催化剂的情况下，可以将苯甲醇定量地氧化成苯甲醛[21]。

用离子液体[bmim][PF_6]作溶剂、三氯化钌作催化剂、t-BuOOH 作氧化剂，氧化环己醇，可得到环己酮（收率＞90%)[22]，且离子液体[bmim][PF_6]和催化剂三氯化钌均有重复使用性，符合绿色化学原则。

4. 芳烃的氧化

水/RTIL 双相催化氧化苯可以制苯酚[23]，其中苯的转化率达到了 54%，选择性达到了 99％。所用的催化剂十二烷基磺酸铁、原料苯能够很好地溶于 RTIL 中，而产物苯酚则溶于水层之中，使催化体系的重复使用成为可能。

芳烃侧链氧化是制备苯甲醇、苯甲醛、苯甲酸及其他芳香醇酮的有效方法。Seddon 等[24]以甲苯选择性氧化为模型，以 $Pd(OAc)_2$ 为催化剂，以[bmim]Br、[bmim][BF_4]、[hmim]Cl 为溶剂，用氧气选择性氧化侧链芳烃成苯甲醇、苯甲醛和苯甲酸。结果表明，苯甲酸的生成取决于离子液体中水的含量，苯甲酸的收率随水含量增大而升高，在无水离子液体中没有苯甲酸的生成，而在水中苯甲酸收率为 98.5％。苯甲醇的收率随离子液体中水含量的降低而升高，苯甲醛的收率则具有一个最佳点。

在离子液体存在下，用空气、氧气、过氧化物等，在 Brönsted 酸性条件下，进行烷烃或芳烃的氧化，则可以得到不同氧化阶段的产物，如醇、醛、酮、羧酸等，如在甲磺酸烷基咪唑的存在下，用空气、氧气、过氧化物、硝酸等各种形式的活性氧化物种作氧化剂，进行芳烃侧链的氧化，以较好的收率得到了苯甲酸或氧化的中间产物，如醛、酮和醇。

5. 烷烃催化氧化

通过烷烃选择氧化反应生产含氧化合物是重要的化工过程之一。在离子液体[bmim][PF_6]：CH_2Cl_2 为 3：2（体积比）的混合体系中，用 $PhI(OAc)_2$ 作氧化剂，经锰（Ⅲ）卟啉催化进行环己烷、四氢萘和金刚烷的氧化，转化率分别为 81％、91％ 和 55％[25]。氮基轴向配体可以提高锰卟啉的催化能力，实验证明选择咪唑盐离子液体为轴向配体同样可以进行烷烃的 $PhI(OAc)_2$ 氧化，并提出在[bmim][PF_6]：CH_2Cl_2 为 3：2（体积比）的混合体系中，氧原子的转移是通过形成氧锰配合物 $Mn(Ⅴ)=O$ 而发生的。

在离子液体[bmim][PF_6]中以三氯化钌作催化剂，用 t-BuOOH 氧化环己烷，主要得到了环己酮[22]。反应温和，选择性较好，催化剂浓度为 0.2 %（摩尔分数）时仍能得到较好的反应结果。由于 CH_2Cl_2 既可溶于离子液体，又可与环己烷混溶，能将不溶于离子液体的环己烷带入离子液体中，促进反应的进行，加入少量的 CH_2Cl_2 就能明显提高环己烷的转化率。但使用时在体系中引入了 VOC，有违绿色化学的基本原理，还有待改进溶剂体系。

离子液体还被成功地用在传统的计量氧化反应中，在离子液体中可代因甲基醚（CME）可被 MnO_2 氧化成蒂巴因[26]。蒂巴因是一种重要的医药中间体，在四氢呋喃中氮气保护下用 MnO_2：可代因甲基醚的物质的量比为 25：1 的氧化剂，可以将可代因甲基醚氧化成蒂巴因，收率为 80％。但 Singer 用这个方法很难重复这样高的收率，他认为蒂巴因被强烈地吸附在 MnO_2 微粒的表面，并且这个方法中使用过量的氧化剂使得蒂巴因的分离成为问题。虽然离子液体为溶剂并不能使反应速率得到提高，但应用离子液体[bmim][BF_4]的特殊溶解性，除去

或提取过量的 MnO_2 和反应混合物中的杂质，只需用一半量的 MnO_2 作催化剂，就以大于 95％的收率得到了蒂巴因。在此离子液体被用作萃取过量的 MnO_2 和来自反应混合物的有关杂质的一种非常方便的溶剂。

6. 含硫化合物的氧化

燃油中含硫是引起酸雨和空气污染的主要原因，工业上通常用深度加氢脱硫。氧化脱硫是正在开发的先进脱硫新技术之一，但需要用溶剂萃取氧化产物，存在溶剂污染问题。将化学氧化与离子液体萃取相结合，用 H_2O_2-乙酸体系氧化硫化物为噻吩，再用离子液体进行萃取，离子液体可以循环使用，其活性几乎没有降低[27]。且发现用［bmim］［PF_6］比［bmim］［BF_4］好，脱硫效果可以比不用离子液体时提高一个数量级。

以［bmim］［BF_4］为溶剂，以钴（Ⅱ）酞菁为催化剂，用空气为氧化剂，能够将硫醇和硫酚转化为二硫化物[28]，其反应时间比用有机溶剂时短，且收率达95％～99％。由于催化剂在离子液体中不溶，很容易回收和重复使用，在研究范围内催化活性没有降低。

葡萄糖氧化酶和过氧化酶在离子液体中进行硫化物的亚砜化反应，结果得到了具有较大对映选择性的亚砜产物[29]，含有酶的离子液体可以定量地回收重复使用。离子液体可以作为一种适宜的生物催化氧化介质。

7. Baeyer-Villiger 反应

Baeyer-Villiger 反应是由酮合成酯的方法，近年，常用过氧化氢作为反应的氧化剂，在溶解铂配合物、分子筛和磺酸树脂等催化下，完成此反应。

Baeyer-Villiger 反应也可用于由酮合成内酯，以甲基三氧化铼/过氧化氢体系，在离子液体［bmin］［BF_4］中，各种环酮进行内酯化反应，其中五元环酮的内酯收率较好（＞70％），而六元环酮的内酯收率较低（～20％）。催化剂甲基三氧化铼可以重复使用 4 次以上，收率不变[30]。

Sn-β 分子筛是 Baeyer-Villiger 反应的良好非均相催化剂，可以从饱和及不饱和酮得到非常好的酯和内酯的收率和选择性。30％的过氧化氢水溶液在离子液体中，用 Sn-β 分子筛催化，酮氧化得到 88％的收率。催化剂和离子液体循环三次后收率几乎没有降低[31]。

4.1.1.2　还原反应

离子液体应用于过渡金属催化氢化反应中获得了很好的效果，许多烯烃和氢在离子液体中的溶解度较大，氢易从气相转移到离子液体相，氢扩散进入离子液体中的速度也相当快，可以满足高反应速率的需要，而且饱和的反应产物和离子液体相溶性差，因此在大部分情况下会出现两相，使得催化剂与产物容易分离。

1. 羰基化合物加氢

在离子液体[omim][BF$_4$]、[bmim][PF$_6$]、[bpy][CB$_{11}$H$_{12}$]和四氢呋喃中，进行芳基酮的加氢反应[32]，结果在一种含笼形配体的铑催化下，H$_2$压力为12 atm，温度为50℃，反应时间为12 h，在离子液体中的转化率都达到100%，ee大于97.3%，TOF（催化转化频率，每摩尔催化剂在单位时间内催化生成产物的物质的量，常用 h^{-1} 为单位）大于194 h^{-1}，而在四氢呋喃中，转化率小于87%，ee小于91.3%，TOF小于107 h^{-1}（表4.2）。用催化剂[Rh(cod)Cl]$_2$，则不管在离子液体中还是在四氢呋喃中，转化率、ee和TOF都大大下降，而在[bpy][CB$_{11}$H$_{12}$]中，所有结果都最好，[bpy][CB$_{11}$H$_{12}$]有许多富电子的B—H端可以与[L$_2$Rh]$^+$产生氧化加成得到活性物种[B—RhL$_2$—H]，从反应结果可以看出，似乎离子介质能更好地支持两性中间体。

表 4.2　Pd 催化的苯乙酮(A)和苯甲酸甲酯(B)的氢化反应[1)]

溶剂	转化率[2)]/%	ee[3)]/%	TOF[4)]/h^{-1}
[omim][BF$_4$]	100(A,B)	97.3(A),99.3(B)	194(A),201(B)
[bmim][PF$_6$]	100(A,B)	97.8(A),98.2(B)	207(A),213(B)
[bp][CB$_{10}$H$_{12}$]	100(A,B)	99.1(A)99.5(B)	239(A),306(B)
四氢呋喃	82(A),87(B)	91.3(A)85.7(B)	96(A),107(B)

1) 催化剂-(R)-binap-苯乙酮物质的量比为1:1.5:1000。反应条件：H$_2$(12atm)，50℃，12h。催化剂浓度为8.1×10^{-4}mol·L^{-1}。

2) GC分析。

3) GC检测手性硅 DEXCB柱。

4) 3h后检测转化频率。

钌催化酮的对映氢化反应可以在甲醇中进行，在离子液体-甲醇体系中进行 β-芳基酮酸酯的对映氢化反应，其反应收率和 ee 在甲醇体系中相似[33]（表4.3）。

表 4.3　带有配位体 1 和 2 的 β-芳基酮酸酯在 Ru 催化下的不对称氢化反应

Ar	R	2		1	
		MeOH/%	RTIL/MeOH/%	MeOH/%	RTIL/MeOH/%
Ph	Et	99.5[1)	98.9	97.2	99.3
4'-MeO-Ph	Et	99.5[2)	94.4	94.0	95.9
4'-F-Ph	Me	99.3[3)	98.1	97.1	98.9
4'-Cl-Ph	Me	99.1[3)	97.8	97.6	98.3
2'-Cl-Ph	Me	99.6[4)	98.9	97.2	99.8
4'-CF$_3$-Ph	Me	99.0[3)	98.4	97.2	98.9
3'-CF$_3$-Ph	Me	98.4[4)	98.9	98.4	98.8
2'-CF$_3$-Ph	Me	97.8[3)	96.7	97.3	97.5

注：所有的反应在 1400psi（1psi＝6.894 76×10^{3}Pa）氢压下发生，室温，20h，1％（摩尔分数）催
化剂；由原料和产物的 NMR 信号可判断所有的反应转化率＞98％。

1) ee 值通过 GC 检测，用 Chiralpak γ-Dex 225 柱；

2) ee 值通过超临界流体色谱检测（Chiralpak AS 柱）；

3) ee 值通过 GC 检测（Superco β-Dex 255 柱）；

4) ee 值通过高效液相色谱检测（Chiralpak AD 柱）。

乙酰乙酸乙酯可以在离子液体（[bmim][BF$_4$]、[bmim][NTf$_2$]和[bpy][NTf$_2$]）中
有效地进行对映选择性加氢，经 DCP（direct current plasma）光谱分析，在有机
溶剂萃取产物时没有明显的钌流失，有机溶剂中钌含量小于 0.02％，催化剂钌
配合物可以重复使用，且没有活性的损失，而选择性还有微小的增加[34]。反应
式如下：

$$\text{Me}\overset{O}{\underset{}{\|}}\text{CH}_2\overset{O}{\underset{}{\|}}\text{C—O—Et} \xrightarrow[\text{[bmin][BF}_4\text{], H}_2\text{, 50℃}]{\text{RuBr}_2\text{[(}R\text{)-4,4'-(CH}_2\text{—NH}_3\text{Br)}_2\text{-BINAP]}} \text{Me}\overset{OH}{\underset{}{}}\overset{O}{\underset{}{\|}}\text{—O—Et}$$

ee 86%,转化率100%

聚（氯化二烷基二甲基铵）基固载离子液体相使离子液体和过渡金属催化剂
Ru-BINAP[1,1'-二萘-2，2'-双（二苯基膦）]实现非均相化，这种容易过滤的体
系已成功地用在乙酰乙酸甲酯的选择性加氢上，其活性与在溶剂中相当，但催化
剂可以重复使用，这样就可能使反应连续进行[35]。大量水的存在会降低立体选
择性，需要除水并加入醇类溶剂，因为对这类反应，作为质子给予体的溶剂也是
功能化的，所以通常需要质子溶剂。但在醇类溶剂中，常看到相应的乙缩醛生
成。总的来说，固载离子液体体系的反应性还是没有在均相中那么好，显然对于
这种快反应，聚合物体系的传质变得很重要，尚需对聚合物载体进行优化与表
征，以解决聚合物系统的传质问题。

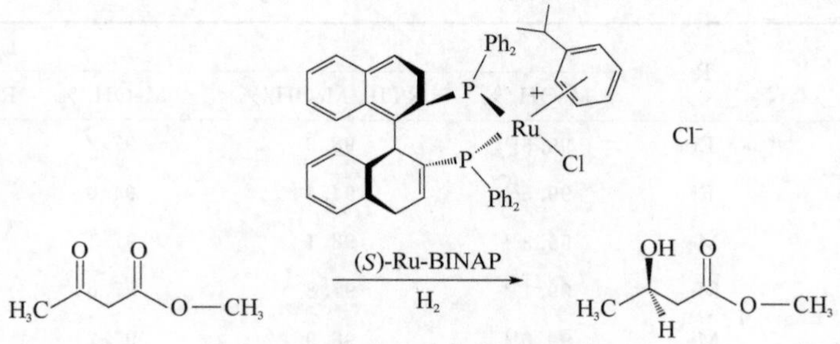

2. 烯烃加氢

首次成功实现离子液体中加氢反应的是 de Souza 等[36]和 Chauvin 等[37]的研究小组，结果表明在[bmim][BF₄]中，铑催化烯烃加氢速率与选择性都比在常规溶剂中好。

在离子液体中进行立体选择性加氢也得到了相当好的效果[37~40]。在[Rh(cod)(—)-(diop)][PF₆]催化下，在离子液体[bmim][SbF₆]中，可将 α-乙酰肉桂酸立体选择性加氢成(S)-苯丙胺，ee 为 64%。在[RuCl₂(S)-BINAP]₂Net₃ 配合物催化下，在离子液体[bmim][BF₄]中，则可将 2-芳基丙烯酸立体选择性加氢成(S)-2-芳基丙酸，ee 为 84%，加氢后的产物可以从体系中定量分离出来，离子液体催化剂溶液可以重复使用多次。

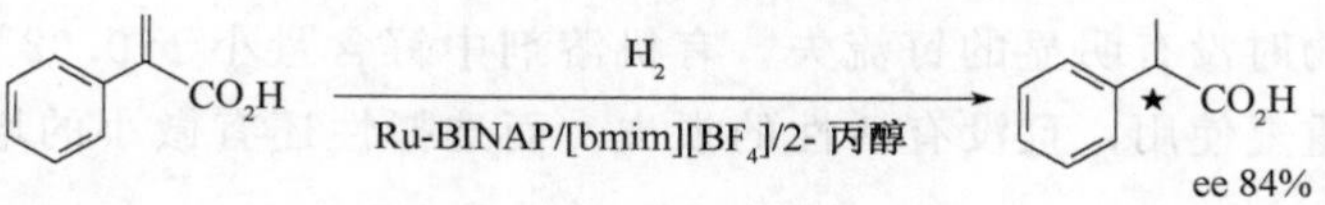

Berger 等还进行了 α-乙酰胺基肉桂酸的不对称加氢和(±)-2-羟基-2-亚甲基丁酸甲酯的动力学拆分[40]。发现用手性 Rh(I) 和 Ru(II) 配合物催化剂，在[bmim][BF₄]和[bmim][PF₆]离子催化剂层中，分子氢浓度对反应的转化率和对映选择性有显著的影响，氢在[bmim][BF₄]中的溶解度几乎比在[bmim][PF₆]中高四倍。

用手性 Rh(I)和 Ru(II)配合物催化剂在[bmim][BF₄] 和 [bmim][PF₆]中，可以进行 α-乙酰胺基肉桂酸的不对称加氢和(±)-2-羟基-2-亚甲基丁酸甲酯的动力学拆分[40]。反应式如下：

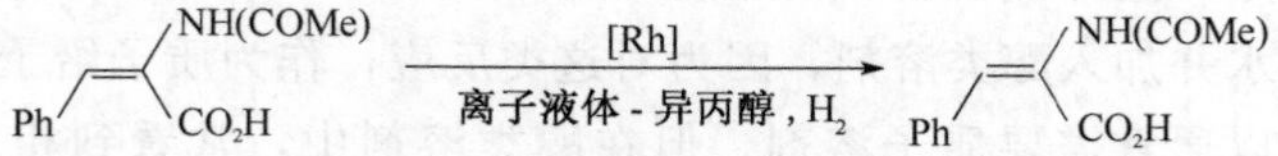

发现在离子催化剂层的分子氢浓度对反应的转化率和对映选择性有显著的影响（表 4.4），氢在[bmim][BF₄]中的溶解度几乎比在[bmim][PF₆]中高四倍。常温的 Henry 常量，在[bmim][BF₄]中为 $K=3.0\times10^{-3}\,mol\cdot L^{-1}\cdot atm^{-1}$，在

[bmim][PF$_6$]中为 $K=8.8\times10^{-4}\,mol\cdot L^{-1}\cdot atm^{-1}$，这样，氢在这两种溶液中的溶解度，假设为理想状态，就可以用 $M=K\times p$ 来计算，M 是氢的溶解度，K 是 Henry 常量，p 是氢分压。

表 4.4　在离子相中氢浓度对(Z)-α-乙酰氨基肉桂酸的不对称氢化反应的转化率和立体选择性影响

编号	催化剂相	p/atm	c_{H_2}/(mol$\cdot$L^{-1})	转化率/%	ee[1]/%
1	[bmim][PF$_6$]	5	4.4×10^{-3}	7	66
2	[bmim][PF$_6$]	50	4.4×10^{-3}	26	81
3	[bmim][PF$_6$]	100	8.9×10^{-1}	41	90
4	[bmim][BF$_4$]	50	1.5×10^{-1}	73	93
5	i-PrOH	50	129.3	99	94

注：反应在室温下进行，24h，950r$\cdot$min^{-1}，3mL 离子液体，9mL 异丙醇，底物：[Rh]=100。
1) 由手性 GC 检测。

烯烃可以在[bmim][PF$_6$]/超临界 CO$_2$ 两相体系中加氢，反应后，离子催化剂层能简单地分离并重复使用 4 次以上[41]。将催化剂配合物 Ru(OAc)$_2$(tolBINAP)溶解在[bmim][PF$_6$]中，进行巴豆酸的加氢和抗炎药布洛芬前体的不对称加氢，虽然在两个反应过程中都没有 CO$_2$ 存在，但都能用超临界 CO$_2$ 从反应完成后的混合物中萃取产物。

在丁二烯和水的调聚反应中，可以利用温度控制相行为，从离子液体/催化剂溶液中分离产品[42]。如果底物之一在离子液体溶剂中溶解度有限，这个方法特别有吸引力。

聚(氯化二烷基二甲基铵)基固载离子液体相使离子液体和过渡金属催化剂实现非均相，这种体系成功地用于 1,3-环辛二烯及 2-环己烯-1-酮的选择性加氢，其活性与在溶剂中相当，但催化剂可以重复使用。由于催化剂易过滤，就可能实现连续反应[35]。

Navarro 等[43]在研究[Ir(H)$_2$(NCCH$_3$)$_3$(P-i-Pr$_3$)][BF$_4$]催化下，1-炔烃的二聚/加氢反应过程时，用光谱跟踪反应中间物，发现在有机溶剂和在 1,3-二烷基咪唑盐基离子液体中的反应机理是相同的。苯乙炔在甲苯-[bmim][BF$_4$]两相溶剂中反应，与在二氯乙烷中反应的催化反应选择性一样，说明反应介质的变化对催化活性位的影响很小。在尝试离子液体相中的催化剂循环使用时发现，选择性没有变化，但活性明显降低，且含催化剂的离子液体重复使用时用甲苯洗涤是有害的，这些限制了甲苯-[bmim][BF$_4$]两相溶剂的应用。

与水相比，离子液体对氢的溶解性更好，导致在两相体系中反应速率增加；离子液体是非亲核性的，存在惰性的环境，这一点常常可以使催化剂的寿命延长。Dyson 等[44]用纯芳烃为底物、[H$_4$Ru$_4$(η-C$_6$H$_6$)$_4^{2+}$]为催化剂，不用任何共溶剂，比较了催化剂在水中和在离子液体[bmim][BF$_4$]中的催化剂活性，结果离子液体中的 TOF 比在水中的要高，这是由于氢气和芳烃底物在离子液体中的溶解性比在水中要大，而且产品在离子液体中的溶解度比起始原料芳烃的溶解度小，这一点对产品的分离非常有利。

但离子液体并非在什么时候都好，如用 Ru$_3$(CO)$_{12-x}$(tpptn)$_x$（$x=1\sim3$）、H$_4$Ru$_4$(CO)$_{11}$(tpptn)(tpptn＝P$\{m$-C$_6$H$_4$SO$_3$Na$\}_3$)和立方烷[Ru$_4$(η-C$_6$H$_6$)$_4$(OH)$_4$]$^{4+}$催化烯烃和芳烃加氢时，在水中很好，但在离子液体中则效果很差，这是由于水和催化剂簇及立方烷反应并生成催化剂物种，而在纯离子液体中这个过程不发生。

到目前为止的所有报道中，离子液体的作用主要是开辟了一种新型的容易做到回收昂贵的手性及非手性金属配合物加氢催化剂的方法。

4.1.1.3　Friedel-Crafts 反应

1. Friedel-Crafts 烷基化反应

Friedel-Crafts 烷基化反应是在芳基上接上碳骨架的重要方法。一般用强 Brönsted 酸或 Lewis 酸作催化剂，使用烷基化试剂，如卤烷、醇、烯，与芳香化合物作用，形成 C—C 键，得到烷基化的芳香化合物。因为 Friedel-Crafts 烷基化产物常常比起始原料更活泼，所以会产生多烷基化反应，异构化芳反应和重排反应，并且这些产物的量还可能会很大。

氯铝酸盐离子液体是一种强 Lewis 酸，可以催化通常由三氯化铝催化的反应，而没有三氯化铝在许多溶剂中不溶解的缺点，其反应机理也与三氯化铝催化时一样。

卤代烷或烯烃与苯在氯代咪唑/MCl$_3$ 混合物中进行反应，不但有多烷基化反应发生，还产生大量的异构化反应，而且异构化反应产物还可能是主产物，因而反应得到的常常是异构体混合物[45,46]，这里所用的 Lewis 酸 MCl$_3$ 有三氯化铝和三氯化镓。例如，US 5824832 报道了在多种离子液体中，苯与十二-1-烯在氯铝酸盐离子液体中反应，经常得到的是异构体的混合物[46]。

$$\text{苯} + \text{十二烯} \xrightarrow{[(CH_3)_3NH]\,Cl\text{-}AlCl_3\ (x=0.6)}$$

$$C_{10}H_{21}\text{-}n \quad + \quad C_9H_{19}\text{-}n \quad + \quad C_8H_{17}\text{-}n + 5\text{-} \text{和} 6\text{-} 十二烷基苯$$

39.1%　　　　19.1%　　　　13.6%　　　　　28.2%

对于癸烯和苯的烷基化反应，在反应体系中添加[bmim][HSO₄]，将会使反应收率下降，而加入的[omim][HSO₄]如果小于 12%，则单烷基苯收率得到大大提高，而且选择性可以达到 97%，但过多的加入[omim][HSO₄]则反而会使单烷基苯收率降低。其原因是[omim][HSO₄]可以增加癸烯在催化剂层的溶解度，而过量的添加[omim][HSO₄]以及添加[bmim][HSO₄]则使体系的酸度降低，从而不利于反应的发生[47]。

Lewis 酸 Sc(OTf)₃ 溶解在疏水的 1,3-二烷基咪唑盐离子液体中，也可以增加单烷基苯的收率[48]。

$$\text{苯} + \text{己烯} \xrightarrow[\text{离子液体，20℃, 12h}]{Sc(OTf)_3} \quad + $$

Friedel-Crafts 烷基化已得到了充分的研究，而用炔进行 Friedel-Crafts 烯基化反应的研究则较少，此反应若用传统的金属氯化物 Lewis 酸催化，收率极低，如对二甲苯与苯基乙炔反应只能得到 6% 的产物，并且有大量聚合反应发生[49]。一些金属三氟甲磺酸盐作催化剂，虽然副反应少，但催化活性太低，如 Sc(OTf)₃ 催化苯的 1-苯基-1-丙炔的烯基化，反应 96h，收率为 27%。Song 等[49] 研究了在离子液体中的三氟甲磺酸盐催化烯基化反应，发现在亲油性离子液体中，如在[bmim][PF₆]或[bmim][SbF₆]中，Sc(OTf)₃ 催化苯的 1-苯基-1-丙炔的烯基化，反应 4h，收率分别为 91% 或 90%。反应后含催化剂的离子液体相容易回收循环使用，但其活性有所下降。

2. Friedel-Crafts 酰基化反应

Friedel-Crafts 酰基化反应可以合成芳香酮类物质，在有机合成中广泛使用，包括药物、染料、香料和农用化学品的合成。现在还有许多酰化反应工艺使用 HF 和 AlCl₃ 作催化剂，产生大量的废弃物，有待对工艺进行改进。

Friedel-Crafts 酰基化反应通常指在催化剂的存在下，芳香化合物与酰卤或酸酐作用，形成 C—C 键。因为酰化产物比起始原料活泼性低，所以通常发生单酰化反应。由于反应过程中不会发生重排，有机合成中常用于在芳香环上引入直链基团。

Raudnitz 和 Laube 在 1929 年就在 NaCl/AlCl₃ 体系的离子液体中进行了 Friedel-Crafts 酰化反应，但这种离子液体的熔点太高，容易引起副反应，而且还会使反应物与产物产生降解。

咪唑盐/MCl₃ 体系的熔点要比体系的熔点低，已经在取代吲哚的 Friedel-Crafts 酰化反应中应用，但在氯铝酸离子液体中进行的 Friedel-Crafts 酰化反应，其产物酮与离子液体形成强烈的配合，使得产物与离子液体的分离极其困难。产品分离常常是将离子液体倒入水中来进行。为了克服这个困难，可以将咪唑盐/MCl₃ 固载在活性炭上[50]。

用离子液体取代传统的苯和二硫化碳，用于脱氢松香酸甲酯的酰化，在卤素阴离子的咪唑盐离子液体中，酰化反应速率加快，反应时间缩短，得到高转化率（＞80％）和高立体选择性（＞95％），而用阴离子为[BF₄]⁻ 或[PF₆]⁻ 的离子液体，则反应不发生[51]。

4.1.1.4　Diels-Alder 反应

水和 5 mol·L⁻¹ LiClO₄ 的乙醚溶液适合用作 Diels-Alder 反应的溶剂，因为其 endo∶exo 达到 9.2∶1[53]。LiClO₄ 对 Diels-Alder 反应的贡献是 Li 阳离子的 Lewis 酸性。离子液体中的咪唑阳离子也可以显示一定的 Lewis 酸性，但好像这并非是离子液体在 Diels-Alder 反应中出色性能的唯一原因，否则所有使用咪唑的离子液体对 Diels-Alder 反应的结果应该相同。

中性离子液体是 Diels-Alder 反应的合适的溶剂，比较环戊二烯和丙烯酸甲酯在许多中性离子液体中进行 Diels-Alder 反应的速率和选择性[52]，发现随着反应的进行 endo∶exo 稍有降低，并与试剂浓度和离子液体的类型有关。离子液体控制 endo∶exo 是通过与亲双烯体的拉电子基发生氢键的作用而进行的。

Lee 等[54]对丙烯酸甲酯与环戊二烯的 Diels-Alder 反应进行研究发现，与水和 EAN 相比较，在酸性 AlCl₃-氯化-1-乙基-3-甲基咪唑（EMIC）和 AlCl₃-氯化-N-1-丁基吡啶（BPC）中，反应速率比在水中快 10 倍，比在 EAN 中快 175 倍，且 endo∶exo 达 19∶1，而在碱性 AlCl₃-EMIC 和 AlCl₃-BPC 中，反应速率比在水中慢 2 倍，比在 EAN 中快 7 倍。很明显，对于 Diels-Alder 反应，酸性室温离子液体是非常优秀的溶剂，其立体选择性好，产品收率高并且反应速率快。

Yin 等[55]将 MX-ZnCl₂ 用于 Diels-Alder 反应中，其中 M 为咪唑盐或吡啶盐，对于月桂烯和一些含羰基亲双烯体的 Diels-Alder 反应，增加 ZnCl₂ 的量，即增加 Lewis 酸性，可以提高反应速率和增加立体选择性。由于将温和的 Lewis 酸如碘化锌（5％，摩尔分数）加入到离子液体中，对于异戊二烯和甲基乙烯酮（MVK）的 Diels-Alder 反应，两种异构体间的选择性可以从 4∶1 提高到 20∶1。

用水溶性有机钨 Lewis 酸[O＝P(2py)₃W(CO)(NO)₂](BF₄)₂ 作 Diels-Alder 反应催化剂时[56]，由于水对底物的溶解度小，催化的 Diels-Alder 反应受到限制，所以选用极性与乙醇相似而对有机底物溶解范围宽的[bmim][PF$_6$]，可以在较短的时间内得到很高的收率及 endo：exo 值。同时，采用微波促进，可以使反应在 25s 内收率达到 90%。

与在二氯乙烷中的 Diels-Alder 反应相比，用更短的时间和更低的温度就可得到更高的收率和立体选择性。亲双烯体的结构和反应温度对收率和离子选择性影响很大。在离子液体中，20℃下，只需 1h 就能得到的高达 100% 的转化率，在二氯甲烷中需要 20h 才能接近这个转化率。虽然在二氯甲烷中也能得到高的立体选择性，但需要低温和长时间的反应，即使在 -20℃下，在二氯甲烷中达到的 ee 也只有 88%，在离子液体中，在常温下就可以得到 93% 的对应选择性。在离子液体中，ee 的增加不仅使 Diels-Alder 反应的速率加快了，而且外消旋化速率也降低了[57]。亲双烯体的空间位阻及它上面的羰基上的电子密度强烈地影响 Diels-Alder 反应速率，亲双烯体上的羰基与 Lewis 酸中的 Zn^{2+} 配位，产生亲双烯体的活化，因此，亲双烯体羰基上若有推电子基，则收率和立体选择性都降低，位阻越大，收率和立体选择性也越低[55]。

杂环 Diels-Alder 反应也可以在离子液体中进行，Zulfiqar 等[58]在 1-乙基-1,8-二氮杂双环[5,4,0]十一-7-烯铵三氟甲基磺酸盐[EDBU][OTf]中，进行了亚胺和二烯的 Diels-Alder 反应，产率高达 80%～99%。

用亚硝酰铁配合物和不同的还原剂固定在[bmim]基离子液体上，以 100% 的收率和选择性得到 1,3-丁二烯的二聚体 4-乙烯基-1-环己烯，两相反应条件下比在均相条件下可以获得更高的 1,3-丁二烯的转化率，在非常温和的条件下就可以获得 1404 h^{-1} 的转化数。用简单地倒出的方法就可以将产品连续从反应混合物中分离出来。在此相同的两相条件下也可以进行异戊二烯的二聚，添加膦配体，可以使产物 1,4-二甲基-4-乙烯基环己烯的选择性达到 70%[59]。

在 Diels-Alder 反应中使用离子液体，其关键的好处是，产品的分离简单，可以用简单地倒出、用溶剂萃取或直接蒸馏；分离出产品后，离子液体和催化剂可以循环使用。回收的离子催化剂溶液可以重复使用多次而活性和选择性没有任何改变。

4.1.1.5　碳-碳偶联反应

C—C 偶合反应可以合成多种类型的精细化学品，在有机合成中应用非常广泛，然而，在 C—C 偶合反应中，Pd 催化剂常常出现不稳定，结果催化剂消耗高，合成过程难以工业化。

1. Heck 反应

由于膦对空气和水敏感，会产生 C—P 键断裂而降解，亲核性咪唑卡宾代替了膦，成为钯的配体，这样得到的催化剂应用在 Heck 反应中可以得到很好的结果。离子液体的应用，明显比常规使用的有机溶剂（如 DMF）优异，反应过程中使用的溶剂比常规溶剂要少很多。

1996 年，Kaufmann 等[60]首次在熔融的溴化四烷基铵和四烷基碱盐中，进行了钯催化 Heck 反应。其中[NBu$_4$]Br（熔点 103℃）作反应的介质特别合适，有多篇文献用不同的底物和其他 Pd-前体/配体相结合，研究了四丁基铵离子液体中的 Heck 反应。

3-芳基丙烯酸甲酯在熔盐 n-Bu$_4$NOAc/n-Bu$_4$NBr 混合物中与芳基碘反应，在 Pd(OAc)$_2$ 催化下，得到 β,β-二芳基丙烯酸酯，并能继续直接反应，以较高的产率得到芳基香豆素。反应可以在氧存在下进行[61]。在常规溶剂中不能得到立体选择性的产品，用二(苯并噻唑)卡宾钯为催化剂，在 TBAB 中，能得到 β 位与 α 位加成物比例为 β∶α＝95∶5 的立体选择性。

Bohm 等[62]在非水溶液离子液体[NBu$_4$]Br 中进行氯苯和苯乙烯的 Heck 反应，结果在 Pd 配合物的催化下，反应 2 h 产物的收率达 86%，而在 DMF 中为5%。Heck 反应的速率决定步骤不是芳基溴与钯催化剂的氧化加成，而是烯烃在芳基钯中间体中的插入反应。其作用不是相转移催化，因为在系统中加入少量的水，结果催化活性和寿命都降低，且副产物增加。

Xie 等[63]用离子液体[bmim][BF$_4$]取代 DMF，用于邻碘苯基烯基醚的 Heck反应，得到苯并呋喃，在 5%（摩尔分数）PdCl$_2$、1.5 倍的 (n-Bu)$_3$N 和 1 倍的NH$_4$OOCH$_3$ 存在下，分离得到苯并呋喃的收率为 71%，而在 DMF 中只有 47%。他们还进行了微波促进的在离子液体中 Heck 反应研究[64]，得到 86% 以上的收率。

Pei 等[65]将杂环芳卤与富电子烯烃在[bmim][PF$_6$]中进行偶联,得到相应的 β-芳基巯基化合物;Calo 等[66]在 Pd-苯并噻唑卡宾配合物催化下,进行了取代丙烯酸酯与溴苯在[NBu$_4$]Br 中的 Heck 偶合反应,Xu 等[67]用 Pd(OAc)$_2$ 为催化剂前体,用 1,3-双(二苯基膦)-丙烷(dppp)为配体,溶解在[bmim][BF$_4$]中,进行了丁基乙烯基醚的区域选择性芳基化反应。

在所研究的所有[NBu$_4$]Br 催化剂体系中都看到了额外的活化和稳定化作用,在用二碘-双(1,3-二甲基咪唑-2-叶立德)-钯(Ⅱ)作催化剂,用苯乙烯处理溴苯时,在其他条件不变的情况下,1,2-二苯乙烯的收率从 20%(DMF)升到 99%。

溴化四丁基胺(TBAB)影响了催化剂的活性、寿命,以及纳米钯颗粒的稳定性,它对反应影响的原因,并不能简单地以高极性或相转移能力来说明,而是一些因素的综合结果[66]。由于铵阳离子对卤素的作用,使得卤素阴离子的亲核性比与平面的阳离子[bmim]$^+$结合的卤素的亲核性要大,所以对催化剂的活性和稳定性更有利。这是由于平面结构的[bmim]$^+$和吡啶阳离子与卤素的结合紧密,降低了它的作用。此外,反应条件下生成的碳阴离子在离子液体中得到稳定,可能是通过与铵阳离子的作用而增加了它们的亲核性。TBAB 的溴离子与不稳定的 14 电子配合物 L$_2$Pd(0)配位,形成阴离子化的、更稳定的 16 电子配合物[L$_2$Pd(0)Br]-NR$_4^+$,这个配合物的形成,增加了库仑阻力,将阻止团聚而进一步形成金属颗粒,从而使催化剂稳定[68]。

Handy 等[69]研究了卤素对 Heck 反应在离子液体中的影响,发现随着体系中卤素含量的增加,收率升高,且卤素的作用有如下规律:碘＞溴＞氯＝无卤。由于制备无卤离子液体很困难,这一结果为含卤离子液体的应用开辟了新的道路。所使用的碱是最普通的无机碱,取代了昂贵的 Cs$_2$CO$_3$。碳酸氢钠的应用避免了四丁基铵 Hofmann 降解生成三丁胺。收率高的原因可能是卡宾配体的存在提高了 Pd(Ⅱ)配合物的还原速率,并且有非常少量被 TBAB 稳定的纳米钯存在,可以进一步催化反应。

无机碱在溴化四丁基铵(TBAB)中的溶解度低,导致产物的立体选择性低(E:Z=6:4),若用有机碱乙酸四丁基铵,则立体选择性马上有很大的提高(E:Z=99:1)[70]。

Kabalka 等[71]研究了芳基重氮盐与丙烯酸甲酯的反应,各种离子液体被用作为溶剂,发现最有效的离子液体是[bmim][PF$_6$],在[bmim]Br 和[bmim][BF$_4$]中只有少量的产物生成。

载体钯催化剂 Pd(Ⅱ)/SiO$_2$ 在有机溶剂 DMF 中对 Heck 反应有很高的催化性能,如对碘苯与丙烯酸甲酯的反应转化率为 90%,而 Okubo[72]发现离子液体[bmim][PF$_6$]在碱用量增加到 2mol 时比 DMF 还要好,在同样的反应条件下,转化率达到 98%。

在三相[bmim][PF$_6$]/水/己烷体系中,可以巧妙地完成产物与副产物的分离，催化剂和离子液体可以循环重复使用。如 Seddon 等[73] 进行了芳卤或苯甲酸酐与烯烃的 Heck 反应，所用的催化剂 [bmim]$_2$[PdCl$_4$] 留在离子液体中，产物溶解在有机层，作为反应副产物而形成的盐则进入水相。

离子液体的高极性对 Pd/C 催化 Heck 反应的活化和稳定非常有用，Hagiwara 等[74] 用 [bmim][PF$_6$] 作溶剂，用 3%（摩尔分数）的 10%Pd/C 为催化剂进行了芳卤和丙烯酸乙酯的反应，收率高，Pd/C 催化剂存在于离子液体相中，可以循环使用。反应后离子液体过滤除去 Pd/C 后，用 ICP 分析，离子液体中没有检测到含 Pd。

咪唑基离子液体在 Pd 催化 Heck 反应中的应用总是与原位形成 Pd-卡宾配合物的可能性相伴，在 Heck 反应条件下形成这些物质已被 Xiao 等的研究[75] 所证实，与在 [bmim][BF$_4$] 中的 Heck 反应比较，在 [bmim]Br 中进行的 Heck 反应得到了明显的加强，并解释了这个区别是由于只有在溴盐中才能观察到形成 Pd-卡宾配合物。

Gerritsma[76] 将含碱离子液体用于芳卤和丙烯酸酯的 Heck 反应研究，得到较好的收率和 β-位选择性。用 Trihexyl(tetradecyl)phosphonium-Cl 离子液体为溶剂时，反应结束后加入己烷，反应体系将成为三相，钯留在离子液体层，偶合产物在有机层，其他盐在水层，所有产物分离很容易进行。催化剂可以循环使用，三次循环后产率还在 94%。芳基碘比芳基溴反应收率高。

用非挥发性离子液体的优点在于，从离子催化剂溶液中分离产物，可以用蒸馏的方法，反应后催化剂留在离子液体中，离子催化剂溶液可以重复使用多次，活性没有明显降低。并且所有反应分子在离子溶剂中具有极好的溶解性，以及能够使用廉价的无机碱。

2. Suzuki 偶联反应

Suzuki 偶联反应指卤代芳烃或烯丙基卤化物与有机硼在钯等催化下的偶联反应。它在常规有机溶剂中反应有很多缺点，如催化剂消耗大、反应温度高、试剂溶解度低，而在离子液体中，在温和的条件下，收率大大提高，并且没有副产物生成。

Welton 等[77] 报道了用 Pd(PPh$_3$)$_4$ 为催化剂在离子液体中的 Suzuki 交叉偶联反应。

$$R\!-\!\bigcirc\!-\!X + \bigcirc\!-\!B(OH)_2 \xrightarrow[\text{[bmim][BF}_4], Na_2CO_3, 110℃, 10min]{\text{Pd(PPh}_3)_4} R\!-\!\bigcirc\!-\!\bigcirc$$

在离子液体中，1-甲基咪唑与 Pd-配合物预热到 110℃，然后加入芳卤、芳基硼酸和 Na$_2$CO$_3$ 启动反应。结果在 [bmim][BF$_4$] 中 TOF＝114h^{-1}，而在传统的 Suzuki 反应条件下 TOF 可达 239h^{-1}。但是在传统溶剂中，不能得到单偶联反应产物。反应后用己烷萃取产物，用过量水除去副产物[NaHCO$_3$和NaXB(OH)$_2$]，离子液体催化剂层在五次反应循环使用后没有看到失活现象。与传统的 Suzuki 反应条件相比，用离子液体有几个优点：①在离子液体中的反应活性虽然不如在传统溶剂中强，但抑制了自偶联副产物的形成，能形成单偶联产物；②离子液体催化剂层能重复使用。

当环上有 N 取代时，能促进反应。Pd(0)催化剂对空气很敏感，不稳定，很难操作，用二价钯取代后，能达到相同的效果，说明它们能在反应中形成中间活性配合物[(PPh$_3$)$_2$Pd(emim)Cl]$^+$。如果在反应中没有加入膦配体将会产生钯黑[78]。

N，N-二丁基吡咯盐四氟硼酸盐熔点为 125℃，若有水存在，其熔点可以降低 50℃，与水形成两相混合物。同样，四丁基铵四氟硼酸盐也可以由于加入甲苯而降低熔点，形成两相混合物（表 4.5）[79]。将此两相混合物应用于对甲苯硼酸和碘苯的 Suzuki 反应，以 2%（摩尔分数）(dppf)PdCl$_2$或(PPh$_3$)$_2$PdCl$_2$为催化剂，得到满意的效果。反应中真正的催化物种是 Pd(0)，用等量的 PdCl$_2$也可以得到相似的效果，在反应中有钯黑产生，能用丙酮-水重结晶从铵盐中回收。不同的铵盐可以达到相似的效果，所有使用市场上常见的四丁基铵四氟硼酸盐，催化剂重复使用时，发现活性降低。

表 4.5　水-烷基铵盐两相系统中的 Suzuki 偶联反应

编号	卤代物	催化剂	铵盐	产率/%	循环次数
1	C$_6$H$_5$I	PdCl$_2$	[Bu$_4$N]$^+$	92	1
2	C$_6$H$_5$I	PdCl$_2$	[Bu$_4$N]$^+$	76 (84)[1]	2
3	C$_6$H$_5$I	PdCl$_2$	[Bu$_4$N]$^+$	(52)[1]	3
4	C$_6$H$_5$I	PdCl$_2$	[C$_6$H$_{10}$Nbu$_2$]$^+$	93	1
5	C$_6$H$_5$I	PdCl$_2$	[C$_6$H$_{10}$Noct$_2$]$^+$	90	1
6	C$_6$H$_5$I	(dppf)PdCl$_2$	[Bu$_4$N]$^+$	93	1
7	C$_6$H$_5$I	(PPh$_3$)$_2$PdCl$_2$	[Bu$_4$N]$^+$	89	1
8	C$_6$H$_5$Br	PdCl$_2$	[Bu$_4$N]$^+$	84 (90)[1]	1
9	C$_6$H$_5$Cl	PdCl$_2$	[Bu$_4$N]$^+$	(6)[1]	1

注：3mmol 范围内的反应规模和分离产率。

1）GC 检测的转化率。

4.1.1.6 加成反应

1. Baylis-Hillman 反应

Baylis-Hillman 反应是最重要的 C—C 成键过程之一，是一个完全原子经济型的反应，其反应机理如图 4.1 所示。

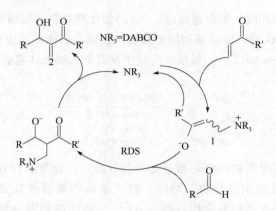

图 4.1 Baylis-Hillman 反应机理图

反应速率控制步为醛与烯醇的反应，反应是可逆的。Baylis-Hillman 反应一般在无溶剂下进行，但对固体反应物，可以用水或含氟溶剂来增加反应速率，由于在中间体生成步的电荷分离作用，THF 和乙腈对反应有利，极性的溶剂能促进反应的进行。Baylis-Hillman 反应的一个致命缺点是其反应速率很慢，过去尝试了许多加速这个反应的方法，如用水、盐溶液、不同胺催化剂结合、1，4-二氮杂双环[2，2，2]辛烷(DABCO)、高压、超声法和微波辐射法等。考虑现在绿色化学呼唤用环境友好的反应介质取代挥发性有机溶剂的需要，室温离子液体正在取代传统的有机溶剂，用在有机合成反应中。

DABCO 是 Baylis-Hillman 反应最常用的催化剂之一，单独在 DABCO 中进行苯甲醛与丙烯酸甲酯反应时，收率 65％(19h)，在含 45％三氯化铝的 BPC(氯化-N-丁基吡啶)中反应时，收率 67％(17h)，在含 45％三氯化铝的 EMIC(氯化-1-甲基-3-乙基咪唑)中反应时，收率 69％(15h)，而在乙腈中收率为 35％(24h)。若将三氯化铝的比例提高到 60％，那么在 BPC 中可以得到 75％(11h)的收率，在 EMIC 中可以得到 80％(8h)的收率。三氯化铝的比例再提高，收率没有变化。

$$RCHO + \overset{EWG}{\parallel} \quad \xrightarrow[DABCO]{\text{盐}} \quad \overset{OH}{\underset{R}{\diagdown}} EWG$$

R=Ph, o-C$_6$H$_5$OMe, p-C$_6$H$_4$OMe

将这两种离子液体应用于其他 Baylis-Hillman 反应也可以得到一样的结果[80]。离子液体重复使用六次收率变化不大。结果如表 4.6 所示。

表 4.6 在氯铝酸离子液体中，苯甲醛与丙烯酸甲酯的 DABCO 催化反应

编号	x_{AlCl_3} /%	BPC			EMIC		
		t/h	产率[1]/%	相对速率	t/h	产率[1]/%	相对速率
1	45	17	67	3	15	69	3
2	47	15	71	5	13	72	6
3	49	14	73	6	12	75	7
4	51	13	74	10	11	76	12
5	53	12	75	12	10	78	13
6	55	12	76	14	9	79	18
7	57	11.5	76	16	9	79	21
8	60	11	75	20	8	80	23
9[2]		24	35				
10[3]		21	65	1			

注：反应条件：1mmol 苯甲醛，1.2 mmol 丙烯酸甲酸，1mmol DABCO，1mL 溶剂，在反应时间内产率没有进一步增加。

1）分离产率。

2）在 CH_3CN 中。

3）在 10%DBACO 的条件下。

与乙腈相比，1-甲基-3-丁基咪唑基的各种阴离子，如［OAc］⁻、［OTf］⁻、［NTf₂］⁻、［BF₄］⁻、［SbF₆］⁻、［PF₆］⁻，所形成的离子液体都能增加反应速率[81]。当加入离子液体的体积相同时，［bmim］［PF₆］和［bmim］［OTf］的效果更好一些。在离子液体中含 100%（摩尔分数）和 20%（摩尔分数）催化剂 DAB-CO 的体系中，室温下进行苯甲醛与丙烯酸甲酯的 Baylis-Hillman 反应，其反应速率分别是在乙腈中的 33.6 倍和 11.1 倍。反应温度增加或降低都会降低反应速率。在离子液体溶剂［bmim］［PF₆］中反应速率增加的原因是它对两性中间物有强烈的稳定作用，使反应平衡向生成中间物方向移动[82]。$LiClO_4$、$Sc(OTf)_3$、$La(OTf)_3$、2，2′，2″-次氮基三乙醇是 Baylis-Hillman 反应的良好添加剂，当它们与离子液体相结合，有时也能促进反应的进行。对于离子液体［bmim］［OTf］，则 Lewis 酸的添加几乎不能提高反应速率，甚至降低了反应速率。离子液体［bmim］［OTf］和 Lewis 酸/氢键给予体对反应的促进作用不能叠加。在离子液体［bmim］［PF₆］中添加 5%（摩尔分数）Lewis 酸时的反应速率比单纯在离子液体中进行时快 1～2.5 倍，若将 $La(OTf)_3$ 和 2，2′，2″-次氮基三乙醇同时加入离子液体［bmim］［PF₆］中，则反应速率提高 3.25 倍，是在乙腈中进行的 25 倍。其他 Lewis 酸会使反应速率降低，可能是其他 Lewis 酸与碱性的 DABCO 反应，消耗了部分 DABCO 而降低了反应速率[82]。离子液体［bmim］［PF₆］的用量为 50%

（摩尔分数）时，体系处于均相，可以得到最大的反应速率。增加离子液体的量或加入乙腈，都会使反应速率降低[81]。

用 DABCO 为催化剂，用 *N*-烷基-*N*-甲基苯乙醇铵盐手性离子液体介质，芳香醛与丙烯酸乙酯反应，30℃下，反应 4 天，得到手性不饱和芳香醇，ee 最高达 30%[83]。

2. Knoevenagel 反应

Knoevenagel 反应在活泼亚甲基和羰基化合物到亲电烯的合成中有广泛的应用。一些 Lewis 酸催化剂和碱性催化剂可用于此反应。

苯甲醛和丙二腈的缩合是研究 Knoevenagel 反应的一个模型反应。用水滑石在离子液体[bmim][BF₄]或[bmim][PF₆]体系中，室温下几乎可以得到定量的产物[84]。氨基乙酸为催化剂，在[bmim][PF₆]中，反应在室温进行 22h，得到 77% 的收率[85]。KOH 在［bmim］［PF₆］中，产品是唯一的 β,β-二氰基苯乙烯[86]。

虽然产品是唯一的，但离子液体第一次使用时，由于吸收和吸附等方面的原因，质量并不守恒，当离子液体重复使用 3 次后，质量才基本平衡。在离子液体重复 3 次使用时，不用再加入碱，反应转化率还在 93%，但第 4 次重复使用时反应转化率降低到 57%，说明碱已损失，需要再加入碱。在碱性条件下，在离子液体中进行 Knoevenagel 反应时质量平衡低的原因，可能是咪唑卡宾和羰基试剂间存在相互作用[86]。

产物的分离可以直接用醚、甲苯或超临界 CO_2 萃取，离子液体催化剂相可以直接用于下次反应。

即使不用催化剂，在离子液体中，缩合反应也可以很好进行，只是反应时间稍长。为了考察是否在离子液体中存在少量质子或酸性杂质而引起催化作用，将离子液体用碱性氧化铝进行处理，结果还是一样，而且离子液体可以循环多次，Knoevenagel 反应产率不变[84]。

通过酯化反应将一种芳香醛固定在离子液体 1-(2-羟乙基)-3-甲基咪唑四氟硼酸盐上，形成新的离子液体，将这种离子液体与含活泼亚甲基的丙二酸衍生物，在微波作用下，发生 Knoevenagel 反应（图 4.2），将此 Knoevenagel 反应产物进行酯或醚处理后，用甲醇钠的甲醇溶液裂解成离子液体 1-(2-羟乙基)-3-甲基咪唑四氟硼酸盐和一种新的 Knoevenagel 反应产物，1-(2-羟乙基)-3-甲基咪唑四氟硼酸盐可以重复使用。这种离子液体相负载合成过程，使得反应可以在液相进行，离子液体起到桥梁的作用[87]。

3. Michael 反应

Michael 加成是有机合成中最常用的 C—C 成键反应之一，也有大量的手性

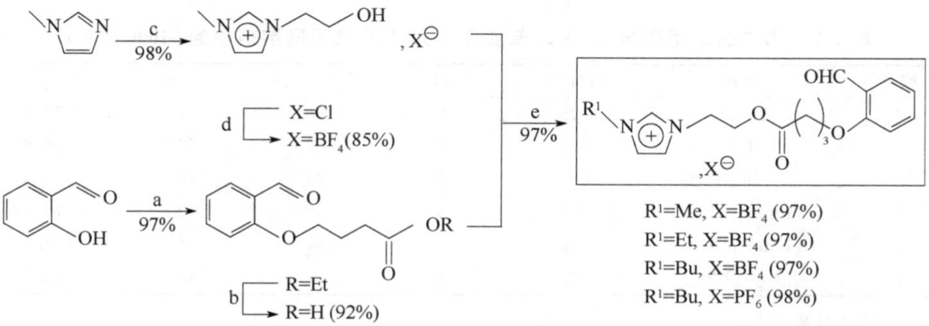

图 4.2　芳香醛固定的 1-(2-羟乙基)-3-甲基咪唑四氟硼酸盐合成过程

合成过程，最常用的手性 Michael 加成催化剂是金鸡纳碱及其衍生物、脯氨酸和 BINOL 基双金属催化剂。DMSO、氯仿和甲醇是最常用的溶剂。

用于 Michael 加成反应的离子液体主要是[pmim]Br 、[emim][OTf]、[bmim][PF$_6$]和[bmim][BF$_4$]。

在 DABCO-离子液体体系中，DABCO 与烯烃形成活性的 C—C 键，这个活化物与含氟甲基的 α, β-不饱和羰基化合物反应，得到含氟甲基的 Michael 加成产物，产率在 30% 左右。另外一种合成含氟甲基化合物的催化体系是 L-脯氨酸-Lewis 酸-离子液体体系。L-脯氨酸与羰基化合物反应形成烯胺，含氟甲基的亚胺在 Lewis 酸的作用下和水反应形成 N, O-半缩醛，N, O-半缩醛与烯胺反应得到的反应中间物与水作用生成含氟甲基的 β-羟基酮。反应收率也在 18%～66% 之间，但有立体选择性产物生成，其立体选择性产物的比例与烯胺的稳定性相关[88]。当用手性 L-脯氨酸时可以得到手性的 β-羟基酮[89]。在锌试剂 Zn(OTf)$_2$ 和 DBU 的作用下，炔烃和氟甲基丙烯酸苯乙酯反应，得到 60% 的 Michael 反应收率。非水溶性的离子液体，如[bmim][PF$_6$]对此反应有利，因为离子液体中含有的水将分解烷基锌试剂[90]。离子液体可以重复使用，产率不变。

在[bmim][PF$_6$]中，各种醛和酮与 β-硝基苯乙烯进行 Michael 加成反应，结果由醛酮生成的烯醇若不能被氢键稳定，则产率高，若烯醇被氢键稳定，则产率低，甚至不能产生反应[91]。

丙二酸二甲酯与 1, 3-二苯基丙-2-烯-1-酮，在催化量的喹啉存在下，用 K$_2$CO$_3$ 处理，在离子液体中，室温反应得到几乎定量的 Michael 加成反应产物[92]，但立体选择性低（ee 约 20%），而用溴化季铵盐则可以得到 ee 约 50%。更令人感兴趣的是，用离子液体[bmim][BF$_4$]和[bmim][PF$_6$]时，其立体选择性与仅在常规有机溶剂中相反，而用[bpy][BF$_4$]时则相同。用其他手性季铵盐催化剂催化这个反应时，也有相同的立体选择性现象发生。反应结果如表 4.7 所示。

表 4.7　丙二酸二甲酯与 1，3-二苯基丙-2-烯-1-酮在不同溶剂中的 Michael 加成

编号	溶剂	温度/℃	t/h	产率[1]/%	ee[2]/%	$[\alpha]_D^{[26]}$
1	DMSO	28	6	96	61	＋20.31
2	甲苯	28	8	92	56	＋18.64
3	DCM	0	6	94	46	＋15.31
4	[bmim][PF$_6$]	28	3	99	50	－16.64
5	[bmim][BF$_4$]	28	4	97	44	－14.65
6	[tpy][BF$_4$]	28	4	97	42	＋13.98

1）表示分离产率。

2）用旋光检测对映异构体过量。

[bmim][BF$_4$]和[bpy][BF$_4$]是亲水的，而[bmim][PF$_6$]是亲油的，从反应速率和反应收率看，亲油的[bmim][PF$_6$]应用在此相转移催化反应中的效果，比亲水的[bmim][BF$_4$]、[bpy][BF$_4$]和其他有机溶剂好。在离子液体中添加的相转移催化剂可以重复使用[92]。

[pmim]Br 既作为催化剂，又作为介质，不用加入任何其他的溶剂和催化剂，应用在硫醇和硫代磷酸酯的 Michael 反应中，在室温下，与烯烃相结合，反应收率为 72%～93%；与 α，β-不饱和酮反应，收率为 86%～93%；与取代查耳酮反应，收率为 82%～95%[93]。

离子液体相有机合成路线用于 2-硫酮四氢嘧啶-4(1H)-酮收到了很好的效果。首先将 PEG1-离子液体进行不饱和酯化，然后与单取代烷基胺进行 Michael 加成反应，几乎定量得到 β-氨基酯，再与等物质的量的异硫氰酸酯反应，几乎定量得到离子液体相键合硫脲，离子液体相键合硫脲可以在室温稳定几周，它用 2mol 的二乙胺处理可以裂解并环合，以高收率得到 2-硫酮四氢嘧啶-4(1H)-酮 [2-thioxo tetrahydropyrimidin-4(1H)-one]。用[PEG1mim]X 离子液体相有机合成时，产物可以用常规方法分离，产率高，反应副产物可以用简单的洗涤和萃取从离子液体相除去，与各种固相合成受到许多制约相反，离子液体相可以用标准的分析方法监控反应的进程[94]。

4.1.1.7　氢甲酰化反应

由于过渡金属催化剂相当昂贵，在氢甲酰化反应中，催化剂的回收利用一直是化学家考虑的重点。其中两相催化就是一种有效分离和回收催化剂的方法，用过渡金属催化氢甲酰化反应时，一般水相是催化剂相，油相是烯烃相。两相催化受到烯烃在水中溶解性的限制，只能进行 C_2～C_5 烯烃的氢甲酰化反应。对于许多高级烯烃的氢甲酰化，不得不采用其他手段来达到，如通过应用围绕催化中心的特殊配体体系。但是这些配体难以得到、费用高，使得发展新的有效分离和回

收催化剂的方法成为化学家朝思暮想的工作，这些方法也是对实业家更具经济吸引力的方法。带离子液体催化剂层的两相催化是解决高级烯烃氢甲酰化的一种很有前途的方法。

在氢甲酰化反应中使用的离子液体主要有四类，即氯化铵盐、氟硼酸盐、氟磷酸盐和烃基磺酸盐。所用的氯化铵盐，主要是氯锡酸盐。

Parshall[95]在室温氯锡酸盐离子液体[bmim]Cl/SnCl₂中，进行了铂催化的氢甲酰化反应。1-辛烯氢甲酰化产物的 n/iso 选择性相当显著，达到 19：1。

Wasserscheid 等[96]则比较了常规溶剂与离子液体中进行的氢甲酰化反应，结果在弱酸性离子液体[bmim]Cl/SnCl₂ 和[4-mbp]Cl/SnCl₂ 中进行的氢甲酰化反应比在二氯甲烷中要好。在氯锡酸盐离子液体[bmim]Cl/SnCl₂ 中，高合成气压力和低温下，氢甲酰化/氢化最高。在优化条件，即温度为 80°C，CO/H₂ 压力为 90bar 时，90％以上的产物为正壬醛和异壬醛。

Chauvin 等[37]于 1995 年第一个报道了在[bmim][PF₆]离子液体中，铑催化的氢甲酰化反应。但所使用的所有配位体生成预想的线性氢甲酰化产物选择性低，正异比只有 2～4。需要使用专门设计的应用于离子液体的阳离子配位体，使催化剂可以被良好地固定化，且催化剂的活性不被降低。如 1，1′-双（二苯基膦）二茂钴六氟磷酸盐（cdpp）[97]、改性胍盐氧杂蒽配位体[98]、改性三苯基磷胍盐[99]、改性吡啶膦配体及改性咪唑膦配体[100]和亚磷酸盐配体[101]等，这些配体显示了在离子液体中极好的固定铑催化剂的能力，以及良好的催化效果。

最近，离子液体中铑催化的氢甲酰化反应研究的方向是，用一些廉价的或不含卤素的离子液体来代替六氟磷酸盐或者其他含卤的离子液体。

早在 1987 年 Knifton[102]就报道过在熔融的[PBu₄]Br 离子液体中钌、钴共催化的内烯和端烯的氢甲酰化反应。钌-羰基配合物在离子介质中的得到稳定性，在低合成气压和高温下催化剂寿命得到了延长。

Andersen 等[103]则在高熔点的丁基三苯基磷鎓甲苯磺酸盐（m. p. 116～117℃）中，进行了 1-己烯的氢甲酰化反应，虽然也得到了较好的结果，但是，盐的高熔点给反应带来了一些麻烦。

一些相对低熔点的咪唑苯磺酸盐、咪唑甲苯磺酸盐或者咪唑辛基磺酸盐离子液体，已成功的用做铑催化的两相烯氢甲酰化反应的介质。采用这些体系，离子介质的成本低得多，水解稳定性较好，催化活性至少与在常用的[bmim][PF₆]里的活性相当。因此，与[bmim][PF₆]相比，这些低熔点离子液体，在氢甲酰化反应中的性能更好[104]。

将固定在 1-丁基-3 甲基咪唑四氟硼酸盐、1-丁基-3-甲基咪唑六氟磷酸盐和 1,1,3,3-四甲基胍乳酸盐中的 TPPTS-Rh 配合物，负载于 MCM-41 上，结果显示，在高级烯烃的氢甲酰化反应中离子液体使催化剂具有相当高的活性。比 TPPTS-Rh 配合物单独负载在 SiO₂上，以及 TPPTS-Rh 配合物在离子液体/有机溶剂两相体系中都要好[105]。

Wasserscheid 等[106,107]通过将离子液体里的铑配合物固定于 SiO_2 上，载体离子相催化剂（SILPC）体系与离子液体-有机两相体系相比，更利于氢甲酰化反应。在固定床反应器中，铑-膦为催化剂的 SILPC 体系和专门设计的水溶性二齿膦配位体催化下的丙烯、1-辛烯的氢甲酰化反应显示更好的 n、iso 比例以及更高的反应稳定性。Rh-磺酸盐氧杂蒽苯基膦 SILP 催化体系比没有配体或类似的没有离子液体的催化剂体系具有更好的立体选择性，线性产物可达 96%。

4.1.1.8　亲核取代反应

首先在离子液体中进行亲核取代反应研究的是 Ford 等[108~110]，他们研究了离子液体三乙基己基硼酸三乙基己基铵盐中，卤离子和甲苯磺酸甲酯之间的反应速率。结果表明，在离子液体中的反应速率介于甲醇和 DMF 之间，与在偶极非质子化溶剂 DMF 或 DMSO 中发生反应的速率接近。

在[bmim][BF_4]离子液体中可以进行烯丙基卤与 N_3^-、AcO^- 和 $PhSO_2^-$ 的烷基化反应[111]，此反应比在有机溶剂中既快又好。

水杨酸钠在 100℃时，在离子液体中的溶解度见表 4.8[112]。

表 4.8　水杨酸钠于 100℃下在离子液体中的溶解度

溶剂	[bmim][PF_6]	[omim]Cl	[bmim][BF_4]	[omim][BF_4]
溶解度/ $(g \cdot mL^{-1})$	0.050 75	0.1085	0.346 85	0.1399

苄氯与水杨酸钠的亲核取代反应结果表明，苄氯的转化率与水杨酸钠在离子液体中的溶解度相关，溶解度大，转化率高达 95%。反应温度对苄氯的转化率也有明显的作用，在 120℃下反应，比在 100℃下反应要快很多，在 0.5 h 内的转化率相差 30%。离子液体[omim]Cl 和[hmim]〔BF_4〕都能在反应后循环使用，反应速率和转化率都不变。

Lourenco 等[113]在[bmim][PF_6]/水两相体系中，研究了多种物质的亲核取代反应（表 4.9），发现离子液体起到了相转移催化剂的作用，并使反应可以在更温和的条件下进行，每次反应后，离子液体经醚处理可以重复使用。由于离子液体在水中还有少量的溶解，所有离子液体越用越少，可以使用超临界 CO_2 萃取来解决这个问题。还有一个问题是[PF_6]$^-$阴离子在水中会产生部分分解，产生 HF。

表 4.9　在离子液体[bmim][PF$_6$]/水两相体系中 CH$_2$Cl$_2$与溴苯的亲核取代反应效果

编号	M$^+$Nu$^-$/mmol	[bmim][PF$_6$]/mmol	t/h	转化率（根据 ^{1}H NMR）
1[1]	NaOPh（1.0）	None	3	3%
2[1]	NaOPh（1.0）	0.5	3	80%
3[2]	KCN（2.0）	None	16	5%
4[2]	KCN（2.0）	0.5	16	47%
5[2]	NaN3（2.0）	None	5	37%
6[2]	NaN3（2.0）	0.5	5	90%

1）反应在 NaOH 水溶液（NaOH 6.0mmol，H$_2$O 1.0mL）和溶解了苯酚（1.0mmol）及 BnBr（1.2mmol）的二氯甲烷（0.5mL）两相体系中进行，激烈搅拌。

2）反应在 KCN 或 NaN$_3$（2.0mmol）的水溶液（H$_2$O 1.0mL）、BnBr（1.0mmol）的二氯甲烷（0.5mL）溶液的两相体系中进行，激烈搅拌。

　　羧酸盐与卤代烃作用是合成酯的另一种重要方法，液态的苄氯和乙酸盐在 90℃下混合不发生任何反应，当加入离子液体烷基咪唑甲磺酸盐后，90℃下反应 0.5 h，酯收率 95%，Savelli 等[114]还进行了多种羧酸盐和卤代烃的亲核取代反应，结果都得到 95%以上的酯。反应结果与离子液体的亲水亲油性能有关（表 4.10）。

表 4.10　羧酸盐在离子液体中酯化[1]

编号	羧酸根	RX	IL	t/h	羧酸根/底物	产率/%
1	CH$_3$COO$^-$	CH$_3$(CH$_2$)$_7$Br	[mmim]$^+$	2	5	>95
2	CH$_3$COO$^-$	CH$_3$CH$_2$CH(Br)CH$_2$CH$_3$	[mmim]$^+$	2	5	92
3	CH$_3$COO$^-$	BrCH$_2$CH$_2$CH$_2$Br	[mmim]$^+$	2	5	94
4	CH$_3$COO$^-$	CH$_3$(CH$_2$)$_2$O(CH$_2$)$_2$Br	[mmim]$^+$	4	5	90
5	CH$_3$COO$^-$	PhCH$_2$Cl	[mmim]$^+$	4	1.2	>95
6	CH$_3$COO$^-$	O$_2$N——⟨⟩——CH$_2$Cl				
7	CH$_3$COO$^-$	Br——⟨⟩——CO—CH$_2$Br	[mmim]$^+$	1	1.2	>95
8	CH$_3$(CH$_2$)$_2$COO$^-$	PhCH$_2$Cl	[mmim]$^+$	0.5	1.2	>95
9	Ph—CH=CH—COO$^-$	PhCH$_2$Cl	[mmim]$^{+2}$	0.5	1.2	>95
10	Ph—COO$^-$	PhCH$_2$Cl	[mmim]$^{+2}$	0.5	1.2	>95

1）90℃，IL/RCOO$^-$=1.5。

2）IL/RCOO$^-$=3。

4.1.1.9 重排反应

己内酰胺是一种用于生产尼龙 6 等的基本化工原料，它的工业生产是由环己酮肟在化学计量的强酸，如浓发烟硫酸等作用下，于 80～100℃经 Beckmann 重排反应得到，同时副产硫酸铵（每吨己内酰胺副产 2～3t 硫酸铵）。利用催化的方法实现 Beckmann 重排反应是一个长期困扰催化工作者的课题[110]。

有关在离子液体中催化 Beckmann 重排反应的研究，所采用的离子液体主要有两类：一类是基于烷基咪唑的衍生物如[bmim]CF$_3$OAc、[bmim][BF$_4$]、[bmim][PF$_6$]、[bupy][BF$_4$]及含磺酰氯的特种离子液体（TISC）；另一类是质子化己内酰胺离子液体[115]。第一类离子液体用于 Beckmann 重排反应，可以单独使用[116~119]，也可以与甲苯组成两相体系[120~122]；所使用的催化剂主要是 PCl$_3$、PCl$_5$、POCl$_3$ 和 P$_2$O$_5$。

离子液体 1-丁基-3-甲基咪唑氟硼酸盐、丁基吡啶氟硼酸盐和五氯化磷组成的催化体系，在反应温度 80℃，反应时间 2h 的条件下，环己酮肟转化率为 97.2%，己内酰胺的选择性为 96.8%，环己酮选择性为 3.2%，五氯化磷催化转化数为 6.08。如果不加磷化合物，则不发生反应[116]。

Gui 等[118]合成了一种含磺酰氯的特种离子液体（TISC），用于环己酮肟的重排（表 4.11），在 80℃，TISC 与底物的物质的量比为 1:1，反应 2h，环己酮肟转化率为 99.2%，己内酰胺选择性为 98.3%。由于 TISC 在水中溶解度很小（0.0086g·mL^{-1}），己内酰胺则水溶性很好，所以反应后可以用水进行产物的萃取，但少量的离子液体存在于水溶液中，萃取产物还需进一步精制。TISC 循环使用时发现转化率明显下降，萃取的水溶液 pH 为 4.7，说明 TISC 在反应过程中发生了分解。用 TISC 也可以实现其他肟类的 Beckmann 重排，得到满意的结果。

化合物A → TISC + NH$_4$Cl

表 4.11 肟在 TISC 在离子液体中的催化 Beckmann 重排

编号	底物	t/h	产物	产率/%
1	NO$_2$—芳基—CH=N—OH	6	NO$_2$—芳基—C≡N	72
2	水杨醛肟	6	邻羟基苯甲腈	80

续表

编号	底物	t/h	产物	产率/%
3	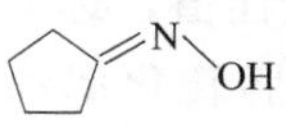	5	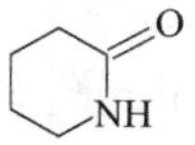	86
4	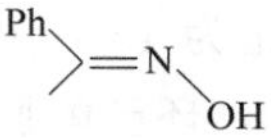	5	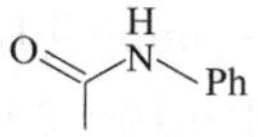	78
5	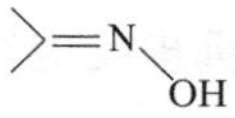	3	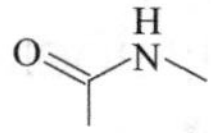	90

注：反应温度为 80℃，产率由 GC/MS 测得。

后来他们又合成了一系列含磺酰氯的离子液体 SCFIM（图 4.3），其效果与 TISC 相似，经 FTIR 谱跟踪反应发现，催化剂的失活不是由于生成了磺酸化合物，而是由于产物己内酰胺会与酸性离子液体作用[119]。

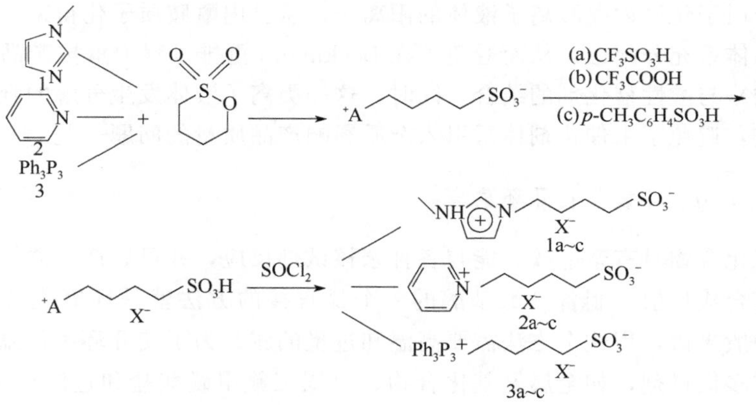

图 4.3　含磺酰氯离子液体的合成过程

A=1～3；X=CF_3SO_3(a)，CF_3COO(b)，p-$CH_3C_6H_4SO_3$(c)

Ren 等[117]用 P_2O_5 催化，在离子液体中进行了环己酮肟的重排反应发现，用[bmim][PF_6]比用[bmim][BF_4]好，因为 P_2O_5 在水存在下会生成磷酸，使肟水解成原来的酮，而[bmim][PF_6]与水不溶，容易使体系无水，用[bmim][BF_4]难以去水。

当采用[bmim][BF_4]/ 甲苯体系，PCl_3 为催化剂，反应温度为 90℃，反应时间 10～30 min，此时，环己酮肟转化率达 98.96%，生成己内酰胺的选择性达 87.30%，PCl_3 的催化转化数达 2.88[120]。

当采用[bmim][PF$_6$]/甲苯体系，PCl$_5$为催化剂反应温度为80℃，反应时间10min，此时，环己酮肟转化率高达99.72%，己内酰胺选择性高达98.90%，PCl$_5$的转化数达5.14。环己酮肟与PCl$_5$用量存在一个最佳值，远离这一最佳值时，重排效果不理想。增加[bmim][PF$_6$]体积，环己酮肟转化率和己内酰胺选择性缓慢降低[121]。

环己酮肟-甲苯溶液-甲苯-[bupy][BF$_4$]-POCl$_3$体积比为15：10：4：1，反应温度为80～90℃，反应时间为10～30min，在此条件下，环己酮肟的转化率高达100%，己内酰胺的选择性为96.9%，POCl$_3$的催化转化数2.75[122]。在[bupy][BF$_4$]/甲苯两相体系中用POCl$_3$催化的Beckmann重排反应结果很好，可与现有烟酸重排工艺结果相媲美。

在离子液体/甲苯两相体系中，大部分重排产物己内酰胺（＞90%）存在于离子液体相，体系容易实现对反应的控制和体系取热。POCl$_3$的催化性能明显优于PCl$_5$和PCl$_3$的催化性能。但是该类体系存在着与传统的Beckmann重排过程类似的问题，即酸性催化剂与产品结合，反应后产物分离和催化剂体系的重复使用困难。

由于质子化己内酰胺离子液体的阳离子是从己内酰胺质子化得来，其本身已经与酸性体系充分配位，从而避免了在Beckmann重排过程中重排产品（碱性的己内酰胺）与酸性催化剂的结合。同时，这一类离子液体发生分解的唯一产物是己内酰胺，避免了由催化剂体系引入杂质影响产品质量的问题[110]。

4.1.1.10　环氧化物开环反应

环氧化合物具有亲电碳，能与各种亲核试剂反应，并可以产生立体选择性开环，具有合成价值。制备 β-氨基醇的一个最直接的方法就是环氧化合物用胺开环，但一般来讲，用这个方法需要高温和过量的胺。为了使开环条件温和，人们研究了许多促进剂，如金属氨基化合物、金属三氟甲磺酸盐和过渡金属卤化物。但即使用了这些促进剂，环氧化合物开环还是存在许多缺点，如需要用昂贵的化学计量的试剂，有的立体选择性差，需要延长反应时间，有不需要的副反应发生等。Yadav 等[123]用芳香胺，在室温中性条件下，在离子液体中，进行环氧化合物的开环，得到相应的 β-氨基醇，具有极高的产率和立体选择性。

离子液体[bmim][BF$_4$]比较适合用于环氧化合物的开环反应，反应后用醚萃取产物并洗涤离子液体，回收的离子液体可以重复使用，而产率没有任何降低。反应若在DMF或 N-甲基吡咯烷中进行，加热到75～80℃，反应也不发生。

用季铵盐氯化四正丁基铵和氯化 1-正丁基-3-甲基咪唑盐作介质，反应也没有成功。但若用廉价的溴化四丁基铵熔盐取代离子液体，又用 Bi(TFA)$_3$(7％，摩尔分数)和 Bi(OTf)$_3$(1％～3％,摩尔分数)为催化剂，在 70℃进行了环氧化合物的芳胺开环反应，则反应结果与在强 Lewis 酸下相同[124]。环烷烃环氧化合物可以在较短时间内（35～60 min）得到较好的收率，苯乙烯氧化物则进攻 α-碳产生开环，得到非常好的立体选择性。用芳环上带有弱给电子性或推电子性的基团的芳胺，对反应没有影响。但对硝基苯胺、1，2-二氨基苯和脂肪胺则不发生相应的反应生成 β-氨基醇，这可能是对硝基苯胺的弱亲核性，或胺的强碱性和与催化剂的强配位性引起的。

4.1.1.11　酯化反应

醇与酸的酯化是最常用的工业酯化方法，反应一般在酸催化下进行。

无卤 Brönsted 酸性离子液体用于酸与醇的酯化反应，可以在较温和的条件下高选择性地得到非常高的收率。所用的离子液体主要是阴离子为［HSO$_4$］$^-$和［H$_2$PO$_4$］$^-$的烷基咪唑盐、烷基吡啶盐。用这些 Brönsted 酸性离子液体为溶剂和催化剂，进行了多种酸与醇的酯化反应，离子液体与底物酸或醇的物质的量比为 1∶5，结果令人满意。对比［HSO$_4$］$^-$和［H$_2$PO$_4$］$^-$阴离子，含［HSO$_4$］$^-$阴离子的离子液体中进行反应较好，可能是［H$_2$PO$_4$］$^-$的 Brönsted 酸性较弱。离子液体进行真空脱水后可以重复使用。同时，离子液体对反应产物的不溶性，可以使反应平衡向生成酯方向移动[125,126]。水在体系中可以起到一定的作用，并非在无水状态下得到的酯收率最高，在水含量为 30％时，收率达到最大，这说明在这种催化剂作用下，在催化剂回收再用时不必进行严格脱水。还发现醇和酸的总体积与催化剂质量的比例为 3 时可以得到 84％的收率，而醇和酸的总体积与催化剂质量的比例为 5 时，收率只有 62％[127]。酯化与水的相互关系如表 4.12 所示。

表 4.12　酯化产率与水的关系

编号	水含量/（μL·mg^{-1}）	乙酸乙酯产率/％[1]
1	0	62
2	10	71
3	30	84
4	60	80
5	90	78

1）分离率。反应物与 TSIL 的比例约为 3∶1（反应物总体积∶TSIL 质量）。

当三氯化铝与氯化丁基嘧啶的比例小于 1 时，有足够的抗水解能力，Deng 等[128]用 1∶2 的三氯化铝∶氯化丁基嘧啶为催化剂和溶剂，进行酸和醇的酯化反应，并与浓硫酸催化相比较，结果用离子液体催化普遍比用硫酸催化好。

脂肪酶可用于各种 2-取代的丙酸与醇的酯化反应中，在有机溶剂正己烷或甲苯中，和在离子液体[bmim][PF₆]或[omim][PF₆]中，酶活性处于同一个数量级，但是，在离子液体中的对映选择性则要比在有机溶剂中高 2～2.5 倍[129]。同时，酶在有机溶剂中重复使用 5 次后，活性和立体选择性降到了原来的50%～55%，而在离子液体中酶活性几乎没有下降，立体选择性也只是下降了10%～15%，而且酶在重复使用时可以省略纯化步骤。

在醇酸酯化反应中有水不断生成，虽然在以上研究中没有涉及水的分离，但我们还是不得不考虑将会出现常见的酯化平衡。用 PVA 膜来除去酯化反应生成的水，由于离子液体不会透过亲水性的膜，反应中不会损失，从而可以大大提高反应转化率[130]。

Han[131]的小组在超临界 CO_2、离子液体以及超临界 CO_2/离子液体混合物中，研究乙酸异戊酯与乙醇的酯交换反应（图 4.4 和图 4.5），结果表明，在混合体系中与在超临界 CO_2 和离子液体中反应的平衡转化率不同，并且可以通过压力的调节，来改变体系中存在的相分离现象，而在不同相中反应平衡转化率又不一样。虽然在混合体系中的酯交换平衡转化率比在压缩 CO_2 和离子液体中的都低，但这个方法提示了可以用调节压力来调节平衡转化率。

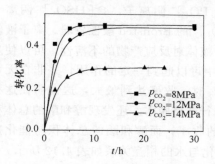

图 4.4　65℃下乙酸异戊酯和乙醇在
超临界 CO_2 中酯交换转化率

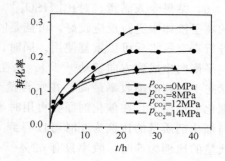

图 4.5　65℃下乙酸异戊酯和乙醇在
超临界 CO_2-IL 中酯交换转化率

羧酸盐与卤代烃作用是合成酯的另一种重要方法，液态的苄氯和乙酸盐在90℃下混合不发生任何反应，当加入离子液体烷基咪唑甲磺酸盐后，90℃下反应0.5h，酯收率 95%，Savelli 等[132]还进行了多种羧酸盐和卤代烃的亲核取代反应，结果都得到 95%以上的酯。

$$R—COO^-Na^+ + R'X \xrightarrow{\text{IL}} R-\overset{O}{\underset{R}{\overset{\|}{C}}}O$$

羧酸与卤代烃作用也可以形成酯，通常此反应在 KF 的催化下，在极性质子溶剂中进行。Brinchi 等[133]用烷基咪唑甲磺酸盐离子液体为溶剂，此溶剂既能溶解氟盐，又能溶解有机分子，与 THF、DMF 和乙腈相比，操作简单、安全、快速，并能重复使用。反应在没有 KF 或没有离子液体存在下都不发生。离子液体：酸为 1：5，KF：酸为 1：2，对大部分酸和卤代烃，酯化产率都大于 95％。

McNulty 等[134]则用碱盐离子液体和 Hunig's 碱（二异丙基乙胺）体系，在较低的温度下（≤80℃），分离得到良好收率（77％～98％）的酯。反应过程中没有任何亲电试剂的消除反应和酸/酯的 α-烷基化发生。离子液体可以很容易重复使用。

$$\underset{R}{\overset{O}{\parallel}}{C}{-}OH + R'-X \xrightarrow[\text{Hunig's 碱,30~80℃}]{\underset{C_6H_{13}}{\overset{C_6H_{13}}{|}}{C_6H_{13}-P^+-C_{14}H_{29}(CF_3SO_2)_2N^-}} \underset{R}{\overset{O}{\parallel}}{C}{-}OR'$$

烯烃和低级脂肪酸反应能合成相应的脂肪酸酯，此反应不用醇，并避免了水的生成，是一个很有用的酯合成反应，许多酸性的物质，如离子交换树脂、杂多酸、硅胶负载硫酸、分子筛、对甲苯磺酸、$BF_3 \cdot Et_2O$ 等都有报道，可以作为这个反应的催化剂，但它们都存在这样或那样的缺点，鲜有工业应用。Gu 等[135]用带 SO_3H 基的功能型离子液体为催化剂和溶剂，成功实现了脂肪酸和烯烃的酯化反应，其酸与烯的比例为 1：3，反应温度 120℃。多种脂肪酸和丙烯、乙酸和各种线性烯烃及环状烯烃的反应，都能得到良好的转化率和选择性。反应后离子液体在真空下于 80℃左右处理 30min 就可以重复使用。

4.1.2 关键科学问题

4.1.2.1 非挥发性

离子液体最突出的性质是其无蒸气压，从经济、环保和安全来讲，这点对在离子液体中进行有机合成中反应特别有利。

在有机反应中，非挥发性离子液体的应用可以降低大气污染，这一点对非连续反应特别适合，因为在非连续反应中，挥发性有机溶剂的完全回收通常较困难。用离子液体取代挥发性的、可燃的有机溶剂，可以很明显地改善生产过程的安全性，这一点对氧化反应特别有利，也许将来正是由于安全性的原因，非挥发性离子液体在实际生产过程中得到应用。

4.1.2.2 溶解度的调变

从理论上讲，离子液体的溶解度可以随意调变。可以通过调变离子液体的阳离子、阴离子或阴阴离子，来达到实现对某一特定物质的溶解度要求。这一点对有机合成过程非常有利。

均相催化反应有许多优点，但它在工业化学上的比例还相当低，其主要原因就在于反应过程的溶剂选择非常困难。很难选择既能保证催化性能，催化剂回收又容易，且生产又安全的溶剂。

作为均相催化的通用溶剂，首先要求对催化剂配合物要有足够的溶解能力，一些使用绿色溶剂取代传统挥发性有机溶剂的方法，如超临界 CO_2 或全氟溶剂等，常常遇到催化剂溶解能力低的麻烦，解决的办法通常是用特殊的配体体系，显然这种配体的使用会增加成本。

许多过渡金属配合物很容易溶解在离子液体中，使得离子液体可以作为过渡金属催化的溶剂，并且通常不需要特殊设计的配体来增加过渡金属催化剂在离子液体中的溶解度。

然而由于受到传质的限制，固体、结晶配合物在离子液体中溶解的过程有时很慢，因为离子液体一般相当黏，可以用增加交换面积（如用超声波）或降低离子液体的密度（如升温、与超临界流体一起使用等）来增加离子液体的溶解性。

4.1.2.3 离子液体的功能化

离子液体功能化以及如何在离子液体中引入功能基团是化学家经常要考虑的问题。离子液体除了作溶剂使用外，还被接入某些基团而被赋予催化性能或共催化性能。

离子液体负载化是赋予离子液体催化性能的主要手段，它使溶剂、催化剂集于离子液体一身，使得反应、反应后处理变得更加简单。

共催化影响在非均相催化中是众所周知的。在离子液体溶剂和溶解的过渡金属催化剂配合物之间，也经常会产生共催化作用，并且结果导致重大的催化剂活性作用。离子液体的性质对于过渡金属催化剂配合物的影响非常大，通过调变形成离子液体的两种离子的结构，对所使用的离子液体进行最优化，可以使反应最优化。

4.1.3 发展方向及建议

4.1.3.1 作为溶剂

将来离子液体在有机合成中的发展在很大程度上将是作为溶剂使用，廉价、无卤体系、弱配位与亲电催化中心相结合，以及低黏度、高水解稳定性是最需要的。

虽然四氟硼酸盐和六氟磷酸盐离子液体作为均相催化的溶剂已进行了很多的研究，但还明显存在许多限制。与第一代氯铝酸熔盐相比，它们的水解趋势已经少得多，但他们的水解还是存在的，对水解还相当敏感。[bmim][PF_6]和[bmim][BF_4]都会有少量水解，生成 HF 和磷酸或硼酸，而 HF 对它们用于过渡金属催化反应会产生很大的影响。含 CF_3 和其他氟代烷基的离子液体具有很强的水解稳定性，以及其他许多非常好的性质，如低黏度、高热稳定性、由于与水的溶解性差而容易制备成无卤形式等，也许会得到更多的应用。

离子液体作为过渡金属催化的溶剂，可以用不同的阴阳离子结合来调节溶解度性质，达到两相反应系统优化。通过在催化剂溶剂中优先溶解一种反应物或从催化剂层原位萃取反应中间物，而提高多相催化的选择性。

4.1.3.2 同时作为溶剂和催化剂

酸性的氯铝酸盐离子液体已经作为反应溶剂和催化剂应用于传统 AlCl₃ 催化反应中，但还需解决水解稳定性问题。对用于过渡金属催化的离子液体，可以将过渡金属离子以一定的方式引入到离子液体的阴离子或阳离子中。过渡金属配合物也能引入并固定在离子液体中，用配体的变化，可以提高反应选择性。

离子液体可以被认为是一种液体的催化剂固定相，它可以结合一些传统均相催化的特点到类型的非均相催化中，提高催化活性，并且从离子催化剂层进行产品分离也很容易。

4.1.4 结论与展望

最近发表了多篇对离子液体在有机合成中应用的工作进行全面分析的综述，这是此领域研究活跃的一个明显信号。

为了回收和循环反复使用，需要催化剂和产品相快速分离。与传统的分离方法相比较，两相技术过程简单，有机金属催化剂没有热分解的担忧。离子液体具有溶解度可调性的特性，是多相技术的优良溶剂，可以在多相催化领域获得极大的发展。将离子液体和超临界 CO_2 结合，为多相催化提供了一种全新技术。

为了使离子液体在工业上得到应用，其应用性能（活性、选择性和可重复使用性）必须优于现有的催化剂体系，这正是离子液体在有机合成领域的挑战，如果完全掌握了离子液体的物理化学性质数据，那么对于一个给定的反应，就能选择出最佳的介质。

参 考 文 献

1 Wasserscheid P，Welton T. Ionic Liquids in Synthesis. Weinheim：Wiley-VCH Verlag GmbH & Co. KGaA，2002

2 Howarth J. Oxidation of aromatic aldehydes in the ionic liquid [bmim] [PF₆]. Tetrahedron Lett.，2000，41（34）：6627～6629

3 Song C E，Roh E J. Practical method to recycle a chiral (Salen) Mn epoxidation catalyst by using an ionic liquid. Chem. Commun.，2000，(10)：837～838

4 Abu-Omar M M，Owens G S. Methyltrioxorhenium-catalyzed epoxidations in ionic liquids. Chem. Commun.，2000，(13)：1165～1166

5 Soldaini G，Cardona F，Goti A. Methyltrioxorhenium catalyzed domino epoxidation-nucleo-

philic ring opening of glycals. Tetrahedron Lett. , 2003, 44 (30): 5589~5592

6 Lau R M, van Rantwijk F, Seddon K R et al. Lipase-catalyzed reactions in ionic liquids. Organic Lett. , 2000, 2 (26): 4189~4191

7 Bortolini O, Conte V, Chiappe C et al. Epoxidation of electrophilic alkenes in ionic liquids. Green Chem. , 2002, 4 (2): 94~96

8 Bernini R, Mincione E, Coratti A et al. Epoxidation of chromones and flavonoids in ionic liquids. Tetrahedron, 2004, 60 (4): 967~971

9 Owens G S, Durazo A, Abu-Omar M M. Kinetics of MTO-catalyzed olefin epoxidation in ambient temperature ionic liquids: UV/Vis and ^{1}H NMR study. Chem. Eur. J. , 2002, 8 (13): 3053~3059

10 Li Z, Xia C G. Epoxidation of olefins catalyzed by manganese (Ⅲ) porphyrin in a room temperature ionic liquid. Tetrahedron Lett. , 2003, 44 (10): 2069~2071

11 Wang B, Kang Y R, Yang L M et al. Epoxidation of α, β-unsaturated carbonyl compounds in ionic liquid/water biphasic system under mild conditions. J. Mol. Catal. A, 2003, 203 (1~2): 29~36

12 Wang B, Yang L M, Suo J S. Epoxidation of α, β-unsaturated carbonyl compounds in ionic liquid/water biphasic system under mild conditions. Acta. Chimica. Sinica. , 2003, 61 (2): 285~290

13 Yanada R, Takemoto Y. OSO$_4$-catalyzed dihydroxylation of olefins in ionic liquid [emim] [BF$_4$]: a recoverable and reusable osmium. Tetrahedron Lett. , 2002, 43 (38): 6849~6851

14 Song C E, Jung D U, Roh E J et al. Osmium tetroxide-(QN)(2)PHAL in an ionic liquid: a highly efficient and recyclable catalyst system for asymmetric dihydroxylation of olefins. Chem. Commun. , 2002, (24): 3038~3039

15 Soldaini G, Cardona F, Goti A. Methyltrioxorhenium catalyzed domino epoxidation-nucleophilic ring opening of glycals. Tetrahedron Lett. , 2003, 44 (30): 5589~5592

16 Branco L C, Serbanovic A, da Ponte M N et al. Clean osmium-catalyzed asymmetric dihydroxylation of olefins in ionic liquids and supercritical CO$_2$ product recovery. Chem. Commun. , 2005, (1): 107~109

17 Xie H B, Zhang S B, Duan H F. An ionic liquid based on a cyclic guanidinium cation is an efficient medium for the selective oxidation of benzyl alcohols. Tetrahedron Lett. , 2004, 45 (9): 2013~2015

18 Wolfson A, Wuyts S, de Vos D E et al. , Aerobic oxidation of alcohols with ruthenium catalysts in ionic liquids. Tetrahedron Lett. , 2002, 43 (45): 8107~8110

19 Yadav J S, Reddy B V S, Basak A K et al. Recyclable 2nd generation ionic liquids as green solvents for the oxidation of alcohols with hypervalent iodine reagents. Tetrahedron, 2004, 60 (9): 2131~2135

20 Qian W X, Jin E L, Bao W L et al. Clean and highly selective oxidation of alcohols in an ionic liquid by using an ion-supported hypervalent iodine(Ⅲ) reagent. Angew. Chem. Int. Ed. , 2005, 44 (6): 952~955

21 Farmer V, Welton T. The oxidation of alcohols in substituted imidazolium ionic liquids using ruthenium catalysts. Green Chem. , 2002, 4 (2): 97~102

22 Tang W M, Li C J. Ruthenium (Ⅲ) chloride catalyzed oxidation reaction of cyclohexane and cyclohexanol in ionic liquid. Acta. Chimica. Sinica. , 2004, 62 (7): 742~744

23 Peng J J, Shi F, Gu Y L et al. Highly selective and green aqueous-ionic liquid biphasic hydroxylation of benzene to phenol with hydrogen peroxide. Green Chem. , 2003, 5 (2): 224~226

24 Seddon K R, Stark A. Selective catalytic oxidation of benzyl alcohol and alkylbenzenes in ionic liquids. Green Chem. , 2002, 4 (2): 119~123

25 Li Z, Xia C G, Xu C Z. Oxidation of alkanes catalyzed by manganese (Ⅲ) porphyrin in an ionic liquid at room temperature. Tetrahedron Lett. , 2003, 44 (51): 9229~9232

26 Singer R D, Scammells P J. Alternative methods for the MnO₂ oxidation of codeine methyl ether to thebaine utilizing ionic liquids. Tetrahedron Lett. , 2001, 42 (39): 6831~6833

27 Lo W H, Yang H Y, Wei G T. One-pot desulfurization of light oils by chemical oxidation and solvent extraction with room temperature ionic liquids. Green Chem. , 2003, 5 (5): 639~642

28 Chauhan S M S, Kumar A, Srinivas K A. Oxidation of thiols with molecular oxygen catalyzed by cobalt (Ⅱ) phthalocyanines in ionic liquid. Chem. Commun. , 2003, (18): 2348~2349

29 Okrasa K, Guibe-Jampel E, Therisod M. Ionic liquids as a new reaction medium for oxidase-peroxidase-catalyzed sulfoxidation. Tetrahedron-A symmetry, 2003, 14 (17): 2487~2490

30 Bernini R, Coratti A, Fabrizi G et al. CH₃ReO₃/H₂O₂ in room temperature ionic liquids: an homogeneous recyclable catalytic system for the Baeyer-Villiger reaction. Tetrahedron Lett. , 2003, 44 (50): 8991~8994

31 Panchgalle S P, Kalkote U R, Niphadkar P S et al. Sn-β molecular sieve catalysed Baeyer-Villiger oxidation in ionic liquid at room temperature. Green Chem. , 2004, 6 (7): 308~309

32 Zhu Y H, Carpenter K, Bun C C et al. β-binap-mediated asymmetric hydrogenation with a rhodacarborane catalyst in ionic-liquid media. Angew. Chem. Int. Ed. , 2003, 42 (32): 3792~3795

33 Hu A G, Ngo H L, Lin W B. Remarkable 4, 4′-substituent effects on binap: Highly enantioselective Ru catalysts for asymmetric hydrogenation of β-aryl ketoesters and their immobilization in room-temperature ionic liquids. Angew. Chem. Int. Ed. , 2004, 43 (19): 2501~2504

34 Berthod M, Joerger J M, Mignani G et al. Enantioselective catalytic asymmetric hydrogenation of ethyl acetoacetate in room temperature ionic liquids. Tetrahedron-Asymmetry, 2004, 15 (14): 2219~2221

35 Wolfson A, Vankelecom I F J, Jacobs P A. Co-immobilization of transition-metal complexes and ionic liquids in a polymeric support for liquid-phase hydrogenations. Tetrahedron Lett., 2003, 44 (6): 1195~1198

36 de Souza R F, Suarez P A Z, Dullius J E L et al. The use of new ionic liquids in two-phase catalytic hydrogenation reaction by rhodium complexes. Polyhedron, 1996, 15 (7): 1217~1219

37 Chauvin Y, Mussmann L, Olivier H. A novel class of versatile solvents for two-phase catalysis: hydrogenation, isomerization, and hydroformylation of alkenes catalyzed by rhodium complexes in liquid 1, 3-dialkylimidazolium Salts. Angew. Chem. Int. Ed., 1995, 34 (23~24): 2698~2700

38 Driessen-Holscher B, Heinen J. Selective two-phase-hydrogenation of sorbic acid with novel water soluble ruthenium complexes. J. Organomet. Chem., 1998, 570 (1): 141~146

39 Monteiro A L, Zinn F K, de Souza R F et al. Asymmetric hydrogenation of 2-arylacrylic acids catalyzed by immobilized Ru-BINAP complex in 1-n-butyl-3-methylimidazolium tetrafluoroborate molten salt. Tetrahedron-Asymmetry, 1997, 8 (2): 177~179

40 Berger A, de Souza R F, Delgado M R et al. Ionic liquid-phase asymmetric catalytic hydrogenation: hydrogen concentration effects on enantioselectivity. Tetrahedron-Asymmetry, 2001, 12 (13): 1825~1828

41 Liu F C, Abrams M B, Baker R T et al. Phase-separable catalysis using room temperature ionic liquids and supercritical carbon dioxide. Chem. Commun., 2001, (5): 433~434

42 Dullius J E L, Suarez P A Z, Einloft S et al. Selective catalytic hydrodimerization of 1, 3-butadiene by palladium compounds dissolved in ionic liquids. Organometallics, 1998, 17 (5): 815~819

43 Navarro J, Sagi M et al. Unusual 1-alkyne dimerization/hydrogenation sequences catalyzed by [Ir(H)(2)(NCCH$_3$)(3)(P-i-Pr-3)][BF$_4$]: evidence for homogeneous-like mechanism in imidazolium salts. Adv. Synth. Catal., 2003, 345 (1~2): 280~288

44 Dyson P J. Synthesis of organometallics and catalytic hydrogenations in ionic liquids. Appl. Organomet. Chem., 2002, 16 (9): 495~500

45 Piersma B J, Merchant M. Friedel-Crafts alkylation reactions in a room temperature molten salt. In: Hussey C L(ed). Proceedings of the Seventh International Symposium on Molten Salts. New Jersey: The Electrochemical Society Inc., 1990, 805~821

46 Greco C C, Fawzy S, Lieh-Jiun S. US Patent, US 5824832, 1998

47 Wasserscheid P, Sesing M, Korth W. Hydrogensulfate and tetrakis (hydrogensulfato) borate ionic liquids: synthesis and catalytic application in highly Brönsted-acidic systems for Friedel-Crafts alkylation. Green Chem., 2002, 4 (2): 134~138

48 Song C E, Roh E J, Shim W H et al. Scandium (Ⅲ) triflate immobilised in ionic liquids: a novel and recyclable catalytic system for Friedel-Crafts alkylation of aromatic compounds with alkenes. Chem. Commun., 2000, 1695~1696

49 Song C E, Jung D U, Choung S Y et al. Dramatic enhancement of catalytic activity in an ionic liquid: highly practical Friedel-Crafts alkenylation of arenes with alkynes catalyzed by metal triflates. Angew. Chem. Int. Ed. , 2004, 43 (45): 6183~6185

50 Valkenberg M H, de Castro C, Hölderich W F. Friedel-Crafts acylation of aromatics catalysed by supported ionic liquids. Applied Catalysis A: General, 2001, 215: 185~190

51 Baleizao C, Pires N, Gigante B et al. Friedel-Crafts reactions in ionic liquids: the counterion effect on the dealkylation and acylation of methyl dehydroabietate. Tetrahedron Lett. , 2004, 45 (22): 4375~4377

52 Fischer T, Sethi A, Welton T et al. Diels-Alder reactions in room-temperature ionic liquids. Tetrahedron Lett. , 1999, 40 (4): 793~796

53 Waldmann H, LiClO$_4$ in ether - an unusual solvent. Angew. Chem. Int. Ed. , 1991, 30 (10): 1306~1308

54 Lee C W. Diels-Alder reactions in chloroaluminate ionic liquids: acceleration and selectivity enhancement. Tetrahedron Lett. , 1999, 40 (13): 2461~2464

55 Yin D H, Li C Z, Li B M et al. High regioselective Diels-Alder reaction of myrcene with acrolein catalyzed by zinc-containing ionic liquids. Adv. Synth. Catal. , 2005, 347 (1): 137~142

56 Chen I H, Young J N, Yu S C. Recyclable organotangsten Lewis acid and microwave assisted Diels-Alder reactions in water and in ionic liquid. *Tetrahedron*, 2004, 60: 11 903~11 909

57 Doherty S, Goodrich P, Hardacre C et al. Marked enantioselectivity enhancements for Diels-Alder reactions in ionic liquids catalysed by platinum diphosphine complexes. Green Chem. , 2004, 6 (1): 63~67

58 Zulfiqar F, Kitazume T. One-pot aza-Diels-Alder reactions in ionic liquids. Green Chem. , 2000, 2 (4): 137~139

59 Ligabue R A, Dupont J, de Souza R F. Liquid-liquid two-phase cyclodimerization of 1, 3-dienes by iron-nitrosyl dissolved in ionic liquids. J. Mol. Catal. A. , 2001, 169 (1~2): 11~17

60 Kaufmann D E, Nouroozian M, Henze H. Molten salts as an efficient medium for palladium catalyzd C—C-coupling reactions. Synlett. , 1996, 1091~1092

61 Gianfranco Battistuzzi, Aandro Cacchi, Ilse de Salve et al. Synthesis of coumarins in a molten n-Bu$_4$NOAc/n-Bu$_4$NBr mixture through a domino Heck reaction/cyclization process. Adv. Synth. Catal. , 2005, 347: 308~312

62 Bohm V P W, Herrmann W A. Coordination chemistry and mechanisms of metal-catalyzed C—C coupling reactions. Part 12. Nonaqueous ionic liquids: superior reaction media for the catalytic Heck-vinylation of chloroarenes. Chem. Eur. J. , 2000, 6 (6): 1017~1025

63 Xie X G, Chen B, Lu J P et al. Synthesis of benzofurans in ionic liquid by a PdCl$_2$-catalyzed intramolecular Heck reaction. Tetrahedron Lett. , 2004, 45 (33): 6235~6237

64 Xie X G, Lu J P, Chen B et al. Pd/C-catalyzed Heck reaction in ionic liquid accelerated by microwave heating. Tetrahedron Lett. , 2004, 45 (4): 809~811

65 Pei W, Mo J, Xiao J L. Highly regioselective Heck reactions of heteroaryl halide swith electron-rich olefins in ionic liquid. Journal of Organometallic Chemistry, 2005, 690: 3546~3551

66 Calo V, Nacci A et al. Heck reaction of β-substituted acrylates in ionic liquids catalyzed by a Pd-benzothiazole carbene complex. Tetrahedron. 2001, 57 (28): 6071~6077

67 Xu L J, Chen W P, Ross J et al. Palladium-catalyzed regioselective arylation of an electron-rich olefin by aryl halides in ionic liquids. Org. Lett. , 2001, 3 (2): 295~297

68 Calo V, Nacci A, Lopez L et al. Arylation of alpha-substituted acrylates in ionic liquids catalyzed by a Pd-benzothiazole carbene complex. Tetrahedron Lett. , 2001, 42 (28): 4701~4703

69 Handy S T, Okello M. Halide effects on the Heck reaction in room temperature ionic liquids. Tetrahedron Lett. , 2003, 44 (46): 8395~8397

70 Calo V, Nacci A, Monopoli A. Regio-and stereo-selective carbon-carbon bond formation in ionic liquids. Journal of Molecular Catalylsis A: Chemical, 2004, 214: 45~56

71 Kabalka G W, Dong G, Venkataiah B. Investigation of the behavior of arenediazonium salts with olefins in [bmim] [PF₆]. Tetrahedron Lett. , 2004, 45 (13): 2775~2777

72 Okubo K, Shirai M, Yokoyama C. Heck reactions in a non-aqueous ionic liquid using silica supported palladium complex catalysts. Tetrahedron Lett. , 2002, 43 (39): 7115~7118

73 Seddon K R, Carmichael A J, Earle M J et al. The Heck reaction in ionic liquids: a multiphasic catalyst system. Org. Lett. , 1999, 1 (7): 997~1000

74 Hagiwara H, Shimizu Y, Hoshi T et al. Heterogeneous Heck reaction catalyzed by Pd/C in ionic liquid. Tetrahedron Lett. , 2001, 42 (26): 4349~4351

75 Xu L, Chen W, Xiao J. Heck reaction in ionic liquids and the *in situ* identification of N-heterocyclic carbene complexes of palladium. Organometallics, 2000, 19: 1123~1127

76 Gerritsma D A, Robertson A, McNulty J et al. Heck reactions of aryl halides in phosphonium salt ionic liquids: library screening and applications. Tetrahedron Lett. , 2004, 45 (41): 7629~7631

77 Mathews C J, Smith P J, Welton T. N-donor complexes of palladium as catalysts for Suzuki cross-coupling reactions in ionic liquids. J. Mol. Catal. A. , 2004, 214 (1): 27~32

78 Yang C H, Tai C C, Huang Y T et al. Ionic liquid promoted palladium-catalyzed Suzuki cross-couplings of N-contained heterocyclic chlorides with naphthaleneboronic acids. Tetrahedron, 2005, 61 (20): 4857~4861

79 Zou G, Wang Z Y, Zhu J R et al. Developing an ionic medium for ligandless-palladium-catalysed Suzuki and Heck couplings. J. Mol. Catal. A, 2003, 206 (1~2): 193~198

80 Kumar A, Pawar S S. The DABCO-catalysed Baylis-Hillman reactions in the chloroaluminate room temperature ionic liquids: rate promoting and recyclable media. J. Mol. Catal. A, 2004, 211 (1~2): 43~47

81 Kim E J, Ko S Y, Song C E. Acceleration of the Baylis-Hillman reaction in the presence of ionic liquids. Helv. Chim. Acta. , 2003, 86 (3): 894~899

82 Rosa J N, Afonso C A M, Santos A G. Ionic liquids as a recyclable reaction medium for the Baylis-Hillman reaction. Tetrahedron, 2001, 57 (19): 4189~4193

83 Pegot B, Vo-Thanh G, Gori D et al. First application of chiral ionic liquids in asymmetric Baylis-Hillman reaction. Tetrahedron Lett. , 2004, 45 (34): 6425~6428

84 Khan F A, Dash J, Satapathy R et al. Hydrotalcite catalysis in ionic liquid medium: a recyclable reaction system for heterogeneous Knoevenagel and nitroaldol condensation. Tetrahedron Lett. , 2004, 45 (15): 3055~3058

85 Morrison D W, Forbes D C, Davis J H. Base-promoted reactions in ionic liquid solvents. The Knoevenagel and Robinson annulation reactions. Tetrahedron Lett. , 2001, 42 (35): 6053~6055

86 Formentin P, Garcia H, Leyva A. Assessment of the suitability of imidazolium ionic liquids as reaction medium for base-catalysed reactions——case of Knoevenagel and Claisen-Schmidt reactions. J. Mol. Catal. A, 2004, 214 (1): 137~142

87 Fraga-Dubreuil J, Bazureau J P. Grafted ionic liquid-phase-supported synthesis of small organic molecules. Tetrahedron Lett. , 2001, 42 (35): 6097~6100

88 Kitazume T, Tamura K, Jiang Z J et al. Synthesis of fluoromethylated materials in ionic liquids. J. Fluorine. Chem. , 2002, 115 (1): 49~53

89 Kitazume T, Jiang Z J, Kasai K et al. Synthesis of fluorinated materials catalyzed by proline or antibody 38C2 in ionic liquid. J. Fluorine. Chem. , 2003, 121 (2): 205~212

90 Salaheldin A M, Yi Z, Kitazume T. Synthesis of fluoromethylated materials derived from 2-trifluoromethyl acrylic acid phenethyl ester in an ionic liquid. J. Fluorine. Chem. , 2004, 125 (7): 1105~1110

91 Kotrusz P, Toma S, Schmalz H G et al. Michael additions of aldehydes and ketones to beta-nitrostyrenes in an ionic liquid. Eur. J. Org. Chem. , 2004, (7): 1577~1583

92 Dere R T, Pal R R, Patil P S et al. Influence of ionic liquids on the phase transfer-catalysed enantioselective Michael reaction. Tetrahedron Lett. , 2003, 44 (28): 5351~5353

93 Ranu B C, Dey S S. Catalysis by ionic liquid: a simple, green and efficient procedure for the Michael addition of thiols and thiophosphate to conjugated alkenes in ionic liquid, [pmim] Br. Tetrahedron, 2004, 60 (19): 4183~4188

94 Hakkou H, Vanden Eynde J J, Hamelin J et al. Ionic liquid phase organic synthesis (IoLiPOS) methodology applied to the three component preparation of 2-thioxo tetrahydropyrimidin-4-(1H)-ones under microwave dielectric heating. Tetrahedron, 2004, 60 (17): 3745~3753

95 Parshall G W. Catalysis in molten salt media. J. Am. Chem. Soc. , 1972, 94 (25): 8716~8719

96 Wasserscheid P, Waffenschmidt H. Ionic liquids in regioselective platinum-catalysed hydroformylation. J. Mol. Catal. A, 2000, 164 (1~2): 61~67

97 Wasserscheid P, Brasse C C, Englert U et al. Ionic phosphine ligands with cobaltocenium backbone: novel ligands for the highly selective, biphasic, rhodium-catalyzed hydroformyla-

tion of 1-octene in ionic liquids. Organometallics, 2000, 19 (19): 3818~3823

98 Kranenburg M, van der Burgt Y E M, Kamer P C J et al. New diphosphine ligands based on heterocyclic aromatics inducing very high regioselectivity in rhodium-catalyzed hydroformylation: effect of the bite angle. Organometallics, 1995, 14 (6): 3081~3089

99 Wasserscheid P, Waffenschmidt H, Machnitzki P et al. Cationic phosphine ligands with phenylguanidinium modified xanthene moieties-a successful concept for highly regioselective, biphasic hydroformylation of oct-1-ene in hexafluorophosphate ionic liquids. Chem. Commun., 2001, (5): 451~452

100 Kottsieper K W, Stelzer O, Wasserscheid P. 1-vinylimidazole——a versatile building block for the synthesis of cationic phosphines useful in ionic liquid biphasic catalysis. J. Mol. Catal. A, 2001, 175 (1~2): 285~288

101 Favre F, Olivier-Bourbigou H, Commereuc D, Saussine L. Hydroformylation of 1-hexene with rhodium in non-aqueous ionic liquids: how to design the solvent and the ligand to the reaction. Chem. Commun., 2001, (15): 1360~1361

102 Knifton J F. The ruthenium - and cobalt-catalysed hydroformylation of internal and terminal olefins in molten tetra-n-butylphosphonium bromide. J. Mol. Catal, 1987, 43 (1): 65~77

103 Andersen J A, Karodia N, Guise S et al. Clean catalysis with ionic solvents-phosphonium tosylates for hydroformylation. Chem. Commun., 1998, (21): 2341~2342

104 Wasserscheid P, van Hal R, Bosmann A. 1-n-Butyl-3-methylimidazolium ([bmim]) octylsulfate-an even 'greener' ionic liquid. Green Chem., 2002, 4 (4): 400~404

105 Yang Y, Deng C X, Yuan Y Z. Characterization and hydroformylation performance of mesoporous MCM-41-supported water-soluble Rh complex dissolved in ionic liquids. J. Catal., 2005, 232 (1): 108~116

106 Wasserscheid P, Riisager A, van Hal R et al. continuous fixed-bed gas-phase hydroformylation using supported ionic liquid-phase (SILP) Rh catalysts. J. Catal., 2003, 219 (2): 452~455

107 Wasserscheid P, Riisager A, Fehrmann R et al. Very stable and highly regioselective supported ionic-liquid-phase (SILP) catalysis: continuous flow fixed-bed hydroformylation of propene. Angew. Chem. Int. Ed., 2005, 44 (5): 815~819

108 Ford W T, Hauri R J, Hart D J. Syntheses and properties of molten tetraalkylammonium tetraalkylborides. J. Org. Chem., 1973, 38 (22): 3916~3918

109 Ford W T. Synthesis of trineopentylamine. J. Org. Chem., 1973, 38 (20): 3614~3615

110 Ford W T, Hauri R J. Kinetics of the reaction of cyclohexyl bromide with tetrapropylammonium thiophenoxide in methanol, dimethylformamide, and molten triethyl-n-hexylammonium triethyl-n-hexylboride. J. Am. Chem. Soc., 1973, 95 (22): 7381~7386

111 Kotti S R S S, Xu X, Li G et al. Efficient nucleophilic substitution reactions of highly functionalized allyl halides in ionic liquid media. Tetrahedron Letters, 2004, 45: 1427~1431

112 Judeh Z M A, Shen H Y, Chi B C et al. A facile and efficient nucleophilic displacement reaction

at room temperature in ionic liquids. Tetrahedron Lett., 2002, 43 (51): 9381～9384

113　Lourenco N M T, Afonso C A M. Ionic liquid as an efficient promoting medium for two-phase nucleophilic displacement reactions. Tetrahedron, 2003, 59 (6): 789～794

114　Savelli G, Brinchi L, Germani R. Ionic liquids as reaction media for esterification of carboxylate sodium salts with alkyl halides. Tetrahedron Lett., 2003, 44 (10): 2027～2029

115　邓友全. 离子液体介质与材料研究进展. 成果与应用, 2005, 20 (4): 297～300

116　Peng J J, Deng Y Q. Catalytic Beckmann rearrangement of ketoximes in ionic liquids. Tetrahedron Lett., 2001, 42 (3): 403～405

117　Ren R X, Zueva L D, Ou W. Formation of epsilon-caprolactam via catalytic Beckmann rearrangement using P_2O_5 in ionic liquids. Tetrahedron Lett., 2001, 42 (48): 8441～8443

118　Gui H Z, Deng Y Q, Hu Z D et al. A novel task-specific ionic liquid for Beckmann rearrangement: a simple and effective way for product separation. Tetrahedron Lett., 2004, 45 (12): 2681～2683

119　Du Z Y, Li Z P, Gu Y L et al. FTIR study on deactivation of sulfonyl chloride functionalized ionic materials as dual catalysts and media for Beckmann rearrangement of cyclohexanone oxime. J. Mol. Catal. A, 2005, 237 (1～2): 80～85

120　张伟, 吴巍, 张树忠等. ［bmim］［BF_4］离子液体中 PCl_3 催化的液相贝克曼重排. 过程工程学报, 2004, 4 (3): 261～264

121　张伟, 吴巍, 张树忠等. 1-丁基-3-甲基咪唑六氟磷酸盐中 PCl_5 催化的两相贝克曼重排反应. 石油炼制与化工, 2004, 35 (1): 47～50

122　张伟, 吴巍, 张树忠等. 丁基吡啶四氟硼酸盐中两相 Beckmann 重排反应. 石油化工, 2004, 33 (4): 307～310

123　Yadav J S, Reddy B V S, Basak A K et al. ［bmim］［BF_4］ ionic liquid: a novel reaction medium for the synthesis of β-amino alcohols. Tetrahedron Lett., 2003, 44 (5): 1047～1050

124　Khodaei M M, Khosropour A R, Ghozati K. A powerful, practical and chemoselective synthesis of 2-anilinoalkanols catalyzed by Bi(TFA)(3) or Bi(OTf)(3) in the presence of molten TBAB. Tetrahedron Lett., 2004, 45 (17): 3525～3529

125　Gui J Z, Cong X H, Liu D et al. Novel Brönsted acidic ionic liquid as efficient and reusable catalyst system for esterification. Catal. Commun., 2004, 5 (9): 473～477

126　Fraga-Dubreuil J, Bourahla K, Rahmouni M et al. Catalysed esterifications in room temperature ionic liquids with acidic counteranion as recyclable reaction media. Catal. Commun., 2002, 3 (5): 185～190

127　Forbes D C, Weaver K J. Brönsted acidic ionic liquids: The dependence on water of the Fischer esterification of acetic acid and ethanol. J. Mol. Catal. A, 2004, 214 (1): 129～132

128　Deng Y Q, Shi F, Beng J J et al. Ionic liquid as a green catalytic reaction medium for esterifications. J. Mol. Catal. A, 2001, 165 (1～2): 33～36

129 Ulbert O, Frater T, Belafi-Bako K et al. Enhanced enantioselectivity of Candida rugosa lipase in ionic liquids as compared to organic solvents. J. Mol. Catal. B, 2004, 31 (1~3): 39~45

130 Izak P, Mateus N M M, Afonso C A M et al. Enhanced esterification conversion in a room temperature ionic liquid by integrated water removal with pervaporation. Sep. Purif. Technol., 2005, 41 (2): 141~145

131 Han B X, Gao L A, Tao J A et al. Transesterification between isoamyl acetate and ethanol in supercritical CO$_2$, ionic liquid, and their mixture. J. Supercrit. Fluids, 2004, 29 (1~2): 107~111

132 Savelli G, Brinchi L, Germani R. Ionic liquids as reaction media for esterification of carboxylate sodium salts with alkyl halides. Tetrahedron Lett., 2003, 44 (10): 2027~2029

133 Brinchi L, Germani R, Savelli G. Efficient esterification of carboxylic acids with alkyl halides catalyzed by fluoride ions in ionic liquids. Tetrahedron Lett., 2003, 44 (35): 6583~6585

134 McNulty J, Cheekoori S, Nair J J et al. A mild esterification process in phosphonium salt ionic liquid. Tetrahedron Lett., 2005, 46 (21): 3641~3644

135 Gu Y L, Shi F, Deng Y Q. Esterification of aliphatic acids with olefin promoted by Brönsted acidic ionic liquids. J. Mol. Catal. A, 2004, 212 (1~2): 71~75

4.2 离子液体在均相络合催化反应中的应用

4.2.1 离子液体中过渡金属络合物溶解性及配位作用

有关离子液体用作催化反应溶剂的一般物性（如密度、黏度、热稳定性等）已有文献综述[3]，本节综合介绍离子液体与过渡金属络合物相互作用以及与有机溶剂的相溶性。作为过渡金属络合催化反应的溶剂，从化学反应出发，希望它有以下特性：

（1）能溶解金属离子又保持它的离子特性；

（2）溶剂化作用弱，与金属只形成弱而不稳定的金属-溶剂键。

在过渡金属络合催化反应中，通常阴离子对中心金属原子的反应性（配位能力）起决定性作用，而阴离子的配位特性很大程度上取决于它自身的大小和电荷，当然也与中心金属的（酸）硬度、氧化态及周围存在的配体有关。显然，离子液体特别适合作以离子型过渡金属配合物 $[L_{n-1}M]^+ X^-$ 为催化剂的均相络合催化反应的溶剂。因离子型催化剂既能很好溶于离子液体又能保持自身的稳定。对于非离子型的过渡金属配合物催化剂，则可以通过设计或选择相应的配体，使配合物催化剂既能溶于极性的离子液体，同时又不被萃取到含产物的另一有机相，从而达到既有较好的反应速率又能通过液-液两相催化有效分离催化剂的目的。

研究表明，离子液体的极性与低碳醇或极性非质子溶剂（DMSO、DMF 等）相当[4~8]，也就是说多数 IL 的极性是介于水与卤代烷之间。通常，改变 IL 的离子结构可以调整 IL 的溶解性。例如，将阴离子由接受氢键能力较强的 Cl⁻ 改为很弱的 [PF₆]⁻，可以使其与水的溶解性从完全互溶变为几乎不溶[9]；同样，其亲油性也可通过改变阳离子基团来调变。一般而言，IL 对烷烃及其他非极性有机溶剂的溶解性很小，因此它适用于两相催化体系。此外，设计合成憎水性的离子液体用于水/离子液体两相体系也是可能的。

有机化合物和金属盐在 IL 中的溶解性不仅关系到催化反应的进行，而且也影响到催化剂和产物的有效分离。因此，理想的离子液体应是：① 对催化剂具有较好的溶解性，并能在两相分离时将其锚定；② 对底物有很好的溶解性，以保持其在离子液体中的高浓度；③ 对产物的溶解性低或产物易被从离子液体中萃取出。

遗憾的是，迄今的文献报道中很少有这方面的系统数据，大多数是宏观地观察和描述体系是否分相而缺少两相间的定量分配数据，然而，有关基于离子液体的过渡金属两相催化的研究已引起广泛关注[10~13]。其中既有有机溶剂/IL 两相，也有水/IL 两相催化体系以及超临界流体/IL 两相体系[14~19]。

4.2.1.1　离子液体中过渡金属配合物的配位作用和溶解性

对以离子液体作为反应介质的络合催化反应来说，过渡金属配合物催化剂在离子液体中的溶解性是首先要考虑的问题，它不仅涉及反应的活性，而且关系到催化剂的有效分离回收问题，然而，关于过渡金属络合物在离子液体中溶解性的研究报道至今仍属初始阶段。

过渡金属配合物在离子液体中的溶解性，通常取决于离子液体的分子结构及其对金属离子的配位及溶剂化性能。简单的金属化合物通常难溶于无配位能力的离子液体中，Chauvin 等[20]发现，中性配合物如 Rh (CO)₂acac 虽在离子液体中也有一定溶解性，但在有机/离子液体两相体系中向有机相的流失量还是相当大，但加入 TPPTS 或 TPPMS 则可减少中性的 Rh 配合物催化剂从离子液体中流失[21]。Wasserscheid 等[22]以及 Favre 等[23]证实，添加具有阳离子性能的配体[图 4.6(a),(b),(c)]可提高配合物在离子液体中的溶解性和稳定性。

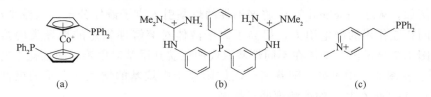

图 4.6　具有阳离子官能基的膦配体

离子型配合物在离子液体中的溶解性要大于中性配合物，离子液体的阴离子在一定程度上对催化中心的金属阳离子有配位作用，即阳离子型过渡金属配合物中的阴离子可被离子液体的阴离子所置换[24]。离子液体中阳离子的情况则有所不同，因为以阴离子型过渡金属配合物为催化剂的反应很少。然而，某些阳离子如咪唑阳离子对过渡金属具有配体前体的功能，并在一定反应条件下，通过以下三条途径转变为配体[25~28]。

(1) 通过咪唑阳离子的脱质子形成金属卡宾配合物[式(4.1)]

$$2\left[\begin{array}{c}\text{N}^+\text{N}\end{array}\right]X \xrightarrow{M(OAc)_n,\ 碱} \text{（金属卡宾配合物结构）} \tag{4.1}$$

(2) 通过咪唑阳离子与金属中心的氧化加成形成金属卡宾配合物[式(4.2)]

$$\left[\begin{array}{c}\text{N}^+\text{N}\end{array}\right]X \xrightarrow{[M^0L_n]} \left[\text{（结构）}\right]X \tag{4.2}$$

(3) 通过咪唑阳离子的脱烷基化形成金属咪唑配合物[式(4.3)]

$$\left[\begin{array}{c}\text{N}^+\text{N}\end{array}\right]_2[MCl_x] \xrightarrow[\text{[bmim][BF}_4]]{H_2O} \text{（结构）} + 2\ \diagup\!\!\!\diagdown + 2\,HCl \tag{4.3}$$

4.2.1.2 离子液体中有机化合物的溶解性

离子液体的溶剂特性大致与偶极非质子溶剂如低碳醇相似。实验观察显示，非极性溶剂不溶于离子液体，在极性较大的溶剂中，酯（如乙酸乙酯）在离子液体中的溶解性随离子液体的本性而变化，极性溶剂（如氯仿、乙腈、甲醇）则能与离子液体混溶。通常，烃类化合物在大多数离子液体中的溶解度有限，但不是绝对不溶。离子液体的亲油性，即对非极性溶质的溶解性可以通过结构修饰而改变，例如，Wasserscheid 等[29]将亲油性的烷基引入离子液体分子，以减少离子-离子间相互作用的静电引力，提高了离子液体对溶解性很差的烯烃类的溶解能力。图 4.7 显示出 1-辛烯在不同烷基取代的三烷基甲基对甲苯磺酸铵盐中的溶解性[25]。从图 4.7 中可见，随着离子液体阳离子中烷基的增大（离子的极性特征减弱），1-辛烯在其中的溶解度明显提高。

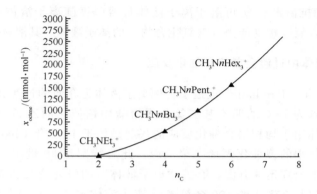

图 4.7　1-辛烯在不同三烷基甲基对甲苯磺酸铵盐中的溶解性

蒋景阳等[30]通过引入聚醚链，合成了一类新的季铵盐型的聚醚熔盐离子液体（图 4.8）。

$$Me（OCH_2CH_2）_n \overset{+}{N}Et_3\ MeSO_3^-\quad IL750，n=16；IL550，n=12；IL350，n=8$$

图 4.8　季铵盐型的聚醚熔盐离子液体

聚乙二醇醚链的引入不但使原为固态的铵盐变成在室温下为液态的熔盐，而且赋予铵盐与某些有机溶剂的一定溶解性。作者利用其与极性和非极性有机溶剂的不同溶解性，提出并实现了如图 4.9 所示的"温控离子液体两相"催化过程。

图 4.9　温控离子液体两相催化体系

Bonhôete 等[4]考察了有机溶剂的介电常数（ε）与其在离子液体中溶解性的关系，发现含氟烃的阴离子［如三氟甲烷磺酸根、全氟羧酸根，双（三氟乙酰）亚胺基负离子］的离子液体可与高介电常数的有机溶剂［如低碳醇（酮）、二氯甲烷和 THF 等］混溶，而与低介电常数的有机溶剂（如烷烃、二氧六环、甲苯及乙醚等）不互溶，而介电常数 $\varepsilon=6.04$ 的乙酸乙酯可溶于"低极性"的［emim］［CF_3SO_3］、［bmim］［CF_3CO_2］中，仅部分溶于极性较高的含羧基阴离子的离子液体中。

许多复杂的有机分子（complex organic molecular）如环糊精、糖脂[31]

（glycolipid）和抗菌素[12]等可溶于离子液体且溶解度随离子液体极性增加而提高。尤其是具有氢键接受能力（含氧化合物）的离子液体，其溶解力更大。

4.2.2　离子液体中过渡金属络合催化反应

早在 1972 年，Parshall[32]报道了首例离子液体为介质的过渡金属催化反应，这是一个在熔点为 78℃ 的四乙基三氯化锡熔盐中铂催化的乙烯氢甲酰化反应。然而，离子液体用于均相络合催化反应的兴起是始于 1990 年 Chauvin 等[33]实现了室温离子液体中的镍催化丙烯二聚反应。此后特别是 20 世纪 90 年代中期以来，这一领域的研究迅速升温，有关"离子液体"的研究论文和专利从 1996 年的 10 余篇增加到 2002 年的 500 余篇[34]。离子液体本身具有绿色溶剂的特性且对多数金属有机络合物有较好的溶解性，在过渡金属络合催化反应中得到广泛的应用，反应除加氢、氢甲酰化、羰化、氧化、二聚、齐聚和 Heck C—C 偶联外[35]，近年来又扩展到烯烃交互反应[36]、烯丙基烷基化[37]、丁二烯调聚[38]和Trost-Tsuji 偶联[39]等反应。

通过不同阴/阳离子的组合可在很大范围内调变离子液体对配合物及有机物的溶解性，从而使两相反应的活性和选择性易于得到优化，又使过渡金属络合催化剂的分离回收变得容易。以离子液体为基础形成的新液-液两相催化体系的发展同样令人产生兴趣。本节，我们按不同离子液体两相催化反应体系，分别对有机溶剂/离子液体、超临界流体/离子液体和水/离子液体两相介质中的均相络合催化反应作介绍。

4.2.2.1　有机溶剂/离子液体两相络合催化体系

1. 加氢反应

在离子液体中进行过渡金属催化的 C—C 键的加氢反应有着很好的应用前景：首先，有大量可用的加氢催化剂[40]，并且多数催化剂能较好地溶解在离子液体中；其次，许多烯烃在离子液体中都有一定溶解度以及"可用氢"都比较高，这足以使加氢反应以较快的速率进行。这里所指的"可用氢"不仅包括在平衡条件下氢气在离子液体中有较好的溶解性，更重要的是氢分子能很快地由气相扩散到离子液体相，有研究表明，后者的影响极为重要[41]；最后，相当多加氢产物与离子液体不能互溶，所以大多数反应可以在液-液两相体系中进行，催化剂可以通过简单的相分离进行再生和循环。

1995 年，Chauvin 等[21]首次成功地将氟硼酸盐型离子液体用于过渡金属催化的烯烃加氢反应。迄今，在离子液体中烯烃的均相催化加氢反应中的应用多有报道（表 4.13）。

表 4.13　有机溶剂/离子液体简单烯烃催化加氢

序号	离子液体	烯烃	催化剂	烯烃/催化剂	时间/h	p_{H_2}/MPa	T/℃	转化率/%	TOF/h^{-1}	参考文献
1	[bmim][PF$_6$]	1-戊烯	[Rh(nbd)(PPh$_3$)$_2$][PF$_6$]	388	2	0.1	30	97	103	[21]
2	[bmim][PF$_6$]	1-戊烯	[Rh(nbd)(PPh$_3$)$_2$][PF$_6$]	388	2	0.1	30	96	153	[21]
3	[bmim][BF$_4$]	1-己烯	Ru(PPh$_3$)$_3$Cl$_2$	1500	6	2.5	30	100	328	[42]
4	[bmim][BF$_4$]	环己烯	Ru(PPh$_3$)$_3$Cl$_2$	1500	20	2.5	60	100	73	[42]
5	[bmim][PF$_6$]	环己烯	Rh(PPh$_3$)$_3$Cl	15 000	120	1.0	25	40	50	[43]
6	[bmim][BF$_4$]	环己烯	[Rh(cod)$_2$][BF$_4$]	6400	120	1.0	25	65	30	[43]
7	[bmim][BF]	1-癸烯	[IrCl(cod)]$_2$	12 000	2	0.4	75	100	6000	[44]

注：nbd 为降冰片二烯。

与传统的水/有机两相催化加氢体系相比，离子液体催化体系通常具有更高的反应速率和更温和的反应条件，例如，在水/有机两相 HRuCl(dpm)$_3$ · 2H$_2$O [dpm＝PPh$_2$(m-C$_6$H$_4$SO$_3$Na)]催化 1-己烯加氢[45]（80℃，p_{H_2}＝3 bar，24h）中，在 50％的转化率下，TOF 值仅为 19h^{-1}，并且在反应中有异构化的烯烃生成。在离子液体催化体系中，却鲜有异构化产物生成，但离子液体中有痕量强配位的氯离子存在时，则会发生异构化反应。另外痕量的氯离子还会导致催化剂的失活，早期 Chauvin 等[3]应用[Rh(nbd)(PPh$_3$)$_2$][PF$_6$]对 1-戊烯在离子液体 [bmim][BF$_4$]和[bmim][PF$_6$]中催化加氢反应，催化剂活性表现出很大的差异（TOF 值分别为 9h^{-1}和 103h^{-1}）。Suarez 等[43]在以 Rh(PPh$_3$)$_3$Cl 催化的环己烯加氢反应中，观察到在[bmim][BF$_4$]和[bmim][PF$_6$]两种不同离子液体中反应速率几乎相同，TOF 值分别为 56h^{-1}和 50h^{-1}。两者的差别在于 Suarez 等所用的 [bmim][BF$_4$]离子液体不含氯离子。Suarez 等[42]在经提纯的[bmim][BF$_4$]离子液体中以 Ru(PPh$_3$)$_3$Cl$_2$ 为催化剂进行 1-己烯的加氢反应，催化剂显示了很高的活性，TOF 值可达 537h^{-1}。这些结果说明离子液体纯化的重要性。通常离子液体的提纯难度较高，这又在一定程度上阻碍了离子液体的工业应用。

最值得注意的是，在离子液体催化体系中，金属催化剂在离子液体相中的分布通常高于 99.5％。并且，与水/有机两相催化体系相比，在所有的离子液体两相体系中都不会形成稳定的乳化液。因此，采用离子液体技术，可有效地将催化剂固定在离子液体液相中，无需设计合成特殊的配体来完成催化剂的固定化，显示出离子液体作为溶剂分离催化剂所具有的潜力。

Chauvin 等[21]注意到 1,3-环己二烯在离子液体[emim][SbF$_6$]中溶解度比环己烯的溶解度大 5 倍，设计了以[Rh(nbd)(PPh$_3$)$_2$][PF$_6$]为催化剂，在 [emim][SbF$_6$]/正庚烷两相选择性催化加氢体系，使生成的环己烯在进一步加氢生成环己烷之前萃取到正庚烷相中，实现了环己二烯的高选择性加氢，在转化率为 96％时，生成单烯烃产物的选择性高达 98％。Suarez 等[42]则以 Na$_3$Co(CN)$_5$

为催化剂在[bmim][BF₄]中进行了1,3-丁二烯的选择性加氢，在较低的转化率下，选择性高达100%，但是含催化剂的离子液体不能循环使用，主要是因为在此体系中 Na₃Co(CN)₅ 化合物逐渐转化为对加氢反应没有活性的([bmim])₃Co(CN)₅。这一缺陷在使用钯作催化剂的时候则可得到克服，用可在[bmim][BF₄]或[bmim][PF₆]离子液体中溶解的 Pd(acac)₂ 为催化剂[46]，不但可使反应转化率达100%，对1-丁烯的选择性高达95%，而且含有催化剂的离子液体相经循环使用15次，催化活性未改变。

苯在离子液体[bmim][BF₄]中有良好的溶解度，而苯加氢产物环己烷在离子液体中完全不溶。Dyson 等[47] 研究了在离子液体两相体系中以[H₄Ru₄(η^6-C₆H₆)₄][BF₄]₂ 为催化剂的苯加氢反应。随着反应的不断进行，苯与离子液体的均相反应体系逐渐转化为环己烷与离子液体的两相体系，在氢气压力6.0MPa，90℃条件下反应2.5h，转化率为91%，反应的 TOF 值 364h⁻¹。通过简单相分离，即可实现催化剂与产物的分离。与以水为极性相的两相体系相比，不但转化率有所提高（水相反应转化率88%），而且产品易于分离、提纯，不会因水引起交叉污染。

尽管与水-有机两相相比，芳烃在离子液体中的加氢反应，无论在转化率，还是产品的分离和催化剂的回收方面已显示出一定的优越性。但有研究表明有些催化剂如 Ru₃(CO)₁₂₋ₓ(TPPTS)ₓ(x = 1 ~ 3)，H₄Ru₄(CO)₁₁(TPPTS) 和[Ru₄(η^6-C₆H₆)₄(OH)₄]⁴⁺ 只有与水发生反应后才生成具有催化活性的物种，因此，它在不含水的离子液体中的加氢活性很差[48]。

与小分子烯烃和芳烃加氢相比，离子液体在高聚物加氢中的研究报道很少，尚处于探索阶段。1998 年，Müller 等[49]首次报道了在离子液体[bmim][BF₄]与甲苯两相体系中以 RuHCl(CO)(PCy₃)₂ 为催化剂对含有极性官能团的 NBR（丁腈胶）进行选择加氢。在反应温度140℃，压力为2MPa 的条件下，反应3h 后加氢度达100%，没有凝胶现象产生。反应结束后，通过简单相分离即可得到产品，催化剂循环使用多次后，催化活性没有改变。MacLeod 等[50] 同样在[bmim][BF₄]离子液体/甲苯体系下以 Rh(TPPTS)₃Cl 为催化剂进行 NBR 加氢，在100℃、3.1MPa 下反应2h，加氢度只有8%，而且在离子液体和甲苯两相中间有橘黄色的悬浮，原因是少量的 NBR 与甲苯溶在离子液体中改变了离子液体中催化剂的溶解度，导致部分催化物种析出。为了提高催化剂在离子液体中的溶解度，在体系中加入一小部分水，加氢度可以提高到39%。加氢后的产品在此体系中有析出，但加入 THF 或者氯苯不但可以避免加氢产品析出，而且使加氢度提高到72%。对 PBD（聚丁二烯）、SBR（苯乙烯-丁二烯无规共聚物）等高聚物选择性加氢的研究表明，这两种底物加氢产品没有析出的现象，不同底物加氢程度为 PBD＞NBR＞SBR，这与甲苯/水两相体系下 Rh(TPPMS)₃Cl 催化这三种底物的加氢结果相类似[51]。

Jiang 等[52]以几种廉价的原料合成了一种离子液体 [式(4.4)]，在该离子液体与甲苯/四氢呋喃两相体系中进行了 SBS（苯乙烯丁二烯嵌段共聚物）丁二烯链段中的不饱和双键加氢。

$$C_{12}H_{25}-N \overset{(CH_2CH_2O)_mH}{\underset{(CH_2CH_2O)_nH}{}} + H_2SO_4 \longrightarrow C_{12}H_{25}-\overset{+}{\underset{H}{N}} \overset{(CH_2CH_2O)_mH}{\underset{(CH_2CH_2O)_nH}{}} \quad HSO_4^-$$

$$m+n=8 \tag{4.4}$$

反应以 $RuCl_3$/TPPTS 为催化剂，在反应温度 150℃，氢气压力 3.0MPa，反应 24h，膦钌比为 10 的条件下，加氢度仅为 25%，对 SBS 在聚醚熔盐离子液体中溶解性能的测定表明，SBS 完全不溶于聚醚熔盐，而溶于聚醚熔盐相的 Ru/TPPTS 催化剂不溶于有机相，因此，反应只可能在两相界面进行，受传质控制的严重制约，致使 SBS 的加氢度不高。向反应体系中加入油溶性配体 TPP（三苯基膦）加氢度有了显著提高，在氢气压力 5.0MPa，反应温度 150℃，C=C：Ru=2000（物质的量之比），TPP：TPPTS：Ru=2：5：1（物质的量之比）的优化条件下，反应 12h，SBS 加氢度为 89%，苯环未被加氢。催化剂循环使用 3 次，催化活性基本保持不变，进一步考察催化剂在有机相的流失表明，将加氢完成后的有机相分离出来，向其中加入新的 SBS，在同样的条件下，不另加催化剂相，以有机相为介质考察 SBS 的加氢，红外分析结果表明，经 24h 反应，没有发现加氢发生，这说明催化剂在有机相中的流失不大。由此可见，聚醚型离子液体两相催化有望为实现高聚物加氢反应中贵金属催化剂的分离和循环提供一条新途径，具有潜在的工业应用价值。

另外，立体选择性双键加氢也可在离子液体中很好的进行，Steines 等[53]在 [bmim] PF_6/MTBE（MTBE=甲基叔丁醚）体系中，进行了山梨酸的选择性氢化，反应产物为顺-3-己烯酸 [式(4.5)]，反应的选择性达 85%。并且在相同的转化率下，其反应速率要比在其他极性溶剂（如乙二醇）中快 3 倍以上，含催化剂的离子液体相可以循环使用。

$$\tag{4.5}$$

1995 年，Chauvin 等[21]首次将离子液体用于碳-碳双键的不对称加氢反应。在离子液体[bmim][SbF$_6$]/异丙醇两相体系中，以[Rh(cod){(−)-diop}][PF$_6$]为催化剂，成功地实现了 α-乙酰氨基肉桂酸的氢化[式(4.6)]。不但可以得到 ee 值 64%，(S)-苯基丙氨酸，而且离子液体溶液可以循环使用。

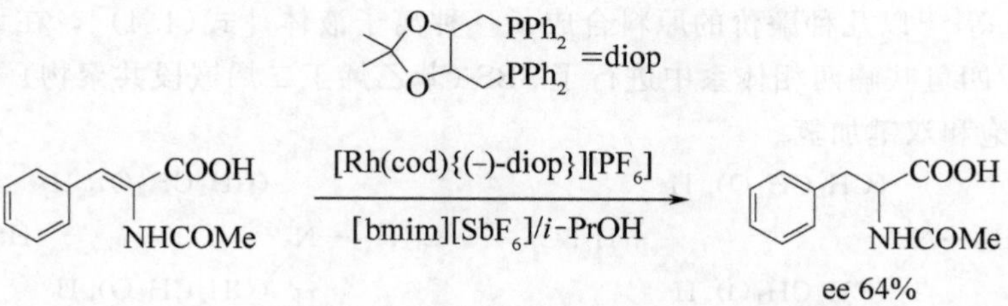

$$\begin{array}{c} \text{O} \\[-2pt] \text{O} \end{array} \Big\rangle\!\!\!< \begin{array}{l} \text{CH}_2\text{—PPh}_2 \\[4pt] \text{CH}_2\text{—PPh}_2 \end{array} = \text{diop}$$

$$\underset{\text{NHCOMe}}{\overset{\text{COOH}}{\bigvee}} \xrightarrow[\text{[bmim][SbF}_6\text{]}/i\text{-PrOH}]{\text{[Rh(cod)}\{(-)\text{-diop}\}][PF}_6\text{]}} \underset{\substack{\text{NHCOMe}\\ \text{ee }64\%}}{\overset{\text{COOH}}{\bigvee}} \qquad (4.6)$$

随后，Berger 等[54]在［bmim］［BF₄］和［bmim］［PF₆］两种离子液体中，以 Rh-EtDuPHOS 为催化剂（图 4.10）、异丙醇为溶剂，进一步研究了 α-乙酰氨基肉桂酸的不对称氢化。研究结果表明，反应的转化率和对映选择性与离子液体相中分子氢的浓度有明显关系，氢气在离子液体［bmim］［BF₄］中的溶解度是在离子液体［bmim］［PF₆］中的 4 倍，因此，［bmim］［BF₄］中的反应效果（转化率 73％，ee 值 93％）明显好于离子液体［bmim］［PF₆］（转化率 26％，ee 值 81％）。

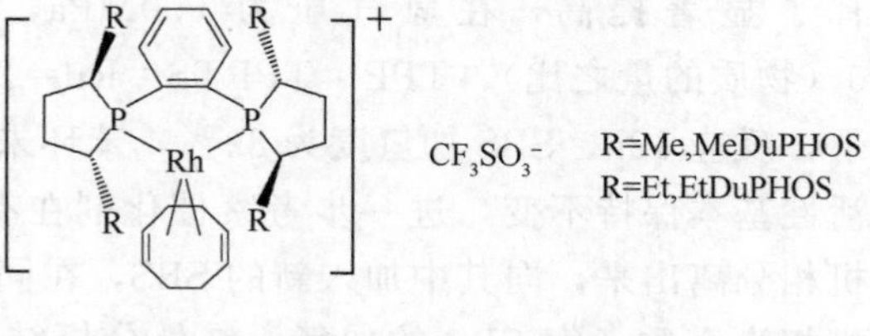

图 4.10　Rh-(*R,R*)-MeDuPHOS 和 Rh-(*R,R*)-EtDuPHOS 结构示意图

将 Rh-(*R*，*R*)-MeDuPHOS 和 Rh-(*R*，*R*)-EtDuPHOS[55] 负载于［bmim］［BF₄］/*i*-PrOH或［bmim］［PF₆］/*i*-PrOH 体系中，进行烯胺的不对称氢化的研究表明，催化剂在离子液体中表现出同常规有机溶剂相近的活性及立体选择性，溶于离子液体的催化剂在空气中暴露 24h 后，反应的立体选择性仍可达到 94％，可见离子液体对空气高度敏感的催化剂 Rh-(*R,R*)-MeDuPHOS 具有一定程度的稳定作用，并且，研究结果还表明，离子液体中分子氢的浓度（而非氢气压力）对反应的立体选择性产生较大影响。

2. 氧化反应

与传统有机溶剂（二氯甲烷、二氯乙烷等）相比，离子液体本身具有很强的抗氧化能力。另外，从安全的角度来看，由于离子液体具有非常低的蒸气压，它不会像传统的挥发性溶剂会与空气形成容易爆炸的气态混合物，因此，离子液体对于氧化反应是一种非常合适的反应介质。尽管如此，在离子液体介质中进行过渡金属催化氧化的研究仅始于 2000 年，但研究结果表明，在离子液体中进行氧化反应有着其他反应体系不可比拟的优势。

Howarth 等[56]首次报道了多种芳香醛在［bmim］［PF₆］中用乙酰丙酮

镍（Ⅱ）[Ni(acac)$_2$]和氧气作氧化剂在常压下的氧化反应。如式（4.7）所示。

$$R-\text{C}_6\text{H}_4-\text{CHO} \xrightarrow[\text{[bmim][PF}_6\text{]}]{\text{Ni (acac)}_2+\text{O}_2} R-\text{C}_6\text{H}_4-\text{COOH}$$

R＝H，Me，Cl，Br，OMe，OH，CHO   产率 47%～66%

$$(4.7)$$

[Ni(acac)$_2$]/[O]催化体系曾被用于氟两相体系中进行芳香醛的氧化，但由于催化剂在氟相中溶解度很小，需要在镍催化剂的配体上引入长全氟链来增大催化剂的溶解度及降低催化剂的流失[57]。在离子液体体系中，不需要对催化剂进行任何修饰就可达到与氟两相相当的催化效果，并且含有催化的离子液体可以循环 3 次。

烯烃和烯丙醇的环氧化也可在离子液体体系中很好的进行，Owen 等[58]将甲基三氧化铼（MTO）负载于[emim][BF$_4$]中，以尿素-过氧化氢（UHP）为氧化剂进行了烯烃的环氧化反应，MTO 和 UHP 能很好的溶于离子液体中，反应为均相反应（在有机溶剂中则为多相反应）。研究还发现，转化率随着烯烃的活性及其在离子液体中溶解度的降低而降低，并且环氧化反应速率与用有机溶剂作反应介质中相当。

Song 等[59]则在[bmim]PF$_6$/CH$_2$Cl$_2$（体积比为 1∶4）中以 NaOCl 为氧化剂研究了手性 Mn（Salen）配合物（Jacobson 催化剂）催化不对称烯烃环氧化过程[式(4.8)]，研究结果表明，在[bmim][PF$_6$]-CH$_2$Cl$_2$ 中，反应 2h，转化率达到 86%，而在 CH$_2$Cl$_2$ 中则需要 6h 才能达到相同的转化率，两者的选择性都高达 94%。更重要的是，分离产品后含催化剂的溶液能循环使用，循环 5 次后，转化率由 83%降至 53%。Gaillon 等[60]结合电化学和催化过程的研究指出，在离子液体中有高价的氧化锰活性中间体形成，在有机溶剂中则没有发现该中间体。这再一次显示了离子液体作为反应溶剂的优越性。

$$(4.8)$$

3. 氢甲酰化反应

早在 1972 年，Parshall[32]考察了三氯化锡四乙基铵（m. p. 87℃）中乙烯的氢甲酰化，反应在90℃、40MPa下进行，但没有给出铂催化剂的具体活性。此后，Wasserscheid等[61]又进一步研究了铂在氯化锡酸盐中氢甲酰化[式(4.9)]的催化效果。以室温离子液体[bmim][$SnCl_3$]为溶剂，尽管1-辛烯在离子液体中的溶解度较小，铂催化1-辛烯氢甲酰化反应活性仍达到$126h^{-1}$（TOF），并且醛的正异比高达19.2，催化剂可通过简单分离而循环使用，产物相中没有发现铂的存在。

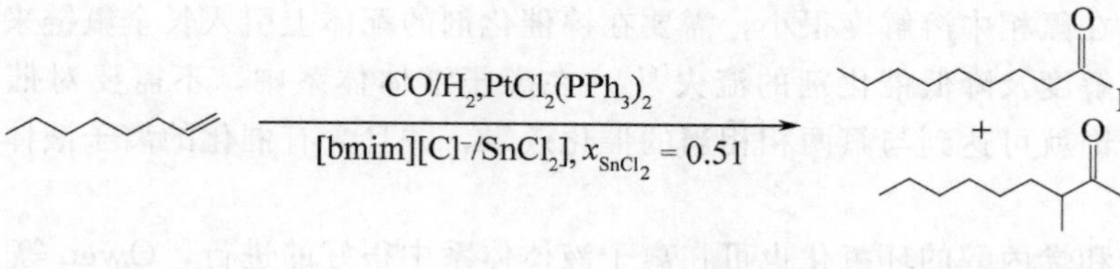

CO/H2,PtCl2(PPh3)2
[bmim][Cl⁻/SnCl2], xSnCl2 = 0.51
O
H
+
O
H
n:iso=19.2

(4.9)

Knifton[62]于1987年采用正四丁基溴化磷为离子液体，考察了钌或钴催化下的内烯烃和端烯烃的氢甲酰化反应效果，光谱研究表明离子液体能稳定钌-羰基活性中间体，因而在较低的压力和较高的温度下，催化剂寿命得以延长。

1996年，Chauvin等[21]考察了室温离子液体[bmim][PF_6]及[bmim][BF_4]中Rh催化1-戊烯的氢甲酰化反应，由于产物己醛不溶于这些离子液体中，反应是在两相体系的离子液体相中进行。使用膦配体PPh_3和Rh$(CO)_2$（acac）原位形成的催化剂，结果显示其在[bmim][PF_6]离子液体两相体系中的催化活性（TOF＝$333h^{-1}$）比在甲苯均相体系下（TOF＝$297h^{-1}$）略高，但是观察到少量的活性Rh催化剂流失到有机相中，而使用离子型配体TPPTS或TPPMS代替PPh_3，则催化活性虽有明显下降（TOF＝55～$105h^{-1}$），但催化剂可全部溶于离子液体相，分离后催化剂的流失极微。因此，在氢甲酰化反应中使用离子型配体（磺酸盐或季铵盐型）能很好地解决催化剂流失的问题。Wasserscheid等[22]使用了新颖的阳离子胍盐修饰的膦配体（图4.11）。在[bmim][PF_6]中，催化1-辛烯氢甲酰化反应。当以化合物（a）为配体时，虽然转化率不如以PPh_3为配体的高，但催化剂流失（＜0.07%）却远比以PPh_3为配体的铑流失（53%）要小；使用化合物（b）为配体时，发现反应转化率在循环过程中不断增加（从第一次的10.6%增加到第七次的44.3%）。其原因在于所使用的配体中有5%左右（质量）的不纯物（3-iodophenylguanidine）。催化剂使用10次，TON达到3500，铑流失小于0.07%。

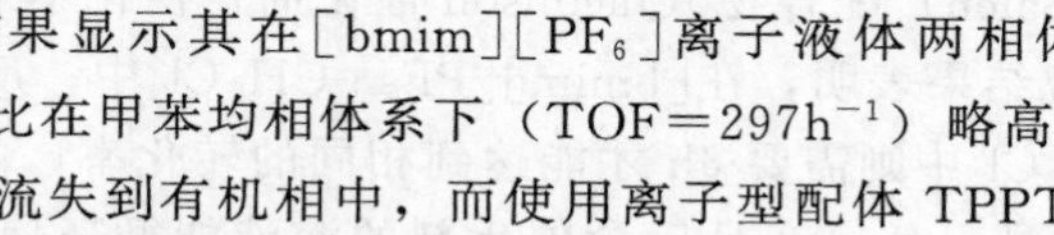

Me
Me
PR2
PR2
PR2
R=
NH3
+PF6⁻
NMe2
N
H
(a)
(b)

图4.11　阳离子胍盐修饰的膦配体结构示意图

2000 年，Brasse 等[63]将一种新的离子型双膦配体用于催化在[bmim][PF$_6$]中的 1-辛烯的氢甲酰化反应。阳离子型含钴双膦配体[式(4.10)]，显示出很高的催化活性（TOF=810h^{-1}），产物的正异比达到 16.2；催化剂在有机相中流失小于 0.5％，催化剂可以循环使用。

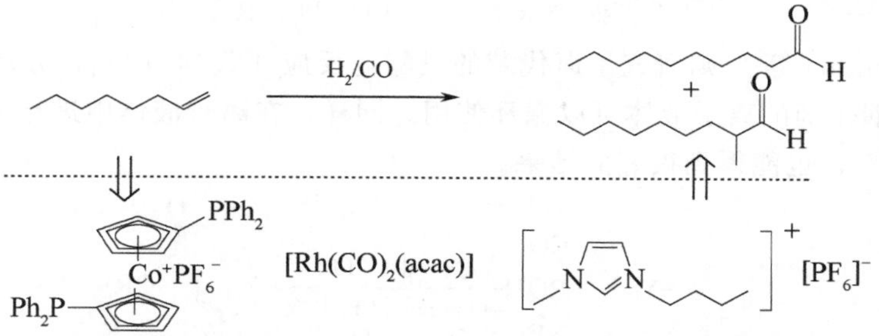

$$(4.10)$$

Mehnert 等[64]系统考察了不同离子液体（[bmim][PF$_6$]、[bmim][BF$_4$]、[bdmim][PF$_6$]）中 1-己烯氢甲酰化反应，反应以 Rh(CO)$_2$(acac)TPPTI 为催化剂，TPPTI［tri（m-sulfonyl） triphenyl phosphine-1，2-dimethy-3-butyl-imidazolium salt]结构如图 4.12 所示。

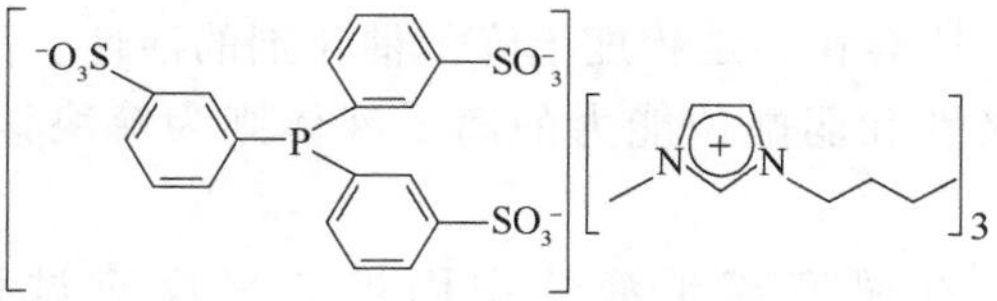

图 4.12　TPPTI 结构示意图

尽管在离子液体两相反应体系中的催化活性仅为甲苯均相体系[PPh$_3$/Rh(CO)$_2$(acac)]的十分之一，但是催化剂能循环使用数次，并且催化剂的循环使用情况与离子液体对有机物的溶解度有关：对极性有机物的溶解性更小的[bmim][PF$_6$]，因它能更好地负载催化剂，反应循环 10 次，仍然有 91％的 Rh 催化剂停留于离子液体相中，而在[bmim][BF$_4$]中，循环 10 次后，约有 14％的 Rh 催化剂流失到有机相中，而在[bdmim][PF$_6$]中，经循环 7 次，仅有 89％的 Rh 催化剂位于离子液体相中。

4. 氢酯化反应

Zim 等[65]研究了在[bmim][BF$_4$]/环己烷两相体系中以钯为催化剂对苯乙烯类衍生物的氢酯化反应，在 p_{CO}=1MPa、70℃、20h 条件下，反应显示很好的活性和区域选择性（2-芳基丙烯酸酯的选择性大于 99.5％）[式(4.11)]。尽管所选配体为手性配体，但是反应的对映体选择性很低（ee<5％），当底物转化率高时，活性钯催化剂有部分或者全部的分解。邓友全等[66]研究了在[bmim][BF$_4$]

离子液体中叔丁醇经羰化反应与乙醇直接生成特戊酸乙酯的反应。与在有机溶剂中的反应相比，室温时离子液体中具有更好的催化活性，并且产物和催化体系不溶，容易分离。

$$R\text{—}\underset{}{\boxed{}}\text{—}\!\!=\quad\xrightarrow[\text{[bmim][BF}_4]}{\text{CO}/i\text{-PrOH/H}^+}\quad R\text{—}\underset{}{\boxed{}}\text{—}\overset{}{\underset{\text{CO}_2i\text{-Pr}}{|}}+\;R\text{—}\underset{}{\boxed{}}\text{—}\text{—CO}_2i\text{-Pr}\qquad(4.11)$$

Mizushima 等[67]则研究了卤代苯的氢酯化反应[式(4.12)]，分离出酯化物后，含有催化剂的离子液体可以循环使用。同样，在离子液体中进行分子内的氢酯化反应[68]，也能得到很好的结果。

$$\boxed{}\text{—X}\;+\;\begin{array}{l}\text{CO}\\ \text{ROH}\\ \text{NEt}_3\end{array}\quad\xrightarrow[\text{[bmim][BF}_4]}{\underset{\text{[bmim][PF}_6]\text{ 或}}{\text{Pd(II)/PPh}_3}}\quad\boxed{}\text{—}\overset{O}{\overset{\|}{C}}\text{—OR}\qquad(4.12)$$

5. 烯烃齐聚和二聚反应

乙烯、丙烯等小分子的齐聚是制备 α-烯烃的一条有效途径，然而，不少对这一反应有高催化活性的过渡金属络合物很难溶于非极性溶剂中，而极性溶剂会与催化活性中心配位，这会在一定程度上降低催化剂的活性。离子液体的出现，特别是那些具有一定极性和弱配位能力的离子液体则为解决该问题提供了一条新途径。

Chauvin 等[33,69]在研究离子液体中丙烯二聚反应过程中发现离子液体（[bmim]Cl/AlCl$_3$）的酸碱性对齐聚反应影响极大。在碱性离子液体（[bmim]Cl/AlCl$_3$<1）中，由于存在配位能力强的氯离子，易于与镍催化剂形成无催化活性的 NiCl$_4^{2-}$ NiCl$_3$L$^-$（L 为配体），因而无二聚反应发生；在酸性离子液体（[bmim]Cl/AlCl$_3$>1）中，超强酸 Al$_2$Cl$_7^-$ 和 Al$_3$Cl$_{10}^-$ 的生成，引起严重的阳离子聚合反应，也得不到二聚产物，加入烷基铝能明显地抑制阳离子聚合反应。在上述优化条件下，-15℃，在 [bmim]Cl/AlCl$_3$/AlEtCl$_2$（物质的量比为 $1:1.2:0.1$）中，以[NiCl$_2$(i-Pr$_3$P)$_2$]为催化剂，每克镍催化剂每小时催化生成二聚丙烯产物达到 12.5kg。并且2,3-二甲基丁烯的选择性达到83%。基于此研究，法国的 Francais du Petrole（IFP）研究所[70]研究的镍催化丁烯二聚工艺（difasol process）已进入工业化试验阶段。反应在常压下，$-5\sim15$℃进行，丁烯的转化率为 70%～80%，C$_8$烯烃的选择性达 90%～95%。由于产物二聚丁烯在离子液体中不溶而易分离，含镍催化剂的离子液体可以循环使用，催化活性为每克镍催化剂催化生成二聚丁烯产物达到 250kg。

Einloft 等[71]则在类似的体系中研究了乙烯的二聚反应，在[bmim]Cl-AlCl$_3$-AlEtCl$_2$（物质的量比为 $1:1.2:0.25$）中，以[Ni(MeCN)$_6$][BF$_4$]$_2$为催化剂，在 10℃，1.8MPa 下丁烯的选择性可以达到 100%，反应的 TOF 值达到

$1731~h^{-1}$。该催化体系对丁烯二聚反应[72]有很好的催化活性，在10℃，常压条件下，反应的TOF值达到$6840h^{-1}$，每克镍催化剂每小时催化生成6kg齐聚物，支链烯烃的选择性达到94%。丁烯二聚物的分布与加入的配体无关，并且反应的原料（1-丁烯或2-丁烯）的不同，也不影响二聚物的分布，这表明该反应体系不但具有很高的齐聚活性，同时也具有很高的异构化作用。

Wasserscheid等[73]在吡啶型氯铝酸盐离子液体中考察了1-丁烯二聚合成线性辛烯，配体及离子液体结构如式（4.13）所示，为了减少阳离子副反应，采用有机碱来缓冲离子液体（喹啉、吡啶或N-甲基吡咯）的酸性，反应的TOF值达到$1240h^{-1}$，C_8烯烃的选择性高达98%，直链二聚物的选择性达到68%，这主要是因为C_8烯烃在离子液体中的溶解度远低于丁烯在离子液体中的溶解度，生成的C_8烯烃不断从离子液体中分离出来。将该体系进行连续化考察，反应的TON达到18 000，二聚物的选择性保持在98%，直链辛烯的选择性为52%。

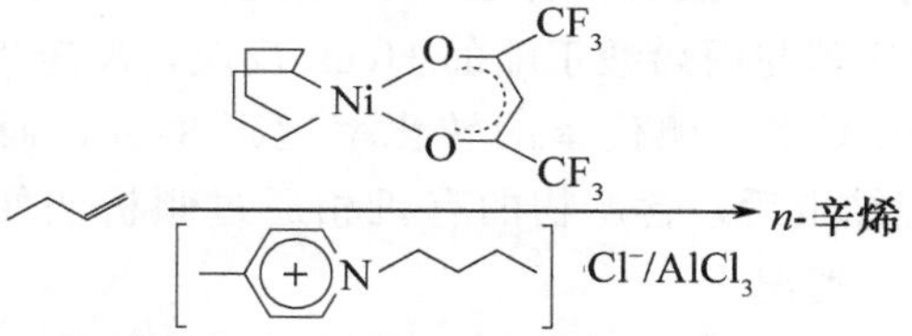

$$(4.13)$$

离子液体两相催化烯烃齐聚反应不仅限于氯铝酸盐离子液体，在其他类型的离子液体中也能很好地进行，Wasserscheid[34]采用一种阳离子型配体（图4.13所示）在[bmim][PF_6]离子液体中进行乙烯齐聚反应生成α-烯烃，反应的催化活性明显高于在CH_2Cl_2中均相齐聚，α-烯烃的选择性也明显高于后者，其原因在于反应过程中生成的齐聚物在离子液体中的溶解度很小而不断地从离子液体中分离出来，减少了异构化的发生。

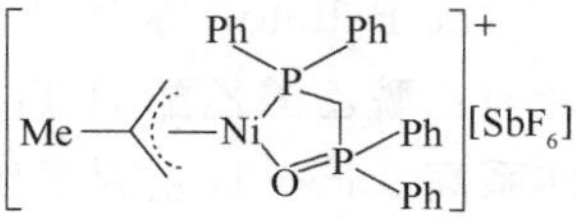

图4.13 阳离子型Ni配合物结构示意图

6.Pd催化 C—C 偶联反应

Pd催化 C—C 偶联反应在有机合成中具有重要的意义，但该反应通常要在高催化剂浓度下进行。催化剂损失大。因此，如何将催化剂负载化[74]成为该反应研究的热点之一。研究表明[75]离子液体作为负载Pd催化剂的介质是一种可行的选择。早先离子液体中Pd催化 C—C 偶联反应大多是在离子液体为介质的单相体系中进行，反应完成后产物是通过溶剂萃取来分离的。

1996年，Kaufmann等[76]率先研究了季碱盐离子液体中进行的Pd催化丙烯酸正丁酯与溴化苯Heck反应[式(4.14)]，在不加膦配体的情况下，使用简单的Pd催化剂（氯化钯、乙酸钯等），溴代芳烃的转化率达到99%，分离产物后，含催化剂的离子液体相可以循环使用。

$$\text{Ph—Br} + \text{=CO}_2\text{Bu} \xrightarrow[\text{[Bu}_3\text{PC}_{16}\text{H}_{33}]\text{Br}]{\text{[Pd]Et}_3\text{N}} \text{Ph—=—CO}_2\text{Bu} \qquad (4.14)$$

Heck 反应也可以在室温离子液体中进行，Carmichael 等[77]在[bmim][PF₆]及[C₆Py][PF₆]中，用 Pd 催化卤代苯与丙烯酸乙酯 Heck 反应[式(4.15)]，与其他类型的离子液体相比，催化剂在该类离子液体中更易于回收。反应完成后，催化剂溶于离子液体中，产物则位于正己烷中。研究发现，与吡啶型离子液体相比，在咪唑型离子液体中进行 Heck 反应，具有更高的活性[78]。

$$R—\text{C}_6\text{H}_4—X + \text{=CO}_2\text{Et} \xrightarrow[\text{离子液体}]{\text{Pd(OAc)}} R—\text{C}_6\text{H}_4—\text{CO}_2\text{Et}$$

$$R=\text{H,OMe}$$
$$X=\text{I,Br}$$
$$(4.15)$$

Zou 等[79]发现高熔点的离子液体[Bu₄N][BF₄](m.p.160℃)，与甲苯混合后离子液体相在55℃时就变为液态，并且在该温度下甲苯与离子液体形成两相。在该体系中进行了卤代苯与丙烯酸丁酯的 Heck 反应，反应不加任何配体，仅以 $PdCl_2$ 为催化剂，在 90℃下，碘代苯的转化率达到84%，而溴代苯转化率则较低，仅为20%，反应结束后，含产物的有机相通过倾析法便得到分离，但文中没有给出催化剂的循环情况。

de Bellefon 等[80]研究了在[bmim]Cl/甲基环己烷体系中进行的肉桂酸碳酸酯与乙酰乙酸乙酯的 Trost-Tsuji 偶联反应[式(4.16)]，反应速率比丁腈/水两相体系高9倍，这主要是因为，反应底物在离子液体中有更好的溶解度。更重要的是，在离子液体反应体系中肉桂酸碳酸酯的水解反应和 Pd 催化 TPPTS 季碱化反应得到抑制，因而反应的选择性得到很大的提高。

$$\text{Ph—=—OCO}_2\text{Et} + \overset{\text{O O}}{\underset{}{\text{—OEt}}} \xrightarrow[\text{甲基环己烯}]{\underset{\text{[bmim]Cl/}}{\text{PdCl}_2\text{/TPPTS}}} \text{Ph—=—} \overset{\text{COMe}}{\underset{\text{CO}_2\text{Et}}{}}$$

产率90%

$$(4.16)$$

4.2.2.2 超临界流体/离子液体两相络合催化体系

离子液体作为"绿色"溶剂的重要特征是其极低的挥发性。高挥发性的超临界 CO_2 则因其安全无毒、价格便宜、来源丰富、临界温度低（$T_c = 31.06℃$）、化学性质稳定、不可燃[81]而被列为"绿色"溶剂。此外，它具有对有机物的强溶解性以及良好的流动性、传递性、挥发性，因而它与溶质易于分离，且无残留产生的特征。早在20世纪70年代，首例超临界 CO_2 从咖啡中脱咖啡因的工业应用问世，随后超临界萃取天然产物中活性组分，如香料、天然色素、药物等屡见报道。见诸文献的超临界 CO_2 中的化学反应则始于20世纪90年代，迄今已有催化加氢[82]、催化氢甲酰化[83]、催化氧化[84]等。

离子液体与超临界 CO_2 的结合首先在萃取溶于离子液体中不挥发性组分中得以实现[14]。研究中发现，CO_2 极易溶于离子液体，而离子液体在超临界 CO_2 中的溶解度却非常小。当离子液体相中溶解 CO_2 摩尔分数为 60% 时，在 CO_2 相中离子液体摩尔分数不到 10^{-5}，而极性有机物（如丙酮、甲醇）的加入，会导致离子液体在超临界 CO_2 的溶解度有所升高，达到 10^{-4} 数量级[85]，但是增加的程度仍然相当小。超临界 CO_2 与离子液体的相行为表明，超临界 CO_2 有可能充分萃取离子液体中的物质而不会使离子液体随之损失。因此，超临界 CO_2 作为非极性溶剂能与离子液体在过渡金属络合催化反应中形成一类新的液-液两相体系，可以通过图 4.14 所示的基本过程表示产物与催化剂的分离。

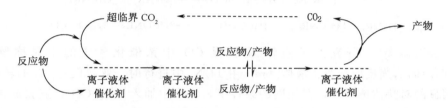

图 4.14　超临界 CO_2/离子液体两相催化反应流程

Brown 等[15] 首先将超临界 CO_2 与离子液体结合应用于 2-甲基-2-丁烯酸的不对称加氢反应，反应以 $Ru(O_2CMe)_2[(R)\text{-tolBINAP}]$ 为手性催化剂[式 (4.17)]。

$$(4.17)$$

反应完成后，产物能被超临界 CO_2 完全萃取出来，转化率为 99%，选择性为 85%。催化剂循环四次，催化活性和选择性无显著降低。增大 H_2 压力，对映体选择性降低，这与在甲醇均相体系中现象类似。H_2 在离子液体中溶解度的增大是这一现象产生的主要原因，并在随后的研究中得到证实[16]。

Liu 等[17] 报道了 [bmim][PF_6]/超临界 CO_2 两相体系中，以 Wilkinson 催化剂 $RuCl(PPh_3)_3$ 催化 1-癸烯及环己烯加氢，反应在两相中进行。在 50℃，氢气压力为 4.8MPa 下，1-癸烯的转化率为 98%，转化频率为 410 h^{-1}，环己烯的转化率为 92%，转化频率为 220 h^{-1}，含催化剂的离子液体能循环使用。但是该体系与离子液体/正庚烷两相体系相比没有显示任何优越性，为此他们研究了反应过程中有极性中间体生成的二烷基胺的甲酰化反应[式 (4.18)]，在单一的超临界

CO_2 溶剂中，随着烷基的增大，由于生成了不溶于超临界 CO_2 的氨基甲酸铵中间体，反应的选择性和转化率急剧下降。在 [bmim][PF_6]/超临界 CO_2 两相体系中，氨基甲酸铵能够溶于离子液体中，反应效果并没有随烷基的变化而降低，二丙胺几乎定量地转化为 N,N-二丙基甲酰胺。

$$CO_2 + H_2 \xrightarrow{\text{催化剂}} HCOOH$$

$$HCOOH + R_3N \Longleftrightarrow [HNR_3]^+[HCO_2]^-$$

$$HNR_2 + CO_2 \Longleftrightarrow R_2NCOOH \qquad (4.18)$$

$$R_2NCOOH + HNR_2 \Longleftrightarrow [H_2NR_2]^+[O_2CNR_2]^-$$

$$[H_2NR_2]^+[O_2CNR_2]^- + 2HCOOH \longrightarrow 2HCONR_2 + 2H_2O + CO_2$$

Solinas 等[18] 研究离子液体/超临界 CO_2 中铱催化亚胺的不对称氢化 [式(4.19)]，当反应在离子液体 [bmim][Tf_2N] 中进行时，亚胺仅有 3% 的转化，无明显的对映体选择性，在相同的条件下，体系中加入 8.9g CO_2，亚胺的转化率大于 99%，对映体选择性达到 56%。高压 ^{1}H NMR 表明，CO_2 的加入，有利于增大 H_2 在离子液体中的溶解度，进而使转化率和选择性大幅提高。在 [bmim][PF_6]/超临界 CO_2 进行催化剂循环考察，催化剂循环使用 7 次，转化率均高于 90%，对映选择性保持在 62% 左右。同时离子液体对催化剂有稳定作用，将催化剂暴露于空气中一段时间后，反应的活性和选择性无明显变化。

$$(4.19)$$

Rh 配合物催化剂催化氢甲酰化反应活性、选择性均好，但对催化 C_6 以上的烯烃氢甲酰化反应，因为产物的挥发性低，而催化剂对热又敏感，因此一直未能工业化（工业上使用活性较低的 Co 催化剂）。基于离子液体/超临界 CO_2 中催化反应有许多优点，Sellin 等[19] 研究了高碳烯烃在离子液体/超临界 CO_2 体系中氢甲酰化连续化反应研究。对催化反应进行考察时，当反应以 $Rh_2(OAc)_4$/$P(OPh)_3$ 为催化剂，在离子液体 [bmim][PF_6] 中进行时，1-己烯的转化率大于99%，但醛的选择性仅为 15.7%，正异比也仅为 2.4。当体系中加入超临界 CO_2时，反应活性降低（烯烃转化率为 40%），但是醛的选择性明显提高（醛的选择性为 82.3%，正异比达到 6.1）。但是催化剂经过 2~3 次循环时明显失活，这主要是因为体系中存在的水导致 [PF_6]$^-$ 水解生成 HF，而 HF 与/$P(OPh)_3$ 发生反应而致使催化剂失活。当采用离子型配体 [bmim][$Ph_2PC_6H_4SO_3$]，催化剂能循环 12 次 （TOF＝160～320h^{-1}），正异比从 3.7 下降至 2.5，前 9 次循环，没有检测到铑流失。此后，由于生成了易溶于超临界 CO_2 的 $RH(CO)_4$，催化剂流失开始明显。基于此，在离子液体/超临界 CO_2 体系中考察了 1-辛烯的氢甲酰化连续化反应，催化剂使用离子性更强的配体[bmim]$_2$[PhP($C_6H_4SO_3$)$_2$]。由于超临界 CO_2 能使反应产物快速地实现相转移，从而减少副反应，提高了反应的选择性。在整个反应过程中，醛的正异比保持在 3.8。随后，他们全面考察了离子液体/超临界 CO_2 体系中不同反应条件下长碳链烯烃氢甲酰化连续化反应[86]。研究结果表明，相比传统体系，在离子液体/超临界 CO_2 体系中的氢甲酰化反应特别是长碳链烯烃氢甲酰化有着独特的优势（表 4.14)[87]。

表 4.14　不同氢甲酰化工艺参数比较

反应底物	催化剂	金属浓度 /(mmol·dm^{-3})	膦浓度 /(mmol·dm^{-3})	温度 /℃	压力 /MPa	TOF /h^{-1}	正构醛比例 /%
丙烯[1]	Rh/PPh$_3$	2.7	286	95	1.8	770	89.5
丙烯[1]	Rh/PPh$_3$	1.8	150	110	1.6	556	84
1-辛烯[1]	Co	80		160	30	35	72
1-辛烯[1]	Co/PPh$_3$	90	270	170	6	20	87.5
1-辛烯[2]	Rh/[prmim][TPPMS]	15	225	100	20	517	76

1）已工业化的氢甲酰化工艺；

2）超临界 CO_2/离子液体两相体系中氢甲酰化工艺。

Balliver-Tkatchenko 等[88]在[bmim][BF$_4$]/超临界 CO_2 两相体系中进行了金属有机钯化合物催化丙烯酸甲酯的反应[式(4.20)]，[bmim][BF$_4$]/超临界 CO_2 两相体系与在离子液体中均相反应相比，反应在选择性及反应速率方面并没有显示出明显的优势，但是钯催化剂的用量则更少，约为均相体系的三分之一。目标产物尾对尾（tail-to-tail）二聚体的选择性大于 98%。

$$2 \diagdown COOMe \xrightarrow[\text{[bmim][BF}_4\text{]/Sc-CO}_2]{Pd(acac)_2/[n\text{-Bu}_3PH][BF_4]} \begin{array}{c} MeOOC \diagup\diagdown\diagup COOMe \\ + \\ MeOOC \diagup\diagdown COOMe \\ + \\ MeOOC \diagup\diagdown COOMe \end{array}$$

(4.20)

4.2.2.3　水/离子液体两相络合催化体系

与其他溶剂相比，水作为化学反应介质，更具有应用价值。首先，从生产成本上讲，水是一种最廉价的溶剂；其次，从安全性上讲，许多有机溶剂易燃、易爆，有的还具有致癌性，而水作为日常生活的必需物质，是最安全的；再次，化学工业作为环境污染的主要源头之一，每年消耗大量有机溶剂，并带来大量污染，因此，从减少环境污染上来说，化学工业应减少有机溶剂的使用和使用环境友好的溶剂势在必行，而水作为廉价易得的溶剂是首先应当考虑的；最后，从操作性上讲，水作为反应介质对反应器皿无特殊要求，而作为"绿色"溶剂的超临界流体通常需要较高的压力，这对反应容器的设计制造提出了更高的要求。正因为水具有这些优点，以水作为化学反应介质，特别是作为过渡金属络合催化的反应介质正引起人们极大的关注，并取得了一系列的进展[89]。

把水这种廉价易得的溶剂与离子液体结合并用于过渡金属络合催化，将为"绿色"化学的发展做出独特的贡献。离子液体与水的溶解行为表明，某些离子液体能够与水形成两相体系。通常来说，咪唑型离子液体与水的互溶性主要取决于阴离子结构[90]。若阴离子为$[PF_6]^-$和$[(CF_3SO_2)_2N]^-$时，离子液体与水不互溶；对阴离子为卤离子、$[NO_3]^-$、$[CF_3COO]^-$的离子液体，能与水完全互溶，而阴离子为$[BF_4]^-$和$[CF_3SO_3]^-$的离子液体与水的互溶性则位于上述两类离子液体之间，并受咪唑阳离子中烷基链长的影响。例如，在室温下，[emim][BF_4]与[bmim][BF_4]与水互溶，而[bmim][BF_4]($n>4$)的离子液体则与水能形成两相。因此水/离子液体两相络合催化反应体系多采用阴离子为$[PF_6]^-$、$[(CF_3SO_2)_2N]^-$、$[BF_4]^-$的离子液体。然而由于大多数有机物在水中溶解度比较小，因而在一定程度上限制了水/离子液体两相体系的应用，尽管如此，水/离子液体两相体系络合催化反应体系正逐渐引起人们的关注。

[bmim][BF_4]与水的溶解性与离子液体和水的比例及体系的温度有关，比如说，离子液体与水的比例为1∶1时，温度高于5℃，离子液体与水能完全互溶，而低于此温度时，体系便成为两相。利用这种特点，Dullius 等[91]在[bmim][BF_4]/水两相体系中进行了 Pd 催化1,3-丁二烯二聚，反应生成2,7-辛二烯醇，如式（4.21）所示。反应在70℃下进行，离子液体相与水相混溶成一相，反应在均相中进行，反应结束后，体系冷至5℃以下，体系便分为含产物的水相与离子液体相，含催化剂的离子液体可以通过相分离得以回收。反应3h，1,3-丁二烯的转化率为28%，转化频率为118 h^{-1}，2,7-辛二烯醇的选择性达到94%。当体系中引入0.5MPa的CO_2时，丁二烯的转化率增至49%，醇的选择性下降至84%。含催化剂的离子液体相能循环使用数次。若体系中不加入离子液体，反应在水中进行，反应24h，丁二烯的转化率仅达到22%，2,7-辛二烯醇的选择性也只有46%。

$$2 \diagup\!\!\!\diagup \xrightarrow[\text{[bmim][BF}_4\text{]/H}_2\text{O}]{\text{[Pd]}} \diagup\!\!\!\diagdown\!\!\!\diagup\!\!\!\diagup\text{OH} + \diagup\!\!\!\diagdown\!\!\!\diagup\!\!\!\diagup \qquad (4.21)$$

在类似的体系中，Dyson 等[92]考察了2-丁炔-1,4-二醇的催化加氢[式（4.22）]，反应在[omim][BF_4]/水两相体系中进行，反应在80℃下进行，此时，离子液体相与水相混溶成一相，反应在均相中进行，反应结束后，将体系冷却至

20℃以下，体系便分为两相，含催化剂的离子液体可以通过相分离得以循环使用。催化剂在循环过程中有部分分解，但反应的转化率和产率仍然保持在较高水平。

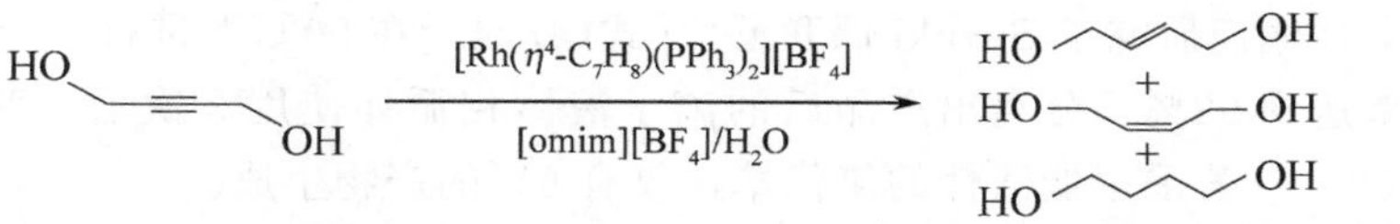

$$
HO-\!\!\!\!\!\equiv\!\!\!\!\!-OH \xrightarrow[\text{[omim][BF}_4\text{]/H}_2\text{O}]{[\text{Rh}(\eta^4\text{-C}_7\text{H}_8)(\text{PPh}_3)_2][\text{BF}_4]} \begin{array}{l} HO-\!\!/\!\!=\!\!\backslash\!\!-OH \\ HO-\!\!\backslash\!\!=\!\!/\!\!-OH \\ + \\ HO-\!\!\sim\!\!-OH \end{array} \quad (4.22)
$$

Wolfson 等[93]在考察离子液体两相体系中 α-乙酰氨基丙烯酸甲酯的不对称加氢[式(4.23)]指出，以水作为反应的第二液相，能得到更高的转化率和选择性，反应结果如表 4.15 所示。

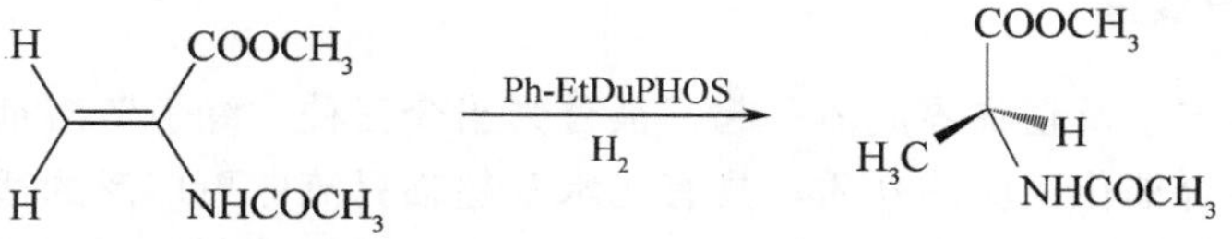

$$
\underset{H}{\overset{H}{>}}C=C\underset{NHCOCH_3}{\overset{COOCH_3}{<}} \xrightarrow[\text{H}_2]{\text{Ph-EtDuPHOS}} H_3C\underset{NHCOCH_3}{\overset{COOCH_3}{\underset{\big|}{C}}}H \quad (4.23)
$$

表 4.15 有机溶剂/离子液体两相反应体系与水/离子液体反应两相反应体系中 α-乙酰氨基丙烯酸甲酯的催化不对称加氢

序号	溶剂体系	烯烃转化率/%	对映体选择性 ee/%
1	[bmim][PF₆]/正己烷	0	0
2	[bmim][PF₆]/乙醚	12	96
3	[bmim][PF₆]/异丙醇	31	95
4	[bmim][PF₆]/水	68	96

研究指出，水与离子液体的体积比极大的影响催化反应速率。当离子液体与水的体积比为 1:1 时，反应速率达到最高，转化频率达到 $1000h^{-1}$。同样的，Pugin 等[94]在考察了多种离子液体/水两相体系中 α-乙酰氨基丙烯酸甲酯的不对称加氢后指出，在选择适当的配体情况下，与其他溶剂/离子液体两相相比，水/离子液体能极大地提高反应速率和对映体的选择性。当采用一种二茂铁型膦配体（结构如图 4.15 所示），将反应底物与催化剂的比扩大到 10000:1 时，在 [omim][PF₆]/水体系中，在 1.0MPa 下，反应 3h，α-乙酰氨基丙烯酸甲酯 100% 转化，对映体的选择性达到 95%，分离出产物后，将含催化剂的离子液体循环使用发现，催化剂活性降低，但是对映体的选择性无明显变化。

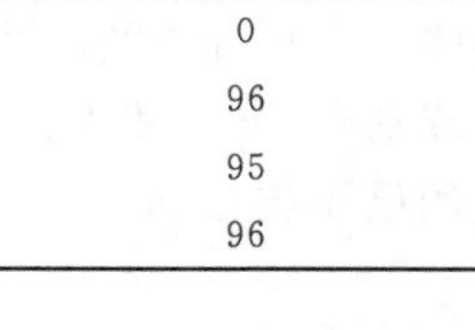

由于大多数离子液体具有熔点较低（通常低于室温）并且几乎没有蒸气压的特点，因而传统的提纯方法（蒸馏及重结晶）不再适用于离子液体的提纯，而高熔点的离子液体可以通过重结晶的方法提纯，但是它的应用仅适用于发生在离子液体熔点温度以上的反应。Zou 等[48]

图 4.15 二茂铁型膦
配体结构示意图

发现向高熔点的季铵盐型离子液体[Bu₄N][BF₄](m. p. 160℃)加入水后，其液化温度急剧下降至 80℃，并且能形成离子液体/水两相体系。这样既简化了离子液体提纯方法，又扩大了高熔点离子液体的使用范围。在 [Bu₄N][BF₄]/水两相体系中，他们研究了 Suzuki 偶联反应[式(4.24)]在 90℃下进行，反应 8h，联苯的产率达到 92%，分离出产品后的离子液体相循环使用 3 次后，联苯的产率下降至 52%。若采用低活性的氯代苯，仅有 6% 的产物生成。

$$\underset{X=I,Br}{\bigcirc\!-\!X} + \bigcirc\!-\!B(OH)_2 \xrightarrow[\text{[Bu}_4\text{N]}\,\text{[BF}_4\text{]}/H_2O]{\text{[Pd]}} \bigcirc\!-\!\bigcirc \tag{4.24}$$

4.2.3　结论与展望

离子液体与水及超临界流体一起，被誉为当今三种"绿色"溶剂之一。它作为过渡金属络合催化反应的介质，具有比水及超临界流体更广泛的适用性，在推进化学反应绿色化和化工生产清洁化的发展过程中将显示愈益重要的作用。随着离子液体品种的扩大和合成方法的改进，它将不再是一种昂贵的化学试剂[95]，目前，德国等一些国家已有超过 25 种离子液体可每批以 10L 的规模制得，有些甚至能以吨级供货[3]。已有报道称，首例基于离子液体的化工应用——合成烷氧基膦——已于 2003 年在德国 BASF 公司问世。离子液体中丙烯二聚等过程的中试成功[30, 96]，使人们有理由相信，实现离子液体在过渡金属络合催化反应中的应用已不再遥远。

参 考 文 献

1　Cornils B, Herrmann W A. Aqueous-phase organometallic catalysis, 2nd ed. Weinheim: Wiley-VCH, 2004

2　金子林，赵玉亮，王艳华. 温控配体与液-液两相催化. 催化学报，2003，24(5)：391～399

3　Wilke J S. Properties of ionic liquid solvents for catalysis. J. Mol. Cat. A：Chem.，2004，214(1)：11～17

4　Bonhôete P, Dias A P, Papageorgiou N et al. Hydrophobic, highly conductive ambient-temperature molten salts. Inorg. Chem.，1996，35(5)：1168～1178

5　Carmichael A J, Seddon K R. Polarity study of some 1-alkyl-3-methylimidazolium ambient-temperature ionic liquids with the solvatochromic dye, Nile red. J. Phys. Org. Chem.，2000，13(10)：591～595

6　Muldoon M J, Gordon C M, Dunkin I R. Investigations of solvent-solute interactions in room temperature ionic liquids using solvatochromic dyes. J. Chem. Soc. Perkin Trans. 2，2001，(4)：433～435

7　Aki S N V K, Brennecke J F, Samanta A. How polar are room-temperature ionic liquids. Chem. Commun.，2001，(5)：413～414

8　Behar D, Gonzalez C, Neta P. Reaction kinetics in ionic liquids：Pulse radiolysis studies of

1-butyl-3-methylimidazolium salts. J. Phys. Chem. A. , 2001, 105(32): 7607~7614

9　Holbrey J D, Rogers R D. In: Wasserscheid P, Welton T(ed). Ionic Liquids in Synthesis. Weinheim: Wiley-VCH, 2002, 41

10　Huddleston G J, Visser A E, Reichert W M et al. Characterization and comparison of hydrophilic and hydrophobic room temperature ionic liquids incorporating the imidazolium cation. Green Chem. , 2001, 3(4): 156~164

11　Blanchard L A, Brennecke J F. Recovery of organic products from ionic liquids using supercritical carbon dioxide. Ind. Eng. Chem. Res. , 2001, 40(1): 287~292

12　Cull S G, Holbrey J D, Vargas-Mora V et al. Room-temperature ionic liquids as replacements for organic solvents in multiphase bioprocess operations. Biotech. Bioeng. , 2000, 69(2): 227~233

13　Dai S, Ju Y H, Barnes C E. Solvent extraction of strontium nitrate by a crown ether using room-temperature ionic liquids. J. Chem. Soc. Dalton Trans. , 1999, (8): 1201~1202

14　Blanchard L A, Hancu D, Beckman E J et al. Green processing using ionic liquids and CO_2. Nature, 1999, 399(6731):28~29

15　Brown R A, Pollett P, McKoon E et al. Asymmetric hydrogenation and catalyst recycling using ionic liquid and supercritical carbon dioxide. J. Am. Chem. Soc. , 2001, 123(6): 1254~1255

16　Jessop P G, Stanley R R, Brown A R et al. Neoteric solvents for asymmetric hydrogenation: supercritical fluids, ionic liquids, and expanded ionic liquids. Green. Chem. , 2003, 5(2): 123~128

17　Liu F C, Abrams M B, Baker R T et al. Phase-separable catalysis using room temperature ionic liquids and supercritical carbon dioxide. Chem. Commun. , 2001, (5): 433~434

18　Solinas M, Pfaltz A, Cozzi P G et al. Enantioselective hydrogenation of imines in ionic liquid/carbon dioxide media. J. Am. Chem. Soc. , 2004, 126(49): 16 142~16 147

19　Sellin M F, Webb P B, Cole-Hamilton D J. Continuous flow homogeneous catalysis: hydroformylation of alkenes in supercritical fluid-ionic liquid biphasic mixtures. Chem. Commun. , 2001, (8): 781~782

20　Chauvin Y, Olivier-Bourbigiou H. Nonaqueous ionic liquids as reaction solvents. Chemtech. , 1995, 25(6): 26~20

21　Chauvin Y, Mussmann L, Olivier H. A novel class of versatile solvents for two-phase catalysis: Hydrogenation, isomerization, and hydroformylation of alkenes catalyzed by rhodium complexes in liquid 1,3-dialkylimidazolium salts. Angew. Chem. Int. Ed. , 1996, 34(23~24): 2698~2700

22　Wasserscheid P, Waffenschmidt H, Machnitzki P et al. Cationic phosphine ligands with phenylguanidinium modified xanthene moieties—a successful concept for highly regioselective, biphasic hydroformylation of oct-1-ene in hexafluorophosphate ionic liquids. Chem. Commun. , 2001, (5): 451~452

23　Favre F, Olivier-Bourbigou H, Commereuc D et al. Hydroformylation of 1-hexene with rhodium in non-aqueous ionic liquids: How to design the solvent and the ligand to the reaction. Chem. Commun. , 2001, (15): 1360~1361

24　Boesmann A, Francio G, Janssen E et al. Activation, tuning and immobilization of homogeneous catalysts in an ionic liquid/compressed CO_2 continuous-flow, system. Angew. Chem. Int. Ed. Engl. , 2001, 40(14): 2697~2699

25　Arduengo A J, Harlow R L, Kline M. A stable crystalline carbine. J. Am. Chem. Soc. , 1991, 113(1): 361~363

26　Arduengo A J, Dias H V R, Harlow R L. Electronic stabilization of nucleophilic carbenes. J. Am. Chem. Soc. , 1992, 114(14): 5530~5534

27　Herrmann W A, Elison M, Fischer J et al. Metal complexes of N-heterocyclic carbenes—a new structural principle for catalysts in homogeneous catalysis. Angew. Chem. , Int. Ed. Engl. , 1995, 34(21):2371~2374

28　Bourissou D, Guerret O, Gabba F P et al. Stable Carbenes. Chem. Rev. , 2000, 100(1): 39~91

29　Wasserscheid P, Keim W. Ionic liquids-new "solutions" for transition metal catalysis. Angew. Chem. Int. Ed. Engl. , 2000, 39(21): 3773~3789

30　蒋景阳, 谭波, 魏莉等. 功能化离子液体及液-液两相. 第六届全国络合催化学术讨论会. 郑州. 2005

31　Armstrong D W, He L, Lui Y S. Examination of ionic liquids and their interaction with molecules, when used as stationary phases in gas chromatography. Anal. Chem. , 1999, 71(17): 3873~3876

32　Parshall G W. Catalysis in molten salt media. J. Am. Chem. Soc. , 1972, 94(25): 8716~8719

33　Chauvin Y, Gilbert B, Guibard I. Catalytic dimerization of alkenes by nickel complexes in organochloroaluminate molten salts. J. Chem. Soc. Chem. Commun. , 1990, 23:1715~1716

34　Wasserscheid P. Inovative solvents for two phase catalysis, ionic liquid. Chem. Unzerer. Zeit. , 2003, 37(1): 53~63

35　李大勇, 魏莉, 蒋景阳. 离子液体在两相催化中的研究进展和应用前景. 化工进展, 2004, 23(6): 605~608

36　(a) Gurtler C, Jautelat M. Metathesis in the presence of ionic liquids. Chem. Abstr. , 2000, 133:237853]; (b) Buijsman R C, van Vuuren E, Sterrenburg J G. Ruthenium-catalyzed olefin metathesis in ionic liquids. Org. Lett. , 2001, 3(23): 3785~3787; (c) Semeril D, Olivier-Bourbigou H, Bruneau C, et al. Alkene metathesis catalysis in ionic liquids with ruthenium allenylidene salts. Chem. Comm. , 2002, (2): 146~147

37　Mizushima E, Hayashi T, Tanaka M. Palladium-catalysed carbonylation of aryl halides in ionic liquid media: High catalyst stability and significant rate-enhancement in alkoxycarbonylation. Green Chem. , 2001, 3(2): 76~79

38　Dullius J E L, Suarez P, Einloft A Z et al. Selective catalytic hydrodimerization of 1,3-butadiene by palladium compounds dissolved in ionic liquids. Organometallics. , 1998,

39 (a) Chen W P, Xu L J, Chatterton C et al. Palladium catalysed allylation reactions in ionic liquids. Chem. Commu. , 1999, (13): 1247 ~ 1248; (b) de Bellefon C, Pollet E, Grenouillet P. Molten salts (ionic liquids) to improve the activity, selectivity and stability of the palladium catalysed Trost-Tsuji C—C coupling in biphasic media. J. Mol. Catal. A. , 1999, 145(1~2): 121~126

40 Chaloner P A, Esteruelas M A, Joó F et al. Homogeneous Hydrogenation. Dordrecht: Kluwer Academic Publisher, 1994

41 Medved M, Wasserscheid P, Melin T. Ionic liquids as active separation layer in supported liquid membranes. Chem. Ing. Technik. , 2001, 73(6): 715~716

42 Suarez P A Z, Dullius J E L, Einloft S et al. Two-phase catalytic hydrogenation of olefins by Ru (II) and Co (II) complexes dissolved in 1-n-butyl-3-methylimidazolium tetrafluoroborate ionic liquid. Inorganica. Chimica. Acta. , 1997, 255(1): 207~209

43 Suarez P A Z, Dullius J E L, Einloft S et al. The use of new ionic liquids in two-phase catalytic hydrogenation reaction by rhodium complexes. Polyhedron. , 1996, 15(7): 1217~ 1219

44 Wolfson A, Vankelecom I F J, Jacobs P A. Co-immobilization of transition-metal complexes and ionic liquids in a polymeric support for liquid-phase hydrogenations. Tetrahedron Letters. , 2003, 44(6): 1195~1198

45 Borowski A F, Cole-Hamilton D J, Wilkinson G. Water-soluble transition metal phospine complexes and their use in two-phase catalytic reactions of olefins. Nouv. J. Chim. , 1978 (2): 137~144

46 Dupont J, Suarez P A Z, Umpierre A P et al. Pd(II)-dissolved in ionic liquids:A recyclable catalytic system for the selective biphasic hydrogenation of dienes to monoenes. J. Braz. Chem. Soc. , 2000, 11(3): 293~297

47 Dyson P J, Ellis D J, Parket D G et al. Arene hydrogenation in a room-temperature ionic liquid using a ruthenium cluster catalyst. Chem. Commun. , 1999, (1):25~26

48 Dyson P J, Russell K, Welton T. Electrospray mass spectrometry of $[Ru_4(\eta^6\text{-}C_6H_6)_4(OH)_4]^{4+}$: First direct evidence for the persistence of the cubane unit in solution and its role as a precatalyst in the hydrogenation of benzene. Inorg. Chem. Commun. , 2001, 4 (10): 571~573

49 Müller L A, Dupont J, de Souza R F. Two-phase catalytic NBR hydrogenation by RuHCl(CO)(PCy$_3$)$_2$ immobilized in 1-butyl-3-methylimidazolium tetrafluoroborate molten salt. Macromol. Rapid Commun. , 1998, 19(8): 409~411

50 MacLeod S, Rosso R J. Hydrogenation of low molecular weight polymers in ionic liquids and the effects of added salt. Adv. Synth. Catal. , 2003, 345(5): 568~571

51 Mudalige D C, Rempel G L. Aqueous-phase hydrogenation of polybutadiene, styrene-butadiene, and nitrile-butadiene polymer emulsions catalyzed by water-soluble rhodium complexes. J. Mol. Catal. A: Chem. , 1997, 123(1): 15~20

52 Jiang J Y, Wei L, Wang Y H et al. Selective hydrogenation of SBS catalyzed by Ru/TPPTS complex in polyether modified ammonium salt ionic liquid. J Mol. Catal. A: Chem. , 2004, 221(1~2): 47~50

53 Steines S, Drießen-Hölscher B, Wasserscheid P. An ionic liquid as catalyst medium for stereoselective hydrogenations of sorbic acid with ruthenium complexes. J. Prakt. Chem. , 2000, 342(4): 348~354

54 Berger A, de Souza R F, Delgado M R et al. Ionic liquid-phase asymmetric catalytic hydrogenation: hydrogen concentration effects on enantioselectivity. Tetrahedron Asymmetry, 2001, 12(13): 1825~1828

55 Guernik S, Wolfson A, Herskowitz M. A novel system consisting of Rh-DuPHOS and ionic liquid for asymmetric hydrogenations. Chem Commun. , 2001, (22): 2314~2315

56 Howarth J. Oxidation of aromatic aldehydes in the ionic liquid [bmim][PF₆]. Tetrahedron Lett. , 2000, 41(37): 6627~6629

57 Horvath I T, Rabai J. Facile catalyst separation without water: fluorous biphase hydroformylation of olefins. Science, 1994 , 266(5182): 72~75

58 Owens G S, Abu-Omar M M. Methyltrioxorhenium-catalyzed epoxidations in ionic liquids. Chem. Commun. , 2000, (13): 1165~1166

59 Song C E, Roh E J. Practical method to recycle a chiral (Salen)Mn epoxidation catalyst by using an ionic liquid. Chem. Commun. , 2000, (10): 837~838

60 Gaillon L, Bedioui F. First example of electroassisted biomimetic activation of molecular oxygen by a (Salen) Mn epoxidation catalyst in a room-temperature ionic liquid. Chem. Commun. , 2001, (16): 1458~1459

61 Wasserscheid P, Waffenschmidt H. Ionic liquids in regioselective platinum-catalysed hydroformylation. J. Mol. Catal. A:Chem. , 2000, 164(1~2): 61~67

62 Knifton J F. Syngas reactions. Part XI. The ruthenium 'melt' catalyzed oxonation of internal olefins. J. Mol. Catal. , 1987, 43: 65~68

63 Brasse C C, Englert U, Salzer A et al. Ionic phosphine ligands with cobaltocenium backbone: novel ligands for the highly selective, biphasic, rhodium-catalyzed hydroformylation of 1-octene in ionic liquids. Organometallics. , 2000, 19(19): 3818~3823

64 Mehnert C P, Cook R A, Dispenziere N C et al. Biphasic hydroformylation catalysis in ionic liquid media. Polydedron, 2004, 23(17): 2679~2688

65 Zim D, de Souza R F, Dupont J et al. Regioselective synthesis of 2-arylpropionic esters by palladium-catalyzed hydroesterification of styrene derivatives in molten salt media. Tetrahedron Lett. , 1998, 39(39), 7071~7074

66 乔焜, 邓友全. 室温离子液体反应介质中叔丁醇氢酯基化反应的研究. 化学学报, 2002, 60(6): 996~1000

67 Mizushima E, Hayashi T, Tanaka M. Palladium-catalysed carbonylation of aryl halides in ionic liquid media: high catalyst stability and significant rate-enhancement in alkoxycarbonylation. Green Chem. , 2001, 3(2): 76~79

68 Consorti C S, Ebeling G, Dupont J. Carbonylation of alkynols catalyzed by Pd(Ⅱ)/2-PyPPh₂ dissolved in organic solvents and in ionic liquids: a facile entry to α-methylene γ-and δ-lactones. Tetrahedron Lett. , 2002, 43(5):753~755

69 Chauvin Y, Einloft S, Olivier H. Catalytic dimerization of propene by nickel-phosphine complexes in 1-butyl-3-methylimidazolium chloride/AlEt$_x$Cl$_{3-x}$ ($x=0$, 1)ionic liquids. Ind. Eng. Chem. Res. , 1995, 34(4): 1149~1155

70 (a) Freemantle M. Designer solvents. Chem. Eng. News. ,1998,76(13):32 ~ 37; (b) Olivier H. Studies on nickel-containing Ziegler-type catalysts. Ⅴ. Dimerization of propylene to 2,3-dimethylbutenes. Part Ⅲ. 1,1,1,3,3,3-hexafluoro-2-propanol as a new efficient activator. J. Mol. Catal. A:Chem. , 1999,146(1~2):285~289

71 Einloft S, Dietrich F , de Souza R F et al. Selective two-phase catalytic ethylene dimerization by Ni$^{(Ⅱ)}$ complexes/AlEtCl₂ dissolved in organoaluminate ionic liquids. Polyhedron. , 1996, 15(19): 3257~3259

72 (a) Chauvin Y, Olivier H, Wyrvalski C N et al. Oligomerization of n-butenes catalyzed by nickel complexes dissolved in organochloroaluminate ionic liquids. J. Catal. , 1997, 165(2): 275~278; (b) Simon L C, Dupont J, de Souza R F. Two-phase n-butenes dimerization by nickel complexes in molten salt media. Appl. Catal. , 1998, 175(1~2): 215~220

73 (a) Wasserscheid P,Ellis B, Keim W. Linear dimerisation of but-1-ene in biphasic mode using buffered chloroaluminate ionic liquid solvents. Chem. Commun. , 1999, (4): 337~338; (b) Wasserscheid P, Keim W. Catalyst comprising a buffered ionic liquid and hydrocarbon conversion process, eg. oligomerisation. Chem. Abstr. , 1998, 129:332 457

74 (a) Jeffery T. Highly stereospecific palladium-catalysed vinylation of vinylic halides under solid-liquid phase transfer conditions. Tetrahedron Lett. , 1985, 26(22): 2667 ~ 2670; (b) Herrmann W A, Elison M, Fisher J et al. Metal complexes of N-heterocyclic carbenes—a new structural principle for catalysts in homogeneous catalysis. Angew. Chem. , Int. Ed. Engl. , 1995, 34(21): 2371 ~ 2374; (c) Reetz M T, Lohmer. G, Schwickardi R. A new catalyst system for the Heck reaction of unreactive aryl halides. Angew. Chem. , Int. Ed. , 1998, 37(4): 481~483; (d) Reetz M T, Westermann E. Phosphane-free palladium-catalyzed coupling reactions: the decisive role of Pd nanoparticles. Angew. Chem. , Int. Ed. , 2000, 39(1): 165 ~ 168; (e) Gürtler C, Buchwald S L. A phosphane-free catalyst system for the Heck arylation of disubstituted alkenes: Application to the synthesis of trisubstituted olefins. Chem. Eur. J. , 1999, 5(11): 3107~3112

75 (a) Herrmann W A, Böhm V P W. Heck reaction catalyzed by phospha-palladacycles in non-aqueous ionic liquids. J. Organomet. Chem. , 1999, 572(1): 141~145; (b) Böhm V P, Herrmann W A. Coordination chemistry and mechanisms of metal-catalyzed C—C coupling reactions. Part 12. nonaqueous ionic liquids: Superior reaction media for the catalytic Heck-vinylation of chloroarenes. Chem. Eur. J. , 2000, 6(6): 1017 ~ 1025; (c) Calo V, Nacci A, Monopoli A et al. Heck reaction of β-substituted acrylates in ionic

liquids catalyzed by a Pd-benzothiazole carbene complex. Tetrahedron. , 2001, 57(28):
6071～6077; (d) Park B S et al. Convenient palladium-catalyzed homocoupling of
iodoarenes in an ionic liquid. Tetrahedron Lett. , 2004, 45(28):5515～5517; (e)Okubo
K, Shirai M, Yokoyama C. Heck reactions in a non-aqueous ionic liquid using silica
supported palladium complex catalysts. Tetrahedron Lett. , 2004, 43(39):7115～7118;
(f) Ji C X, Brendan T, Jeańne M S. An ionic liquid-coordinated palladium complex: A
highly efficient and recyclable catalyst for the Heck reaction. Org. Lett. , 2004, 6(21):
3845～3847

76　Kaufmann D E, Nouroozian M, Henze H. Molten salts as an efficient medium for palladium
catalyzed C—C coupling reactions. Synlett. , 1996, (11):1091～1092

77　Carmichael A J, Earle M J, Holbrey J D et al. The Heck reaction in ionic liquids: a
multiphasic catalyst system. Org. Lett. , 1999, 1(7):997～1000

78　Xu L, Chen W, Xia J. Heck reaction in ionic liquids and the in situ identification of *N*-
heterocyclic carbene complexes of palladium. Organometallics. , 2000, 19(6):1123～1127

79　Zou G, Wang Z, Zang J, He Y Y. Developing an ionic medium for ligandless-palladium-
catalysed Suzuki and Heck couplings. J. Mol. Catal A: Chem. , 2003, 206(1～2):193～198

80　de Bellefon C, Poller E, Grenouiller. Molten salts (ionic liquids) to improve the activity,
selectivity and stability of the palladium catalysed Trost-Tsuji C—C coupling in biphasic
media. J. Mol. Catal. A: Chem. , 1999, 145(1～2):121～126

81　王少芬, 魏建谟. 超临界二氧化碳中的化学反应. 应用化学, 2001, 18(2):87～91

82　Hitzler M G, Poliakoff M. Continuous hydrogenation of organic compounds in supercritical
fluids. Chem. Commun. , 1997, (17):1667～1668

83　Francio G, Leitner W. Highly regio- and enantio-selective rhodium-catalysed asymmetric
hydroformylation without organic solvents. Chem. Commun. , 1999, (17):1663～1664

84　Jia L, Jiang H, Li J. Palladium(Ⅱ)-catalyzed oxidation of acrylate esters to acetals in
supercritical carbon dioxide. Chem. Commun. , 1999, (11):985～986

85　Wu W Z, Zhang J M, Han B X et al. Solubility of room-temperature ionic liquid in
supercritical CO_2 with and without organic compounds. Chem. Commun. , 2003(12):
1412～1413

86　Webb P B, Sellin M F, Kunene T E et al. Continuous flow hydroformylation of alkenes in
supercritical fluid-ionic liquid biphasic systems. J. Am. Chem. Soc. 2003, 125(50):
15 577～15 588

87　Cornils B, Herrmann W A. Applied homogeneous catalysis with organometallic
compounds. Weinheim:Wiely-VCH,1996

88　Ballivet-Tkatchenko D, Picquet M, Solinas M et al. Acrylate dimerisation under ionic
liquid-supercritical carbon dioxide conditions. Green Chem. , 2003, 5(2):232～235

89　(a) Lindström U M. Stereoselective organic reactions in water. Chem. Rev. , 2002,
102(8):2751～2772; (b) Cornils B, Herrmann W A. Aqueous-phase organometallic
catalysis, 2nd ed. Weinheim:Wiely-VCH, 2003

90 Seddon K R, Stark A, Torres M. Influence of chloride, water, and organic solvents on the physical properties of onic liquid. Pure. Appl. Chem. , 2000, 72(12): 2275~2287

91 Dullius J E, Suarez P A Z, Einloft S et al. Selective catalytic hydrodimerization of 1, 3-butadiene by palladium compounds dissolved in ionic liquids. Organometallics. , 1998, 17(5): 815~819

92 Dyson P J, Ellis D J, Welton T. A temperature-controlled reversible ionic liquid - water two phase -single phase protocol for hydrogenation catalysis. Can. J. Chem. , 2001, 79(5): 705~708

93 Wolfson A, Vankelecom I F J, Jacobs A. Beneficial effect of water as second solvent in ionic liquid biphasic catalytic hydrogenations. Tetrahedron Lett. , 2005, 46(14): 2513~2516

94 Pugin B, Kuester M, Sedelmeier G et al. Mixtures of ionic liquids and water as a medium for efficient enantioselective hydrogenation and catalyst recycling. Adv. Synth. Catal. , 2004, 346(12): 1481~1486

95 Rogers R D, Seddon K R. Ionic liquids-solvents of the future. Science, 2003, 302(5642): 792~793

96 Wasserscheid P, Eichmann M. Selective dimerisation of 1-butene in biphasic mode using buffered chloroaluminate ionic liquid solvents—design and application of a continuous loop reactor. Cata. Today, 2001, 66(2~4): 309~316

4.3 离子液体在萃取分离中的应用

4.3.1 研究现状及进展

液-液萃取分离过程作为一种有效的分离方法，应用范围极为广泛。以往萃取操作过程中选择萃取剂的标准基本以萃取效果为衡量标度，对环境因素考虑较少，这导致了使用的有机溶剂挥发性强、毒性大、对环境危害严重等各种问题。按照绿色化学的思想，科学工作者必须要选择使用绿色溶剂，从源头消除以往萃取工艺中的缺点，把整个过程变成绿色环保工艺。

室温离子液体（room temperature ionic liquid）常被简称为离子液体，是指在室温或室温附近温度下呈液态的仅由离子组成的物质，组成离子液体的阳离子一般为有机阳离子（如烷基咪唑阳离子、烷基吡啶阳离子、烷基季铵离子、烷基季碱离子等），阴离子可为无机阴离子或有机阴离子（如 $[PF_6]^-$、$[BF_4]^-$、$[AlCl_4]^-$、$[CF_3SO_3]^-$ 等）。自 1914 年发现第一个离子液体——硝基乙胺以来，特别是在 20 世纪 80 年代中期至今的这段时间内，离子液体在许多领域的研究都呈现出非常活跃的态势，这与离子液体自身的特点是分不开的。较传统的液态物质相比，离子液体具有以下几个优势：①几乎没有蒸气压，不易挥发，从而在使用过程中不会给环境造成很大污染；②具有较大的稳定温度范围（−100~200℃）和较好的化学稳定性；③通过阴阳离子的设计可调节其对无机物、水、有机物及聚合物的溶解性，并且其酸度可调至超酸性，因此可通过一定的阴阳离子的组合设计构筑功能化离子液体。

离子液体选择性的溶解能力和合适的液态范围使其在多种萃取分离中得到了广泛的研究和应用探索，因而被称作液体"分子筛"。

4.3.1.1 离子液体的溶解性

有关离子液体的溶解性能的研究则比较广泛，主要集中在气体、有机溶剂、生物高分子化合物等在离子液体中的溶解性，这也是离子液体作为新型萃取剂改进或实现新的溶剂萃取分离过程的必要前提。

1. 气体在离子液体中的溶解性

气体在离子液体中的溶解性的研究方向主要是利用离子液体对不同气体的吸附性分离某些气体混合物或脱除某些气体中的杂质。

Camper 等[1,2]研究了二氧化碳、乙烷、乙烯、丙烷、丙烯、异丁烷、丁烷、1-丁烯和 1,3-丁二烯等气体在[emim][Tf$_2$N]、[emim][dca]、[emim][CF$_3$SO$_3$]、[bmim][PF$_6$]、[thtdp]Cl、[bmim][BF$_4$]中的溶解度，并测定了 Herny 常量，认为这些气体在离子液体中的溶解性符合传统的"规则溶液理论"。同时 Morgan 等[3]测定了上述气体在[emim][Tf$_2$N]、[bmim][PF$_6$]、[bmim][BETI]、[desmim][OTf]、[emim][OTf]、[Thtdp]Cl 的扩散系数，结果表明其在离子液体中的扩散系数明显低于在常见烃类溶剂中的扩散系数。

Husson-Borg 等[4]测定了 O$_2$、CO$_2$ 在[bmim][BF$_4$]中的饱和溶解度随温度的变化，并计算了混合物的标准 Gibbs 自由能、焓、熵。Anthony 等[5,6]研究了苯、二氧化碳、一氧化二氮、乙烷、乙烯、氧、甲烷、氩、氢、氮、一氧化碳等气体在[bmim][PF$_6$]、[bmim][BF$_4$]、[bmim][Tf$_2$N]、[MeBu$_3$N][Tf$_2$N]、[MeBuPyrr][Tf$_2$N]、[i-Bu$_3$MeP][TOS]的溶解度，结果显示二氧化碳的吸附量最大，氧气和氩气的吸附量较小，一氧化碳、氢气、氮气基本检测不到。Kumelan 等[7,8]测定了 O$_2$、CO 在[bmim][PF$_6$]中的常压至 10MPa 的饱和溶解度，并用 Monte Carlo 模拟和 Henry 定律校正了溶解度参数。Urukova 等[9]还用 Monte Carlo 模拟的方法计算了 CO、CO$_2$、H$_2$ 在[bmim][PF$_6$]中溶解度，结果显示 H$_2$ 的溶解度计算值与实验值基本吻合，但 CO、CO$_2$ 的溶解度计算值与实验值相差较大。

2. 有机溶剂在离子液体中的溶解性

有机溶剂与离子液体的相互溶解性的研究较多，其在离子液体中的溶解性随其介电常数的不同而表现出较大的差异。赵东滨等[10]总结了部分离子液体与常用有机溶剂的互溶性，如表 4.16 所示。

表 4.16　离子液体与有机溶剂的互溶性

离子液体	x_{AlCl_3}	与常用溶剂的相溶性							
		水	甲醇	丙酮	氯仿	石油醚	正己烷	乙酸乙酯	甲苯
[bmim][BF₄]		s	s	s	s	i	i	i	i
[bmim][PF₆]		i	s	s	s	i	i	s	i
[bmim][Cl-AlCl₃]	0.50	r	r	s	s	i	i	s	s
	0.55	r	r	s	s	i	i	s	s
	0.60	r	r	s	s	i	i	s	s
[emim][Br-AlCl₃]	0.50	r	r	s	i	i	i	s	i
	0.55	r	r	s	i	i	i	s	i
	0.60	r	r	s	i	i	i	s	i
[emim][PF₆]		i	i	s	s	i	i	s	i
[Bpy][AlCl₃]	0.50	r	r	s	i	i	i	s	s
	0.55	r	r	s	i	i	i	s	s
	0.60	r	r	s	i	i	i	s	s
(CH₃)₂NHCl-2AlCl₃	0.67	r	r	s	i	i	i	s	s

注：s表示互溶；i表示不互溶；r表示发生反应。

Crosthwaite 等[11,12]研究了常见的咪唑类离子液体与醇类的相互溶解性，并比较了阴离子的影响，发现阴离子对醇的亲和性依次为$[(CN)_2N]^- > [CF_3SO_3]^- > [(CF_3SO_2)_2N]^- > [BF_4]^- > [PF_6]^-$。Domanska 等[13~18]较为全面地研究了离子液体与醇类的溶解性，并用 Wilson、NRTL、UNIQUAC 等热力学方程对二元液–液平衡数据进行了关联，并且还对离子液体与其他有机溶剂（如醚类、酯类、烃类）的相互溶解性进行了研究，目前测定的热力学数据很不足。目前普遍认为离子液体与常见的烷烃、烯烃的相互溶解度都很小，但芳烃化合物在离子液体中的溶解度较大，有的离子液体甚至完全溶于芳烃中。Hanke 等[19]通过试验和分子热力学模拟的方法得出的结论认为离子液体的阳离子本身具有环状结构，有一定的芳香性，与芳烃的部分结构相似，所以相互溶解性增大。

目前绝大多数的应用研究还集中在双烷基咪唑离子液体上，含有功能基团的离子液体的溶解性质文献报道的还很少，Holbrey 等[20]报道了阳离子含有羟基的离子液体表现出与常见的双烷基咪唑离子液体都溶于丙酮的性质不同，这类离子液体与丙酮是部分互溶的，虽然这方面的研究结果还很有限，但有理由认为离子液体的"可设计性"可能会给其溶解性带来意想不到的结果。

3. 生物高分子化合物在离子液体中的溶解性

Rogers 领导的研究小组于 2002 年首先提出应用离子液体溶解纤维素[21,22]，结果表明常见的离子液体对纤维素有很好的溶解性。在 100℃ 时采用直接加热法可以溶解 10% 的纤维素，采用微波加热可以溶解 25%，所得到的混合物均是清澈透明的，溶解后的纤维素与离子液体的混合物添加去离子水即可使纤维素再生。进一步研究表明阴离子为 Cl⁻ 的离子液体容易与纤维素结构中的羟基形成氢键，从而破坏原有的组织氢键使其溶解。国内的中国科学院化学研究所[23]和中国科学院广州化学研究所[24]分别采用了阳离子含有双键和功能羟基的离子液体溶解了纤维素，结果显示采用的两种离子液体对纤维素的溶解性在相同条件下均优于[bmim]Cl。

Phillips 等[25]研究了用离子液体溶解蚕丝纤维，结果发现与溶解纤维素的结论类似，阴离子为 Cl⁻ 的离子液体的溶解性最好，其中 100℃ 时，[emim]Cl (23.3%)＞[bmim]Cl(13.2%)＞[dmbmim]Cl(8.2%)。中国科学院长春应用化学研究所的 Zhang 等[26]用[bmim]Cl 溶解了羊绒纤维，结果表明 130℃ 时最大溶解量可以达到 11%。

4.3.1.2　离子液体的萃取分离应用

1. 萃取有机物

用离子液体萃取挥发性有机物时，因离子液体无蒸气压、热稳定性好，萃取完成后通过蒸馏提取萃取相，离子液体易于循环使用[27]。

最早进行离子液体萃取研究的是美国 Alabama 大学的 Rogers[28]，用憎水的离子液体[bmim][PF₆]从水中萃取苯的衍生物如甲苯、苯胺、苯甲酸、氯苯等，并研究了各种萃取物在离子液体中的分配系数。用离子液体萃取水溶液中有机物质，表现出和其他的萃取剂相类似的一些性质。Huddleston 等[28]用憎水的离子液体[bmim][PF₆]从水中萃取苯的衍生物如甲苯、苯胺、苯甲酸、氯苯等，发现有如下的分配规律：① 溶质在离子液体/水两相体系中分配系数 $D(\mathrm{il})$ 与在辛醇/水两相体系的分配系数 $D(\mathrm{oc})$ 有大体的线性关系，即 $D(\mathrm{oc})$ 大时 $D(\mathrm{il})$ 也大，但一般 $D(\mathrm{oc})$ 比 $D(\mathrm{il})$ 约大 10 倍；② 其中酸碱类溶质的 $D(\mathrm{il})$ 为 $10^{0.5} \sim 10^{1}$ 或 $10^{2} \sim 10^{3.5}$，$D(\mathrm{oc})$ 为 $10^{0.5} \sim 10^{2}$ 或 $10^{2} \sim 10^{5.5}$；酸碱类溶质的分配系数小，可能是因为它们在水中可以电离或与水有氢键形成，因而相对来说与水的亲和力较大一些。在离子液体/水系的分配系数 $D(\mathrm{il})$ 比在辛醇/水系的分配系数 $D(\mathrm{oc})$ 小的原因还有待研究，但它表明 [bmim] [PF₆] 的憎水性还不够大，离子液体中离子的浓度很大是其原因之一。在水中可电离的 6 种酸碱类溶质在离子液体/水系的分配系数 $D(\mathrm{il})$ 受 pH 影响，水溶液的 pH 在 1.77、6.54、11.00（用浓硫酸或浓氨水调节）时 6 种酸碱类溶质的分配系数 $D(\mathrm{il})$ 测定表明，一般溶质在水中的电离度小，$D(\mathrm{il})$ 就大（一般＞1）；电离度大，$D(\mathrm{il})$ 就小（一般＜1）。例如，苯甲酸在 pH＝1.77 和 6.54 时，$D(\mathrm{il})$ ＞1，在 pH＝11.0 时，$D(\mathrm{il})$ ＜1；苯胺在 pH＝1.77 时，$D(\mathrm{il})$ ＜1，pH＝6.54 时，$D(\mathrm{il})$ ＝1，在 pH＝11.0 时，$D(\mathrm{il})$ ＞10。说明在水中电离的溶质在离子液体中是以分子形式存在的，因而分配系数 $D(\mathrm{il})$ 与在水中的电离度有关，这与传统的溶剂萃取一样。

Fadeev 等[29]报道了用离子液体[bmim][PF₆]、[omim][PF₆]从发酵液中萃取正丁醇的实验研究，水与离子液体的相互溶解度对萃取的选择性有很大的影响。23℃纯水与[bmim][PF₆]或[omim][PF₆]达到平衡时，水相中离子液体的含量为2.297％或0.350％，离子相中水含量分别为2.116％或1.520％，当被萃取的水中有正丁醇时相互溶解度更大。或[omim][PF₆]比[bmim][PF₆]憎水性强，离子液体与水的相互溶解度较小。与其说该研究为萃取提供了数据，倒不如说提出了萃取成功要处理的关键问题：如何回收萃取后水中的离子液体？

Khachatryan 等[30]报道了用[bmim][PF₆]从水溶液中萃取酚类化合物（4-硝基酚、2,4-二硝基酚、2,6-二硝基酚、1-萘酚、2-萘酚、4-氯酚等），考察了pH、酚浓度、体积比对萃取的影响，结果表明不同的酚化合物在离子液体/水的分配系数有很大差别，其中1-萘酚、2-萘酚的分配系数最大（可达954 691）。Vidal 等[31]研究了应用[Cₙmim][BF₄]或[Cₙmim][PF₆]（n=6、8、10）从水溶液中萃取了苯酚、对羟苯基乙醇、羟基苯甲酸，在pH为2～9条件下考察了萃取效率，其中pH为9时对羟基苯甲酸的萃取效率最低。李闲等[32]测定了苯酚、苯基酚、苯二酚等几种不同取代基的酚类物质在疏水性离子液体[bmim][PF₆]和[dmim][PF₆]与水两相中的分配系数。实验结果表明，萃取过程很快可以达到平衡。与传统有机溶剂相比，分配系数处在同一个数量级。分配系数随温度升高而降低，离子液体对不同取代基的酚类萃取能力有很大差异，咪唑基团上取代烷基链的长度对不同酚类物质的分配系数有很大影响，可以通过调节离子液体结构使其适用于不同成分的含酚废水。

Cull 等[33]对离子液体和乙酸丁酯提取红霉素A的效果进行比较后得出不同的结论。当pH在5～9时，两者的分配系数基本相同，都达到20～25。但是对于pH在10～11时，两者的行为很不同。红霉素A的pK_a为8.6，对于乙酸丁酯萃取而言，当pH高于8.6时，红霉素获得最大的分配系数，这个时候恰好它以分子形式存在，而采用离子液体时，分配系数在pH为9以后发生急剧的下降。这与Huddleston等认为对于离子液体而言分子形式可以取得最大的分配系数的看法产生一定的矛盾。但是不论是哪种情况，体系中都有分配系数随pH的摆动效应，利用这一点可以实现经典的萃取溶剂所进行的萃取与反萃。

Matsumoto 等[34]考察了[Cₙmim][PF₆]（n=4、6、8）从发酵液中萃取有机酸（乙酸、羟基乙酸、丙酸、乳酸、丙酮酸、丁酸），测定了相平衡常数和分配系数。McFarlane 等[35]考察了9种离子液体从油田采出水（produced water）中萃取有机酸、醇类、芳烃化合物，研究了盐度、温度、浓度和pH对萃取的影响。顾彦龙等[36]利用[prmim]Cl作为萃取剂，顺利地分离牛磺酸（2-氨基乙磺酸）和硫酸钠，牛磺酸分离产率接近98％，提供了工业生产中牛磺酸分离的新方法。Wang 等[37]用[bmim][PF₆]、[bmim][PF₆]、[hmim][BF₄]和

[omim][BF$_4$]从水溶液中萃取了 5 种氨基酸（色氨酸、苯基丙氨酸、酪氨酸、亮氨酸、缬氨酸），结果表明分配率和离子液体的极性没有直接的关系，[hmim][BF$_4$]萃取色氨酸最有效率。Smirnova 等[38]利用[bmim][PF$_6$]和冠醚（二环己烷氧基-18 冠-6）共同萃取了氨基酸，考察了 pH、氨基酸浓度、冠醚浓度和体积比的影响。

目前应用离子液体从水溶液萃取有机物最大的困难在于离子液体的流失，无论离子液体在水中的溶解度多小，萃取过程都会造成一部分离子液体进入到水相中，由于离子液体的高昂价格及其对环境的未知毒性使其萃取过程目前无法大规模工业应用。但应用离子液体对某些有机物的高萃取性，用其富集环境中的有机物用于分析化学则可以肯定地说应用前景是非常乐观的。

2. 萃取金属离子

用普通的离子液体萃取金属离子，如不采取任何措施，则金属离子的分配系数 D（离子液体中浓度/水中浓度）小于 1。Rogers 等[39~43]研究了提高 D 值的方法，一般有两种：一种是在离子液体的阳离子取代基上引入配位原子或配位结构；另一种方法是加入萃取剂。图 4.16 给出了离子液体萃取金属离子过程中存在的各种平衡示意图。

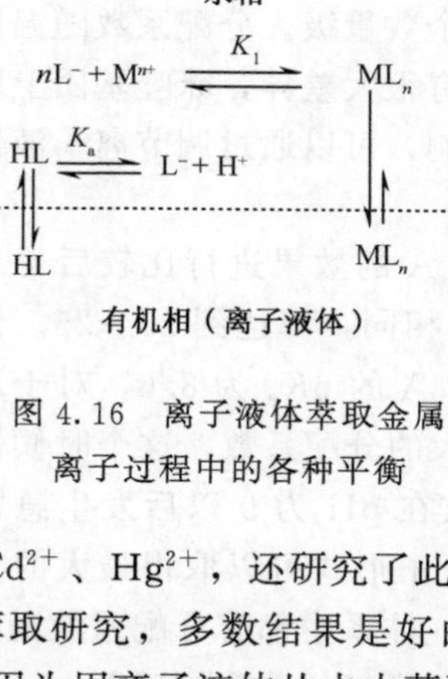

图 4.16　离子液体萃取金属离子过程中的各种平衡

1) 在离子液体上引入配位原子萃取金属离子

Visser 等[39~43]报道的是负离子为[PF$_6$]$^-$，正离子为咪唑盐的离子液体，但在取代基上引入不同的配位原子或结构。共研究了 6 个离子液体：一个是在取代基上引入 S 原子[1-丁基-3-(2-乙硫醚基)乙基咪唑阳离子]；两个是引入硫脲基团；三个引入脲基团。用于从水中萃取有毒金属离子 Cd^{2+}、Hg^{2+}，还研究了此类离子液体与[bmim][PF$_6$]以 1∶1 组成的混合液的萃取研究，多数结果是好的，分配系数达 10^2 数量级（Hg^{2+} 比 Cd^{2+} 更好些）。因为用离子液体从水中萃取时，金属离子在离子液体中的分配几乎可以忽略，留在水相，为此就要加萃取剂，与金属离子形成配合物使之成为憎水的，这样的系统比较复杂，而且萃取剂应当不流失。

2) 加入萃取剂萃取金属离子

（1）用离子液体为萃取相、冠醚为萃取剂。^{90}Sr 是原子裂变的产物，还没有有效的方法从放射性废料中除去 Sr(NO$_3$)$_2$。传统的萃取方法是用有机溶剂为萃取相，冠醚为萃取剂，从水溶液中萃取 Sr(NO$_3$)$_2$，分配系数小于 1，Sr^{2+} 在有机溶剂中的溶解度小是主要问题，为此，可以加一些别的物质进去，但会造成系统有毒或变得复杂。Dai 等[44]研究用离子液体为萃取相，分配系数要比用有机溶剂大几个数量级。所用冠醚为二环己烷氧基-18 冠-6（DCH-18C6），它可与 Sr^{2+} 形成较稳定的配位化合物。在 pH 为 4～10 条件下，冠醚 DCH-18C6 在离子液体中的浓度为 $0.15mol \cdot L^{-1}$，与有机溶剂甲苯和氯仿做平行对比实验发现，离子液体萃取的分配系数 D 比有机溶剂的大；不加冠醚时用离子液体萃取的分配系数 D 均小于 1；离子液体咪唑阳离子 2-位有取代基的比没有取代基的 D 小；负离子为 $[NTf_2]^-$ 的离子液体比 $[PF_6]^-$ 的离子液体 D 大得多；最大的是用 $[emim][NTf_2]$ 萃取的分配系数 D，达到 1.1×10^4，是用有机溶剂的 10 000 倍以上。

Rogers 教授领导的小组率先报道了用离子液体为萃取相 3 种冠醚为萃取剂从水溶液中萃取第Ⅰ、Ⅱ族金属离子的研究。所用离子液体有 3 种即 $[bmim][PF_6]$、$[hmim][PF_6]$、$[omim][PF_6]$；金属离子有 Na^+、Cs^+、Sr^{2+}；作为萃取剂的 3 种冠醚为 18C6、DCH-18C6、Dtb-18C6。

（2）用离子液体为萃取相，PAN、TAN 及卤素、拟卤素离子等为萃取剂。Rogers 教授领导的小组在关于用离子液体为萃取相加各种萃取剂从水溶液中萃取过渡金属离子的研究方面做了许多工作。他们研究了用离子液体 $[bmim][BF_4]$、$[hmim][PF_6]$ 作萃取相，用 PAN（1-吡啶偶氮基-2-萘酚）、TAN（1-噻唑偶氮基-2-萘酚）、卤素离子、拟卤素离子（$[CN]^-$、$[OCN]^-$、$[SCN]^-$）作萃取剂，从水中萃取 Cd^{2+}、Co^{2+}、Ni^{2+}、Fe^{3+}、Hg^{2+}。不用萃取剂时不同离子的 D 不同，但均小于 1。用 PAN、TAN 萃取 Cd^{2+}、Co^{2+}、Ni^{2+}、Fe^{3+} 时，pH 由 1 增至 13，分配系数 D 至少增大 2 个数量级。

（3）离子液体萃取核废料。Smolenskii 等[45]已找到将核废料溶解于离子液体中的方法，在离子液体中加入氧化剂，可以使铀由 U^{4+} 转变为 U^{6+}，使钚由 Pu^{4+} 转变为 Pu^{6+} 而溶解。他们认为用离子液体取代传统的溶剂如水、煤油和磷酸三丁酯的混合溶剂有可能改善现有的核燃料加工系统。

另外，Nakashima 等[46]报道了离子液体用于稀土镧系元素的萃取分离。Whitehead 等[47]用离子液体浸取矿物分离回收金属离子（而且离子液体也被使用为稀释剂协同萃取分离金属离子[48]）并讨论了溶剂结构变化对金属离子萃取机理的影响[49]，Dietz 等[50]在其综述中展望了此技术的应用前景。

用离子液体萃取金属离子目前存在两个制约点：一是不加入有机溶剂直接萃取的效率很低，引入功能基团的离子液体还需进一步合理地设计；二是萃取后的金属离子不能直接反萃取，必须使用有机溶剂，而且萃取过程中离子液体很可能发生阴离子的交换，使得离子液体本身发生改变。

3. 离子液体萃取分离共沸物

离子液体用于萃取分离的主要优点在于其几乎可以忽略的蒸气压，溶解在离子液体中的挥发性物质可以很容易除去（如减压），离子液体本身也容易循环使用。Swatloski 等[51]最先发现在 $H_2O/[bmim][PF_6]$ 双相体系中引入第三组分（如乙醇）也会影响各相之间的分配比例，但离子液体的存在并未改变乙醇/水的相对挥发度，他们提出如果液相中离子液体的存在可以改变气相各组分的相对挥发度，离子液体作为萃取剂的应用范围将进一步扩大，最近的研究证明了这一点。离子液体作为室温下处于液态的盐有着与固体盐相类似的"盐效应"，可以明显改变某些体系组分之间的相对挥发度，甚至可以直接破坏共沸组成。

Letcher 等[52~55]考察了[hmim][BF_4]、[hmim][PF_6]、[omim]Cl 对乙醇、甲醇-己烯-庚烯、苯-庚烷-十二烷-十六烷体系的分离效果，Arce 等[56,57]用[omim]Cl 和[bmim][OTf]分离了乙醇和 TAEE，Selvan 等[58]应用[emim]I_3 和[bmim]I_3 分离了甲苯和庚烷。Arlt 等[59,60]报道了 3 种离子液体（[emim][BF_4]、[bmim][BF_4]、[bmim]Cl）可以明显地改变乙醇-水的相对挥发度，2 种离子液体（[emim][BF_4]和[bmim][BF_4]）可以改变四氢呋喃-水的液-液平衡。Doker 等[61]分别测定了[emim][$(CF_3SO_2)_2N$]或[bmim][$(CF_3SO_2)_2N$]与丙酮-异丙醇、异丙醇-水的三元气-液平衡，证明了离子液体的存在确实可以改变气相中组分之间的相对挥发度。

Lei 等[62]测定了离子液体（[bmim][$AlCl_4$]、[bmim][BF_4]、[bmim][PF_6]）与环己烷-甲苯体系的气-液平衡，发现[bmim][$AlCl_4$]比较适合分离环己烷-甲苯。费维扬等[63]用气液色谱测定了烷烃、烯烃、苯及其同系物在[bmim][PF_6]、[amim][BF_4]、[mpmim][BF_4]、[mpmim][BF_4-$AgBF_4$]四种离子液体中的无限稀释活度系数，结果发现[bmim][PF_6]、[mpmim][BF_4-$AgBF_4$]对烯烃异构体有较好的分离效果。

离子液体的这一"盐效应"性质使得其作为新型萃取剂的应用空间进一步扩大，理论上离子液体可以作为萃取精馏的萃取剂用于很多体系的分离。

4. 离子液体与双水相

Rogers 领导的研究小组于 2003 年首次发现亲水性离子液体 1-丁基-3-甲基咪唑盐酸盐（[bmim]Cl）和水合磷酸钾可以形成上相富集离子液体和下相富集磷酸钾的双水相体系（ATPS）[64]。该双水相体系是由一种有机盐（亲水性离子液体）和一种无机盐（磷酸盐）形成，不同于传统意义的亲水性聚合物/无机盐双水相体系。该研究还测定了甲醇、丙醇、丁醇、戊醇在[bmim]Cl/K_3PO_4 双水相体系中的分配系数。

离子液体/无机盐双水相与传统的聚合物/无机盐双水相一样被应用于分离生物大分子，Soto 等[65]考察了应用[omim][BF_4]/NaH_2PO_4 分离了阿莫西林、氨苄青霉素，比较了两种不同 pH（4 和 8）对分配系数的影响，并用 NRTL 方程对实验数据进行了拟合。刘庆芬等[66][bmim][BF_4]/NaH_2PO_4 分离了青霉素 G

钾盐，考察了 NaH_2PO_4 浓度、青霉素浓度以及离子液体用量对双水相形成和萃取率的影响。结果表明，离子液体双水相体系的 pH 为 4～5，在该条件下萃取过程不发生乳化现象。

目前离子液体/无机盐双水相的研究才刚刚开始，研究还集中在与传统的聚合物/无机盐双水相近似的研究领域，公开发表的数据很有限。离子液体/无机盐双水相研究将来可能面临的困境与离子液体从水溶中萃取有机物类似——如何回收循环利用离子液体，因为离子液体在双水相体系中的与有机溶剂不同，它有一部分是自由电离的离子，也就是说存在离子交换，如何有效地回收离子液体应当是进一步需要研究的内容。

应用离子液体/无机盐双水相富集生物大分子用于分析化学的样品前处理是最近出现的新的研究方向。由于离子液体的复杂结构和与生物大分子会形成氢键，离子液体相很可能会大量富集生物大分子。北京大学的 He 等[67]应用 $[bmim]Cl/K_2HPO_4$ 从人尿液中吸附富集了睾丸激素、表睾酮用于 RP-HPLC 分析，一步萃取效率可达 80%～90%，为药物分析提供了新的方法。

5. 离子液体–液相微萃取技术

Stepnowski 等[68]用常见的离子液体富集了饮用水、海水、淡水等环境样品用于 HPLC 分析，中国科学院生态环境研究中心的江桂斌所领导的研究小组在应用离子液体富集有机物样品方面开展了大量的工作，研究的有机物种类有芳烃、多环芳烃、酚类、芳基胺、杀虫剂、有机金属盐等，将离子液体富集了有机物的样品用于 HPLC 分析普遍地改善了传统富集方法效率低的问题，这也就是微萃取技术的应用。

液相微萃取（liquid phase microextraction，LPME）技术是自 1996 年以来，随着环境分析技术的发展而发展起来的一种快速、精确、灵敏度高、环境友好的样品前处理技术。从广义上讲，该技术主要包括以下两个方面：①基于悬挂液滴的 SDME（suspended/single drop microextraction）形式的微滴液相微萃取；②基于中空纤维的两相模式或三相模式的液-液微萃取或液-液-液微萃取。由于具有操作简便、快捷、成本低廉、易与色谱系统联用等优点，近来年，作为一种新型的样品前处理技术，该方法已经引起了环境分析领域的许多研究人员的注意。

此方法的基本原理是根据离子液体的可设计性且种类繁多的特点，设计合成具有对于空气、水稳定的且能够高效富集环境中某些有机污染物的"需求特定"的离子液体，将其应用于环境有机污染物质的分离分析，有效地克服传统有机溶剂挥发性强、毒性大、对环境危害严重等问题。特别是应用于液相微萃取时，由于离子液体本身的不易挥发性、黏度较大等特点，与传统的有机溶剂相比，可以得到更大的悬挂液滴和更加持久的萃取时间，从而提高分析检测的灵敏度和可靠性。在具体的应用过程中，可以依据目前液相微萃取技术发展比较成熟的两种方法：基于悬挂液滴的液相微萃取和基于中空纤维的液相微萃取，发展离子液体-液相微萃取技术。

在应用过程中，选择性合成能够高效富集某些环境有机污染物的离子液体，利用其不易挥发、黏度较大、与水不互溶等特性，采用基于悬挂液滴的液相微萃取方法进行环境中有机污染物质的分离分析。同传统的萃取剂正辛醇等相比，离子液体可以在萃取器尖端悬挂更大体积的液滴而不会滴落，而且液滴悬挂的时间也更长。目前，已经成功地将其应用于环境中多环芳烃（PAH）、壬基酚（NP）和辛基酚（OP）等污染物的富集分离和检测。在测定多环芳烃时，可以得到42～166 倍的富集倍数；测定壬基酚和辛基酚时可以得到分别为 163 和 130 的富集倍数。由于该方法的灵敏度高、选择性好且比较稳定，很好地拓展了液相微萃取技术在样品前处理方面的应用。此方面的结果已在国际期刊发表[69～73]。

6. 离子液体萃取脱硫

离子液体作为一类新型的溶剂也被尝试用于烟道气脱除 SO_2 和车用燃料脱硫。中国科学院化学研究所的 Wu[74] 等研究了[bmim][BF_4]、[bmim][PF_6]和一种阳离子含有 NH_2 的离子液体对含有 SO_2 的烟道气的吸附能力，考察了温度和压力的影响，结果显示阳离子经过氨基改性后的离子液体可以与 SO_2 发生化学反应，从而增大吸附量。

Bösmann 等[75]进行了用[bmim][Cl-$AlCl_3$]和[emimi][Cl-$AlCl_3$]脱除正十二烷中的二苯并噻吩（DBT）（柴油模型化合物）的实验研究，结果发现阴离子对于脱硫性能影响不大。实验条件下（60℃，模拟油与离子液体质量比为5：1，反应 15min，原料硫含量 500ppm），一次可以脱除 60～150ppm 的硫；对于模拟油与离子液体质量比为 2：1、原料硫含量 1000ppm，连续 4 次试验可以将硫含量降低到 10ppm 以下。Akzo Nobel 公司[76～78]的科学家研究了利用[emim][BF_4]、[bmim][BF_4]、[bmim][PF_6]脱除汽油中硫化合物，实验发现三种离子液体混合物一次可以脱除 10％～20％的硫，并且离子液体不吸附烷烃和烯烃，只吸附少量的芳烃。Akzo Nobel 公司正准备对该工艺进行放大研究，考察其是否可以作为加氢脱硫的代替工艺。Lo 等[79] 研究了在 H_2O_2/乙酸存在情况下[bmim][BF_4]和[bmim][PF_6]氧化脱除轻汽油中的硫化物，模型油中硫化物的一步脱除率可达 39％～47％，而实际体系的脱除率相当低，只有 7％～8％。EΒer 等[80]采用两种离子液体[bmim][$OcSO_4$]和[emim][$EtSO_4$]对燃料油进行了脱硫和脱氮的研究，结果表明离子液体法可以尝试作为加氢脱硫（HDS）的后续深度脱硫工艺，并且探讨了离子液体的再生方案。

黄崇品等[81]用不同金属氯化物与氯代甲基咪唑合成离子液体，采用快原子轰击谱测定了这些离子液体的结构，并评价了这些离子液体对汽油萃取脱硫的能力，发现由 CuCl 合成的离子液体中存在稳定的 $[CuCl_2]^-$、$[Cu_2Cl_3]^-$ 和 $[Cu_3Cl_4]^-$ 阴离子，这些阴离子可能通过 Cu（I）与 S 的 π 络合作用而使离子液体具有较高的萃取脱硫效率。经 6 次萃取后，汽油中的硫含量可以从 $650\mu g \cdot g^{-1}$ 降至 $20\sim30\mu g \cdot g^{-1}$。

周瀚成等[82]探讨了不同离子液体在不同条件下通过萃取降低汽油中硫含量的可能性。结果表明，较长碳链的 $[dmim][BF_4]$ 离子液体具有很好的深度脱硫性能，并且能够重复使用。同时，研究结果还表明离子液体可以同时降低低碳烯烃的含量，而低碳烯烃的存在可以促进离子液体对汽油中硫的萃取。

叶天旭等[83]向 FCC 汽油中分别加入两种与 FCC 汽油不互溶的 Lewis 超强酸性离子液体 $[bmim][Cl\text{-}AlCl_3]$ 和 $[R_4N][Cl\text{-}AlCl_3]$ 形成液-液两相催化降烯烃体系。结果表明：在汽油辛烷值基本保持不变的基础上，FCC 汽油的烯烃体积分数分别下降 14.7% 和 13.1%，均达到我国新配方汽油规定的烯烃体积分数 <35% 的新标准。对离子液体降低 FCC 汽油的机理及影响因素进行了详细研究的结果表明，正是具备 Lewis 超强酸性的离子液体催化的烯烃与烷烃的烷基化、烯烃与芳烃的烷基化以及烯烃二聚反应使得 FCC 汽油中烯烃体积分数显著下降。

王玉新等[84,85]将一定量的噻吩加入预先精制的直馏柴油中，在室温和氮气保护下，与六氟磷酸离子液体发生络合吸附反应，考察六氟磷酸离子液体吸附噻吩的效果。结果表明在室温、氮气保护，剂油比为 0.15、反应时间为 60min 的条件下，六氟磷酸离子液体对精制柴油中噻吩脱除率可达到 70%。在约 110℃下可将噻吩硫化物从离子液体中蒸馏出来，六氟磷酸离子液体可再循环使用 6 次以上。对含有 $AlCl_3$ 的离子液体的实验结果表明：在 $n_{AlCl_3}/n_{[bmim]Cl}=2:1$、剂油比为 0.15、反应时间为 40min 的条件下，氯铝酸离子液体对精制柴油中的噻吩脱除率可达到 46%，从而说明氯铝酸离子液体具有很好的吸附噻吩类杂环化合物的能力。虽然氯铝酸离子液体对水和空气敏感、不稳定，但是可以再生重复循环使用。

7. 离子液体与膜耦合

固定化液膜分离及渗透蒸发是近代发展的新分离方法，都要用到膜，都要有选择性才行，不同的是在回收侧物质的相态等不同。渗透蒸发法主要用于分离离子液体中的挥发性溶质，如萃取或反应后离子液体中的溶质的分离，因离子液体不蒸发，在回收侧没有离子液体被分离物质在回收侧成气态后被冷凝收集。固定化液膜分离是将离子液体浸入多孔膜中制得固定化液膜，使混合物选择透过膜而直接分离，收集被分离物质。

1）离子液体在固定化支撑液膜分离中的应用

Crespo 领导[86~90]的研究小组在离子液体与膜的结合方面做了大量的工作，先后报道了用液膜分离各种溶质的研究，先进行溶质透过未固定的离子液体的实验，然后进行溶质透过固定化离子液体膜的实验，即支撑液膜的研究（如图 4.17 所示的实验装置）。支撑液膜（SLM）是多孔的固体填充上液体。SLM 是一项很有潜能的分离技术，因为它将萃取和分离连在一起，并且相比溶剂萃取过程，SLM 需要的溶剂量少得多。但是，SLM 技术因膜的稳定性低限制了其商业应用。选用离子液体制备支撑液膜因其挥发性低，不易流失而稳定性提高并且改善了膜的选择性。

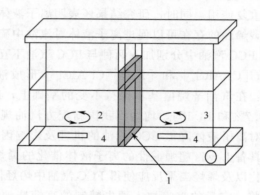

图 4.17　支撑液膜分离装置示意图[91]
1—支撑液膜；2—进料液；3—渗透液；4—搅拌子

　　固定化支撑液膜的制法是把离子液体浸透（在下游减压）在多孔结构的聚合物或陶瓷膜的孔结构中，溶质透过膜时，实际是透过孔结构中的离子液体。固定化支撑液膜有其突出的优点：虽然单位时间单位面积的透过速率不大，但现在可以设计出单位体积中分离膜面积很大的膜分离设备，单位时间单位体积透过膜的通量不会太小，不会因此而无法投入生产；下游的溶剂不会进入上游，减少了相关的分离过程；选择适当的离子液体制成的固定化支撑液膜，可以避免液膜中液体的流失。固定化离子液体膜实验又分两类：一类是每次实验只有一种溶质，测出回收率，比较其选择性；另一类是每次实验加入的是溶质混合物，实验结果更为直接。用固定化离子液体膜进行分离时离子液体和固体多孔膜的选择对分离的选择性至关重要，因为现在离子液体的种类和固体多孔膜的选择余地很大，因此，对特定混合物的分离问题，很有可能筛选出合适的（离子液体种类和固体多孔膜）组合，达到期望的选择性。

　　2）用渗透蒸发法从离子液体中选择性分离溶质

　　渗透蒸发的分离原理是溶质从上游加入的液相分配到致密的无孔膜中，并扩散到膜的另一面，蒸发到下游；以离子液体为溶剂时溶剂不会透过蒸发，因而可以除去溶质；若有多种溶质要分离，则应有一定的选择性。一般在膜的上游侧为加入的溶液，常压；下游侧要保持一定的真空度。可在上游液相与膜间分配的化合物，在膜两侧有化学势差就可以用渗透蒸发法回收。对同样的化学势差，渗透蒸发法比蒸馏法有效，渗透蒸发法可以在相对较低的温度下回收低挥发性的高沸点物质，不像精馏法受气-液平衡的限制；渗透蒸发受溶质与膜材料（一般为聚合物）作用的控制，对某一分离问题关键是选择或研制特定的膜，使之在分离操作条件下有高的选择性。渗透蒸发法的能量消耗主要集中在下游真空和溶质的凝结阶段，若用蒸馏方法从离子液体中除去溶质，要把溶质及溶剂一起加热，而渗透蒸发时的能量只用于溶质，而溶质含量通常是少的，故是节能技术。

Schafer 等[92]报道了用渗透蒸发法分离或回收离子液体中的溶质，实验所选溶质性质差别大，共有 4 种：①水，作为酯化、缩合等反应的产物，在反应时可以一边除水一边反应，使反应向产物生产方向移动；②己酸乙酯，作为对热敏感的生化反应的低挥发性产物的代表物；③氯丁烷，可以作为合成离子液体时在其中的残留物，除去氯丁烷可以提高离子液体的纯度；④萘，作为一种低沸点化合物。透过侧未发现有离子液体，加入侧和透过侧的有机物量随透过时间而变化，用乙醚萃取后用气相色谱分析。所有 4 种物质在离子液体中的溶质均可以通过透过蒸发法成功回收，回收率可以达到 99.2% 以上。亲水的 PVA 复合膜对水有很大的通量，亲水的膜可以让水透过而憎水的分子不透过，这对在离子液体中进行的反应如可逆缩合反应、生物质的催化反应如酯化等非常有利，因为可以连续除去水而使反应平衡向高产率方向移动；目的产物如酯化反应的酯，也可以另外用憎水膜如 PDMS 膜用透过蒸发法回收。应当特别指出，对于在离子液体中进行生化反应过程，透过蒸发法可能是最合适的分离技术，因为可在较温和的条件下进行，生物催化剂不会被破坏或降低活性，可反复使用。在离子液体的合成和提纯中，离子液体中会有溶剂、反应物的残余，通常在高温减压下除去。用 PDMS 复合膜用透过蒸发可回收氯丁烷，表明可以在较温和的操作条件下制得纯净的离子液体，且溶剂和过剩的反应物可回收循环使用。萘的沸点温度为 490K，作为低挥发性溶质可在低于其沸点温度 323K、168K 下用 PEBA 均质膜用透过蒸发从离子液体回收，虽然推动力化学势差不大，透过速率较低，但实验表明用透过蒸发法也可以回收高沸点有机物。总之，透过蒸发法可以在以离子液体为溶剂的生产过程中，在较温和的条件下回收或除去挥发性物质，能量消耗较低，操作条件温和。

图 4.18 给出以离子液体作为活性层，耦合疏水性高分子膜渗透气化分离回收水相微量极性有机化合物的实验工艺流程[93]。以乙醇和乙酸为研究对象，以 PDMS 膜与离子液体 [bmim][PF₆] 耦合分离，结果表明，离子液体具有明显的促进分离的功能。尽管没有改变传统分离趋势，但分离选择性及膜通量均有显著增加。

此外，超滤膜分离技术也可用于离子液体中溶质的分离回收，以避免蒸馏过程中破坏离子液体的热稳定性[94]。

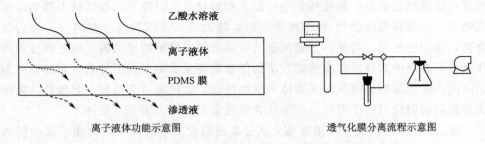

离子液体功能示意图　　　　　　　　透气化膜分离流程示意图

图 4.18　离子液体-膜耦合渗透气化分离回收水相微量极性有机化合物

8. 离子液体与超临界 CO_2

超临界流体和离子液体分别作为绿色介质已备受关注，二者的有机结合也已引起研究者的极大重视，研究者从理论和应用方面开展了一系列的工作。侯玉翠等[95]和周震寰等[96]对离子液体与超临界 CO_2 相结合进行了极为详尽的阐述。1999 年，Brennecke 等首先报道了高压 CO_2 可以溶解于离子液体，而离子液体不溶于高压 CO_2，这样可以用 scCO₂ 回收离子液体中溶解的有机物，但不产生交叉污染，从而开辟了 IL/scCO₂ 两相体系的应用研究。CO_2 具有高挥发性和低极性，离子液体具有不挥发性和相当大的极性，二者的结合将会产生有趣的两相体系。该体系目前已应用到多个研究领域，并显示出其独特的特性。图 4.19 给出了实验中应用的离子液体中二氧化碳溶解度的测定装置。

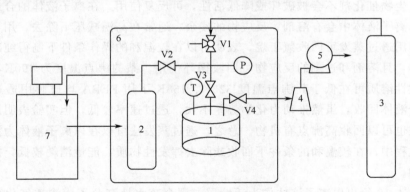

图 4.19　离子液体中二氧化碳溶解度测定实验装置[97]
1—平衡池；2—气体池；3—CO_2；4—水阀；5—真空泵；6—水池；7—循环器

4.3.2　关键科学问题

4.3.2.1　离子液体萃取的基本问题

离子液体作为萃取相与一般的萃取过程一样，离子液体作为萃取相也需要解决如下一些基本问题。

1）分配系数及选择性

溶质的分配系数大当然好。但按照最先的设想，对挥发性溶质只要能溶解在离子液体中，并有一定的选择性，通过加热即可把溶质分离出去，分配系数不大也可以进行萃取，但效率差些。

2）扩散速度

离子液体与混合物接触，溶质在两相分配达到相平衡的快慢取决于扩散速度，因为离子液体黏度较大，扩散慢，这是一个问题。现在还未见有用离子液体从固体物质中萃取有机物的研究报道（除用于顶空色谱分析用的微萃取技术之外），可能与此有关。解决此问题的办法当前有两个：一是研制黏度小的离子液体；二是升高温度，温度升高离子液体的黏度下降较快。黏度下降时，溶质在离子液体中的扩散速度以及离子液体扩散到固体中的速度也会加快。

3）交叉污染问题

比如，用离子液体从水中萃取有机物，虽然 [bmim][PF$_6$] 是憎水性的，但它与水还是有一定的相互溶解度，是液液部分互溶的。达到相平衡时，离子液体中有浓度不高的水；在水中有一些离子液体，虽然浓度不大，但溶解于水中的离子液体的分离和回收就成为一个问题。解决的办法有：一是研制憎水性更强、在水中的溶解度更小的离子液体；二是找到从水中分离回收少量离子液体的有效方法。

4.3.2.2 离子液体在工业溶剂萃取方面应用的选择标准

实现离子液体溶剂萃取在工业方面的实际应用根据 1963 年 Treybal 对溶剂萃取提出的溶剂选择标准，必须解决和满足以下几个主要方面的条件。

1）选择性

这是经常用来评估溶剂萃取最典型的参数，在水-溶质-离子液体的三元体系中（图 4.20），必须满足足够的选择性才能符合工业应用的基本条件。选择性可以如式（4.25）所示：

$$选择性 = \frac{[\chi_2/\chi_1]_{离子液体富集相}}{[\chi_2/\chi_1]_{有机物富集相}} \tag{4.25}$$

式中：χ 为溶质摩尔分数。

2）分配系数

有关如苯系衍生物在水和离子液体 [bmim][PF$_6$] 之间的分配系数、冠醚和离子液体协同萃取体系中的分配系数、功能性离子液体从水溶液中萃取金属离子以及 pH 对溶质分配行为影响研究均为实际工艺操作积累了科学数据，为可能的工艺放大提供了依据。

3）溶剂负载

已有较多报道大多数有机物在离子液体中的溶解行为，这为离子液体萃取分离的有效进行提供了前提条件，但是在一定程度上萃取物的组成中必定包含有一定的溶剂，产物必须进行后续化处理以获得纯净的产品（图 4.21）。在商业溶剂萃取过程中，尤其是在石油工业中萃取物中溶剂负载的变化率高达质量分数的 50%。

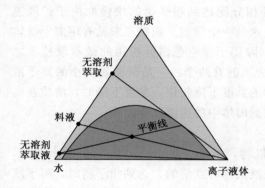

图 4.20　水-溶质-离子液体三元相图

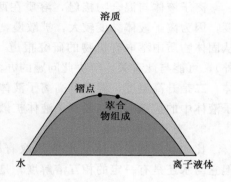

图 4.21　溶剂萃取萃合物组成

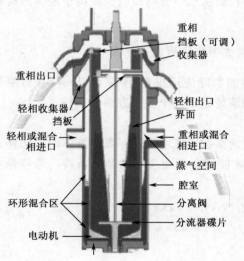

图 4.22　溶剂萃取分离设备示意图

4）腐蚀与成本

随温度升高，新型离子液体将表现出不同的腐蚀特性。选用离子液体不应比溶质或负载流体更具有腐蚀性。采用萃取离心设备能使离子液体的使用成本明显降低。图 4.22 给出一种萃取分离设备示意图。

5）离子液体的反应性

以 $[PF_6]^-$ 为阴离子的离子液体在水中的水解导致腐蚀性 HF 及其他物种的产生，如此将产生更加复杂的情况，因为研究证明少量水作为杂质存在都会对离子液体的相图产生明显的影响。同时离子液体作为溶剂或萃取剂在空气中的稳定性也是必须考虑的因素之一。实际上上述因素在一定程度上与离子液体本身组成也有一定的相关性，在选用含卤素离子的离子液体时，它的热稳定性也会有较大的影响。

6）黏度

离子液体的黏度相比于传统的有机液体溶剂的黏度高出两个以上的数量级，

在 20～25℃范围变化时的大多数离子液体的黏度在 66～1110cP 变化，离子液体的纯度（杂质：水、NaCl 及有机溶剂）对离子液体的黏度有显著影响。黏度变化对分散相的选择、设备的选择以及传质系数均有显著影响。

7）溶剂回收

如何从离子液体中分离回收有机物并实现离子液体的循环再利用，是离子液体萃取分离过程的最终目标及工业化应用的必备条件。采用蒸馏/气提等方式从离子液体中分离回收溶质经常需要考虑离子液体的稳定性。研究表明，离子液体的不挥发性，以及很多情况下有机物本身属性的原因不适宜用蒸馏/气提的方式分离，因此而产生的超临界 CO_2 及膜耦合分离技术的发展日益重要。

4.3.2.3　离子液体的存在形式对萃取行为的影响

离子液体萃取分离过程以及工业化应用的可能性、可操作性，乃至目前急需解决的难题，无不与离子液体的特殊结构组成方式、其在溶液中的存在形式，以及离子液体与溶质之间相互作用相关联，了解离子液体的存在形式对研究离子液体萃取机理、探索和发展离子液体萃取分离过程起到推动作用。

Dupont[98～101]领导的研究小组对离子液体的存在形式进行了初步研究，他们综合了近几年来关于离子液体结构和存在形式的研究，首次提出了离子液体存在形式的多样性问题，即离子液体的本体（固体或液体）是一类具有特殊空间结构（有的甚至是纳米结构）的特殊物质；当离子液体中混入了其他溶剂，或离子液体溶解在其他溶剂中时，它的结构相对于本体发生一定的变化，具体的存在形式可能有超分子聚集体、三离子簇、离子对、自由电离的离子、胶团、微乳液、液晶态等，如图 4.23 所示。

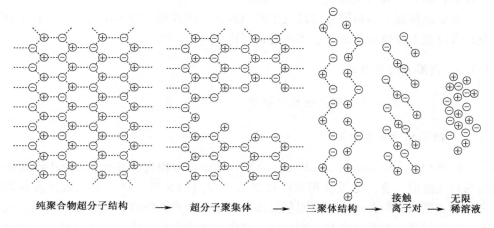

纯聚合物超分子结构 → 超分子聚集体 → 三聚体结构 → 接触离子对 → 无限稀溶液

图 4.23　离子液体在不同溶液环境条件下的存在形式

这一研究成果的发表可以说在一定意义上弥补了关于离子液体的存在形式或

相行为方面研究的不足，此前 Bowers 等[102]和 Miskolczy 等[103]都证明了离子液体在水中可以形成胶团或类似胶团的聚集体，而 Letellier 等[104]的研究表明离子液体的电导率行为与缔合的电解质比较类似，Tubbs 等[105]和 Fry 等[106]证明了离子液体在有机溶剂中有时会以离子对的形式存在，Holbrey 等[107,108]认为可能会同时有两种存在形式，Bresme 等[109]和 Anderson 等[110]证明了离子液体本体存在空穴或腔体，Hao 等[111]发现了某些离子液体的自组装行为，这些研究都在不同方面证明了离子液体在各种情况下的存在形式。

将这些研究成果再与已有的表面活性剂的传统理论相联系，我们可以这样地认为：离子液体应当是一种特殊的表面活性剂，是在室温或接近室温条件下呈现液态的类季铵盐表面活性剂：

（1）它的稀溶液相行为符合传统的表面活性剂理论，它在水中或有机溶剂中可以以胶团的形式存在，也可以以完全电离的盐的形式存在，还可以以离子对的形式存在；

（2）它的浓溶液可能表现出缔合电解质的行为，同时可以与其他溶剂形成微乳液，体系也可能会呈现液晶相；

（3）最重要的一点是它的本体或浓溶液在一定情况下是具有规则空间结构的，同时存在极性区和非极性区，这种结构对某些物质具有很强的吸附性或选择性。

离子液体的这三点性质对其萃取行为的影响是十分重要的，我们可以利用其不同的存在形式来设计萃取过程，如果需要利用其胶团性质萃取生物分子，就使用那些易于形成胶团结构的离子液体；如果需要选择性萃取分离某些物质，可以直接使用本体或高浓度的溶液；如果需要利用其盐效应改变共沸体系的组分相对挥发度，就利用其盐或者电解质的性质。

离子液体这方面的研究可以说才刚刚展开，随着研究的不断深入，我们相信在萃取过程大规模应用离子液体将指日可待。

4.3.3 发展方向及建议

4.3.3.1 离子液体微乳相特性研究

1. 微乳相的基本特征

微乳相（microemulsion phase）是胶体化学、结构化学及溶液理论中诸理论问题和现象的综合，是微乳相萃取技术工业应用的关键。自从微乳液被发现以来，一直受到人们关注，其应用包括提高原油采收率、燃烧、化妆品、医药、农业、金属切削、润滑、食品、酶催化、有机和生物有机反应、纳米材料的化学合成、化工分离新技术等。微乳相研究中的两个重要的议题是相平衡行为和微观结构表征。Winsor 微乳多相体系的相类型取决于组成、温度和盐度，萃取体系中的微乳相一般可能有 4 种不同的独特类型（图 4.24）[112,113]。

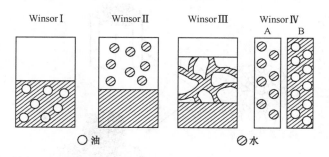

图 4.24　萃取体系中微乳相的结构模型

Winsor Ⅰ 型：在油水两相中，上相为有机相，下相为水包油型微乳相（包括胶团相）。Winsor Ⅱ 型：在油水两相中，下相为水相，上相为油包水型微乳相（包括反胶团相）。Winsor Ⅲ 型：在油水两相中形成第三相，中间微乳相（有时称为双连续相）。Winsor Ⅳ 型：油水两相完全混合形成均一单相，此微乳相可能是包括胶团相、反胶团相、膨胀相和双连续相等的复杂体系。

2. 离子液体微乳相研究

正如 4.3.2.3 中离子液体存在形式的研究结果所表明的，离子液体可视为一种特殊的表面活性剂。在溶剂萃取分离过程中，其溶液相行为符合传统的表面活性剂理论。在水溶液中成有机溶剂中可以以胶团、反胶团，甚至在本体溶液或浓溶液中具有规则的空间结构的微乳相形成。结合具体的萃取分离工艺操作过程，离子液体萃取分离和常见的微乳相萃取分离同样可以分为：①简单的离子液体-水两相体系萃取分离。离子液体为疏水性的，起到传统有机溶剂的萃取作用；②离子液体双水相萃取分离体系，使用的离子液体是亲水性的；③离子液体胶团化萃取分离，主要利用离子液体表面活性剂的性质，形成无数的细微"微萃取分离器"，实现萃取分离的作用。

三种离子液体萃取分离过程可以通过图 4.25 表示出来。目前离子液体胶团化的萃取分离研究相对较少，而离子液体双水相的研究因离子液体的结构多变性以及双水相本身操作和易放大的特点，日益受到科研工作者的重视。

Rogers[64] 研究小组用亲水性离子液体 1-丁基-3-甲基咪唑盐酸盐（[bmim]Cl）和水合磷酸钾形成上相富集离子液体和下相富集磷酸钾的双水相体系（ATPS）（图 4.26）。对离子液体双水相形成条件的研究发现，盐种类对离子液体 [bmim]Cl 水溶液双水相的影响十分显著（图 4.27）。K_2HPO_4、K_3PO_4、K_2CO_3、KOH、Na_2HPO_4 或 NaOH 能有效实现相分离，但 KH_2PO_4、K_2SO_4、$(NH_4)_2SO_4$、KCl 和 NaCl 不能形成相分离[114]。Gutowski 和 Weingärtner[115,116]

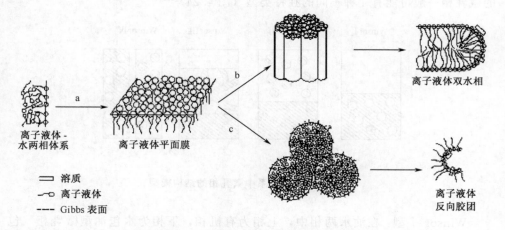

图 4.25　离子液体微乳相萃取微观结构示意图

认为这种现象可能是憎溶剂的原因。Kosmotropic 离子，如 HPO_4^{2-}、SO_4^{2-}、OH^-、CO_3^{2-} 和 PO_4^{3-}[115,117~119] 表现出比两个水分子之间更强的与水分子的相互作用力，因而有利于双水相体系的形成[115]。但是高离液 chaotropic 离子，如 Cl^-、NH_4^+、K^+、$H_2PO_4^-$[117~119] 有反向效应，是因为其与水分子的弱相互作用。尽管 SO_4^{2-} 与 HPO_4^{2-} 有相同的离液特性，K_2SO_4 的溶解度 $[11g \cdot (100mL)^{-1}H_2O]$ 及 $(NH_4)_2SO_4$ 的溶解度 $[43.5\ g \cdot (100mL)^{-1}H_2O]$ 均比 K_2HPO_4 的溶解度 $[150g \cdot (100mL)^{-1}H_2O]$ 小得多。结果，即使在 K_2SO_4 和 $(NH_4)_2SO_4$ 的饱和溶液中，SO_4^{2-} 的离子浓度也不足以能够形成双水相。图 4.27 表明，对相分离作用的离子能力排序为 $K_2HPO_4 > K_2CO_3 > K_3PO_4 > KOH$。

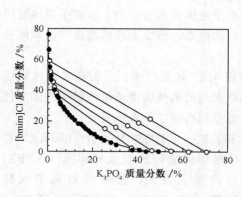

图 4.26　离子液体[bmim]Cl-K_3PO_4相图[64]

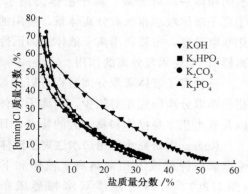

图 4.27　离子液体-盐相图[114]

4.3.3.2　反应分离耦合

利用某些反应中反应物、产物和催化剂在离子液体中和水中有不同的溶解性可以实现反应和分离的耦合。Dullius 等[120]开展了使用 [bmim][BF₄] 作为两相催化介质的研究。他们将把化合物溶解在 [bmim][BF₄] 中，从而对 1,3-丁二烯的水相二聚催化。当温度为 70℃时，水相和离子液体相成为均一的一相。在这种条件下，丁二烯得到 Pd 的催化，当反应结束时，把温度降低到 5℃以下，会形成水相和离子液体两相，绝大多数的产品不溶于离子液体进入水相，而催化剂则有 97% 都在离子液体中，这样的过程使催化剂和产品很容易得到回收，实现了反应过程和分离过程的耦合。

离子液体-膜渗透气化耦合工艺用于生物发酵制乙醇、乙酸及丙酮等的反应耦合工艺不仅可以实时在线分离目标产物，而且不干扰生物发酵体系的正常运行，具有非常重要的应用意义[120]。

4.3.3.3　离子液体生物毒性与负载特性

在工业溶剂萃取过程中，溶剂的负载率非常高，除了后续必要的产品纯化外，产品中夹带溶剂的生理毒性参数测定尤其重要。一方面要监控其在生物体中的累积程度，另一方面要测定其生物毒性。

有机化合物的正辛醇-水分配系数反映化学物质在水相与有机体间的迁移能力，是描述有机化合物在环境中行为的重要的物理化学特性参数[122]（表 4.17）。正辛醇相模拟的是生物体的脂肪组织，水相模拟的是自然界环境，有机物的正辛醇-水分配系数（K_{ow}）代表了该物质在生物体内的累积程度。K_{ow} 越大表明该物质越容易被生物体吸收而累积，并可通过食物链传播，可能会对生物体造成更大的毒害，理想的工业溶剂应当具有较小的 K_{ow}。离子液体虽然尚未作为溶剂大规模工业应用，但其可能对环境及生物体的潜在危害的研究已经展开。

苏纹正[123]研究常见的几种离子液体的正辛醇-水分配系数，并与常用的有机溶剂进行了对比，同时测定了几种离子液体对水的扩散系数，结果发现常见的离子液体与传统的有机溶剂和无机盐的对水的扩散系数相当。Domanska 等[124]测定了不同温度下 $[C_nmim]Cl$（$n = 4、8、10、12$）的正辛醇-水分配系数，Brennecke 等[125]也测定了一些离子液体的正辛醇-水分配系数。目前可以得出的结论是：离子液体同挥发性有机溶剂相比，两者流失到环境中的速率相当；不是所有的离子液体最终在生物体内的累积程度都比有机溶剂低，其中阴离子为 $[Tf_2N]^-$ 的离子液体的 K_{ow} 与有机溶剂相当，离子液体对环境和生物体是否更友好还需进一步研究。

表 4.17　有机溶剂与离子液体的正辛醇-水分配系数

物质	$\lg K_{ow}$	物质	$\lg K_{ow}$	物质	$\lg K_{ow}$
甲醇	−0.74[1)	[emim][PF$_6$]	−2.15[1)	[bmim]Br	−3.41[3)
乙醇	0.10[1)	[bmim][PF$_6$]	−1.73[1), −3.82[3)	[emim][Tf$_2$N]	−2.30[3)
1-丙醇	0.25[1)	[hmim][PF$_6$]	−1.34[1)	[emmim][Tf$_2$N]	−2.35[3)
戊烷	3.39[1)	[bmim]Cl	−0.31[2)	[pmmim][Tf$_2$N]	−1.71[3)
己烷	3.90[1)	[omim]Cl	−0.27[2)	[pmmim][Tf$_2$N]	−1.01[3)
庚烷	4.66[1)	[dmim]Cl	−0.29[2)	[hmim][Tf$_2$N]	0.43[3)
[emim][BF$_4$]	−2.90[1)	[ddmim]Cl	−0.14[2)	[hmmim][Tf$_2$N]	0.45[3)
[bmim][BF$_4$]	−2.07[1), −5.81[3)	[bmim][NO$_3$]	−5.57[3)	[omim][Tf$_2$N]	2.16[3)
[hmim][BF$_4$]	−0.76[1)	[bmim]Cl	−5.52[3)		

1) 参考文献 [121]。

2) 参考文献 [122]。

3) 参考文献 [123]。

　　有机溶剂对生物体毒性的研究已经十分深入，关于离子液体对生物体的毒性的研究才刚刚起步。由于离子液体的不挥发性对实验过程没有操作的危险性，但离子液体一旦作为工业溶剂大规模使用，可能的流失和废弃就会对环境中的生物体产生危害，目前的研究只对几类生物的离子液体的毒性进行了测试。

　　Matsumoto 等[126,127]在研究离子液体替代有机溶剂从发酵液中萃取乳酸的过程中考察了 [C$_n$mim][PF$_6$]（n=4、6、8）对九种乳酸菌活性的抑制，发现乳酸菌在几种离子液体中的活性均比空白试验（水中）低，比正己烷体系的活性稍稍低一些，但比甲苯体系高许多。

　　Pernak 等[128,129]研究了阳离子含有醚基的咪唑离子液体对球菌、杆菌和真菌的毒性，主要测定了离子液体的最小抑制浓度（MIC）和最小致死浓度（MBC）。研究发现：对于球菌、杆菌和杆菌，都是阴离子变化对毒性影响不大；对于球菌，毒性随碳链长度增大而增大，取代基为 C$_{12}$ 时毒性最大；对于杆菌，毒性随碳链长度先增大后减小，取代基为 C$_{12}$ 时毒性最大；对于真菌，毒性随碳链长度增大而增大，取代基为 C$_{16}$ 时毒性最大。Docherty 等[130]考察了 3 种烷基咪唑离子液体和 3 种烷基吡啶离子液体对大肠杆菌（*Escherichia coli*）、葡萄球菌（*Staphylococcus aureus*）、枯草菌（*Bacillus subtilis*）、假单胞荧光菌（*Pseudomonas fluorescens*）、酵母菌（*Saccharomyces cerevisiae*）的急性中毒，结果显示丁基取代的离子液体的毒性最小，烷基取代链越长离子液体的毒性越大。

　　Swatloski 等[131]用一种用于监测土壤中杀虫剂和金属离子的线虫（*Caenorhabditis elegans*）作为低等动物的代表，检验了[C$_n$mim]Cl（n=4、8、14）离子液体对其存活率的影响，结果发现，环境中[bmim]Cl 的存在对该线虫的存活影响很小，当浓度为 $5.0mg \cdot mL^{-1}$ 时致死率只有 1%；当碳链增加到 C_8 时，离子液体的毒性显著增加，浓度为 $1.0mg \cdot mL^{-1}$ 时线虫的致死率达到 11%；当碳链增加到 C_{12} 时，离子液体浓度为 $1.0mg \cdot mL^{-1}$ 时的线虫致死率已达 97%，线虫几乎不能在含有离子液体的环境中存活。

Garcia 等[132,133]研究了常见的双烷基咪唑离子液体对淡水甲壳纲动物（*Daphnia magna*）和海水细菌（*Photobacterium phosphoreum*）的急性中毒，并与有机溶剂和季铵盐表面活性剂进行了对比，得出的结论是双烷基咪唑离子液体的毒性比常见的有机溶剂要强。Ranke 等[134]考察了双烷基咪唑离子液体对哺乳动物细胞的毒性，采用了两种动物细胞 IPC-81（rat leukemia cell）和 C_6（rat glioma cell）进行了试验，得出的结论是阴离子的变化对毒性影响不大，阳离子取代基碳链的变化对毒性有影响，被研究的离子液体的毒性最大与毒性最小的有 1000 倍的差别，但所有被研究的离子液体的毒性比常见的有机溶剂（甲醇、丙酮、乙腈、甲基叔丁基醚等）的毒性低。Stepnowski 等[135]考察了烷基咪唑离子液体人海拉细胞的毒性，发现烷基取代链的长短对 EC_{50} 值没有太大的影响，对于丁基取代的咪唑离子液体阴离子的变化影响其毒性，其中 1-甲基-3-丁基咪唑四氟硼酸盐离子液体的毒性最小。

4.3.3.4　离子液体的循环再利用

在使用离子液体萃取完成以后，存在产品和离子液体的分离和离子液体的回收问题，虽然有些情况下可以利用 pH 摆动效应，但是许多情况下并不适用。如果采用水进行萃取回收，则应用范围仅限于亲水性物质；采用精馏方法则对于不易挥发和热不稳定的物质不适用；若采用有机溶剂的液-液萃取过程则存在交叉污染问题。应用 CO_2 萃取离子液体中的萘从而实现对离子液体的回收的研究表明 CO_2 在离子液体 [bmim][PF_6] 中的溶解随压力变化很大，在 8MPa 时，CO_2 在离子液体中的摩尔分数可以达到 0.6，而在对液体卸压时几乎不溶解；当在 13.8MPa、40℃条件下用 55g CO_2 作为萃取相和离子液体平衡时，未在萃取相中发现 [bmim][PF_6]，这说明离子液体不会污染 CO_2 相。实验中利用 CO_2 萃取离子液体中的萘获得了 $94\%\sim96\%$ 的回收率，不但实现了纯物质产品和离子液体的回收，而且由于离子液体没有对 CO_2 相造成任何的污染，真正实现了绿色工艺。

最近，作者所在的研究小组在研究离子液体双水相萃取青霉素的过程中，发展一种回收分离双水相中亲水相离子液体并实现循环再利用的新方法。此方法简单、高效、绿色化。全过程均采用疏水离子液体萃取双水相上相中亲水离子液体，然后通过变温、水洗的方式实现分离回收再利用。这项技术已申请了国家发明专利，其工艺的流程图如图 4.28 所示。

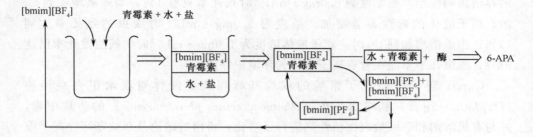

图 4.28 离子液体双水相萃取反应制备抗生素药物中间体 6-APA 耦合新工艺

4.3.4 结论与展望

总体而言,使用离子液体进行萃取研究还仅仅是开始。离子液体可以通过变化阴阳离子来进行分子设计从而适应不同的体系,因此,离子液体具有的可设计性和种类繁多的优点是极为有利于分离过程的。同时离子液体具有低挥发性、低溶解性,从而可达到取代相关有机溶剂的目的,可以将经济因素和环境因素结合于一体而实现真正意义上的可持续发展,实现整个过程的绿色化、友好化。对于离子液体而言,它的萃取行为在很多方面和传统的萃取剂极为相似,在很多情况下萃取的分配行为也随 pH 摆动,这对于萃取后的反萃是极为有利的。由此可以更好地与溶剂萃取分离技术相结合,发展更为稳定、可靠的萃取分离技术,并进一步探索离子液体在液–液萃取与分离过程中的应用。

参 考 文 献

1　Camper D, Scovazzo P C, Koval C et al. Gas solubilities in room temperature ionic liquids. Ind. Eng. Chem. Res., 2004, 43 (12): 3049~3054

2　Camper D, Becker C, Koval C et al. Low pressure hydrocarbon solubility in room temperature ionic liquids containing imidazolium rings interpreted using regular solution theory. Ind. Eng. Chem. Res., 2005, 44(6): 1928~1933

3　Morgan D, Ferguson L, Scovazzo P, Diffusivities of Gases in Room-Temperature Ionic Liquids: Data and Correlations Obtained Using a Lag-Time Technique. *Ind. Eng. Chem. Res.*, 2005, 44 (13): 4815~4823

4　Husson-Borg P, Majer V, Costa-Gomes M F. Solubilities of oxygen and carbon dioxide in butyl methyl imidazolium tetrafluoroborate as a function of temperature and at pressures close to atmospheric pressure. J. Chem. Eng. Data, 2003, 48(3): 480~485

5　Anthony J L, Maginn E J, Brennecke J F. Solubilities and thermodynamic properties of gases in the ionic liquid 1-n-butyl-3-methylimidazolium hexafluorophosphate. J. Phys. Chem. B, 2002, 106 (29): 7315~7320

6　Anthony J L, Maginn E J, Brennecke J F. Anion effects on gas solubility in ionic liquids. J.

Phys. Chem. B, 2005, 109(13):6366~6374

7　Kumelan J, Kamps A P S, Tuma D et al. Solubility of CO in the ionic liquid [bmim][PF₆].
Fluid Phase Equilibr. ,2005,228:207~211

8　Kumelan J, Kamps A P S, Tuma D et al. Solubility of oxygen in the ionic liquid
[bmim][PF₆]: Experimental and molecular simulation results. J. Chem. Thermodynamics,
2005, 37: 595~602

9　Urukova I, Vorholz J, Maurer G. Solubility of CO_2, CO, and H_2 in the ionic liquid
[bmim][PF₆] from monte carlo simulations. J. Phy. Chem. B, 2005, 109(24):12 154~
12 159

10　赵东滨, 寇元. 室温离子液体:合成、性质及应用. 大学化学, 2002, 17(1): 42~46, 50

11　Crosthwaite J M, Aki S N V K, Maginn E J et al. Liquid phase behavior of imidazolium-
based ionic liquids with alcohols. J. Phys. Chem. B,2004, 108(16): 5113~5119

12　Crosthwaite J M, Aki S N V, Maginn E J et al. Liquid phase behavior of imidazolium-based
ionic liquids with alcohols: effect of hydrogen bonding and non-polar interactions. Fluid
Phase Equilibr. , 2005,228:303~309

13　Domanska U, Vasiltsova T V, Verevkin S P et al. Thermodynamic properties of mixtures
containing ionic liquids. Activity coefficients of ethers and alcohols in 1-methyl-3-ethy-
limidazolium bis(trifluoromethyl-sulfonyl) imide using the transpiration method. J. Chem.
Eng. Data,2005, 50(1):142~148

14　Domanska U, Marciniak A. Solubility of ionic liquid [emim][PF₆] in alcohols. J. Phys.
Chem. B, 2004, 108(7): 2376~2382

15　Domanska U, Bogel-Lukasik E, Bogel-Lukasik R. Solubility of 1-dodecyl-3-
methylimidazolium chloride in alcohols (C₂~C₁₂). J. Phys. Chem. B, 2003, 107(8):
1858~1863

16　Domanska U, Bogel-Lukasik E. Measurements and correlation of the (solid + liquid)
equilibria of [1-decyl-3-methylimidazolium chloride + alcohols (C₂~C₁₂)]. Ind. Eng.
Chem. Res. , 2003, 42(26):6986~6992

17　Domanska U, Marciniak A. Solubility of 1-alkyl-3-methylimidazolium hexafluorophosphate
in hydrocarbons. J. Chem. Eng. Data, 2003, 48(3):451~456

18　Domanska U, Mazurowska L. Solubility of 1, 3-dialkylimidazolium chloride or
hexafluorophosphate or methylsulfonate in organic solvents: effect of the anions on
solubility. Fluid Phase Equilibr. , 2004, 221(1~2): 73~82

19　Hanke C G, Johansson A, Harper J B et al. Why are aromatic compounds more soluble
than aliphatic compounds in dimethylimidazolium ionic liquids? A simulation study. Chem.
Phys. Lett. , 2003, 374(1~2):85~90

20　Holbrey J D, Turner M B, Reichert W M et al. New ionic liquids containing an appended
hydroxyl functionality from the atom-efficient, one-pot reaction of 1-methylimidazole and
acid with propylene oxide. Green Chem. , 2003, 5(6):731~736

21　Rogers R D, Swatloski R P, Spear S K et al. Dissolution of cellose with ionic liquids. J.

Am. Chem. Soc. ，2002，124(18)：4974～4975

22 Rogers R D，Turner M B，Spear S K et al. Production of bioactive cellulose films reconstituted from ionic liquids. Biomacromol. ，2004，5(4)：1379～1384

23 任强，武进，张军等. 1-烯丙基，3-甲基咪唑室温离子液体的合成及其对纤维素溶解性能的初步研究. 高分子学报，2003，(3)：128～131

24 罗慧谋，李毅群，周长忍. 功能化离子液体对纤维素的溶解性能研究. 高分子材料科学与工程，2005，21(2)：233～236

25 Phillips D M，Drummy L F，Conrady D G et al. Dissolution and regeneration of Bombyx mori silk fibroin using ionic liquids. J. Am. Chem. Soc. ，2004，126(44)：14 350～14 351

26 Zhang S B，Xie H B，Li S H. Ionic liquids as novel solvents for the dissolution and blending of wool keratin fibers. Green Chem. ，2005，7(8)：606～608

27 李汝雄. 绿色溶剂-离子液体的合成与应用. 北京：化学工业出版社，2003

28 Rogers R D，Huddleston J G，Willauer H D. Room temperature ionic liquids as novel media for "clean" liquid-liquid extraction. Chem. Commun. ，1998，1765～1766

29 Fadeev A G，Meagher M M. Opportunities for ionic liquids in recovery of biofuels. Chem. Commun. ，2001，295～296

30 Khachatryan K S，Smirnova S V，Torocheshnikova I I et al. Solvent extraction and extraction-voltammetric determination of phenols using room temperature ionic liquid. Anal. Bioanal. Chem. ，2005，381(2)：464～470

31 Vidal S T M. Correia M J N. Marques M M et al. Studies on the use of ionic liquids as potential extractants of phenolic compounds and metal ions. Sep. Sci. Technol. ，2004，39(9)：2155～2169

32 李闲，张锁江，张建敏等. 疏水性离子液体用于萃取酚类物质. 过程工程学报，2005，5(2)：148～151

33 Cull S G，Holbrey J D，Vargas Mora V. Room temperature ionic liquids as replacements for organic solvents in multiphase bioprocess operations. Biotech. Bioeng. ，2000，69(2)：227～233

34 Matsumoto M，Mochiduki K，Fukunishi K et al. Extraction of organic acids using imidazolium-based ionic liquids and their toxicity to *Lactobacillus rhamnosus*. Sep. Purif. Technol. ，2004，40(1)：97～101

35 McFarlane J，Ridenour W B，Luo H et al. Room temperature ionic liquids for separating organics from produced water. Sep. Sci. Technol. ，2005，40：1245～1265

36 顾彦龙，石峰，邓友全. 室温离子液体浸取分离牛磺酸与硫酸钠固体混合物. 化学学报，2004，62(50)：532～536

37 Wang J J，Pei Y C，Zhao Y et al. Recovery of amino acids by imidazolium based ionic liquids from aqueous media. Green Chemistry，2005，7(4)：196～202

38 Smirnova S，Torocheshnikova I，Formanovsky A et al. Solvent extraction of amino acids into a room temperature ionic liquid with dicyclohexano-18-crown-6. Analy. Bioanaly. Chem. ，2004，378(5)：1369～1375

39　Visser A E, Swatloski R P, Rogers R D et al. Task-specific ionic liquids incorporating novel cations for the coordination and extraction of Hg^{2+} and Cd^{2+}: synthesis, characterization, and extraction studies. Environ. Sci. Technol. , 2002, 36 (11): 2523~2529

40　Visser A E, Swatloski R P, Rogers R D. Task-specific ionic liquids for the extraction of metal ions from aqueous solutions. Chem. Commun, 2001, 135~136

41　Visser A E, Swatloski R P, Rogers R D. Liquid/liquid extraction of metal ions in room temperature ionic liquids. Sep. Sci. Technol. , 2001, 36(5~6):785~804

42　Visser A E, Rogers R D. Room-temperature ionic liquids: New solvents for f-element separations and associated solution chemistry. J. Solid State Chem. , 2003, 171(1~2): 109~113

43　Visser A E, Jensen M P, Rogers R D et al. Uranyl coordination environment in hydrophobic ionic liquids: an *in situ* investigation. Inorg. Chem. , 2003, 42(7):2197~2199

44　Dai S, Ju Y H, Barnes C E. Solvent extraction of strontium nitrate by a crown ether using room temperature ionic liquids. J. Chem. Soc. Dalton. Trans. , 1999, 8:1201~1202

45　Smolenskii V, Bove A, Borodina N et al. Behavior of UO_2 in a room-temperature ionic liquid in the presence of $AlCl_3$. Radiochem. , 2004, 46(6):583~586

46　Nakashima K, Kubota F, Maruyama T et al. Ionic liquids as a novel solvent for lanthanide extraction. Anal. Sci. , 2003, 19(8):1097~1098

47　Whitehead J A, Lawrance G A, McCluskey A. Green leaching-recyclable and selective leaching of gold-bearing ore in an ionic liquid. Green Chem. , 2004, 6(7):313~315

48　Dietz M L, Dzielawa J A. Ion-exchange as a mode of cation transfer into room-temperature ionic liquids containing crown ethers: implications for the 'greenness' of ionic liquids as diluents in liquid-liquid extraction. Chem Commun. , 2001, 20: 2124~2125

49　Dietz M L, Dzielawa J A, Laszak I et al. Influence of solvent structural variations on the mechanism of facilitated ion transfer into room-temperature ionic liquids. Green Chemistry, 2003, 5(6):682~685

50　Dietz M L, Jensen M P, Beitz J V et al. In room-temperature ionic liquids as diluents for the liquid-liquid extraction of metal ions: promise and limitations. Vancouver, BC, Canada, 2003,929~939

51　Swatloski R P, Visser A E, Reichert R W et al. On the solubilization of water with ethanol in hydrophobic hexafluorophosphate ionic liquids. Green Chem. , 2002, (4):81~87

52　Letcher T M, Deenadayalu N. Ternary liquid-liquid equilibria for mixtures of 1-methyl-3-octyl-imidazolium chloride + benzene + an alkane at $T=298.2$ K and 1 atm. J. Chem. Thermodyn. , 2003, 35(1):67~76

53　Letcher T M, Deenadayalu N, Soko B et al. Ternary liquid-liquid equilibria for mixtures of 1-methyl-3-octylimidazolium chloride + an alkanol + an alkane at 298.2 K and 1 bar. J. Chem. Eng. Data, 2003, 48(4):904~907

54　Letcher T M, Reddy P. Ternary liquid-liquid equilibria for mixtures of 1-hexyl-3-

methylimidozolium (tetrafluoroborate or hexafluorophosphate) + ethanol + an alkene at $T=298.2$ K. Fluid Phase Equilibria, 2004, 219(2): 107～112

55 Letcher T M, Reddy P. Ternary (liquid + liquid) equilibria for mixtures of 1-hexyl-3-methylimidazolium (tetrafluoroborate or hexafluorophosphate) + benzene + an alkane at $T=298.2$ K and $p=0.1$ MPa. J. Chem. Thermodynamics, 2005, 37(5):415～421

56 Arce A, Rodriguez O, Soto A. Tert-amyl ethyl ether separation from its mixtures with ethanol using the 1-butyl-3-methylimidazolium trifluoromethanesulfonate ionic liquid: Liquid-liquid equilibrium. Ind. Eng. Chem. Res., 2004, 43(26):8323～8327

57 Arce A, Rodriguez O, Soto A. Experimental determination of liquid-liquid equilibrium using ionic liquids: Tert-amyl ethyl ether + ethanol + 1-octyl-3-methylimidazolium chloride system at 298.15 K. J. Chem. Eng. Data, 2004, 49(3): 514～517

58 Selvan M S, McKinley M D, Dubois R H et al. Liquid-liquid equilibria for toluene + heptane + 1-ethyl-3-methylimidazolium triiodide and toluene + heptane + 1-butyl-3-methylimidazolium triiodide. J. Chem. Eng. Data., 2000, 45 (5):841～845

59 Arlt W, Jork C, Seiler M et al. Influence of ionic liquids on the phase behavior of aqueous azeotropic systems. J. Chem. Eng. Data, 2004, 49(4): 852～857

60 Arlt W, Seiler M, Jork C et al. Separation of azeotropic mixtures using hyperbranched polymers or ionic liquids. AIChE Journal, 2004, 50(10): 2439～2454

61 Doker M, Gmehling J. Measurement and prediction of vapor-liquid equilibria of ternary systems containing ionic liquids. Fluid Phase Equilibria, 2005, 227 (2): 255～266

62 Lei Z, Li C, Chen B. Extractive distillation: a review. Sep. Purif. Rev., 2003, 32 (2): 121～213

63 费维扬,朱吉钦,陈健. 新型离子液体用于芳烃、烯烃与烷烃分离的初步研究. 化工学报, 2004,55(2):2091～2094

64 Rogers R D,Gutowski K E, Broker G A et al. Controlling the aqueous miscibility of ionic liquids: aqueous biphasic systems of water-miscible ionic liquids and water-structuring salts for recycle, metathesis, and separations. J. Am. Chem. Soc., 2003, 125(22):6632～6633

65 Soto A, Arce A, Khoshkbarchi M K. Partitioning of antibiotics in a two-liquid phase system formed by water and a room temperature ionic liquid. Sep. Purif. Tech., 2005, 44(3):242～246

66 刘庆芬,胡雪生,王玉红等. 离子液体双水相萃取分离青霉素. 科学通报,2005,50(8): 756～759

67 He C Y, Li S H, Liu H W et al. Extraction of testosterone and epitestosterone in human urine aqueous two-phase systems of ionic liquid and salt. J. Chromatogr. A, 2005,1082: 143～149

68 Stepnowski P. Solid-phase extraction of room-temperature imidazolium ionic liquids from aqueous environmental samples. Anal. Bioanaly. Chem., 2005, 381(1): 189～193

69 Liu J F, Chi Y G, Jiang G B. Screening the extractability of some typical environmental pollutants by ionic liquids in liquid-phase microextraction. J. Sep. Sci., 2005, 28(1): 87～91

70　Liu J f, Chi Y G, Peng J F et al. Ionic liquids/water distribution ratios of some polycyclic aromatic hydrocarbons. J. Chem. Eng. Data, 2004, 49 (5):1422~1444

71　Liu J F, Jiang G B, Chi Y G et al. Use of ionic liquids for liquid-phase microextraction of polycyclic aromatic hydrocarbons. Anal. Chem. , 2003, 75(21):5870~5876

72　Liu J F, Li N, Jiang G B et al. Disposable ionic liquid coating for headspace solid-phase microextraction of benzene, toluene, ethylbenzene and xylenes in paints followed by gas chromatography-flame ionization detection. J. Chromatogr. A, 2005, 1066(1~2): 27~32

73　Liu J F, Chi Y G, Jiang G B et al. Ionic liquid-based liquid-phase microextraction, a new sample enrichment procedure for liquid chromatography. J. Chromatogr. A, 2004, 1026 (1~2): 143~147

74　Wu W, Han B, Gao H et al. Desulfurization of flue gas: SO_2 absorption by an ionic liquid. Angew. Chem. , Int. Edit. , 2004, 43 (18): 2415~2417

75　Bösmann A, Datsevich L, Jess A et al. Deep desulfurization of diesel fuel by extraction with ionic liquids. Chem. Commun. , 2001, 2494~2495

76　Zhang S, Zhang Q, Zhang Z C. Novel properties of ionic liquids in selective sulfur removal from fuels at room temperature. Green Chem. , 2002, 4: 376~379

77　Zhang S, Zhang Q, Zhang Z C. Extractive desulfurization and denitrogenation of fuels using ionic liquids. Ind. Eng. Chem. Res. , 2004, 43 (2): 614~622

78　Su B M, Zhang S G, Zhang Z C. Structural elucidation of thiophene interaction with ionic liquids by multinuclear NMR spectroscopy. J. Phy. Chem. B, 2004, 108(50): 19 510~19 517

79　Lo W H, Yanga H W, Wei G T. One-pot desulfurization of light oils by chemical oxidation and solvent extraction with room temperature ionic liquids. Green Chem. , 2003, 5: 639~642

80　Eβer J, Wasserscheid P, Jess A. Deep desulfurization of oil refinery streams by extraction with ionic liquids. Green Chem. , 2004,6: 316~322

81　黄崇品,张成中,李建伟等. 离子液体的结构及其汽油萃取脱硫性能. 化学研究,2005, 16(2): 23~25

82　周瀚成,陈楠,石峰等. 离子液体萃取脱硫新工艺研究. 分子催化,2005,19(2): 94~97

83　叶天旭,张予辉,刘金河等. 离子液体降低 FCC 汽油烯烃体积分数的研究. 燃料化学学报, 2005, 33(2):175~178

84　王玉新,李丹东,袁秋菊. 室温离子液体对噻吩硫化物的络合吸附工艺. 辽宁化工,2004, 33(9):512~514

85　王玉新,李丹东,曹祖宾等. 室温氯铝酸离子液体络合吸附噻吩类硫化物的研究. 石油化工高等学校学报,2004,17(4): 42~46

86　Crespo J G, Branco L C, Afonso C A M. Highly selective transport of organic compounds by using supported liquid membranes based on ionic liquids. Angew. Chem. , Int. Edit. , 2002, 41(15): 2771~2773

87　Crespo J G, Fortunato R, Gonzalez-Munoz M J et al. Liquid membranes using ionic liquids:

The influence of water on solute transport. J. Membrane Sci. , 2005, 249 (1~2):
153~162

88 Crespo J G, Fortunato R, Afonso C A M et al. Supported liquid membranes using ionic
liquids: Study of stability and transport mechanisms. J. Membrane Sci. , 2004, 242 (1~
2): 197~209

89 Crespo J G, Fortunato R, Afonso C A M et al. Stability of supported ionic liquid membranes
as studied by X-ray photoelectron spectroscopy. J. Membrane Sci. ,2005,256(1~2):216~
223

90 Crespo J G, Branco L C, Afonso C A M. Studies on the selective transport of organic
compounds by using ionic liquids as novel supported liquid membranes. Chem. - A
European J. , 2002, 8 (17):3865~3871

91 Matsumoto M, Inomoto Y, Kondo K. Selective separation of aromatic hydrocarbons
through supported liquid membranes based on ionic liquids. J. Membrane Sci. , 2005, 246:
77~81

92 Schafer T, Rodrigues C M, Afonso C A et al. Selective recovery of solutes from ionic
liquids by pervaporation—a novel approach for purification and green processing. Chem.
Commun. , 2001, 17:1622~1623

93 Yu J, Li H, Liu H Z. Recovery of acetic acid from antibiotics industrial effluents by
pervaporation with a combination of hydrophobic ionic liquids. 2003 AIChE Annual
Meeting,California, USA,2003,16~21

94 Krockel J, Kragl U. Nanofiltration for the separation of nonvolatile products from solutions
containing ionic liquids. Chem. Eng. Technol. , 2003, 26(11):1166~1168

95 侯玉翠，刘克文，杨春梅等. 离子液体和超临界 CO_2 两相体系. 化学通报，2005，68:76

96 周震寰，王涛，邢华斌等. 超临界 CO_2/离子液体体系. 化学通报，2005，68(4):262~270

97 Kim Y S, Choi W Y, Jang J H et al. Solubility measurement and prediction of carbon
dioxide in ionic liquids. Fluid Phase Equilibr. , 2005, 228~229: 439~445

98 Dupont J. On the solid, liquid and solution structural organization of imidazolium ionic
liquids. J. Braz. Chem. Soc. , 2004, 15(3): 341~350

99 Dupont J,Consorti C S, Suarez P A Z et al. Identification of 1,3-dialkylimidazolium salt
supramolecular aggregates in solution. J. Phys. Chem. B, 2005, 109(10):4341~4349

100 Dupont J,Gozzo F C, Santos L S et al. Gaseous supramolecules of imidazolium ionic
liquids:"Magic" numbers and intrinsic strengths of hydrogen bonds. Chem. -A Eur. J. ,
2004, 10 (23): 6187~6193

101 Dupont J, Spencer J. On the noninnocent nature of 1,3-dialkylimidazolium ionic liquids.
Angew. Chem. Int. Edit. , 2004, 43 (40): 5296~5297

102 Bowers J, Butts C P, Martin P J et al. Aggregation behavior of aqueous solutions of ionic
liquids. Langmuir, 2004, 20(6): 2191~2198

103 Miskolczy Z, Sebok-Nagy K, Biczok L et al. Aggregation and micelle formation of ionic
liquids in aqueous solution. Chem. Phys. Lett. , 2004, 400(4~6): 296~300

104 Letellier P, Sirieix-Plenet J, Gaillon L. Behaviour of a binary solvent mixture constituted by an amphiphilic ionic liquid, 1-decyl-3-methylimidazolium bromide and water: Potentiometric and conductimetric studies. Talanta, 2004, 63(4): 979~986

105 Tubbs J D, Hoffmann M M. Ion-pair formation of the ionic liquid 1-ethyl-3-methylimidazolium bis (trifyl) imide in low dielectric media. J. Solut. Chem. , 2004, 33(4): 381~394

106 Fry A J. Strong ion-pairing effects in a room temperature ionic liquid. J. Electroanal. Chem. , 2003, 546 (SUPP): 35~39

107 Holbrey J D, Reichert W M, Nieuwenhuyzen M et al. Crystal polymorphism in 1-butyl-3-methylimidazolium halides: Supporting ionic liquid formation by inhibition of crystallization. Chem. Commun. , 2003, 14:1636~1637

108 Holbrey J D, Reichert W M, Nieuwenhuyzen M et al. Liquid clathrate formation in ionic liquid-aromatic mixtures. Chem. Commun. , 2003, (4): 476~477

109 Bresme F, Alejandre J. Cavities in ionic liquids. J. Chem. Phys. , 2003, 118 (9): 4134~4139

110 Anderson J L, Ding R, Ellern A et al. Structure and properties of high stability geminal dicationic ionic liquids. J. Am. Chem. Soc. , 2005, 127(2): 593~604

111 Hao J C, Song A X, Wang J Z et al. Self-assembled structure in room-temperature ionic liquids. Chem. Eur. J. 2005, 11:3936 ~ 3940

112 Moulik S P, Paul B K. Structure, dynamics and transport properties of microemulsions. Adv. Colloid Interface Sci. , 1998, 78: 99~195

113 Nagarajan R, Ruckenstein E. Molecular theory of microemulsions. Langmuir, 2000, 16: 6400~6415

114 He C Y, Li S H, Liu H W et al. Extraction of testosterone and epitestosterone in human urine using aqueous two-phase systems of ionic liquid and salt. J. Chromatogr. A, 2005, 1082(2):143~149

115 Gutowski K E, Broker G A, Willauer H D et al. Controlling the aqueous miscibility of ionic liquids: Aqueous biphasic systems of water-miscible ionic liquids and water structuring salts for recycle, metalhesis, and separations. J. Am. Chem. Soc. , 2003, 125:6632

116 Weingärtner H, Schröer W. Liquid-liquid phase separations and critical behavior of electrolyte solutions driven by long-range and short-range interactions. J. Mol. Liq. , 1995,65~66:107~114

117 Collins K D. Sticky ions in biological systems. Proc. Natl. Acad. Sci. , U. S. A. 1995, 92:5553~5557

118 Itri R, Caetano W, Barbosa L R S et al. Effect of urea on bovine serum albumin in aqueous and reverse micelle environments investigated by small angle X-ray scattering, fluorescence and circular dichroism. Braz. J. Phys. , 2004, 34(1):58~63

119 Collins K D. Charge density-dependent strength of hydration and biological structure.

Biophys. J. ,1997,72:65~67

120 Dullinus J E L, Suarez P A Z, Einloft S et al. Selective catalytic hydrodimerization of 1,3-butadiene by palladium compounds dissolved in ionic liquids. Organomelallics, 1998, 17(5):815~819

121 Izak P, Mateus N M M, Afonso C A M et al. Enhanced esterification conversion in a room temperature ionic liquid by integrated water removal with pervaporation. Sep. Purf. Technol. , 2005, 41 (2): 141~145

122 Poole S K, Poole C F. Separation methods for estimating octanol-water partition coefficients. J Chromatogr. B, 2003, 797(1~2): 3~19

123 Laurie Ropel. Belveze L S, Aki S N V K et al. Octanol-water partition coefficients of imidazolium-based ionic liquids. Green Chem. , 2005,7:83~90

124 Domanska D, Bogel-Lukasik E, Bogel-Lukasik R. 1-Octanol/water partition coefficients of 1-alkyl-3-methylimidazolium chloride. Chem. Eur. J. , 2003, 9(13): 3033~3041

125 Brennecke J E, Ropel L, Belveze L S et al. Octanol-water partition coefficients of imidazolium-based ionic liquids. Green Chem. , 2005, 7, 83~90

126 Matsumoto M, Fukunishi M K, Kondo K. Extraction of organic acids using imidazolium-based ionic liquids and their toxicity to Lactobacillus rhamnosus . Sep. Purif. Technol. , 2004, 40(1): 97~101

127 Matsumoto M, Mochiduki K, Kondo K. Toxicity of ionic liquids and organic solvents to lactic acid-producing bacteria. J. Biosci. Bioeng. , 2004, 98(5): 344~347

128 Juliusz P, Kinga S, Ilona M. Anti-microbial activities of ionic liquids. Green Chem. , 2003, 5: 52~56

129 Pernak J, Izabela G, Ilona M. Anti-microbial activities of protic ionic liquids with lactate anion. Green Chem. , 2004, 6, 323~329

130 Docherty K M, Kulpa C F J. Toxicity and antimicrobial activity of imidazolium and pyridinium ionic liquids. Green Chem. , 2005, 7: 185~189

131 Swatloski R P, Holbrey J D, Memon S B et al. Using Caenorhabditis elegans to probe toxicity of 1-alkyl-3-methylimidazolium chloride based ionic liquids. Chem. Commun. , 2004, 668~669

132 Garcia M T, Gathergood N, Scammells P J. Biodegradable ionic liquids. Part Ⅱ. Effect of the anion and toxicology. Green Chem. , 2005, 7: 9~14

133 Bernot R J, Brueseke M A, Evans-White M A et al. Acute and chronic toxicity of imidazolium-based ionic liquids on *Daphnia magna*. Environ. Toxicol. Chem. 2005, 24(1): 87~92

134 Ranke J, Molter K, Stocka F et al. Biological effects of imidazolium ionic liquids with varying chainlengths in acute *Vibrio fischeri* and WST-1 cell viability assays. Ecoto. Environ. Safe. , 2004, 58(3): 396~404

135 Stepnowski P, Skladanowski A C, Ludwiczak A et al. Evaluating the cytotoxicity of ionic liquids using human cell line HeLa. Hum. Exp. Toxicol. , 2004, 23(11): 513~517

4.4 离子液体在纳米材料制备中的应用

近年来，离子液体的发展使其在材料领域也得到广泛应用，研究范围包括离子液体中的聚合物合成、无机纳米材料的制备、天然高分子的加工等。离子液体用于材料的制备主要利用了离子液体的以下特点[1]：① 界面张力较低，例如，1-丁基-3-甲基咪唑四氟硼酸盐与空气的界面张力为 $38mN \cdot m^{-1}$，因而可导致较高的成核速率，产生非常细小的粒子，且不易长大；②热稳定性较高，可使反应在高于 $100℃$ 的常压容器内进行；③低界面能，易形成有序结构；④在液态具有较强的形成氢键的能力，因而是高度有序的，被称为超分子溶剂，可起到模板剂的作用；⑤对许多有机和无机化合物具有良好的溶解性能，从而可在离子液体中进行无机和有机反应等。离子液体的这些特性及其特殊的结构使其在材料制备中具有一些其他溶剂所不具备的优点。目前，研究者们已开始尝试在离子液体中制备各种材料，并且得到了一些很好的结果，如利用离子液体制备出不同结构的有机聚合物材料[2]、金属和半导体纳米材料、二氧化硅及二氧化钛纳米孔材料等。能溶解天然高分子（如纤维素、羊毛、蚕丝等）离子液体的发现[3,4]为天然材料的加工利用提供了新的重要途径[5]，有望在生物质的利用方面出现新的突破。鉴于离子液体中的聚合反应和生物质的利用在本书的其他章节中得以介绍，本节仅介绍离子液体在无机纳米材料制备方面的应用工作。

4.4.1 凝胶孔材料

传统干溶胶的溶胶-凝胶合成首先使前驱物在水醇溶液中水解和缩合以形成凝胶，然后对其进行老化处理。在老化过程中，溶剂蒸发往往导致凝胶结构的收缩而不能形成稳定的溶胶-凝胶网络结构。如果老化时间太长，孔容趋于减小，而老化时间太短，则导致不稳定的溶胶-凝胶结构，以致结构塌陷。因此，控制老化时间成为能否合成干凝胶的关键。离子液体独特的物理化学性质为解决这一问题提供了可能。在离子液体中进行溶胶-凝胶反应，由于离子液体的蒸气压可以忽略，因而可以避免溶剂的挥发；同时，离子液体具有很高的离子化能力，可增强聚集速率。这些特点均可使前驱物的水解和缩合进行完全，进而在除去溶剂前即可得到稳定的溶胶-凝胶网络。当然在离子液体中进行溶胶-凝胶过程的前提是前驱物能与离子液体形成均相溶液[6]。当前，使用较多的离子液体为1-烷基-3-甲基咪唑盐类（$[C_n mim]^+ X^-$），其中烷基链（C_n，n 指取代链上碳原子的个数）的变化可导致离子液体性质的变化，从而直接影响凝胶的结构。业已证明长链离子液体可以形成溶致液晶[7]和热致液晶[8]，能提供部分有序的结构，因而可以作为新的模板剂合成介孔材料，而短链离子液体也存在一定的微观结构，对凝胶结构的形成起重要作用。

迄今为止，利用溶胶-凝胶法在离子液体中成功制备了二氧化硅和二氧化钛凝胶，由于所采用的离子液体及反应条件不同，得到了不同形态的干凝胶，下面做较为详细的介绍。

4.4.1.1 SiO$_2$ 凝胶

Zhou 和 Antonietti 等[9~11]利用 [C$_n$mim]$^+$ X$^-$ 离子液体制备了 SiO$_2$ 凝胶，系统研究了离子液体的阳离子烷基取代链链长 C$_n$ 对凝胶形貌及结构的影响。

1. 蠕虫状 SiO$_2$ 凝胶[9]

以 1-丁基-3-甲基咪唑四氟硼酸盐（[bmim][BF$_4$]）为离子液体，四甲基硅酸酯（TMOS）为前驱物，将 0.6mL 离子液体与 0.5mL TMOS 搅拌混合均匀后，滴加 0.25mL 盐酸水溶液（0.01mol·L^{-1}）。室温下，搅拌混合物 2h，然后在 60℃的温度条件下抽真空脱出水解生成的甲醇，并在该温度条件下保持 48h。样品完全凝胶化，呈浅黄色透明的块状体，无肉眼可见的裂痕。材料的透明性表明离子液体均匀地分布在材料中，并且在离子液体和硅胶之间没有发生相分离。在一个密闭的容器里，于 90℃温度条件下，用乙腈萃取凝胶样品几次，直到样品的 IR 分析表明完全除去了离子液体。

在透射电子显微镜下，可以清楚地观察到样品的双连续的蠕虫状孔结构，孔径约为 2.5nm，孔壁厚度为 2.5~3.1nm。孔尺寸分布均匀，没有观察到大的孔结构。再次验证了制备过程中离子液体均匀分布在体系中的假说。用小角 X 射线散射表征所得材料，表明它们具有三维的孔道结构，结构尺寸与 TEM 观测的相一致。

图 4.29 是蠕虫状 SiO$_2$ 凝胶的 N$_2$ 吸附等温线，为 Ⅳ 型，表明所得材料具有介孔结构；滞后回线的存在表明材料具有三维网络结构。材料的 BET 比表面积

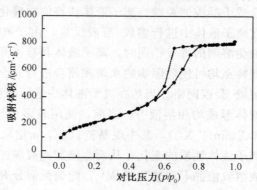

图 4.29　蠕虫状 SiO$_2$ 凝胶的 N$_2$ 吸附等温线

为 $801m^2 \cdot g^{-1}$，孔容为 $1.27cm^3 \cdot g^{-1}$。

形成蠕虫状硅凝胶的机理尚不清楚。有研究证明离子液体中的水分子主要通过与阴离子的氢键作用以自由态存在，而不是自聚集成聚集体或微滴；水分子与阴离子间的相互作用按以下顺序增强：$[PF_6]^- < [SbF_6]^- < [BF_4]^- < [(CF_3SO_2)_2N]^- < [ClO_4]^- < [CF_3SO_3]^- < [NO_3]^- < [CF_3CO_2]^-$。并且水分子不能与咪唑环形成氢键[10]。基于所用离子液体的特殊结构和性质，Zhou 等[9]提出了所谓的氢键-π-π 堆积机理，机理示意图如图 4.30 所示。Si—OH 基团与 $[BF_4]^-$ 形成氢键，导致 $[BF_4]^-$ 的定向排列，从而使阳离子 $[bmim]^+$ 也按一定顺序排列，加之阳离子的咪唑环间存在 π-π 堆积作用，因此，离子液体可形成相当牢固的、柱状的堆积结构。这种有序的结构排列诱导了硅凝胶的形成，IR 分析也证实了这一点。

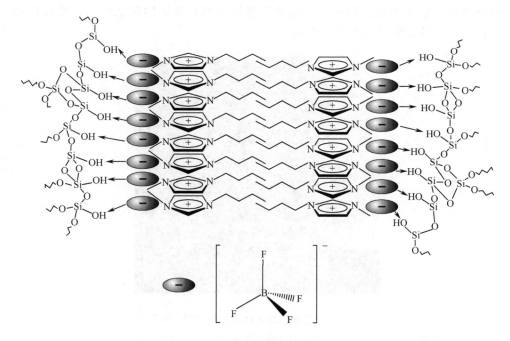

图 4.30　离子液体 $[bmim][BF_4]$ 中形成蠕虫状硅凝胶的结构示意图

2. 层状超微孔 SiO_2 凝胶

采用与形成蠕虫状凝胶类似的技术路线，改变所用离子液体 1-烷基-3-甲基咪唑盐酸盐（$[C_n mim]Cl$）的咪唑环上取代基的链长（$C_{10} \sim C_{18}$），成功制备了层状硅胶超微孔材料[11,12]。下面以 $[hdmim]Cl$ 中合成这种材料的研究为例，详细介绍这一方法及所得材料的形态。

将 0.36g 离子液体与 1.0mL TMOS 搅拌混合，形成溶液，然后滴加 0.5mL 盐酸水溶液（0.01mol·L⁻¹）作为酸催化剂。将得到的混合物在 40℃ 搅拌 30min，使凝胶预聚，然后在中度真空下使水解生成的甲醇脱出。将样品在 40℃ 下放置 48h，得到完全凝胶化的样品。该凝胶无色透明，无明显的裂痕，具有很强的力学稳定性。样品透明表明离子液体均匀地分布在凝胶中，并且没有发生相分离。为除去离子液体，将样品煅烧，先以 20℃·min⁻¹ 的速率由室温升至 250℃，再以 2℃·min⁻¹ 的速率由 250℃ 升温至 350℃，然后再以 20℃·min⁻¹ 的速率升温至 550℃，并在 550℃ 保持 3h，最终产品可研磨成粉末。图 4.31 给出样品的高分辨透射电子显微镜图片，可以清楚地观测到样品高度有序的层状结构，层与层之间彼此平衡，层间距约为 2.7nm，壁厚约 1.4nm。从该图片的插图中，还能清晰地看到层壁上的超微孔结构（箭头所示），孔径约为 1.3nm。对样品进行小角 X 射线散射分析，也表明该样品具有规整的层状结构，并且在除去模板后，硅凝胶结构不发生塌陷。

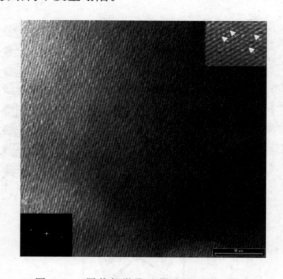

图 4.31　层状超微孔硅凝胶的 TEM 图片

图中标尺为 50nm

图 4.32 给出样品的 N₂ 吸附等温线。该等温线介于标准的 Ⅰ 型和 Ⅳ 等温线之间，没有滞后回线，表明材料孔径高度均匀。由 N₂ 脱附数据得知该材料比表面和孔容分别高达 1340m²·g⁻¹ 和 0.923cm³·g⁻¹。

以上工作充分说明利用离子液体的特性可制备结构稳定、高比表面的凝胶材料。这一方法为凝胶材料的制备提供了新的重要途径，有实用化的可能。

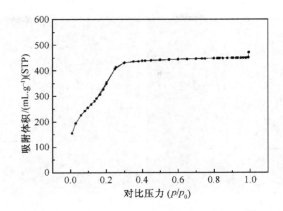

图 4.32　层状超微孔硅凝胶的 N_2 吸附等温线

3. 介孔 SiO_2 纳米粒子[13]

采用图 4.33 所示的长链离子液体为模板，可以制备出介孔 SiO_2 纳米粒子。

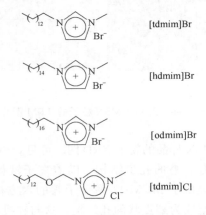

图 4.33　一类咪唑盐类离子液体的结构图

合成路线如下：将离子液体（1.74mmol）溶解在 NaOH 水溶液（480mL，15mmol·L^{-1}）中，加热至 80℃，然后滴加四乙基正硅酸酯（TEOS，22.4mmol），搅拌 2h。离心分离出固体产物，用含 HCl 的甲醇水溶液回流萃取，直至完全除去离子液体，即得到介孔硅胶纳米粒子（$C_n$mim-MSN）。用图 4.33 中所示不同离子液体诱导的纳米粒子的结构见图 4.34。显而易见，tdmin-MSN 呈球形粒子，直径介于 100～300nm 之间，而 C_{16}mim-MSN 和 C_{18}mim-MSN 分别为椭球状和棒状粒子。用尺寸相当的 tdocmim 取代 [hdmim]$^+$ 为模板，得到的 tdocmim-MSN 主要为管状粒子。

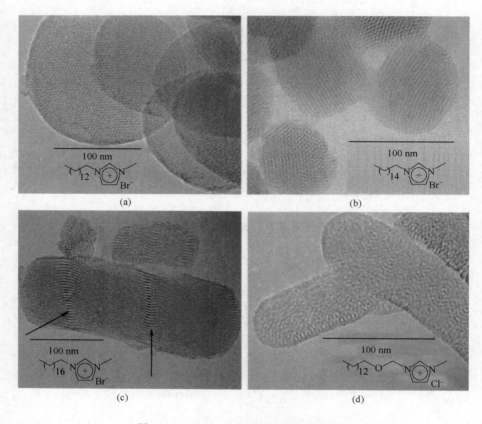

图 4.34 C$_n$mim-MSN 粒子的 TEM 图片

图 4.35 是 C$_n$mim-MSN 样品的粉末 XRD 图，可见，由离子液体 [C$_n$mim] Br 诱导的 C$_n$mim-MSN 具有规整的孔道结构。随着离子液体阳离子上取代链的增长，样品的孔道结构由类似于 MCM-41 型分子筛的六方柱孔道结构逐渐转变为旋转形的螺旋孔道，直至成为蠕虫状的孔结构，这与在投射电子显微镜下观察到的结果一致。这些样品的 N$_2$ 吸附等温线均呈 IV 型，其比表面积和孔容数据见表 4.18。

表 4.18 C$_n$mim-MSN 样品的特征参数

样品	BET 比表面积/(m^2·g^{-1})	孔容/(cm^3·g^{-1})	BJH 平均孔径/Å
tdmim-MSN	729	0.664	27.1
hdmim-MSN	924	0.950	30.3
odmim-MSN	893	0.995	32.7
tdocmim-MSN	639	0.695	26.1

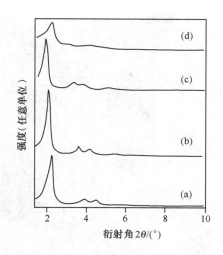

图 4.35 $C_n$mim-MSN 样品的粉末 XRD 谱图

(a) tdmim-MSN；(b) hdmim-MSN；(c) odmim-MSN；(d) tdocmim-MSN

在这一方法中，长链离子液体起到类似表面活性剂的作用，诱导了硅胶纳米粒子的孔道结构，并且通过调节离子液体的烷基链可从微观上调控硅胶的结构。

4.4.1.2　TiO_2 凝胶

TiO_2 凝胶是一类具有重要用途的材料，很容易通过溶液中的溶胶-凝胶反应制备得到。离子液体为 TiO_2 凝胶的制备提供了新的溶剂环境，得到了一些特殊结构的凝胶材料。

1. TiO_2 纳米晶聚集体[14]

采用 1-丁基-3-甲基咪唑四氟硼酸盐离子液体，可在较为温和的条件下合成 2～3nm 的 TiO_2 纳米晶粒，这些晶粒发生团聚形成比表面较大的介孔 TiO_2 微球。合成路线如下：将 1mL $TiCl_4$ 溶入 10mL 离子液体，然后在强搅拌条件下缓慢滴加 2mL 水，使 $TiCl_4$ 迅速水解，溶液产生浑浊，再将浑浊液在 80℃下搅拌 12h。加入 20mL 水稀释反应体系，离心收集 TiO_2 粒子。用乙腈萃取样品，除去样品上残余的离子液体。

图 4.36 是 TiO_2 粒子的 TEM 图片。可见，样品为 70～100nm 的多孔微球；每个微球由尺寸为 2～3nm 的粒子组成，如图片中的插图所示，这些微小的纳米粒子相互连接形成了稳定的聚集体。对这些粒子进行电子衍射表征，发现它们是高度结晶的；进行元素分析，发现只有元素 Ti 和 O 的存在，并且 Ti∶O 为 1∶2,表明这些粒子是 TiO_2。

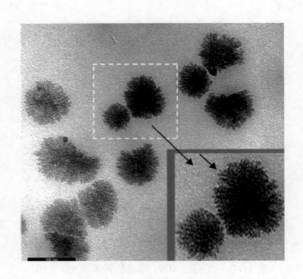

图 4.36 TiO₂ 粒子的 TEM 图片

图中标尺为 100nm

图 4.37 给出了 TiO₂ 样品的 N₂ 吸附等温线。显见，等温线为典型的 Ⅳ 型吸附等温线，表明样品具有三维网络的介孔结构，材料的平均孔径为 6.3nm，从脱附等温线计算得到的 BET 比表面积高达 $554m^2 \cdot g^{-1}$，远高于普通模板法制备的 TiO₂ 孔材料的比表面积值。

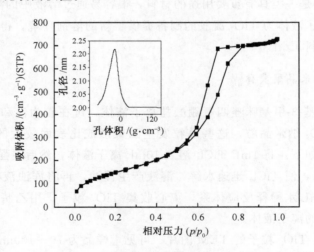

图 4.37 TiO₂ 纳米粒子聚集体的 N₂ 吸附等温线

研究者提出反应控制形成聚集体的机理。在反应的初始阶段，TiCl₄ 水解很快，在离子液体中生成无定形的 TiO₂ 凝胶，随着反应的进行这些无规则粒子逐渐成熟为纳米晶体，并在离子液体的诱导下形成海绵状的 TiO₂ 聚集体。

上述在离子液体中生成 TiO₂ 凝胶的方法尽管简单，但它充分体现了离子液体的优点。通常，水中的溶胶凝胶反应产生的 TiO₂ 粒子的尺寸在 20nm 左右，并且是无定形的，需要在温度高于 350℃ 的条件下煅烧才能转化为锐钛矿晶型，而在离子液体中的溶胶凝胶反应可在常压室温条件下直接生成晶态的 TiO₂。这主要源于离子液体的低界面能，使离子液体中的溶胶凝胶成核速率远高于水中的成核速率，从而得到晶态的、高比表面凝胶，并且孔径分布很窄。这一方法为新型 TiO₂ 材料的合成提供了新的途径。

2. 空心微球的界面合成

Nakashima 及其合作者[15] 采用所谓的界面溶胶凝胶反应在离子液体 [bmim][PF₆] 中合成了 TiO₂ 的空心微球，并用金纳米粒子和染料分子原位修饰了这些微球。合成路线如下：取 1.8mL 离子液体 [含 0.1%（质量分数）水] 置于 10mL 小瓶中，在一定的搅拌速率下加入 0.2mL 含 0.2mol·L⁻¹ Ti(OBu)₄ 的无水甲苯溶液。充分搅拌 10min 后，加入 3mL 甲醇稀释，然后以 1000r·min⁻¹ 的速度离心分离 10min，将得到的固体过滤、洗涤、真空干燥。图 4.38 显示了搅拌速率为 1000r·min⁻¹ 时所得样品的扫描电子显微镜图片。可见，样品为直径介于 3~20μm 之间的微球，并有少量样品破损。从微球的破损处，观测到这些微球具有空心结构，壁厚大约 1μm。调节反应条件，可以控制所得样品的结构。例如，在其他条件相同，搅拌速率为 700r·min⁻¹ 时，得到尺寸介于 5~50μm 间的较大微球，而在搅拌速率为 400r·min⁻¹ 的情况下，几乎没有球形产物的形成。反应温度也对产物的尺寸有影响，如在温度为 15℃、25℃ 和 45℃ 时，分别得到平均直径为 8.8μm、10.8μm 和 14.0μm 的空心微球。

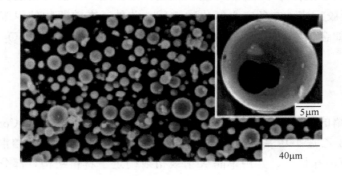

图 4.38　TiO₂ 空心微球的扫描电子显微镜图片

图 4.39 给出了形成空心微球的原理图。由于甲苯与离子液体[bmim][PF₆] 的互溶性较差，因此，在搅拌作用下，离子液体中形成了甲苯相的微滴。溶解在

甲苯中的 Ti(OBu)₄ 在微滴的界面上与离子液体中的水分子反应，形成凝胶壳层。离子液体中的水含量直接影响是否能形成空心微球。例如，当离子液体中水含量达到 2% 时，得到的产物为表面粗糙的无规的纳米粒子。

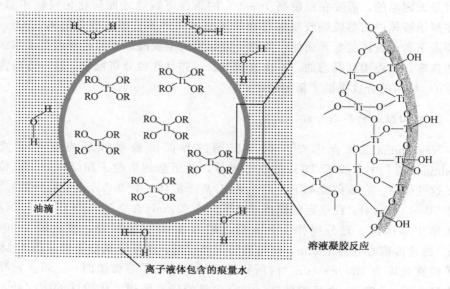

图 4.39　离子液体中形成 TiO₂ 空心微球的原理示意图

该方法一步合成了 TiO₂ 微球，并且这些微球不发生团聚。对样品进行 IR 分析，在 IR 谱图上出现了隶属 C—H 的伸缩振动峰（$2957\sim2871\mathrm{cm}^{-1}$）和咪唑环的伸缩振动峰（$1560\mathrm{cm}^{-1}$，$1460\mathrm{cm}^{-1}$，$1130\mathrm{cm}^{-1}$），表明离子液体吸附在微球表面，即离子液体对 TiO₂ 微球起到稳定作用。这一方法可拓展到其他有机金属的溶胶-凝胶反应，制备空心氧化物微球。此外，在前驱物的甲苯溶液中添加纳米粒子（如金纳米粒子，9nm）或有机染料分子可原位制备 TiO₂ 的功能复合材料。

4.4.1.3　Al-P 沸石型孔材料

以上介绍的都是利用离子液体制备介孔凝胶的工作，最近，Cooper 等[16] 在离子液体（3-乙基-1-甲基咪唑溴酸盐）和盐酸胆碱与尿素低温共熔混合物中合成了 Al-P 沸石型孔材料，并用单晶 X 射线衍射确定了材料结构，部分实验条件和结果列在表 4.19 中。他们采用的合成温度为 $150\sim200$℃，这是通常制备沸石分子筛所采用的温度条件，比上述合成介孔凝胶的温度要高一些。

表 4.19 Al-P 沸石型孔材料的合成条件及分子式

样品	原料质量/g					温度 /℃	时间 /h	产物分子式
	Al(OiPr)$_3$	H$_3$PO$_4$	HF	H$_2$O	IL			
SIZ-1	0.1018	0.1732	0.00		4.05	150	66	Al$_8$(PO$_4$)$_{10}$H$_3$·3C$_6$H$_{11}$N$_2$
SIZ-3	0.1013	0.1732	0.015		4.07	150	68	Al$_5$P$_5$O$_{20}$F$_2$·2C$_6$H$_{11}$N$_2$
SIZ-4	0.1054	0.1772	0.015		3.82	150	68	Al$_3$P$_3$O$_{12}$F·C$_6$H$_{11}$N$_2$
SIZ-5	0.0465	0.0858	0.00	0.495	2.03	150	19	—

在反应条件下，初始原料可完全溶解在离子液体中，反应在均相条件下进行。为区别于水热合成，他们提出了离子热合成的概念，即在分子溶剂中发生的热合成过程。

4.4.2 金属及半导体纳米材料

离子液体为金属及半导体纳米材料的制备提供了新的重要途径。文献中报道的关于离子液体中这类材料的制备方法主要分为三类：普通化学法、电化学沉积法、微波加热辅助法。下面逐一介绍。

4.4.2.1 普通化学法

1. 离子液体稳定的金属纳米催化剂

Dupont 课题组在咪唑类离子液体中合成了一系列贵金属纳米粒子，包括 Ir[17]、Rh[18]、Ru[19] 等，并研究了它们的催化性能。他们以 [IrCl(cod)]$_2$（cod＝1,5-环辛二烯）为前驱物，在 [bmim][PF$_6$] 离子液体中通过氢气还原合成了 Ir 纳米粒子。由透射电镜观察到的纳米粒子尺寸为 2.0nm 左右，与由 XRD 数据计算得到的值一致。分散有 Ir 纳米粒子的离子液体体系对烯烃加氢表现出很高的催化性能。75℃时，转化频数可达 6000h^{-1}，远高于传统方法得到的相同催化剂的催化活性[17]。后来，他们又以 RhCl$_3$·3H$_2$O 为前驱物，在 [bmim][PF$_6$] 离子液体中合成了 Rh 纳米粒子，粒子尺寸为 2.0～2.5nm，对芳烃加氢表现出很好的催化性能[18]。分别以离子液体 [bmim][BF$_4$]、[bmim][PF$_6$]、[bmim][CF$_3$SO$_3$] 为介质，以钌的有机金属化合物 [Ru(cod)(cot)]（cod＝1,5-环辛二烯，cot＝1,3,5-环辛三烯）为前驱物，在相对温和的条件下（75℃，氢气压力 4atm），通过简单的氢气还原合成了单质钌纳米晶[19]。

图 4.40 给出了 [bmim][PF$_6$] 中合成的 Ru 纳米粒子的 TEM 图片及粒子尺寸分布。由 TEM 图可以看出，平均尺寸为 2.6nm 的 Ru 粒子聚集成超结构，其尺寸集中在 57nm 左右。

这些纳米粒子能在离子液体中稳定存在，对 1-己烯、环己烯、2,3-二甲基丁

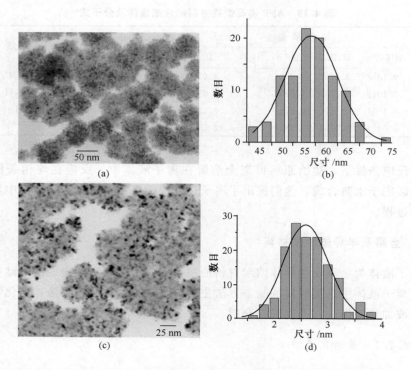

图 4.40 ［bmim］［PF$_6$］中合成的 Ru 纳米粒子的 TEM 图片及粒子尺寸分布

（a）Ru 纳米粒子聚集体；（b）聚集体的尺寸分布；（c）聚集体中的纳米粒子；（d）聚集体
中的纳米粒子的尺寸分布

烯的多相和无溶剂加氢，均在相对温和的条件下达到较高的催化活性；并且对
1-己烯催化加氢反应可在离子液体中反复多次进行，没有发现催化体系活性的明
显降低。

  Scheeren 等[20]将 Pt 的有机金属盐分散在离子室温液体［bmim］［PF$_6$］中，
于 75℃温度条件下用分子 H$_2$ 还原，得到单分散的 Pt 纳米粒子。透射电子显微
镜观测发现得到的纳米粒子粒径为 2.0～2.5nm。它们能重新分散在离子液体、
丙酮中，并可用于温和条件下（75℃，4MPa）烯烃和芳烃的催化加氢反应，并
且多次使用催化活性没有降低。

  此外，利用离子液体与金表面有较强结合力的特点，Itoh 等制备了咪唑离
子液体修饰的金纳米颗粒，通过改变离子液体的阴离子种类可改变金的亲疏水性
质[21]。Wei 等在不加硫醇的条件下就可以使水溶液中合成的金纳米颗粒或纳米
棒从水相转移到离子液体相，这一发现对离子液体在催化反应中的应用有重要的
意义[22]。

2. 离子液体负载型纳米金属催化剂

Huang 等[23]利用四甲基胍乳酸盐（TMGL）离子液体的碱性与酸性分子筛之间较强的相互作用和离子液体对金属钯纳米粒子的稳定作用，合成了以分子筛为载体、用离子液体稳定的金属钯纳米催化剂。方法如下：把 0.083mmol 乙酸钯溶解到 30mL 四氢呋喃及甲醇（THF：MeOH＝5：25）的混合溶剂中，加热到 50℃，在快速搅拌下，加入 1.0g 的离子液体 TMGL，然后加入稍过量的还原剂肼。溶液马上变成了黑色的纳米钯悬浮液，在搅拌下加入 4.0g 的分子筛得到浆状混合物。使有机溶剂甲醇和四氢呋喃挥发，得到黑色的催化剂粉末。在50℃下真空干燥 10h，得到黑色的可流动的催化剂粉末。

分子筛负载后的纳米钯催化剂的氮气吸附测试（测试条件：120℃真空脱气10h）表明，分子筛的孔径已经由负载前的 6.7nm 变成了 5.2nm，比表面由原来的 520m^2·g^{-1} 减小至 380m^2·g^{-1}，孔体积由原来的 0.87cm^3·g^{-1} 变成了0.73cm^3·g^{-1}。由此可见，负载后离子液体进入了分子筛载体中。如果离子液体是完全均匀地占据分子筛表面，那么离子液体的平均厚度应该在 0.4nm 左右。用透射电镜观察了负载前的四氢呋喃和甲醇混合溶剂中离子液体 TMGL 稳定纳米钯催化剂的尺寸，发现纳米钯金属颗粒很小，大部分颗粒在 1～2nm。其中成块的聚集体主要是由于离子液体不挥发而残留下来，从而将纳米粒子黏结在一起。

分子筛负载的纳米钯催化剂对环己烯、环己二烯及 1-己烯的催化氢化反应表现出很高的催化活性。在相对温和的条件下，可以很快地催化烯烃氢化反应；同时，对于二烯烃氢化成为烯烃反应也表现出很高的选择性；对于直链烯烃如1-己烯的催化氢化反应，其活性比 TiO$_2$ 负载的纳米钯催化剂的活性要高 200 倍以上。由于离子液体被分子筛负载分散，克服了离子液体对氢气的低溶解性，使氢气更加容易地接近催化剂钯的活性中心。由于离子液体 TMGL 与钯较强的配位作用，使纳米金属钯催化剂非常稳定，并没有随催化反应进行而聚集成大的颗粒而失活，因而保证了催化剂的高活性和长寿命。

用离子液体制备的分子筛负载纳米钯催化剂的结构示意图可用图 4.41 表示。离子液体 TMGL 有一定的碱性，而使用的分子筛是 1：1 的硅铝化合物，有一定的表面酸性。由于分子筛与离子液体有比较强的相互作用，因而可以在表面很均匀地分散和固化离子液体。另外，由于离子液体对纳米钯颗粒的稳定作用，从而在固定了离子液体的同时也固定了纳米钯催化剂，这样便形成了一个包含分子筛、离子液体与纳米钯的很稳定的催化剂体系。催化剂的催化效率远远高于同类的负载型催化剂，这是由于该催化剂中离子液体对纳米钯金属颗粒有很好的保护作用，能够使催化剂长期使用而不失活。此催化剂比离子液体中悬浮的纳米钯催化剂有更高的催化效率，主要是因为负载了离子液体，在没有影响催化剂稳定性的基础上大大地提高了反应的界面，从而极大地提高了催化反应的活性。由于催化剂颗粒也没有聚集变大，所以仍然保持了很好的选择性。

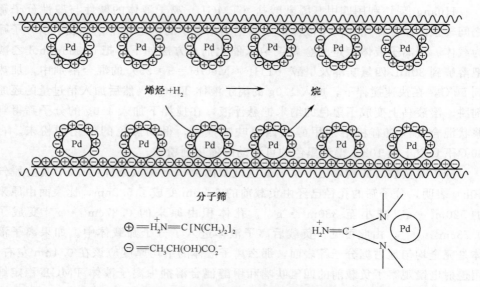

图 4.41　用离子液体制备的分子筛负载纳米钯催化剂示意图

4.4.2.2　电化学沉积

离子液体在空气和水中可以稳定存在，并且其离子导电性较高，电化学电位视窗宽（可达到 4V）。用离子液体进行电化学沉积副反应很少，得到的金属性能好，并且离子液体的操作温度范围比水等其他溶剂要宽。离子液体的这些优良性质使得它成为电沉积方法制备纳米材料的良好溶剂。

以离子液体为电介质电化学沉积金属的研究大多使用 AlCl$_3$ 型离子液体[24~27]。近年来，利用非 AlCl$_3$ 型离子液体进行电化学的研究多了起来。Endres 等报道了在 [bmim][PF$_6$] 中电沉积锗纳米结构的研究[28]，接着他们对 [bmim][PF$_6$] 离子液体中锗在金（111）上的电沉积做了系统的研究，并且首次报道了在离子液体中电沉积纳米硅的研究[29,30]。Freyland 等报道了在金（111）上电沉积金属 Co 及 Co-Al 金属合金的研究[31]，后来又报道了在离子液体中通过电沉积的方法制备 Ti 纳米线[32]、纳米簇以及单分散的 Fe 纳米晶的研究[33,34]。Abbott 等研究了铬在离子液体中的电沉积[35]。Sun 等通过对离子液体中 PtZn 的选择性阳极溶解制得了具有纳米孔状结构的 Pt 金属[36]。离子液体为电介质的电化学沉积研究可参阅综述性文章[37,38]，这里仅介绍 Endres 等的工作[39]。

Endres 等采用 AlCl$_3$ 型离子液体首次电化学沉积了金属 Al、Fe、Pd 纳米晶及 Al-Mn 纳米合金，实验条件及结果列在表 4.20 中。

表 4.20　$AlCl_3$ 型离子液体中金属纳米晶体的电化学沉积研究

实验	电解液 （摩尔分数）	电解电流 /$(mA \cdot cm^{-2})$	极板	产物	粒子尺寸 /nm
1	55%[emim]Cl/45% $AlCl_3$	54	玻璃碳	Al	微米级
2	55%[emim]Cl/45% $AlCl_3$，2%（质量分数）烟酸	16.67	玻璃碳	Al	14
3	55%[emim]Cl/45% $AlCl_3$，2%（质量分数）烟酸 + 3.2mmol·L^{-1} $MnCl_2$	0.5	玻璃碳	Al、Mn 合金	26
4	37%[bmim]Cl/63% $AlCl_3$，2%（质量分数）烟酸， 4.3mmol·L^{-1}无水 $FeCl_3$	5	玻璃碳	Fe	64
5	56%[bmim]Cl/44% $AlCl_3$，2%（质量分数）烟酸	0.66	Pd	Pd	13

图 4.42 给出表 4.20 中实验 1（下部曲线）和实验 2（上部曲线）条件下得到了产物的 XRD 谱图。表明在实验 1 条件下得到的是微米尺寸的晶体，而在实验 1 条件基础上，将电解电流调整为 $I=16.67mA \cdot cm^{-2}$，并在电解液中加入微量的有机酸-烟酸（2%，质量分数），所得 Al 晶粒的 XRD 曲线发生了很大变化。特征衍射峰的宽化，表明所得晶体的尺寸大为降低；由 Scherrer 方程计算得知纳米晶的尺寸为（14.0±0.3）nm。为得到纳米尺寸的 Al 晶粒，电介质中微量烟酸的加入是至关重要的，在没有烟酸的条件下不能得到尺寸小于 100nm 的 Al 纳米晶体。

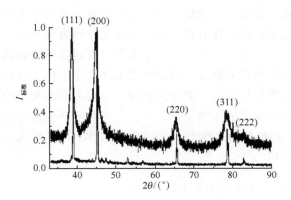

图 4.42　XRD 谱图

上部：Al 纳米晶；下部：Al 微米晶粒

在上述电解液中加入 $MnCl_2$，在实验 3 的条件下进行电化学沉积，得到了 AlMn 合金，其 XRD 谱图见图 4.43。显见，产物主要以合金形式存在，并且 Al：Mn 为 1：1；从图中还可以看到源于单质 Mn 和单质 Al 的衍射峰，表明少量单质 Mn 和 Al 的存在。

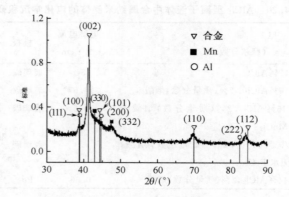

图 4.43　表 4.20 实验 3 条件下得到的 AlMn 合金的 XRD 谱图

此外，在类似的实验条件下，还能得到 Fe 和 Pd 的纳米晶体，见表 4.20。表明这一方法具有一定的通用性。

总之，离子液体中电沉积法制备纳米材料的研究已从制备单一金属纳米材料扩展到制备金属合金纳米材料和半导体纳米材料，所制得材料的形貌也逐渐趋向多样性：纳米颗粒、纳米线以及其他类型纳米结构。

4.4.2.3　微波加热辅助法

微波加热的化学反应是一种新的绿色化学方法，可以使大多数化学反应时间大幅度缩短，转化率提高，在有机合成、环境化学等方面得到广泛应用。离子液体由大量的阴、阳离子组成，因此，离子液体具有很强的吸收微波的能力，并能在很短的时间内达到较高的温度。利用微波加热离子液体，在有机合成中得到应用，成为一种高效的加热方式，而在无机物的合成方面却用得很少。这主要源于离子液体中无机物合成研究还较少的缘故。上海陶瓷研究所率先开展了这方面的工作，成功制备了碲单晶纳米线[40]、ZnS 纳米晶体、CdS 纳米晶体，以及花状和针状的氧化锌纳米材料[41,42]。

1. Te 纳米棒和纳米线的合成[40]

Te 是一种具有多种用途和性质的 p-型半导体材料，能与其他元素反应生成新的功能材料，最近在制备一维 Te 纳米材料方面开展了许多工作。Zhu 等[40]采用 N-丁基吡啶四氟硼酸盐离子液体，利用微波加热技术快速、高效地合成了晶态碲（Te）纳米线和纳米棒。室温下，将 3mg TeO₂ 和 30mg 烷基吡咯烷酮（PVP）稳定剂加到 0.5mL 离子液体中，搅拌均匀。设定微波加热功率为 10W，将悬浮液微波加热至 180℃（大约需 40s），迅速加入两滴 3.67mol·L⁻¹ 的 NaBH₄（约 0.12mL），将溶液在 180℃ 温度条件下保持 10min，然后终止微波加热，将溶液冷却到室温。将得到的产物（样品 1）进行 XRD 分析，谱图如图 4.44 所示。可见，产物为结晶良好的具有六面体结构的单质 Te，晶格参数分别为 $a = 4.459\text{Å}$ 和 $c = 5.917\text{Å}$，与标准值（$a = 4.457\text{Å}$ 和 $c = 5.927\text{Å}$，JCPDS 图号为 36-1452）一致。表明在实验条件下，在离子液体中，$NaBH_4$ 将 TeO_2 还原为单质 Te，产物的产率达 94%。用扫描电子显微镜观测所得产物的形貌，发现样品主要为纳米棒，如图 4.45 所示。这些纳米棒粗细均匀，直径为 15～40nm，长度约为 700nm，长径比为 10～20。图 4.45（b）所示的纳米棒的电子衍射图表明纳米棒为单晶。

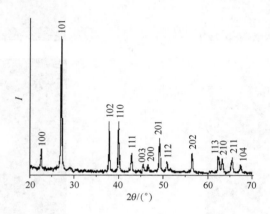

图 4.44 样品 1 的 XRD 图

采用如下实验过程可以得到 Te 纳米线。室温下，将 24mg PVP 溶解在 0.5mL 离子液体中，加入两滴 $3.67\text{mol} \cdot \text{L}^{-1}$ 的 $NaBH_4$（约 0.12mL），配成溶液 A；将 6mg TeO_2 分散在 1mL 离子液体中，配成悬浮液 B。将溶液 A 微波加热至 180℃（需约 0.7min）后，迅速将悬浮液 B 滴加到溶液 A 中，使混合液在 180℃的微波加热条件下保持 10min。如图 4.45（e）、（f）所示，得到的产物为 Te 的单晶纳米线。

改变其他反应条件，可控制 Te 纳米材料的形貌，实验条件和结果见表 4.21。由表可见，温度对产物的形貌影响较大。例如，室温下，TeO_2 能与 $NaBH_4$ 反应生成单质 Te；但在室温至 130℃的温度范围内没有观测到 Te 纳米线或纳米棒；在 130～150℃温度范围内，生成了球形纳米颗粒；当温度升至 180℃或高于这一温度时，产物只为纳米棒；当温度高于 200℃时，纳米棒的直径增加较大。对于纳米线的情形也非常类似。另外，如表 4.21 所示，加热方式、反应介质都对 Te 的形貌都有影响。

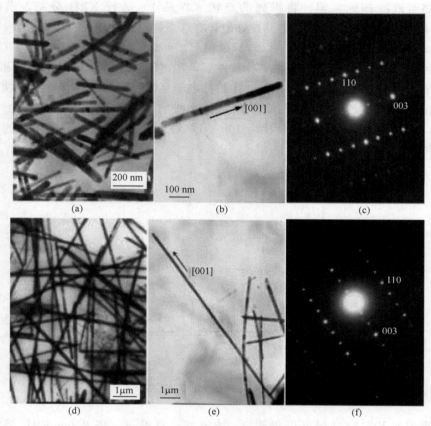

图 4.45　微波加热条件下得到的样品的 SEM 图片

(a)、(b) 样品 1 的 TEM 图片；(c) 样品 1 的电子衍射图；

(d)、(e) 样品 2 的 TEM 图片；(f) 样品 2 的电子衍射图

表 4.21　由微波加热技术制备的 Te 纳米材料

样品	溶液	加热方式	温度/℃	时间/min	形貌
1	$TeO_2(3mg) + PVP(30mg) + IL(0.5mL) + NaBH_4(0.12mL, 3.67mol \cdot L^{-1})$	微波	180	10	纳米棒
2	$PVP(24mg) + IL(0.5mL) + NaBH_4(0.12mL, 3.67mol \cdot L^{-1}) + TeO_2(6mg) + IL(1mL)$	微波	180	10	纳米线
3	$TeO_2(3mg) + PVP(30mg) + IL(0.5mL) + NaBH_4(0.12mL, 3.67mol \cdot L^{-1})$	微波	40～130	10	球形
4	$TeO_2(3mg) + PVP(30mg) + IL(0.5mL) + NaBH_4(0.12mL, 3.67mol \cdot L^{-1})$	微波	130～150	10	纳米棒+纳米球
5	$TeO_2(3mg) + PVP(30mg) + IL(0.5mL) + NaBH_4(0.12mL, 3.67mol \cdot L^{-1})$	油浴	180	10	球形
6	$TeO_2(3mg) + PVP(30mg) + IL(0.5mL) + NaBH_4(0.12mL, 3.67mol \cdot L^{-1})$	油浴	180	120	纳米棒+纳米球

样品	溶液	加热方式	温度/℃	时间/min	形貌
7	TeO_2(3mg)＋PVP(30mg)＋H_2O(0.5mL)＋$NaBH_4$(0.12mL,3.67mol·L^{-1})	微波	80～100	10	球形
8	PVP(24mg)＋H_2O(0.5mL)＋$NaBH_4$(0.12mL,3.67mol·L^{-1})＋TeO_2(6mg)＋H_2O(1mL)	微波	80～100	10	球形
9	TeO_2(3mg)＋PVP(30mg)＋H_2O(0.5mL)＋$NaBH_4$(0.12mL,3.67mol·L^{-1})	水热	180	10～90	球形

采用微波加热的方式，这一课题组在无模板剂的条件下利用1-丁基-3-甲基咪唑四氟硼酸盐离子液体成功地合成了Bi_2S_3和Sb_2S_3单晶纳米材料，实验条件和结果见表4.22[43]。离子液体对产物的形貌产生重要影响。在离子液体存在下，得到长而细的Bi_2S_3纳米棒，而无离子液体时，得到由纳米棒组成的团聚形态的Bi_2S_3。对于Sb_2S_3，介质中无离子液体时，得到无规则的单晶纳米片，而有离子液体时，得到纳米棒。

表 4.22　微波辅助的离子液态方法合成的硫化物样品

样品	反应条件	温度/℃	时间/min	产物形貌
1	Bi_2O_3(0.023g)＋乙二醇(1.5mL)＋37%HCl(0.08mL)＋$Na_2S_2O_3$(0.036g)＋乙二醇(0.5mL)	190	10	聚集态
2	Bi_2O_3(0.023g)＋乙二醇(1.5mL)＋37%HCl(0.08mL)＋$Na_2S_2O_3$(0.036g)＋离子液体(0.5mL)	190	10	纳米棒
3	Bi_2O_3(0.023g)＋乙二醇(1.5mL)＋37%HCl(0.08mL)＋$Na_2S_2O_3$(0.036g)＋离子液体(0.5 mL)	190	0.5	纳米棒
4	Sb_2O_3(0.011g)＋乙醇胺(1.8mL)＋37%HCl(0.08mL)＋$Na_2S_2O_3$(0.028g)＋乙醇胺(0.2mL)	165	60	纳米片
5	Sb_2O_3(0.011g)＋乙醇胺(1.8 mL)＋37%HCl(0.08mL)＋$Na_2S_2O_3$(0.028g)＋离子液体(0.2mL)	165	40	纳米棒

注：微波加热功率10W。

2. 纳米金片的合成[44]

二维纳米材料如纳米片等可以为基础研究以及技术应用提供新的可能性，因此引起了人们的极大兴趣。然而，目前关于纳米片合成和性质的研究还较少。Li等[42]提出了一种制备大尺寸金纳米片的新方法。他们直接将溶有$HAuCl_4$·$3H_2O$的离子液体［bmim］［BF_4］微波加热，就可以得到大尺寸的单晶金纳米片。这种方法有一些独特的优点，如不需要额外的表面活性剂模板、方法简单、反应速率快等。

在10mL试管中，将50mg $HAuCl_4$·$3H_2O$溶解在1mL［bmim］［BF_4］离子液体中，然后将试管放在微波炉中（Galanze WD700，126W）加热10min。用扫描电子显微镜对得到的产品进行了观察，图4.46给出了产物的SEM图。由图4.46（a）可见，生成了大量的纳米片，大部分纳米片的尺寸大于$30\mu m$。

其形态主要为不规则的大片，但也有一部分为规则的三角形或六角形纳米片。另外，还可以清楚地看到，一些具有规则形状的纳米片发生了弯曲，甚至破裂。这可能是由于在合成和清洗过程中，应力、张力、碰撞等使较大尺寸的纳米片发生弯曲或破裂。图 4.46（b）给出了单一纳米片的 SEM 图。由图可以看出，所制得的纳米片的厚度约为 50nm。这一厚度比 Lee 等报道的金纳米片的厚度（100nm）要小得多[45]。对其他纳米片的厚度也做了 SEM 观测，所观测的结果均约为 50nm。

图 4.46　金纳米片 SEM 图（a）和单一金纳米片高倍 SEM 图（b）

[$HAuCl_4 \cdot 3H_2O$] = 50mg·mL^{-1}，微波加热 10min

图 4.47 给出纳米片的 X 射线衍射（XRD）图。图中的五个峰分别为面心立方金属金的（111）、（200）、（220）、（311），及（222）面的特征衍射峰，表明利用微波加热含 $HAuCl_4 \cdot 3H_2O$ 的 [bmim][BF_4] 离子液体，可以生成纯的金属金。通过计算，发现相对衍射强度（200）/（111）或（220）/（111）与通常值相比要低得多（JCPDS 04-0784），说明所制得的金的（111）面平行于实验中的基底表面。

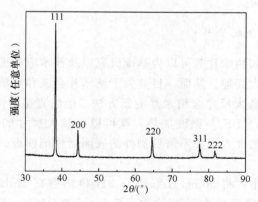

图 4.47　纳米金片的 XRD 图谱

[$HAuCl_4 \cdot 3H_2O$] = 50mg·mL^{-1}，微波加热 10min

图 4.48（a）～（c）给出了一些具有规则形状的金纳米片的 TEM 图，如切去顶端的三角形、六角形、三角形。图 4.48（d）为三角形金纳米片的电子衍射图。可以看到，金纳米片的衍射图由六角对称形状的衍射点组成，表明金纳米片是沿（111）面生长的面心立方单晶金。对其他形状的金纳米片（包括破裂形貌的金片）也做了电子衍射实验，结果与三角形金纳米片的相似，都为六角对称形状的衍射点。

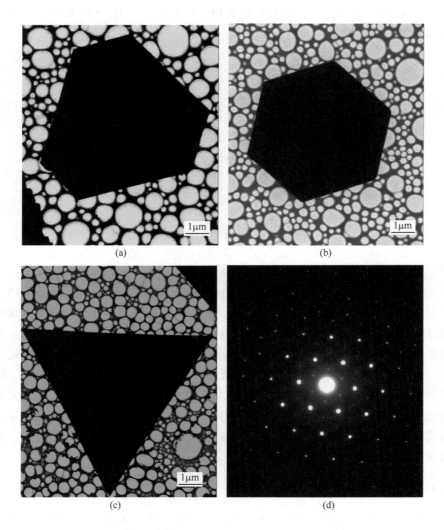

图 4.48　金纳米片典型的透射电镜图（a）～（c）和电子衍射图（d）

[HAuCl$_4$ · 3H$_2$O] ＝50mg · mL^{-1}，微波加热 10 min

图 4.49 反映了相同加热时间（10min）条件下，反应物浓度对所制得的纳

米金形貌的影响。当 $HAuCl_4 \cdot 3H_2O$ 的浓度为 $5mg \cdot mL^{-1}$ 时，所生成的金纳米片的尺寸大部分小于 $20\mu m$，并且样品中存在一些具有不规则形貌的金纳米颗粒 [图 4.49 (a)]；当 $HAuCl_4 \cdot 3H_2O$ 的浓度为 $50mg \cdot mL^{-1}$ 和 $100mg \cdot mL^{-1}$ 时，生成了大规模的尺度大于 $30\mu m$ 的金纳米片 [图 4.49 (a) 和图 4.49 (b)]，此时的样品中没有观察到金纳米颗粒；而且，从 SEM 图可以发现，当 $HAuCl_4 \cdot 3H_2O$ 浓度为 $100mg \cdot mL^{-1}$ 时，在样品中生成了少量的长度大于 $100\mu m$ 的金纳米带 [图 4.49 (b) 箭头]。以上研究表明，$HAuCl_4 \cdot 3H_2O$ 浓度越大，越有利于生成大尺寸的金纳米片。

图 4.49　金纳米片的 SEM 图

(a) $[HAuCl_4 \cdot 3H_2O] = 5mg \cdot mL^{-1}$；(b) $[HAuCl_4 \cdot 3H_2O] = 100mg \cdot mL^{-1}$

为了研究金纳米片的生成机理，他们在另一种咪唑类离子液体[bmim][PF$_6$]中做了对比实验，发现在这种离子液体中，利用微波加热同样可以生成大尺度的金纳米片。然而，在相同条件下，微波加热 $HAuCl_4 \cdot 3H_2O$ 的乙二醇溶液，只能得到金的纳米颗粒，没有金纳米片生成。由此可以推断，大尺度金纳米片的形成和所用咪唑类离子液体的性质和结构密切相关。[bmim][BF$_4$]和[bmim][PF$_6$]这两种离子液体可以通过阴、阳离子之间的氢键形成二维多聚结构[46]，其规整的结构对金纳米片的形成起到了模板作用。因此，在这一工作中离子液体不仅可以作为微波吸收剂，使反应体系很快达到反应温度，节省反应时间；同时，离子液体又诱导了金纳米片的片状结构。

4.4.3　其他纳米材料

除了上述介绍的凝胶材料、金属纳米材料外，离子液体还用于制备其他无机纳米材料。下面介绍两个例子。

4.4.3.1　CuCl 纳米片的合成[47]

Taubert[47]将十二烷基吡啶盐酸盐和 $CuCl_2 \cdot 2H_2O$ 按 2∶1 的比例混合，在

140℃加热 10min，形成深红色的溶液，冷却后得到柔软的化合物 1［图 4.50 (a)］。按 1∶1 的质量比，配制一系列化合物（a）与化合物（b）［图 4.50（b）］ 的混合物；用 DSC6 以 50℃·min⁻¹ 的加热速率，将混合物分别加热至 85℃、105℃、125℃或 145℃，并在相应的温度下保持 24h；然后再以 50℃·min⁻¹ 的 降温速率将混合物降温至−5℃，得到 CuCl 纳米材料。

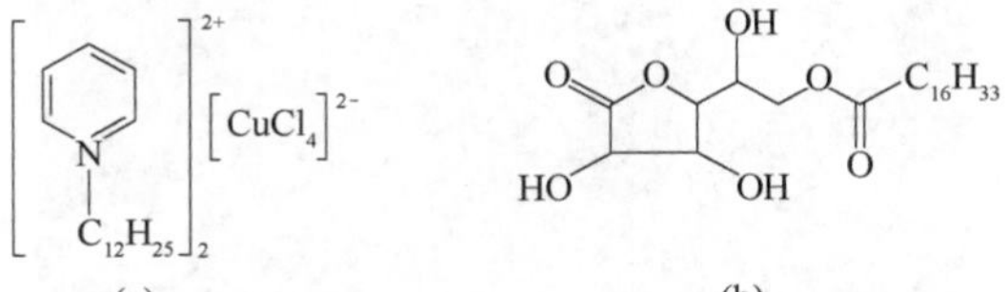

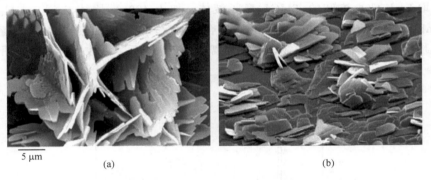

图 4.50　CuCl 合成过程中的化合物（a）和化合物（b）的分子结构式

图 4.51 是不同温度条件下得到的 CuCl 纳米粒子的 SEM 图片。显见，所得 材料为厚度均匀的片状物。85℃条件下，它们的厚度为 220～260nm，大小介于 5～50μm 之间；105℃下得到的 CuCl 片尺寸要小些（5～8μm），但更厚些 （250nm～1.2μm）。在 125℃和 145℃的温度条件下得到的纳米片与在 105℃时得 到的形态相似。

图 4.51　不同温度条件下得到的 CuCl 纳米粒子的 SEM 图片
(a) 85℃；(b) 105℃

为探索形成 CuCl 片的机理，室温下用光学显微镜观测了化合物（a）与化 合物（b）形成的混合物的微观结构，见图 4.52。可以清晰地看到，温室下混合 物呈液晶态。这种液晶在 90～92℃时呈各向同性。研究证明纯的化合物（a）和 化合物（b）都形成层状的自组装结构[48,49]，所以二者混合物的结构也可能是层 状的。正是这种层状结构诱导了产物的结构，同时混合物作为还原剂将 Cu^{2+} 还 原为 Cu^+，因此生成了片状 CuCl 粒子。

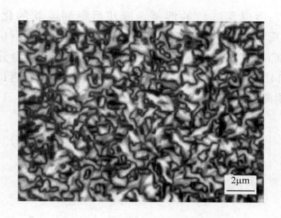

图 4.52 化合物 (a) 和化合物 (b) 的混合物的光学显微镜图片

4.4.3.2 SrCO₃ 微球[50]

胍类离子液体具有较强的吸收 CO_2 的能力，利用这一特性，Du 等[50] 在四甲基乳酸胍（TMGL）离子液体中合成了 $SrCO_3$、$CaCO_3$ 微球。这里以 $SrCO_3$ 的合成为例介绍这一工作。

取 5mL CO_2 饱和的 TMGL 离子液体，加入 400mg 固体 $SrCl_2 \cdot 6H_2O$ 和 0.6mL 5mol·L⁻¹ 的 NaOH 水溶液，混合均匀后，将溶液加热至 140℃，逐渐有固体物析出，回流 10h。洗涤，离心分离，真空干燥后，回收固体产物。图 4.53

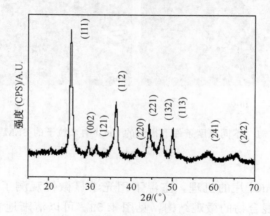

图 4.53 SrCO₃ 样品的 XRD 谱图

是 $SrCO_3$ 样品的 XRD 谱图，图中衍射峰归属 $SrCO_3$ 晶体，表明上述反应生成了 $SrCO_3$。制备过程中所涉及的反应可用式（4.26）表示：

$$SrCl_2 + 2NaOH + CO_2 \longrightarrow SrCO_3 + 2NaCl + H_2O \qquad (4.26)$$

这里 CO_2 来源于 TMGL 离子液体。在加热过程中 TMGL 吸收的 CO_2 逐渐释放出来，参与反应，从而形成 $SrCO_3$。

图 4.54 给出 $SrCO_3$ 样品的电镜图片。从图片中可观测到两种尺寸的球形粒子：一类尺寸在 $300\sim400nm$ 之间；另一类在 $60\sim100nm$ 之间，并且微球表面粗糙。图 4.54（c）中图片显示 $SrCO_3$ 微球呈松散结构，由非常细小的纳米粒子组成。选择区域的电子衍射呈环状，由许多衍射点组成，证明产物是晶体，这与XRD 的结果一致。

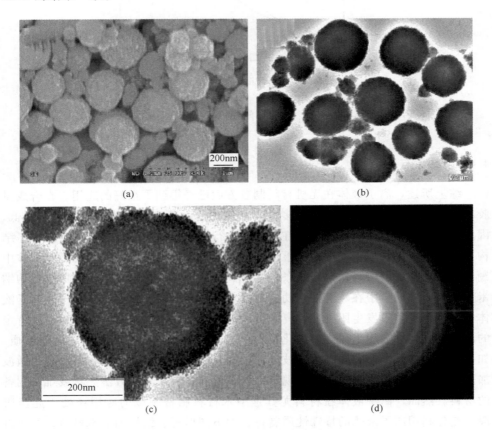

图 4.54 $SrCO_3$ 样品的微观结构图片

（a）SEM 图片；（b）低倍 TEM 图片；（c）高倍 TEM 图片；（d）（c）中样品的电子衍射图

对样品进行 N_2 吸附分析，发现 $SrCO_3$ 微球的 N_2 吸附等温线为具有 H1 型滞后回线的 Ⅳ 型等温线，见图 4.55，表明这些微球具有介孔结构。测得的 BET比表面积为 $69.4m^2 \cdot g^{-1}$，平均孔尺寸为 $5.7nm$，且分布较窄。

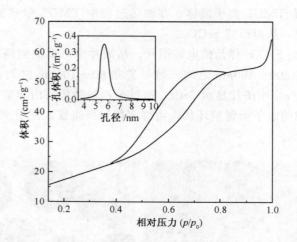

图 4.55　SrCO$_3$ 样品的 N$_2$ 吸附等温线

4.4.4　结论与展望

  综上所述,离子液体在无机材料制备方面已经得到了很好的应用。在合成凝胶材料方面,离子液体表现出许多优点。例如,由于离子液体的蒸气压非常低,因此作为反应的介质,可使反应在常压下进行;由于离子液体具有一定的有序结构,因此,在无需模板剂的情况下即可诱导凝胶的规整结构,并且在离子液体中制备的凝胶孔材料可与水热合成条件下得到的材料相比拟。离子液体中制备的纳米金属材料主要集中在具有催化功能的贵金属纳米材料。这些纳米粒子在离子液体中稳定存在,不发生团聚,与离子液体一起,被用作催化剂体系,对一些特定的活性反应体系表现出较好的催化活性。另外,离子液体独特的物理化学性质,如具有良好的导电性和强吸收微波能力,使其在电化学沉积金属材料、利用微波加热技术制备纳米材料等方面表现出优势,得到了现有其他方法无法或难以制备的材料。然而,离子液体在材料尤其是纳米材料制备领域的应用还处于起步阶段。充分利用离子液体的特殊性质制备各种不同形态、结构的纳米材料,并通过调节离子液体的溶液性质而调控所得材料的形貌,有望为纳米材料的制备提供新的有效途径,需要在这方面开展深入系统的工作。

参 考 文 献

1　Antonietti M, Kuang D, Smarsly B et al. Ionic liquids for the convenient synthesis of functional nanoparticles and other inorganic nanostructures. Angew. Chem. Int. Ed. , 2004,43:4988

2　赵大成,徐海涛,徐鹏等. 室温离子液体中的聚合反应. 化学进展,2005,17:700

3 Swatloski R P, Spear S K, Holbrey J D et al. Dissolution of cellose with ionic liquids. J. Am. Chem. Soc. , 2002, 124: 4974

4 Ren Q, Wu J, Zhang J, He J S. Synthesis of 1-allyl, 3-methyle mazolium-based room temperature ionic liquid and preluviinary study of its dissolving cellulose. Acta. Polym. Sin. , 2003, 3: 448

5 Wu J, Zhang J, Zhang H et al. Homogeneous acetylation of cellulose in a new ionic liquid. Biomacromolecules, 2004, 5: 266

6 Dai S, Ju Y H, Gao H J et al. Preparation of silica aerogel using ionic liquids as solvents. Chem. Commun. , 2000, 3: 243

7 Bleasdale T A, Tiddy G J T, Wyn-Jones E. Cubic phase formation in polar nonaqueous solvents. J. Phys. Chem. , 1991, 95: 5385

8 Neve F, Francescangeli O, Crispini A. Crystal architecture and mesophase structure of long-chain N-alkylpyridinium tetrachlorometallates. Inorg. Chim. Acta. , 2002, 338: 51

9 Zhou Y, Antonietti M. Room-temperature ionic liquids as template to monolithic mesoporous silica with wormlike pores via a sol-gel nanocasting technique. Nano. Lett. , 2004, 4: 477

10 Cammarata L, Kazarian S G, Salter P A et al. Molecular states of water in room temperature ionic liquids. Phys. Chem. Chem. Phys. , 2001, 3: 5192

11 Zhou Y, Antonietti M. Preparation of highly ordered monolithic super-microporous lamellar silica with a room-temperature ionic liquid as template via the nanocasting technique. Adv. Mater. , 2003, 15: 1452

12 Zhou Y, Antonietti M. A series of highly ordered, super-microporus, lamellar silicas prepared by nanocasting with ionic liquids. Chem. Mater. , 2004, 16: 544

13 Trewyn B G, Whitman C M, Lin V S Y. Morphological control of room-temperature ionic liquid templated mesoporous silica nanoparticles for controlled release of antibacterial agents. Nano. Lett. , 2004, 4: 2139

14 Zhou Y, Antonietti M. Synthesis of very small TiO_2 nanocrystals in a room-temperature ionic liquid and their self-assembly toward mesoporous spherical aggregates. J. Am. Chem. Soc. , 2003, 125: 14 960

15 Nakashima T, Kimizuka N. Interfacial synthesis of hollow TiO_2 microspheres in ionic liquids. J. Am. Chem. Soc. , 2003, 125: 6386

16 Cooper E R, Andrews C D, Wheatley P S et al. Ionic liquids and eutectic mixtures as solvent and template in synthesis of zeolite analogues. Nature, 2004, 430: 1012

17 Dupont J, Fonseca G S, Umpierre A P et al. Transition-metal nanoparticles in imidazolium ionic liquids: recyclable catalysts for biphasic hydrogenation reactions. J. Am. Chem. Soc. , 2002, 124: 4228

18 Fonseca G S, Umpierre A P, Fichtner P F P et al. The use of imidazolium ionic liquids for the formation and stabilization of Ir (0) and Rh (0) nanoparticles: Efficient catalysts for the hydrogenation of arenas. Chem. Eur. J. , 2003, 9: 3263

19   Silveira E T, Umpierre A P, Dupont J et al. The partial hydrogenation of benzene to cyclohexene by nanoscale ruthenium catalysts in imidazolium ionic liquids. Chem. Eur. J. , 2004, 10: 3734

20   Scheeren C W, Machado G, Dupont J et al. Nanoscale Pt (0) particles prepared in imidazolium room temperature ionic liquids: synthesis from an organometallic precursor, characterization, and catalytic properties in hydrogenation reactions. Inorg. Chem. , 2003, 42 (15): 4738

21   Itoh H, Naka K, Chujo Y. Synthesis of gold nanoparticles modified with ionic liquid based on the imidazolium cation. J. Am. Chem. Soc. , 2004, 126: 3026

22   Wei G T, Yang Z S, Lee C Y et al. Aqueous-organic phase transfer of gold nanoparticles and gold nanorods using an ionic liquid. J. Am. Chem. Soc. , 2004, 126: 5036

23   Huang J, Jiang T, Gao H X et al. Pd nanoparticles immobilized on molecular sieves by ionic liquids: heterogeneous catalysts for solvent-free hydrogenation. Angew. Chem. Int. Ed. , 2004, 43: 1397

24   Lin Y, Sun I. Electrodeposition of zinc from a Lewis acidic zinc chloride-1-ethyl-3-methylimidazolium chloride molten salt. Electrochim. Acta. , 1999, 44: 2771

25   Chen P. Electrodeposition of cobalt and zinc-cobalt alloys from a lewis acidic zinc chloride-1-ethyl-3-methylimidazolium chloride molten salt. Electrochim. Acta. , 2001, 46: 1169

26   Chen P, Lin Y, Sun I. Electrodeposition of Cu-Zn alloy from a Lewis acidic $ZnCl_2$-EMIC molten salt. J. Electrochem. Soc. , 2000, 147: 3350

27   Tsuda T, Nohira T, Ito Y. Electrodeposition of lanthanum in lanthanum chloride saturated $AlCl_3$-1-ethyl-3-methylimidazolium chloride molten salts. Electrochim. Acta. , 2001, 46: 1891

28   Endres F, El Abedin S Z. Electrodeposition of stable and narrowly dispersed germanium nanoclusters from an ionic liquid. Chem. Commun. , 2002, 892

29   Endres F, El Abedin S Z. Nanoscale electrodeposition of germanium on Au (Ⅲ) from an ionic liquid: an in situ STM study of phase formation. Part Ⅱ. Ge from $GeCl_4$. Phys. Chem. Chem. Phys. , 2002, 4: 1649

30   Endres F, El Abedin S Z. Nanoscale electrodeposition of germanium on Au (Ⅲ) from an ionic liquid: an in situ STM study of phase formation-Part I. Ge from $GeBr_4$. Phys. Chem. Chem. Phys. , 2002, 4: 1640

31   Freyland W. *In situ* STM and STS study of Co and Co-Al alloy electrodeposition from an ionic liquid. Langmuir, 2003, 19: 7445

32   Mukhopadhyay I, Freyland W. Electrodeposition of Ti nanowires on highly oriented pyrolytic graphite from an ionic liquid at room temperature. Langmuir, 2003, 19: 1951

33   Mukhopadhyay I, Aravinda C L, Borissov D et al. Electrodeposition of Ti from $TiCl_4$ in the ionic liquid 1-methyl-3-butyl-imidazolium bis (trifluoro methyl sulfone) imide at room temperature: study on phase formation by in situ electrochemical scanning tunneling microscopy. Electrochim. Acta. , 2005, 50: 1275

34　Aravinda C L, Freyland W. Electrodeposition of monodispersed Fe nanocrystals from an ionic liquid. Chem. Commun. , 2004, 2754

35　Abbott A P, Capper G, Davies D L et al. Electrodeposition of chromium black from ionic liquids. Transactions of the institute of metal finishing, 2004, 82: 14

36　Huang J F, Sun I W. Formation of nanoporous platinum by selective anodic dissolution of PtZn surface alloy in a Lewis acidic zinc chloride-1-ethyl-3-methylimidazolium chloride ionic liquid. Chem. Mater. , 2004, 16: 1829

37　小浦延幸, 江藤惠子, 井手本康等. 表面 (日), 2001, 139: 445

38　Endres F. Ionic liquids: solvents for the electrodeposition of metals and semiconductors. Chem. Phys. Chem. , 2002, 3: 144

39　Endres F, Bukowski M, Hempelmann R et al. Electrodeposition of nanocrystalline metals and alloys from ionic liquids. Angew. Chem. Int. Ed. , 2003, 42: 3428

40　Zhu Y J, Wang W W, Qi R J et al. Microwave-assisted synthesis of single-crystalline tellurium nanorods and nanowires in ionic liquids, Angew. Chem. Int. Ed. , 2004, 43: 1410

41　Jiang Y, Zhu Y J. Microwave-assisted synthesis of nanocrystalline metal sulfides using an ionic liquid. Chem. Lett. , 2004, 33: 1390

42　Wang W W, Zhu Y J. Shape-controlled synthesis of zinc oxide by microwave heating using an imidazolium salt. Inorg. Chem. Commun. , 2004, 7: 1003

43　Jiang Y, Zhu Y J. Microwave-assisted synthesis of sulfide M_2S_3 (M = Bi, Sb) nanorods using an ionic liquid. Phys. Chem. B, 2005, 109: 4361

44　Li Z H, Liu Z M, Zhang J L et al. Synthesis of single-crystal gold nanosheets of large size in ionic liquids. J. Phys. Chem. B. , 2005, 109: 14 445

45　Kim J, Cha S, Shin K et al. Preparation of gold nanowires and nanosheets in bulk block copolymer phases under mild conditions. Adv. Mater. , 2004, 16: 459

46　Dupont J. On the solid, liquid and solution structural organization of imidazolium ionic liquids. J. Braz. Chem. Soc. , 2004, 13: 341

47　Taubert A, CuCl nanoplatelets from an ionic liquid-crystal precursor. Angew. Chem. Int. Ed. , 2004, 43: 5380

48　Neve F, Francescangeli O, Crispini A et al. A (2) [MX_4] copper (Ⅱ) pyridinium salts. From ionic liquids to layered solids to liquid crystals. Chem. Mater. , 2001, 13: 2032

49　Lo Nostro P, Ninham B W, Fratoni L et al. Effect of water structure on the formation of coagels from ascorbyl-alkanoates. Langmuir, 2003, 19: 3222

50　Du J M, Liu Z M, Li Z H et al. Synthesis of mesoporous $SrCO_3$ spheres and hollow $CaCO_3$ spheres in room-temperature ionic liquid. Micropor. Mesopor. Mater. , 2005, 83: 145

4.5 离子液体在天然高分子中的应用①

4.5.1 引言

20世纪合成高分子的飞速发展极大改善了人类的生活。以合成高分子的主要产品——塑料为例，当前世界塑料总产量已超过1.7亿t，其用途已渗透到国民经济各部门以及人民生活的各个领域，与钢铁、木材、水泥并列成为四大支柱材料。但随着世界范围内化石质资源（如石油、煤炭和天然气等）的日益枯竭，以石油裂解产物为原料的合成高分子材料将面临越来越多的挑战。同时，绝大多数合成高分子使用后在自然环境或垃圾场中难以降解，因而成为污染环境的垃圾。资料显示，城市固体废弃物中塑料体积占有率则在30%左右。这在世界范围内已经成为一个越来越严重、被称为"白色污染"的公害。全球性环境污染问题的日益加剧和自然资源的急剧耗竭这两个方面因素对人类的可持续发展正构成严重的威胁，因此，人们开始重新审视和改革传统化学工业，包括高分子化学工业。20世纪末，人们提出了绿色化学和清洁生产的概念。尽量使用可再生的原料和产品能够完全降解是绿色化学的两个重要内容。

天然高分子是未经人工合成的，天然存在于动物、植物和微生物内的大分子有机化合物。主要包括纤维素、淀粉、甲壳质/壳聚糖、蛋白质等。以天然高分子为原料可以制备各种形式、不同用途的材料，已在当今社会的不同领域取得重要应用。天然高分子在自然界储量巨大、来源丰富、可再生，而且其产品可完全生物降解、安全无毒。因而，天然高分子材料的开发和应用在近年来日益受到人们的重视。

离子液体与传统的有机溶剂、水、超临界流体等相比具有许多优良的性能[1]，包括：① 对很多化学物质包括有机物和无机物具有良好的溶解性能；② 具有较高的离子传导性；③ 热稳定性较高；④ 液态温度范围较宽；⑤ 极性较高，溶剂化性能较好；⑥ 几乎不挥发、不氧化、不燃烧；⑦ 黏度低、热容大；⑧ 对水、对空气均稳定；⑨ 易回收，可循环使用；⑩ 设备简单、制造容易。阴阳离子可以自由组合的特性又为离子液体各种特定的应用提供了可能。离子液体在有机合成、电化学、材料制备、萃取分离和催化方面的研究已经很多，并取得了很多令人鼓舞的研究成果，为人们展示出美好的应用前景。具体内容可参见本书其他章节的内容。

相对于离子液体在其他领域的研究而言，离子液体用于天然高分子方面的研究还比较晚。起初，有人发现离子液体对一些小分子糖类（碳水化合物）具有良好的溶解性能。后来还有研究发现某些离子液体对淀粉等天然高分子具有溶解性

① 感谢国家重点基础研究发展计划（973）（课题编号：2004CB719701）和国家自然科学基金（课题编号：50103011，50473058）以及中国科学院化学研究所对本节中所涉及作者研究工作部分的大力支持。

能。但直到美国阿拉巴马大学绿色制造中心 Rogers 教授领导的课题组首先发现了离子液体可以溶解纤维素之后[2]，离子液体在天然高分子材料中的应用才真正引起人们注意。由于人类已经发现的纤维素溶剂还或多或少存在一些缺点，而离子液体又具有很多独特的优越性能，被认为是极具应用潜力的绿色溶剂，因而离子液体在纤维素领域中的应用具有明显的应用前景。为此，2005 年度美国总统绿色化学挑战奖（学术成就奖）授予了 Rogers 教授，以表彰他在成功地将离子液体用来溶解和加工纤维素以及制备功能化再生纤维素材料等方面所做出的创新性贡献[3]。最近，离子液体在其他天然高分子中的应用也陆续有人报道。

在本章中，将主要介绍近年来离子液体在一些天然高分子材料中应用的进展。这些天然高分子包括纤维素、淀粉、壳聚糖、蛋白质等。

4.5.2　离子液体在纤维素中的应用

纤维素是自然界储量最大的天然高分子，可迅速再生，每年再生量超过 $1.0×10^{10}$ t。而且纤维素还具有易降解、无污染、易于改性等优点[4]。如今，纤维素及其衍生物已经广泛应用于塑料、纺织、造纸、食品、日化、医药、建筑和生物等诸多领域，并有可能成为未来世界化学、化工的主要原料[5]。发展纤维素材料对改善生态环境、改变人类饮食结构、增加能源、发展新型材料等都将具有重要意义。

由于自身聚集态结构的特点（较高的结晶度、分子间和分子内存在很多的氢键）（图 4.56）[4]，天然纤维素具有不熔化、在大多数溶剂中不溶解的特点，即加工性能较差，这成为天然纤维素在应用中的最大局限。因此，通过开发有效的纤维素溶剂，得到天然纤维素溶液，从而实现天然纤维素材料的再生和功能化，是有效利用天然纤维素材料的一条重要途径。

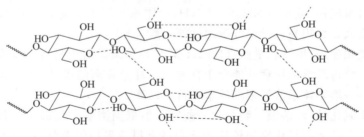

图 4.56　纤维素结构

4.5.2.1　已有纤维素溶剂体系及其特点

由于纤维素的难溶解性，早期再生纤维素材料主要通过黏胶工艺制备。至今黏胶工艺仍然在再生纤维素生产领域占有主导地位。黏胶纤维素纤维的性能与天然棉纤维的性质极为相似，有着良好的吸湿性，易于染色，抗静电，可纺性好，纤维可降解，广泛用于织造、制线、制绒、针织等领域。在典型的黏胶纤维生产工艺中，是将纤维素与二硫化碳反应生成纤维素黄酸酯，溶解在氢氧化钠溶液中，然后将溶液喷射到硫酸溶液中，于是黄酸酯分解又生成纤维素。用这种方法虽然可以生产出合乎理想性能的纤维，但该生产过程很明显的缺点是生产过程复杂，工艺难以控制，占地及建筑面积大，水、电、气消耗大，其生产过程用到烧碱、硫酸、二硫化碳，因此产生大量的硫化氢、二硫化碳等有毒气体和废水，污染极其严重，而且黏胶的生产工艺经过化学变化，纤维中含有大量的有害物质。污染问题使西方发达国家已逐步将黏胶纤维素材料生产能力转向发展中国家，如曾经是黏胶纤维先驱的欧洲基本上退出了该生产领域。日本的企业近年也基本停止了黏胶纤维的生产。

不难看出，环境问题是制约黏胶纤维可持续发展的重要原因，最根本的解决方法是寻求无毒化或绿色工艺技术来代替。因此，目前纤维素研究与发展的一个热点就是采用新的非衍生化溶剂系统来解决传统黏胶法和铜氨法生产纤维素纤维及薄膜过程中产生的污染问题。根据纤维素在溶解过程中有无化学变化，可将纤维素溶剂分为间接溶剂和直接溶剂两大类。其中，在间接溶剂溶解过程中通过发生化学反应，生成纤维素衍生物，然后溶解在溶剂中。大多数间接法生产纤维素材料的工艺复杂、流程长、污染严重。直接溶剂是通过破坏纤维素中分子内和分子间的氢键达到溶解纤维素的目的，其过程完全是物理过程，用该法生产纤维素材料具有工艺简单、流程短、污染小等优点，正成为人们研究的热点。多年以来，科学工作者开发和试验了多种纤维素直接溶剂，研究比较多的包括如下几种[6]：

（1）多聚甲醛/二甲基亚砜（PF/DMSO）体系。该体系溶剂毒性较小，生产工艺简单，操作安全，但溶剂回收难度较大，纤维中 PF 残存物难以除去。

（2）硫氰酸铵/液氨（NH_4SCN/NH_3）体系。溶剂无毒，但用酸作凝固剂时回收难度大，费用高，所得纤维的性能一般。

（3）氯化锂/二甲基乙酰胺（LiCl/DMAc）体系。溶剂易得，凝固剂用水时回收容易，所得纤维的物理性能介于普通黏胶纤维和高湿模量（HWM）黏胶纤维之间。但该溶剂体系溶解范围较窄，价格昂贵。

（4）氢氧化钠/水溶液。溶剂比较便宜，但凝固浴需要用酸浴，且溶解能力有限，纤维素溶解前活化时间较长，近期虽有报道采用闪蒸气爆法活化纤维素，但可以想见纤维素在活化处理过程中一定存在较严重的降解，同时这种高温、高压的方法在大规模工业化生产中也不易实施。近年来，我国学者 Zhang 等[7]发展了氢氧化钠/尿素水溶液、氢氧化钠/硫尿水溶液和氢氧化锂/尿素水溶液等纤维素溶剂体系，取得较好的效果。

（5）水合熔融盐体系。近年来，德国科学家在此体系中进行了大量研究，该体系溶解能力较好、可以用水作凝固剂时，溶剂回收简单。但溶剂熔点高，工业化生产不方便，溶剂价格也较贵。

（6）N-甲基吗啉-N-氧化物（NMMO）体系。该体系溶解能力强、用水作凝固剂时溶剂回收简单，适合干湿法纺丝，所得纤维素的物理机械性能优于传统的 HWM 黏胶纤维。但溶剂价格昂贵，必须进行有效回收。

评价一种纤维素溶剂是否具有实用化前景，应该考虑以下几个方面的因素：① 溶解能力，指纤维素在溶剂中的溶解度、溶解速度、纤维素降解程度等；② 再生纤维素材料的性能；③溶剂毒性，溶解与加工过程中的稳定性、可回收性等。在以上几类纤维素溶剂体系中，NMMO 法是综合效果较好，也是唯一成功实现工业化生产的方法。由该法生产得到的再生纤维素纤维被国际人造纤维和合成纤维局命名为 Lyocell 纤维。这种纤维不仅继承了纤维素纤维手感柔软、悬垂性好、湿强高、模量高、延伸性好、吸湿性优、穿着舒适、高温不熔化等特性，而且弥补了黏胶纤维强度低、不耐磨、不耐洗、可穿性能差的不足，是目前世界上唯一集合成纤维和天然纤维优点于一体的新型高性能纤维，特别适合用作轻薄高档服装面料、医用织物和个人卫生用品，还可用其生产高强力工业用织物。同时，Lyocell 纤维工艺生产过程污染极小，生产过程中不产生化学变化，毒性小，溶剂可回收再用，具有生产工艺过程短、能源消耗低、无废水废气环境污染等显著特点，很大程度上解决了传统黏胶纤维生产过程中产生的污染问题，是取代传统黏胶法的新技术，且纤维可被氧化和碳化，在有氧、无氧条件下都容易生物降解，因此符合环境保护的要求，被称为"绿色纤维"和"21 世纪革命性纤维"。纤维素膜材料的开发与应用也一直备受关注。以前的再生纤维素膜通常采用黏胶法或铜氨法制备，同样存在路线冗长复杂、原材料和能量消耗多、对环境污染严重的缺点。通过 NMMO/纤维素溶液也可以制备高性能的再生纤维素膜材料，用 NMMO/纤维素溶液制备不同用途的膜材料也引起人们的广泛重视。

从目前的现状来看，纤维素新溶剂法中真正实现工业化生产的只有 NMMO 溶剂法一种。但就该技术本身而言，大量使用的溶剂 NMMO 的价格可以称得上昂贵，因此要求在实际生产中 NMMO 的回收率必须达到 99.5％以上，这样才有经济意义，这对回收技术要求很苛刻，因而回收设备投资巨大。目前 Lyocell 纤维的价格居高不下与 NMMO 的价格昂贵有直接关系。NMMO 在循环使用过程中受热存在部分降解也会损失一部分。再有，纯 NMMO 极易氧化，甚至会发生爆炸，其工业品多以 50％的水溶液存在，这样一方面增加了溶剂运输的成本，另一方面在溶解纤维素的初期，要将多余的水分通过加热、减压的方式除去，无疑增加了能耗和工艺成本。

需要指出的是，国内外很多公司和研究单位的科技工作者仍然在开发新型纤维素溶剂体系方面进行着不懈的努力和探索，以期能开发出综合性能更好的纤维素溶剂。应该说离子液体的出现大大增加了这种可能性。

4.5.2.2　纤维素在离子液体中的溶解

早在 1934 年，人们就发现 N-乙基吡啶氯盐可以溶解纤维素，并能用来制备一些纤维素衍生物[8]。N-乙基吡啶氯盐的结构基本属于目前人们熟知的吡啶型离子液体，只是熔点较高而已，达到了 118℃。但那个时候对这类物质的性能还缺乏认识。后来，有人通过将 N-乙基吡啶氯盐和溶剂 DMSO 混合也得到了复合型纤维素溶剂，熔点降至 75℃[9]。前面介绍的可溶解纤维素的低温熔融无机盐体系通常是以水合物存在，虽然较早的时候有人也称这类溶剂体系为离子液体或离子溶液[10]，但由于不属于严格意义上的离子液体定义，即完全由离子组成、熔点低于 100℃，因此这类纤维素溶剂体系将不在本节讨论的范围之内，而且，上述溶剂体系对纤维素的溶解能力一般，质量分数只达到 5%，远不如后来发现的 DMAc/LiCl、NMMO 等溶剂体系，所以并没有引起人们的注意。

Rogers 的研究组首先发现并报道了一些具有配位能力的阴离子组成的离子液体可以溶解纤维素，表 4.23 中列出了一些离子液体对纤维素的溶解性能[2]。

表 4.23　可溶性纤维素浆粕在离子液体中的溶解度

离子液体	溶解条件	溶解度/（%，质量分数）
［bmim］Cl	加热（100℃）	10
	加热（70℃）	3
［bmim］Cl	加热（80℃）＋超声处理	5
［bmim］Cl	微波加热，3～5s 间隔脉冲	25，透明黏性溶液
［bmim］Br	微波加热	5～7
［bmim］[SCN]	微波加热	5～7
［bmim］[BF$_4$]	微波加热	不溶
［bmim］[PF$_6$]	微波加热	不溶
［hmim］Cl	加热（100℃）	5
［omim］Cl	加热（100℃）	微溶

从表 4.23 中可以看出，［bmim］Cl 对纤维素表现出最好的溶解能力，在 100℃加热的情况下聚合度（DP）为 1000 的可溶性纤维素浆粕的溶解度为 10%（质量分数），而在微波加热情况下纤维素的溶解度甚至可以达到 25%（质量分数），得到透明的、具有较高黏度的纤维素溶液。在纤维素的浓度超过 10%（质量分数）以后，纤维素/离子液体溶液在偏光下具有光学各向异性的溶致液晶特征。需要指出的是，由纤维素液晶溶液往往可以得到高强度的再生纤维素纤维。文中认为，氯代咪唑型离子液体中高浓度的氯离子对纤维素的溶解具有至关重要的作用。如常用的纤维素溶剂体系 DMAc/LiCl［LiCl 的浓度为 10%（质量分数）］中，氯离子的浓度约为 6.7%（摩尔分数）。［bmim］Cl 中氯离子的浓度可

以达到20％（质量分数）。因为氯离子具有很强的氢键接受能力，可以和纤维素大分子链中羟基上的氢形成氢键，从而破坏了纤维素中大分子链间存在的大量氢键，最终导致纤维素的溶解。

Heinze 等[11]比较了如下 3 种离子液体（［bmim］Cl、［bmpy］Cl 和 BDTAC，图 4.57）对不同纤维素样品的溶解性能。

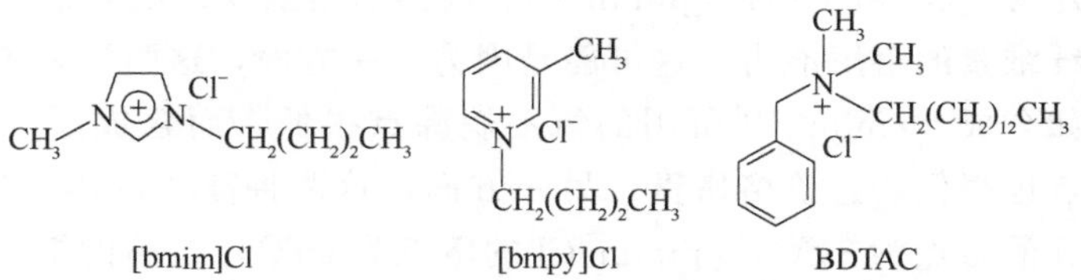

图 4.57 离子液体（［bmim］Cl、［bmpy］Cl 和 BDTAC）化学结构式

表 4.24 列出了 3 种纤维素原料在这 3 种离子液体中的溶解性能。从表 4.24 中可以看出，离子液体［bmim］Cl 对纤维素具有最佳的溶解性能，主要表现在两个方面：一是纤维素在该离子液体中的溶解度较高；二是在溶解过程中纤维素发生的降解程度较轻。相比较而言，虽然纤维素在离子液体［bmpy］Cl 中的溶解度较高，但发生了较严重的纤维素降解，而在 BDTAC 中，虽然纤维素降解程度较轻，但溶解度很低。

表 4.24 纤维素在离子液体［bmim］Cl、［bmpy］Cl 和 BDTAC 中的溶解度

纤维素		［bmim］Cl		［bmpy］Cl		BDTAC	
原料种类	聚合度	溶解度/％	聚合度1)	溶解度/％	聚合度1)	溶解度/％	聚合度1)
微晶纤维素	286	18	307	39	172	5	327
木浆粕	593	13	544	37	412	2	527
棉短绒	1198	10	812	12	368	1	966

1) 再生后。

从表 4.23 和表 4.24 中可以发现，阳离子结构对离子液体溶解纤维素的能力有明显的影响，即使是阳离子咪唑环上取代基结构对离子液体溶解纤维素的能力也有显著的影响。从表 4.23 中可以看出，在阴离子均为 Cl⁻时，100℃加热条件下，纤维素在［bmim］Cl 的溶解度为 10％，在［hmim］Cl 的溶解度为 5％，而在离子液体［omim］Cl 中只是微溶。说明随着咪唑环上取代基链长的增加，离子液体对纤维素的溶解能力下降。Rogers 等[2]认为这是由于取代基链长的增加稀释了氯离子的浓度所致。作者认为原因可能并不这么简单，可能还包括如下两个原因：一方面，取代基链长的增加会降低离子液体的亲水性，从而会减弱离子液体对纤维素之间的亲和性；另一方面，取代基链长的增加其实增大了离子液体中阳离子的体积，当离子液体中氯离子与纤维素分子链中羟基上的氢形成氢键的同时，离子液体中的阳离子将同时结合纤维素分子链中羟基上的氧，可以预计，由于空间位阻效应，过大的阳离子体积将不利于这种结合。那么，我们可以做出预测，如果设计合成出阳离子体积更小的氯代咪唑型离子液体，有可能会对纤维素具有更好的溶解性能。和［bmim］Cl 相比较，可供选择的已知的烷基取代咪唑型离子液体还有［emim］Cl 和［pmim］Cl。遗憾的是至今还没有论文报道这两种离子液体对纤维素的溶解能力。这可能是因为：一方面，这两种离子液体合成不是很方便，如合成［emim］Cl 所用的氯乙烷沸点很低，而合成［pmim］Cl 所用的氯丙烷沸点也很低，且价格昂贵；另一方面，这两种离子液体的熔点均很高，如［emim］Cl 的熔点为 89℃，［pmim］Cl 的熔点为 60℃，过高的熔点往往会带来诸如溶解温度高、所得纤维素溶液黏度大等实际操作上的困难。因此这两种离子液体的实际应用前景没有被人们所看好。不过，最近 Philips 等[12]的研究还是初步证实了我们上面的假设。他们在使用不同的离子液体溶解丝素的研究中发现，在相当的溶解条件下，丝素在［emim］Cl 中的溶解度可以达到 23.3%（质量分数），而在［emim］Cl 中为 13.2%（质量分数）。虽然 Philips 等的研究并没有涉及丝素在离子液体中溶解机理的描述，但可以想像的是丝素蛋白在离子液体中的溶解同样是建立在氯代咪唑型离子液体中的阴阳离子与丝素蛋白大分子之间的相互作用的机理上。

我们最近的研究发现一种新型离子液体——1-烯丙基-3-甲基咪唑氯盐离子液体（［amim］Cl）对纤维素具有出色的溶解能力[13]。

和常见的咪唑基氯盐离子液体［如［bmim］Cl 和 1-乙基-3-甲基咪唑氯盐（［emim］Cl）］相比，［amim］Cl 的合成要相对容易得多。常规合成条件下，经过 3h 的反应，甲基咪唑的转化率即可达到 80%，经过 6h 的反应，几乎可以达到 100%，这要归结于烯丙基氯较高的反应活性，而［bmim］Cl 的合成通常需要 48h 的反应时间。对于离子液体［amim］Cl，人们容易产生的一个疑问是：阳离子中存在的不饱和基团——烯丙基是否会影响离子液体的热稳定性。实际上，［amim］Cl 具有较高的热稳定性，和其他常用的离子液体一样，［amim］Cl 具有很低的蒸气压，可以在 100℃ 真空条件下进行长时间的干燥。热失重测试（TGA）结果表明，［amim］Cl 的起始热分解温度为 273℃，略高于［bmim］Cl（254℃）[14]。有研究报道，类似于烯丙基咪唑环结构的 N-烯丙基咔唑即使在 228℃ 的高温下加热 6h，也不会发生结构上的变化（如氧化或均聚）[15]。更有趣的是，［amim］Cl 具有较低的熔点，约为 17℃，符合更严格意义上的室温离子液体定义，而［bmim］Cl 的熔点约为 65℃。同时，在相同温度下，［amim］Cl 的黏度也明显低于［bmim］Cl，如 30℃ 下［amim］Cl 的黏度为 685mPa·s，而［bmim］Cl 为 11 000mPa·s[16]。最近，Mizumo 等[17]认为，［amim］Cl 具有较低的熔点和黏度应归结于烯丙基基团的引入有效地抑制了离子液体的结晶。

最值得注意的是离子液体［amim］Cl 对纤维素的溶解能力。我们研究了不同温度下几种纤维素原料（棉短绒、木浆粕和微晶纤维素）在离子液体［amim］Cl 中的溶解性能。室温条件下，［amim］Cl 只能使纤维素发生溶胀而不能使其溶解。在加热至 60℃并辅以搅拌条件下，纤维素可以很快溶解于［amim］Cl 中。随着温度的进一步提高，纤维素的溶解速度加快。我们用偏光显微镜技术原位观察了 80℃下纤维素样品（木浆粕，聚合度为 650）在［amim］Cl 中的溶解行为（图 4.58）。可以发现，木浆粕纤维素可以在 30min 内快速溶解在离子液体中。具笔者所知，类似快速的纤维素溶解过程仅在 TBAF/DMSO 溶剂体系中有过报道[18]。在溶解过程初期，NMMO 溶剂体系对纤维素微纤有明显的溶胀作用[19]，而在［amim］Cl 溶解纤维素过程中，没有明显的纤维素溶胀现象，直接发生了纤维素的溶解。溶解起始阶段，溶解速度很快，随后溶解速度逐步变慢，这应该和所剩纤维素的晶型更加完善以及溶液黏度增加导致溶剂向纤维素内部的扩散变慢有关。尽管如此，在 80℃下，5％的纤维素可以在 30min 内迅速溶解在［amim］Cl 中。延长溶解时间和提高溶解温度，均能进一步提高纤维素在［amim］Cl 中的溶解度。通过合适的溶解条件，可溶性木浆粕在［amim］Cl 中的溶解度可以达到 14.5％（质量分数），得到澄清透明的黏性纤维素溶液。类似溶解条件下，聚合度为 1600 的棉短绒纤维素在［amim］Cl 中的溶解度也可以达到 8.0％（质量分数），而棉短绒在［bmim］Cl 中的最高溶解度为 5％（质量分数）。进一步研究表明，当纤维素在［amim］Cl 中的溶解度超过 10％（质量分数）以后，纤维素/［amim］Cl 溶液在偏光显微镜观察呈现出各向异性的溶致液晶结构，通过液晶态的纤维素溶液往往能够制备出高强高模的再生纤维素纤维。需要指出的是，在上述纤维素在离子液体中的溶解中，所用的纤维素原料未经任何活化处理，而对已经报道的其他纤维素溶剂体系而言，纤维素的预处理或活化处理往往都是需要的，如 DMAc/LiCl[20]、NaOH/H_2O 体系[21]等。从工业生产的角度来说，无需活化处理具有明显的实际意义。

对纤维素/［amim］Cl 溶液进行了 NMR 研究，图 4.59 所示为浓度为 8％（质量分数）微晶纤维素（$DS=200$）/［amim］Cl 溶液的 ^{13}C NMR 谱图。图中出现 6 个清晰的纤维素葡萄糖单元上的 C 峰，分别位于：102.7ppm（C_1），79.0ppm（C_4），75.4ppm（C_5），74.9ppm（C_3），74.0ppm（C_2）和 60.4ppm（C_6）。$C_1 \sim C_6$ 的峰位置和已经报道的纤维素在 NaOH 水溶液[22]和［bmim］Cl[23]的 NMR 结果类似。因此，［amim］Cl 也可以归属于纤维素的真溶剂体系，纤维素大分子链以分子状态分散于其中。

为了研究温度对［amim］Cl 溶解纤维素能力的影响，我们测试了不同温度下［amim］Cl 的电导率，结果如图 4.60 所示。可以看出，随着温度的提高，［amim］Cl 的电导率增大。在 43℃附近，存在一个电导率斜率的拐点，可能对应着离子液体电导率的一个临界温度。Huang 等[24]也进行过类似的研究。他们利

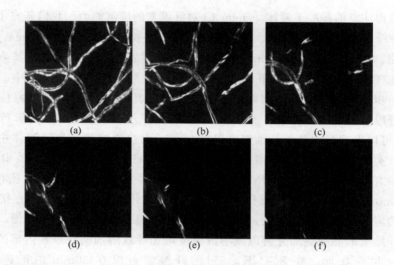

图 4.58　纤维素（木浆粕，$DS=650$）在 [amim]Cl 溶解不同时间的 PLM 照片

（a）0min；（b）10min；（c）15min；（d）17.5min；（e）25min；（f）30min

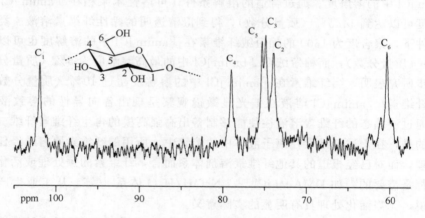

图 4.59　8%（质量分数）微晶纤维素（$DS=200$）/ [amim]Cl 溶液的 ^{13}C NMR 谱图

测试温度为 90℃

用 NMR 技术研究了离子液体 1-乙基-3-甲基咪唑的四氟硼酸盐 [emim][BF$_4$] 在 300～360 K 温度范围内的扩散系数。发现在 333K（60℃）附近存在相转变，并认为是由于在这个温度以上发生了离子液体中缔合离子解离形成了游离的或单独的离子所致。而在 [amim]Cl 离子液体中，当温度超过临界温度 43℃ 时，由氢键形成的离子对发生解离，使得离子的扩散速率明显增加，反映在离子液体电导率的明显增加。离子扩散速率的增加，显然将有利于提高离子液体溶解纤维素的速度。

目前对纤维素在离子液体中的溶解机理还没有系统的研究报道。一般认为，

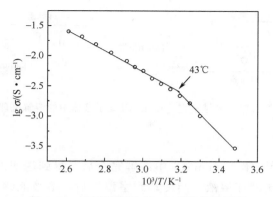

图 4.60 不同温度下 [amim]Cl 的电导率

通过溶剂与纤维素大分子间的相互作用，破坏纤维素分子链间和分子链内存在的大量氢键是使纤维素在溶剂中溶解的前提。对于离子液体 [bmim]Cl 溶剂，人们认为体系中高浓度的氯离子在纤维素溶解过程中起着决定作用[2,25]。然而，笔者认为，溶剂阳离子结构的影响也不容忽视。在其他纤维素溶剂体系中，阳离子的影响已被人们所认识。例如，对于 DMAc/LiCl 溶剂体系，游离的氯离子和纤维素羟基上的氢原子存在氢键作用，而锂离子和 DMAc 形成的络合物阳离子与纤维素羟基上的氧原子作用，从而破坏了纤维素原来的氢键，导致纤维素的溶解。然而，有趣的是可以和 DMAc 混合并能溶解纤维素的碱金属盐只能是 LiCl，锂的其他卤化物如 LiBr、LiI 与 DMAc 形成的混合物均不能使纤维素溶解。同样，其他碱金属氯化物，如 NaCl、KCl、CaCl₂ 等与 DMAc 形成的混合物也不能溶解纤维素。虽然到目前为止，还没有一个合适的判据能很好地预测一未知溶剂对纤维素的溶解能力，但有人针对纤维素的无机水合盐溶剂体系提出过一个简单判据，即那些具有体积小、强极性的阳离子和体积较大的可极化的阴离子的溶剂对纤维素将具有好的溶解能力[26]。据此推测，和 [bmim]Cl 相比，由于是 3 个碳原子的取代基，加上双键的存在，[amim]Cl 中的 [amim]⁺ 阳离子的体积要小于 [bmim]⁺ 阳离子，同时，由于双键存在导致阳离子的缺电子程度增加，这些因素应更有利于溶解过程中离子液体 [amim]Cl 的阳离子进攻纤维素羟基上的氧原子过程的进行。两个方面因素使得 [amim]Cl 对纤维素有着更好的溶解能力。我们初步提出了纤维素在 [amim]Cl 离子液体中的溶解机理（图4.61）：在加热条件下，离子液体中的离子对发生解离，形成游离的阳离子 [amim]⁺ 和阴离子 Cl⁻，阴离子 Cl⁻ 和纤维素大分子链中羟基上的氢原子形成氢键，而游离的阳离子 [amim]⁺ 和纤维素大分子链中羟基上的氧原子作用，从而破坏了纤维素中原有的氢键，导致纤维素在离子液体中的溶解。当然，为了清楚地认识纤维素在离子液体中的溶解机理，进一步的研究工作，包括使用更有效的研究手段如 NMR、Raman 光谱，或者结合量化计算和理论模拟等，还是很有必

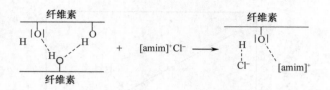

图 4.61 纤维素在 [amim]Cl 离子液体中的溶解机理

要的。

　　纤维素在离子液体 [amim]Cl 中溶解完全后，得到透明的、琥珀色的纤维素/[amim]Cl 离子液体溶液。当冷却到室温以后，溶液能继续保持液体状态，即使室温下保存 3 个月，纤维素也不会析出，纤维素/[amim]Cl 离子液体溶液也不会发生固化和结晶，而纤维素/[bmim]Cl 溶液在室温下长期放置会发生固化结晶的现象。

　　国内有学者还研究了咪唑环上具有功能化基团的离子液体对纤维素的溶解性能。发现1-(2-羟乙基)-3-甲基咪唑氯盐也可以溶解纤维素，在 70℃ 下，微晶纤维素的溶解度为 5%～7%（质量分数）[27]。

　　目前已经报道的对纤维素具有优良溶解性能的咪唑型离子液体的阴离子均为卤素，阴离子为氯离子时效果最好。不过，最近我们还发现，烷基咪唑羧酸盐离子液体对纤维素也表现出优良的溶解性能[28]。图 4.62 给出了这一类离子液体的结构和合成方法。

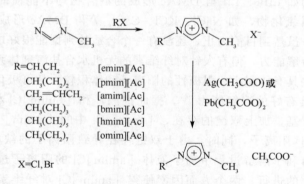

图 4.62 羧酸型离子液体结构与合成方法

　　表 4.25 列出了系列 1,3-二烷基取代咪唑乙酸盐离子液体的基本物化性能和对纤维素的溶解性能。从表中可以看出，这类离子液体对纤维素同样具有出色的溶解能力，更令人感兴趣的是，与 1,3-二烷基取代咪唑卤代盐离子液体相比，1,3-二烷基取代咪唑乙酸盐离子液体具有更低的熔点和黏度，这在纤维素溶解和再生的加工操作中具有实际意义。

表 4. 25 不同结构羧酸型离子液体的性能以及对纤维素
（木浆粕，$DS=650$）的溶解性能

离子液体	熔点 /℃	起始降解 温度/℃	黏度/cP		纤维素溶解度 / （%，质量分数）
			25℃	60℃	
[emim] [Ac] (C$_2$)	-45℃	235	142	32	15.1
[pmim] [Ac] (C$_3$)	-57℃	243	370	52	11.7
[amim] [Ac] (C$_3$)	-50℃	223	412	67	11.6
[bmim] [Ac] (C$_4$)	-65℃	243	223	44	9.5
[hmim] [Ac] (C$_6$)	-69℃	236	626	105	7.1
[omim] [Ac] (C$_8$)	-72℃	234	1215	147	4.5
[amim] [Cl] (C$_3$)	17℃	273	1120	332	14.5
[bmim] [Cl] (C$_4$)	65℃	254	—	697	<10.0

最近，Abbott 等[29]还报道了一种复合型离子液体——氯化胆碱/氯化锌（[ChCl] / [ZnCl$_2$]$_2$）可以溶解纤维素。但是，即使在微波辅助条件下，低相对分子质量的微晶纤维素（聚合度约为 200）在该种离子液体中的溶解度不到 3%（质量分数）。因此这种溶剂体系对纤维素的溶解性能不令人满意。

到目前为止，已经报道的能有效溶解纤维素的离子液体仍然是咪唑型离子液体，这主要和这类离子液体具有良好的热稳定性以及对纤维素降解程度较轻有关。理论上说，应该还有很多类似结构的咪唑型离子液体能够溶解纤维素，这在 Rogers 和我们的专利中均有描述。如上述的 1,3-二烷基取代咪唑卤代盐和羧酸盐离子液体可作为纤维素溶剂，但可以推测在咪唑环的 2，4，5-位有烷基取代的咪唑卤代盐和羧酸盐离子液体以及 1,3-二烷氧基取代咪唑卤代盐和羧酸盐离子液体同样可能溶解纤维素。不过，随取代基位置和数量的变化，还常常引起离子液体物理性能的显著变化，如熔点、黏度以及对纤维素的溶解能力等，而且，在实际使用中，除了需要考虑离子液体本身的物化性能之外，制备离子液体原料的成本以及合成过程的工艺成本也是必须考虑的因素。

4.5.2.3 纤维素在离子液体中的均相衍生化反应

纤维素的重复单元——脱水葡萄糖单元（AGU）上有 3 个羟基，利用 AGU 上的羟基进行不同的化学反应，可以得到各种纤维素衍生物，如纤维素酯、纤维素醚等[1]。不同种类的纤维素衍生物在化工、造纸、纺织、食品以及油田等工业领域取得广泛应用。纤维素衍生物的性能主要受取代基的种类、数量以及分布的影响。

目前，工业生产的纤维素衍生物一般都是在非均相体系中进行的。纤维素本身是非均质的，不同部位的超分子结构体现不同的形态，故对同一化学试剂表现出不同的可及度。另外，由于纤维素分子内和分子间氢键的作用，其多相反应必须经历由表及里的逐层反应过程，因此存在取代不均匀、反应产率低和出现大量副产物等缺点，而所得产物结构不均一，取代基的分布不均匀不仅表现在 AGU 内（由 3 个羟基的相对反应活性决定），还有沿纤维素链的分布和在分子链之间的分布[6]。

通过纤维素的均相衍生化反应，可以得到结构均一、性能优良的纤维素衍生物。既可以引入活性相对较低的取代基，也可以设计合成结构新颖的纤维素衍生物，甚至通过一些基团保护技术，制备具有某些指定取代基分布方式的产物[6]，从而能够赋予纤维素材料以崭新的性能，极大丰富了纤维素这种天然高分子的应用和研究范围。因此，纤维素的均相衍生化反应在近年来已引起人们极大的兴趣。

如前所述，纤维素的高效溶剂数量有限，而且作为纤维素反应的介质，要求溶剂不参加反应。因而，迄今为止，只有少数几种溶剂体系能够用作纤维素的均相衍生化反应介质，如 DMAc/LiCl[30]、一些水合熔融盐[31]等。

对于可溶解纤维素的非水性离子液体而言，可以想像，以其作介质进行均相纤维素衍生化反应，有可能得到新颖的结果。

1. 纤维素在离子液体中的均相酯化

乙酰化常常被当作酯化反应的代表来研究，而且醋酸纤维素是目前最重要的纤维素衍生物之一，所以我们首先研究了纤维素在离子液体中的均相乙酰化反应[32]。以乙酸酐为酯化剂，反应在比较温和的加热条件下（60～100℃），无需任何催化剂，可以一步制备出不同取代度的醋酸纤维素（表 4.26）。与工业制备二醋酸纤维素的流程相比，该均相反应大大简化了流程，而且不使用浓硫酸等强腐蚀性的催化剂。对反应的动力学研究表明，反应过程中纤维素各羟基的取代度逐渐增加，符合均相反应的特点（图 4.63）。从图 4.63 中可以看出，仅仅通过改变反应时间，可以得到具有不同取代度的醋酸纤维素酯。所得到的醋酸纤维素在几种常见有机溶剂中表现出良好的溶解性能，这对醋酸纤维素的实际应用极为重要。对产物的 NMR 研究还揭示了纤维素中葡萄糖酐单元中不同羟基的反应活性。一般而言，三个羟基中 C_6 位羟基的反应活性最高，如取代度为 0.94 的醋酸纤维素酯的 C_6 位置的取代度为 0.71，而 C_3 位置和 C_2 位置的取代度分别为 0.14 和 0.01。因此，在离子液体中以乙酸酐为酰化试剂进行纤维素的均相乙酰化时，纤维素葡萄糖酐单元中 3 个羟基所表现出来的反应活性顺序为 C_6—OH＞C_3—OH＞C_2—OH。这和在 DMAc/LiCl 溶剂体系中进行的均相乙酰化反应活性顺序类似[33]，但与 LiCl/DMI 体系略有区别，在该体系中，3 个羟基的反应活性顺序为 C_6—OH＞C_2—OH＞C_3—OH[34]。

表 4.26　纤维素在 ［amim］Cl 中的均相乙酰化反应条件和实验结果

实验编号[1]	纤维素浓度（质量分数）/%	物质的量比[2]	反应温度/℃	反应时间/h	DS	溶解度[3]	
						丙酮	氯仿
A1	4.0	5∶1	80	0.25	0.94	−	−
A2	4.0	5∶1	80	0.5	1.39	−	−
A3	4.0	5∶1	80	1.0	1.61	−	−
A4	4.0	5∶1	80	2.0	1.80	−	−
A5	4.0	5∶1	80	3.0	1.86	+	−
A6	4.0	5∶1	80	4.0	2.21	+	−
A7	4.0	5∶1	80	8.0	2.49	+	+
A8	4.0	5∶1	80	23.0	2.74	+	+
B1	4.0	4∶1	80	4.0	2.15	+	−
B2	4.0	6.5∶1	80	4.0	2.43	+	+
B3	4.0	8∶1	80	4.0	2.38	+	+
C1	2.9	3∶1	100	3.0	1.99	+	−
C2	2.9	4∶1	100	3.0	2.09	+	−
C3	2.9	5∶1	100	3.0	2.30	+	+

注：表中列出的所有产物均溶于 DMSO。

1）C 组中反应在搅拌下进行，A 和 B 组反应无搅拌。

2）物质的量比：乙酸酐/纤维素中葡萄糖酐单元（AGU）。

3）符号"＋"表示可溶［溶解度不小于 1％（质量分数）］，"－"表示不溶。

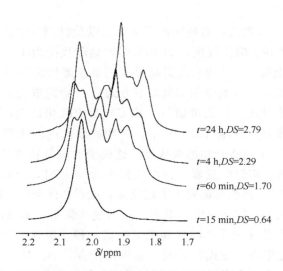

图 4.63　不同乙酰化反应时间得到的纤维素乙酰化产物的 ^{1}H NMR 谱图

　　取代基分布对醋酸纤维素在溶剂中的溶解性能有重要影响[35]，进而直接影响其最终应用。对纤维素在离子液体中进行均相乙酰化反应的进一步研究表明，采用适当的催化方式，还能在一定程度上控制产物的取代基分布[36]。在固定纤维素溶液的浓度、投料比和反应时间条件下，我们考察了不同乙酰化方式和温度对反应的影响。这里的乙酰化方式指乙酰化试剂和催化剂的选择，分为四种情况：A. 乙酸酐；B. 乙酸酐＋吡啶；C. 乙酰氯；D. 乙酰氯＋吡啶。表 4.27 列出了相关的实验条件及产物取代度。

表 4.27　不同酰化方式下纤维素在 [amim]Cl 酰化反应

编号	乙酰化试剂[1]	物质的量比[2]	温度/℃	t/h	纤维素浓度（质量分数）/%	DS
1	A	1：5：0	60	2	5	0.34
2	A	1：5：0	80	2	5	1.22
3	B	1：5：5	40	2	5	0.78
4	B	1：5：5	60	2	5	1.25
5	C	1：5：0	25	2	5	1.60
6	C	1：5：0	60	2	5	2.30
7	C	1：5：0	60	2	5	2.19
8	D	1：5：5	40	2	5	1.45
9	D	1：5：5	60	2	5	1.54

1）A. 乙酸酐，B. 乙酸酐＋吡啶，C. 乙酰氯，D. 乙酰氯＋吡啶。
2）AGU：酰化试剂：吡啶。

从表 4.27 中可以看出，只使用乙酸酐为乙酰化试剂（方式 A）时需要较高的温度才能获得较高的酰化程度，如 80℃时产物取代度为 1.22，60℃时取代度只有 0.34。加入吡啶（方式 B）能提高反应速率或降低反应温度，如 60℃时产物的取代度为 1.25，不仅高于相同温度下方式 A 产物的取代度，还略高于 80℃下方式 A 产物的取代度。以乙酰氯（方式 C）为乙酰化试剂，反应能够在较低的温度下进行。即使在室温（25℃）下，产物的取代度也达到了 1.60，明显高于用方式 A 在 80℃下所得产物的取代度。这说明乙酰氯在离子液体中仍然是一种很强的酰化试剂。实验中发现，在反应温度为 60℃时，产物呈黑色（其他产物为白色或浅灰色），因此可能发生了副反应，或者在此条件下纤维素部分降解。而加入吡啶（方式 D）使反应变得温和，反应速率降低。如 60℃时产物的取代度降至 1.54。这可能是由于乙酰氯和吡啶生成一种活泼性低于乙酰氯的盐造成的。在实验温度范围内，方式 D 的反应速率高于方式 B。对于不同的酯化方式，在适当的温度区间内，升高温度均可以使反应加快、产物的取代度提高。

利用[13]C NMR 谱图可以确定醋酸纤维素的取代基分布[37]。图 4.64(a) 给出样品 2 的[13]C NMR 谱。170ppm 附近的峰是取代基的羰基碳信号。图 4.64(b) 是图 4.64(a) 的局部放大。化学位移 170.6ppm 处属于 6-位取代基中的羰基碳，

169.9ppm 处属于 3-位取代基中的羰基碳，169.5ppm 处属于 2-位取代基中的羰基碳。对各个峰面积进行积分可以得到不同位置的相对取代度，再结合总取代度，计算出各位置羟基的个别取代度。从表 4.27 中选取 2、4、5、8 号实验的产物（总取代度分别为 1.22、1.25、1.60、1.45），作为 4 种反应方式的代表，分析其取代基分布，结果如图 4.65 中所示。

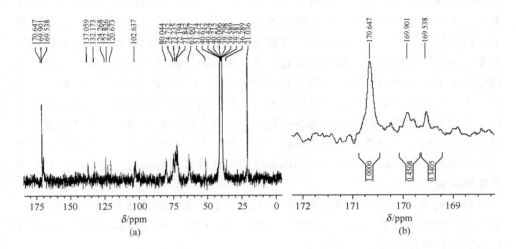

图 4.64 醋酸纤维素（取代度为 1.22）的 ^{13}C NMR 谱图

(a) 全图；(b) 图(a)的局部放大

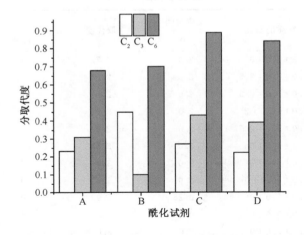

图 4.65 不同酰化方式下得到的醋酸纤维素酯的取代基分布

已有研究表明，通过均相反应制备纤维素衍生物时，由于空间位阻的原因，其伯羟基（C_6—OH）反应活性最高，该位置上的取代度明显高于仲羟基，而两个仲羟基（C_2—OH、C_3—OH）的取代度相近。例如，在 DMAc/LiCl 中进行纤维素均相反应得到的纤维素乙酸酯（CA），当总取代度（DS 值）为 1.77 时，2、3、6-位的 DS 值分别为 0.33、0.34、1.1[38]。从图 4.65 中可以看出，4 种酰化方式所得产物均是 6-位取代度最高，这与别的均相纤维素乙酰化反应的趋势相同，而 A、C、D 三种方式的仲羟基取代分布类似，均为 3-位＞2-位，且相差并不很明显。但 B 方式的分布却不同，为 2-位≫3-位，即不仅取代度大小的顺序发生改变，而且差异明显，2-位取代度是 3-位的 4.5 倍。可以认为，在 B 方式下，取代反应具有一定的选择性。这种在仲羟基之间产生的取代分布差异较大的现象，还未见文献报道。最近有研究发现，在以离子液体为反应介质进行的一些化学反应中，表现出不同于一般有机溶剂的反应立体选择性和反应效率[39]。因此，本节发现的现象一方面和纤维素单元中羟基的反应活性有关，还很有可能和作为反应介质的离子液体本身的特点有关，如离子液体的酸碱性、极性以及离子液体与反应物、产物或催化剂之间相互作用等。上述结果表明，作为非质子溶剂的离子液体不仅可以作为新的溶剂体系应用于纤维素的均相衍生化反应，而且有可能带来新颖的实验结果。

Heinze 等[11]研究了在离子液体 [bmim]Cl 中进行的纤维素均相酰化反应。采用乙酸酐和乙酰氯为乙酰化试剂，考察了试剂用量、催化剂和反应时间等对反应的影响，结果如表 4.28 所示。

表 4.28　在离子液体 [bmim]Cl 中通过均相酰化反应制得的醋酸纤维素的
取代度以及溶解性

酰化试剂	物质的量比	反应时间 /h	取代度	溶解性	
				DMSO	氯仿
乙酸酐	1.5 : 5.0 : 0	2.0	2.72	+	−
乙酸酐	1.0 : 3.0 : 2.5	2.0	2.56	+	−
乙酸酐	1.0 : 5.0 : 2.5	2.0	2.94	+	+
乙酸酐	1.0 : 10.0 : 2.5	2.0	3.0	+	+
乙酰氯	1.0 : 5.0 : 2.5	2.0	2.93	+	+
乙酰氯	1.0 : 3.0 : 0	2.0	2.81	+	+
乙酰氯	1.0 : 5.0 : 0	2.0	3.0	+	+
乙酰氯	1.0 : 10.0 : 0	2.0	3.0	+	+
乙酰氯	1.0 : 5.0 : 0	0.25	2.93	+	+
乙酰氯	1.0 : 5.0 : 0	0.5	3.0	+	+
乙酰氯	1.0 : 3.0 : 0	2.0	3.0	+	+
乙酰氯	1.0 : 5.0 : 0	2.0	3.0	+	+
乙酰氯	1.0 : 3.0 : 0	2.0	2.85	+	+
乙酰氯	1.0 : 5.0 : 0	2.0	3.0	+	+

注：反应温度为 80℃。

结果表明，以离子液体［bmim］Cl 为反应介质，可以直接得到高取代度的醋酸纤维素，取代度的范围在 2.5～3.0 之间。在 80℃的反应温度下，乙酰化试剂/纤维素 AGU 的物质的量比为 5 以上时，在 2h 反应时间内，均可以得到完全乙酰化的醋酸纤维素产物。

最近，Abbott 等[29]研究了在复合的 Lewis 酸性离子液体——氯化胆碱/氯化锌中进行的单糖以及纤维素的乙酰化反应。结果表明，离子液体本身对酰化反应具有催化作用，只在乙酸酐存在下，单糖在这种离子液体中即可以进行很有效的乙酰化反应。在 Lewis 酸性较小的离子液体——氯化胆碱/氯化锡（［ChCl］［SnCl$_2$］$_2$）中也可进行单糖的乙酰化反应，而在低熔点混合物——氯化胆碱/尿素体系中则不能进行乙酰化反应，这被认为是由于这种溶剂不具备 Lewis酸性的缘故。进一步研究了纤维素在氯化胆碱/氯化锌（［ChCl］［ZnCl$_2$］$_2$）中的乙酰化反应，在反应温度为 90℃，反应时间为 3h 的条件下，也可得到纤维素的酰化产物。

我们还考察了在离子液体中进行的纤维素均相丙酰化反应[40]，发现单独使用酰化试剂丙酸酐时，酰化效果不是很好，而当使用了催化剂 DMAP，则发现对纤维素的丙酰化有很好的催化效果。室温下，在 10～30min 内，用 DMAP 催化反应得到的纤维素丙酸酯的取代度可以达到 2.2～2.3。令人感兴趣的是，纤维素的丙酰化产物——纤维素丙酸酯在反应完成后可自发从溶液中沉淀出来，使得反应后产物的分离很容易进行。另外，反应完成后的离子液体回收使用，经反复循环使用四次的离子液体，仍可像新鲜离子液体一样使用，即可以很快溶解纤维素，并达到同样的反应效率。

在我们的实验中，还合成了其他不同种类的纤维素酯，包括可以进行交联反应的纤维素丙烯酸酯和纤维素甲基丙烯酸酯、疏水性强的纤维素苯甲酸酯，可以作为原子转移自由基引发剂的纤维素氯乙酸酯等。上述结果表明，离子液体是一种很好的纤维素均相酯化反应介质。

2. 纤维素在离子液体中的均相醚化

Heinze 等[11]还研究了纤维素在离子液体中的均相羧基化反应，如在 5%（质量分数）的纤维素/［bmim］Cl 溶液中，加入少量的 DMSO 作为共溶剂，通过加入 NaOH 和 ClCH$_2$COONa，加热条件下反应一定时间，在过量的甲醇中沉淀，沉淀物用水溶解，再经乙酸中和，经乙醇再沉淀，得到了产物经干燥后测得取代度为 0.49。需要指出的是，在所有已经报道的不同溶剂体系中进行的纤维素均相衍生化反应中，羧甲基化和醚化反应均是不太成功，即反应效率低，取代度相对较低，甚至不如非均相反应的结果。对于这类反应，一方面，由于使用的NaOH 作为制备碱化纤维素试剂很难溶解于很多纤维素溶剂中，而一些醚化试剂和羧甲基化试剂如 ClCH$_2$COONa 等在纤维素溶剂中的溶解度均很小，致使反应并不是在一个完全均相的状态下进行。这种情况也存在于以离子液体为介质进行的纤维素均相醚化和羧甲基化反应当中。另一方面，需要指出的是，很多研究已发现[41]，离子液体在碱性条件下是不稳定的，经常发生一些副反应，而纤维素的醚化和羧甲基化反应通常需要用强碱作为催化剂，在这种情况下，作为反应介质的离子液体是否会发生人们所不希望的副反应，还有待于进一步的研究。

3. 纤维素在离子液体中的均相接枝共聚合

在以前的有关聚合物接枝纤维素研究中，大多针对的是纤维素衍生物（如醋酸纤维素、羧甲基纤维素、羟乙基或羟丙基纤维素等），而在未改性纤维素上进行的接枝聚合研究绝大多数属于对纤维素材料（纤维或膜）的表面接枝改性的范畴。在未改性纤维素的溶液中进行纤维素均相接枝共聚合反应的报道很少。可以想像的是，在纤维素均相溶液中对纤维素进行接枝改性，在纤维素大分子链上接枝聚合上不同性质的高分子链段，得到的将是一类新型纤维素材料，有可能极大改变纤维素性质，从而拓展纤维素的应用领域。我们尝试了以不同引发剂在离子液体中将不同聚合物链（如 PMMA、PHEMA、PS 等）均相接枝到纤维素主链上，红外谱图证明了纤维素接枝产物[42]。此外，我们还尝试了用 ATRP 技术进行纤维素接枝聚合，得到了 PMMA 和 PS 接枝纤维素共聚物，相关研究正在进行之中。

4.5.2.4 在离子液体中制备再生纤维素材料和功能化再生纤维素材料

1. 在离子液体中制备再生纤维素材料

由于可以溶解纤维素的离子液体 [bmim]Cl 和 [amim]Cl 均是亲水性的，可以任意比例与水互溶，因此，用水作为凝固浴，可以从纤维素/离子液体溶液再生出不同形式的纤维素材料，如纤维素薄膜或纤维素纤维。为此，我们研究了经离子液体 [amim]Cl 再生的纤维素材料的结构与性能[13]。

纤维素原料和再生纤维素薄膜的 FTIR 光谱如图 4.66 所示。可以看出再生前后纤维素的红外光谱几乎相同，没有明显的新峰出现，说明纤维素在离子液体中溶解前后没有明显的化学反应存在，也说明离子液体 [amim]Cl 是纤维素的直接溶剂，纤维素在 [amim]Cl 中的溶解和再生过程属于完全的物理过程。在再生纤维素膜的红外光谱中 $1426cm^{-1}$ 处的峰应归结于亚甲基（—CH_2）的剪切振动峰，和纤维素原料的 $1432cm^{-1}$ 峰相比，出现一定程度的低频移动，这一般解释为纤维素中葡萄糖单元中 6-位碳上的 O 形成的分子间氢键被破坏所致[43]，而在 $899cm^{-1}$ 存在的峰属于纤维素无定形区 C—O 伸缩振动，只在再生纤维素的红外谱图上出现。纤维素原料的羟基 O—H 峰出现在 $3000\sim3500cm^{-1}$ 区间，呈现出一个较宽的峰形，一般认为是纤维素大分子链间较强氢键的特征。经过离子液体再生后，这个区间的峰明显变窄，而且向高频发生位移，这也被认为是纤维素中分子间氢键被削弱的结果[44,45]。

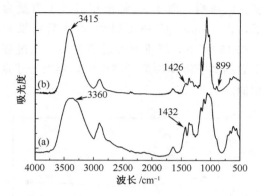

图 4.66　纤维素原料（木浆粕）(a) 和从纤维素/［amim］Cl 溶液中再生的纤维素（b）的 FTIR 光谱

进一步研究了溶解再生前后纤维素材料结晶性能的变化。由图 4.67 可见，经过两种离子液体的溶解再生，纤维素的 XRD 衍射峰产生较大变化，经［bmim］Cl 再生的纤维素和由［amim］Cl 再生的纤维素的衍射峰十分相似，都在 12°（2θ）处出现了一个单峰，而在 19°～22°（2θ）之间出现了不很明显的双峰，在 34°（2θ）处的衍射峰强度减弱，但位置没有明显变化。从衍射峰的形状和位置可以认为，原生纤维素属于纤维素Ⅰ，而从两种离子液体中再生的纤维素均属于纤维素Ⅱ。

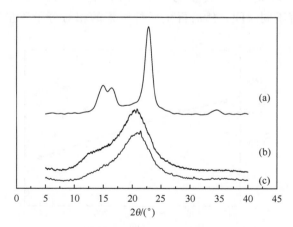

图 4.67　纤维素原料（a）和从离子液体［amim］Cl 再生的纤维素（b）以及从回收离子液体［amim］Cl 中再生的纤维素（c）的 XRD 谱图

再生前后纤维素的相对分子质量对纤维素材料的性质具有重要影响。溶解温度和溶解时间是对溶解过程中纤维素相对分子质量变化具有重要影响的两个因素。我们研究了不同溶解条件对纤维素在离子液体［amim］Cl中溶解与再生过程中相对分子质量变化的影响。图4.68给出相对分子质量为650的木浆粕纤维素样品在不同温度下，在［amim］Cl中溶解2h再生后纤维素的相对分子质量变化情况。结果表明，在130℃下，纤维素经过溶解与再生过程相对分子质量下降不明显，而采用回收后的离子液体溶解纤维素时，相对分子质量的变化与使用新鲜的离子液体情况相似。

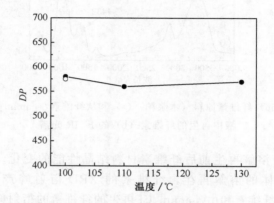

图 4.68 不同溶解温度下木浆粕纤维素样品（$DP=650$）在
［amim］Cl 中溶解后再生的纤维素的聚合度（溶解时间为 2h）
○使用回收的离子液体

图 4.69 给出相对分子质量为 1600 的棉花纤维素样品在 110℃ 下，在［amim］Cl 中溶解不同时间，然后再生后纤维素的相对分子质量变化情况。可以

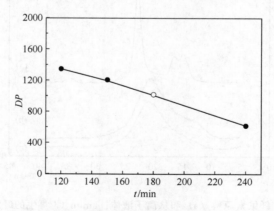

图 4.69 溶解时间对棉短绒纤维素样品（$DP=1600$）在 ［amim］Cl
中溶解后再生的纤维素聚合度的影响（溶解温度为 110℃）
○使用回收的离子液体

看出，高相对分子质量的纤维素样品在离子液体中加热溶解时，容易发生降解。但即使溶解 6h，再生后纤维素的相对分子质量仍可以达到 480 以上，远高于黏胶法制备的再生纤维素材料的相对分子质量（通常低于 400）。

再生纤维素材料的聚集态形貌对材料的力学性能也有直接的影响。图 4.70 给出在水为凝固浴再生的纤维素膜的表面和截面的 SEM 照片。再生的纤维素膜表面和端面都呈现出均匀、致密的形态结构，这种致密结构有利于纤维素膜保持良好的力学性能。

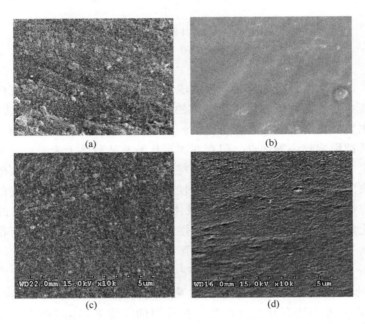

图 4.70　从［amim］Cl/纤维素（木浆粕）溶液再生纤维素薄膜表面
（a）和断面（c）以及从回收的离子液体［amim］Cl/纤维素再生的纤维素薄膜表面（b）和断面（d）SEM 照片

图 4.71 给出由［amim］Cl/纤维素（木浆粕）溶液再生的纤维素纤维实物照片和 SEM 照片。可以看出，在纤维表面存在很多沟槽，这种形态将使纤维具有吸湿、透气和易于染色的性能。

2. 在离子液体中制备功能化再生纤维素材料

通过纤维素溶液可以制备不同类型的再生功能化纤维素材料，如具有导电性、磁性、催化性以及生物活性的纤维素材料。

酶催化反应具有专一性、高活性和高效等优点，是近年来化学领域的研究热点之一。游离态的酶由于存在与产物分离、回收上的问题，使其在应用上受到很

图 4.71　由〔amim〕Cl/纤维素（木浆粕）溶液再生的纤维素纤维
实物照片（a）和 SEM 照片（b）

大的限制，因此对酶进行固定化处理就成为酶化学中一项重要的研究内容。酶的固定化方法主要包括物理方法和化学方法，物理方法主要包括包埋法、吸附法；化学方法主要有化学交联法和共价键法。其中物理方法具有制备简单、对固定化酶的生物活性影响较小等优点，但存在固定化酶易从载体上流失而造成固定化酶的长期稳定性较差的缺点。通过化学法将酶分子固定于载体上，可有效解决固定化酶的流失问题。但固定化载体表面的性能对酶的活性保持具有重要的影响，采用与酶相容性较好的生物高分子作为载体材料是近年来该领域研究的热点。同时，固定化条件对固定化过程中的酶活性的影响也不容忽视。最近有很多研究报道了不同离子液体结构对生物酶活性的影响[46]。

　　Turner 等[47]研究了从里氏木霉（*Trichoderma reesei*）得到的纤维素酶在离子液体中的活性。结果发现，纤维素酶在〔bmim〕Cl 以及其他离子液体如〔bmim〕〔BF₄〕等中均存在失活现象，在常用的纤维素溶剂 DMAc/LiCl 体系中也是失活的，而通过 PEG 包覆的纤维素酶在离子液体〔bmim〕〔BF₄〕中的稳定性和活性得到明显提高。不过这种包覆的纤维素酶在〔bmim〕Cl 中仍然无法保持活性。

　　在进一步的实验中，Turner 等[48]通过纤维素在离子液体中的溶解然后再生的方法，得到了包含其他生物酶的再生纤维素膜以及小球。选用第二种憎水性的离子液体对生物酶进行胶囊化处理，再与〔bmim〕Cl/纤维素溶液共混、再生，可有效提高酶的活性。考察了含漆酶（laccase）的再生纤维素膜对丁香醛连氮底物的催化氧化活性。如直接复合的纤维素/漆酶的活性相当于水溶液中自由漆酶活性的 18%，而用第二种离子液体〔bmim〕〔Tf₂N〕预先处理漆酶再与〔bmim〕Cl/纤维素溶液共混复合制得的纤维素/漆酶膜的活性可以达到水溶液中自由漆酶活性的 29%。这个值和其他方式制得的纤维素包埋漆酶体系的催化活性相当。研究发现，只是在溶液加工制备纤维素包覆生物酶的过程中，存在轻微的酶的流失，而一旦制得包覆生物酶的纤维素薄膜以后，几乎不会发生酶的流失，也就是说在包覆有生物酶的纤维素材料在催化反应过程中，不用担心酶的流失。

但是，通过胶囊化手段制备的纤维素/酶的活性与水溶液中自由的酶相比还是要低得多。因此，Turner等[49]做了进一步改进。他们采用在离子液体中进行溶液复合的方法，首先制备出再生纤维素/含胺基的聚合物复合微球。然后通过化学交联的方法将漆酶固定到再生纤维素/含胺基的聚合物复合微球表面，得到负载漆酶的纤维素微球。他们考察了这种具有生物催化活性的纤维素微球对丁酸乙酯的酯交换反应的催化效果。

在纤维素溶液中，通过添加功能性填料可以制备功能化再生纤维素复合材料[50]。类似地，通过在离子液体/纤维素溶液中添加功能性填料也可以方便地制备功能化再生纤维素材料。如通过离子液体制备再生纤维素/碳纳米管复合材料纤维。我们成功制备出多壁碳纳米管填充增强的再生纤维素复合材料纤维（图4.72）[51]。需要指出的是，离子液体和碳纳米管之间存在较强的相互作用，如"阳离子-π作用"[52]，这种相互作用也存在与我们所用的多壁碳纳米管和离子液体

图4.72　离子液体中再生的纤维素纤维和纤维素/多壁碳纳米管复合材料纤维照片

［amim］Cl体系中。我们研究了多壁碳纳米管/离子液体［amim］Cl二元体系的流变学行为，发现在碳纳米管含量达到一定程度时，体系出现类似凝胶的流变行为（图4.73），这反映了在碳纳米管和离子液体之间存在很强的相互作用。这种相互作用非常有利于碳纳米管均匀分散在离子液体［amim］Cl中，进而均匀分

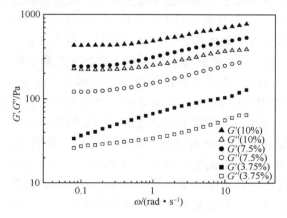

图4.73　不同浓度碳纳米管/离子液体混合物的流变曲线

散在纤维素/［amim］Cl 溶液之中。这种含碳纳米管的再生纤维素纤维具有优异的力学性能，在碳纳米管的含量为 5％（质量分数）时，再生纤维素/碳纳米管纤维的模量比纯再生纤维素纤维高出一个数量级（图 4.74）。同时，碳纳米管的引入，明显提高了纤维素材料的热性能和导电性能。

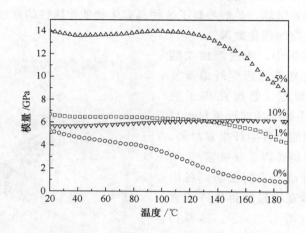

图 4.74　碳纳米管/再生纤维素复合材料（纤维）的动态力学性能

4.5.2.5　离子液体在生物质转化中的潜在应用

所谓生物质是指可再生或循环的有机物质，包括农作物、树木和其他植物及其残体、畜禽粪便、有机废弃物，以及边际性土地和水面种植的能源植物。通过对生物质原料进行工业性加工转化，制备生物基产品、生物燃料和生物能源已经成为一种新兴产业。地球上生物质总量极为巨大，大自然通过光合作用每年产生约 2000 亿 t 生物质，但是目前世界上生物质的利用率还不到 7％。我国的生物质资源相当丰富，其中每年产生的农作物秸秆总量就有 7.2 亿 t。生物质资源有合适的 C、H、O 比例，如木质纤维素的水解产物是可发酵制糖，主要是葡萄糖和木糖，通过糖类可以进一步转化为乙醇等重要能源或其他化工原料（图 4.75）。生物质的清洁转化和综合利用是绿色化学的一项基础性、前瞻性课题，涉及物理化学、结构化学、催化、酶生物学等领域最基础的问题。具体到技术路线上，还涉及生物质中各组分的有效分离以及生物质组分的高效转化。经过化学家的努力，人们利用生物质合成有机化学物质已初见成效，当然通过生物质的转化技术为化学合成提供像乙烯、甲醇、苯等那些基础化工原料还需要人们持续不断的努力。但目前人类面临的最难也是最重要的技术问题是生物质组分的有效分离。

图 4.75　木质纤维素生物质组成

　　鉴于离子液体对生物质中重要组分——纤维素溶解的新发现，人们正试图将离子液体应用于生物质的分离与转化领域。Li 等[53]发现一些离子液体可以用来溶解木材，并能进行组分的再生。最近芬兰的科研人员在一篇专利文献[54]中报道了将离子液体用来溶解木材、秸秆以及其他形式的木质纤维素，进而进行组分分离。研究发现在微波或高压等辅助条件下，[bmim]Cl 可以溶解 2%（质量分数）的秸秆或 5%（质量分数）的木材。作者声称通过合适的方法可以对溶液中的生物质组分进行分离，但遗憾的是并没有给出具体的实例。

　　建立在离子液体可以有效地溶解木质纤维素类生物质的前提下，有人就提出了以离子液体为溶剂进行生物质转化的流程图（图 4.76）[55]。生物质原料首先在一个反应釜内，以离子液体为溶剂，在催化剂存在下进行催化反应，得到不同产物的混合物，再通过其他溶剂以及分离设备对产物进行分离，从而得到不同的化工原料，最终实现生物质的转化。当然，这个过程还只是概念性的，也是比较简单的，真正要实现这个过程还需要进行大量深入的研究工作。

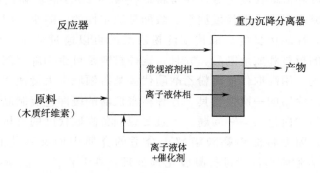

图 4.76　以离子液体为介质进行生物质转化的概念性设想[55]

　　另外，通过纤维素溶液还有可能进行纤维素的均相酶催化水解反应。到目前为止，通过对纤维素水解制备糖的方法还无法与淀粉法相竞争，主要是因为在纤维素水解过程中存在着种种困难。纤维素的不溶解与异相条件不利于目前酶水解的进行，而酸解的方法不但存在大量副产物，还会对环境造成污染。通过选择合适的纤维素溶剂来溶解纤维素，在均相条件下有可能提高纤维素糖化的进程，从而克服非均相酶解的缺点。但实现纤维素的均相酶催化水解的前提是催化纤维素降解的酶在溶液中能保持活性。虽然前面提到纤维素酶活性在离子液体中很难保持。不过人们可以通过两个方面的努力来克服这个问题：一是发现和培养可以在目前对纤维素具有优异溶解性能的离子液体中具有活性的新型生物酶；二是开发可以溶解纤维素的新型离子液体，这种离子液体不会使现有的纤维素酶失活。因为大量的生物酶正在不断被人类所发现和认识，而离子液体具有组合性和结构可设计性，使得纤维素的均相酶催化水解的前景对人们还是很有吸引力的。目前在纤维素的离子液体中进行均相酶解的研究已经开始进行[56]，尽管初步的研究是以纤维二糖作底物。如果纤维素在离子液体中通过均相酶解制备葡萄糖进而得到燃料乙醇的研究成功的话，加上糖化产物再进一步发酵制得乙醇后可以很方便地与离子液体分离，其经济意义与社会意义极为重大。

4.5.3　离子液体在淀粉和甲壳素/壳聚糖中的应用

淀粉是众所周知的可生物降解型天然分子，为得到可以热塑性加工的淀粉材料，人们进行了长期的努力。但由于淀粉大分子链上自由羟基的存在，分子内和分子间形成很强的氢键，因此淀粉本身物理性能很差，纯淀粉几乎不能加工成材料。欲使淀粉具有可加工性，必须削弱大分子内和分子间的氢键作用力。为了达到这一目的，通常需要对淀粉采取改性处理，包括物理改性和化学改性。淀粉的酯化反应是淀粉的化学改性中很重要的反应，淀粉经过酯化后，可显著改善其热塑性特征和机械性能，提高其热稳定性。淀粉乙酸酯是一种很重要的有机淀粉酯，有高取代度和低取代度之分，通常将取代度为 2～3 的淀粉乙酸酯，称为高取代度。经研究表明，高取代度淀粉乙酸酯是疏水性的，耐水、耐油，并且具有一定的热塑性，性能优良的高取代度淀粉乙酸酯可以通过热压、模塑等方法成形，得到相应的板材和成形制品，并且，这种材料是可生物降解的，不会对环境造成破坏。因此，用高取代度淀粉乙酸酯代替某些领域中大量使用的石油化工产品，如目前广泛使用的一次性餐具、各种精密仪器的缓冲包装制品等，可望解决困扰人们已久的"白色污染"问题。不过要想制备高取代度的有机淀粉酯是很困难的，这主要是因为将淀粉颗粒溶解于合适的介质中而又不使其降解是很难的[57]。为此，人们常对淀粉进行凝胶化预处理：在升温或室温情况下，将淀粉分散于惰性溶剂中，如吡啶、甲苯、二甲基甲酰胺等，其中最常用的是吡啶[58]。由于使用常规有机溶剂存在挥发、毒性等不符合"环境友好"的问题，人们还尝试无有机溶剂存在条件下的淀粉衍生化反应，但过程仍然比较复杂。

鉴于离子液体在溶解纤维素以及在离子液体中进行纤维素均相衍生化反应中的成功应用，可以想像离子液体也可能应用于淀粉这种结构与纤维素相似的天然高分子材料。

已有研究表明，某些离子液体对淀粉具有一定的溶解能力[59]。Kimizuka 等[60]合成了一系列取代基侧链上含醚键的离子液体（图 4.77），直链淀粉在这两种离子液体中的溶解度可以达到 30mg·mL^{-1}，而淀粉在另外一类常见的离子液

体 [bmim][PF₆] 中则不能溶解。

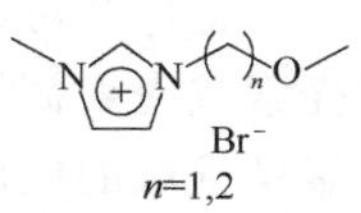

同样，也有可能在淀粉/离子液体溶液中进行淀粉的均相衍生化反应[61]。最近 Myllymaeki 等[62] 在他们的专利文献中介绍了离子液体在制备有机淀粉酯中的应用。所用的淀粉原料可从玉米、麦类、大米、薯类中获得。溶解淀粉性能最好的离子液体仍然是 [bmim]Cl。当然，其他结构的离子液体也可以用于同样的目的。淀粉在离子液体中进行均相酯化反

图 4.77 可以溶解淀粉的离子液体结构式

应具体包括如下步骤：① 在无水条件下，将天然淀粉或水解淀粉加入到离子液体中，形成混合物；② 加热搅拌，直到淀粉完全溶解；③ 加入有机酰化试剂，无需催化剂，进行淀粉的均相酰化反应；④ 通过加入过量沉淀剂使淀粉有机酯从反应体系中析出并分离。一些酮类（如丙酮）、醇类（如甲醇、乙醇、丙醇和异丙醇等）以及醚类均可用作沉淀剂。对于某些合适取代度的淀粉有机酯，甚至水也可以用作沉淀剂。另外，可以通过选择合适的溶剂对所得到的淀粉有机酯产物进行萃取的方法进行产物的分离。在离子液体/淀粉溶液中可以制备出的有机淀粉酯包括乙酸酯、丙酸酯、丁酸酯、马来酸酯、羟基丁二酸酯、琥珀酸酯、衣康酸酯、氯乙酸酯、丙胺酸酯以及邻苯二甲酸酯等。以离子液体为介质进行均相制备淀粉有机酯的方法具有如下的优点：

（1）在低于 100℃ 条件下，淀粉可以快速完全地溶解于离子液体中；

（2）由于离子液体对淀粉具有优良的溶解性，有可能以各种淀粉为原料制备出有机淀粉酯；

（3）反应在无水介质中进行，反应可快速完成，产物易于分离；

（4）通过使用微波辐照技术可以大大缩短反应时间，降低反应温度；

（5）可以方便地控制产物的取代度，并可以制备出高取代度的有机淀粉酯，无需酸催化剂；

（6）反应条件温和，淀粉大分子链降解少，不使用有毒溶剂，离子液体可循环使用。

例如，取经过烘箱干燥的天然大麦淀粉 2g（12.4mmol），加入到 20g [bmim]Cl 离子液体中，80℃ 下搅拌 20min，得到 10% 的淀粉/离子液体溶液。将 3.2mL 丙酸酐（24.7mmol）缓慢加入，反应 2h，加入 35mL 乙醇冷却反应物，继续搅拌，产物逐渐析出。然后过滤，用乙醇洗涤，经烘箱干燥，得到淀粉丙酸酯，取代度为 2。如果增加丙酸酐用量，如 4.8mL（37.1mmol），可以得到取代度为 3 的淀粉丙酸酯。

甲壳素或壳聚糖是地球上储量仅次于纤维素的天然高分子材料。可以溶解甲壳素或壳聚糖进而对其进行加工的溶剂很有限。Reichert 等[63] 曾报道了利用离子液体从甲壳素中提取虾青素，以及甲壳素在离子液体中的溶解与衍生化反应的研究，不过没有公开报道详细的实验结果。笔者所在实验室进行的初步研究表

明，通常那些可以溶解纤维素的离子液体，如［bmim］Cl 和［amim］Cl 等，对甲壳素或壳聚糖均未显现出令人满意的溶解能力，因此，离子液体在甲壳素以及壳聚糖领域的应用效果还无法评价，前景还不明朗。

4.5.4 离子液体在天然蛋白质材料中的应用

蛋白质是生物体内重要的生物大分子，一般将相对分子质量在 1000 以上、构型复杂的多肽称为蛋白质，其基本单元是氨基酸。根据蛋白质的功能可将蛋白质分为活性蛋白和非活性蛋白。非活性蛋白是担当生物的保护或支持作用的蛋白，但本身不具有生物活性的物质。例如，储存蛋白（清蛋白、酪蛋白等）、结构蛋白（角蛋白、弹性蛋白胶原等）等。这里只讨论离子液体在结构蛋白材料中的一些应用。

最常见的结构蛋白材料是蛋白质纤维。蛋白质纤维分为天然蛋白质纤维（如羊毛、蚕丝、兔毛等）和再生蛋白质纤维两大类，而再生蛋白质纤维又有植物和动物之分。其中动物蛋白质纤维是由动物的毛发或昆虫的腺分泌物中取得的纤维。它包括毛发类和腺分泌物类。毛发类指羊毛、山羊绒、驼毛、兔毛、牦牛绒等；腺分泌物类指桑蚕丝、柞蚕丝、蓖麻蚕丝、木薯蚕丝等。蚕丝是很久以来被人类广泛使用的服装原料。蚕丝的主要结构为内层的丝素蛋白和外层的丝胶蛋白，丝素蛋白占蚕丝质量的 $70\%\sim80\%$，它是丝素从蚕丝中脱胶后提取的天然高分子纤维蛋白，主要由重复的 Gly-Ala-Gly-Ala-Ser 多肽单元所组成，含有 18 种氨基酸。丝素具有许多独特的物理化学性质，尤其引人注目的是具有良好的生物相容性。作为非纺织领域的应用，除已用于外科手术缝合线、食品添加剂和化妆品工业外，近年有将它用于酶固定化电极、创面覆盖材料、抗凝血材料、透析膜及隐形眼镜的研究报道。丝素蛋白含有高度有序的反平行 β-折叠构象，两条相邻 β-折叠肽链的 N—H 和 C＝O 间形成链间氢键，结构稳定，因此，寻找一种理想的溶剂来溶解丝素成为加工丝素首先要解决的问题。长期以来，人们尝试了很多溶剂溶解和加工丝素蛋白[64]，使用的溶剂包括：硫酸和磷酸等无机强酸和铜氨溶剂，一些中性盐类，如钙、铝、钡、镁、锌、锂的卤化盐和硝酸盐以及钾、钠、铵、锌的硫氰酸盐等。另外，磷酸/DMF、卤化锂/有机氨、六氟异丙醇（HFIP）、水合六氟丙酮（HFA-hydrate）作溶剂，也可用来制造再生蚕丝。但是无机酸和铜氨盐类都会引起丝素蛋白质分子的严重降解，而无论是 HFIP 还是 HFA 都属于价格非常昂贵的溶剂，在实际应用上受到一定的限制。为此，研究者还尝试了新的溶剂体系，如 NMMO・H_2O（N-甲基吗琳-N-氧化物-水合物）[65]。

Phillips 等[66]首先研究了不同结构离子液体对蚕丝的溶解性能。具体如表 4.29 所示。

从表 4.29 中可以看出，甲基咪唑氯盐离子液体［bmim］Cl、DMBIMCl

（1-丁基-2,3-二甲基咪唑氯盐）和［emim］Cl 都有破坏蚕丝蛋白中氢键的能力。WAXD 结果表明，以［bmim］Cl 为溶剂时，在加热到 100℃时，丝素蛋白的晶体结构完全消失。凝固浴组成对再生丝素膜的结构影响很大：当用乙腈作凝固浴时，得到的是具有螺旋表面、结晶度很低的薄膜，而用甲醇作凝固浴得到的是透明的、高结晶度的薄膜。

表 4.29　蚕丝在离子液体中的饱和溶解度（质量分数）

阳离子	阴离子				
	Cl⁻	Br⁻	I⁻	[BF₄]⁻	[AlCl₄]⁻
［bmim］⁺	13.2%	0.7%[1]	0.2%[1]	0.0%[1]	—[3]
DMBIM⁺	8.3%	—[3]	—[3]	—[3]	—[3]
［emim］⁺	23.3%	—[3]	—[3]	0.0%	0.0%[2]

1) 丝胶蛋白和丝素蛋白同时加入；只有丝胶蛋白可溶，除了［BF₄］⁻，这些溶液不是饱和的。

2) 溶剂组成为［emim］Cl/［emim］[AlCl₄] 混合物，物质的量比为 1.0：0.7。

3) 未测。

　　进而，Phillips 等[67] 又研究了丝素蛋白/［emim］Cl 溶液的可纺性能，采用干喷湿纺技术，分别以甲醇、乙腈、水、乙酸乙烯酯、丙酮和正己烷为凝固浴，考察了再生丝素纤维的结构与性能。结果如表 4.30 所示。可以看出凝固浴组成对再生丝素纤维的形成具有明显影响。在甲醇中可以得到较好的再生丝素纤维。乙腈和水单独为凝固浴时纺丝效果不好，但不排除与其他溶剂混合使用作为凝固浴的可能性。以甲醇为凝固浴，作者还考察了纺丝过程中牵伸比对再生丝素纤维结晶性能的影响。未牵伸试样与牵伸试样存在相同的结晶结构，属于 β-平面构象的丝素 II 结晶结构。当牵伸比为 2 时，再生丝素纤维即发生了明显的结晶取向，取向的方向沿纤维的轴向。

表 4.30　不同凝固浴条件下丝素蛋白/［emim］Cl 溶液的可纺性

凝固浴	纺丝情况
甲醇	固化，得到透明的纤维
乙腈	固化，有白色表皮，得到的纤维较脆
水	部分溶解，得到细丝状纤维[1]
乙酸乙烯酯	形成液滴[2]
丙酮	形成液滴[2]
正己烷	形成液滴[2]

1) 只在纤维骨架中含有少量丝素。

2) 离子液体与溶剂不互溶。

　　Xie 等[68] 研究了离子液体对羊毛角蛋白的溶解性能。比较了几种不同结构的离子液体对羊毛角蛋白的溶解性能，结果如表 4.31 所示。

表 4. 31　羊毛角蛋白在离子液体中的溶解度

离子液体	溶解温度/℃	溶解时间/h	溶解度（质量分数）/%
[bmim]Cl	100	10	4
	130	10	11
[bmim]Br	130	10	2
[amim]Cl	130	10	8
[bmim][BF₄]	130	24	不溶
[bmim][PF₆]	130	24	不溶

X 射线衍射分析的结果表明，和天然的羊毛角蛋白相比，从离子液体中再生的羊毛角蛋白具有典型的反平行的 β-折叠片结构，$2\theta = 9.26°$ 处的衍射峰消失，意味着角蛋白的 α-螺旋结构在离子液体溶解过程中被破坏，而在再生中没有恢复。另外，和天然的羊毛角蛋白相比，再生的纯羊毛角蛋白材料的耐热性能有所提高。但再生的纯羊毛角蛋白材料膜很脆，力学性能不够好。由于所用的离子液体 [bmim]Cl 或 [amim]Cl 同时对纤维素具有较好的溶解性能，通过溶液共混的方法，可以比较方便地制备出再生的纤维素/羊毛角蛋白混合纤维或薄膜材料。

4.5.5　离子液体在天然高分子材料中的其他应用

Pernak 等[69,70]研究了下列离子液体（图 4.78）在木材保护中的应用。发现离子液体可以很好地渗透到木材中并起到杀虫剂的作用。离子液体中阳离子取代基上烷基链的长度对其抗菌活性有明显影响。效果最好的是 8 个或 9 个碳原子烷氧基取代的四氟硼酸咪唑盐离子液体。其抗菌效果和人们熟知的一些抗菌剂相当，其实这很大程度上和离子液体的毒性有关。实际操作时，除了考虑离子液体的抗菌性以外，对离子液体还有着似乎是互相矛盾的两个要求：在木材中的渗透性和与水的不相容性。幸运的是，由于离子液体结构的可设计性，有可能制备出 10^{18} 种结构与性能各异的离子液体，从这些离子液体中绝对有可能筛选出既对木材有很好渗透性能又与水不相容的离子液体。

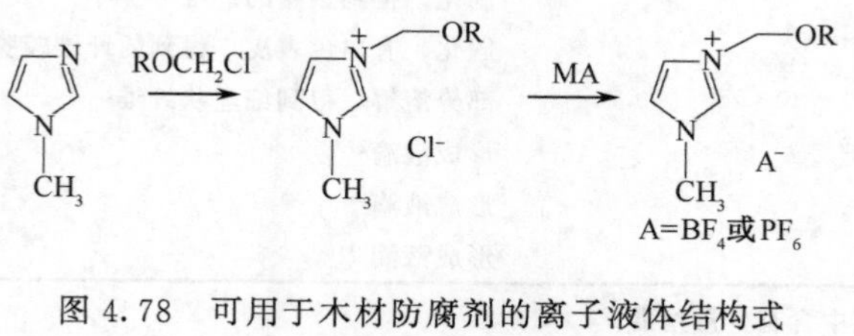

图 4.78　可用于木材防腐剂的离子液体结构式

另外，具有抗静电性能的木制品有广泛的应用，但木材是绝缘体，本身不具有抗静电性能。离子液体通常都具有很好的导电性能，Li 等[71]研究了几种离子液体作为抗静电剂在木材中的应用。考察了枫木和松木板材浸泡或涂刷了五种离子液体，即 ［bmim］［BF₄］、［bmim］［PF₆］、［bmim］Cl、［emim］［BF₄］和 ［emim］［PF₆］后，木材的表面电阻和体积电阻，比较了处理方法（浸泡和涂刷）和存放时间的影响。结果表明，所用的几种离子液体对松木和枫木来说都是很好的抗静电剂，相比较而言，经离子液体处理的松木具有更低的电阻，因而显示出更好的抗静电性能。

4.5.6　结论与展望

随着离子液体应用研究的不断深入，离子液体在天然高分子材料应用领域中当前与未来的一个重要研究内容仍然是开发具有任务适应性同时兼顾低成本、稳定和易于制备和回收的新型离子液体。另外，对于工业化应用实际而言，目前离子液体存在着黏度大、传质传热效果不好等问题。因此，研制低黏度或黏温效应大的离子液体也应当关注。新型离子液体的结构设计还应当注意到咪唑环以外的杂环化合物以及其他含 O、P、S 的非氮化合物等，或者是与目前人们熟知的离子液体结构完全不同的离子液体。

同时对已经发现的离子液体/天然高分子体系的基础问题进行深入研究是很有必要的。如全面而深入地了解离子液体本身以及离子液体与溶剂混合物的热力学性质；进一步研究离子液体和天然高分子之间的相互作用，认识作用机理；认识离子液体/天然高分子溶液性质，包括稀溶液、浓溶液性质，了解天然高分子链在离子液体溶剂中的聚集状态；研究天然高分子/离子液体溶液的流变学性质；研究天然高分子材料（如纤维、薄膜等）形态结构与性能的控制因素。另外，研究离子液体在不同天然高分子材料应用领域的有效回收技术也很重要。利用离子液体制备功能化天然高分子材料也将是未来几年离子液体在天然高分子材料研究领域的重要内容。

需要指出的是，对于任何新出现的溶剂体系，只有在有了工业化应用之后，其前景才会更有生命力。虽然最近几年国内外学者的很多研究已经向世人展示了离子液体在很多方面令人兴奋的应用前景，但至今还没有实现工业化的实例。离子液体在天然高分子材料中的应用研究还处于刚刚开始的状态，但由于离子液体本身所具有的独特性质，加之目前人们对化石资源日益枯竭的担心，以及很多天然高分子化学工业存在的各种环境不友好的迫切问题，人们对离子液体在可再生天然高分子材料的工业化应用前景寄予了很大希望。特别是对于纤维素材料，其原料储量巨大、可再生、产品应用广泛的特点，加上目前离子液体表现出的对纤维素的强大溶解能力，使得离子液体在纤维素化学领域的产业化前景最被人看好。不过，如果现在就断言离子液体能够在纤维素化学化工领域取得工业化应用还为时过早。因为毕竟在过去的几十年内，人们也曾发现一些在当时很令人鼓舞的纤维素溶剂，但由于技术或工艺上的重大缺陷，一些看似很有前景的纤维素溶剂最后落得昙花一现的命运。对离子液体在天然高分子的应用而言，尤其是纤维素，显然还有许多重要的研究工作要做。不过需要指出的是，和离子液体在催化、萃取分离、电化学等方面的潜在应用相比，离子液体在天然高分子材料方面的应用的实施条件似乎要相对简单得多，主要表现在对离子液体纯度、杂质的影响、操作过程中对环境的苛求程度、离子液体回收难度等方面的要求没有其他领域苛刻。笔者相信，这个领域会吸引越来越多的学术界和工业界的关注，研究内容势必越来越广泛和深入。

参 考 文 献

1 (a) Chiappe C, Pieraccini D. Ionic liquids: solvent properties and organic reactivity. J. Phys. Org. Chem. , 2005, 18 (4): 275～297; (b) Marsh K N, Boxall J A, Lichtenthaler R. Room temperature ionic liquids and their mixtures-a review. Fluid Phase Equilibr. , 2004, 219 (1): 93～98; (c) Zhao D B, Wu M, Kou Y et al. Ionic liquids: applications in catalysis. Catalysis Today, 2002, 74 (1～2): 157～189; (d) Welton T. Room-temperature ionic liquids. Solvents for synthesis and catalysis. Chem. Rev. , 1999, 99: 2071～2083

2 Swatloski R P, Spear S K, Holbrey J D et al. Dissolution of cellulose with ionic liquids. J. Am. Chem. Soc. , 2002, 124: 4974～4975

3 http: //www. epa. gov/greenchemistry/past. html♯2005_award_winners

4 高洁，汤烈贵. 纤维素科学. 北京：科学出版社，1996

5 Schurz. Trends in polymer science—A bright future for cellulose. J. Prog. Polym. Sci. , 1999, 24: 481～483

6 Heinze T, Liebert T. Unconventional methods in cellulose functionalization. Prog. Polym. Sci. , 2001, 26: 1689～1762

7 (a) Cai J, Zhang L. Rapid dissolution of cellulose in LiOH/urea and NaOH/urea aqueous solutions. Macomol. Biosci. , 2005, 5 (6): 539～548; (b) Cai J, Zhang L N, Zhou J P et al. Novel fibers prepared from cellulose in NaOH/urea aqueous solution. Macromol Rapid Comm. , 2004, 25 (17): 1558～1562

8 Graenacher C. Cellulose Solution. U. S. Patent 1943176, 1934

9 Husemann E, Siefert E. *N*-äthyl-pyridinium-chlorid als lösungsmittel und reaktionsmedium für cellulose. Makromol. Chem. , 1969, 128: 288～291

10 Fischer S, Voigt W, Fischer K. The behaviour of cellulose in hydrated melts of the composition LiX H_2O (X = I^-, NO_3^-, CH_3COO^-, ClO_4^-). Cellulose, 1999, 6: 213～219

11 Heinze T, Schwikal K, Barthel S. Ionic liquids as reaction medium in cellulose functionalization. Macromol. Biosci. , 2005, 5 (6): 520～525

12 Phillips D M, Drummy L F, Conrady D G et al. Dissolution and regeneration of Bombyx mori Silk fibroin using ionic liquids. J. Am. Chem. Soc. , 2004, 126: 14 350～14 351

13 (a) 任强，武进，张军等. 1-烯丙基，3-甲基咪唑室温离子液体的合成及其对纤维素溶解性能的初步研究. 高分子学报, 2003, 3: 448~451; (b) Zhang H, Wu J, Zhang J et al. 1-Allyl-3-methylimidazolium chloride room temperature ionic liquid: a new and powerful nonderivatizing solvent for cellulose. Macromolecules, 2005, 38: 8272~8277

14　Huddleston J G, Visser A E, Reichert W M et al. Characterization and comparison of hydrophilic and hydrophobic room temperature ionic liquids incorporating the imidazolium cation. Green Chem., 2001, 3: 156~164

15　叶大铿, 王立军. N-烯丙基咔唑与甲基丙烯酸甲酯高温共聚合. 高分子学报, 1994: 20~26

16　Seddon K R, Stark A, Torres M. Clean Solvents: Alternative Media for Chemical Reactions and Processing; ACS Symposium Series 819; in: Abraham M A, Moens L (Eds). Washington DC: American Chemical Society, 2002

17　Mizumo T, Marwanta E, Matsumi N et al. Allylimidazolium halides as novel room temperature ionic liquids. Chem. Lett., 2004, 33: 1360~1361

18　Heinze T, Dick R, Koschella A et al. Effective preparation of cellulose derivatives in a new simple cellulose solvent. Macromol. Chem. Phys., 2000, 201: 627~631

19　Michael M, Ibbett R N, Howarth O W. Interaction of cellulose with amine oxide solvents. Cellulose, 2000, 7: 21~33

20　McCormick C L, Callais P A, Hutchinson B H. Solution studies of cellulose in lithium-chloride and N,N-dimethylacetamide. Macromolecules, 1985, 18: 2394~2401

21　Ishii D, Tatsumi D, Matsumoto T. Effect of solvent exchange on the solid structure and dissolution behavior of cellulose. Biomacromolecules, 2003, 4: 1238~1243

22　Nehls I, Wagenknecht W, Philipp B. Characterization of cellulose and cellulose derivatives in solution by high-resolution C-13 NMR spectroscopy. Prog. Polym. Sci., 1994, 19: 29~78

23　Moulthrop S J, Swatloski R P, Moyna G et al. High-resolution C-13 NMR studies of cellulose and cellulose oligomers in ionic liquid solutions. Chem. Comm., 2005, 12: 1557~1559

24　Huang J F, Chen P Y, Sun I W et al. NMR evidence of hydrogen bonding in 1-ethyl-3-methylimidazolium-tetrafluoroborate room temperature ionic liquid. Inorg. Chim. Acta., 2001, 320: 7~11

25　Anderson J L, Ding J, Welton T et al. Characterizing ionic liquids on the basis of multiple solvation interactions. J. Am. Chem. Soc., 2002, 124: 14 247

26　Dawsey T R, McCormick C L. The lithium chloride/dimethylacetamide solvent for cellulose—a literaturereview. J. Macromol. Sci. Rev. Macromol. Chem. Phys., 1990, 30: 405~440

27　罗慧谌, 李毅群, 周长忍. 功能化离子液体对纤维素的溶解性能研究. 高分子材料科学与工程, 2005, 21(2): 233~235

28　张军, 武进, 张昊等. 纤维素在离子液体中的溶解与功能化. 高分子学术论文报告会, 北京: 2005, 10

29　Abbott A P, Bell T J, Handa S et al. O-acetylation of cellulose and monosaccharides using a zinc based ionic liquid. Green Chem. , 2005, 7: 705~707

30 Hassan M L, Moorefield C N, Newkome G R. Regioselective dendritic functionalization of cellulose. Macromol. Rapid Commun. , 2004, 25, 1999~2002

31 Fischer S, Thümmler K, Pfeiffer K et al. Evaluation of molten inorganic salt hydrates as reaction medium for the derivatization of cellulose. Cellulose, 2002, 9: 293~300

32 Wu J, Zhang J, Zhang H S et al. Homogeneous acetylation of cellulose in a new ionic liquid. Biomacromolecules, 2004, 5 (2): 266~268

33 El Seoud O A, Marson G A, Ciacco G T et al. An efficient, one-pot acylation of cellulose under homogeneous reaction conditions. Macromol. Chem. Phys. , 2000, 201: 882~889

34 Takaragi A, Minoda M, Miyamoto T et al. Reaction characteristics of cellulose in the LiCl/1, 3-dimethyl-2-imidazolidinone solvent system. Cellulose, 1999, 6: 93~102

35 Heinrich J, Mischnick P. Determination of the substitution pattern in the polymer chain of cellulose acetates. J. Polym. Sci.: Part A: Polym. Chem. , 1999, 37: 3011~3016

36 武进, 张昊, 张军等. 纤维素在离子液体中的均相乙酰化及其选择性. 高等学校化学学报, 2006, 27 (3): 592~594

37 Kowsaka K, Okajima K, Kamide K. Further study on the distribution of substituent group in cellulose-acetate by c-13 [h-1] nmr analysis - assignment of carbonyl carbon peaks. Polym. J. , 1986, 18 (11): 843~849

38 Regiani A M, Frollini E, Marson G A et al. Some aspects of acylation of cellulose under homogeneous solution conditions. J. Polym. Sci.: Part A: Polym. Chem. , 1999, 37: 1357~1363

39 Ross J, Xiao J L. Friedel-Crafts acylation reactions using metal triflates in ionic liquid. Green Chem. , 2002, 4(2): 129~133

40 武进, 张军, 张昊等. 纤维素在离子液体中的丙酰化. 高分子学术论文报告会论文集, 北京: 2005. 10

41 Dupont J, Spencer J. On the noninnocent nature of 1, 3-dialkylimidazolium ionic liquids. Angew. Chem. Int. Ed. , 2004, 43: 5296~5297

42 黄亚平. 纤维素在离子液体中的性能及接枝共聚反应研究. 北京航空航天大学本科毕业论文. 2004

43 Higgins H G, Stewart C M, Harrington K J. Infrared spectra of cellulose and related polysaccharides. J. Polym. Sci. , 1961, 51: 59~84

44 Zhou S M, Tashiro K, Hongo T et al. Influence of water on structure and mechanical properties of regenerated cellulose studied by an organized combination of infrared spectra, X-ray diffraction, and dynamic viscoelastic data measured as functions of temperature and humidity. Macromolecules, 2001, 34: 1274~1280

45 Kataoka Y, Kondo T. FT-IR microscopic analysis of changing cellulose crystalline structure during wood cell wall formation. Macromolecules, 1998, 31: 760~764

46 Kragl U, Eckstein M, Kaftzik N. Enzyme catalysis in ionic liquids. Current Opinion in Biotechnology, 2002, 13 (6): 565~571

47 Turner M B, Spear S K, Huddleston J G et al. Ionic liquid salt-induced inactivation and unfolding of cellulase from Trichoderma reesei. Green Chem. , 2003, 5 (4): 443~447

48 Turner M B, Spear S K, Holbrey J D et al. Production of bioactive cellulose films reconstituted from ionic liquids. Biomacromolecules, 2004, 5 (4): 1379~1384

49 Turner M B, Spear S K, Holbrey J D et al. Ionic liquid-reconstituted cellulose composites as solid support matrices for biocatalyst immobilization. Biomacromolecules, 2005, 6 (5): 2497~2502

50 Ruan D, Zhang L N, Zhang Z J et al. Structure and properties of regenerated cellulose/tourmaline nanocrystal composite films. J. Polym Sci. , Part B-Polym Phys. , 2004, 42 (3):367~373

51 Zhang J, Zhang H, Zhang Z N et al. Cellulose/Multi-walled carbon nanotube (MWNT) composite fibers prepared from their ionic liquid solutions. 2nd China-Europe Symposium: Processing and Properties of Reinforced Polymers. Beijing, 2005, 11

52 Fukushima T, Kosaka A, Ishimura Y et al. Molecular ordering of organic molten salts triggered by single-walled carbon nanotubes. Science. 2003, 300 (5628): 2072~2074

53 Li X, Simonsen J, Li K C. Wood dissolution and the regeneration of its components using ionic liquids. Abstracts of Papers of the American Chemical Society, 2004, 227: U310-U311

54 Vesa M, Reijo A. Dissolution method for lignocellulosic materials. WO2005017001

55 Moens L, Khan N. Room-temperature ionic liquids as new solvents for carbohydrate chemistry: a new tool for the processing of biomass feedstocks? in ACS Symposium Series N. 818. Ionic Liquids: Industrial Applications for Green Chemistry, in: Rogers R D, Seddon K R (ed). Washington DC: 2002. 360~372

56 http: //aiche. confex. com/aiche/2005/preliminaryprogram/abstract_23272. htm

57 Tessler M M, Billmers R L. Preparation of starch esters. J. Environ. Polym. Degrad. , 1996, 4 (2): 85~89

58 丁宏坤，许晓秋，李景庆等. 高取代度淀粉醋酸酯的制备研究. 化学工业与工程, 2002, 19 (6): 426~429

59 Liu Q B, Janssen M H A, van Rantwijk F et al. Room-temperature ionic liquids that dissolve carbohydrates in high concentrations. Green Chem. , 2005, 7 (1): 39~42

60 Kimizuka N, Nakashima T. Spontaneous self-assembly of glycolipid bilayer membranes in sugar-philic ionic liquids and formation of ionogels. Langmuir, 2001, 17 (22): 6759~6761

61 Biswas A, Shogren R L, Stevenson D G et al. Ionic liquids as solvents for biopolymers: acylation of starch and zein protein. Polym. Prepr. (Am. Chem. Soc. , Div. Polym. Chem.) 2005, 46 (2): 924~925

62 Myllymaeki V, Aksela R. Starch esterification method. WO2005023873. 5

63 Reichert W M, Visser A E, Swatloski R P et al. Abstracts of Papers, 221st ACS National Meeting, San Diego, CA, United States, 2001

64 许莹，邵惠丽，胡学超. 丝素在 NMMO·H₂O 中的溶解及溶液流变性能的研究. 河南师范大学学报（自然科学版），2004，32（1）：45～51

65 Freddi G, Pessina G, Tsukada M. Swelling and dissolution of silk fibroin (Bombyx mori) in N-methyl morpholine N-oxide. Inter J. Bio. Macromol. , 1999, 24 (2~3): 251~263

66 Phillips D M, Drummy L F, Conrady D G et al. Dissolution and regeneration of Bombyx mori silk fibroin using ionic liquids. J. Am. Chem. Soc. , 2004, 126 (44): 14 350~14 351

67 Phillips D M, Drummy L F, Naik R R et al. Mantz. Regenerated silk fiber wet spinning from an ionic liquid solution. J. Mater. Chem. , 2005, 15: 4206~4208

68 Xie H B, Li S H, Zhang S B. Ionic liquids as novel solvents for the dissolution and blending of wool keratin fibers. Green Chem. , 2005, 7 (8): 606~608

69 Pernak J, Zabielska-Matejuk J, Kropacz A et al. Ionic liquids in wood preservation. Holzforschung, 2004, 58 (3): 286~291

70 Pernak J, Goc I, Fojutowski A. Protic ionic liquids with organic anion as wood preservative. Holzforschung, 2005, 59 (4): 473~475

71 Li X, Geng Y, Simonsen J et al. Application of ionic liquids for electrostatic control in wood. Holzforschung, 2004, 58 (3): 280~285

4.6 离子液体在生物催化中的应用[①]

4.6.1 研究现状及进展

4.6.1.1 概述

生物催化是催化学科的前沿之一，因为生物酶催化具有反应条件温和、无环境污染、速度快、选择性高等优点。现在世界范围内大约有 100 多种化学工业生产利用生物催化（包括用整体细胞和分离出的酶），实验室规模的研究有 13 000 多个酶催化反应。但是仍然存在一些问题，如底物的溶解度、反应产率和选择性仍需提高等，人们也研究了一些新的方法来解决这些问题，如使用有机溶剂、微胶囊技术、超临界流体，在反应体系中加入高浓度的盐等。尽管非水相生物催化反应后处理方便，但传统的有机溶剂通常限制了酶的活性和选择性。多年来，人们一直试图解决酶的固定化和在有机溶剂中失活的问题。绿色化学的兴起、离子液体研究力度的加大无疑都为离子液体代替传统的有机溶剂作为生物催化反应的介质起了推波助澜的作用，而这方面也的确显示了让人兴奋的前景。

离子液体[1]是 100℃ 下呈液态的盐，一般由有机阳离子和无机阴离子组成。与传统的有机溶剂和电解质相比，离子液体具有一系列突出的优点：①几乎没有

---

① 国家重点基础研究发展计划（973）项目（2004CB719700）、国家高技术研究发展计划（863）项目（2001AA514023）和中国科学院知识创新项目（KJCXZ-SW-206-2）资助课题。

蒸气压，不挥发，无色、无嗅，消除了挥发性有机化合物的环境污染问题；②具有较大的稳定温度范围（从低于或接近室温到 300℃）、较好的化学稳定性及较宽的电化学稳定电位窗口；③通过阴阳离子的设计可调节其对无机物、水、有机物及聚合物的溶解性，能和许多溶剂形成两相体系，并且其酸度可调至超酸。最后一个特征，使离子液体得到了"可设计溶剂"的美誉，尽管"设计规则"还有待进一步研究。有关离子液体用于有机合成介质在文献中已经作了大量报道[2~6]。某些离子液体目前已可以从商业网站上获得，如：http://www. acros. be, http://www. sacheminc. com, http://www. covalentassociates. com, http://www. ionicliquids-merck. de, http://www. sigmaaldrich. com, http://www. solvent-innovation. de, http://www. tciamerica. com。

离子液体的种类很多，理论上可通过改变不同的阴阳离子组合而合成不同的离子液体。离子液体中常见的阳离子类型有烷基铵阳离子、烷基鏻阳离子、N-烷基吡啶阳离子和 N', N'-二烷基咪唑阳离子等（图 4.79），其中以烷基取代的咪唑阳离子研究最多。阴离子主要有 $[BF_4]^-$、Cl^-、$[PF_6]^-$、$[(CF_3SO_2)_2N]^-$、$[(C_2F_5SO_2)_2N]^-$、$[NO_3]^-$、$[Al_2Cl_7]^-$、$[Au_2Cl_7]^-$、$[(CF_3SO_2)_3C]^-$、$[CF_3SO_3]^-$、$[SO_4]^{2-}$ 等。以 Cl^- 和 $[BF_4]^-$ 为阴离子的离子液体与水是混溶的，而以 $[(CF_3SO_2)_2N]^-$ 和 $[PF_6]^-$ 为阴离子的离子液体不仅不溶于水而且也不溶于烷烃和醚类等非极性液体。

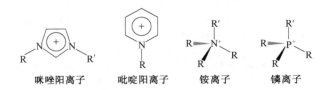

图 4.79　组成离子液体的几种重要离子

从目前的研究来看，离子液体在生物催化过程中有三种作用模式：①纯溶剂；②在水相系统中作为共溶剂；③在两相系统中作为共溶剂。$[bmim][PF_6]$（bmim 表示 1-丁基-3-甲基咪唑）或 $[bmim][(CF_3SO_2)_2N]$ 常作为纯溶剂或两相体系共溶剂。与水混溶的离子液体如 $[bmim][BF_4]$、$[mmim][MeSO_4]$（mmim 表示 1-甲基-3-甲基咪唑）可用作水相共溶剂[7]。由于离子液体在生物催化过程中应用的研究刚刚起步，目前，常用的离子液体主要是由阳离子 1，3-二烷基咪唑或 N-烷基吡啶和一些不同的阴离子组成的（表 4.32）。IL 中生物催化研究的热点是通过调节 IL 的不同阴阳离子组合，调节 IL 的溶解性，从而形成两相或多相反应体系[8]（图 4.80），以利于最终产品的分离。表 4.33 对这几年来所有使用 IL 作为反应体系的生物催化过程做了总结[9]。以下着重对 IL 的特性及其在不同酶催化中的应用进行介绍，其间也简要介绍一下离子液体中进行的全细胞催化。

表 4.32　生物催化中常用离子液体的阴离子和阳离子

1-烷基-3-甲基咪唑
阳离子缩写

R-N⁺(-N-CH₃)X⁻

	R	X⁻
[mmim][MeSO₄]	CH_3	$[CH_3OSO_3]^-$
[emim][BF₄]	C_2H_5	$[BF_4]^-$
[emim][Tf₂N]	C_2H_5	$[(CF_3SO_2)_2N_2]^-$
[bmim][BF₄]	$n\text{-}C_4H_9$	$[BF_4]^-$
[bmim][PF₆]	$n\text{-}C_4H_9$	$[PF_6]^-$
[bmim][TfO]	$n\text{-}C_4H_9$	$[CF_3SO_3]^-$
[bmim][Tf₂N]	$n\text{-}C_4H_9$	$[(CF_3SO_2)_2N]^-$
[bmim][MeSO₄]	$n\text{-}C_4H_9$	$[CH_3OSO_3]^-$
[bmim][EtSO₄]	$n\text{-}C_4H_9$	$[C_2H_5OSO_3]^-$
[bmim][NO₃]	$n\text{-}C_4H_9$	$[NO_3]^-$
[bmim][lactate]	$n\text{-}C_4H_9$	$[CH_3CH(OH)COO_2]^-$
[hmim][PF₆]	$n\text{-}C_6H_{13}$	$[PF_6]^-$
[omim][BF₄]	$n\text{-}C_8H_{17}$	$[BF_4]^-$
[omim][PF₆]	$n\text{-}C_8H_{17}$	$[PF_6]^-$
[moemim][BF₄]	$CH_3OCH_2CH_2$	$[BF_4]^-$
[ppmim][PF₆]	$C_6H_5CH_2CH_2CH_2$	$[PF_6]^-$

1-烷基吡啶阳离子缩写

R¹-⬡⁺N-R² X⁻

	R¹	R²	X⁻
[epy][TFA]	H	C_2H_5	$[CF_3COO]^-$
[bmpy][BF₄]	CH_3	$n\text{-}C_4H_9$	$[BF_4]^-$

烷基铵阳离子缩写

$$R^4-N^+(R^1)(R^3)-R^2 \quad X^-$$

	R¹	R²	R³	R⁴	X⁻
[EtNH₃][NO₃]	C_2H_5	H	H	H	$[NO_3]^-$
[Et₃MeN][MeSO₄]	C_2H_5	C_2H_5	C_2H_5	CH_3	$[CH_3OSO_3]^-$

注:Tf=CF₃SO₂。

图 4.80　由环几胺（上层）、水（中层蓝色）和离子液体（下层）组成的三相体系

表 4.33　以离子液体为反应介质的生物催化[9]

生物催化剂	IL	反应体系	参考文献
Rhodococcus R312 全细胞	[bmim][PF₆]/缓冲液（两相）	红霉素的提取	[10]
蛋清溶菌酶	[H₃NEt₃][NO₃]	蛋白复性	[11]
酵母全细胞	[bmim][PF₆]/缓冲液（两相）	酮的还原反应;发酵液中 n-丁醇的回收	[12]
嗜热蛋白酶	[bmim][PF₆]	合成(Z)-阿斯巴甜	[13]
α-凝乳蛋白酶	[omim][PF₆];[bmim][PF₆];[emim][BF₄];[bmim][BF₄]	N-乙酰-L-苯丙氨酸乙基酯和 1-丙醇的转酯反应	[14,15]
	[bmim][(CF₃SO₂)₂N];[emim][(CF₃SO₂)₂N]	N-乙酰-L-苯丙氨酸乙基酯和 1-丙醇的转酯反应	[16]
	[MTOA][(CF₃SO₂)₂N]	N-乙酰-L-苯丙氨酸乙基酯和 1-丁醇的转酯反应	
8 种脂肪酶和 2 种酯酶	10 种不同的 IL	(R,S)-1-苯基乙醇的动态动力学拆分	[17]
CALB,PCL	[emim][PF₆];[bmim][PF₆]	(R,S)-1-苯基乙醇、次级醇的动态动力学拆分	[18]
	几种 IL;用碳酸钠水溶液洗涤	β-葡萄糖的酰基化	[19]
CALB	[emim][BF₄];[bmim][PF₆][bmim][(CF₃SO₂)₂N];[emim][(CF₃SO₂)₂N];[bmim][BF₄]	酯交换反应合成丁酸丁酯醇解、氨解、全水解	[20][21]

生物催化剂	IL	反应体系	参考文献
CALB, PCL, CRL, 猪肝脂肪酶	[bmim][PF$_6$];[bmim][BF$_4$]; [bmim][(CF$_3$SO$_2$)$_2$N]; [bmim][CF$_3$SO$_3$]; [bmim][SbF$_6$]	丙烯醇的动态动力学拆分	[22]
Pseudomonas sp. 脂肪酶	[bmim][(CF$_3$SO$_2$)$_2$N]	(R,S)-1-苯基乙醇的动态动力学拆分;水活度和温度的影响	[23,24]
CALB	[bmim][(CF$_3$SO$_2$)$_2$N]; [emim][(CF$_3$SO$_2$)$_2$N]	在超临界 CO$_2$ 存在下,苯基乙醇的动态动力学拆分,1-辛醇的酯化反应	[25,26]
甲酸盐脱氢酶	[mmim][MeSO$_4$]; [4-mbpy][BF$_4$]	NADH 的再生	[27]
β半乳糖苷酸,枯草杆菌蛋白酶	[mmim][MeSO$_4$]/缓冲液（一相）	合成 N-乙酰乳糖胺	[27,28]
	[bmim][BF$_4$]/缓冲液（一相）	水解活性	[29]
脂肪酶	[bmim][PF$_6$];[bmim][BF$_4$]	5-苯基-1-戊烯基-3-醇的减压转酯反应或其分解动力学;2-羟甲基-1,4-苯并二 烷的酯交换反应	[30,31]
脂肪酶 PFL	[bmim][PF$_6$]; [bmim][BF$_4$]	p-手性羟甲基磷酸盐的动态动力学拆分	[32]

注:bmim,1-丁基-3-甲基咪唑;CALB,南极假丝酵母脂肪酶 B;(CF$_3$SO$_2$)$_2$N,三氟甲基磺酰氨;CRL,皱落脂肪酶;emim,1-乙基-3-甲基咪唑;mbpy,1-丁基-4-甲基吡啶;mmim,1-甲基-3-甲基咪唑;omim,1-辛基-3-甲基咪唑;PCL,*Pseudomonas cepacia* 脂肪酶;PFL,荧光假单胞菌脂肪酶。

4.6.1.2 离子液体中生物催化的特点

离子液体一般被认为是高极性溶剂。溶剂极性（使电荷溶剂化的倾向）有些难以解释,但这是与亲水性完全不同的一个概念,不应与其混淆。溶剂极性的大小通常由该溶剂能够吸收溶剂化显色染料的最大量来确定。溶剂化显色染料是一种依据溶剂极性不同而具有显而易见的不同最大吸收量的化合物,如 Nile red[33] 或 Reichardt 染料[34],或者用荧光探针[35]。许多研究组织已对离子液体的极性进行了研究[18,36]。一些离子液体｛如[bmim][PF$_6$]/[emim][(CF$_3$SO$_2$)$_2$N]｝的极性与某些极性较强的有机溶剂（如乙醇、N-甲基甲酰胺）的极性相似。Reichardt 标准化极性值范围在 0（四甲基硅烷）和 1（水）之间,离子液体的极性值为 0.6～0.7。可见,咪唑环上 C$_4$～C$_8$ 的烷基链度以及阴离子（[PF$_6$]$^-$、[BF$_4$]$^-$ 和[(CF$_3$SO$_2$)$_2$N]$^-$）对离子液体的极性影响不大。

离子液体和水之间的混溶变异很大，目前还不能预测。[bmim][BF$_4$]和[bmim][MeSO$_4$]是水溶的，但是与[bmim][BF$_4$]极性相似的[bmim][PF$_6$]和[bmim][Tf$_2$N]却是水不溶的。水在甲醇中并非是分子水平的混合，而是以分子线或分子团簇的形式存在[37]，因此，研究人员认为离子液体与水的混合也存在相同的情形，离子液体在水溶液中是以分子线或分子团簇的形式存在的。水不溶性离子液体具有吸湿性，可以溶解约1％以上的水[38]，这部分水干燥后可能仍然存留，会影响离子液体的物理性能[39]。

离子液体与有机溶剂之间的溶解情况目前还没有系统的报道。低级醇、低级酮、二氯甲烷和THF（$\varepsilon = 7.58$）与离子液体，如[bmim][Tf$_2$N]，混合时的介电常数关系已经初步提出，然而，烷烃和醚不溶于离子液体，乙酸乙酯可能是有机溶剂与离子液体互溶的分界物[36]。依据热力活性系数[40]，苯、甲苯和苯乙烯（不是更高级的烷基苯）可在离子液体[bmpy][BF$_4$]中溶解。超临界二氧化碳（scCO$_2$）不溶于离子液体[bmim][PF$_6$]和[omim][BF$_4$]，但是可被离子液体大量吸收（摩尔分数可达0.7）[41]。目前还没发现有离子液体溶于CO$_2$相。

因此，预测离子液体溶剂特性的理论基础还有待建立。现在的研究已表明，离子液体不适合于现有的用于评价和预测溶剂行为的任何标准。一些离子液体与一定非极性有机溶剂的混合行为有待研究。

一般酶会在极性有机溶剂中失活[18,42]，但是酶在极性离子液体中却能够仍然保持活性（图4.81）。离子液体的这一特性拓宽了生物催化所允许的极性范围。反应介质极性的提高有助于极性底物的溶解，如葡萄糖、麦芽糖或抗坏血酸（维生素C）[18,43]，从而可使反应速率提高，改变反应的选择性。如用南极假丝醇

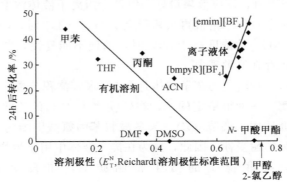

图4.81　溶剂极性和假单胞菌脂肪酶（PCL）催化反应的转化率的关系

PCL在E_T^N为0.6～0.8的有机溶剂中没有活性，但在离子液体中有活性。乙腈（ACN）、二甲基甲酰胺（DMF）、二甲基亚砜（DMSO）、四氢呋喃（THF）E_T^N＝Reichardt溶剂极性标准范围（水为1；三甲基硅烷为0）

母脂肪酶 B（CALB）在离子液体中催化抗坏血酸和油酸的酯化，转化率达到83％，而在传统有机溶剂中转化率只有50％[43]。转化率提高主要是由于抗坏血酸在离子液体中溶解性提高引起的。

某些酶在离子液体中以悬浮粉末状态存在，不溶于其中时具有催化活性，如果酶溶解在离子液体中，则会失活，如[bmim][PF$_6$]中溶解 3.2 mg·mL^{-1}的嗜热蛋白酶，则酶会失活[13]，更高浓度的酶悬浮其中，则表现出活性。某些水解酶和氧化还原酶不仅能在离子液体中保持活性，甚至活性会提高，而且稳定性也比在有机溶剂中提高，某些酶对产物的选择性也提高。后面将详细介绍。

4.6.1.3　离子液体在不同生物催化中的应用

20 世纪 80 年代 Klibanov 在精液方面的研究[44,45]证明酶可在憎水性有机溶剂使用，但是反应速率有所降低[46]。随后的研究证明许多脂肪酶、蛋白酶和酰基转移酶能够在无水或有机溶剂中保持稳定的活性。某些水解酶已经在非水解反应中成功应用，例如，醇和胺的对映体选择性反应，目前这已经是工业生产中的主要反应[47]。有机溶剂中酶的转化率低是促使酶催化反应采用离子液体为反应介质的主要原因之一。虽然人们对电解质和蛋白间的复杂相互作用的研究已经有近百年的历史[48,49]，但是，仍不能对此完全理解，不能为预测酶在离子液体中的活性和稳定性提供基础。早期一个对从大肠杆菌分离的碱性磷酸酶在离子液体[EtNH$_3$][NO$_3$]/水混合物中反应的研究揭示了低浓度离子液体能激活该酶[50]，这也是最早关于离子液体用于酶催化的记录，当物质的量浓度为1.1mol·L^{-1}（10％,体积分数）[51]时，反应效果最好。但是，当离子液体浓度提高时，酶的活性陡然下降，当离子液体水溶液再被稀释至 1.1mol·L^{-1}时，酶的活性恢复。但是，当[EtNH$_3$][NO$_3$]的浓度高于 80％时，酶便不能复性，彻底失活。在变性盐和有机溶剂中也存在这种现象。

最先成功进行生物转化的离子液体是含 5％水（体积分数）的憎水性离子液体。嗜热菌蛋白酶，一种很稳定的酶，在转换率为 40％的乙酸乙酯和缓冲液饱和[bmim][PF$_6$]介质中，调节（Z）-天冬酰胺苯丙氨酸甲酯的合成[13]。脂肪酶对有机溶剂有较强的耐受性，因此，成为在离子液体中用于生物催化的直接候选生物酶。的确，某些稳定的微生物脂肪酶，如假丝酵母脂肪酶 B（CALB）[17,19,20,29]和假单胞菌脂肪酶（PCL）[18,19]，在以 1-烷基-3-甲基咪唑类和1-烷基-吡啶类为阳离子、以四氟硼酸、六氟磷酸和三氟甲烷磺酸等为阴离子的离子液体中具有催化活性。但是早期的研究结果并不总是一致的，推测这可能由于离子液体的纯度不高造成的。因此，在实验中一定要对合成的离子液体进行提纯[17,18]。脂肪酶在这些离子液体中催化酯交换反应的效率与在有机溶剂特丁基醇、二氧杂环乙烷或甲苯中催化酯交换反应的效率相似。假丝酵母脂肪酶 A，在离子液体[bmpy][BF$_4$]和[bmim][Tf$_2$N]的催化活性比在二异丙醚中的催化活性高10倍以上，是一个例外[17]。猪胰腺脂肪酶是唯一一种用于离子液体的哺乳动物脂肪酶，但是在酯交换反应中无活性[17,22]。

类似地，如果在1-烷基-3-甲基咪唑类离子液体中加入少量（0.5%）水，胰凝乳蛋白酶可以引起N-乙酰基-L-氨基酸酯的酯交换反应[16,52,53]。若反应在超临界CO$_2$中进行，则酶对水的需要量提高[52]。[bmim][PF$_6$]和[omim][PF$_6$]中的酯交换反应率与异辛烷或异氰相同[52]，但是在[emim][Tf$_2$N]中的反应率约高一个数量级[53]。

一般的，将溶解在含有盐或两性化合物的溶液中的酶冻干，则酶在有机介质中的活性可以提高几个数量级。胰凝乳蛋白酶与五乙烯基乙二醇二甲醚共同冷冻干燥后，它催化的酯交换反应活性可以提高82倍[54]。尽管（聚乙烯）乙二醇的效果比非极性介质差，但胰凝乳蛋白酶与其共冷冻干燥后，它在[omim][PF$_6$]介质中，仍然具有相似的效果[52]。从某一假单胞杆菌中分离的脂肪酶和（聚乙烯）乙二醇共冷冻干燥后，在[hmim][PF$_6$]中的催化酯交换反应的效率提高了5倍，但是这一处理对其他脂肪酶的作用效果很小[55]。

但并非所有的研究都表明脂肪酶在离子液体中具有耐受性。如脂肪酶在离子液体[mmim][MeSO$_4$][17]、[bmim][NO$_3$]、[bmim][lactate]或[EtNH$_3$][NO$_3$][14]中均不发生催化反应，以上离子液体均为水溶性的。可见，脂肪酶在这些离子液体中的溶解是非常重要的。因为蛋白的溶解需要一种更强的作用来破坏蛋白与蛋白间的相互作用。水具有这种作用，但是有机溶剂，像N，N-二甲基甲酰胺和二甲基亚砜，溶解酶调整蛋白表面的基团，有机溶剂也是酶的强变性剂。有趣的是即使少量（3.2 mg·mL^{-1}）的热蛋白酶溶解于[bmim][PF$_6$]饱和的缓冲液中也会失活[13]。Rantwijk等认为甲基硫酸盐、硝酸盐和乳酸盐为阴离子的离子液体能够使脂肪酶溶剂化致使其失活。荧光检测证明溶菌酶溶解于[EtNH$_3$][NO$_3$]，从而支持了这一假说[12]。

酶溶于离子液体后结构会改变，而且这种改变一般是不可逆的。但是，当溶菌酶的[EtNH$_3$][NO$_3$]溶液用水稀释时，失活的酶又会完全恢复活性[12]。分离试验表明5%[EtNH$_3$][NO$_3$]水溶液是溶菌酶的复活剂。当CALB溶于[bmim][NO$_3$]、[bmim][lactate]、[bmim][EtSO$_4$]或[EtNH$_3$][NO$_3$]时，24h后用缓冲液稀释50倍，酶的活性会部分恢复，[EtNH$_3$][NO$_3$]中可恢复33%，而[EtNH$_3$][NO$_3$]中可恢复73%[14]。

酶在有机介质中，尤其是在水活度低的情况下，要比在其他水溶酶中的（热）稳定性（时间稳定性）高。离子液体也具有相似的作用。因此，嗜热蛋白酶在离子液体[bmim][PF$_6$]中的活性降低比在乙酸乙酯中的活性降低慢得多[13]。如α-胰凝乳蛋白酶在离子液体中的半衰期比在1-丙醇中的半衰期长10倍[53]。Lozano等[21]将CALB在含2%水的一系列离子液体中的稳定性同其在

1-丁醇、正己烷中的稳定性进行了比较，发现酶在离子液体中的稳定性要高或者与在有机溶剂中的稳定性相似。令人惊讶的是，当有底物存在时酶在离子液体中的存活时间提高了 3 个数量级。将 CALB，包括游离态（Novozym SP525）或吸附在多孔载体上（Novozym 435），在 80℃的无水［bmim］［PF₆］中孵育一定时间，然后用水稀释测定酶活，发现游离酶在孵育 20h 后活性提高 120%，且该活性能保持 100h 以上[14]；与之相对照，酶在特丁基醇中的活性随时间线性下降。Novozym 435 在离子液体中孵育 40h 后，其活性提高到了原来的 350%，继续孵育酶活缓慢降低，当孵育 120h 后，酶活降低至原酶活的 210%；与之相对照，与特丁基醇中的活性相比，CALB 中的 CLEC 或 CLEA 在 80℃的［bmim］［PF₆］中进行孵育，发现酶的活性快速丧失。离子液体似乎能导致游离酶活性构象的产生，这明显不可能与离子液体交联。

CALB 在无水介质中升温时有高的反应稳定性。Novozym 435 在特丁基醇中回流 7 天，仍然能保持其全部催化酯交换反应的活性[56]。CALB 在［bmim］［Tf₂N］-scCO₂ 两相体系中特别稳定，50℃时反应半衰期为 400h，升温至 100℃时反应半衰期为 60h[25]。酶在离子液体中生物催化反应的研究，多数为关于分离酶的使用。但是，不能忽视第一个关于全细胞（*Rhodococcus* R312）在［bmim］［PF₆］-水两相体系中催化反应的报道[10]。随后研究人员也对毕氏酵母[11]、*Rhodococcus* R312 和大肠杆菌[57]在无水或含少量水的离子液体中的活性进行了研究，发现它们都能保持原有活性。可见离子液体对细胞膜的毒性要小于常用的有机溶剂，如甲苯[10]。以下对离子液体在不同酶催化中的应用进行详细介绍。

1. 离子液体在蛋白酶生物催化中的应用

目前有关蛋白酶在离子液体中催化反应的研究还不是很多。Erbeldinger 等[13]报道了用嗜热菌蛋白酶作催化剂在［bmim］［PF₆］中合成天门冬氨酰苯丙氨酸甲酯（阿斯巴甜，一种约比蔗糖甜 200 倍的甜味剂），这是关于酶在离子液体中催化作用的首次报道。其反应方程式如式（4.27）所示。

其反应速率可以与传统有机溶剂（如乙酸乙酯）相比，酶的稳定性提高，产率为 95% 与酶在含少量水的有机溶剂中催化产率相似。反应后，产物可通过水洗和沉淀而分离，离子液体能重复使用且不影响其产率，这个反应也需加入 5% 的水。目前商业上采用可溶性酶在水相中生产阿斯巴甜。

α-凝乳蛋白酶在离子液体中能催化酯交换反应[16,52,53]，将 *N*-乙酰-L-苯丙氨酸乙基酯或 *N*-乙酰-L-酪氨酸乙基酯转成相应的丙基酯。Laszlo 等[52]在［omim］［PF₆］和［bmim］［PF₆］中进行这一反应，发现对极性有机溶剂来说，一定量的水对保持酶活性是必需的，在离子液体和有机溶剂（乙腈或己烷）中的反应速率在同一量级，但是他们没有报道酶的稳定性及其循环使用。Iborra 等[53]

比较了 N-乙酰-L-酪氨酸乙基酯在离子液体和1-丙醇中的稳定性和其酯交换反应，发现离子液体中α-凝乳蛋白酶的活性只有1-丙醇中活性的 $10\% \sim 50\%$，但是酶的稳定性提高，从而使最终产物浓度较高。在以上两个实验中均采用了定量的水。Eckstein 等[16]证明有少量水存在条件下，α-凝乳蛋白酶在离子液体中的活性高于在有机溶剂中的活性。

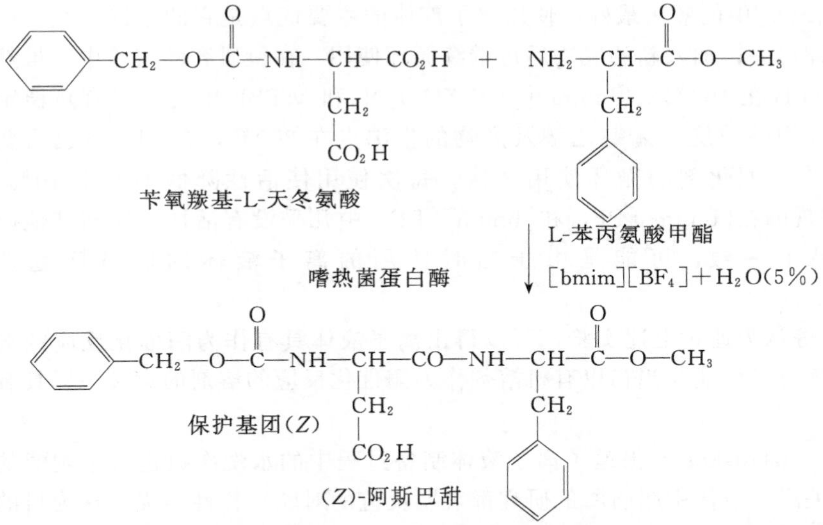

苄氧羰基-L-天冬氨酸

L-苯丙氨酸甲酯

嗜热菌蛋白酶 [bmim][BF₄]+H₂O(5%)

保护基团(Z)

(Z)-阿斯巴甜

(4.27)

Zhao 和 Malhotra[58]用离子液体代替传统有机溶剂，研究蛋白酶催化 N-乙酰氨基酸酯的分解动力学，这是采用水溶性离子液体作为共溶剂的少数几篇报道之一。

2. 离子液体在脂肪酶生物催化中的应用

目前报道的能在离子液体中保持活性的酶多数为脂肪酶。脂肪酶一般用于催化水相-油相界面的酯键断裂，断裂产物更易于利用。一般来讲，脂肪酶对纯有机溶剂有较强的耐受力，能够在其中保持活性，这一观点已经被 Klibanov[59]证明。

Sheldon[20]等首次利用脂肪酶证明了离子液体用于生物催化的潜力，这也是继 Erbeldinger 之后的第二篇有关离子液体在生物酶催化中的潜在应用的报道。作者比较了 CALB 在离子液体[bmim][PF₆]、[bmim][PF₄]和传统有机溶剂中的反应活性。发现在无水体系中，用假丝酵母脂肪酶作催化剂，在离子液体中进行酯交换反应、氨解反应和环氧化反应。在纯的[bmim][PF₆]或[bmim][PF₄]中进行乙酰丁酸盐的酯交换反应中，反应 4h 后，产率可达到 81%。

脂肪酶和酯酶通常用于外消旋化合物的动态动力学分解，一般通过催化水解反应、酯化反应或酯交换反应来实现。从已有研究来看，脂肪酶在离子液体中能提高反应的对映体选择性，而且与在甲基叔丁基醚（MTBE）中的反应相比，选择性受水含量或温度的影响较小。但是由于各实验室制备的离子液体的纯度不同，致使脂肪酶在同一种离子液体中表现出不同的活性。如 Schöfer 等[17]对 8 种不同脂肪酶和 2 种酯酶在 10 种不同离子液体和 MTBE 中的活性进行了研究，采用乙酸乙烯酯作为烷基供体。结果发现 2 种酯酶均失活，而 *Pseudomonas* 脂肪酶和 *Alcaligenes* 脂肪酶在[bmim][(CF₃SO₂)₂N]中的对映选择性比在 MTBE 中的对映选择性显著提高，CALB 在[omim][PF₆]、[bmim][(CF₃SO₂)₂N]和[bmim][CF₃SO₃]中的效果最好。使用离子液体的主要优点是它的不挥发性，可以把产物蒸馏出去，加入新的底物后可继续循环使用。在所研究的实验中，虽然催化剂酶 CALB 在 100℃的[bmim][(CF₃SO₂)₂N]和 MTBE 中时，仍有热稳定性，但反应底物外消旋-1-苯基乙醇及产物的常沸点在 200℃，在 6Pa 下也需要 85℃才能蒸发。催化剂酶循环使用 3 次，每次使用使活性降低不大于 10%。Schöfer 还发现酶在[bmim][PF₄]和[bmim][PF₄]中几乎没有活性，这与其他研究者的结果不一致，可能是由于当时使用的离子液体的质量问题造成的[18,19,21,22]。

Schöfer 等认为通过上述实验，可以得出离子液体具有作为酶催化反应的溶剂的潜力，其意义可能与当初以有机溶剂作为酶催化反应的溶剂的意义一样具有开创性。

Park 和 Kazlauskas[18] 报道了离子液体制备过程中的水洗次数也会影响酶的活性。但有关离子液体中脂肪酶的研究都表明反应的对映选择性增强，这为目的旋光物的合成提供了新的有效途径。同时人们也对离子液体中酶的回收利用进行了研究，用乙醚或己烷萃取分离剩余底物和形成的产物，酶可以循环使用，但是随着使用次数的增加酶活性会逐渐降低。

离子液体的一个重要特点是它不仅可溶解憎水性化合物而且也能溶解像糖类之类的亲水性化合物。Park 和 Kazlauskas[18] 报道葡萄糖在[moemim][BF₄]中的区域选择性酰基化反应产率达 99%，选择性为 93%，此值远远高于通常使用的有机溶剂中的值（图 4.82）。

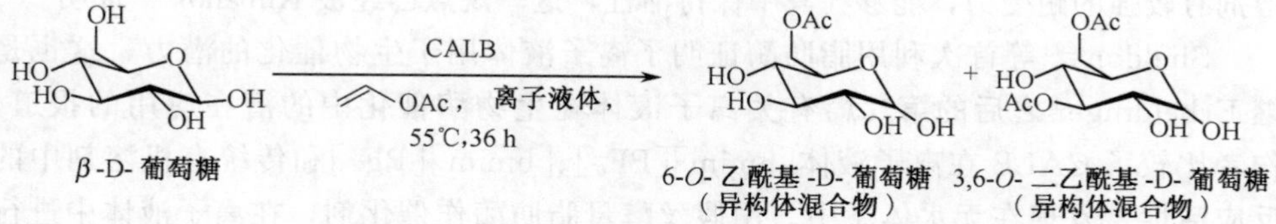

图 4.82 离子液体中 CALB 催化葡萄糖的酰化提高了
脂肪酶催化酰化的区域选择性和对映选择性

早期对 *Pseudomonas* 脂肪酶的研究表明反应介质中的水含量对酶的活性有重要影响。为比较酶在不同极性溶剂中的活力和选择性对水含量是否有依赖性，必须测定该溶剂中的水活度（a_w）[23]。Eckstein 等[60]采用饱和盐溶液的水活度平衡的方法，发现与这类反应经常使用的溶剂 MTBE 相比，脂肪酶在 [bmim][(CF₃SO₂)₂N] 的对映选择性受水含量或温度的影响较小。Lozano 等[25] 和 Reetz 等[26] 均研究了固定化的 CALB 在离子液体中的催化反应，发现底物和产物都会溶解在超临界 CO_2 形成的第二相中。

最近有报道[55,61] *Pseudomonas cepacia* 脂肪酶与聚乙烯醇混合在离子液体（如 [omim][PF₆]）中反应或者用 [ppmim][PF₆] 涂层后反应，均能够保持活性。室温下 [ppmim][PF₆] 呈固体（熔点约 53℃），因此利于酶的固定化。

3. 离子液体在纤维素酶和纤维素原料酶解中的应用[62]

我们在 [bmim]Cl、[bmim][PF₆] 和 [bmim][BF₄] 中进行了纤维素的酶解实验，采用的酶为斜卧青霉发酵产生的纤维素酶。结果发现 20% 的 [bmim]Cl 和 50% 的 [bmim][BF₄] 就会使纤维素酶失活，而它在 50% 的 [bmim][PF₆] 中仍有微弱活性。研究发现 Cl⁻ 和 [bmim]⁺ 都对纤维素酶有损伤，而由于 Cl⁻ 的离子半径较小，易进入纤维素酶的催化和结合域，因此比 [PF₆]⁺ 和 [BF₄]⁺ 更易于使纤维素酶失活，所以 [bmim]Cl 的失活作用更强。进一步实验发现，斜卧青霉本身在添加 1% [bmim]Cl 土豆培养基中不能生长。

我们的研究还发现虽然 [bmim]Cl 本身能使纤维素酶失活，但是经 [bmim]Cl 处理后再生的纤维素的酶解率却能大幅度提高。

将麦草、汽爆麦草和纸浆分别与 [bmim]Cl 按 1:20 的比例混合，在微波炉中分别加热 2min、6min、10min，然后用去离子水充分洗涤，在 60℃ 下烘干 48h。

将处理后干燥的纤维素原料和未处理原料均在 50℃ 下 pH=4.8 的 0.05mol·L⁻¹ 的柠檬酸-柠檬酸钠缓冲液中酶解 72h，固液比为 1:20，纤维素酶添加量为 30FPU·g⁻¹ 原料，每 24h 测定一次酶解率。酶解率的计算采用下式：

$$酶解率（\%）= \frac{还原糖 \times 0.9}{样品干重 \times 纤维素含量} \times 100$$

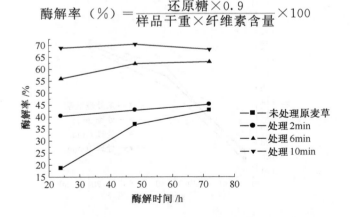

图 4.83　[bmim]Cl 处理时间对麦草酶解率的影响

结果发现，[bmim]Cl 处理能提高麦草的酶解率。随着[bmim]Cl 处理时间的延长，麦草的酶解率显著提高，24h 时，原麦草的酶解率只有 18.6%，经过离子液体[bmim]Cl 处理 2min、6min 和 10min 后，酶解率分别达到 40.3%、56.01% 和 68.85%。从图 4.83 中还可以看出，在酶解 48h 后，各原料的酶解率提高不大，分别为 42.78%、62.25% 和 70.37%。

经过处理后汽爆麦草的酶解率也大大提高，酶解 48h 时，未处理汽爆麦草和处理 2min、6min、10min 的汽爆麦草的酶解率分别为 68.78% 和 102.49%、108.40%、110.42%（图 4.84）。然而，各处理之间酶解率提高的幅度没有处理麦草提高的大。这可能是因为汽爆麦草本身具有较高的酶解率，在经[bmim]Cl 处理 2min 后，酶解率已经达到了很高水平，升高的空间有限。汽爆麦草的酶解时间为 48h 时，即可达到最高酶解率。酶解率大于 100% 是由于还原糖中还包含部分半纤维素分解产生的糖，在计算中没有扣除的缘故。

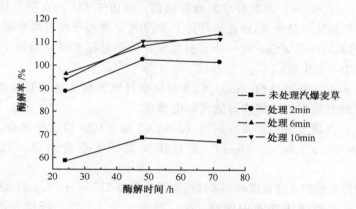

图 4.84　[bmim]Cl 处理时间对汽爆麦草酶解率的影响

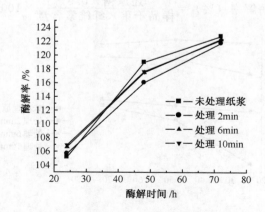

图 4.85　[bmim]Cl 处理时间对纸浆酶解率的影响

然而，[bmim]Cl 处理对纸浆酶解率的影响不大，处理前后纸浆的酶解率均可达到 100%（图 4.85）。这主要是因为在制备纸浆过程中去除了绝大部分木质素，而木质素是影响酶解效率的主要因素，因为它可以增加纤维素酶的无效吸附[63~65]，而且在抄纸过程中也会使纤维素和半纤维素的结构变得疏松更利于酶解。

为进一步分析[bmim]Cl 处理对纤维素原料酶解率提高的原因，我们对处理前和处理后的纤维素原料进行红外光谱分析。分别取少量处理后充分洗涤干燥的纤维素原料和未处理原料在玛瑙钵内研磨，然后以溴化钾为基体混合，压片，在 FTIR 2000 Systerm 光谱分析仪上进行红外光谱分析。

表 4.34 是参考文献［66~68］分析纤维素原料谱图的结果。表 4.35～表 4.37 则分别对处理前后的麦草、汽爆麦草和纸浆的红外谱图依据表 4.34 的结论进行了相对光谱强度的计算。从谱图和分析结果均可看出纤维素原料经离子液体[bmim]Cl 处理后发生了变化。

表 4.34　纤维素材料的红外光谱归属

波数/cm^{-1}	光谱归属和基团解释	波数/cm^{-1}	光谱归属和基团解释
3390	C—H 伸展振动	1205	O—H 平面弯曲振动（纤维素和半纤维）
2920	C—H 伸展振动（甲基与亚甲基）	1160	C—O—C 伸展振动（纤维素和半纤维素）
1735	C=O 伸展振动（聚木糖）	1110	O—H 缔合光带（纤维素和半纤维素）
1630~1650	C=O 伸展振动（木质素）	1050	C=O 伸展振动（纤维素和半纤维素）
1595~1605	苯环的伸展振动	1030	C=O 伸展振动（纤维素、半纤维素和木质素）
1510	苯环的伸展振动	898	β-糖苷键振动（糖类特征峰）
1426	CH$_2$ 弯曲振动（纤维素）	1335	OH 平面内形变（纤维素）
	CH$_3$ 弯曲振动（木质素）	1320	C=O 伸展振动（木质素）
1380	CH 弯曲振动（纤维素和半纤维素）	1235	

表 4.35　处理麦草和未处理麦草的红外光谱分析结果

原麦草	A3390/ A1427	A2292/ A1427	A1735/ A1427	A1513/ A1427	A1160/ A1427	A1061/ A1427	A898/ A1427	A1427/ A898	A1373/ A2922
未处理	1.3752	0.9947	0.7523	0.8018	1.2832	1.5452	0.7806	1.2810	1.0489
处理 6min	1.3664	1.0311	0.7799	0.8165	1.3743	1.4770	0.8312	1.2031	1.0246
处理 10min	1.3374	1.0313	0.7454	0.8124	1.1469	1.4891	0.8057	1.2412	0.9797

表 4.36　处理汽爆麦草和未处理汽爆麦草的红外光谱分析结果

汽爆麦草	A2292/ A1426	A1513/ A141426	A1375/ A1426	A1160/ A1426	A900/ A1426	A1426/ A900	A1375/ A2922
未处理	0.8139	0.8315	1.0269	1.4112	0.5956	1.6791	1.2617
处理 6min	0.9440	0.8809	1.0183	1.2686	0.9084	1.1008	1.0786
处理 10min	0.9163	0.9135	1.0150	1.2179	0.9613	1.0402	1.1077

表 4.37　处理纸浆和未处理纸浆的红外光谱分析结果

纸浆	A3390/ A1430	A2901/ A1430	A1375/ A1430	A1165/ A1430	A1063/ A1430	A901/ A1430	A1430/ A901	A1375/ A2901
未处理	1.4414	0.6231	0.8332	1.3258	1.8978	0.6018	1.6616	1.3844
处理 6min	1.0790	0.8795	0.9262	1.1024	1.2188	0.8759	1.1417	1.0575
处理 10min	0.8647	0.8374	0.9303	1.1517	1.3347	0.8844	1.1307	1.0519

　　由于天然麦草的结构相当致密，在[bmim]Cl 中进行轻度热处理难以将其溶解。因此，从图 4.86 可以看出，在微波加热 6min 后，原麦草的结构变化不大。随着处理强度的增大，即加热时间的延长和加热温度的上升，发现半纤维素和纤维素含量逐渐下降，说明有部分半纤维素和纤维素降解。由于 A1375/A2922、A1426/A900 表示对结晶度的估计值[67,68]，从结果也可看出纤维素结晶度下降，木质素含量逐渐增加。由 898cm^{-1} 谱带 [异头碳（C_1）振动的特征吸收峰] 也可知随着处理强度的增加，异头碳增加，即高分子链有部分降解。处理前后麦草成分分析结果也证明了以上红外分析的结果。[bmim]Cl 处理导

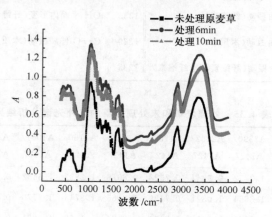

图 4.86　[bmim]Cl 处理麦草和未处理麦草的红外光谱

致麦草组分含量变化的同时，也就破坏了麦草中纤维素、半纤维素和木质素间的紧密连接，从而增加了纤维素的可及性，提高了麦草中纤维素的酶解率。

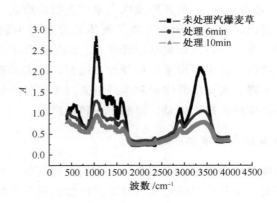

图 4.87　[bmim]Cl 处理汽爆麦草和未处理汽爆麦草的红外光谱

1160cm^{-1} 和 1375cm^{-1} 谱带反映了纤维素的存在，从图 4.87 和表 4.36 中可以看出处理后纤维素含量下降，说明有部分纤维素发生了降解。从半纤维素的特征吸收峰 900cm^{-1} 可见，半纤维素的含量经处理后有一定升高，可能是有一部分低聚糖在处理中发生了聚合反应。1513cm^{-1} 是苯环的特征吸收峰，由分析可知经过处理后木质素含量增加，但是随着处理强度的增大，木质素有发生降解的趋势。A1375/A2922、A1426/A900 表示对结晶度的估计值[67,68]，从结果可知纤维素结晶度的下降。同样组分的变化也就导致了组分间化学键的断裂，增加了纤维素的可及性，提高了汽爆麦草中纤维素的酶解率。

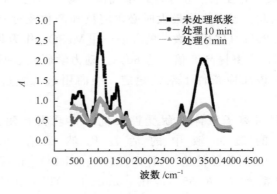

图 4.88　[bmim]Cl 处理纸浆和未处理纸浆的红外光谱

由 A3390/A1430 和 A2901/A1430 的结果（表 4.37）可知随着加热时间的

延长，OH 基团大大减少，这也说明〔bmim〕Cl 对纤维素的溶解主要是对 OH⁻
进行攻击，形成相应的复合物。从而在谱图（图 4.88）上也会看到半纤维素和
纤维素含量的增加，但纤维素结晶度下降，酶解率稍微降低，这可能是由于
〔bmim〕Cl 中的 Cl⁻ 攻击 OH⁻，与其形成固定紧密连接的缘故。

综上分析可以看出，经〔bmim〕Cl 离子液体处理后再生的纤维素原料结构
发生了变化，处理麦草和处理汽爆麦草中纤维素、木质素和半纤维素之间的部分
化学键发生断裂，增强了其中纤维素的可及性，同时，用离子液体处理能够使纤
维素原料的结晶度下降，甚至使纤维素和半纤维素发生部分降解。这些变化都促
使了原料处理后酶解率的提高。但是，使酶解率稍微降低。

4. 离子液体在其他生物催化中的应用

为拓宽离子液体中生物催化的应用范围，人们也对其他一些酶在该溶剂中的
催化反应进行了研究，尤其是对催化具有对映选择性的前手性酮还原反应的氧化
还原酶研究较多。

由于糖苷酶有时在水-有机溶剂混合物中使用，因此，糖苷酶在离子液体水
溶液中具有一定耐受性，为其在离子液体中的实际使用提供了基础。从大肠杆菌
中分离的 β-半乳糖苷酶在 50% 的〔bmim〕〔BF_4〕水溶液中的活性只有原来的
6%[29]。Kragl 等从轮状杆菌（bacillus circulan）中分离的 β-半乳糖苷酶对离子
液体具有相当高的耐受性，对〔mmim〕〔$MeSO_4$〕的耐受性最好，当
〔mmim〕〔$MeSO_4$〕浓度为 50% 时，酶的活性可保存 14%[27]。在纯的离子液体
〔mmim〕〔$MeSO_4$〕中，β-半乳糖苷酶的活性很低，但是可以通过水稀释后完全复
活[27]。大肠杆菌酶在 50% 的乙醇水溶液中和 50% 的乙腈水溶液中的残留活性分
别为 7% 和 3%[29]。用 β-半乳糖苷酶以乳糖和 N-乙酰葡萄糖胺为底物合成
N-乙酰乳糖胺的反应如在水中进行，β-半乳糖苷酶会催化产物的二级水解，使
产率低于 30%。因此，当产物量最大时必须将酶和产物及时分离。实验发现在
水反应体系中加入 25%（体积分数）的〔mmim〕〔$MeSO_4$〕作为共溶剂，产物水解
反应得到有效抑制，产率提高 2 倍，达 60%。动力学研究表明酶活性不受离子
液态的影响。酶在该反应条件下活性稳定，经商用超滤膜过滤后，可以循环
使用[27,28]。

甲酸盐脱氢酶对离子液体的耐受性要优于半乳糖苷酶。该酶在含 75%
〔mmim〕〔$MeSO_4$〕的缓冲液中的活性仍然保存 98%；但是，在
〔Et_3MeN〕〔$MeSO_4$〕的耐受性稍差，当〔Et_3MeN〕〔$MeSO_4$〕在缓冲液中的浓度为
50% 时，该酶的活性存留 55%；在〔bmim〕〔OTf〕中的活性更低，当
〔bmim〕〔OTf〕浓度为 25% 时，酶的活性只有原来的 38%[27]。有研究也发现[54]
Candida boidinii 甲酸盐脱氢酶在〔mmim〕〔$MeSO_4$〕和缓冲液的混合液中保持活
性，而且很稳定。有些离子液体——惊奇的是包括〔bmim〕〔BF_4〕——可以使甲

酸盐脱氢酶的活性完全受到抑制，即使这些离子液体的浓度为 25% 也能使酶活性完全抑制[27]。将此结果与脂肪酶在离子液体中的表现相比较，可初步得出如下结论：含有单烷基硫酸根离子的离子液体为酶的变性剂。总之，离子液体对酶的影响很多方面与有机溶剂对酶的影响类似。依据酶的性质不同，有些酶对离子液体的耐受性差，有些酶对离子液体的耐受性强。

到目前为止，还没有发现有一种乙醇脱氢酶能在离子液体中保持活性。由于离子液体能增加憎水性化合物在水中的溶解度，例如，在水中加入 40%（体积分数）的 [mmim][MeSO₄] 可以使苯乙酮的溶解度从 20mmol·L^{-1} 提高到 200mmol·L^{-1}，如果能找到一种能在离子液体中保持活性的氧化还原酶，就能充分利用离子液体的这一优点。Lazlo 和 Compton[61] 的研究表明，离子液体也会使过氧化物酶失活。

离子液体中全细胞生物催化反应的成功为离子液体在生物催化中的应用拓展了新的空间。

4.6.1.4 离子液体中生物催化的反应体系

以上仅仅是对离子液体作为反应介质进行了讨论，离子液体可以为单相水溶液、纯溶剂。尽管这样，离子液体的独特性能使其允许采用非传统反应技术。

1. 生物催化剂的循环

如前所述，离子液体，如 [bmim][PF₆]，不溶于乙醚。这一特性有利于产物 5-苯基-1-戊烯基-3-醇酯从未反应底物和反应介质乙醚的混合物中的提取。生物催化剂脂肪酶保留在离子液体相中可以循环使用[22]。酶失活是由于离子液体相中乙醛低聚物的累积[30]。PCL 已通过分散在相对高熔点的离子液体 [ppmim][PF₆] 中实现了离子固体包埋，[ppmim][PF₆] 可以凝固破碎为小颗粒[61]。包埋后的生物催化剂可以在酯交换反应中重复使用 5 次以上。

2. 生物催化反应产物的蒸发

由于离子液体几乎没有蒸气压，如在 [bmim][PF₆] 中用毕氏酵母催化手性酮的还原反应，产物可以通过蒸发分离[11]。在脂肪酶催化的酯交换反应中通过蒸发副产物醇，可以改变反应平衡，使转化完全。因此，在 5-苯基-1-戊烯基-3-醇酯交换反应中乙酸乙烯酯会被甲酯代替。由于在这一过程中不产生对酶有失活作用的乙醛，因此，生物催化剂可循环使用[30]。

3. 离子液体与超临界 CO₂（scCO₂）的两相生物催化反应体系

上述方法是将生物催化剂保留在离子液体这一反应介质中，目前这方法已发展为两相反应体系。酶在离子液体工作相，而反应物和产物主要在 scCO₂ 萃取相[25,26]。这一原理已被 CALB 催化的简单模型化合物酯交换反应和(R,S)-1-苯基乙醇的对映体选择性酰化批式反应和连续反应所阐释，这些反应中采用乙烯酯类作为烷基供体。与一般在纯 scCO$_2$ 中快速失活的生物催化剂相比，CALB 的高运作稳定性是这一方法具有吸引力的一个重要方面。相同条件下，两相体系中的反应速率大约是纯 scCO$_2$ 中反应速率的 8 倍[25]。

4. 离子液体与水的两相生物催化反应体系

由一个水工作相和一个有机萃取相组成的离子液体与水的两相体系，广泛应用于憎水组分的生物转化。它们对生物催化非常有用，需要一个水相才具有活性，特别是当水不干扰预期反应时更是如此，在非水解酶生物催化反应中也是如此。直到目前，用憎水离子液[bmim][PF$_6$]代替有机溶剂作为萃取相，仅在完整细胞腈水合酰胺酶（hydrataseamidase）和氧化还原生物催化反应中证实[10,11,57]，从丙酮-丁醇-乙醇中回收的丁醇也是如此[69]。该技术证明在酶的分离中也是有用的，如果某些酶易于在水-有机界面发生钝化，则可通过离子液体的正确设计加以排除。

4.6.2 关键科学问题

4.6.2.1 离子液体极性的判断与生物催化剂的关系

尽管传统有机溶剂在生物催化中取得了极大的成功，但是目前还没有一个统一的规则用于评价某种溶剂是否为"酶友好"溶剂。$\lg P$（P 是水和辛醇的分配系数）值在一定程度上可作为一个评判规则[70]。一般，$\lg P > 3$ 的溶剂［如二甲苯（$\lg P = 3.1$）或者己烷（$\lg P = 3.9$）］比低 $\lg P$ 值的溶剂［如乙醇（$\lg P = -0.24$）］对酶的失活作用要小。诚然，共溶剂的亲水性非常重要，它使得酶和溶剂交互作用，氢键断裂，这会稳定蛋白的四级结构。这种交互作用也会在离子液体中发生。迄今为止，$\lg P$ 的概念还没用于离子液体，尽管许多研究组织已对离子液体的极性进行了研究[18,39,71]，但关于不同基团对离子液体极性的影响的研究，还没有得到一个统一的规律。离子液体极性与生物催化剂之间的关系还没有定论。

4.6.2.2 离子液体纯度对生物催化剂的影响

离子液体的纯度难以保证，pH 不稳定，缓冲液和离子液体混合后会析出沉淀等问题成为生物催化中的难点，而离子液体的纯度是普遍存在的一个问题。与传统有机溶剂相反，多数研究单位都自己合成所需的离子液体，因此，即使同一种离子液所得的实验结果也不尽相同。有的报道认为酶可以在某种离子液体中保持活性，而有的则认为酶会在该种离子液体中失活。如前文提到的 Schöfer 证明

CALB 酶在[bmim][BF$_4$]和[bmim][PF$_6$]中几乎没有活性[17]，而其他研究者则认为该酶在这两种离子液体中有很好的催化酯交换反应活性和氨解活性[19,20,22]。这可能主要是由离子液体纯度的不稳定性造成的。由于离子液体不易挥发，难以用蒸馏的方法提纯，因此制备过程中需要特别小心。

卤素原子可能是造成离子液体不纯的主要因素。因为在多数离子液体的合成中，首先要合成氯化 1-烷基-3-甲基咪唑或溴化 1-烷基-3-甲基咪唑。如上所述，酶对含卤素阴离子的离子液体是非常敏感的。然后再通过目的阴离子的置换得到目的离子液体。但是置换反应往往不是很完全，从而使少量卤素阴离子残留其中。尽管研究表明在纯化的离子液体中添加 0.1%（质量分数）的卤盐对酶的催化活性没有影响[19]，但是如果增加卤盐的添加量则很可能会使酶失活。通过置换反应得到的离子液体再通过水洗和真空干燥纯化，这适用于水不溶性离子液体。但是，对于水溶性离子液体如[bmim][BF$_4$]的纯化，则需要通过硅胶过滤，用碳酸钠水溶液洗涤。这样经过纯化的离子液体都可以稳定使用，但很可能会影响离子液体的 pH 和其中的水活度，而 pH 和水活度对酶的活性具有关键作用。Park 和 Kazlauskas[18]用碳酸钠水溶液洗涤离子液体，发现反应速率提高，但是这也可能是由于反应体系中的水活度增加或水含量增加造成的。研究发现控制离子液体中水活度，相同条件下酶的活性最高[16,60,72]。离子液体具有极性的特质，使它本身能增加酸的电离，增加酸的活度。如酸 HNTf$_2$ 在离子液体[bmim][NTf$_2$]和[bmim][BF$_4$]中的酸性要高于它在水中的酸性[73]。酸在离子液体中酸度的增加（来源于酰基供体的水解）会引起酶的失活。目前有报道[7]采用纳米过滤膜进行离子液体的纯化和（或）回收。

4.6.2.3　离子液体中生物催化反应的特征和产物分离

由于离子液体中主要是电荷和电荷之间的相互作用，同时 van der Waals 力在分子间也存在，从而使离子液体的黏度一般都比普通有机溶剂的黏度大得多，例如，黏度较小的离子液体[bmim][（CF$_3$SO$_2$）$_2$N]在 20℃ 时的动力黏度为 52mPa・s[39]，而 MTBE 的黏度只有 0.34mPa・s，这会明显增加催化反应中的传质、传热等阻力。生物催化剂在离子液体中的反应特征和反应动力学包括酶的稳定性、选择性、副反应抑制性等尚需深入研究。

当用离子液体代替有机溶剂生产非挥发性产品时，可能会使下游分离过程复杂，需要引入膜分离、超临界萃取等技术以实现对产物的分离。对于挥发性产品，虽说可以通过挥发性与无挥发性的反应介质离子液体分开，但也要考虑在分离过程中生物催化剂的稳定性和活性的变化。因此，对生物催化产物与离子液体之间的分离，需要做更进一步的研究，包括通过合成不同的离子液体组成多相反应体系，产物在不同离子液体中的分配等。

4.6.2.4　离子液体在生物催化中循环使用的必要性

离子液体生产成本很高，一般是常规有机溶剂的 10 倍以上，尽管某些离子液体已能大量生产，其价格仍在 7000 欧元·$(100kg)^{-1}$[74]。因此如果离子液体不能循环使用，则只限用于生产高附加值的产品，这也是离子液体在生物催化反应中应用研究发展迅速的一个重要原因。尽管有研究证明离子液体能够在生物催化反应中循环使用，但酶的活性也随循环次数的增多而降低。从目前报道来看，生物催化剂在离子液体中循环使用的次数不超过 3 次，而关于离子液体本身循环使用次数的结果还未见报道。同时离子液体在回收过程中，很可能会混入杂质，这些杂质是否会对后续反应产生影响，以及如何去除杂质、提高回收离子液体的纯度等，都将是要深入研究的问题。

4.6.2.5　离子液体的毒性尚需深入研究

目前对离子液体的毒性研究，相对较少，而且不同离子液体的毒性也不一致，有的离子液体具有强毒性，而有的则基本没有毒性。迄今为止，对离子液体的毒性了解较少。有报道 [homim] [BF_4] 对雌性 Wistar 鼠的 LD_{50} 为 1400mg·kg^{-1}[75]，从这可见四氟硼酸盐类离子液体可以安全使用。我们的研究表明以卤素为阴离子，具有强碱性的离子液体对微生物的生长具有极强的抑制和杀伤作用。Michiaki 等[76,77]研究发现乳酸菌对 $1 < lgP < 4$ 的有机溶剂很敏感，但是乳酸菌 *Delbruekii* subsp. *Lactis* NRIC1683 和 *Rhamnosus* NBRC 3863 能在咪唑类离子液体中生长。Ranke 等[78]研究了甲基咪唑和部分乙基咪唑类离子液体对发光细菌、白血病细胞 IPC-81 和小鼠神经胶质瘤细胞 C6 小鼠细胞系活性的影响，发现相同浓度的离子液体毒性要小于常规有机溶剂丙酮、乙腈、甲醇和甲基-丁基醚，并且发现离子液体中的阴离子化合物对毒性基本没有影响，并对 3~10 个碳原子的烷基链长度对毒性的影响做了定量线性回归分析，发现烷基链越长毒性越大。研究也发现咪唑类离子液体对海藻类基本没有毒性[79]。这都为绿色离子液体的设计提供了依据。

4.6.3　发展方向及建议

离子液体能广泛用于生物催化，应该着重研究以下几个问题：

（1）生物催化剂的稳定性研究及其在反应条件下长时间循环利用的研究。离子液体的组成特性使其可能会与酶的带电基团反应，或和其活性位点或和其外围基团反应，从而引起酶结构的变化。某些变化可提高酶在离子液体中的稳定性、反应选择性、副反应抑制性等，但也可能使酶在离子液体中钝化或失活。多数酶经过循环使用后，活性会不断降低。一些生物催化反应中使用的离子液体还需具有特殊的性质或纯度。因此，有必要对生物催化剂在离子液体中的表现、最适反应条件和其长时间循环使用做更进一步的研究。

（2）生物催化剂固定在不同种载体上后，传质局限性研究。生物催化剂以不同的形式使用，其在离子液体中的表现并不一致，如某些生物催化剂经过固定化或者以粉末状悬浮在离子液体中后，其活性提高。因此，有必要对生物催化剂的固定化形式、固定载体等进行研究，同时，固定化后生物催化剂的传质、传热和重复使用都需要进一步研究。

（3）低挥发性或非挥发性产物分离方法的研究。离子液体的特性决定了它的黏度相对较高，而且不挥发。因此这势必给非挥发性产品的分离增加难度。许多生物转化反应需要使用选择性好的生物催化剂以实现较复杂分子的转化，在这种情况下，可采用超临界 CO_2 萃取等方法分离产物[40]。最近，全蒸发、纳米过滤等膜过程也用于产品的分离。Crespo 等采用全蒸发膜分离苯基乙醇等挥发性较小的化合物，取得了较好的效果[80]。如 Kragl 等[7]发现纳米过滤膜可较好地分离糖类等非挥发性化合物或带电荷化合物。

4.6.4 结论与展望

研究结果已清楚表明了离子液体作为生物转化反应溶剂的潜在能力。某些酶能在离子液体中保持活性、甚至提高稳定性、反应选择性和产物产率。目前研究的生物催化剂的种类也在不断扩大，包括水解酶、氧化还原酶、过氧化物酶、脱氢酶等，还包括不同的全细胞和固定化细胞等。生物催化剂能在"可设计"离子液体中反应的发现，与酶在纯有机溶剂中使用的发现一样，具有重要意义。离子液体中的生物催化反应的研究才刚刚开始，还有很多的奥秘需要我们去揭示。但是，离子液体在生物催化中的应用无疑为绿色化学开辟了一块新的天地，为绿色生物反应开辟了新的空间。

参 考 文 献

1　Seddon K R. Ionic liquids for clean technology. J. Chem. Biotechnol. ，1997，68：351～356

2　Welton T. Room-temperature ionic liquids，solvents for synthesis and catalysis. Chem. Rev. ，1999，99：2071～2083

3　Wasserscheid P，Keim W. Ionic liquids-new'solutions'for transition metal catalysis. Angew. Chem. Int. Ed. Engl. ，2000，39：3772～3789

4　Sheldon R. Catalytic reactions in ionic liquids. Chem. Commun. ，2001，2399～2407

5　Rogers R D，Seddon K R. Ionic liquids. Industrial Applications to Green Chemistry. （series 818）ACS Symposium，2002

6　Wasserscheid P，Welton T. Ionic Liquids in Synthes：Weinheim：Wiley-VCH Press，2002

7　Kragl U，Eckstein M，Kaftzik N. Enzyme catalysis in ionic liquids. Current Opinion in Biotechnology，2002，13：565～571

8　Wasserscheid P, Welton T. Ionic Liquids for Synthesis. Weinheim: Wiley-VCH Press, 2003

9　刘丽英,陈洪章.离子液体在生物催化中的应用.化工学报,2005,56(3):382～386

10　Cull S G, Holbrey J D, Vargas-Mora V et al. Room-temperature ionic liquids as replacements for organic solvents in multiphase bioprocess operations. Biotechnol Bioeng. , 2000, 69: 227～233

11　Howarth J, James P, Dai J F. Immobilized Baker's yeast reduction of ketones in an ionic liquid, [bmim][PF$_6$] and water mix. Tetrahedron Lett. , 2001,42:7517～7519

12　Summers C A, Flowers R A. Protein renaturation by the liquid organic salt ethylammonium nitrate. Protein Sci. , 2000, 9: 2001～2008

13　Erbeldinger M, Mesiano A J. Enzymatic catalysis of formation of (Z)-aspartame in ionic liquid-an alternative to enzymatic catalysis in organic solvents. Biotechnol. Progr. , 2000, 16: 1129～1131

14　Sheldon R A, Lau R M, Sorgedrager M J et al. Biocatalysis in ionic liquids. Green Chem. , 2002, 4: 147～151

15　Lozano P, de Diego T, Guegan J P et al. Continuous green biocatalytic processes using ionic liquids and supercritical carbon dioxide. Biotechnol. Bioeng. , 2001, 75: 563～569

16　Eckstein M, Sesing M, Kragl U et al. At low water activity α-chymotrypsin is more active in an ionic liquid than in non-ionic organic solvents. Biotechnol. Lett. , 2002, 24: 867～872

17　Schöfer S H, Kaftzik N, Wasserscheid P et al. Enzyme catalysis in ionic liquids: lipase catalysed kinetic resolution of 1-phenylethanol with improved enantioselectivity. Chem. Commun. , 2001, 1: 425～426

18　Park S, Kazlauskas R J. Improved preparation and use of room temperature ionic liquids in lipase-catalyzed enantio-and regioselective acylations. J. Organ. chem. , 2001, 66:8395～8401

19　Kim K W, Song B, Choi M Y et al. Biocatalysis in ionic liquids: Markedly enhanced enantioselectivity of lipase. Organ. Lett. , 2001, 3: 1507～1509

20　Sheldon R A, Lau R M, van Rantwijk F et al. Lipase-catalyzed reactions in ionic liquids. Organ Lett. , 2000,2:4189～4191

21　Lozano P, de Diego T, Carrie D et al. Over-stabilization of candida antarctica lipase B by ionic liquids in ester synthesis. Biotechnol. Lett. , 2001, 23: 1529～1533

22　Itoh T, Akasaki E, Kudo K et al. Lipase-catalyzed enantioselective acylation in the ionic liquid solvent system: reaction of enzyme anchored to the solvent. Chem. Lett. , 2001, 1: 262～263

23　Goderis H L, Ampe G, Feyten M P et al. lipase-catalyzed ester exchange reactions in organic media with controlled humidity. Biotechnol. Bioeng. ,1986,30:258～266

24　Goderis H L, Ampe G, Feyten M P et al Tobback PP: Lipase-catalyzed ester exchange reactions in organic media with controlled humidity. Biotechnol. Bioeng. , 1986, 30:258～266

25　Lozano P, de Diego T, Carrie D et al. Continuous green biocatalytic processes using ionic liquids and supercritical carbon dioxide. Chem. Commun. ,2002,1:692～693

26　Reetz M T,Wiesenhofer W,Francio G et al. Biocatalysis in ionic liquids:Batchwise and continuous flow processes using supercritical carbon dioxide as the mobile phase. Chem. Commun. ,2002,1:992~993

27　Kaftzik N,Wasserscheid P,Kragl U. Use of ionic liquids to increase the yield and enzyme stability in the β-galactosidase catalysed synthesis of N-acetyllactosamine. Organ. Proc. Res. Dev. ,2002,6:553~557

28　Kragl U,Kaftzik N,Schöfer S H et al. Enzyme catalysis in the presence of ionic liquids. Chem. Today,2001,19:22~24

29　Husum T L,Jorgensen C T,Christensen M W et al. Enzyme catalysed synthesis in ambient temperature ionic liquids. Biocatal. Biotrans. ,2001,19:331~338

30　Itoh T,Akasaki E,Nishimura Y. Efficient lipase-catalyzed enantioselective acylation under reduced pressure conditions in an ionic liquid solvent system. Chem. Lett. ,2002,1:154~155

31　Nara S J,Harjani J R,Salunkhe M M. Lipase-catalyzed transesterification in ionic liquids and organic solvents:a comprehensive study. Tetrahedron Lett. ,2002,43:2979~2982

32　Kielbasinski P,Albrycht M,Luczak J et al. Enzymatic reactions in ionic liquids: lipase-catalyzed kinetic resolution of racemic, P-chiral hydroxymethanephosphinates and hydroxymethylphosphine oxides. Tetrahedron Asymmetry,2002,13:735~738

33　Deye J F,BergerT A,Anderson A G. Nile red as a solvatochromic dye for measuring solvent strength in normal liquids and mixtures of normal liquids with supercritical and near critical fluids. Anal. Chem. ,1990,62:615~622

34　Reichardt C. Solvatochromic dyes as solvent polarity indicators. Chem. Rev. , 1994, 94:2319~2358

35　Soujanaya T,Krishna T S R,Samanta A. The nature of 4-aminophthalimidecyclodextrin inclusion complexes. J. Phys. Chem. ,1992,96:8544~8548

36　Bonhote P,Dias A P,Papageorgiou N et al. Hydrophobic,highly conductive ambient-temperature molten salts. Inorg. Chem. 1996,35:1168~1178

37　Dixit S,Crain J,Poon W C K et al. Molecular segregation observed in a concentrated alcohol-water solution. Nature,2002,416:829~831

38　Visser A E. Characterization of hydrophilic and hydrophobic ionic liquids: Alternatives to volatile organic compounds for liquidliquid separations. In: Rogers R D,Seddon K R (ed). Industrial Applications to Green Chemistry ACS Symposium(Series 818) . 2002,289~308

39　Seddon K R,Stark A,Torres M J. Influence of chloride,water,and organic solvents on the physical properties of ionic liquids. Pure Appl. Chem. ,2000,72:2275~2287

40　Heintz A,Kulikov D V,Verevkin S P. Thermodynamic properties of mixtures containing ionic liquids. 1. Activity coefficients at infinite dilution of alkanes,alkenes,and alkylbenzenes in 4-methyl-n-butylpyridinium tetrafuoroborate using gas-liquid chromatography. J. Chem. Eng. Data,2001,46:1526~1529

41　Blanchard L A,Brennecke J F. High-pressure phase behavior of ionic liquid/CO_2 systems. J. Phys. Chem. ,2001,105:2437~2444

42 Chin J T, Wheeler S L, Klibanov A M. On protein solubility in organic solvents. Biotechnol. Bioeng, 1994, 44:140~145

43 Park S, Viklund F, Hult K et al. Ionic liquids create new opportunities for nonaqueous biocatalysis with polar substrates. In:Rogers R D , Seddon K R (ed). ACS Symposium Ionic Liquids as Green Solvents:Progress & Prospects (series 856)2003,225~230

44 Klibanov A M, Zaks A. Enzyme-catalyzed processes in organic solvents. Proc. Natl. Acad. Sci. U. S. A. ,1983,82:3196~3392

45 Klibanov A M. Enzymes that work in organic solvents. Chemtech. ,1986,1:354~359

46 Klibanov A M. Why are enzymes less active in organic solvents than in water? Trends Biotechnol. ,1997,15:97~101

47 Schmidt A, Dordick J S, Hauer B et al. Industrial biocatalysis today and tomorrow. Nature, 2001,409:258~268

48 Hofmeister, F. Zur Lehre von der Wirkung der Salze. , Arch. Exp. Pathol. Pharmakol. , 1888,24:247~260

49 Curtis R A, Ulrich J, Montaser A et al. Protein protein interactions in concentrated electolyte solutions. Biotechnol. Bioeng. ,2002,79:367~380

50 Walden P. Ueber die molekulargrösse und elektrische Leifa higkeit einiger geschmolzenen Salze. Izv. Imp. Acad. Nauk. ,1914,405~422

51 Magnuson D K, Bodley J W, Fennell Evans D. The activity and stability of alkaline phosphatase in solutions of water and the fused salt ethylammonium nitrate. J. Solution Chem. , 1984,13:583~587

52 Laszlo J A, Compton D L. α-Chymotrypsin catalysis in imidazolium-based ionic liquids. Biotechnol. Bioeng. ,2001,75:181~186

53 Iborra J L, Lozano P, de Diego T et al. Stabilization of α-chymotrypsin by ionic liquids in transesterification reactions. Biotechnol. Bioeng. ,2001,75:563~569

54 Broos, J. Sakodinskaya I K, Engbersen J F J et al. Large activation of serine proteases by pretreatment with crown ethers. J. Chem. Soc. Chem. Commun. ,1995,255~256

55 Maruyama T, Nagasawa S, Goto M. Poly(ethylene glycol)-lipase complex that is catalytically active for alcoholysis reactions in ionic liquids. Biotechnol Lett. ,2002,24:1341~1345

56 Oosterom M W, Rantwijk F, Sheldon R A. Regioselective acylation of disaccharides in tertbutyl alcohol catalyzed by Candida Antarctica lipase. Biotechnol. Bioeng. ,1996,49:328~333

57 Roberts N J, Lye, G J. Biocatalytic routes to the efficient synthesis of pharmaceuticals in ionic liquids. Biocat. , 2002,117

58 Zhao H, Malhotra S V. Enzymatic resolution of amino acid ester using ionic liquid N-ethyl pyridinium trifluoroacetate. Biotechnol. Lett. ,2002,24:1257~1260

59 Klibanov A M. Improving enzymes by using them in organic solvents. Nature, 2001, 409:241~246

60 Eckstein M, Wasserscheid P, Kragl U. Enhanced enantioselectivity of lipase from Pseudomonas sp. at high temperatures and fixed water activity in the ionic liquid 1-butyl-3-methy-

limidazolium bis[(trifluoromethyl) sulfonyl]amide. Biotechnol. Lett. ,2002,24:763~767

61　Lazlo J A,Compton D L. Comparison of peroxidase activities of hemin, cytochrome c and microperoxidase-11 in molecular solvents and imidazolium-based ionic liquids. J. Mol. Catal. B Enzym. , 2002,18:109~120

62　林建群,李金华. 中国资源生物技术与糖工程学术研讨会论文集. 济南,2005,197~203

63　Ooshima H,Burns D S,Converse A O. Adsorption of cellulase from *Trichoderma reesei* on cellulose and lignacious residue in wood pretreated by dilute sulfuric acid with explosive decompression. Biotechnol. Bioeng,1990,36:446~452

64　Chang V S,Holtzapple M T. Fundamental factors affecting biomass enzymatic reactivity. Appl. Biochem. Biotechnol,2000,84~86:5~37

65　Philippidis G P,Smith T K,Wyman C E. Study of the enzymatic hydrolysis of cellulose for production of fuel ethanol by the simultaneous saccharification and fermentation process. Biotechnol. Bioeng,1993,41:846~853

66　陈嘉翔,余家鸾.植物纤维化学结构研究方法.广州华南理工大学出版社,1989

67　Nelson M L,O'Connor R T. Relation of certain infrared bands to cellulose crystallinity and crystal lattice type. Part Ⅰ. Spectra of lattice types Ⅰ,Ⅱ,Ⅲ and amorphous cellulose. J. Appl. Polym. Sci. ,1964,8:1311~1324

68　Nelson M L,O'Connor R T. Relation of certain infrared bands to cellulose crystallinity and crystal lattice type. Part Ⅱ. A new infrared ratio for estimation of crystallinity in cellulose Ⅰ and Ⅱ. J. Appl. Polym. Sci. ,1964,8:1325~1341

69　Fadev A G,Meager M M. Opportunities for ionic liquids in recovery of biofuels. Chem. Commun. ,2001,295~296

70　Laane C,Boeren S,Vos K et al. Rules for optimization of biocatalysis in organic solvents. Biotechnol. Bioeng. ,1987,30:81~87

71　Carmichael A J,Seddon K R. Polarity study of some 1-alkyl-3-methylimidazolium ambient-temperature ionic liquids with the solvatochromic dye,Nile red. J. Phys. Org. Chem. ,2000, 13:591~595

72　Berberich J A,Kaar J L,Russell A J. Use of salt hydrate pairs to control water activity for enzyme catalysis in ionic liquids. Biotechnol. Prog. ,2003,19:1029~1032

73　Thomazeau C,Olivier-Bourbigou H,Magna L et al. Determination of an acidic scale in room temperature ionic liquids. J. Am. Chem . Soc. ,2003,125:5264~5265

74　Kim K W, Song B, Choi M Y et al. Biocatalysis in ionic liquids:Markedly enhanced enantioselectivity of lipase. Org. Lett. ,2001, 3(10):1507~1509

75　Pernak J,Czepukowicz A,Pozniak R. New ionic liquids and their antielectrostatic properties. Ind. Eng. Chem. Res. ,2001,40:2379~2383

76　Michiaki M,Kenji M,Kazuo K. Toxicity of ionic liquids and organic solvents to lactic acid-producing bacteria. Journal of Bioscience and Bioengineering. ,2004,98(5):344~347

77　Michiaki M,Kenji M,Kei F et al. Extraction of organic acids using imidazolium-based ionic liquids and their toxicity to *Lactobacillus rhamnosus*. Separation and Purification Technology,2004,40:97~101

78 Ranke J,Mölter K,Stock F et al. Biological effects of imidazolium ionic liquids with varying chain lengths in acute *Vibrio fischeri* and WST-1 cell viability assays. Ecotoxicology and Environmental Safety,2004,58:396~404

79 Adam L,Piotr S,Marcin N et al. Marine toxicity assessment of imidazolium ionic liquids: acute effects on the *Baltic algae Oocystis submarina* and *Cyclotella meneghiniana*. Aquatic Toxicology,2005,73:91~98

80 Schäfer T,Rodrigues C M,Afonso C A M et al. Selective recovery of solutes from ionic liquids by pervaporation-a novel approach for purification and green processing. Chem. Commun. ,2001,1:1622~1623

4.7 离子液体在聚合反应中的应用

4.7.1 研究现状及进展

近年来不管是在学术界还是在工业界，离子液体的研究都得到了快速的发展，大量的文献和专利报道充分说明了这一点。究其原因：①离子液体的特殊性质符合绿色化学发展的要求。随着人类生活水平的提高，人类对化学化工产品的需求日益增长刺激了化学工业的快速发展，同时伴随着大量有机有毒、易挥发溶剂的使用和排放，对人类的生存环境构成了严重的威胁。离子液体对大部分有机物和无机物具有良好的溶解能力、没有明显的蒸气压、不易燃烧、高的热稳定性、可循环利用等特点，基于这些特殊的性质它被认为是取代传统有机易挥发溶剂（volatile organic compound）潜在的反应介质之一。②离子液体性质的可调节性为现代化学的发展提供了广阔的发展空间。不同结构的离子液体（10^{18}种二元离子液体），具有不同的极性、不同的溶解性质、不同的黏度等，这样它就能提供一个不同的化学反应环境，同一个反应在不同性质的溶剂环境下有可能获得不同的转化率、选择性等，从而达到从分子水平上控制反应成为可能[1~3]。

以离子液体取代传统的有机溶剂在很多有机合成反应中得到了广泛的应用，如氧化反应[4]、烯烃的氢化反应[5]、Friedel-Crafts 反应[6]、固载有机金属催化反应等[7]。离子液体作为反应介质在聚合反应，如齐聚反应、电化学聚合、配位聚合、自由基聚合、活性自由基聚合等反应中也得到了应用，但是文献报道相对较少。然而，在聚合反应中离子液体依然表现出了比传统溶剂很明显的优势[8]。

4.7.1.1 离子液体作为溶剂在电化学聚合中的应用

室温离子液体也叫室温熔融盐，最先研究的室温熔融盐是在电解 Al 等活泼金属时发展起来的。离子液体具有高的离子电导率、可以忽略不计的蒸气压和宽的电化学窗口，而这些性质恰恰对电化学研究都是很重要的。基于此，以离子液体作为电解质溶剂在电化学聚合上做了很多工作。主要集中在导电聚合物的制备方面，如聚吡咯、聚噻吩、聚苯以及聚苯胺等，这类聚合物现在被广泛地应用于超电容器、传感器、电镀铬装置、发光二极管等方面。

聚对苯（PPP）是芳烃类中较简单的聚合物，它是蓝色聚合物发光二极管的重要材料，当它作为高性能的电子材料时，必须具有高的相对分子质量、均一结构，及规整的次级分子排列，而传统方法合成的 PPP 的相对分子质量很低，聚合过程中容易发生 1，2-连接而使聚合物的次级规整性低。特别是在电化学聚合合成 PPP 时，对溶剂的含水量要求相当严格。刚开始，PPP 都是在 $AlCl_3$ 型离子液体中进行的，其中在 1994 年，Goldenberg 等[9]用［emim］Cl-$AlCl_3$ 离子液体作为溶剂，通过电化学方法将苯聚合成 PPP 膜，且研究了 PPP 膜在离子液体中的电化学特性。其研究结果表明，可以在离子液体中电化学合成较高相对分子质量、有良好韧性、透明的 PPP 膜。2000 年，Arnautov 等[10]报道了在离子液体 BUPyCl-$AlCl_3$ 中以 $CuCl_2$ 为催化剂合成 PPP 膜，与传统溶剂在相同条件下的结果相比，在离子液体中聚合得到的 PPP 膜具有更高的相对分子质量，其聚合度可以达到 200，并且相对分子质量可以通过改变苯的浓度来进行调节。同时发现，PPP 的聚合度随着电极电势的增加而增大。但是氯的存在使 PPP 膜的质量受到了一定的影响，而且 $AlCl_3$ 离子液体对水很敏感，这也是这些体系的一个缺点。2004 年，El Abedin 等[11]第一次运用空气和水较稳定的离子液体作为电解质进行了苯的电化学聚合，离子液体提供了一个温和的电化学环境，制备了具有对位连接结构和 500nm 大小的球状 PPP。

2003 年 Sekiguchi 等[12]报道了在空气和水稳定的 1-乙基-3-甲基咪唑三氟甲磺酸离子液体中进行了芳香类化合物，如吡咯、噻吩和苯胺的电氧化聚合反应，具体结果见表 4.38。从表 4.38 中能发现，与传统溶剂在相同条件下的结果相比，离子液体中吡咯和噻吩的电聚合速率明显加快。大家一致认为，像这些自由基与自由基偶连，再进一步氧化低聚合后而沉积，低的扩散条件将有利于反应产物在电极表面附近堆积，从而导致聚合速率的增加。在此体系中正是由于离子液体比传统溶剂更高的黏度（42.7cP）导致了聚合速率的增加。同时他们还发现，当用纯的离子液体作为电解质时，沉积在负极上的聚吡咯和聚噻吩膜具有更光滑的表面形貌。除此以外，还有如具有很高的稳定性、更高的电化学容量密度和可控的形态结构等。基于上述优点，他们还把在离子液体中制备的聚吡咯膜作为催化剂粒子的固载矩阵，通过 SEM 照片发现，通过电化学沉积方法，亚微结构的钯簇金属粒子高分散性地分布在聚吡咯的表面。

表 4.38　在不同反应媒介中制备的聚吡咯和聚噻吩的性质

聚合物	溶剂	粗糙系数[1]	电化学容量 / (C·cm⁻¹)	电导率 / (S·cm⁻¹)	掺杂率[2] /%
聚吡咯	H_2O	3.4	77	1.4×10^{-7}	22 (22)[3]
聚吡咯	CH_3CN	0.48	190	1.1×10^{-6}	29 (30)[3]
聚吡咯	$EMICF_3SO_3$	0.29	250	7.2×10^{-2}	42 (38)[3]
聚噻吩	CH_3CN	8.6	9	4.1×10^{-8}	—
聚噻吩	$EMICF_3SO_3$	3.3	45	1.9×10^{-5}	—

1) 粗糙系数是膜厚度的标准偏差。
2) 掺杂率按照元素分析的碳质量分数来计算。
3) 掺杂率按照元素分析的氮质量分数来计算。

2005 年，Li 等[13]利用一种 Brönsted 酸性 1-乙基三氟乙酸咪唑离子液体作为电解液进行了苯胺的电化学聚合制备聚苯胺（PAN）。在研究中发现，在酸性离子液体中聚合速率得到了显著的提高。通过 SEM 照片发现，通过该方法制备的聚苯胺具有可控的纳米结构组成，这种特殊的光滑、均匀的结构使它成为 Pt 等纳米金属离子完美的支撑矩阵。同时作者还把制备的 PAN-HEImTfa 应用到电催化氧化甲酸反应中，表现出了很高的催化活性和稳定性。

4.7.1.2　离子液体在齐聚反应中的应用

$AlCl_3$ 型离子液体是研究最早的一类离子液体，由于它们与大部分的碳氢化合物不互溶，被认为是理想的非水两相催化体系的替代溶剂。固载了催化剂的离子液体层很容易地和产物分离后重复利用，因此，它们很早就被作为溶剂，固载 Ziegler-Natta 催化剂或过渡金属 Ni 或 Pd 络合物等催化剂催化烯烃的齐聚反应，如乙烯、丙烯、丁烯、丁二烯等。

Chauvin 等[14]报道了微酸性的[bmim]Cl-AlCl₃-EtAlCl₂ 体系固载 Ni（Ⅱ）磷配合物选择性催化丙烯二聚。EtAlCl₂ 的加入能很好地抑制产生阳离子副反应而导致的高低聚物的产生。与传统的过程相比，这个体系表现出了高的催化活性和高的对生成 2，2-二甲基丁烯的选择性、产物和催化剂层能通过简单的倾析的方法分离等特点。

Carlin 等[15]在[emim]Cl-AlCl₃-AlEtCl₂ 体系中，研究了 $TiCl_4$ 催化乙烯聚合，得到了较低熔点范围（120～130℃）的聚乙烯，而高相对分子质量的聚乙烯一般熔点在 136℃左右，所以认为这是因为生成了低聚物所致。Silva 等[16]报道了利用离子液体 1-甲基-3-丁基咪唑六氟磷酸盐和四氟硼酸盐离子液体固载 Pd（Ⅱ）化合物催化剂，如 $PdCl_2$、Pd（OAc）₂、Pd（acac）₂（acac 为乙酰丙酮）、$PdCl_2$（PhCN）₂、PdAnM（PPh₃）₂（AnM 为马来酸酐）等，催化 1，3-丁二烯选择性二聚成 1，3，6-辛三烯。该反应与传统的均相催化反应相比，丁二烯二聚反应的活性相同，但是选择性得到了很大的提高，而且产物和离子液体层可以通过简单的倾析而分离，回收的离子液体催化剂溶液可以重复利用，并且催化剂的活性及选择性没有明显的变化。

McGuinness 等[17]报道了氯化铝酸性离子液体固载 Ni（Ⅱ）杂环卡宾化合物催化剂催化丙烯或丁烯的二聚。他们发现这种 Ni（Ⅱ）杂环卡宾化合物在甲苯中只有很低的催化活性，相反，在离子液体中则表现出了很高的催化活性。他们认为在甲苯中由于咪唑的还原消去，催化剂很快分解，虽然在离子液体中这种消去也存在，但是一个快速的咪唑离子液体溶剂的自氧化加成的发生能够有效地阻止 Ni⁰ 沉积，而不使催化剂失活。这正好说明了离子液体比传统溶剂能更好地稳定催化剂。

2003 年，Stenzel 等[18]报道了以 Lewis 酸性离子液体 1－丁基－3－甲基咪唑四氯化铝离子液体（其中 $AlCl_3$ 过量 0.1mol）作为溶剂和催化剂催化 α－烯烃的低聚合反应，得到了较好的转化率和选择性，反应完后产物可以通过简单的移注的方法与离子液体催化剂层相分离，产物经过 ^{13}C 谱、^1H 谱以及气相色谱检测发现，产物一般为二聚、三聚和少量的四聚化合物，具体见表 4.39。

表 4.39　在 60℃，反应 16h 后，1-丁基-3-甲基咪唑四氯化铝离子液体/
0.1mol·L^{-1} $AlCl_3$/EtAlC$_{12}$（物质的量比＝10：1：1）催化体系中的 α-烯烃的齐聚
反应的分离产率和产品分布

单体	产率/%			
	总计	二聚物	三聚物	四聚物
乙烯[1]	67	25	36	6
丙烯[2]	59	52	5	2
1-丁烯[3]	31	30	1	0
1-戊烯[3]	12	11	1	0
1-己烯[3]	7	6	1	0
1-辛烯[3]	4	3	1	0

1）55 bar。

2）7 bar。

3）1 bar。

他们在研究中发现，在不加过渡金属催化剂的情况下，乙烯在 16h 内能达到 67％的转化率。随着碳链的增长，催化剂的催化活性降低。当加入 $TiCl_4$ 作为催化剂时，催化体系的催化活性得到了很大的提高，对不同的烯烃转化率分别达到了 58％～98％。得到的油状或蜡状低聚物可以简单地用倾析的方法和离子液体催化剂层分离。产物经 GPC 分析知道聚乙烯的重均相对分子质量和数均相对分子质量分别为 $M_w = 1290 \sim 1620 \text{g} \cdot \text{mol}^{-1}$，$M_n = 530 \sim 970 \text{g} \cdot \text{mol}^{-1}$，而且低聚物具有窄的单形态的多分散性（$D = 1.4 \sim 2.5$）。他们认为聚合物的低分散性归结于随着聚合物聚合度的增大，产物在离子液体中的溶解度降低，这些低聚物在反应过程中从离子液体层分离出来。同时，低聚物还具有高枝化、不规则的特性，通过对聚合物链末端基团的分析，他们指出，和在甲苯溶剂中反应相比，很突出的迁移作用导致了更多的 1，1，2 -三取代双键的形成，从而使低聚物具有这些特殊的性质。另外，他们还指出，当在相同条件下利用甲苯作为溶剂进行该聚合反应时，得到的聚乙烯具有宽的多分散性（$D = 95$）的聚合物，重均相对分子质量达到了 $M_w = 97\,900 \text{g} \cdot \text{mol}^{-1}$，数均相对分子质量为 $M_n = 1030 \text{g} \cdot \text{mol}^{-1}$，而且为高线性聚合物。

大家知道，环状碳酸酯一般要在醇盐、氢氧化钾等催化剂存在下才能开环聚合，而且需要高温，在开环聚合的过程中很容易发生脱羧反应致使二氧化碳损失，从而生成聚乙烯醚碳酸酯聚合物。Kadokawa 等[19]报道了利用 1 -丁基- 3 -甲基咪唑氯化铝或二氯化锡酸性离子液体作为催化剂进行乙烯碳酸酯的开环聚合，得到了数均相对分子质量为 $370 \sim 85 \text{g} \cdot \text{mol}^{-1}$ 的聚合物。他们发现，当用 1 -丁基- 3 -甲基咪唑氯化铝离子液体为 10% 时，该反应能在较低的温度下进行（60℃）。当反应温度为 100℃时，反应 10h 后，转化率能达到 99.6%，但是产率较低，聚合物中的碳酸酯基团在 10% 左右，而且不随反应温度的变化而变化。当用 1-丁基-3-甲基咪唑二氯化锡离子液体作为催化剂时，当反应温度小于 100℃时，离子液体没有催化活性，说明二氯化锡酸性离子液体具有比三氯化铝酸性离子液体较低的催化活性。但是在 120℃反应时，用二氯化锡酸性离子液体作为催化剂得到的聚合物的数均相对分子质量和聚合物的碳酸酯基团含量都高于三氯化铝离子液体催化体系中相同条件下得到的聚合物。

4.7.1.3 离子液体作为溶剂在配位与阳离子聚合中的应用

离子液体固载金属配合物催化剂应用于有机合成反应得到了很广泛的研究，但是作为溶剂在配位聚合上的应用文献报道较少。离子液体作为离子化合物，能提供不同的阳离子和阴离子与离子聚合中形成的活性离子形成离子对，从而使催化剂具有不同的催化活性、催化剂寿命。因此，离子液体应该是一种更理想的离子型聚合反应的溶剂，但是直到现在，文献报道的较少，具体原因不是很清楚。

Pinheiro 等[20]报道了以氯化铝酸性咪唑盐离子液体固载 Ni（Ⅱ）配合物催化乙烯的聚合。试验中发现，随着离子液体催化体系循环次数的增加，催化剂的催化活性有显著的增加。刚开始时，催化活性只有 $5 \text{kg} \cdot \text{mol}^{-1} \cdot \text{h}^{-1}$，当第二次循环使用时则达到了 $96 \text{kg} \cdot \text{mol}^{-1} \cdot \text{h}^{-1}$，而第三次使用时则为 $198 \text{kg} \cdot \text{mol}^{-1} \cdot \text{h}^{-1}$。大家一致认为二亚胺类镍配合物催化剂催化烯烃聚合的活性中心为阳离子型的烷基镍化合物,作者认为当用离子液体作为溶剂时,这类阳离子型的镍中心能与氯化铝离子液体中的负离子形成离子对,离子对中的阳离子镍催化中心更容易接近乙烯单体,从而导致了催化活性的提高。为了保持体系的酸性,后来三甲基铝的加入形成了不同的负离子,这样就能与阳离子镍催化中心形成不同的离子对,导致催化活性的变化。更有意思的是,不同循环次数获得的聚合物具有不同的相对分子质量分布和微观结构,这说明离子液体组成的不同引起了不同的聚合物增长过程。这一系列工作充分说明了离子液体作为溶剂提供的离子型环境能明显地影响离子型聚合过程,同时也体现了离子液体作为可调节溶剂的特点——能通过调节离子液体的结构来获得不同结构的聚合物。但是,产品分离过程中必须用甲苯萃取产物,部分削弱了离子液体作为绿色溶剂的意义。

在 Lewis 酸存在下的乙烯基单体的阳离子型聚合,普遍认为是 Lewis 酸和体系中少量的水反应产生了活性的氢离子,氢离子和单体加成后而产生碳正离子,碳正离子再和单体反应从而生成聚合物。由于苯乙烯单体结构上缺少给电子基团,聚合过程中形成的碳正离子的稳定性很低,从而在聚合过程中它们一般伴随很多的负反应,如 β-质子消去的链转移反应,Friedel-Crafts 烷基化反应等。因此,大家认为苯乙烯的可控阳离子聚合是有一定困难的。2004 年,Vijayaragha-van 等[21]报道了在 Lewis 酸如 AlCl$_3$、二草酸盐硼酸 bis (oxalate) bonic acid (HBOB) 存在下,用离子液体 N-甲基-N-丁基吡咯-2,3-氟甲磺酸酸根氨盐作溶剂进行苯乙烯的阳离子聚合。和在相同条件下在传统溶剂二氯甲烷中聚合的结果相比较,在离子液体中聚合得到的聚合物具有更低的相对分子质量以及分散性,作者认为这归结于离子液体中不同的活性引发剂浓度。当用 HBOB 作为 Lewis 酸时,在二氯甲烷中表现出了很低的催化活性,而在离子液体中则表现出了很高的催化活性,作者认为由于 HBOB 的弱酸性,在二氯甲烷中不能离解出足够高的活性质子浓度,而离子液体提供的特殊环境使它更容易离解出活性氢。Lewis 酸催化活性聚合的顺利进行,普遍认为溶剂的极性,以及用于稳定碳正离子的盐的加入将起到很重要的作用。在离子液体中,离子液体能通过其离子作用来稳定碳正离子,从而延长活性阳离子的寿命。同时作者还发现,当单体反应完后,再加入单体,聚合反应能继续进行,而且当聚合反应完成时,加入甲醇后,聚合物沉淀出来,过滤掉产物后,减压去掉甲醇,催化体系能重复利用。这为离子液体的利用提供了一条绿色的聚合反应途径。

Klingshirn 等[22]报道了利用离子液体作溶剂固载钯催化剂催化苯乙烯与一氧化碳共聚,与相同条件下在传统溶剂中进行的聚合相比,聚合物的相对分子质量以及产率都得到了提高。催化剂活性的提高得益于离子液体的利用,作者认为离子液体的利用能有效地防止聚合过程中链转移反应的发生以及催化剂的沉降。Hardacre 等[23]也得到了相同的实验结果。

聚苯乙炔(PPA)是具有光导、电导、顺磁、能量迁移和转换等特性的聚合物，且可溶可熔，性能稳定，因而是人们研究导电高分子材料的主要对象。近来 Mastrorilli 等[24]研究了将苯乙炔在以 Rh（Ⅰ）化合物为主催化剂、三乙胺为助催化剂的作用下，在离子液体丁基吡啶四氟硼酸盐离子液体和咪唑盐离子液体中的聚合，可以得到相对分子质量为 $5.5 \times 10^4 \sim 2 \times 10^5$ 的聚合物。当用 (diene) Rh (acac) 为催化剂时能得到高顺式结构（95%～100%）和高收率的 PPA，而且催化体系可重复利用。

Trzeciak 等[25]报道了用各种离子液体作为反应介质，以 RhTp (cod) 和 RhBp (cod)为催化剂催化苯乙炔的聚合，离子液体的利用大大提高了聚合物的产率以及聚合物的相对分子质量，而当以二氯甲烷作溶剂时，催化剂则没有催化活性。同时还发现，离子液体的结构对催化剂的催化活性具有很大的影响，结果见表 4.40。

表 4.40　离子液体中 RhBp (cod)₂ 催化的苯乙炔聚合反应[1]

离子液体	PPA 产率/%	M_w/Da	M_w/M_n
—[2]	40	21 800	2.9
[bmim] [BF₄]	38	55 000	2.0
[mokt] [BF₄]	58	60 000	1.7
[bumepy] [BF₄]	28	51 300	1.8
[bmim]Cl	2	—	
[bmim]Cl (1 h)	16	—	
[bmim]Cl (1 h)	54[3]	60 300	1.8

1) 反应条件：65℃，[PhC≡CH]：[Rh] =114，30 min。
2) 溶剂为二氯甲烷。
3) 催化体系的重复利用。

4.7.1.4　离子液体作为溶剂在自由基聚合反应中的应用

自由基聚合，尤其是自由自由基聚合是最重要的聚合方法，绝大多数有商业价值的产品都是由自由基聚合反应而得，因此，自由基的活性与可控聚合的研究与发展决定了整个活性聚合研究的取向、前途及命运。自由基聚合主要存在两个问题：①与阴离子和阳离子不同，自由基反应活性种本身之间会发生难以避免的歧化终止和偶合终止反应，这些终止反应趋于分子扩散速率。②大多数自由基引发剂在常用的条件下，分解速率极低，因而，一般说来，聚合增长反应比链引发反应快，导致相对分子质量分布宽。

离子液体具有比传统溶剂更高的黏度，因此，分子在离子液体中的扩散速率减小，增长链自由基通过扩散会聚而发生碰撞的概率比传统溶剂如苯中小，从而自由基的寿命延长，聚合速度增加，而且聚合物、离子液体与传统溶剂的相溶性存在差异，因而可能提供更绿色、方便的产物与催化剂分离过程等。还有离子液体对一些无机盐具有比传统溶剂更好的溶解性能等。基于上述优点，近几年来，很多研究者对以离子液体作为自由基聚合反应介质进行了研究，包括普通自由基聚合反应、原子转移自由基聚合反应（ATRP）、反向原子转移自由基聚合反应（反向 ATRP）等。

1. 普通自由基聚合反应

Zhang 等[26]在离子液体[bmim][BF$_4$]中，以过氧化苯甲酰（BPO）为引发剂，在 70℃下引发苯乙烯（St）和 MMA 共聚，得到了 AB 型嵌段共聚物，而在传统溶剂中，当采用连续加料的方式进行 St 和甲基丙烯酸甲酯（MMA）的自由基共聚时，只能得到各自的无规共聚物或均聚物。当 St 的摩尔分数在 10%～60%变化时，产物的相对分子质量为 2×10^5～8×10^5。这是由于聚苯乙烯在离子液体中的溶解度很小，增长的链自由基被沉淀的聚合物包埋而难以终止，当第二种单体甲基丙烯酸甲酯加入后，向增长的大分子自由基扩散，从而使聚合反应继续进行。他们还以偶氮二异丁腈（AIBN）和过氧化苯甲酰（BPO）为引发剂，分别研究了甲基丙烯酸甲酯和苯乙烯在[bmim][PF$_6$]离子液体和苯中的自由基聚合反应。发现在离子液体中聚合得到的聚甲基丙烯酸甲酯和聚苯乙烯与在苯中得到的相应的聚合物相比，具有相似的相对分子质量分布，但是在离子液体中的聚合速率明显加快，聚合物相对分子质量比在苯中聚合得到的高了约 10 倍。他们认为一方面这是由于聚合过程中聚合物析出，增长链末端的自由基由于被高分子包埋而减少了链转移和终止的机会；另一方面是离子液体的黏度比苯高，增长链自由基通过扩散会聚而发生碰撞的概率比在苯中的小，这样就直接导致了自由基寿命的延长、聚合速率的增加。但是后来的研究发现，MMA 在离子液体[bmim][PF$_6$]中聚合时，始终是处于均相，因此，上述理由无法完全解释 MMA 在离子液体中聚合速率加快、聚合物相对分子质量增大的现象。为了解释这一现象，Harrison 等[27]采用脉冲激光聚合（pulsed laser polymerization）技术深入地研究了 MMA 在离子液体中链增长速率常数（k_p）与离子液体浓度的关系。根据实验数据分析，他们认为是由于聚合链增长速率常数（k_p）大大增加而终止速率常数（k_t）减小所致，并且 k_p 随着离子液体体积分数的增加而增加，最高可超过本体浓度的 2 倍。实验数据表明离子液体具有明显的溶剂诱导加速聚合的作用。

以离子液体作为聚合反应介质，产物和离子液体固载催化剂层通过简单的过滤或萃取就能分离，离子液体可以回收利用，实现了绿色聚合过程。当一定量的离子液体保留在聚合物中时，离子液体能对聚合物起到很好的增塑剂的作用。Scott 等[28]报道了直接用[bmim][PF$_6$]为溶剂进行自由基聚合制备 PMMA，然后直接以聚合物溶液制成 PMMA 膜，发现离子液体是 PMMA 的有效增塑剂。

当聚合物中离子液体的质量浓度达到 50％时仍然是均相体系，而当以传统的增塑剂邻苯二甲酸二辛酯的浓度达到 40％～50％时就已经发生了明显的相分离，而且以离子液体为增塑剂的聚合物性能与用邻苯二甲酸二辛酯为增塑剂的相当，并且具有更好的热稳定性。

Cheng 等[29]研究了在离子液体[bmim][BF₄]中以 AIBN 为引发剂，进行了丙烯腈的自由基聚合，得到了与传统方法相似的实验结果。

Susan 等[30]报道了以离子液体 1-乙基-2，3-甲基咪唑-2，3-氟甲磺酸氨基盐为溶剂进行了各种乙烯基单体的自由基聚合，得到了一系列新的聚合物电解质。当在聚合过程中加入少量的交联剂，当聚合完成时，离子液体和聚合物能形成离子胶体，这种离子胶体能制成柔性的、透明的膜。离子胶体的玻璃化转变温度随着离子液体物质的量浓度的升高而降低。离子胶体中离子液体和 PMMA 表现出了完全相溶的特点，在室温下具有 $10^{-2}S \cdot cm^{-1}$ 的离子导电性。

2. 原子转移自由基聚合反应

原子转移自由基聚合反应是迅速发展的一种活性自由基聚合技术。一般由有机卤化物（引发剂）、过渡金属低价态盐（催化剂）及含氮多齿配体构成引发体系。在引发阶段，处于低氧化态的转移金属络合物（盐）从有机卤化物中吸取卤原子，生成引发自由基及处于高氧化态的金属络合物（盐），该自由基单体加成诱导聚合反应的进行。增长链自由基也可以从高价态过渡金属络合物（盐）夺取一个卤原子后而失去活性，生成休眠种；同时，将高价态的金属盐还原到低价态。引发剂的"活化"与"失活"是可逆的，而且速度很快。反应体系中活性中心的浓度远比普通自由基聚合体系中的低，并且保持恒定，双分子偶合或歧化终止等副反应减少，从而有效地调控聚合反应的进行。在这个过程中，过渡金属络合物（盐）的浓度对于聚合反应的控制起着重要的作用，而传统溶剂一般对过渡金属络合物的溶解性较差，为了增大聚合过程中过渡金属络合物的浓度从而有效地控制聚合反应，一般要加入和引发剂等量的过渡金属络合物。当在实际工业中运用时，一方面增加了反应成本，另一方面由于大量残留金属离子对聚合物、环境造成了很大的污染，不符合绿色化学发展的要求。

离子液体对于大量的有机物和无机物具有较好的溶解度，因此，离子液体作为反应溶剂固载过渡金属催化剂在有机合成上得到了广泛的应用，基于此，离子液体作为聚合介质固载过渡金属络合物被应用到原子转移自由基聚合反应过程中，将能很好地解决传统催化过程中过渡金属盐溶解度以及后污染等问题。

Carmichael 等[31]报道了在离子液体[bmim][PF₆]中以 Cu（Ⅰ）催化剂，N-丙基-2-吡啶甲亚胺为有机配体，进行 MMA 的 ATRP 聚合。当有机配体与 CuBr 按物质的量比为 1 的比例加入到[bmim][PF₆]离子液体中时，在室温下就形成深棕色均相液体，用 2-溴异丁酸酯为引发剂，在 70℃下，在 90min 内，

MMA 的转化率达到了 87%。和在传统非极性溶剂中的结果相比较，在离子液体中 MMA 的聚合反应速率明显加快，并且所得到的聚合物的相对分子质量分布较窄。Cu（Ⅰ）催化剂因为能溶于离子液体而不溶于甲苯，所以，当聚合反应完成时，以甲苯萃取，就能达到聚合物和催化剂的分离。催化剂离子液体层可以重复利用。

Biedron 等[32]报道了不同丙烯酸酯单体在离子液体[bmim][PF₆]中的 ATRP 聚合反应。发现单体在离子液体中的溶解性取决于单体分子上烷基的长度。丙烯酸甲酯（MMA）在[bmim][PF₆]离子液体中的聚合反应始终为均相反应，所得到的聚合物的相对分子质量与计算值很接近，且相对分子质量分布较窄，而丙烯酸丁酯不溶于该离子液体，为非均相聚合反应。当搅拌速度足够快以保证引发剂、单体、增长链自由基在两相之间的转移时，聚合反应依然是 ATRP。对于单体分子上烷基链更长的丙烯酸己酯、丙烯酸十二烷基酯，即使搅拌速度足够快，反应也是以不可控的方式进行。后来，他们又对丙烯酸酯类单体在离子液体[bmim][PF₆]中以 CuBr-CuBr₂-NH₃ 为催化体系进行嵌段聚合反应进行了研究[33]，当先用 ATRP 方法合成聚丙烯酸丁酯大分子引发剂，在丙烯酸丁酯几乎完全反应后，再直接加入第二种单体丙烯酸甲酯，所得到的嵌段共聚物相对分子质量分布很窄，均聚物含量很少，数均相对分子质量比理论值稍高。反之，如果先在离子液体中合成聚丙烯酸甲酯作为大分子引发剂，在丙烯酸甲酯转化率低于 70% 时加入第二种单体丙烯酸丁酯，仍可以得到分布较窄的嵌段共聚物。但是，当转化率高于 70% 时再加入丙烯酸丁酯，聚合物中除了嵌段共聚物外还有部分均聚物。当转化率大于 90% 时再加入第二种单体，则根本得不到嵌段共聚物。为了解释这些现象，作者对在离子液体中获得的失活的聚丙烯酸丁酯的端基进行了分析，聚合物除了含有相应大分子饱和的端基外，还含有少量不饱和端基，这些不饱和的端基表明，在均相体系中，当丙烯酸甲酯的转化率大于 70% 时，增长链自由基会发生不可逆终止，而在非均相体系中，增长链自由基不可逆终止的速率要小得多。

Matyjaszewski 等[34]在以离子液体为溶剂进行 ATRP 聚合反应研究时发现，在聚合体系中加入很少量的离子液体就能产生很好的效果。比如，当以 Fe 为催化剂在离子液体中催化甲基丙烯酸甲酯聚合时就不需要再加入胺络合物作为助催化剂；同样，当以 Cu 催化剂在离子液体中进行 ATRP 反应也能得到很高的活性。

Zhao 等[35]研究了在离子液体[bmim][PF₆]中，以含溴端基、不同代数的树枝状聚芳醚（G$_n$—Br, $n=1$~3）为大分子引发剂、以 CuBr-五甲基二甘醇三胺为催化剂，在室温（30℃）下对 N-己基顺丁烯二酰亚胺和苯乙烯进行原子转移自由基共聚。其共聚物相对分子质量分布（$1.18 < M_w/M_n < 1.36$）较窄。在离子液体中的聚合与在苯甲醚中 110℃ 下的聚合相比，两单体更容易形成交替共

聚物。

3. 反向原子转移自由基聚合反应

反向 ATRP 与 ATRP 一样，也是借助过渡金属催化剂来调控的氧化还原反应来降低反应体系中增长链自由基的浓度，实现对聚合反应的有效控制。在 ATRP 中，引发剂是烷基氯化物，催化剂是过渡金属的低价络合物（盐）。前者对人体和环境的危害较大，后者使用时容易被氧化。为了克服这两个缺点，Wang 等[36]提出了反向 ATRP 的概念。其主要特点是用普通的 AIBN、BPO 等常用的普通自由基引发剂代替有毒的烷基卤化物，用过渡金属的高价络合物代替低价络合物，从而有效地解决 ATRP 中存在的问题。

Ma 等[37]研究了 AIBN、CuCl$_2$、连吡啶为催化体系，在离子液体 [bmim][PF$_6$]中催化 MMA 的反向 ATRP 反应。发现只要很低浓度的催化剂就能有效地调控聚合反应，这主要归功于催化剂在离子液体中有很好的溶解度，提高了催化剂的利用率，而在传统溶剂中该催化体系不能有效地调控 MMA 的自由基聚合反应，因为催化剂在传统溶剂中的溶解性差，使有效催化剂的浓度过低。此外，聚合反应完成后，聚合物能通过简单的方法分离，催化体系在加入 AIBN 后就能重复利用。后来他们还研究了在亲水性离子液体[bmim][BF$_4$]和 [ddmim][BF$_4$]中以相同的催化体系催化 MMA 的 ATRP 反应[38]，发现 PMMA 在[bmim][BF$_4$]中具有较低的溶解度，而使催化体系不能很好地控制 MMA 的 ATRP 反应，而在[dd mim][BF$_4$]中却能有效地控制。通过对聚合物的端基的分析，确定该聚合过程为活性聚合过程。

4. 可逆加成断裂链转移聚合

可逆加成断裂链转移聚合（RAFT）是新近发展起来的一种活性聚合技术，它以适用单体范围广而著称，其反应机理如图 4.89 所示，与普通自由基聚合反应相比，体系中除了单体、引发剂外，还有调控增长链自由基浓度的二硫代羰基化合物。聚合时，引发剂引发单体聚合形成增长链自由基，增长链自由基向二硫代羰基化合物的 C ═S 键可逆加成，形成自由基中间体，该中间体可逆断裂又形成新的增长链自由基。由于在反应过程中，自由基的浓度远比二硫代羰基化合物的浓度低，链终止和链转移的程度降低，从而可以达到控制聚合反应的目的。

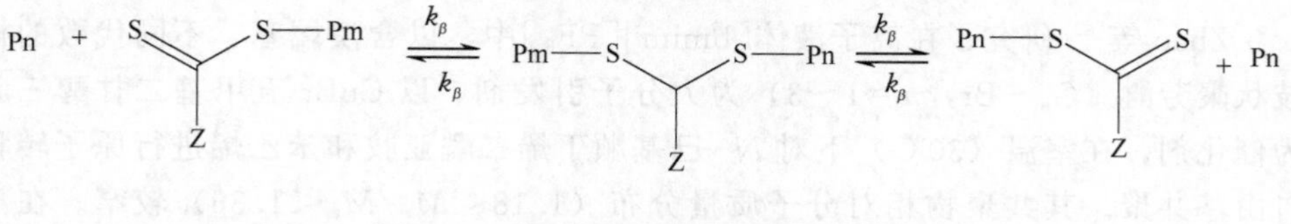

图 4.89　在 RAFT 过程中的主要平衡

Perrier 等[39]报道了 AIBN 引发的 MMA、MA 和 St 在离子液体中的 RAFT 聚合反应。具体结果见表 4.41。

表 4.41 2-（2-氰基丙基）二硫代苯甲酸调控的 MMA、MA 及苯乙烯在本体室温离子液体、甲苯中的聚合反应的最终转化率、相对分子质量及聚合物的相对分子质量分布数据

反应[1]	单体	溶剂	转化率[2] /%	M_n[3] /(g·mol^{-1})	$M_{n,theo}$[4] /(g·mol^{-1})	PDI[3]
1	MMA	—	89.7	49 100	43 800	1.19
2	MMA	甲苯	71.7	41 500	34 900	1.14
3	MMA	[bmim][PF$_6$]	84.3	59 700	41 000	1.15
4	MMA	[hmim][PF$_6$]	91.3	66 200	44 500	1.12
5	MMA	[omim][PF$_6$]	90.1	67 400	43 900	1.11
6	MA	—	44.2	35 800	22 100	1.24
7	MA	甲苯	62.3	34 200	31 000	1.28
8	MA	[bmim][PF$_6$]	69.6	35 600	34 700	1.17
9	MA	[hmim][PF$_6$]	83.0	51 600	41 300	1.23
10	MA	[omim][PF$_6$]	85.0	55 600	42 300	1.26
11	Sty	—	23.2	13 200	11 000	1.13
12	Sty	甲苯	15.0	7900	7100	1.07
13	Sty	[C$_x$mim][PF$_6$](x=4,6,8)	<2	—	—	

1) 所有的聚合反应按如下条件进行：[单体]／[CPDB]＝490，氮气氛围，60℃反应 24h。

2) 基于 d_8-DMSO 为溶剂的 ^{1}HNMR。

3) THF 为洗脱剂，PMMA 或 PS 为基准物，相对分子质量用 Mark-Houwink 常量校正（a=0.660 和 K=19.5）。

4) 用公式：$M_{n,theo}$＝[Monomer]／[CPDB]$×M×c$ 计算，其中 M 是单体的相对分子质量，c 是转化分数。

从表 4.41 中可以发现，由于聚苯乙烯不溶于所用的离子液体，从而在聚合反应的初期就沉淀出来，而没有形成聚合物。对于 MMA、MA 则得到了很好的结果，如聚合物的相对分子质量分布（PDI）很窄，PMMA 的 PDI 小于 1.1，PMA 的 PDI 小于 1.3。此外，当在其余条件相同的情况下，和在甲苯或本体中的聚合反应相比，在离子液体中的聚合速率明显加快，且聚合速率和离子液体的结构相关，如 MMA 在本体中聚合其转化率为 89.7%，而在甲苯中为 71.7%，在离子液体[bmim][PF$_6$]中为 84.3%，而在[hmim][PF$_6$]中则为 91.3%。

4.7.1.5 离子液体在其他聚合反应及聚合物加工中的应用

1. 在其他聚合反应中的运用

正如各种有机合成反应在离子液体中都能进行一样，很多类型的聚合反应也顺利地在离子液体中得到了实施，但是，相对来说，研究还是较少。

Biedron 等[40]报道了以手性离子液体作为溶剂来进行 MMA 的聚合，希望通过手性离子液体来控制聚合反应中的立体化学。研究中发现，在手性离子液体中得到的 PMMA 和传统方法相比具有更多的等规结构，并且随着离子液体与单体物质的量比的增加，聚合物的全同立构规整度增加，而且随着单体取代基的增大，全同立构的效果会更加明显。同样条件下，本体聚合只能得到无规聚合物，说明手性离子液体在聚合过程中对聚合物的立体构型具有很大的影响。

Vygodskii 等[41]报道了利用咪唑盐离子液体作为溶剂合成缩聚物。如二元胺和二元羧酸酐在无催化剂的条件下聚合，得到高相对分子质量的聚酰亚胺，二元胺与二酰基氯缩聚可以得到相应的聚酰胺。作者认为，在聚合过程中，离子液体不但作为聚合的溶剂，而且作为缩合反应的催化剂。

Uyama 等[42]报道了在离子液体[bmim][PF$_6$]中，以南极洲假丝酵母脂肪酶为催化剂的 ε-己内酯的开环聚合和脂肪族双酯与丁二醇的缩聚反应，它们的收率分别为 97% 和 72%。聚合物的相对分子质量达到 3000，且具有较宽的相对分子质量分布。

Gao 等[43]报道了在水/离子液体两相界面聚合合成聚苯胺纳米粒子。通过电镜照片发现，通过该方法合成的聚苯胺具有 30~80nm 的直径，且具有和传统有机溶剂/水组成的双相体系聚合得到的聚合物不一样的形貌。

Liu 等[44]报道了以 ^{60}Co γ 射线引发 MMA 和 BMA 在离子液体[Me$_3$NC$_2$H$_4$OH]$^+$[ZnCl$_3$]$^-$、离子液体/四氢呋喃、离子液体/甲醇溶液中的聚合反应。研究中发现，在四氢呋喃与甲醇溶剂中加入离子液体后，得到的聚合物的相对分子质量有了很大的升高，作者认为这是由于离子液体的加入增大了溶剂的黏度和极性的缘故。此外，得到的 PMMA 具有差不多单峰的相对分子质量分布，而 PBM 则具有多峰的相对分子质量分布。他们认为这种差异来源于在离子液体/单体/有机溶剂或离子液体/聚合物/有机溶剂中有微相的存在，而 PMMA 与之具有更好的相溶性。

2. 在聚合物加工中的运用

纤维素是自然界中最为丰富的一种可再生资源，人类已有很久的应用历史和较成熟的应用技术，其加工产物衍生物在纤维、造纸、膜、涂料、聚合物等方面有着广泛的应用。纤维素由很多分散的线状葡萄糖高分子链组成，链间由氢键形成稳定的超分子结构，这种特殊的结构使它不溶于水和大多数的有机溶剂。在其溶解改性过程中不可避免地利用到大量有机溶剂如 CS_2 和无机酸等，而毒性很强的 CS_2 和无机酸对环境造成了很大的污染。

Swatloski 等[45]报道了离子液体[bmim]Cl 是纤维素的理想溶剂，在加热到 100℃的情况下，能很容易制备 10%质量浓度的纤维素离子液体溶液，而当改成在微波加热条件下时，则能容易地制备出 25%质量浓度的纤维素离子液体溶液，而且离子液体的溶解能力顺序如下：[bmim]Cl ＞ [bmim]Br，[bmim][SCN] ＞ [hmim]Cl。[bmim][PF_6]、[bmim][BF_4]离子液体则没有溶解能力。作者认为，离子液体对纤维素的溶解能力归结于高的氯离子浓度以及其强的氢键破坏能力。当在纤维素离子液体溶液中加入水、丙酮、乙醇溶剂时，纤维素能马上沉淀出来，而且再生的纤维素的外观形态与沉淀剂的种类有关。利用制备的离子液体溶液在不同的处理方式下制备纤维素粉末、薄膜以及纤维等。后来 Wu 等[46]报道了以 1-烯丙基-3-甲基咪唑氯盐离子液体为溶剂溶解纤维素进行均相的乙酰化改性研究。

蚕丝纤维是一类具有比人工合成的聚合物更突出的机械性能的天然生物大分子，而蚕丝蛋白重链实际上则是构成家蚕丝的纤维。蛋白质的初始结构是从 cDNA 序列中推导出来的，而 cDNA 则源于结茧过程中丰富的 mRNA。该分子是由大量六元序列 GAGAGS（一个是氨基酸码）重复构成的，其他排列方式则被插入不规则的间隙中。有时，缬氨酸、丝氨酸或酪氨酸会代替丙胺酸或氨基乙酸，或者多余的丙胺酸会存在于六元重复单元中。丝的蚕丝蛋白被认为是由晶体与无定形态构成的嵌段共聚缩氨酸。这些重复单元之间的强氢键以及疏水性使蚕丝蛋白不溶于一般的普通溶剂。在制备蚕丝蛋白溶液过程中必须用到大量的无机盐如 $CaCl_2$、LiCl 等，然后还要经过一个繁琐的透析过程才能得到蚕丝蛋白溶液。基于[bmim]Cl 离子液体强的氢键破坏能力，2004 年，Phillips 等[47]报道了利用离子液体溶解蚕丝蛋白。

他们在研究中发现，所用的离子液体[emim]Cl 具有最好的溶解性能。在油浴加热的条件下很容易地得到了 23.3%质量浓度的蚕丝蛋白离子液体溶液，而像 $[BF_4]^-$、$[AlCl_4]^-$ 等非配位能力的负离子的离子液体却没有溶解能力。把获得的蚕丝蛋白离子液体涂在玻璃片或硅片上，再以乙腈或甲醇冲洗掉离子液体，则能得到蚕丝蛋白膜。他们还对蚕丝蛋白膜的晶型结构用 WAXS 和拉曼光谱进行了表征，发现用甲醇洗脱得到的膜具有更好的结晶度。在此同时，作者所在研究组也得到了相似的研究结果，而且还发现用离子液体[bmim]Cl 为溶液能制备出不同比例的蚕丝蛋白/纤维素共混溶液，此溶液能直接制备出共混薄膜和纤维。基于对离子液体对生物大分子的溶解能力，继续研究了离子液体 [bmim]Cl 对羊毛角蛋白纤维的溶解性质研究。

大家知道，羊毛资源浪费严重，每年都有数以万吨级的粗长羊毛，因剪毛或其他加工形成极短的、没有纺织价值的羊毛被丢弃，而且在我们日常生活中也有很多的废弃的羊毛纺织品没有得到很好的回收利用。羊毛角蛋白的基础成分是各种 α-氨基酸，氨基酸通过肽键构成多肽长链，这些长链又通过二硫键、氢键、盐式键、酯键、van der Waals 力等横向联系形成角蛋白的空间构型，使角蛋白呈曲折交联的 α-螺旋三维结构，并形成纤维的结晶区和非结晶区，其结构极其复杂而致密，因此，羊毛是比纤维素和蚕丝更难溶解的一类生物大分子。但是当羊毛角蛋白溶液制备好以后，它被广泛地应用在动物饲料添加剂、羊毛定形整理剂、皮革功能添加剂或生物共混材料等方面。因此，不管是从经济角度还是环保角度来考虑羊毛的再生利用都是一项很有意思的工作。传统的溶解羊毛角蛋白纤维的方法主要有氧化法、还原法、碱（酸）性法、铜氨溶液法等，这些过程中要用到大量对环境不友好的氧化剂、还原剂、酸、碱、无机盐有机溶剂等。我们在研究中发现[bmim]Cl 离子液体在加热的情况下对羊毛角蛋白纤维具有很好的溶解能力[48,49]。具体结果见表 4.42。

表 4.42　羊毛角蛋白纤维在离子液体中的溶解性

IL	$T/℃$	t/h	溶解度/%（质量分数）
[bmim]Cl	100	10	4
	130	10	11
[bmim]Br	130	10	2
[amim]Cl	130	10	8
[bmim][BF₄]	130	10	不溶
[bmim][PF₆]	130	10	不溶

我们发现温度对离子液体的溶解能力有很大的影响，对于离子液体 [bmim]Cl，当温度为 100℃时，在 10h 内只溶解了 4%（质量浓度）的羊毛角蛋白纤维，而当温度升高到 130℃时，则能溶解 11%（质量浓度）。相似的非配位能力的离子液体[bmim][BF₄]、[bmim][PF₆]对羊毛角蛋白纤维没有溶解能力。当往角蛋白离子液体溶液中加入甲醇时，角蛋白沉淀出来，我们对再生的角蛋白和天然的角蛋白纤维以及角蛋白离子液体溶液进行了广角 X 射线衍射研究[图 4.90(a)]。发现角蛋白离子液体溶液只在 $2\theta=25°$ 左右显示了一个宽的无定形峰，而没有典型天然的 α-角蛋白的衍射峰 $2\theta=20.06°$、$2\theta=9.26°$ 出现，这说明在溶解过程中离子液体破坏了羊毛角蛋白的结晶区结构。再生的羊毛角蛋白在 $2\theta=20.2°$附近只显示了一个较强由于 β-折叠结构而引出的衍射峰，说明在溶解过程中角蛋白的 α-螺旋结构被破坏了，而且在再生过程中不能被恢复。

传统的制备角蛋白/纤维素共混材料一般用的是铜氨溶液法，而且必须加入一定的还原剂来增加羊毛角蛋白的溶解度，制备过程中大量金属盐溶液的排放以及产品中铜盐的除去是一个很严重的问题。我们考虑到[bmim]Cl离子液体也是纤维素的良溶剂，基于此探讨了用离子液体为溶剂制备角蛋白/纤维素共混材料。试验中发现，能很容易地制备出10%质量浓度的不同比例的角蛋白/纤维素离子液体溶液。我们以10%质量浓度的质量比为1：5的角蛋白/纤维素离子液体溶液为例，当把制备好的溶液涂在玻璃片上后，再用甲醇溶液浸泡去掉离子液体后，能得到透明的角蛋白/纤维素共混膜。通过注射的方法把溶液注射到甲醇中能得到角蛋白/纤维素共混纤维［图4.90（b）］。

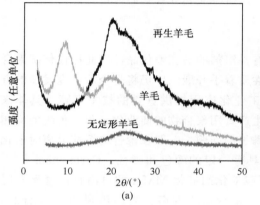 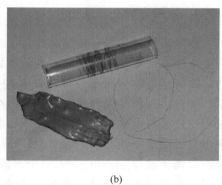

(a)　　　　　　　　　　　　(b)

图4.90　天然的羊毛角蛋白纤维，再生的羊毛角蛋白以及10%质量浓度的羊毛角蛋白离子
液体溶液的广角X射线比较（a）和质量比为1：5的羊毛角蛋白，
纤维素共混膜与纤维的照片（b）

4.7.2　关键科学问题

离子液体得到广泛的研究，与其独特的性质密不可分，离子液体在聚合反应中的应用，也是紧密地结合了这些性质展开的。整体来考虑，在所有的聚合反应中，离子液体都表现出了能重复利用、能代替传统的有机溶剂以及使催化剂与产物容易分离等优点，能带来巨大的经济效益和环境利益；同时由于离子液体的种类繁多，可以根据要求来设计离子液体，使每一个在离子液体中进行的聚合过程都有可能取得与传统方法不同的结果。单独来考虑时，如离子液体的高导电性、高黏度以及宽的电化学窗口等特性使离子液体成为电化学聚合反应更理想的电解质，在聚合过程中体现出了聚合速度加快、得到的聚合物具有不同的形貌特征等优点；离子液体特殊的离子环境，在离子聚合反应中能提供不同的阳离子和阴离子与离子聚合中形成的活性离子形成离子对，来稳定活性离子，从而使催化剂具有不同的催化活性、催化剂寿命等；离子液体高的黏度直接影响了自由基的扩散速度，增长链自由基通过扩散会聚而发生碰撞的概率比在传统溶剂中的小，这样

就直接导致了自由基寿命的延长、聚合速度的增加，而且后来的研究发现离子液体提供的新的聚合环境对自由基聚合具有明显的溶剂诱导加速聚合的作用。离子液体对大量的有机物和无机物具有较好的溶解度，这使它们成为可控自由基聚合反应和过渡金属调控的活性自由基聚合反应的潜在溶剂，为解决自由基聚合中产物与催化剂分离提供了新的思路。手性离子液体能提供一个特殊的手性环境，在聚合过程中能在分子水平上控制聚合物的空间构型，这为合成新构型、新性质的聚合物提供了潜在的途径。当然，离子液体作为绿色溶剂中的一个新成员，作为聚合反应的介质才刚刚起步，很多潜在的科学问题等着我们去挖掘。

4.7.3　发展方向及建议

离子液体被认为是传统易挥发、有毒溶剂的潜在替代品，因此抓住传统聚合工业中存在的问题与离子液体的特殊性质着手开展工作仍将是今后研究发展的方向，同时这也将为离子液体早日实现工业化应用提供重要的技术保障。具体来说，如自由自由基聚合是一个重要的生产日用聚合物的商业化过程。传统的均相过程中产品与催化剂的分离是一个很棘手的问题。一般在聚合物沉淀分离时催化剂也共沉淀出来而污染产品，使产品具有一定的颜色和毒性。Carmichael 等[31]报道以离子液体［bmim］［PF₆］/甲苯固载催化剂催化 MMA 的自由自由基聚合时发现，室温下离子液体层溶解催化剂和甲苯层不互溶，当加热到 90℃聚合时，体系则成均相，聚合反应完成后，降低到室温，溶解了PMMA的甲苯层与离子液体催化剂层又分层。经分析，甲苯层中只含有 0.17％的催化剂。这个现象说明离子液体在解决传统工业中催化剂的残留问题上具有很大的应用前景。因此，以此推广，通过调节离子液体的结构，调节离子液体与传统溶剂相互溶解的性质，开发在反应条件下为均相，体现均相反应的催化特点，而在非反应条件下则表现出非均相，体现出非均相反应条件下催化剂和产物容易分离的优点的应用将是今后发展的趋势之一。过渡金属在传统溶剂中的溶解度的限制，使过渡金属调节的活性自由基聚合的商业化应用停滞不前，而离子液体对过渡金属盐很好的溶解能力将为此提供潜在的解决途径，为其商业化应用点燃新的火花。从已有的研究中，我们能感受到离子液体在工业生产中应用的希望，但是还有大量的工作还等待我们去实施。另外，因为离子液体提供了一个新的聚合环境，将会有很多新的化学知识等着我们去发现，尤其是新型手性离子液体的合成以及在聚合反应中的应用，将为我们从分子水平上控制聚合物的立体构型提供新的途径。这些工作将会进一步拓展高分子化学的内容，推动高分子科学的进一步发展。谈到离子液体的工业化应用，很多基础性的数据现在还相当缺乏，如综合的毒性数据、对工业设备的腐蚀程度、传质传热数据等，这些都是阻碍离子液体工业化进程步伐的因素，因此，这是致力于离子液体研究与应用的科研工作者们必须完成的工作。基于离子液体作为天然生物大分子的加工溶剂，很多潜在的应用等待我们去探索。

4.7.4 结论与展望

离子液体用作聚合反应的催化剂和溶剂虽然刚刚起步，但已体现出了解决传统聚合工艺中存在的环境污染问题、催化剂的固载和回收等问题的巨大潜力。同时，离子液体的应用提供了一个新的反应环境，一方面对催化剂的催化活性具有一定的正向促进作用，如在离子液体中的自由基聚合比在传统溶剂中的聚合速度明显加快，在配位聚合中能降低催化剂的使用量，提高催化剂的催化效率；在电化学聚合中聚合物（PPP）的相对分子质量明显增大等。另一方面对催化剂的性能提供了一些新的化学内容。这些都将为高分子化学开辟新的篇章，从而推动高分子科学的发展。离子液体在天然生物大分子的回收与利用中表现出来的优越性能，也将为绿色化学增添新的内容，为天然生物大分子的加工利用提供了新的机遇。总之，离子液体在聚合反应中的应用才初显端倪，但是它所体现出来的在应用上的巨大潜力必将进一步地吸引科学家和企业家的眼球。

参 考 文 献

1　Earle M J, Seddon K R. Ionic liquid green solvents for the future. Pure Appl. Chem. , 2000, 72(7):1391~1398

2　Wasserscheid P, Welton T. Ionic liquids in synthesis. Berlin: Wiley-VCH, 2002

3　Rogers R D, Seddon K R. Ionic liquids-solvents of the future? Science, 2003, 302, 792~793

4　Chauhan S M S, Kumar A, Srinivas K A. Oxidation of thiols with molecular oxygen catalyzed by cobalt(Ⅱ) phthalocyanines in ionic liquid. Chem. Commun. , 2003, 2348~2349

5　Mehnert C P, Mozeleski E J, Cook R A. Supported ionic liquid catalysis investigated for hydrogenation reactions. Chem. Commun. , 2002, 3010~3011

6　Song C E, Shim W H et al. Scandium(Ⅲ) triflate immobilised in ionic liquids: A novel and recyclable catalytic system for Friedel-Crafts alkylation of aromatic compounds with alkenes. Chem. Commun. , 2000, 1695~1696

7　Welton T. Room temperature ionic liquids: Solvents for synthesis and catalysis. Chem. Rev. , 1999, 99: 2071~2083

8　(a)Przemyslaw K. Application of ionic liquids as solvents for polymerization processes. Prog. Polym. Sci. ,2004,29:3~12;(b) 张普玉,楼帅,柴云. 在离子液体介质中聚合反应的研究进展.石油化工,2005,34:388~393;(c)马洪洋,宛新华,陈小芳等.烯类单体在室温离子液体中的自由基聚合反应研究进展.化学通报,2004,67:397~402

9　Goldenberg L M, Osteryoung R A. Benzene polymerization in 1-ethyl-3-methylimidazolium chloride-AlCl₃ ionic liquid. Synth. Met. , 1994, 64(1):63~68

10　Arnautov S A, Kobryanskii V M. Study of new modifications of poly (*p*-phenylene) synthesis via oxidative polycondensation. Macromol. Chem. Phys. ,2000,201:809~814

11　El Abedin S Z, Borissenko N, Endres F. Electropolymerization of benzene in a room temperature ionic liquid. Electrochemistry Communications,2004,6:422~426

12　Sekiguchi K, Atobe M, Fuchigami T. Electropolymerization of pyrrole in 1-ethyl-3-methy-limidazolium trifluoromethanesulfonate room temperature ionic liquid. Electrochemistry Communications,2002, 4: 881~885

13　Li M C, Ma C A et al. A novel electrolyte 1-ethylimidazolium trifluoroacetate used for electropolymerization of aniline. Electrochemistry Communications,2005, 7: 209~212

14　Chauvin Y, Gilbert B, Guibard I. Catalytic dimerization of alkenes by nickel complexes in organo chloroaluminate molten salts. Chem. Commun. , 1990, 11: 1715~1716

15　Carlin R T, Robert A, Osteryoung R et al. Studies of titanium (IV) chloride in a strongly Lewis acidic molten salt: electrochemistry and titanium NMR and electronic spectroscopy. Inorg. Chem. , 1990, 29 (16): 3003~3009

16　Silva S M, Suarez PAZ, Souza R F et al. Selective linear dimerization of 1,3-butadiene by palladium compounds immobilized into 1-n-butyl-3-methy imidazolium ionic liquid. Polymer Bulletin, 1998, 40:401~405

17　McGuinness D S, Mueller W et al. Nickel(II)heterocyclic carbene complexes as catalysts for olefin dimerization in an imidazolium chloraaluminate ionic liquid. Organometallics, 2002, 21: 175~181

18　Stenzel O, Brull R et al. Oligomerization of olefins in a chloroaluminate ionic liquid. Journal of Molecular Catalysis A: Chemical,2003, 192: 217~222

19　Kadokawa J, Iwasaki Y, Tagaya H. Ring-opening polymerization of ethylene carbonate catalyzed with ionic liquids: imidazolium chloroaluminate and chlorostannate melts. Macromol. Rapid Commun. ,2002, 23: 757~760

20　Pinheiro M F, Mauler R S, de Souza R F. Biphasic ethylene polymerization with a diiminenickel catalyst. Macromol Rapid Commun. ,2001, 22: 425~428

21　Vijayaraghavan R, McFarlane D R. Living cationic polymerisation of styrene in an ionic liquid. Chem. Commun. , 2004, 700~701

22　Klingshirn M, Broker G A, Holbrey J D et al. Polar, non-coordinating ionic liquids as solvents for the alternating copolymerization of styrene and CO catalyzed by cationic palladium catalysts. Chem. Commun. , 2002, 1394~1395

23　Hardacre C, Holbrey J D, Seddon K R et al. Alternating copolymerisation of styrene and carbon monoxide in ionic liquids. Green Chem, 2002, 4(2):143~146

24　Mastrorilli P, Nobile C F, Gallo V et al. Rhodium (I) catalyzed polymerization of phenylacetylene in ionic liquids. J. Mol. Catal. A: Chem. ,2002, 184: 73~78

25　Trzeciak A M et al. Polymerization of phenylacetylene catalysed by rhTp (cod) and RhBp(cod) in ionic liquids: Effect of alcohols and of tetraammonium halides. Appl. Organometal. Chem. ,2004, 18: 124~129

26　Zhang H W, Hong K L, Mays W J. Synthesis of block copolymers of styrene and methyl methacrylate by conventional free radical polymerization in room temperature ionic liquids. Macromolecules, 2002, 35: 5738~5741

27 Harrison S, MacKenzie S R, Haddleton D M. Unprecedented solvent-induced acceleration of free-radical propagation of methyl methacrylate in ionic liquid. Chem. Commun. ,2002, 2850~2851

28 Scott M P, Brazel C S, Benton M G et al. Application of ionic liquids as plasticizers for poly (methyl methacrylate). Chem. Commun. ,2002,1370~1371

29 Cheng L, Zhang Y M, Zhao T T et al. Free radical polymerization of acrylonitrile in green ionic liquids. Macromol. Symp. ,2004,216:9~16

30 Susan M A B H, Kaneko T et al. Ion gels prepared by in situ radical polymerization of vinyl monomers in an ionic liquid and their characterization as polymer electrolytes. J. Am. Chem. Soc. ,2005,127:4976~4983

31 Carmichael A C, Haddleton D M, Bon S A F et al. Copper (I) mediated living radical polymerization in an ionic liquid. Chem. Commun. ,2000, 22: 1237~1238

32 Biedron T, Kubisa P. Atom-tramsfer radical polymerization of acrylates in an ionic liquid: Macromol. Rapid Commun. ,2001, 22:1237~1242

33 Biedron T, Kubisa P. Atom transfer radical polymerization of acrylates in ionic liquids: Synthesis of block copolymers. J. Polym. Sci. Polym. Chem. Ed. ,2002,40: 2799~2809

34 Matyjaszewski K, Sorbu T. ATRP of methyl methacrylate in the presence of ionic liquids with ferrous and cuprous anions. Macromol. Chem. Phys. ,2001, 202: 3379~3391

35 Zhao Y L, Zhang J M et al. Atom transfer radical copolymerization of n-hexylmaeimide and styrene in an ionic liquid. J. Polym. Sci, Part A: Polym. Chem. , 2002:40 (20): 3360~3366

36 Wang J S. Matyjaszewski K, Living/controlled radical polymerization. Transition-metal-catalyzed atom transfer radical polymerization in the presence of a conventional radical initiator. Macromolecules, 1995, 28(22):7572~7573

37 Ma H Y, Wan X H, Chen X F et al. Reverse atom transfer radical polymerization of methyl methacrylate in room temperature ionic liquids. Journal of Polymer Science Part A: Polymer Chemistry, 2003, 41:143~151

38 Ma H Y, Wan X H, Chen X F et al. Reverse atom transfer radical polymerization of methyl methacrylate in imidazolium ionic liquids. polymer, 2003, 44:5311~5316

39 Perrier S, Davis T P et al. First report of reversible addition-fragmentation chain transfer (RAFT) polymerisation in room temperature ionic liquids. chem. commun. , 2002, 2226~2227

40 Biedron T, Kubisa P. Ionic liquids as reaction media for polymerization process: Atom transfer radical polymerization (ATRP) of acrylates in ionic liquids. Polym. Int. , 2003, 52(10): 1584~1588

41 Vygodskii Y S, Lozinskaya E I, Shaplov A S. Ionic liquids as novel reaction media for the synthesis of condensation polymers. Macromol. Rapid Commun. , 2002, 23: 676~680

42 Uyama H, Takamoto T, Kobayashi S. Enzymatic synthesis of polyesters in ionic liquids. Polym. J. , 2002, 34: 94~96

43 Gao H X, Jiang T, Han B X et al. Aqueous/ionic liquid interfacial polymerization for pre-

paring polyaniline nanoparticles. polymer，2004，45：3017～3019

44 Liu Y D，Wu G Z et al. ⁶⁰Coγ-irradiation initiated polymerization in ionic liquids—the effect of carbon-chain length of monomer. Beam Interactions with Materials and Atoms，2005，236：443～448

45 Swatloski R P，Spear S K et al. Dissolution of cellulose with ionic liquids. J. Am. Chem. Soc.，2002，124：4974～4975

46 Wu J，Zhang J，Zhang H et al. Homogeneous acetylation of cellulose in a new ionic liquid. Biomacromolecules，2004，5：266～268

47 Phillips D M，Drummy L F et al. Dissolution and regeneration of bombyx mori silk fibroin using ionic liquids. J. Am. Chem. Soc.，2004，126：14 350～14 351

48 Xie H B，Li S H，Zhang S B. Ionic liquids as novel solvents for the dissolution and blending of wool keratin fibers. Green Chem.，2005，7：606～608

49 谢海波，张所波.一种角蛋白溶液的制备方法. CN 200410011389.6

4.8 离子液体在二氧化碳固定-转化中的应用

二氧化碳气体是大气中最主要的温室气体之一。自从人类社会进入工业化生产以来，地球大气中二氧化碳的浓度一直飞快地攀升，根据美国国家气象局的数据，目前空气中二氧化碳含量每5年提高1.36%，按此速度到2030年大气中二氧化碳含量将翻一番，致使地球平均温度升高1.5～4.5℃。全球气温升高将给生态环境带来严重破坏，导致全球性气候异常，引发频繁的自然灾害。1990～2001年，我国二氧化碳排放量净增8.23亿t，占世界同期增加量的27%，从总量上看，目前我国二氧化碳排放量已位居世界第二，预测表明，到2025年前后，我国的二氧化碳排放总量很可能超过美国，居世界第一位，届时在二氧化碳问题上我国将面临巨大的国际压力。从资源化学的角度来讲，二氧化碳又是一种安全、无毒、丰富的C资源，随着环境问题和能源危机的日益加重，有关二氧化碳的固定-转化利用研究已经成为世界各国普遍关注的重要课题之一。

离子液体是完全由特定阳离子和阴离子构成的一种新型介质和功能材料，由于其具有低挥发性、宽电化学窗口、良导电与导热性、高热稳定性等优异特性，通过调整离子液体阴、阳离子的结构和组合，可以制备出"需求特定"（task-specific）或"量体裁衣"（tailor-making）的离子液体[1,2]。近年来，离子液体研究已从发展"绿色"化学化工快速扩展到功能材料、能源、资源环境、生命科学等领域，受到了世界各国科研和企业界的广泛关注。

近年来，一系列的研究表明离子液体具有良好的吸收溶解二氧化碳的能力，且在某些二氧化碳固定-转化反应中也表现出了有益的催化或助催化性能，这些研究的发现和不断完善为二氧化碳的吸收固定和转化利用提供了新的发展思路，通过设计研制具有高溶解二氧化碳能力的新型离子液体，有选择地吸收工业废气和大气中的二氧化碳"温室气体",解决了现有二氧化碳吸收技术中由于传统有机溶剂的高挥发导致的设备腐蚀和复杂的后处理问题。进而,通过构建高效的二氧化碳的转化反应体系,有可能实现二氧化碳的固定-转化一体化,不仅可以将其有选择地吸收-分离,还能够将二氧化碳气体有效地转化为有用的有机中间体,实现碳氧资源的循环利用,减缓环境和能源危机对社会可持续发展的影响。

4.8.1 研究现状及进展

4.8.1.1 离子液体在二氧化碳吸收-固定中的研究现状

为了利用二氧化碳的碳氧资源,首先必须将二氧化碳从工业废气或大气中吸收分离出来,传统固定二氧化碳的工业化方法大多使用醇胺化合物的水溶液为吸收剂,在该工艺过程中由于水和醇胺化合物的挥发使分离出来的二氧化碳气体中含有水分和具有腐蚀性的有机胺化合物,不仅对后序设备造成了严重腐蚀,而且在后处理过程当中需要增加耐腐蚀的干燥设备,以得到干燥的二氧化碳,这增加了工艺设备的流程和成本。因此,寻找一种既能够高效吸收二氧化碳又不挥发的固定剂就显得很有必要。由于离子液体本身具有非挥发性和独特的大量溶解二氧化碳的能力,在二氧化碳的吸收-固定方面显现出了一定的应用潜力。目前这方面的研究很多,根据离子液体的结构和吸收机理的不同,我们将其分为在常规离子液体(conventional IL)、功能化离子液体(task-specific IL)以及类离子液体过程中的研究。

1. 常规离子液体在二氧化碳吸收-固定中的研究

常规离子液体主要是靠其自身的特殊结构与二氧化碳分子之间的复杂作用来实现二氧化碳的固定,因此,常规离子液体吸收二氧化碳的能力相对还比较低。1999 年,Blanchard 等[3]首次在 *Nature* 上报道了二氧化碳可以大量地溶解在离子液体中,而离子液体几乎不溶于二氧化碳相;离子液体溶解大量的二氧化碳以后其体积膨胀率很小,而传统有机溶剂吸收二氧化碳之后其体积膨胀比较大。这些特性都表现出了离子液体在用于二氧化碳吸收固定中的独特优势。

2001 年,Blanchard 等[4]研究了高压下二氧化碳在 [bmim][PF$_6$]、[omim][PF$_6$]、[omim][BF$_4$]、[bmim][NO$_3$]、[emim][EtSO$_4$]和[N-bupy][BF$_4$]六种离子液体中的溶解度,发现在温度为 40~60℃和压力为 0~95 bar 范围内,二氧化碳在六种离子液体中的溶解度的大小随阴离子的不同变化很大,其中咪唑类离子液体吸收二氧化碳的能力最大,如图 4.91 所示,它们吸收能力的关系为 [bmim][PF$_6$]、[omim][PF$_6$] > [omim][BF$_4$] > [N-bupy][BF$_4$] > [bmim][NO$_3$] > [emim][EtSO$_4$]。进一步的研究表明,二氧化碳在六种离子液体中的溶解度随温度的变化不大,而随压力的不断升高离子液体吸收二氧化碳的能力也显著增加。随着二氧化碳在液相中摩尔分数的增加，液相摩尔体积迅速下降，但离子液体相的体积膨胀变化很小。这与传统的有机溶剂/CO₂ 体系不同，如对于含 CO_2 0.740%（摩尔分数）的甲苯/CO₂ 体系在 40℃、70bar 时，液相体积增加 134%，而含 CO_2 0.69%（摩尔分数）的 CO₂/[bmim][PF₆]体系，体积只增加 18%。

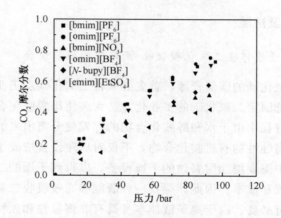

图 4.91 40℃下，压力对二氧化碳在离子液体中吸收性能的影响

Kazarian 等[5]通过 ATR-IR 发现 CO_2 与 [PF₆]⁻、[BF₄]⁻ 之间有弱的 Lewis 酸碱作用，而与阳离子没有相互作用。2004 年，Maginn 等[6]同时利用实验和计算机模拟技术两种手段，证明了咪唑类离子液体的阴离子与二氧化碳之间的复杂相互作用引发了离子液体对二氧化碳的高溶解能力，而阳离子的结构对吸收性能的影响比较有限。在所使用的 [emim][Tf₂N]、[emmim][Tf₂N]（emmim 为 1-乙基-2,3-二甲基咪唑）、[bmim][PF₆]、[bmmim][PF₆]、[bmim][BF₄]、[bmmim][BF₄]六类离子液体当中，含有 [Tf₂N]⁻ 阴离子的离子液体吸收固定

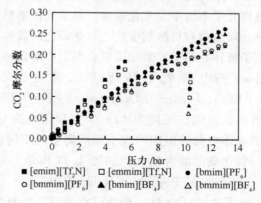

图 4.92 10℃，不同压力条件下，二氧化碳在离子液体中的溶解度

二氧化碳的能力最强，不同阴离子离子液体的吸收性能顺序为 $[Tf_2N]^-$ ＞ $[PF_6]^-$ ＞ $[BF_4]^-$ （图 4.92）。研究人员还通过将咪唑 2-位碳的氢原子用甲基取代来研究离子液体 2-位酸碱性对其吸收二氧化碳性能的影响，研究结果表明咪唑 2-位上的氢被甲基取代以后其吸收二氧化碳的能力在温度为 10～50℃ 都有所下降，但两者之间的差别不是很明显，作者又通过改变咪唑环上的不同取代基来研究离子液体阳离子对二氧化碳吸收性能的影响，结果也同时发现阳离子对此的影响很有限，这两种结果同时说明离子液体较强的吸收二氧化碳的能力主要是由阴离子来决定的。研究人员又利用亨利常量对这些实验结果进行了验证，结果也得到了与实验相近的结论。中国科学院过程工程研究所的有关研究人员通过计算机分子模拟技术发现在氟硼酸和氟磷酸离子液体中氟原子与咪唑环和烷基支链上的氢原子存在着复杂的氢键网络结构（图 4.93），这可能也是引起离子液体高吸收二氧化碳的原因之一。Maginn 等同样认为含有 $[Tf_2N]^-$ 的离子液体之所以高于 $[PF_6]^-$，可能是由于在 $[Tf_2N]^-$ 中存在两个氟烷基，所有这些实验结果都表明阴离子中含有氟原子的量对该离子液体的吸收性能有着非常显著的影响。

总的来说，常规咪唑类离子液体相比传统有机溶剂表现出了较好的吸收二氧化碳的能力和优势，二氧化碳在离子液体中的溶解度随温度和压力的变化规律同传统的有机溶剂相似，二氧化碳在离子液体中的吸收-固定受阴离子的影响比较大，其中以 $[Tf_2N]^-$ 类离子液体中的溶解度最大，这是由于二氧化碳为线性分子，和球形阴离子之间可以形成切线，使得二者之间的相互作用达到最大值。相反，离子液体的阳离子结构和咪唑环 2-位碳上的氢原子对离子液体的吸收性能影响比较小，而二氧化碳对离子液体体系的影响很小，主要是因为离子液体之间有强的库仑力作用，可以形成如图 4.93 所示的网状氢键结构，而溶解的二氧化碳进入网状结构的空隙中，因此，离子液体溶解大量二氧化碳后相比传统有机溶剂体积变化很小。

2. 功能化离子液体在二氧化碳固定中的研究

由于常规离子液体仅局限于物理吸收-固定二氧化碳，其吸收二氧化碳的能力虽然相对于传统有机溶剂有了大幅度的提高，但仍然远远不能满足工业吸收-固定二氧化碳的要求。所以将有关功能化基团引入离子液体研制新型离子液体，充分发挥离子液体在吸收二氧化碳中的独特性是提高其性能的有效途径之一。Bates 等[7]通过将烷基胺引入阳离子基团合成了新型的含有—NH_2 官能团的功能化离子液体 $[C_3H_7NH_2\text{-bmim}][BF_4]$ [1-（3-丙胺基）-3-丁基咪唑四氟硼酸盐]［图 4.94(a)]。实验结果表明经过官能团化的功能离子液体吸收固定二氧化碳的能力较不含—NH_2 官能团的离子液体有了大幅度的提高。在常温常压下，其吸收二氧化碳的质量分数高达 7.4%，接近理想吸收的摩尔分数 $x_{CO_2} = 0.5$。在实验结果的基础上，研究人员提出了如图 4.94 所示的吸收机理。由于二氧化碳在该离

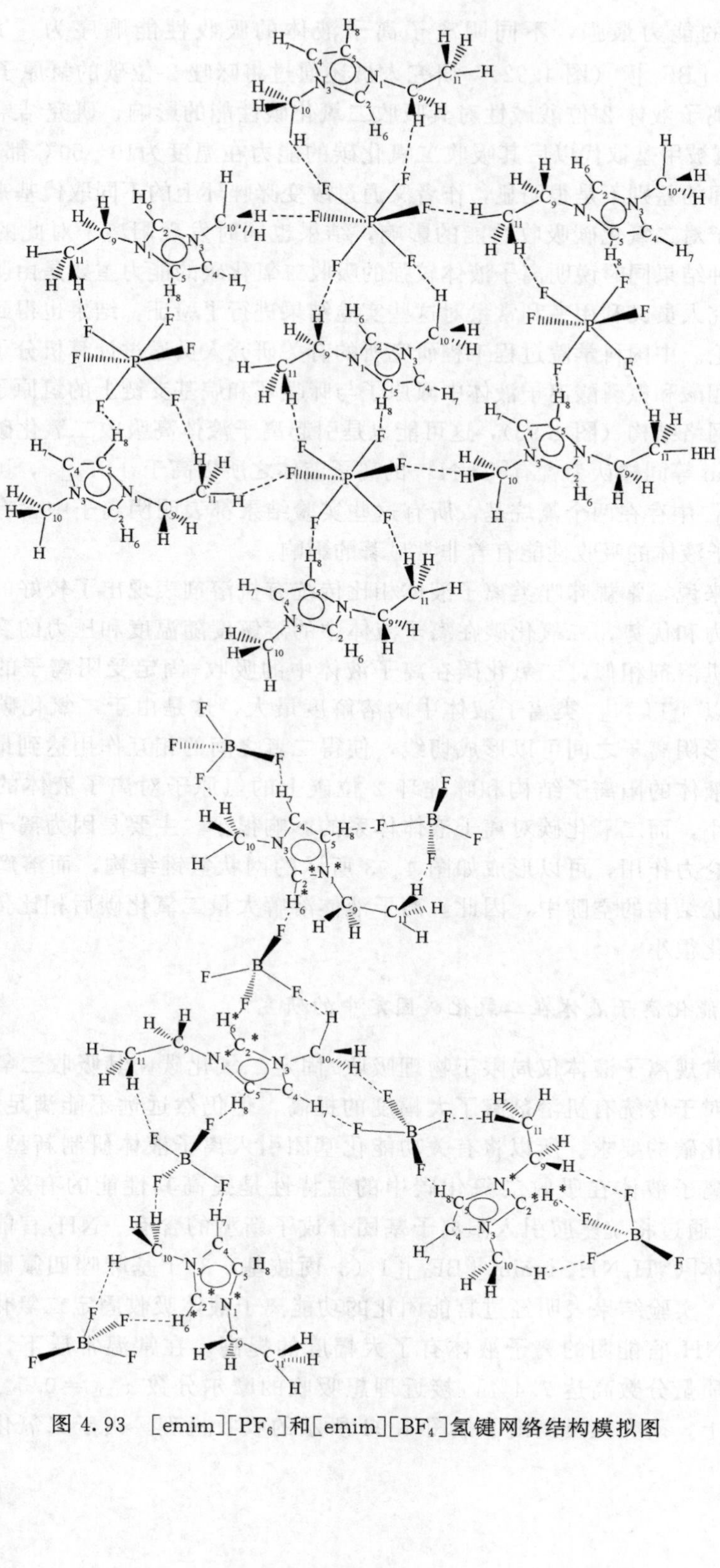

图 4.93 ［emim］［PF₆］和［emim］［BF₄］氢键网络结构模拟图

子液体中的吸收为化学吸收，具有可逆性，在一定的温度（80～100 ℃）下，可以释放出二氧化碳，离子液体则可以循环利用，而不含—NH_2官能团的离子液体，如[hmim][PF_6]，在常温常压下吸收 CO_2 仅为 0.0881%。这也就为将离子液体用于吸收固定二氧化碳从基础研究向工业应用向前推进了一大步，表明功能化离子液体有望代替目前工业上广泛应用的醇胺类有机溶剂用于吸收分离、脱除气体中二氧化碳作为碳氧资源转化利用。*Chem. Eng. News* 对这一研究成果做了专题报道，在一定程度上反映了科技界对离子液体吸收二氧化碳的科学意义和应用前景的肯定。

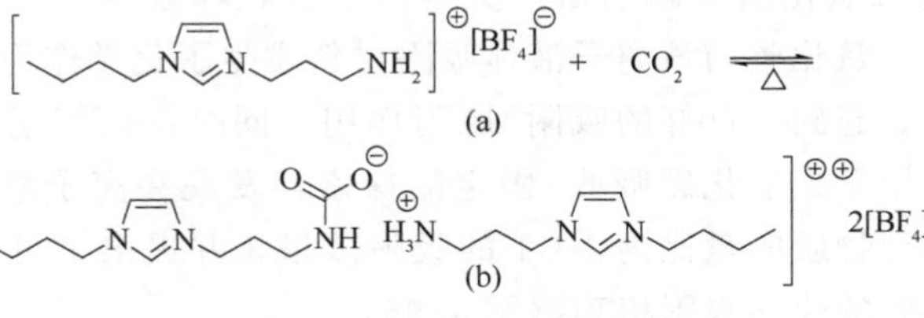

图 4.94　功能化离子液体吸收二氧化碳的反应机理

　　韩国的 Lee 等[8]采用如图 4.95 所示的实验路线合成了三种新型的咪唑、吡啶类离子液体，在这些离子液体中引入了传统用于吸收固定二氧化碳的醇胺化合物，进一步提高了二氧化碳的吸收性能，研究人员仅利用质量分数为 10% 的离子液体水溶液就达到了醇胺类化合物吸收二氧化碳的吸能，其中图 4.95（b）所示离子液体效果最好，在接近于常温、常压下 5min 内就达到了 1∶1 的二氧化碳吸收。

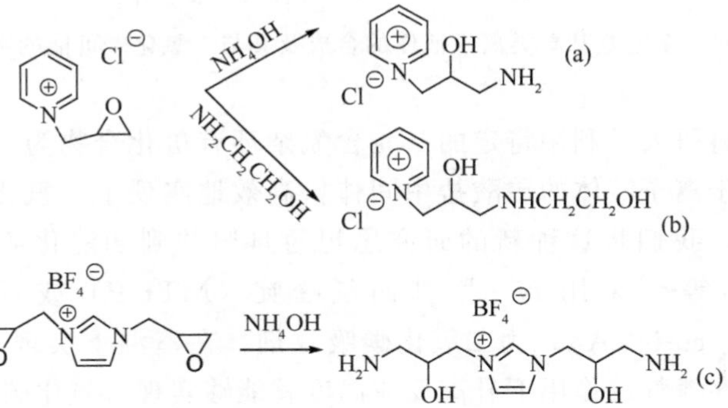

图 4.95　新型醇胺类功能化离子液体的合成

　　以上两种含有氨基官能团的功能化离子液体都是通过设计调整阳离子的结构来提高离子液体的吸收性能的，最近，中国科学院过程工程研究所的有关科研人员，利用氨基酸羧酸负离子为阴离子合成了一系列新型离子液体[$P(C_4)_4$][AA]

（图 4.96），并针对离子液体吸收二氧化碳以后黏度增加的缺陷，提出了将离子液体负载于二氧化硅表面以增加二氧化碳与离子液体的接触面，实验结果表明该新型二氧化硅负载氨基酸类离子液体具有良好的吸收二氧化碳的能力，不到 100min 的时间内就达到了吸附平衡[9]，并且通过抽真空的方式能够很容易地脱除二氧化碳，既达到了高纯度地回收利用二氧化碳，脱附后的离子液体又能够循环利用，吸附脱附 4 次以后，该离子液体吸附材料仍保持了良好的稳定性。研究人员又利用 FTIR、NMR 对吸附机理进行了深入的研究，发现在红外的 $1660cm^{-1}$ 和核磁的 175ppm 处均出现了新的羰基特征峰，并且在红外 $3000\sim3500cm^{-1}$ 波数内二氧化碳吸附前后，氨基特征吸收峰减少了一个，这些实验表征数据都说明了二氧化碳与该离子液体吸附材料发生了化学作用，将二氧化碳有效地固定在其中，起到了良好的吸附-脱附作用。同时，他们还进行了该类离子液体水溶液体系用于二氧化碳吸收-固定的探索，发现在离子液体中加入 1% 的水以后就能够达到物质的量比为 1∶1 的吸附效果，并提出了可能的与非水离子液体体系完全不同的化学吸附机理（图 4.96）。

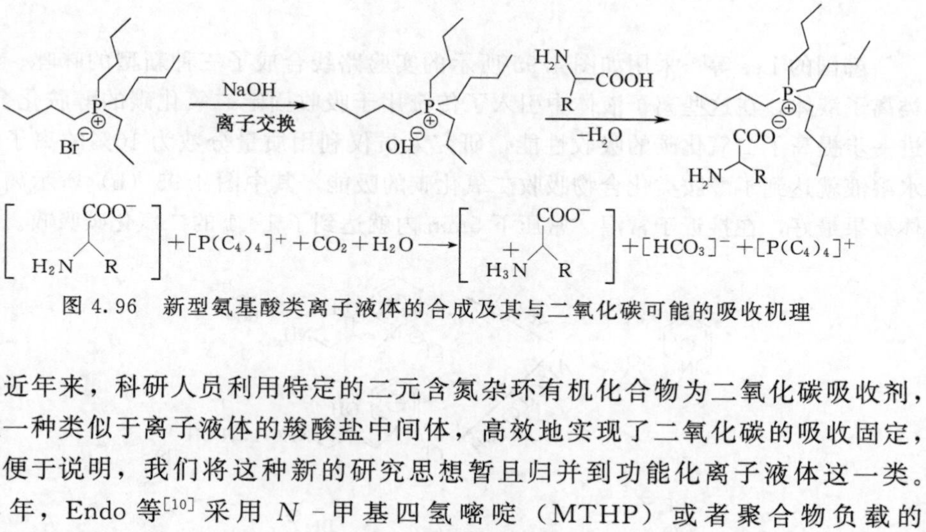

图 4.96　新型氨基酸类离子液体的合成及其与二氧化碳可能的吸收机理

近年来，科研人员利用特定的二元含氮杂环有机化合物为二氧化碳吸收剂，经过一种类似于离子液体的羧酸盐中间体，高效地实现了二氧化碳的吸收固定，为了便于说明，我们将这种新的研究思想暂且归并到功能化离子液体这一类。2004 年，Endo 等[10] 采用 N -甲基四氢嘧啶（MTHP）或者聚合物负载的 $[poly(THPSt_{50}\text{-}co\text{-}NVA_{50})]$ 为二氧化碳吸收剂，在室温下实现了二氧化碳的高效吸收，并且在氮气的作用下升高反应温度就能够实现二氧化碳的完全脱附［式（4.28），式（4.29）］，为二氧化碳的吸收固定提供了一种新的途径。2005 年，加拿大的 Jessop 课题组[11] 研究发现 DBU 与二氧化碳在有水的情况下反应生成一种类似于离子液体内碳酸氢根内盐，该中间体相对于 DBU 极性有了很大程度的增加，通过加热同样能够实现二氧化碳脱附［式（4.30）］。最近，该课题组利用这个发现在 Nature 报道[12]了一种新型的从非极性到极性可调的 DBU -醇-癸烷的新型溶剂体系［式（4.31）］，在这里二氧化碳就像一个开关一样，通过二氧化碳的吸收-固定生成一种类似于离子液体的内盐增加反应体系的极性，从而通过极性调节来实现与非极性溶剂癸烷的分离，然后加热二氧化碳脱附以后，溶剂体系又从两相回复到一相，其相变化如式（4.32）所示。这种技术不仅实现了二氧化碳的固定-脱附，又巧妙地设计了一种从均相到多相可以自如调控的反应溶剂体系，该设计思想有可能将在一些特定的分离和反应体系中得到广泛的应用，能够简化分离程序提高反应或分离效率。

$$MTHP \xrightleftharpoons[N_2,65℃,DMF]{CO_2,25℃,DMF} MTHP-CO_2 \tag{4.28}$$

$$poly(THPSt_{50}-CO-NVA_{50}) \tag{4.29}$$

$$DBU + H_2O \xrightleftharpoons[N_2]{CO_2} \quad -OC(O)OH \tag{4.30}$$

$$DBU + ROH \xrightleftharpoons[N_2]{CO_2} \quad -OC(O)OR \tag{4.31}$$

$$\tag{4.32}$$

4.8.1.2 离子液体在二氧化碳转化利用中的研究进展

将二氧化碳吸收以后最为有效的利用途径就是将其转化为有用的化学品，目前二氧化碳的化学利用仍然主要用于生产尿素和甲醇，其利用方式还十分有限，该领域的科研人员一直在探索新的二氧化碳利用方式。由于二氧化碳在离子液体中具有非常大的溶解能力，因此，将离子液体作为催化剂或者溶剂用于二氧化碳的转化不仅可以利用其能够很好地吸收二氧化碳的优势，还可以避免使用有毒、易挥发的有机溶剂，真正实现绿色、清洁、高效地利用二氧化碳制备精细化工中间体。

1. 离子液体在二氧化碳与环氧化合物环加成反应生成环碳酸酯中的应用

随着全球"温室效应"和能源危机的加剧，用二氧化碳作为某些化学品的 C 起始原料的二氧化碳转化利用研究得到了越来越多的关注。由于 CO_2 的性质极不活泼，在 CO_2 的转化反应当中最典型的一个例子就是利用二氧化碳与环氧化合物通过环加成反应合成含有羰基的环状碳酸酯。如式（4.33）所示，该反应是一个标准的"原子经济"和"绿色化学"反应，反应物中所有的原子都得到了 100% 的利用，没有任何副产物产生，生成的环状碳酸酯是一种用于纺织、印染、高分子合成以及电化学方面非常好的极性溶剂，其在药物和精细化工中间体的合成当中也有着广泛的应用［式（4.34）］。

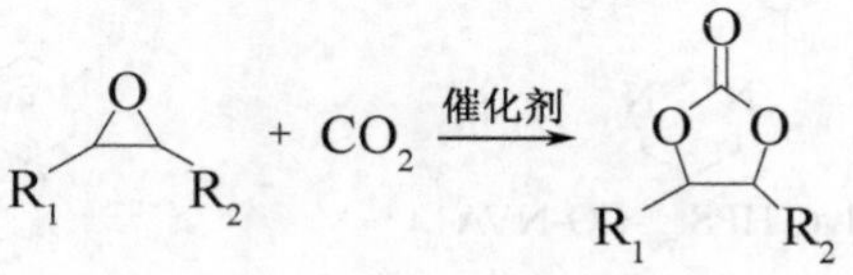

（4.33）

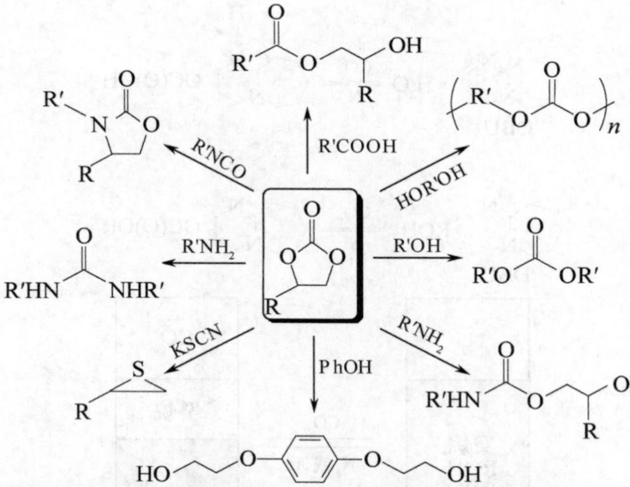

（4.34）

此外，目前乙二醇的工业生产方法主要是采用水合环氧乙烷的方法，其中的缺陷是要消耗大量的能源来提纯乙二醇。我们认为既然生产环氧乙烷的主要目的之一是用来制备乙二醇，而在乙烯氧化的过程当中又有大量的二氧化碳放出，为了减少在利用水合法制备乙二醇的过程当中的能源浪费，我们可以将氧化得到的环氧乙烷和该过程中放出的二氧化碳有机地结合并耦合利用起来，用二氧化碳和环氧乙烷通过环加成生产碳酸乙烯酯，然后再和甲醇或水交换，这样以来在得到乙二醇的同时就可以附加得到碳酸二甲酯，既减少了能源的消耗又杜绝了大量二氧化碳排放到大气中，实现了系统内部温室气体的减排或者"零"排放，真正做到了碳氧资源的充分循环利用。得到的碳酸二甲酯既是一种绿色多功能的精细化工中间体又可以作为油品的添加剂来提高其辛烷值，在石油和化学工业当中越来越得到人们的广泛认识和利用。

目前，利用环氧化合物固定二氧化碳合成环碳酸酯的研究主要集中在使用各种金属的 Salen、卟啉配合物等的均相催化反应体系[13~16]，特别是近三年来有关该反应的报道比较多，也取得了很多可喜的突破，但这些催化剂体系都或多或少地存在着催化剂结构复杂、成本高、反应条件苛刻、使用有毒的有机溶剂、催化剂难以循环利用等缺陷。2001 年，中国科学院兰州化学物理研究所的 Peng 等[17]首次将离子液体用于催化二氧化碳与环氧化合物的环加成反应合成环状碳酸酯，该研究组以 2.5%（摩尔分数）的 [bmim][BF$_4$] 为催化剂，在 110℃、2.5MPa 的反应条件下，环氧丙烷 6h 以后完全转化为相应的碳酸丙烯酯 [式 (4.35)]，虽然该类型的离子液体在二氧化碳转化当中的催化活性还不够理想，但是该工作开辟了将离子液体用于催化二氧化碳转化合成环状碳酸酯的新途径。2003 年，Kawanami 课题组[18]将上述离子液体运用到超临界当中来进行该反应，研究结果表明离子液体的阴、阳离子结构都对其催化性能有着显著的影响，其中 [omin][BF$_4$] 的活性最高，100℃、14MPa 条件下在很短的时间内环氧丙烷就能够达到完全转化。

$$\text{H}_3\text{C}-\triangle\!\!\!\!-\text{O} + \text{CO}_2 \xrightarrow[\text{2.5 MPa,110℃,6h}]{[\text{bmim}][\text{BF}_4]} \quad \text{产率100\%} \tag{4.35}$$

2003 年，Li 等[19]开发了一种新型 Ni/Zn-TBAB（四丁基溴化铵）体系用于二氧化碳与环氧化合物的环加成反应，反应在比较温和、无溶剂的条件下就能够高效、高选择性地进行，其最高催化转化频率（TOF）达到了 3544h^{-1}，研究人员还首次使用位阻很大的环氧环己烷作为反应底物，也得到了理想的产品收率，该研究工作发表以后立即就被 *Green Chemistry* 作为 Highlight 加以评述。

随后，该研究小组在此催化剂体系的基础上又发展了 ZnCl$_2$/[bmim]Br 离子液体复合催化剂体系用于二氧化碳的转化利用[20]，研究结果表明离子液体阴离子的结构对反应性能有着决定性的影响，如表 4.43 所示，当阴离子为 Br$^-$ 时，在温和的反应条件下（100℃，1.5MPa），催化剂浓度为 0.0175%，1h 内碳酸丙烯酯的收率就达到了 95%，相应的催化转化频率为 5410^{-1}，而用其他类型的离子液体与氯化锌组合成二元复合催化剂体系时，反应性能都不是很理想，它们催化活性顺序为 Br$^-$＞Cl$^-$＞[BF$_4$]$^-$＞[PF$_6$]$^-$。同样，阳离子类型对反应吸能也有着一定的影响，当离子液体为 N-丁基吡啶溴盐时，在与 [bmim]Br 同样的反应条件下，碳酸丙烯酯的收率为 85%。同时，他们又对温度、压力对反应结果的影响进行了考察，研究结果表明反应温度对催化剂的活性有着重要的影响，该催化剂体系在 100℃ 的情况下就已经达到了非常高的催化活性。在羰基化反应当中，反应压力往往扮演着非常重要的角色，以往报道的用于该反应的催化体系一般都要在高压下才能够保持比较理想的催化活性。比较可喜的是，在该研究组报道的 $ZnCl_2/[bmim]Br$ 无溶剂催化体系中，只要在高于相应的反应温度下环氧丙烷的蒸气压下，就能够高效地将二氧化碳固定到环氧化合物当中合成环状碳酸酯。从以上温度、压力的实验来看，$ZnCl_2/[bmim]Br$ 是一类在非常温和的反应条件下能够高效、高选择性地用于固定-转化二氧化碳合成碳酸酯的催化剂体系。由于离子液体具有非挥发性、高热稳定性的优点，虽然该催化反应是在均相条件下进行，反应完成以后经过简单的蒸馏就能够实现产品与催化剂的分离，由此研究人员还深入考察了催化剂的稳定性以及循环使用情况，在同样的反应条件下，催化剂循环使用 5 次以后仍然保持与第 1 次使用几乎相同的催化活性和选择性，这说明该催化剂体系不仅具有非常温和的反应条件、高效的催化活性，而且还表现出了非凡的稳定性。这些优异的反应性能，使该催化剂体系具有了非常好的工业应用前景。为了进一步将这种性能优异的催化剂推行工业化生产，该课题组还进行了升级的放大实验研究，催化剂表现出了比实验室小试更好的催化性能，总转化数可达 100 000 以上。

表 4.43　不同种类的离子液体对催化二氧化碳与环氧丙烷环加成反应性能的影响

序号	催化剂	产率/%	TOF/h^{-1}
1	$ZnCl_2/[bmim]Br$	95	5410
2	$ZnCl_2/[bmim]Cl$	38	1564
3	$ZnCl_2/[bmim][BF_4]$	痕量	—
4	$ZnCl_2/[bmim][PF_6]$	痕量	—
5	$ZnCl_2/[bpy]Br$	85	4800
6	$[bmim]Br$	8	456

注：氯化锌 6.8mg，离子液体 0.30mmol，环氧丙烷 20mL，二氧化碳压力 1.5MPa，温度 100℃，反应时间 1h。

鉴于以上该催化剂体系在催化二氧化碳与环氧乙烷、环氧丙烷环加成反应中的良好性能，研究人员又将其推广应用到各种类型的环氧化合物当中，如表 4.44 所示都取得了比较好的催化性能，有趣的是使用环氧环己烷作为反应底物时，经过核磁 ^1H NMR、^{13}C NMR、NOSEY 和 COSY 谱图表征证明，得到的均为顺式碳酸酯。

同样，利用环氧化合物固定二氧化碳的反应也可以在季铵盐中进行，但是单独季铵盐作为催化剂时同咪唑类离子液体一样活性也不是很高，一系列的研究同样证明 Lewis 酸金属盐或配合物同样能够大幅度提高这种二元复合催化剂的活性。2005 年，Sun 等报道了利用 ZnBr₂/TBAB 体系催化环氧苯乙烯与二氧化碳的反应，在温和的反应条件下也取得了良好的催化效果[21]。国内吕小兵博士等的研究结果同样证明了这样一个问题[15]，Lewis 酸金属盐或者配合物与离子液体或者季铵盐复合在一起是一类用于固定二氧化碳与环氧化合物合成环状碳酸酯的高活性催化剂体系，而单独的离子液体、季铵盐或者 Lewis 酸金属盐、配合物都不能很好地完成这个任务，该反应过程可能是一个 Lewis 酸金属化合物配位活化和 Lewis 碱离子液体或季铵盐亲核进攻同时进行，只有这两种作用的"珠联璧合"才能够达到最优的催化效果。

表 4.44 无溶剂体系下 ZnCl₂/[bmim]Br 催化不同环氧化合物和二氧化碳的环加成反应

底物	环化碳酸酯	产率/%	TOF/h⁻¹
		89	4578
		95	4369
		100	3165
		99	2919
		34	1206

注：氯化锌 6.8mg，[bmim]Br 0.30 mmol，环氧化合物 20 mL，二氧化碳压力 1.5 MPa，温度 100℃，反应时间 1h。

2. 离子液体在二氧化碳与炔醇反应合成不饱和环状碳酸酯中的研究

α-甲烯基环状碳酸酯也是一种非常重要的有机合成中间体，其传统的催化合成方法是将高位阻的炔醇在 Cu、Co、Ru、Pd 等金属复合或者三级磷的存在下和二氧化碳反应得到。以往的催化体系往往需要在较高的二氧化碳压力，或者使用有毒的三级胺作为助剂来保证获得较高的产率。同时，这一反应还需要使用挥发性的有机溶剂作为反应介质，这些都不符合当前有机合成绿色化的需求，所以，发展一种条件温和、清洁高效的从二氧化碳和炔醇制备 α-甲烯基环状碳酸酯的清洁方法成为了该领域的重要研究方向之一。

在均相催化反应过程中，反应介质往往能够起到非常关键的作用。离子液体的可设计性和多样性使获得催化剂和反应介质的最佳组合成为可能。产物沸点较低时（<300℃）离子液体的非挥发性又更加方便了产物和介质的分离。此外，离子液体是一种能够大量溶解二氧化碳的独特介质，这为离子液体中二氧化碳的化学活化研究提供了很好的基础。鉴于此，Gu 等[22] 利用离子液体和过渡金属为二元复合催化剂，研究了三级丙炔醇和二氧化碳的成环反应，发现离子液体的使用不仅大大降低了反应的压力，而且避免了毒性有机碱的使用，是一种清洁的不饱和五元环状碳酸酯合成过程（图 4.97）。

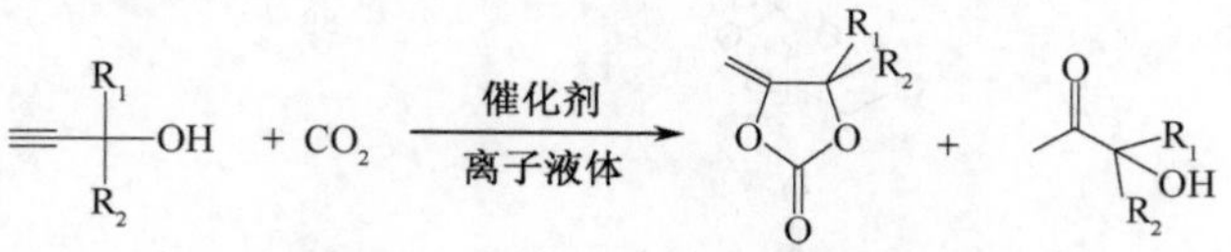

图 4.97 离子液体中炔醇和二氧化碳反应合成 α-甲烯基环状碳酸酯

研究人员首先考察了 2-甲基-3-丁炔-2-醇在氯化亚铜催化下该反应在离子液体和传统有机溶剂中与二氧化碳的反应性能。从表 4.45 中的结果可以看出，在所使用的几种离子液体中进行反应的效果要明显好于有机溶剂。在离子液体 [bmim][PhSO$_3$] 中经过 8h 的反应，α-甲烯基环状碳酸酯的产率为 97%，而同一反应在 DMF 中经过 24h 反应后产率仅为 60%。在离子液体 [bmim][BF$_4$]、[bmim][NO$_3$] 和 [bpy][BF$_4$] 中，仅能获得中等程度的 2-甲基-3-丁炔-2-醇转化率。如果以烷基吡啶阳离子取代 [bmim][PhSO$_3$] 中的二烷基咪唑阳离子，α-甲烯基环状碳酸酯的收率为 78%。在极性的有机含氮分子溶剂中，诸如硝基甲烷、N,N-二甲基甲酰胺和 N,N-二甲基乙酰胺，原料的转化率有了一定程度的提高，但在其他非含氮有机溶剂中，2-甲基-3-丁炔-2-醇的转化率都小于 10%。从这些实验数据当中也可以看出对于 2-甲基-3-丁炔-2-醇和二氧化碳的成环反应而言，使用含氮溶剂可能是取得高产率的关键性因素。

表 4.45　不同溶剂中氯化亚铜催化的 2-甲基-3-丁炔-2-醇和二氧化碳的反应[1]

$$\equiv\!\!\!+\!\!\text{OH} + CO_2 \xrightarrow[\text{离子液体}]{\text{CuCl}} $$

序号	溶剂	醇的转化率/%	产物的选择性/%	分离收率/%
1	[bmim][PhSO₃]	99	～100	97
2	[bmim][BF₄]	65	99	62
3	[bmim][PF₆]	100	0	—
4	[bmim][NO₃]	50	95	46
5	[bpy][BF₄]	44	99	41
6	[bpy][PhSO₃]	80	99	78
7	CH₂Cl₂	8	98	—
8	甲苯	2	～100	—
9	THF	8	～100	—
10	硝基甲烷	41	99	40
11	DMF[2]	62	～100	60
12	DMAc	34	～100	30

1）溶剂 10 mmol，2-甲基-3-丁炔-2-醇 1.68g，氯化亚铜 0.04g，二氧化碳压力 1 MPa；温度 120℃，反应时间 8h。

2）反应时间为 24h。

为了进一步深入研究该催化体系对其他底物的适用情况，该课题组还研究了多种 α-乙炔基醇和二氧化碳反应在 CuCl/[bmim][PhSO₃]中的反应性能。从表 4.46 中可以看出，二氧化碳和 3-甲基-1-戊炔-3-醇反应能够得到 97％的相应 α-甲烯基环状碳酸酯收率。3，5-二甲基-1-己炔-3-醇也可以顺利地在 CuCl/[bmim][PhSO₃]体系中同二氧化碳反应，8h 后其转化率也同样达到了 97％。2-苯基-3-丁炔-2-醇的反应性能略差于前两者，相应碳酸酯的收率仅为 45％。当使用一级和二级丙炔醇作为底物时，得不到类似的碳酸酯。这说明 CuCl/[bmim][PhSO₃]体系只对于三级丙炔醇和二氧化碳的反应有效。由于三级丙炔醇在反应中基本完全转化，同时得到的产物具有一定的挥发性，而 CuCl/[bmim][PhSO₃]复合离子液体系是非挥发的，所以，得到的 α-甲烯基环状碳酸酯也同样可以通过减压蒸馏的方法同催化剂分离，离子液体和催化剂很容易地实现了循环使用。从表 4.46 中的结果可以看出，CuCl/[bmim][PhSO₃]可以至少重复使用 3 次而催化活性基本保持不变。

表 4.46　CuCl/[bmim][PhSO₃]体系中多种 α -乙炔基醇和二氧化碳反应[1]

序号	醇	产物	醇的转化率/%	产物选择性/%	分离收率/%
1			99	～100	97
2			97	～100	94
3			45	～100	—
4		—	0	0	
5		—	0	0	
6[2]			98	～100	94

1）[bmim][PhSO₃] 10 mmol，炔醇 20 mmol，氯化亚铜 0.04 mmol，二氧化碳压力 1 MPa，温度 120℃，反应时间 8h。

2）第三次使用。

3. 离子液体在二氧化碳与胺反应合成脲类化合物中的研究

脲类化合物也是一类重要的有机中间体，它可以通过醇解得到氨基甲酸酯化合物，进而热解生成异氰酸酯，这三类化合物在医药、农药、聚氨酯等行业中有着非常广泛的应用，仅 2001 世界上异氰酸酯的产量已经超过了 5000 000t。目前这三类化合物在工业生产中仍然主要采用光气（COCl₂）为羰基化试剂［式(4.36)］，由于光气具有剧毒、易爆炸等致命缺陷，且在该反应过程当中有大量的氯化氢生成，容易造成设备腐蚀和污染环境，因此，开发非光气、环境友好的生产上述三类有机含氮羰基化合物的方法成为了该领域科学家们的研究热点。二氧化碳是一类丰富、无污染、安全、无毒的 C 资源，利用二氧化碳作为一种绿色的羰基化试剂催化合成这些重要的精细化工中间体具有非常重要的理论和应用意义。2003 年，Shi 等[23]使用离子液体负载的 CsOH 为催化剂，在 170℃、4～36h，考察了不同烷基和芳基胺类化合物与二氧化碳的反应性能，得到了产率为 27％～98％的对称脲类化合物，成功构建了一类无溶剂、无需额外加入吸水剂的利用二氧化碳为羰基化试剂合成脲类化合物的新方法 [式（4.37）]。

$$2 \underset{R}{\overset{}{\bigcirc}}-NH_2 + \underset{Cl}{\overset{O}{\underset{\|}{C}}}-Cl \longrightarrow \underset{R}{\overset{}{\bigcirc}}-\underset{H}{\overset{}{N}}-\underset{\|}{\overset{O}{C}}-\underset{H}{\overset{}{N}}-\underset{R}{\overset{}{\bigcirc}} + 2HCl \quad (4.36)$$

$$2\,RNH_2 + CO_2 \xrightarrow[-H_2O]{CsOH/IL} R-\underset{H}{\overset{}{N}}-\underset{\|}{\overset{O}{C}}-\underset{H}{\overset{}{N}}-R \quad (4.37)$$

产率 27%~98%

4. 离子液体在利用二氧化碳合成噁唑烷酮类化合物中的研究

唑烷酮类化合物同样是一类重要的五元含氮杂环羰基化合物，其在医药、不对称合成、环境化学以及精细化学品合成中得到了广泛的应用。目前，由于唑烷酮类抗菌剂用于治疗多种 G＋和结核杆菌感染显示出了良好的应用前景，已经成为一类新型的抗菌剂。 唑烷酮类化合物传统的合成方法是利用剧毒的光气或者叠氮化合物为羰基化试剂与环氧或者氨基醇类化合物反应制得。近些年利用 CO 或 CO_2 为羰基化试剂与氨基醇类化合物反应合成相应的 唑烷酮类化合物的研究也得到了长足的发展，开发出了一系列高效的均相或多相催化剂体系[24]。Gu 等[25]以 CuCl/IL 为催化体系，开展了胺类化合物和 α-不饱和炔醇与二氧化碳进行羰基环化反应，直接合成不饱和 唑烷酮类化合物的研究，反应式如式（4.38）所示。研究结果表明 CuCl/[bmim][BF$_4$]催化体系在该反应中的催化活性最高，在多种 唑烷酮类化合物的合成当中都显现出了高于其他离子液体体系的反应性能，同样反应完成以后催化剂能够进行循环使用。

$$R-NH_2 + H-\underset{R_2}{\overset{R_1}{C}}-OH + CO_2 \xrightarrow[离子液体]{CuCl} \overset{O}{\underset{R_1}{\underset{}{\nearrow}}} \quad (4.38)$$

5. 离子液体在催化二氧化碳与环氧化合物直接合成聚碳酸酯中的研究

现有合成聚合物基本完全是由一次性能源衍生出来的原料得到的，随着经济的发展以及各种自然资源的短缺危机，发展合成可生物降解材料的工艺技术越来越引起人们的兴趣。由二氧化碳与环氧化合物共聚得到的聚碳酸酯是一类性能优异的新型可生物降解材料。自从 1969 年，Inoue 发现该反应以来，已经有很多催化剂体系被报道用于聚碳酸酯的催化合成，2005 年，韩国的 Park 教授[26]首次报道了用咪唑类离子液体催化二氧化碳与芳基环氧化合物共聚反应合成聚碳酸酯，反应式如式（4.39）所示。研究人员首先考察了阴、阳离子对环氧化合物的转化率和聚合物中碳酸酯单体含量的影响，研究结果表明阴离子的类型对反应性能有着非常显著的影响，得到了如下的催化活性顺序：Cl^- ＞ $[BF_4]^-$ ＞ $[PF_6]^-$。随着离子液体取代基碳数的不断增加，环氧化合物的转化率和产品中碳酸酯单体的含量都有着不同程度的下降，其中 [bmim]Cl 为催化剂时，经过核磁和红外谱图表征，聚碳酸酯中碳酸酯单体的含量为 100%（表 4.47）。该反应体系的建立，为离子液体用于二氧化碳与环氧化合物共聚反应提供了一个先例。

$$(4.39)$$

表 4.47　离子液体结构对产品收率和聚碳酸酯中碳酸酯单体含量的影响

催化剂	碳酸酯含量/%[1]	TON[2]	TOF[3]
[emim]Cl	67.8	9.09	1.52
[bmim]Cl	100	14.18	2.36
[hmim]Cl	75.6	8.85	1.48
[omim]Cl	68.9	8.02	1.34
[emim][BF₄]	35.2	6.10	1.02
[emim][PF₆]	0	0	0

注：PGE 40 mmol，催化剂 2 mmol，二氧化碳压力 140psi，温度 120℃，反应时间 6h。
1){ [碳酸酯] / （ [碳酸酯] ＋ [聚醚]）} ×100。
2) 转化数：每克聚合物/每克催化剂。
3) 转化频率：每克聚合物/（每克催化剂×时间）。

6. 离子液体在利用二氧化碳与烯烃氢甲酰化合成烷基醇中的研究

通过氢甲酰化反应制备醛或者醇是合成基础有机化工原料重要的反应之一，传统的方法是使用有毒、难于操作的一氧化碳作为羰基化试剂，Tominaga 等[27]首次报道了用二氧化碳代替一氧化碳作为羰基化试剂与烯烃进行氢甲酰化反应合成相应的烷基醇 [式（4.40）]，在前期的研究当中主要是使用极性化合物 N -甲基吡咯烷酮（NMP）作为反应溶剂以获得理想的醇收率和选择性，但由于 NMP 的沸点比较高，难以与产物进行蒸馏分离，且昂贵的钌催化剂不能够进行循环使用。鉴于此，该课题组利用离子液体与许多有机溶剂不相溶的特点，发展了离子液体-有机溶剂两相催化体系，从表 4.48 中可以看出，在 [bmim]Cl/甲苯两相体系中，催化剂表现出了比均相体系更高的醇收率，以甲苯为共溶剂离子液体的阴阳离子都对该反应的催化性能有着比较明显的影响，其中［bmim］Cl 的溶剂和助催化性能最好，此外共溶剂对原料的转化率和醇的选择性也有一定的影响，其中与离子液体互溶性较高的有机溶剂由于增加了催化剂与反应底物的有效接触而提高了催化性能，反应完成以后经过简单的分液就能够实现催化剂与产物的分离，催化剂循环使用 4 次以后虽然己烯转化率基本保持不变，但醇的选择性有所下降。最近，该课题组又在此研究的基础上发展了一种复合离子液体催化体系[28]，以 $Ru_3(CO)_{12}$ 为催化剂在［bmim］Cl/［bmim］［NTf₂］中取得了 94% 的己烯转化率和 82% 的醇收率，在不降低反应性能的基础上没有使用任何有机溶剂。

$$H_9C_4-\!\!=\ +\ CO_2/H_2\ \xrightarrow[\text{离子液体}]{\text{催化剂}}\ H_9C_4\!-\!\!\backslash\!\!-OH\ +\ H_9C_4\!\!-\!\!\backslash\!\!-OH\ +\ H_2O$$

$$(4.40)$$

表 4.48 以 CO_2 为羰基化试剂，钌离子液体体系催化己烯氢甲酰化反应合成烷基醇[1]

序号	离子液体	共溶剂	转化率/%	产率[2]/%		
				醇	醛	烷
1	［bmim］Cl	甲苯	97	84	0	11
2[3]	—	NMP	98	64	5	24
3[4]	［bmim］Cl	甲苯	96	82	0	12
4[5]	［bmim］Cl	甲苯	78	60	0	14
5	［bmim］Cl	C_6H_{12}	37	20	0	13
6	$Ru_3(CO)_{12}$	Et_2O	78	66	0	8
7	［bmim］Cl	THF	88	79	0	9
8	［emim］Cl	甲苯	76	60	0	12
9	［omim］Cl	甲苯	98	86	0	16
10[3]	［bmim］［BF_4］	甲苯	96	63	0	26
11[3]	［bmim］［PF_6］	甲苯	95	3	0	86
12	［bmpy］Cl	甲苯	98	65	0	10

1) 反应条件：$Ru_3(CO)_{12}$ 0.1 mmol，离子液体 1.0 g，正己烯 5.0 mmol，二氧化碳压力 4.0 MPa，氢气压力 4.0 MPa，温度 140 ℃，时间 30h。

2) 基于正己烯。

3) 加入 0.4 mmol［PPN］Cl。

4) 第二次使用。

5) 第四次使用。

7. 离子液体在二氧化碳电化学转化当中的应用

由于离子液体具有宽电化学窗口、低蒸气压的特性，因此其在电化学当中具有得天独厚的优势。将二氧化碳和甲烷通过多相催化反应重整制取合成气是有效利用二氧化碳的重要方向之一，但目前的反应需要在高温、高压下进行，这样在利用二氧化的过程当中就耗费了大量的能源，同时又释放出了二氧化碳等温室效应气体，造成了对环境的二次污染。通过电化学的手段将二氧化碳还原为 CO、H_2 合成气在比较温和的条件下就能够进行，这样就大大节省了活化二氧化碳所需要的能源。在电化学反应当中，反应介质对电化学效率具有非常明显的影响，先前的研究主要集中在使用强极性有机溶剂和水作为电化学反应液，但传统有机溶剂具有非常强的挥发性，这样就大大限制了它们在二氧化碳电化学转化中的应用，而水即使在高压下对二氧化碳的溶解能力也非常低，造成相应的电化学反应效率比较低，离子液体的出现不仅弥补了以上两类电化学介质的缺陷而且具有较宽的电化学窗口中国科学院化学研究所研究员韩布兴等[29]利用离子液体[bmim][BF_4]为电化学介质，在超临界的反应条件下，将二氧化碳电还原为一氧化碳、氢气和少量甲醛，最高的感应电流效率达到了 91.9%，反应完成以后产物能够溶解在超临界二氧化碳当中，能够很方便地进行产物分离和催化剂的回收，实现了二氧化碳和水的温和、清洁转化。同样中国科学院兰州化学物理研究所邓友全研究组[30]利用电化学方法在离子液体中实现了环氧化合物与二氧化碳的环加成反应，得到了 54%～92% 的转化率，最高的电流效率为 87%，这些反应的报道都丰富了离子液体在二氧化碳电化学转化中的应用。

4.8.2　关键科学问题

由于离子液体具有一些独特的物理、化学性质，且近年来国际社会对二氧化碳问题的日益重视，离子液体在二氧化碳吸收-固定与转化利用中的研究得到了前所未有的发展。与传统吸收固定二氧化碳的方法相比，常规离子液体是利用其本身特有的氢键网络结构以及阴离子与二氧化碳的特殊作用，将二氧化碳置于离子液体的重重包围之中而将其俘获固定，这其中主要是通过物理作用来实现的，所以，常规离子液体吸收固定的能力虽然相比传统有机溶剂有了一定程度的提高，但仍然还远远不能满足工业化操作的需要。功能化离子液体是根据吸收二氧化碳的"需求特定"而设计的一类新型功能材料，既利用了功能化基团与二氧化碳的化学作用，又充分发挥单分子离子液体之间的特殊结构进一步提高了其吸收固定二氧化碳的性能，由于离子液体的低挥发、高热稳定性，经过二氧化碳脱附以后离子液体仍然能够高效重复利用，克服了传统吸收方法中由于固定剂与水的挥发对设备造成的腐蚀以及复杂的干燥后处理程序。Jessop 等提出的利用特定的含氮双环结构的有机化合物，通过吸收二氧化碳以后变成一种极性的阴离子为羧酸盐的新型类离子液体，既有望实现高效的二氧化碳吸附-脱附，还能够由此设计一类新型的以相应的离子液体为中间体的从非极性到极性可调的反应体系，通过调节体系的极性来实现催化剂、反应物或产物之间的分离。同时，特定的离子液体在二氧化碳与一些有机化合物的固定-转化当中也表现出了优异的催化或助催化性能。在利用二氧化碳与环氧化合物的环加成反应合成环碳酸酯的研究中，咪唑类的离子液体可能是由于其特定的咪唑环能够与 Lewis 酸金属发生了共活化或者配位，进而表现出了比其他类型的离子液体或者季铵盐更高的催化活性。在不饱和五元含氮、含氧环状化合物、脲类化合物的催化合成中，离子液体也表现出了特殊的助催化性能，离子液体的引入大大提高了主催化剂的催化活性和主产物的选择性。同时，在利用二氧化碳合成聚碳酸酯、氢甲酰化合成烷基醇以及电化学利用二氧化碳的研究中，离子液体作为催化剂或者反应介质都表现出了特殊的催化或助催化性能。

4.8.3　结论与展望

随着环境问题与能源危机的日益突出，二氧化碳的固定与利用已经成为世界范围内可持续发展中的一个研究热点。二氧化碳从环境角度上讲是一种"温室气体"，从资源循环的角度出发又是一种丰富、安全的 C 资源，如果能够很好地将排放的二氧化碳吸收固定起来，并将其有效利用，那么我们就有可能很好的利用二氧化碳这把"双刃剑"，否则，随着大气中二氧化碳浓度的日趋增加，势必将对日益恶化的环境问题带来更加严重的影响，而离子液体由于自身特殊的物理化学性质，在二氧化碳吸收固定和转化利用方面表现出了某些特殊的吸收和催化性能。虽然，这方面的研究近年来有了较大的进展，但与离子液体在其他领域的应用相比，总的来说起步还比较晚，还有很多问题需要我们去研究。到目前为止，对离子液体的基本物理化学性质的研究还相当有限，应该充分利用现有先进的仪器设备和多学科交叉的知识理论，从离子的概念与层次出发，研究离子液体与传统分子型的二氧化碳吸收剂在宏观特性上的差异、原因以及调控，探索离子液体与二氧化碳相互作用的规律与机理，包括吸收过程中的热力学、界面特性、扩散性能、吸附-脱附机理等，为离子液体的设计与研制提供理论基础。结合物理化学性质研究的成果，合成黏度适当、热稳定性高、高效吸附-脱附的新型离子液体，研究离子液体金属复合物高效催化二氧化碳与其他有机化合物转化利用的反应机制、二氧化碳活化机理等关键科学问题，拓宽离子液体在二氧化碳转化中的应用范围。为了减少离子液体用量，负载型离子液体以及离子液体的负载在二氧化碳固定利用中的研究也是该领域的重要发展方向之一。力争既利用离子液体能够高效吸收固定二氧化碳的特性，将大气或者工业废气中的二氧化碳有选择地吸收固定，又发挥离子液体在某些利用二氧化碳反应中的高效催化或助催化性能，由此将二氧化碳吸收-固定-转化为有用的碳氧资源，届时该领域离子液体的研究将为二氧化碳的综合利用做出一定的贡献。

参　考　文　献

1　Dupont J, de Souza R F, Suarez P A Z. Ionic liquid (molten salt) phase organometallic catalysis. Chem. Rev. ,2002, 102(10): 3667~3692

2   Seddon K R. Ionic liquids—a taste of the future. Nature materials, 2003, 363~364

3   Blanchard L A, Hancu D, Beckman E J et al. Green processing using ionic liquids and CO_2. Nature, 1999, 399: 28~29

4   Blanchard L A, Gu Z, Brennecke J F. High-pressure phase behavior of ionic liquid/CO_2 systems. J. Phys. Chem. B,2001, 105(12): 2437~2444

5   Kazarian S G, Briscoe B J, Welton T. Combining ionic liquids and supercritical fluids: *in situ* ATR-IR study of CO_2 dissolved in two ionic liquids at high pressures. Chem. Commun. , 2000, 2047~2048

6   (a) Maginn E J, Anthony J L, Brennecke J F. Solubilities and thermodynamic properties of gased in the ionic liquid 1-*n*-Butyl-3-methylimidazolium hexafluorophoshoate. J. Phys. Chem. B, 2002, 106(29): 7315~7320;(b) Ca dena C, Anthony J L, Shah J K et al. Why is CO_2 so soluble in imidazolium-based ionic liquids. J. Am-Chem. Soc. ,2004,126(16):5300~5308

7   Bates E D, Mayton R D, Ntai I et al. CO_2 capture by a task-specific ionic liquid. J. Am. Chem. Soc. , 2002, 124(6): 926~927

8   Lee H,Demberelnyamba D, Yoon S J. New epoxide molten salts: key intermediates for designing novel ionic liquids. Chem. Lett. ,2004, 33(5):560~561

9   Zhang J M,Zhang S J, Dong K et al. Supported absorption of CO_2 by tetrabutylphosphonium amino acids ionic liquids. Chem. Eur. J. ,2006,in press

10 Endo T, Nagai D, Monma T et al. A novel construction of a reversible fixation-release system of carbon dioxide by amidines and their polymers. Macromolecules, 2004, 37(6):2007~2009

11 Jessop P G,Heldebrant D J,Thomas C A et al. The reaction of 1,8-diazabicyclo[5.4.0] undec-7-ene (DBU) with carbon dioxide. J. Org. Chem. , 2005, 70(13): 5335~5338

12 Jessop P G, Heldebrant D J, Li X W et al. Reversible nonpolar-to polar solvent. Nature, 2005, 436, 1102

13 Kruper W, Deller D V. Catalytic formation of cyclic carbonate from epoxides and CO_2 with chromium metalloporphyrinates. J. Org. Chem. ,1995, 60(3):725~727

14 a) Paddock R L, Nguyen S T. Chemical CO_2 fication: Cr(Ⅲ) Salen complexes as highly efficient catalysts for the coupling of CO_2 and epoxides. J. Am. Chem. Soc. , 2001, 123: 11 498~11 499; b) Paddock R L, Nguyen S T. Chiral (Salen)Co(Ⅲ) catalyst for the synthesis of cyclic carbonate. Chem. Commun. , 2004, 1622~1623

15 Lv X B, He R, Bai C X. Synthesis of ethylene carbonate from supercritical carbon dioxide/ ethylene oxide mixture in the presence of bifunctional catalyst. J. Mol. Catal. A: Chem. , 2002, 186: 1~11

16 Shen Y M, Duan W L, Shi M. Chemical fixation of carbon dioxide catalyzed by binaphthydiamino Zn, Cu, and Co Salen-type complexes. J. Org. Chem. ,2003, 68(4):1559~1562

17 Peng J J, Deng Y Q. Cycloaddition of carbon dioxide to propylene oxide catalyzed with ionic liquid. New J. Chem. , 2001, 25(4): 639~641

18　Kawanami H, Sasaki A, Matsui K et al. Arapid and effective synthesis of propylene carbonate using a supercritical CO_2-ionic liquid system. Chem. Commun. , 2003, 896~897

19　Li F W, Xia C G, Xu L et al. A novel and effective Ni complex catalyst system for the coupling reactions of carbon dioxide and epoxides. Chem. Commun. ,2003,2042~2043

20　Li F, W, Xiao L F, Xia C G et al. Chemical fixation of CO_2 with highly efficient $ZnCl_2$/ [bmim]Br catalyst system. Tetrhedron Lett. , 2004, 45, 8307~8310

21　Sun J M, Fujita S I, Zhao F Y et al. A direct synthesis of styrene carbonate from styrene with the Au/SiO_2-$ZnBr_2$/Bu_4NBr catalyst system. J. Catal. , 2005, 230(2): 398~405

22　Gu Y L, Shi F, Deng Y Q. Ionic liquid as an efficient promoting medium for fixation of carbon dioxide:Clean syntheis of α-methylene cyclic carbonates from CO_2 and propargyl alcohols catalyzed by metal salts under mild conditions. J. Org. Chem. , 2004, 69(2):391~394

23　Shi F, Deng Y Q, Sima T L et al. Alternative to phosgene and carbon dioxide: Synthesis of symmetric urea derivatives with carbon dioxide in ionic liquids. Angew. Chem. Int. Ed. , 2003, 42: 3257~3260

24　a) Gabriele B, Mancuso R, Salerno G et al. An improved procedure for the palladium-catalyzed oxidative carbonylation of β-amino alcohols to oxazolidin-2-ones. J. Org. Chem. ,2003, 68(2): 601~602;b) Li F W, Xia C G. Synthesis of 2-oxazolidinone catalyzed by palladium on charcoal: An novel and high effective heterogeneous catalytic system for oxidative cyclocarbonylation of β-amino alcohols and 2-aminophenol. J. Catal. , 2004, 227, 542 ~ 546; c) Li F W,Peng X G,Xia, C G et al. An efficient synthesis of 2-oxazolidinones by palladium-catalyzed oxidative carbonylation of β-aminoalcohols and 2-aminophenolunder mild conditions. Chinese J. Chem. , 2005, 23: 643~645

25　Gu Y L, Zhang Q H, Duan Z Y et al. Ionic liquid as an efficient promoting medium for fixation of carbon dioxide: A clean method for the synthesis of 5-methylene-1, 3-oxazolidin-2-ones from propargylic alcohols, amines, and carbon dioxide catalyzed by Cu(I) under mild conditions. J. Org. Chem. , 2005, 70(18):7376~7380

26　Park D W,Mun N Y, Kim K H et al. Copolymerization of phenyl glycidyl ether with carbon dioxide catalyzed by ionic liquids. Korean J. Chem. Eng. ,2005, 22(4):556~559

27　Tominaga K, Sasaki Y. Biphasic hydroformylation of 1-hexene with carbon dioxide catalyzed by ruthenium complex in ionic liquids. Chem. Lett. , 2004, 33(1):14~15

28　Tominaga K. An environmentally friendly hydroformylation using carbon dioxide as a reactant catalyzed by immobilized Ru-complex in ionic liquids. Norway,The proceeding of 8th International Conference of Carbon Dioxide Utilization (ICCDU-Ⅷ), 2005

29　Zhao G Y, Jiang T, Han B X et al. Electrochemical reduction of supercritical carbon dioxide in ionic liquid 1-n-butyl-3-methylimidazolium hexafluorophosphate. J. Supercritical Fluids, 2004, 32:287~291

30　Yang H Z,Gu Y L, Deng Y Q. Electrochemical activation of carbon dioxide in room temperature ionic liquid: Synthesis of cyclic carbonates. Chem. Commun. ,2002,274~275

第 5 章　基于离子液体的清洁工艺技术

5.1　离子液体工业应用进展与产业化关键技术

5.1.1　研究现状及关键科学问题

5.1.1.1　现状

离子液体是近年来化学化工领域中研究的热点。离子液体是由离子组成的液体，是低温（<100℃）下呈液态的盐，有时也称其为低温熔融盐，它一般由有机阳离子和无机阴离子所组成。与传统的有机溶剂、电解质及催化剂相比，离子液体具有一系列突出的优点：①几乎没有蒸气压，不易挥发；②液体状态温度范围宽，从低于或接近室温到 300℃，有较好的化学稳定性及较宽的电化学稳定电位窗口；③通过阴阳离子的设计可调节其对无机物、有机物及聚合物的溶解性，并且其酸度可调至超强酸；④可与其他溶剂形成两相或多相体系，密度大易分相，适合作反应介质、催化剂、分离溶剂或构成反应/分离耦合新体系。由于离子液体的这些特殊性质，它被认为与超临界 CO_2 和双水相一起构成三大绿色溶剂，具有广阔的应用前景。

鉴于离子液体可期的工业应用前景，特别是随着环保法律法规的严格和人类对于自身生存环境关注程度的加深，离子液体作为环境友好的"清洁"溶剂和新催化体系日益受到世界各国化学工业界与石化工业界的接受和关注。众多科研机构及世界著名的化工企业，如 BP、IFP、BASF 及中国石油等纷纷开展离子液体的相关研究，研究领域涉及有机合成、萃取分离、聚合物制造、分析化学、电化

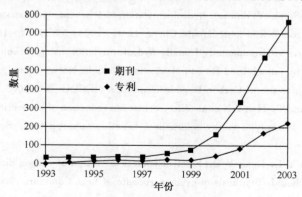

图 5.1　1993～2003 年离子液体在催化领域的文献报道数量

学、生物质转化等。尽管就总体研究阶段而言，离子液体的产业化仍处于 R&D 阶段，但在许多工业应用领域，离子液体已经展现了其对传统反应或分离过程的良好替代可能。离子液体在有机合成，特别是在催化领域研究成果众多，研究也较为成熟。图 5.1 列出了 1993～2003 年关于离子液体在催化领域的文献报道数量，可见近几年研究成果之丰富。

1. 离子液体在催化领域的应用进展

催化领域是离子液体研究最早而且最为成熟的领域。离子液体应用于催化领域具有以下优点：①离子液体具有溶剂和催化剂的双重功能；②能提供不同于传统有机溶剂的反应环境，反应速率快、选择性好；③离子液体不易挥发，三废产生少，易于循环利用；④离子液体密度大、表面张力高，易分相，便于产物分离。因此，离子液体作为一种"绿色"化学品在催化领域得到了广泛的应用，下面着重介绍已取得的初步工业化成果。

阴离子为氯化金属盐的离子液体具有可调节的 Lewis 酸性，其酸度可调节至超强酸。这类离子液体具有酸催化活性中心，可代替传统的严重污染环境的各类有机酸、无机酸，如 $AlCl_3$、BF_3、HF、H_2SO_4 等，在众多的酸催化反应中表现出了良好的催化活性，代表性催化反应有烷基化反应。有机化学中一切引入烷基基团的化学反应，都可以称为烷基化反应。在烷基化反应的各种工业应用中，以异丁烷为烷基化试剂，对低分子烯烃（主要是丁烯和丙烯）进行烷基化反应，并以生成高辛烷值烷基化汽油为目的的异丁烷烷基化是最重要的烷基化工业应用之一。在炼油工业中作为一种提供优质汽油调和组分的经济有效的手段，异丁烷烷基化长期以来得到了持续的发展。氢氟酸和硫酸是这一反应的传统工业催化剂。尽管 HF 和 H_2SO_4 在活性、选择性和催化剂寿命上都表现出了良好性能，但生产过程中使用 HF 和 H_2SO_4 所造成的环境污染、设备腐蚀和人身伤害等问题，使得异丁烷烷基化的工业应用受到了很大限制。烷基化工业迫切需要一种"友好"的酸性催化剂以替代现有的液体强酸，而寻找新的催化材料、开发新型工艺则是解决异丁烷烷基化现有问题的根本出路。

Chauvin 等[1,2]研究了 1-丁基-3 甲基氯代咪唑（[bmim]Cl）与 $AlCl_3$ 制得的离子液体催化异丁烷与 2-丁烯的烷基化反应，发现将某些过渡金属无机盐引入到咪唑或吡啶类氯铝酸离子液体中有利于提高烷基化的选择性，总体而言，[bmim]Cl-$AlCl_3$ 的烷基化效果逊于 H_2SO_4。中国石油天然气股份有限公司开发了"离子液体催化异构烷烃与烯烃烷基化的工艺路线"。烷基化所用的催化剂为 $AlCl_3$/铵盐合成的离子液体，该离子液体表现出高的催化活性和重复使用性、产品与催化剂容易分离、烷基化油性质较好等优点。在最佳的反应操作条件下，烷基化油收率达到 162%，与工业硫酸法接近，但烷基化油中 C_8 组分的选择性仍存在一定距离。向离子液体中引入过渡金属离子明显改善了离子液体的催化效果，可使离子液体的催化性能基本达到工业硫酸法的水平。该工艺路线进行了 $20\ t \cdot a^{-1}$ 的离子液体烷基化中试实验，在最佳的反应条件下，烷基化油中 C_8 组分含量达到 95%（质量分数）以上；丁烯转化率在 99% 以上；烷基化油收率是烯烃进料质量的 198%；所得烷基化油质量高，硫含量低，且几乎不含烯烃、芳烃；同时离子液体与烷基化油密度差大且不互溶，不形成乳化界面，与产品分离容易，便于实现离子液体催化剂的分离和循环使用；离子液体催化剂经过 50 天的储存和连续 60 天的循环使用，烷基化活性和选择性没有降低；离子液体催化剂的吨烷基化油消耗量不超过 2kg，按目前离子液体催化剂的价格估算，吨烷基化油的离子液体催化剂的消耗成本不高于 100 元。

利用离子液体不易挥发、对有机无机物质良好的溶解能力的特点，离子液体可在众多催化反应中替代传统有机溶剂充当反应介质。Jaeger 等[3] 研究了环戊二烯与丙烯酸甲酯和甲基酮在 $[EtNH_3][NO_3]$ 中的 Diels-Alder 反应，在传统溶剂丙酮中相比，离子液体中的反应表现出明显的高内旋产物倾向和快的反应速率特征。碳-碳双键的过渡金属复合物催化加氢是一种被广泛研究的均相催化反应，利用离子液体充当反应溶剂，可降低贵重过渡金属的流失，提高反应选择性[4,5]。Cull 等[6] 报道了在 $[bmim][PF_6]$ 中进行 1,3-二氰基苯的水合反应，用离子液体替代传统使用的甲苯，解决了甲苯作为溶剂带来的污染环境和易燃等缺陷，且反应两相易于分离。

2. 离子液体在分离领域的进展

离子液体具有选择性的溶解能力和合适的液态范围，这使其在多种液-液萃取过程中得到了广泛的应用，被称作液体"分子筛"。

离子液体可有效地脱除燃油中的硫成分[7~10]。在工业生产中，通常采用催化加氢的方法脱除硫成分。然而，二苯噻吩特别是4,6-烷基取代的二苯噻吩由于空间位阻难以吸附到催化剂上转化成 H_2S，因此，二苯噻吩的脱除是燃油脱硫的难点。氯铝酸咪唑盐离子液体可选择性地萃取燃料油中的二苯噻吩，经反复萃取，最终将含有 $500\ mg \cdot kg^{-1}$ 二苯噻吩的正十二烷模拟燃料油中的二苯噻吩含量降低到 $50mg \cdot kg^{-1}$ 以下，但此类离子液体存在一接触含有硫醇的化合物就会形成深色沉淀物，并且使处理的燃油变黑的缺点。用甲基癸基咪唑氟硼酸盐离子液体萃取可将正辛烷模拟燃料油中的噻吩含量从 $1500\ mg \cdot kg^{-1}$ 降低到 $500\ mg \cdot kg^{-1}$ 以下，最佳结果可以达到 $150\ mg \cdot kg^{-1}$ 左右，同时甲基癸基咪唑氟硼酸盐离子液体还可以选择性的萃取低碳烯烃。Wei 等[11] 利用化学氧化和离子液体萃取耦合的方法脱除轻油中含硫化合物。模拟体系为十四烷加二苯噻吩，离子液体为甲基丁基咪唑氟硼酸盐和甲基丁基咪唑氟磷酸盐，所用的氧化剂为 H_2O_2-乙酸，目的是将油中的含硫化合物氧化成更易溶于离子液体的砜，经氧化和萃取的协同作用，可选择性的从油中脱除二苯噻吩。

离子液体为离子化合物提供独特的化学环境，可从水溶液中萃取金属离子，对其阳离子进行功能化的修饰，能提高金属离子在离子液体相中的分配系数。Visser 等[12]通过对疏水性的咪唑基六氟磷酸盐离子液体进行改性，在取代基上引入不同的配位原子或结构，如脲、硫脲、硫醚等，合成出一类可以萃取金属离子的离子液体，用于从水中萃取有毒金属离子 Cd^{2+}、Hg^{2+}，分配系数最高可达到 360。另外，离子液体在气体吸收[13]、气相色谱[14]、膜分离[15]以及核燃料回收[16]等领域的应用也取得了长足的进步。

利用离子液体选择性溶解的特性，BASF 公司于 2002 年成功开发了制备烷氧基苯基膦的 BASIL (biphasic acid scavenging utilizing ionic liquid) 工艺。烷氧基苯基膦是重要的化工中间体，是制备光敏引发剂的前体。烷氧基苯基膦通常通过氯代苯基膦和醇的反应制备得到，反应过程产生 HCl。为避免产物降解及产物污染，反应后 HCl 必须予以去除。老工艺采用三乙胺作为捕获剂除去酸，但三乙胺和酸反应易生成固体物质，而从反应体系中将固体除去不但需要大量的有机溶剂，同时设备复杂。BASF 新开发的 BASIL 工艺利用 N-甲基咪唑作为酸（HCl）的捕获剂，生成熔点为 75℃ 的 [hmim]Cl（氯化 1-甲基-3-氢咪唑盐，操作温度下为液体），生成的 [hmim]Cl 与产物烷氧基苯基膦不混溶而分层。目前该工艺已经达到数吨级生产规模，采用设备如图 5.2 所示。利用离子液体选择性溶解特性以及较低温度下呈液体的特性，针对制备烷氧基苯基膦开发的 BASIL 工艺具有产物分离简便、体系传热性能好、可连续化操作等优点。据报道，BASF 公司准备将此工艺推广到其他需要酸

图 5.2 制备烷氧基苯基膦的 BASIL 工艺所用设备图

捕获剂的工艺流程中。值得一提的是，该工艺是离子液体实现规模化应用的最早实例。

3. 离子液体在聚合物领域的进展

尽管在乳液聚合和悬浮聚合工艺中，水可充当反应介质，但并非所有的聚合反应均可在水溶液中进行，大部分的聚合反应仍需要在有机溶剂中进行。据统计，全球聚合物的年生产能力超过 30 000 000t，由此带来了大量的有机废水。聚合物生产中产生的废水主要来源于使用过的有机溶剂，消除有机溶剂的排放对实现聚合工业的清洁生产有着重要的意义。离子液体以其不易挥发、可循环再生

利用、溶解能力强的特点，在聚合反应中可替代传统有机溶剂，减少废水的产生。

阴离子为 $[AlCl_4]^-$、$[PF_6]^-$ 或 $[BF_4]^-$ 的离子液体与过渡金属具有弱配位作用，此类离子液体作为烯烃低聚的反应介质，可克服过渡金属催化剂在有机溶剂中溶解性差的缺点。Carlin 等[17] 以 $[emim][AlCl_4]^-$ 离子液体为溶剂，研究了 $TiCl_4$ 催化乙烯聚合，当 $AlCl_3$ 的摩尔分数为 0.52 时，得到熔点为 120～130 ℃的聚乙烯。Ma 等[18] 在 $[emim][AlCl_4]^-$ 离子液体中用 Cp_2TiCl_2 为催化剂，$AlCl_{3-x}R_x$（R＝Me，Et）为助催化剂催化乙烯聚合。Challvin 等[19] 的研究表明：$[emin]Cl$、$[bmim]Cl$ 及 $[bmim][Cl-AlCl_3-EtAlCl_2]$ 等均可作为溶剂，使从丙烯到己烯的异构体在 Ni（Ⅱ）络合物的催化下进行二聚，法国石油研究院（IFP）在此基础上开发了正丁烯二聚新工艺，据报道已完成中试，正准备工业生产。

离子液体在聚合物领域的另一个热点是以离子液体为溶剂的活性自由基聚合。Biedron 等[20] 研究发现手性离子液体可控制聚合反应的立体过程，甲基丙烯酸甲酯在手性离子液体中的自由基聚合所得的聚合物等规二元组分较多，通过提高离子液体与单体比率，可提高聚合物的全同立构规整度，随着单体取代基碳原子数目的增多，效果更明显。Perrier 等[21,22] 研究了离子液体中的可逆加成-断裂链转移（reversible addition fragmentation chain transfer，RAFT）活性自由基聚合反应，以 1-烷基-3-甲基咪唑六氟磷酸盐离子液体为溶剂，分别对 MMA、MA、St 进行 RAFT 活性自由基聚合，由于聚苯乙烯不溶于离子液体，聚合在较早阶段即停止，而丙烯酸酯和甲基丙烯酸酯的聚合得到相对分子质量与理论值接近且多分散指数小于 113 的聚合物，甲基丙烯酸甲酯的聚合遵循聚合动力学且相对分子质量随转化率呈线性增长，表现为活性聚合。在离子液体中的聚合所得聚合物的相对分子质量增大且分布较窄，聚合速率比在本体和其他溶剂中的聚合速率大，并且与离子液体的结构有关。

此外，将离子液体与高分子材料相结合，合成具有特殊性能的高分子材料，用于合成高分子聚电解质及高分子催化剂也显示了良好的工业应用前景。

5.1.1.2 产业化关键技术问题

1. 基础理论和实验研究尚不充分和深入

离子液体是一类"新化学品"，基础理论和实验研究刚刚起步，尚不充分和深入。离子液体在实现产业化之前，必须有较为充足的理论研究和实验数据支持。这些理论和实验研究目前尚处于研究的初级阶段，还有待于进一步努力。表5.1 列出了实现离子液体产业化所需要突破或加强的理论研究内容。

表 5.1 离子液体基础理论研究

离子液体纯物质的性质	
	密度、熔点、极性、蒸气压、酸强度、热稳定性、电导率、表面张力、扩散系数、黏度等
离子液体的毒理	
	对生态及环境的影响的评价
离子液体混合物的性质	
	微量杂质对离子液体性质的影响，尤其是水的影响规律
	与有机溶剂的相行为：液−液平衡、气−液平衡、分配系数、溶解度、夹带效应
	对反应器材质的腐蚀规律
离子液体的表征手段	
	纯度的定性、定量检测方法
	高通量筛选方法
离子液体的预测模型	
	基本物化性质的预测模型
	指导合成特定物化性质离子液体的初步模型
	联系离子液体物化性质和宏观过程效果的构效模型

(1) 离子液体的物化、热力学等数据缺乏。离子液体的合成、表征和工业化应用需要大量的物化性质的测量，包括密度、熔点、极性、蒸气压、酸强度、热稳定性、电导率、表面张力、扩散系数、黏度等，与有机溶剂的相行为——液−液平衡、气−液平衡、分配系数、溶解度等。据估计，有成百上千的阴阳离子适合组成离子液体，通过对阴阳离子的简单排列组合，潜在的离子液体数量约为 10^{18}。随阴阳离子的不同，每一种离子液体都表现出自己的特殊性质。测定各种离子液体纯物质的物化数据，以及离子液体混合物的各项性质的工作量是极其巨大的，但对离子液体的产业化而言是十分重要和必要的数据。

(2) 研究离子液体结构与性质之间的关系尚不充分和深入，缺乏离子液体性质的预测模型。离子液体种类繁多，测定每一种离子液体的性质成为不可能完成的任务。因此，必须从分子层次上研究离子液体结构和性质的相互关系，建立起联系离子液体物化性质和宏观过程效果的预测模型。这种预测能力十分重要，有助于研究者在耗费巨大的实验工作量进行尝试前，运用模型预测的方法剔除低功能化的离子液体，或根据模型的预测结果，合成具有特定功能的任务专一型离子液体。但目前这方面的工作还刚刚起步。

(3) 离子液体的表征手段缺乏。离子液体无法采用气相色谱和高效液相色谱等常规方法进行定量分析，可靠的离子液体纯度的测定方法尚没有建立。在离子液体的实际生产和应用中，纯度的控制和测量十分重要，某些杂质的存在会极大的影响离子液体的性能。因此，开发快速、有效的离子液体纯度分析方法有利于离子液体物化性质数据库的建立和工业生产中纯度的控制。

（4）目前离子液体基础研究集中在咪唑阳离子类的离子液体上，但该类离子液体生成成本高，不适合工业化应用。应加强具有实际工业应用价值的离子液体的基础理论和实验研究。

综上所述，离子液体的基础理论和实验研究尚不充分和深入，其结构和性质之间关系尚没有完全阐明。为加速离子液体的产业化进程，必须在这方面实现突破。

2. 离子液体的生产成本高

离子液体是由有机阴阳离子组成的盐类，化学结构较普通有机溶剂复杂，目前存在着生产成本高的问题，因此，尽可能地降低离子液体的生产成本是离子液体产业化的另一个关键技术问题。

（1）从离子液体的化学结构上看，离子液体由阴阳离子组成。阳离子主要有咪唑阳离子、吡啶阳离子、季铵阳离子和季磷阳离子四类。阴离子主要是强酸的共轭碱或金属卤化物。阳离子结构复杂、制备工艺复杂是离子液体生产成本居高不下的主要原因。同时，市面上绝大部分离子液体的合成原料均是试剂的生产规模，工业原料少，这也增加了离子液体的生产成本。因此，在保证必要的化学活性基础上，应选择成本相对较低的季铵阳离子和季磷阳离子；或就地取材，利用目前大宗的含氮的生物资源或其他工业原料，开发新型廉价的离子液体。

（2）离子液体的合成工艺复杂。以合成 1－丁基－3－甲基咪唑六氟磷酸（[bmim][PF$_6$]）为例，离子液体的合成分为两个主要步骤。

第一步为 1－丁基－3－甲基咪唑盐 [bmim]Cl 的制备：

$$[mim] + C_4H_9Cl \longrightarrow [bmim]Cl$$

反应完必须经过有机溶剂的结晶、重结晶、减压蒸馏挥发溶剂等纯化步骤。

第二步为 [bmim]Cl 通过盐类复分解反应或与 HPF$_6$ 的酸碱中和反应制备得 [bmim][PF$_6$]：

$$[bmim]Cl + NH_4PF_6 \xrightarrow{\text{丙酮}} [bmim][PF_6] + NH_4Cl \downarrow$$

或

$$[bmim]Cl + HPF_6 \longrightarrow [bmim][PF_6] + HCl \uparrow$$

反应完成后，离子液体还要经有机溶剂洗涤，减压蒸馏等纯化步骤。

在现有的离子液体合成工艺中，需使用有机溶剂，合成尚不能做到原子经济，会产生一定量的废水，一方面增加了离子液体的生产成本，另一方面也带来了环境污染，降低了离子液体的绿色特征。同时，离子液体的纯化步骤繁多，导致离子液体收率的损失，生产成本高。

（3）离子液体生产存在纯化困难、质量难以控制的问题。离子液体不易挥发，对无机有机物质的溶解能力强。因此，常规的离子液体的合成存在后续纯化困难、纯化成本高的问题。同时作为大宗的化学品，质量可控是基本要求，但目前仍然没有简捷、可靠的纯度检测方法。因此，如何控制离子液体的质量、减少离子液体纯化步骤是降低离子液体成本、实现离子液体产业化的现实问题。

中国石油天然气股份有限公司离子液体催化异构烷烃与烯烃烷基化工艺采用 $AlCl_3$/铵盐合成的离子液体，按目前原料的市场价格，离子液体的原料成本核算在 50 000 元·t^{-1} 左右，而传统烷基化催化剂的浓硫酸价格为 400 元·t^{-1} 左右，无水 $AlCl_3$ 价格为 6000 元·t^{-1} 左右，两者差距明显。当然离子液体作为一种绿色的溶剂，具有可循环使用和催化剂流失少的优点，这可以在一定程度上降低离子液体成本带来的压力。但是，离子液体生产成本高仍然是摆在离子液体产业化面前的关键问题。

3. 离子液体产业化应用的工程问题

1）部分离子液体存在稳定性的问题

阴离子是金属卤化物，如 $AlCl_3$ 类的离子液体对水极其敏感，遇水分解产生 HCl。在催化反应中，$AlCl_3$ 类阴离子是该类离子液体的催化活性中心，$AlCl_3$ 类阴离子遇水分解后，离子液体将不可逆地失活。因此，该类离子液体需在真空或者惰性气体的保护下应用，且生产过程中所使用的溶剂、反应物都需经过严格的干燥处理。阴离子为 $[BF_4]^-$ 和 $[PF_6]^-$ 的离子液体在水溶液中也会少量降解产生 HF，产生酸性废水同时腐蚀设备[23]。离子液体遇水降解的不足，一方面增加了工程应用时设备投资的压力，另一方面也降低了离子液体的使用寿命，同时产生三废。此外，离子液体的热分解温度为 400～500℃，关于离子液体在长时间工业运行中的对热、空气稳定性还需进一步考查。总之，离子液体在长时间工业化运行中的稳定性是其产业化的关键问题。

2）离子液体循环再生利用是离子液体产业化应用的另一个关键工程问题

在一些催化反应中，反应物和产物溶于离子液体。如何清洁、高效地将产物从离子液体相中分离出来，实现离子液体的循环再生利用是产业化中现实的工程问题。考虑到离子液体不具挥发性，可采用蒸馏回收产物和溶剂，实现离子液体的循环利用。但该方法不适用于热敏性或高沸点物质的回收。目前通常采用溶剂萃取的方法实现热敏性或高沸点物质的回收，但溶剂萃取法存在使用有机溶剂、污染环境的缺陷，同时溶剂与离子液体之间的交叉污染又会导致离子液体的流失或失活。利用超临界 CO_2 与离子液体之间存在不对称的溶解度，采用超临界 CO_2 萃取能实现产物的清洁回收、离子液体的循环使用，但该方法涉及高压体系，设备投资较高。离子液体在分离领域中也存在着循环再生利用的问题，在使用离子液体进行金属离子的液-液萃取时，部分离子液体溶于水溶液而流失[24]。此类离子液体和应用体系之间的交叉污染导致部分离子液体无法循环利用，同时产生三废，带来后续废水的处理问题。

在长时间的工业运行中，某些离子液体会腐蚀设备，腐蚀产生的杂质部分溶解在离子液体中。作为反应催化剂或溶剂时，离子液体和反应体系存在一定程度的交叉污染，同时一些痕量的杂质（如 SO_x、NO_x）也会富集在离子液体相。这些长期运行累积的杂质有可能会降低离子液体的活性，降低离子液体的使用寿命。有些失活是可逆的，有些失活是不可逆的。目前尚没有系统的离子液体的再生方法。

3）适宜过程设备的设计、制造

离子液体与常规的有机溶剂在性质上有较大的差异，黏度高、密度大、不具挥发性，某些离子液体对金属有一定的腐蚀作用。因此，适合离子液体体系的反应器设计、制造是离子液体产业化时面临的工程问题之一。新过程设备的开发必须考虑到离子液体的特性，从尽可能地降低离子液体的流失或失活、延长离子液体的使用寿命出发，选择合适的设备材质。当离子液体工艺作为改进路线替代老工艺时，过程设备应尽可能在原设备基础上进行改进，以降低生产成本。目前，尚没有开发出针对离子液体的专用设备，而缺乏详实的离子液体物性、热力学数据也阻碍了离子液体相关过程设备的开发。

综上所述，离子液体产业化存在相当多的工程应用问题，包括离子液体稳定性问题、离子液体的使用寿命、循环再生利用以及适宜过程设备设计。只有较好地解决了这些工程问题，离子液体的产业化才能落到实处。

4. 离子液体的环境、安全和健康问题

离子液体蒸气压极低，几乎不挥发，与常规有机溶剂相比，在使用过程中不产生挥发性，这些特性是离子液体作为绿色化学品的基础。然而，每一种离子液体均是新化学品，在大规模使用前需要有详实的环境、安全和健康方面的研究和评价。离子液体对植物生长的抑制作用已经引起了研究者的注意。在聚合物生产中，微量离子液体会残留在聚合物中，当此类聚合物用于食品包装或者个人护理产品时，相关的健康和安全问题尤为突出。诸如此类环境、安全和健康方面产生的问题给离子液体的大规模应用带来了不确定的风险因素。

离子液体的产业化需要可靠的，基于科学的对于离子液体的环境、安全和健康方面的研究和评价。此类研究对于离子液体的生产、运输、储存、使用和排放而言是必需的。这些研究的结果也会影响科研机构、公司在离子液体领域的投入力度，以及终端消费者购买含有微量离子液体的产品的意愿。越早开展离子液体环境、安全和健康方面的研究，离子液体的工业化将从中受益越多。科研机构和公司应当协同努力，推进环境、安全和健康方面的研究。研究成果有助于科研工作者及早停止使用那些对环境、安全和健康有影响的离子液体，转而使用那些环境、安全和健康方面表现优秀的离子液体。这些研究有助于降低离子液体 R&D 的成本，同时也会降低离子液体产业化的成本。

但目前，离子液体环境、安全和健康的方面的研究才刚刚起步，仅已知一种离子液体（PEG-5 cocomonium methosullfate）的毒理数据，大量的努力正在进行中，研究成果尚不能满足工业化的要求。

此外，离子液体是一类"新化学品"。美国和欧盟对"新化学品"存在一些限制性条款。离子液体在产业化之前，必须满足美国的《有毒物质控制法》（TSCA）和欧盟的《关于化学品注册、评估、许可和限制制度》（REACH 法规）的相关规定。因此，科研工作者、供应商和终端用户应当协同努力，确保离子液体在这些法规的许可范围内进行产业化的应用。

5. 还未找到产业化的突破口

离子液体 R&D 涉及领域广泛，包括有机合成、分离、聚合物制造、分析化学、电化学、生物质转化等。各领域的发展程度不一，其中以离子液体在催化领域的应用最为成熟。中国石油天然气股份有限公司正在考虑在工业装置上进行离子液体烷基化的可能性，目前已经实现离子液体催化剂的吨级合成，为离子液体的大规模应用提供了可靠的保证，而在其他应用领域，目前尚未找到产业化的突破口。虽然 BASF 公司的 BASIL 工艺实现了工业化，但是离子液体只是作为一种中间产物存在，并没有实现离子液体的大规模合成和应用。离子液体能否实现产业化的另一个主要因素是离子液体应用的具体工艺与原有工艺相比是否有质的飞跃，这表现在应用离子液体后能否大幅度提高产品的选择性或大幅度降低生产成本等。因此，离子液体的第一次工业化是其能否成功的关键，正确地选择离子液体的产业化领域，作为突破口甚为关键。

5.1.2 发展方向及建议

1. 进一步加强离子液体的理论研究和实验研究，为其产业化提供坚实的理论基础和实验基础

（1）深入研究离子液体阴阳离子结构与性质的关系；研究微量杂质、尤其是水对离子液体性质的影响规律；研究离子液体与有机溶剂的热力学行为，包括液-液平衡、气-液平衡、分配系数等；研究离子液体对设备材质的腐蚀规律。

（2）努力从分子水平上研究离子液体的结构和性质的关系，实现基于某种特性离子液体的可控合成。开发预测离子液体的性质和性能模型，用于指导合成特定功能的离子液体，开发联系离子液体物化性质和宏观过程效果的有效模型。利用组合化学的方法，针对特定的化学任务，采用高通量筛选适宜的离子液体。

（3）实验和理论的研究应当同步进行。建立离子液体物化、热力学、动力学数据库，其中包括密度、熔点、极性、蒸气压、酸强度、热稳定性、电导率、表面张力、扩散系数、黏度等。建立与常用有机化学物质的热力学数据：液-液平衡、气-液平衡、分配系数、溶解度等。以指导离子液体的工业化应用。

（4）开发快捷、快速、可靠的离子液体纯度的检测方法。

2. 具有特定功能、环境友好、低成本离子液体的合成

（1）离子液体应用领域日益扩大，涉及催化、分离、燃料、溶剂和聚合物等多个领域，在特定的领域中，必然对离子液体的功能有着特殊的要求，目前已知的离子液体无法满足日益增长的多功能化需求，任务专一型、环境友好的离子液体的合成是未来的发展方向。

（2）改进离子液体的合成路线，减少有机溶剂的使用。开发离子液体合成的新方法，简化离子液体合成和纯化步骤，减少有机溶剂的使用，尽可能实现合成的原子经济性。采用工业原料代替试剂，使离子液体原料和离子液体成为商品，供更多的人从事研究和试验。在保证必要的化学活性基础上，选择或开发廉价离子液体；或就地取材，利用目前大宗的含氮的生物资源，开发新型廉价的阳离子用以降低离子液体生产成本。

（3）实现离子液体质量、纯度可控的合成。

3. 科研、设计、生产单位密切配合，解决离子液体产业化的工程问题

提高离子液体在长时间工业化运行中对水、热、空气的稳定性，延长离子液体的寿命。开发成熟的离子液体再生方法，提高离子液体的循环利用性。针对离子液体黏度高、密度大、不具挥发性等特性，开发适合离子液体体系的过程设备。新过程设备的开发必须考虑到离子液体的特性，尽可能地降低离子液体的流失或失活，选择合适设备材质，延长离子液体的使用寿命。当离子液体工艺作为改进路线替代老工艺时，过程设备应尽可能在原设备基础上进行改进，以降低生产成本。因此，需要科研、设计、生产单位密切配合，解决离子液体产业化的工程问题。

4. 应加强离子液体环境、安全和健康方面的评价和研究

离子液体作为一类"新化学品"，在大规模产业化使用前，必须有详实的环境、安全和健康方面的研究和评价。以降低离子液体的大规模应用带来的不确定风险因素。这是离子液体实现其商业应用的必要前提。

5. 选择恰当的工业化突破领域

新技术的第一次工业化是其能否成功的关键，必须谨慎、正确地选择离子液

体的产业化领域，逐级放大，稳步推进。

5.1.3 结论与展望

离子液体以其不易挥发、具有溶剂和催化剂的双重功能、溶解能力强、密度大、表面张力高易分相、便于产物分离、可循环再生利用等诸多优点，作为一种"绿色"化学品在有机合成、分离、聚合物制造、分析化学、电化学、生物质转化等领域得到了广泛的应用，具有良好的产业化应用前景。目前，离子液体的产业化仍处于 R&D 阶段，规模化生产的实例少。

离子液体在产业化的道路上，尚有许多关键技术问题有待于解决。离子液体是一类"新化学品"，其基础理论和实验研究尚不够充分和深入。关于离子液体环境、安全和健康方面的评价和研究较为缺乏。离子液体的生产成本高，制约着离子液体的产业化应用。在工程应用方面，尚存在离子液体稳定性、如何循环再生利用以及适宜反应器设计等诸多问题。科研、设计、生产单位应当密切配合，选择离子液体恰当的工业化突破领域，解决离子液体产业化进程中碰到的技术问题，在成功的基础上不断完善和拓展。

参 考 文 献

1　Chauvin Y, Olivier-Bourbigou H. Nonaqueous ionic liquids and reaction solvents. Chemtech, 1995, 25: 26～30

2　Chauvin Y, Einloft S, Olivier H. Catalytic dimerization of propene by nickel-phosphine complexes in 1-buty l-3-methylimidazo-lium chloride/AlEt$_x$Cl$_{3-x}$ ($x=0,1$) ionic liquids. Ind. Eng. Chem. Res., 1995, 34: 1149～1155

3　Jaeger D, Tucker C. Diels-Alder reactions in ethylammonium nitrate, a low-melting fused salt. Tetrahedron. Lett., 1989, 30: 1785～1788

4　Brasse C C, Englert A, Salzer A et al. Ionic phosphine ligands with cobaltocenium backbone-Novel ligands for highly selective, biphasic Rh-catalysed hydroformylation of 1-octene using ionic liquids. Organometallics, 2000, 19: 3818～3823

5　Mathews C J, Smith P J, Weltont T et al. *In situ* formation of mixed phosphine-imidazolyidene palladium complexes in room-temperature ionic liquids. Organometallics, 2001, 20 (18): 3848～3850

6　Cull S G, Holbrey J D, Vargas-Mora V et al. Room temperature ionic liquids as replacements for organic solvents in multiphase bioprocess operations. Biotechnol. Bioeng., 2000, 69 (2): 227～233

7　Huddlestou J G, Willauer H D, Swatloski R P. Room temperature ionic liquids as novel media for clean liquid extraction. Chem. Commun., 1998, 1765～1766

8　Visser A E, Swatloski R P, Rogers R D. Task-specific ionic liquid for the extraction of metal ions from aqueous solutions. Chem. Commun, 2001, 135～136

9　Harmon C D, Smith W H, Costa D A. Criticability calculations for plutonium metal at room temperature in ionic liquid solutions. Radn. Phy. Chem,2001,60:157~159

10 Zhang S,Zhang Q,Zhang Z C. Extractive desulfurization and denitrogenation of fuels using ionic liquids. Ind. Eng. Chem. Res,2004,43:614~622

11 Wei G,Lo W,Yang H. One-pot desulfurization of light oils by chemical oxidation and solvent extraction with room temperature ionic liquids. Green Chem. ,2003,5:639~642

12 Visser A E,Swatloski R P,Reichert W M et al. Task-specific ionic liquids incorporating novel cations for the coordination and extraction of Hg^{2+} and Cd^{2+} synthsis, characterization, and extraction studies. Environ. Sci. Technol. ,2002, 36(11):2523~2529

13 Bates E D,Mayton R D,Ntai I et al. CO_2 capture by a task-specific ionic liquid. J. Am. Chem. Soc. ,2002,124:926~927

14 Armstrong D W,He L,Liu Y. Examination of ionic liquids and their interaction with molecules, when used as stationary phases in gas chromatography. Anal. Chem. , 1999, 71: 3873~3876

15 Branco L C,Crespo J G,Afonso C A M. Studies on the selective transport of organic compounds by using ionic liquids as novel supported liquid membrances. Chem. Eur. J. ,2002,8: 3865~3871

16 Pitner W R,Bradley A E,Rooney D W et al. Ionic liquids in the nuclear industry: solutions for the nuclear fuel cycle. In:Green Industrial Applications of Ionic Liquids,NATO Science Series Ⅱ. Mathematics,Physics and Chemistry,Dordrecht,2003,209~226

17 Carlin R T,Robert A,Osteryoung R A et al. Studies of titanium(Ⅳ)chloride in a strongly Lewis acidic molten salt: electrochemistry and titanium NMR and electronic spectroscopy. Inorg. Chem. ,1990, 29(16): 3003~3009

18 Ma M,Johnson K E. Carbocation formation by selected hydrocarbons in trimethylsulfonium bromide-$AlCl_3$/$AlBr_3$-HBr ambient temperature molten salts. J. Am. Chem. Soc. ,1995,117 (5): 1508~1513

19 Chauvin Y,Gilbert B,Guibard I. Catalytic dimerization by nickel comp lexes in organochloroaluminate molten. Chem. Soc. Chem. Commun. ,1990,1715~1716

20 Biedron T, Kubisa P. Ionic liquids as reaction media for polymerization processes: atom transfer radical polymerization(ATRP)of acrylates in ionic liquids. Polym. Int. , 2003, 52 (10):1584~1588

21 Perrier S,Davis T P,Carmichael A J et al. Reversible addition-fragmentation chain transfer polymerization of methacrylate, acrylate and styrene monomers in 1, 2-alkyl-2, 3, 2-methylimidazolium hexfluorophosphate. Eur. Polym. J. ,2003,39:417~422

22 Perrier S,Davis T P,Carmichael A J et al. First report of reversible addition-fragmentation chain transfer(RAFT)polymerisation in room temperature ionic liquids. Chem. Commun. , 2002,(19):2226~2227

23 Huddleston J G,Visser A E,Reichert W M et al. Characterization and comparison of hydrophilic and hydrophobic room temperature ionic liquids incorporating the imidazolium cation. Green Chemistry,2001, 3:156~164

24 Jensen M P,Dzielawa J A,Rickert P et al. Exafs investigations of the mechanism of facilitated ion transfer into a room temperature ionic liquid J. Am. Chem. Soc., 2002, 124:10 664~10 665

5.2 离子液体催化苯-烯烃烷基化工艺

5.2.1 苯与烯烃烷基化反应的进展

芳烃化合物与烯烃 Friedel-Crafts 烷基化反应是重要的合成反应,许多重要的工业过程如乙苯和线性烷基苯的生产等均是基于这一反应。乙苯主要被用来生产苯乙烯,苯乙烯可以制取透明度高的聚苯乙烯、改性的耐冲击的聚苯乙烯橡胶、ABS 二聚物、SAN 二聚物、丁苯橡胶和不饱和树脂等。目前在工业生产中,除极少数(≤4%)的乙苯来源于重整轻油 C_8 芳烃馏分抽提外,其余 90%以上是在适当的催化剂作用下由苯与乙烯烷基化反应来制取。

苯和丙烯烷基化反应生成异丙苯是当前国内外生产苯酚、丙酮主要工艺路线的重要环节,随着化工工业的发展,苯酚、丙酮作为基本工业原料和溶剂,需求量不断增多,导致异丙苯的产量逐年递增,预计全球年递增率达 4%以上,在一些地区可达 10%,一般用三氯化铝为催化剂。

长链烷基苯(LAB)是用于制造阴离子表面活性剂烷基苯磺酸钠的重要原料,可以生产油田使用的表面活性剂。其中 2-位取代的烷基苯具有良好的生物降解性能,而其他位的取代烷基苯的生物降解性能较差。工业上,LAB 是由苯与 α-C_{10}~C_{14} 烯烃在 HF 或 $AlCl_3$、H_2SO_4 及其他的酸性催化剂的催化条件下生产的。

目前的工业过程存在工艺流程长、腐蚀设备及废料处理困难等不利因素。目前广泛研究的分子筛催化剂虽然可以避免设备腐蚀,但是对于催化剂的孔道要求比较严格,由于易于深度烷基化[1],生成炭沉积在催化剂内表面,占据了酸性中心,使得分子筛催化剂易于失活[2]。同时由于反应温度较高,催化剂失活速度较快。因此,有必要研制新型催化剂及工艺。然而,工业过程中存在的主要问题是环境污染、产品回收与净化难、设备腐蚀和产品选择性差等。因此,有必要开发出新型的烷基化催化剂,使其具有高的烯烃转化率和良好的单烷基苯选择性。

烷基苯合成的最大问题是在保证烯烃转化率的同时,如何提高烷基苯的选择性。同时,传统的烷基化反应所使用的催化剂对环境有较大程度的污染,产生一些不好处理的废物。分子筛催化剂虽然解决了污染问题,但再生周期较短。因此,解决问题的关键是开发反应条件温和、高效、对环境友好的催化剂。

5.2.2 离子液体研究的进展

传统的苯与烯烃的烷基化反应通常采用固体 $AlCl_3$、分子筛、固体超强酸等为催化剂，并取得了比较好的效果。由于传统烷基化反应催化剂对环境的污染以及分子筛再生周期较短等原因，离子液体反应体系应运而生。离子液体环境污染小，具有强溶解能力、超强酸性以及良好的非配位性、可以重复使用等优点。近几年来，离子液体用于反应过程受到广泛的关注。使用离子液体催化的反应不仅反应速率提高，由于在反应条件下为液体，因此更利于实现液相反应，而且由于离子液体的空间位阻效应，使得反应的选择性有了很大的提高。在反应过程中，离子液体不仅可以作为催化剂，同时可以作为溶剂。

目前，对离子液体催化苯与烯烃的烷基化反应的研究主要是集中在长链的烯烃，已取得了很好的效果，烯烃的转化率接近 100%，烷基苯的选择性也达到 95% 以上。以离子液体为催化剂的烷基化反应过程可以在较低的温度下进行，并且具有较强的溶解能力与超强酸性，极富有开发潜力。离子液体的结构目前还不十分清楚，只是用作催化剂以后，反应状况和产物的选择性有了明显的变化。为了深入发掘离子液体催化反应的潜力，必须获得有关离子液体结构与催化作用机理的信息。

离子液体是由不对称取代基组成的阳离子和无机阴离子构成的低熔点的盐，不同于离子溶液，完全由离子组成，由一种有机阳离子和至少一种无机阴离子组成。具有其他有机和无机溶剂所无法比拟的优点，其酸性可以超过固体超强酸，并且酸性可以根据需要进行调节，蒸气压很低，催化剂和产品容易分离。离子液体具有许多独特的特性，如腐蚀性小，作为催化剂使用时不产生废弃溶剂等污染物，液态存在的温度范围宽，黏度小，热容大，对部分有机、无机物有较好的溶解能力。离子液体不燃、不爆炸、不氧化，具有较高的热稳定性。离子液体对溶于其中的分子有极强的极化性能，可能促使其中的反应途径发生改变。因此，离子液体被看作是一种绿色的催化剂及溶剂。最近研究表明，许多有机反应，包括烷基化、加氢、Diels-Alder 反应和聚乙烯的裂化反应等利用离子液体为催化剂具有很好的产率和选择性。由于直链烯烃在高温条件下易被异构化为非直链烯烃，温度的影响是十分巨大的，使用离子液体可以在较低的反应温度下完成反应。因此，可以使用离子液体催化该反应，使其在较低的反应温度下具有高的转化率和良好的烷基苯选择性。

目前关于离子液体研究所涉及的领域非常广泛，如其作为溶剂在电化学、相分离、有机金属合成、烯烃聚合、Friedel-Crafts 烷基化等方面都开展了相关的研究。但是，目前对离子液体本身性质的研究还有许多空白，还没有对离子液体的基本性质及其催化作用机理形成系统的认识，需要继续开展相应的研究工作。离子液体在石油工业方面的应用主要涉及苯及其衍生物与烯烃的烷基化、烯烃聚合、芳烃聚合、C_4 烯烃与异构烷烃烷基化、脱硫方面，这些反应都可以离子液体作为催化剂或溶剂。

离子液体当今应用于催化过程的作用是绿色催化。主要是有两个方面[3]：

①由于具有独特的溶剂性质，用于取代有机溶剂；②由于酸性可以调节，用于取代液体酸催化剂。以前主要用于二聚反应、Heck 反应和羰基合成，而后来用于烷基化反应、Friedel-Crafts 反应等。

5.2.2.1　离子液体作为催化剂

催化反应（催化剂）依反应物在催化转化中的基元步骤（电子转移），可分为酸碱型（双电子）和氧化还原型（单电子）[4]。这类酸催化反应都是在均相条件下进行的，和多相反应相比，在生产中有许多缺点，如在工艺上难以实现连续生产、催化剂不易与原料和产物分离以及设备腐蚀等[5]。使用离子液体可以避免以上的问题，可以将离子液体担载在固体载体上，作为烯烃烷基化的催化剂[6~8]，如以 MCM-41 作为催化剂载体。

1. 离子液体中烷基化反应

烃类转换在工业生产中具有重要的意义，反应过程通常在酸催化剂上进行。由丁烯和异丁烷的烷基化反应可制备异辛烷，它对提高汽油辛烷值有重要作用。随着人们对汽油中芳烃含量的限制，异辛烷的需求将进一步增加，因此，有必要开展烷基化反应的研究工作。烷基化反应通常采用硫酸或氟化氢等为催化剂，但是酸催化剂容易挥发和产品一起带出，存在产物分离、装置腐蚀及废酸处理等问题，为此，人们研究了固体催化剂，如沸石、固体超强酸等。但这些固体酸催化剂存在快速失活问题，难以进行工业化生产。使用离子液体后，催化剂和产品分离容易，而且离子液体蒸气压很低，也不会随产品一起带出，分离后的离子液体可以重新使用，经过几个循环，活性也没有明显降低[9,10]。在烷基化反应中，离子液体既是催化剂又是溶剂。Deng 等[11]向催化汽油中加入 5%～30%的含有烷基吡啶、咪唑或三甲基胺以及金属或非金属卤化物的离子液体，在室温至 120℃，0.1～1.0MPa 条件下反应 10～90min，汽油中烯烃与芳烃烷基化和烯烃的异构化使得汽油中的烯烃和苯含量减少到一适当的水平而辛烷值保持不变，因此可以降低催化汽油中的烯烃含量和苯含量。同时，由于离子液体与汽油不溶，因此离子液体催化剂很容易从汽油中分离出来，并且催化剂对有机硫化物不敏感，能够减少汽油中的 C_4 和 C_5 组分并再使用。另外，有专利介绍了利用离子液体作为催化剂来生产线性烷基苯。

专利文献[12]介绍了烯烃可以是 4 个碳或更多碳的，最好的是 8 个碳或更多碳的烯烃，与苯或低烷基侧链的烷基苯反应。专利中研究了由 $AlCl_3$ 离子液体催化的苯与十二碳烯的烷基化反应，结果表明，在苯过量、反应温度为 80℃，反应时间为 15min 的条件下，烯烃的转化率达 100%，并且发现，离子液体可以重复使用，活性基本没有降低。

2. Friedel-Crafts 反应

常规的 Friedel-Crafts 反应催化剂在水中水解，有两个主要缺点[5,13,14]：①与水反应破坏了催化剂，导致失活不能再用；②生成的废物处理费用高。因此，需要一种技术使得含铝的 Friedel-Crafts 反应催化剂容易从有机产品中分离出来，并且不使催化剂失活能再利用，同时降低处理费用。在一些情况下，离子液体作为溶剂和催化剂，例如，[emim]Cl/AlCl₃ 体系可以用作 Friedel-Crafts 反应的溶剂和催化剂。典型的 Friedel-Crafts 反应需要 6～7h，最大异构物产率为80%，而在离子液体中，反应在 0℃、大约 30s 内完成，基本 100% 转化[6,15]。因此，可以大大提高转化率和装置的处理能力。

最近，大量的注意力集中在使用稀土金属（RE）（Ⅲ）盐的催化，特别是在C—C 偶合反应中以[RE(OTf)₃]作为耐水和可循环的 Lewis 酸催化剂[11,13]。开发的 Sc(OTf)₃/离子液体中的芳烃化合物与烯烃的烷基化反应具有过程简单、催化剂容易回收和循环使用、对环境友好和无废物产生的优点。

5.2.2.2　离子液体作为溶剂

均相催化中一般所使用的易挥发有机溶剂的缺点是显而易见的：有毒、易燃、难于重复使用[16,17]。可能的改进方法有无溶剂反应、水为溶剂、超临界流体为溶剂和离子液体为溶剂[18～21]。文献［22］首先报道了 20 种有机物（10 种为苯及其衍生物，10 种为己烷及其衍生物）22℃时在[bmim][PF₆]中的溶解度，有的完全互溶（如苯胺、正己烷），有的溶解度很小（如苯、1-氯己烷）。在40℃、13.8MPa 下用 CO₂ 从离子液体[bmim][PF₆]中萃取有机物，在 10 个苯系有机物中平衡萃取率达到 95% 时，苯酚、苯甲酸、苯甲酰胺（固体）需要的CO₂ 量最多，而苯、氯苯（与离子液体不互溶）需要的 CO₂ 量最少；在 10 个己烷系物质中，己酰胺需要的 CO₂ 量是其他物质的两倍多。

传统的均相催化的条件温和、选择性高，但昂贵的催化剂在反应终了很难与产物分离和回收，多相催化反应物和催化剂易分离，但反应一般需要高温且催化剂选择性差[16,22]。以离子液体作反应系统的溶剂有如下一些好处[13,22]：①为化学反应提供了不同于传统分子溶剂的环境，可能改变化学反应机理使催化剂活性、稳定性更好，转化率、选择性更高；②离子液体种类多，选择余地大；③将催化剂溶于离子液体中，与离子液体一起循环使用，催化剂兼有均相催化效率高、多相催化易分离的优点；④产物的分离可用倾析、萃取、蒸馏等方法，离子液体蒸气压很低，液相温度范围宽，使分离易于进行。若用离子液体萃取了低挥发性有机化合物，则可以用超临界流体从离子相中除去，离子液体不会污染萃取相和被萃物[16,23,24]。爱沙尼亚研究用离子液体处理油页岩，现有的处理方法有高温热解、溶剂萃取、直接加氢、生产合成气等方法。用［bmim］［PF$_6$］或［bmim］Cl/AlCl$_3$，在175℃下萃取，产率为用传统溶剂如己烷、甲基氯等萃取的10倍以上[25]。英国北爱尔兰首府 Belfast 的 Queen's 大学也研究了用离子液体萃取油页岩[25]，离子液体可以循环使用。

5.2.2.3 离子液体在分离中的应用

传统液-液分离中使用有机-水相两相分离，有毒、易燃、挥发的有机相导致不得不对安全措施高投入，尽管如此，仍不能保证除去有机残留物质带来的环境污染。离子液体以其对有机、无机物的高溶解度，高库仑引力导致的低蒸气压，与水不混溶等特点正引起广泛的注意[16]。已证明离子液体可以替代在当今液-液分离过程中使用的有毒、易燃和挥发性有机化合物，已成为新型液-液萃取溶剂。已经进行的尝试如用［bmim］［PF$_6$］/H$_2$O 体系提取苯胺、苯甲酸、氯苯、甲苯。与 1-辛醇/H$_2$O 体系相比，离子液体中的分散系数略低一个数量级，但已达到可以应用的标准。无机物方面也有类似的应用。用冠醚提取 Sr(NO$_3$)$_2$ 时，由于把 NO$_3^-$ 从离子相转移到非离子有机相在热力学上太不利了，因而效果很不好。采用离子液体为溶剂获得了理想的效果，分散系数比一般的有机溶剂高几个数量级，从而开创了一种分离核裂变废物的新方法[16]。

根据 BNFL 发布[20,26]：离子液体用于环境友好方法处理核废料具有潜力。方法之一是将核废料溶于离子液体如一种具有取代基的硝化吡啶中，在此溶液中完成化学反应，分离出燃料组分，废料的利用率高，废物生成量最小。核废料主要含有铀或 ^{235}U 同位素的铀氧化物。大约 1% 是另一种有用的矿物质 ^{239}Pu 和 3% 以上的裂变废物。所有的工业再处理方法基本是使用 Purex 工艺，即采用溶剂抽提工艺将废料分离成三种组分。该工艺分离出的铀和钚可以再利用并将裂变废物提浓，可以达到安全储存并且费用较低。将废燃料溶解在含有氧化物的离子液体中，通过提高其氧化态使不溶解在离子液体中的金属燃料溶解，如 UO$_2$ 或 PuO$_2$ 加入到氧化的离子液体中并不溶解，相反，金属转化为含有 U（Ⅵ）和 Pu（Ⅵ）的络合物是可以溶解的。氧化试剂是 Brönsted 酸如硫酸或硝酸或 Lewis 酸如 NO$^+$。当氧化剂与离子液体混合时，形成另一种离子液体，如［NO］$^+$、［BF$_4$］$^-$ 作为氧化剂加入到离子液体硝化 1-丁基吡啶中时，生成了 1-丁基四氟化硼吡啶。

对于不挥发或低挥发性的有机物从离子液体中的分离曾经遇到一些障碍，若使用有机溶剂的液-液萃取将引起交叉污染[16,27]。Brennecke 等研究了利用超临界 CO$_2$ 提取离子液体中的低挥发性有机物，在超临界 CO$_2$ 抽提物中基本没有离子液体，达到了完全的洁净分离[27]。此外，还有把离子液体作为 GC 固定相的报道。

许多发表的文献资料都提到使用离子液体可以提高反应速率，提高目的产物的选择性，但产生这种现象的原因并没有合理的解释。发表的文献对离子液体催化烷基化反应的机理是按照碳正离子进行解释的，但缺乏实验数据支持。由于使用的离子液体中加入的金属卤化物是 Lewis 酸，理论上说是不能产生引发反应的 H^+。因此，有必要对其催化机理进行深入研究。

5.2.3 离子液体催化苯与烯烃的烷基化

5.2.3.1 离子液体酸度对烷基化反应的影响

中国石油大学（北京）重质油国家重点实验室经过多年的实验研究，获得了大量的关于离子液体催化苯与烯烃烷基化反应方面的结果。无论乙烯、丙烯还是长链的 α-烯烃与苯均可以在离子液体的作用下进行烷基化反应，并且反应条件比较温和，有的反应甚至可以在常温常压下进行，并可以获得很高的烯烃转化率及很高的烷基苯选择性。结果见表 5.2。

表 5.2　离子液体的酸度对反应的影响

FeCl$_3$ 与 [bmim]Cl 的物质的量比	乙烯转化率/%
1.0	0
1.5	70.45
2.0	95.23
2.5	98.56
3.0	100

从表 5.2 中可以看出，随着金属卤化物含量的增加，离子液体的酸性逐渐增强，有利于催化烷基化反应。但研究过程中也发现，对于离子液体催化的烷基化反应，需要的催化剂酸性不是很强，如果酸性太强，将有利于其他副反应的发生，从而影响目的产物的选择性。同时研究发现，离子液体中随着金属卤化物含量的增加，2-H 的化学位移向低场移动，说明金属卤化物对其具有去屏蔽效应，有利于 2-H 从环上的脱离，从而提高其催化活性。

5.2.3.2 反应条件对烷基化反应的影响

实验过程中发现，离子液体作为催化剂，反应温度和反应压力较分子筛催化剂要低，反应条件比较温和，并且具有非常好的目的产物选择性。结果见表 5.3～表 5.7。

表5.3 反应温度对烷基化反应的影响

反应温度/℃	乙烯转化率/%	乙苯的选择性/%
30	78.04	100
35	84.29	99.02
45	95.23	98.25
70	96.18	98.19
95	97.02	97.54

注：反应条件：反应压力为3.0MPa，苯、烯物质的量比为10：1。

表5.4 反应后期不同温度下的产物分布

温度/℃	丙烯转化率/%	产物分布（摩尔分数）/%			
		异丙苯	二异丙苯	三异丙苯	二苯基丙烷
20	99.4	82.58	14.39	1.9	1.13
30	99.71	84.17	12.16	2.99	0.68
40	99.89	85.57	11.39	2.91	0.13
50	100	97.56	1.62	0	0.82
60	100	97.44	1.61	0	0.95

注：反应条件：苯、烯物质的量比10：1，离子液体用量10%，反应时间60min。

表5.5 较高温度时反应时间对产物的影响

时间/min	丙烯转化率/%	产物分布（摩尔分数）/%			
		异丙苯	二异丙苯	三异丙苯	二苯基丙烷
5	99.01	80.73	15.46	3.14	0.67
15	99.3	87.55	11.19	0.54	0.72
30	99.55	91.69	7.30	0.26	0.75
45	99.8	95.37	3.84	0	0.79
60	100	97.56	1.62	0	0.82

注：反应条件：苯、烯物质的量比10：1，温度50℃，离子液体用量10%，常压。

表5.6 反应压力对烷基化反应的影响

压力/MPa	乙烯转化率/%	乙苯选择性/%
0.5	87.79	100
1.0	87.96	100
1.5	88.79	99.13
2.0	89.13	98.94
3.0	95.23	98.25
3.5	95.48	98.18

注：反应条件：反应温度45℃，苯、烯物质的量比10：1。

表 5.7 苯、烯物质的量比对反应的影响

表 5.7 苯、烯物质的量比对反应的影响

苯、烯物质的量比	乙烯转化率/%	乙苯选择性/%
6	64.28	93.82
7	78.94	94.69
8	89.67	97.02
10	95.23	98.25

注：反应条件：反应温度 45℃，反应压力 3.0MPa。

5.2.3.3 离子液体的用量对反应的影响

实验发现，离子液体对烷基化反应具有良好的催化作用，本节考察了不同离子液体使用量对反应效果的影响，结果见表 5.8。

表 5.8 离子液体用量对产物分布的影响

离子液体与苯的比例/%	丙烯转化率/%	产物分布（摩尔分数）/%			
		异丙苯	二异丙苯	三异丙苯	二苯基丙烷
5	98.25	95.24	3.63	0.15	0.98
10	100	97.56	1.62	0	0.82
20	100	97.58	1.61	0	0.81
30	100	97.70	1.62	0	0.68

注：反应条件：苯、烯物质的量比 10：1，温度 50℃，反应时间 60min。

5.2.3.4 原料中水含量对反应的影响

离子液体中的阴离子采用的是金属卤化物，对水和潮湿十分敏感，因此研究了原料的微量水对反应的影响，结果见表 5.9。

表 5.9 水含量对烷基化反应的影响

苯中水含量/（$\mu g \cdot g^{-1}$）	乙烯转化率/%	乙苯选择性/%
10	95.23	98.25
15	95.33	98.38
30	79.65	88.54
50	65.28	74.59

注：反应条件：反应温度 45℃，反应压力 3.0MPa，苯、烯物质的量比 10：1。

从表 5.9 中可知，当原料中的水含量低于 15ppm 时，离子液体具有较高的

烯烃转化率和目的产物的选择性，其效果优于不含有水的情况。这说明，少量的水存在，造成金属卤化物水解而产生 HCl，因此有利于反应的进行。

5.2.3.5　离子液体的重复使用效果

离子液体的重复使用结果见表 5.10。

表 5.10　离子液体的重复使用结果

重复次数	乙烯转化率/%	乙苯选择性/%
1	95.23	98.25
2	95.18	98.22
3	95.16	98.33
4	95.28	98.26
5	95.33	98.35

注：反应条件：反应温度 45℃，反应压力 3.0MPa，苯、烯物质的量比 10∶1。

从表 5.10 中可以看出，离子液体经过重复使用 5 次以后，活性基本没有改变，说明如果原料中的水分处理得比较好，离子液体是可以重复使用的，从而可降低催化剂的成本。

5.2.3.6　离子液体的催化机理

离子液体具有很强的酸性，可以用于催化苯与烯烃的烷基化反应，并且可以获得高的烯烃转化率和高的单烷基苯选择性。但是其关键的问题在于：如何调节离子液体的酸强度，在较小的苯烯比条件下，既要保证烯烃的转化率，又要抑制烯烃聚合等副反应的发生，从而获得高的目的产物选择性。这就需要掌握离子液体的催化原理，从根本上理解离子液体具有高的目的产物选择性的原因，从而根据反应机理设计出新型的离子液体。

利用 FT-IR、^{1}H NMR 分析方法，首先确定了离子液体的咪唑阳离子配体中的 2-H 具有质子酸性，经过 KOH 无水乙醇溶液滴定，发现有水和盐生成，将滴定后的溶液进行 ^{1}H NMR 分析，发现 2-H 的峰完全消失，证明 2-H 具有显著的质子酸性。然后采用同位素取代方法实验研究发现，离子液体催化苯与烯烃的烷基化反应遵循碳正离子反应机理[28]，其中引发反应的 H$^+$ 是由离子液体中咪唑环上的 2-H 提供的，并利用实验方法进行了验证。催化机理的路线图如图 5.3 所示。以咪唑类离子液体催化苯与乙烯的反应为例。

5.2.4　发展方向及建议

离子液体作为盐，为什么在室温下是液体？为什么具有良好的目的产物选择

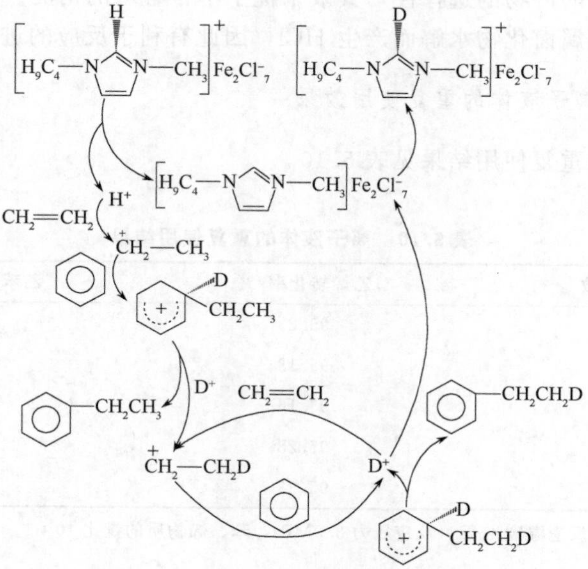

图 5.3　离子液体催化烷基化反应机理

性？酸性又为什么如此强？最近的研究指出，是由于杂氮环上烷基的不对称造成的。类似问题还可以提出一些，如离子液体可以溶解许多种物质？既然离子液体不配位或低配位，那么它是如何溶解溶质的？很多实验结果[29]表明以离子液体为溶剂可以较大幅度地提高反应效率（转化率/选择性），但原因何在？深入揭示离子液体特异性质的物理化学本质可能是今后离子液体研究中需要解决的问题。原则上，可以根据要求设计离子液体，但现在对于离子液体的性质单是熔点也未找到明确的规律，取代基的非对称性使离子难以规则地堆积而形成晶体是否是熔点低的主要原因？因此对于离子液体的认识还有许多工作需要完成，同时需要完善的基础研究方向是：①综合的毒性数据；②阳离子与阴离子的组合方法；③物理性质与化学性质等数据库；④经济合成路线和广泛的来源等。发展离子液体的应用领域应在以下几个方面[30,31]：①零排放有机化合物分离过程及两相反应；②氧化还原催化化学及手性合成；③亲核和亲电取代反应及丁间醇醛的浓缩；④聚合和 Lewis 酸催化；⑤计算机模型及快速分析和检测方法。

　　近年欧美各国对离子液体的研究非常重视，北大西洋公约组织（NATO）于2000 年在希腊克里特岛召开了有关离子液体的专家会议[32]。欧洲委员会有一个有关离子液体的三年计划[15]，有英国、德国、荷兰等国的大学、研究机构以及公司参加。亚洲的日本、韩国均有研究，国内也开展了相关的研究[33]。

　　离子液体作为催化苯与烯烃烷基化反应的催化剂，还需要从以下几个方面进行研究：

（1）由于目前的离子液体对潮湿与空气十分敏感，原料中或多或少带有一定的水分，尽管经过脱水后仍然有微量的水存在，经过一定的运行周期积累后，离子液体将会逐渐失去活性，所以，必须开发出对水和潮湿具有一定稳定性的新型离子液体，使其具有较长的运行周期；

（2）进一步降低离子液体的价格，增强其与分子筛催化剂的竞争力；

（3）研究离子液体的再生方法；

（4）从分子模拟出发，根据离子液体的催化机理，设计出新型的离子液体，使其具有更高的催化活性和目的产物的选择性；

（5）结合模拟计算及现代分析方法，确定离子液体的结构，从而可以从微观结果分析离子液体具有高的选择性的原因，并指导从分子结构上设计离子液体，进一步深入研究离子液体的催化机理。

5.2.5　结论与展望

离子液体作为催化苯与烯烃的烷基化反应催化剂，具有相当好的催化效果，遵循碳正离子反应机理。在比较温和的反应条件下获得很高的烯烃转化率，同时得到高的目的产物的选择性。同时由于离子液体的特性，使得反应产物与离子液体分离十分容易，离子液体并可以重复使用，而离子液体的催化活性基本没有改变。

进一步的研究工作可以从改性的离子液体入手，将目前的离子液体进行其他化合物的改性，一方面提高离子液体的耐水稳定性，同时提高离子液体的催化活性及选择性，延长催化剂的使用寿命；另一方面可以降低离子液体的成本，使得与目前工业上使用的分子筛催化剂有一定的竞争力。这样，离子液体用于催化烷基化反应将具有广阔的工业应用前景。

参 考 文 献

1　韩明汉,林世雄,陈曙等. β-沸石催化剂上苯与丙烯烷基化催化剂的失活机理.石油化工,1999,28(2):73~77

2　李东风,张吉瑞. 异丙苯合成失活 FX01 催化剂的烧炭再生.石油化工,1997,26(11):764~769

3　Peng J J,Deng Y Q. Ionic liquids catalyzed Biginelli reaction under solvent-free conditions. Tetrahedron Letters,2001,42:5917~5919

4　吴越.取代硫酸、氢氟酸等液体酸催化剂的途径.化学进展,1998,10(2):158~170

5　Park W S. Process employing reusable aluminum catalysts. US 5859302,1999-01-12

6　Horton B. Green chemistry puts down roots. Nature,1999,400(19):797~798

7　Valkenberg M H,Sauvage E,Decastro-Moreira C P et al. Immobilised ionic liquids. WO0132308,2001-05-10

8　Decastro-Moreira C P,Hoelderich W F,Sauvage E et al. Supported ionic liquids,process for preparation and use thereof. EP 1120159,2001-08-01

9　Ala'a K A S,Martin P A,Brian E et al. Alkylation process. US 5994602,1999-11-30

10　Fawzy G S,Lieh-Jiun S,Carl C G. Linear alxylbenzene formation using low temperature ionic liquid. US 5824832,1998-10-20

11　Deng Y Q,Shi F,Gu Y L. Method of reducing olefin and benzene content in gasoline. CN 1284540,2001-02-21

12　Abdul-Sada,Ambler Philip William,Hodgson Philip Kenneth Gordon et al. Ionic Liquids. 1995,WO9521871

13　Zhao D B,Min W,Yuan K et al. Ionic liquids：applications in catalysis. Catalysis Today, 2002,2654:1～33

14　Smith G P,Dworkin A S,Pagni R M et al. Brönsted superacidity of HCl in a liquid chloro-aluminate AlCl₃-1-ethyl-3-methyl-1H-imidazolium chloride. J. Am. Chem. Soc. ,1989,111: 525～530

15　Michael F. Designer solvents. Chem. Eng. New. ,1998,30:32～33

16　赵东滨,寇元.室温离子液体：合成、性质及应用.大学化学,2002,17(1):42～46

17　Park W S. Liquid clathrate compositions. US 6096680,2000-08-01

18　Michael F. Ionic liquids show promise for clean seperation technology. C. & E. N. ,1998,76 (34):12

19　David A. Non-fluorous polymers with very high solubility in supercritical carbon dioxide down to low pressures. Nature,2000,405,8:165～168

20　Seddon K R. Quill rewrites the future of industrial solvents. Green Chemstry, 1999,G58～59

21　Michael F. Ionic liquids prove increasingly versatile. C. & E. N. ,1999,4:23～24

22　Blanchard L A,Brennecke J F. Recovery of organic products from ionic liquids using super-critical carbon dioxide. Ind. Eng. Res. ,2001,40:287～292

23　Brennecke J F,Blanchard L A,Beckman E J et al. Green processing using ionic liquids and CO₂. Nature,1999,399:28～29

24　Freemantle M. Green process uses ionic liquid and CO₂. C. & E. N. ,1999,77(19):9

25　Freemantle M. Eyes on ionic liquids. C. & E. N. ,2000,78(20):37～50

26　Mackintosh G C,Mark F,Victor H G et al. A method of dissolving a metal in an ionic liquid, an ionic liquid composition and related products. TW 420809,2001-02-01

27　Gull S G,Holbrey J D,Vargas-Mora V et al. Room temperature ionic liquids as replacements for organic solvents in multiphase bioprocess operations. Biotechnol. Bioeng. , 2000, 69:227～233

28　孙学文.离子液体中乙烯与苯的烷基化反应及催化机理的研究.石油大学博士学位论文(北京),2003

29　Schofer S H,Kaftzik N,Wasserscheid P et al. Enzyme catalysis in ionic liquids：lipase catalysed kinetic resolution of 1-phenylethanol with improved enantioselectivity Chem. Commun. ,2001,425～426

30 Holbrey J D,Seddon K R. Ionic liquids. clean product and processes,1999,1:223~236

31 Michael F. Ionic liquids prove increasingly versatile. C. & E. N. ,1999,4:23~24

32 Ellis B,Keim W,Wassorscheid P. Linear dimerisation of butl ene in biphasic mode using buffered chloroaluminate ionic liquid solvents. Chem. Commun. ,1999,337~338

33 石峰,邓友全,彭家健等. 清洁而温和的催化酯化反应新方法——离子液体催化剂. 化学通报(网络版),2000(4):C00037

5.3 离子液体催化苯与长链烯烃烷基化

5.3.1 研究现状及进展

长链烷基苯一般是指长链烯烃（$C_{10}\sim C_{30}$）与苯烷基化产物的总称。工业上将采用直链（$C_{10}\sim C_{14}$）烯烃与苯烷基化制得的混合烷基苯用作合成洗涤剂的原料，这部分烷基苯称作洗涤剂烷基苯；采用碳原子数在 20 以上的烯烃与苯烷基化制得的混合烷基苯，用于制造润滑油清净分散剂，称作润滑油添加剂烷基苯[1,2]。

苯与烯烃烷基化反应是典型的 Friedel-Crafts 反应，传统催化剂为有毒、有腐蚀性的 HF 或 $AlCl_3$ 等无机酸，对设备和环境有极大的危害性。为开发出环境友好的催化剂和工艺技术，世界上众多的跨国公司、研究院所和机构都做了大量的工作，涉及的催化材料包括各种分子筛、层柱黏土、改性硅铝等无机氧化物、负载 $AlCl_3$、负载杂多酸等。上述催化材料中，固体酸在一定程度上克服了 HF 或 $AlCl_3$ 等无机酸具有的腐蚀性、毒性等缺点，但活性较差，反应需要在较高的温度下进行，而在较高的温度下烯烃容易异构和聚合，使得单烷基苯产物的线性度降低，选择性变差，而且，这些催化剂的单程寿命较短，主要是长链烯烃聚合而形成的聚合物堵塞催化剂孔道或覆盖活性中心使催化剂失活[3]。

目前，LAB 的工业化生产还面临着一系列的挑战。市场对高 2-苯基异构体（2-LAB）含量的产品需求旺盛，而反应的区域选择性却难以控制，多烷基化副产物仍不可避免，水分在反应系统中的积累导致催化剂失活严重地影响反应的正常进行等[4]。因此，开发低温活性高、选择性好、单程寿命长的环境友好催化剂以及与之相配套的反应技术是长链烷基苯生产技术发展的迫切需要。

离子液体作为环境友好的催化剂和溶剂，分别（直接作为催化剂，或者作为催化剂的载体，或者仅仅作为反应的溶剂）用于不同的化学反应。其中，酸性氯铝酸盐型离子液体已经被广泛地用作催化剂和溶剂，应用于原来由无水 $AlCl_3$ 催化的反应体系，如酰化、烷基化、醚类的酰化裂分、齐聚反应、环化反应、环戊二烯二聚、Baylis-Hillman 反应、酯化反应、羰基化合物的选择性硫代缩醛化反应等[5]。因此，针对酸性氯铝酸盐型离子液体应用中的工艺与工程问题展开研究，对于一大类反应的进一步改善有着重要意义。

酸性离子液体取代传统工业酸催化材料的潜在优势在于：①无挥发性，与固体酸相似，具备环境友好的特点，并且酸性可调；②流动性好，酸性位密度高，强度分布均匀；③结构和性质可以调变，结合多相反应体系的特点实现过程的优化，如改变底物的溶解性、简化分离并促进离子液体循环[5]。

5.3.1.1 液、液反应性能

氯铝酸盐室温离子液体在 1986 年一经 Wilkes 等[6]合成出来即被用作苯与氯代烷烃烷基化反应的催化剂。接着出现一些关于该类离子液体的文献和专利，比如，Sherif 等[7]在专利中公开了各种氯铝酸盐离子液体的合成及复配方法，以及催化苯与烯烃烷基化反应的性能。de Castro 等[8]和 Sherif[9]等分别利用负载在 SiO_2 和高分子聚合材料上的氯铝酸盐离子液体作酸性催化剂，分别研究了苯、甲苯、萘、苯酚与 1-十二烯的烷基化反应。邓友全等[10,11]研究了由少量 HCl 调变的氯铝酸盐室温离子液体超强酸催化体系中苯与 1-十二烯以及氯甲烷的烷基化反应，与纯 $AlCl_3$ 作催化剂相比，催化活性显著提高。

1. 催化反应网络的实验信息

关于离子液体催化苯与长链烯烃烷基化反应条件下的反应机理，文献中尚无明确的报道。作者曾就离子液体催化苯与 1-十二烯反应网络的实验信息进行了实验探索[12]。

1）温度对反应的影响

表 5.11 给出不同反应温度条件下，在十二烯转化率接近 100% 时，产物中各异构体分布情况。

表 5.11　不同反应温度下产品异构体分布情况

反应温度/℃	异构体分布/%				
	2-LAB	3-LAB	4-LAB	5-LAB	6-LAB
75.0	35.4	18.7	14.3	13.8	17.9
50.0	36.7	19.1	14.1	13.8	16.4
25.0	37.7	19.2	14.0	13.8	15.4
10.0	39.0	19.9	13.7	14.0	13.3
4.5	39.4	20.0	13.6	13.6	13.3

注：原料苯、烯物质的量比为 8：1；离子液体催化剂添加量为离子液体中 $AlCl_3$ 与烯烃的物质的量比为 0.07：1。

（1）离子液体催化的反应产物中 2-苯基异构体的选择性明显高于 $AlCl_3$ 和 HF 作催化剂的情况。

（2）离子液体催化剂具有较高的低温活性。

（3）与 AlCl$_3$ 的催化性能不同，离子液体催化反应条件下，在 0～5℃时，未出现碳链异构化被抑制的情形。

（4）随着反应温度的升高，产物异构体分布比例的变化幅度不大，说明在实验温度范围内碳链双键迁移速率很快，迅速达到异构化平衡。由于碳链重排过程的活化能远较烷基化反应的活化能低，温度升高，碳链重排以及烷基化反应过程的速率均被加快，使总体反应速率成倍提高。

2）离子液体添加量对产物分布的影响

表 5.12 给出了不同离子液体添加量下产物异构体的分布情况。可以看出，在反应温度及其他条件一定的情况下，产物异构体的分布随离子液体加入量的变化不大，说明反应结果在很大程度上取决于催化剂的特性，并且在离子液体添加量尽可能低的情况下，仍然具有足够的活性。

表 5.12 不同离子液体添加量与产物异构体分布

离子液体添加量	异构体分布/%				
	2-LAB	3-LAB	4-LAB	5-LAB	6-LAB
0.279	37.4	20.0	14.6	14.3	13.9
0.184	37.5	19.2	14.1	13.5	15.7
0.134	37.7	19.2	14.0	13.8	15.4
0.078	38.4	19.1	13.9	14.4	14.4

注：离子液体添加量为离子液体中 AlCl$_3$ 与十二烯的物质的量比；反应温度为 25.0℃。

3）烷基苯产物异构化的可能性

de Almeida 等[2]曾述及，Aull 等进行的实验研究表明，在用 HF 作催化剂时，未发现烷基化产物烷基苯的异构化现象。相反，在 35℃时，AlCl$_3$ 催化烷基化反应过程伴随着产物的异构化，这种情况在 0℃时被有效抑制。两个温度下产物的异构体分布不同，35℃时内异构效应较大。在强酸催化剂如 AlBr$_3$、AlCl$_3$、HF-BF$_3$ 的存在下，在室温或更高温度下（35～37℃），无论初始烯烃双键位置如何，得到的产物的分布是相同的，呈现出产物分布由热力学因素控制的特征。这种固定的分布源于烷基苯产物自己的快速和有效的异构化，而不是中间体碳正离子重排平衡的结果。

Aull 通过实验推测，在温度为 373K 时，2-苯基十二烷在分子筛催化剂存在下没有出现异构化现象。

[bmim][AlCl$_4$]（$x_{AlCl_3} \geqslant 0.6$）离子液体具有超酸性，从另外一个角度又可以看作是离子液体担载的无水三氯化铝。在[bmim][AlCl$_4$]（$x_{AlCl_3} \geqslant 0.6$）离子液体催化反应条件下，是否会发生烷基化产物的异构化值得考察。

表 5.13 给出了在温度为 0～5 ℃进行的烷基化反应实现十二烯转化率接近 100 ％以后，料液与催化剂维持不变，只是单纯升高温度并分别在各温度点恒温继续搅拌 30min，取样分析所得到的异构体分布情况。可以看出，异构体的比例基本上没有变化，这暗示在实验温度范围内异构化平衡常数没有明显变化，而且碳链异构化速度确实很快，几乎不存在如 Aull 观察到的产物的异构化现象，这一结果为苯与 1-十二烯反应机理与总反应控制步骤的确认提供了有力的旁证。

表 5.13 产品异构化验证实验结果

温度/℃	异构体分布/％				
	2-LAB	3-LAB	4-LAB	5-LAB	6-LAB
4.5	37.4	20.3	14.2	14.3	13.7
25	37.4	20.2	14.5	14.3	13.9
35	37.6	20.2	14.1	13.9	13.9
50	37.7	20.2	14.0	14.0	14.0
75	36.8	20.4	14.4	14.3	13.9

注：原料苯、烯物质的量比为 8：1；添加离子液体中 $AlCl_3$ 与烯烃的物质的量比为 0.10：1。

4）关于反应网络

一般认为，线性烯烃烷基化剂的次级重排源自烷基碳正离子的异构化。公认的芳烃与烯烃的烷基化反应机理是：烯烃与酸性催化剂相互作用形成烷基碳正离子、对应离子对或极化复合体；烷基碳正离子迅速地进行不同程度的次级重排；接着亲电进攻芳核形成烷基苯。

具体的讲，烷基苯产品是否异构化以及异构化程度、烷基碳正离子的次级重排以及亲电进攻芳核的顺序结构决定烷基化反应网络。

用 $AlCl_3$ 作烷基化反应的催化剂时，烷基化反应在溶解有 $AlCl_3$ 的有机相中进行，这种情况下烷基化反应与沿碳链的双键迁移过程相互竞争，因此，一些初始形成的烷基碳正离子在未进行异构化之前就可能与苯反应形成烷基苯，从而使 2-LAB 的浓度较高 [可达 32％～44％（摩尔分数）的 2-苯基十二烷]。另外，由于空间因素的作用，2-位烷基碳正离子可能比内烷基碳正离子有更高的烷基化反应速率。与 HF 作为催化剂烷基化中移动性强的 F^- 相比，由于在对应离子对中 $[AlCl_4]^-$ 的存在降低了碳链异构化反应的速率。

在酸性氯铝酸盐离子液体催化烷基化的条件下，$[AlCl_4]^-$ 与 $[Al_2Cl_7]^-$ 存在如下平衡：

$$2[AlCl_4]^- \rightleftharpoons [Al_2Cl_7]^- + Cl^-$$

因此，酸性氯铝酸盐离子液体催化作用活性中心在于 $[Al_2Cl_7]^-$。由前述实验信息可知，产物中内异构体的比例仍占优势，说明反应仍遵循类似碳正离子机理或烷基碳正离子重排的反应历程。由于［Al_2Cl_7］$^-$基团体积相对较大形成的空间结构限制，一定程度上制约了碳链重排过程，加之离子液体的强极性氛围对碳正离子有一定稳定作用，最终导致酸性氯铝酸盐离子液体催化条件下 2-苯基异构体选择性相对较高。碳链重排速率仍远远大于亲电进攻芳核过程的速率，不同异构体的生成反应可视作平行反应。

2. 间歇操作条件下的反应性能[13]

影响十二烯转化率和产物选择性的因素很多，如原料配比、催化剂及用量、反应温度、搅拌速率、反应时间等。在反应性能初步评价实验的基础上，选择了三个重要的有关因素：反应温度（a）、苯、烯物质的量比（b）和离子液体中 $AlCl_3$、十二烯物质的量比（c）。每个因素取三种水平，并假定三个因素中的任意两个都没有交互作用。在常压下，用间歇反应方式对［bmim］［$AlCl_4$］离子液体催化苯与 1-十二烯烷基化的反应性能进行了正交设计实验，大致确定适宜的反应条件。

1）实验因素与水平的确定

表 5.14 给出了正交实验中各因素及其水平。

表 5.14　实验因素与水平

因素	水平		
	1	2	3
a 温度/℃	25	50	75
b 苯与 1-十二烯的物质的量比	10∶1	8∶1	6∶1
c 离子液体中 $AlCl_3$ 与 1-十二烯的物质的量比	0.07	0.14	0.21

2）正交实验与结果

正交设计实验采用 L_9（3^3）正交表来设计，表 5.15 列出了实验方案及结果。

表 5.15　正交实验方案及结果

实验编号	因素/水平			1-十二烯转化率/%	2-苯基异构体选择性/%
	a	b	c		
1	1	1	1	22.8	39.1
2	1	2	2	50.4	38.3
3	1	3	3	68.8	38.3

实验编号	因素/水平			1-十二烯转化率/%	2-苯基异构体选择性/%
	a	b	c		
4	2	1	2	99.2	37.4
5	2	2	3	99.8	36.9
6	2	3	1	76.5	36.2
7	3	1	3	99.8	36.1
8	3	2	1	99.9	37.4
9	3	3	2	99.9	35.4

注：反应时间为 10.0 min。

[bmim][AlCl$_4$]离子液体催化苯与 1-十二烯烷基化反应性能考察的结论如下：

(1) 反应温度对 1-十二烯转化率的影响最明显，转化率随反应温度的升高而增大；离子液体中 AlCl$_3$、十二烯物质的量比对转化率的影响其次，转化率随离子液体中 AlCl$_3$、十二烯物质的量比的增加而增大；苯、烯物质的量比对转化率的影响最小。

(2) 反应温度对 2-LAB 选择性的影响最明显，2-LAB 选择性随反应温度的升高而降低；苯、烯物质的量比对 2-LAB 选择性的影响其次，离子液体量对 2-LAB 选择性的影响最小。

(3) 与传统催化剂相比，以这一类离子液体作为催化剂降低了反应温度、苯、烯物质的量比和催化剂用量。离子液体分别在 25 ℃、AlCl$_3$、1-十二烯物质的量比为 0.07、苯、烯物质的量比为 8 时呈现很好的催化性能。

3. 连续操作条件下的反应性能

文献 [8～11] 都是采用催化剂分批反复利用的间歇操作方式考察离子液体催化剂的重复使用性能，每次反应后倾出产物料液后再加入新鲜料液继续反应，这种操作方式增加了水汽的侵入机会从而导致几次循环之后催化剂即明显失活。为了考察提高性能稳定性的可能方法，李成岳等[15]用氯铝酸盐室温离子液体 [bmim][AlCl$_4$] 作催化剂，在连续流动搅拌反应装置中考察了苯与十二烯烷基化反应的性能。

1) 连续流动搅拌反应装置

根据反应体系的物理化学特性，设计了特殊的连续流动搅拌反应装置。设计中考虑到以下几个方面的因素：①对湿气敏感的离子液体必须始终被保持在反应区域内，在运转过程中既不更换也不再生；②根据反应体系双液相、放热的特性，应使物料达到强烈混合以降低扩散对反应的影响，强化传热，尽可能增大离子液体和反应料液之间的相接触面积。在间歇反应条件下观测到，由于离子液体与反应混合物的密度差比较大，并且离子液体在苯相中的溶解度比较小，在停止搅拌10～20 s后离子液体与反应物料就可以实现完全分层，因此，将连续流动搅拌反应系统的排料部分设计成一个带有虹吸排料管路的钟罩式沉降分离器，尽可能使离子液体在反应过程中不致因排料而带出反应区域。

　　实验采用的连续流动搅拌反应系统如图5.4所示，反应器浸没低温恒温槽中并利用其调节反应温度。该反应装置也可以间歇操作。采用连续操作模式时，在恒温水浴温度接近设定温度后首先向反应器中加入一定量的干燥好的苯，接着用玻璃注射器从排液口抽吸苯液至充满整个出口管路，不留气泡，再用干燥氮气吹扫液面上方一定时间，然后从温度计插入口加入需要量的离子液体催化剂。为了开始反应，可开启计量泵（预先标定）加入苯烯混合料液，同时开启搅拌，反应器内液面达到一定位置后，开启反应器出口管路的调节阀，产物液体即依靠虹吸作用顺利流出，进一步调节出口阀，使进、出反应器料液的流率相同，反应器内料液的容积也维持恒定，待反应温度稳定一段时间后，即可直接从反应器出口处取样分析。出口液也可以分批收集，做进一步分析使用。

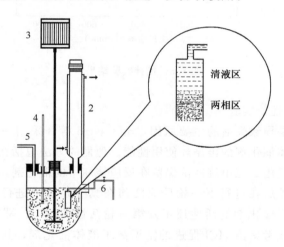

图 5.4　配以钟罩式沉降分离器及虹吸排料管路的连续流动搅拌反应系统

1. 玻璃瓶反应器；2. 玻璃回流冷凝器；3. 玻璃搅拌器；4. 水银温度计；5. 进料管；6. 钟罩式沉降-分离-排液装置

2）搅拌试验

　　评价反应器混合程度的一个简单方法是搅拌试验[14]。搅拌试验的目标是核定维持液-液或液-固体系不离析并且充分混合的最小搅拌速率，可以在维持其他条件不变的情况下仅仅改变搅拌速率并测定转化率的变化，当转化率不再随着搅拌速率的增加而增加时，可以认为实现了充分混合，在此搅拌条件下测得的动力学数据一般可以按照假定的 CSTR（或者 BSTR）模型进行分析。

图 5.5 给出反应温度 25℃，催化剂加入量为 3.17 g，以 2∶1 苯烯（物质的量）比进料，加料速率为 180 cm³·h⁻¹时，出口转化率随搅拌速率增加的变化情况。由图 5.5 中结果可以看出，当搅拌速率大于 600 r·min⁻¹时，再增加搅拌速率，出口料液的转化率不再发生变化，可以认为此时反应器内的物料已经充分混合，不同位置之间不再存在温度梯度和浓度梯度。本节此后的实验数据均是搅拌速率为 600 r·min⁻¹时的测定结果。

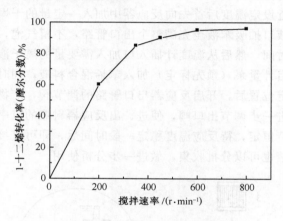

图 5.5　搅拌实验结果

3）连续反应性能实验

认识到水分是导致失活的主要原因，de Castro 等[8]采用一种特别的方法去研究负载离子液体催化剂的再循环使用性能。他们的方法包括在上一轮反应和倾析出反应物料之后用二氯甲烷冲洗保留在反应烧瓶中的催化剂，尽量避免催化剂暴露在湿气中，然后在进行下一轮反应之前在真空条件下进行抽提。即使是这样，第二轮反应时催化剂的活性还不及第一轮活性的一半。邓友全等[10,11]也是采用间歇操作方式考察由 HCl 促进的室温离子液体催化剂，其结果是离子液体催化剂稳定地运行了 5 个批次，净反应时间仅 25.0 min。在 Sherif 等[9]的专利中，负载离子液体催化剂的再循环利用性能实验是这样进行的：首先是用 5.1 g [(CH₃)₃N]Cl/AlCl₃（物质的量比为 2∶1）离子液体催化剂浸渍 5.0 g 微孔 ACCUREL 聚合物载体。由此得到的 9.77 g 负载离子液体催化剂全部装载到一个柱子内。每批将 17.0 g 苯、烯物质的量比为 8∶1 的混合料液从柱顶加入，料液流经整个填充柱，然后在柱的下端收集反应后的料液，如此循环操作重复 31 次。色谱分析检测的结果表明，在前 25 个操作循环中，十二烯的转化率都超过了 99.0%，从第 25 个循环以后，催化剂开始失活。我们认为文献报道的操作方式难以避免与料液以外环境中可能存在的水汽接触，并由此加速催化剂的失活。

Qiao 等[15]在 30 ℃和连续操作条件下考察氯铝酸盐离子液体催化剂的反应性能。表 5.16 列出了其中一次实验的结果。可以看出，在大约 6.0 h 的稳定运行时间内，3.30 g [bmim][AlCl$_4$]（$x_{AlCl_3}=0.667$）离子液体催化剂可以将苯烯物质的量比为 4∶1、含水量为 30.0 ppm 的 1040 cm^3 料液中的十二烯几乎 100 ％地转化。

表 5.16 离子液体催化剂稳定性实验结果

序号	反应温度 /℃	进料速率 /(cm^3·h^{-1})	有效容积 /cm^3	运行时间 /min	1-十二烯转化率 /%	2-苯基异构体选择性/%
1	30.9	180.0	30.0	90.0	99.3	39.8
2	30.8	180.0	60.0	180.0	99.8	42.1
3	30.9	180.0	90.0	270.0	99.9	41.2
4	30.9	180.0	120.0	360.0	99.9	40.6
5	30.9	180.0	150.0	450.0	99.9	39.5
6	30.9	180.0	180.0	540.0	99.8	38.4
7	30.9	180.0	210.0	630.0	99.8	37.6
8	30.9	180.0	240.0	720.0	99.8	37.2
9	30.8	180.0	270.0	810.0	99.8	37.2
10	30.8	180.0	300.0	900.0	99.8	36.8
11	30.7	180.0	330.0	990.0	99.8	36.7
12	30.7	180.0	344.0	1040.0	99.7	36.6
13	30.7	180.0	360.0	1080.0	98.5	36.5
14	30.8	180.0	390.0	1170.0	95.7	35.5

注：进料中苯、烯物质的量的比为 4∶1；离子液体质量为 3.30g。

表 5.17 给出的是使用含水量较高（水含量≈200.0 ppm，进料苯、烯物质的量比为 4∶1）的原料液的试验结果。显然，从原料液开始加入不久催化剂即开始失活。

表 5.17 使用高含水量反应原料液的反应结果

序号	反应温度 /℃	进料速率 /(cm^3·h^{-1})	有效容积 /cm^3	运行时间 /min	1-十二烯转化率 /%	2-苯基异构体选择性/%
1	32.4	120	190.0	44.0	97.5	40.6
2	32.0	120	190.0	65.5	81.6	39.9
3	31.9	120	190.0	96.5	57.8	39.2
4	31.9	120	190.0	110.5	52.7	39.3

序号	反应温度 /℃	进料速率 /(cm³·h⁻¹)	有效容积 /cm³	运行时间 /min	1-十二烯转化率 /%	2-苯基异构体 选择性/%
5	31.8	120	190.0	121.5	45.2	39.2
6	31.8	120	190.0	155.5	35.7	39.4
7	31.9	120	190.0	178.0	28.9	39.4
8	32.1	120	190.0	202.5	23.6	39.4
9	32.4	120	190.0	239.0	14.9	39.7
10	32.6	120	190.0	290.5	9.1	39.7
11	32.8	120	190.0	321.5	8.2	39.0

注：进料中苯、烯物质的量比为 4∶1；离子液体质量为 3.05g。

表 5.18 给出的是采用含水量相对较低的原料液在不同离子液体加入量时的反应结果。可以看出，离子液体催化剂稳定运行时间与离子液体的加入量有关，进一步说明原料液中的微量水分持续作用于催化剂导致活性成分分解是催化剂失活的主要原因。

表 5.18　不同离子液体加入量的反应结果

编号	离子液体用量 /g	进料速率 /(cm³·h⁻¹)	进料含水量 /ppm	实现 100.0%转化的 料液量/cm³	维持出口转化率 100.0%的运行时间/h
1	3.30	180.0	30.0	1040	6.0
2	0.98	180.0	25.0	370	2.0
3	1.04	180.0	25.0	390	2.1

注：进料中苯、烯物质的量比为 4∶1；反应温度（30.5±0.5）℃。

采用摩尔滴定法，用 $AgNO_3$ 滴定液，用 5.0% K_2CrO_4 水溶液作指示剂，对连续反应器用含水量相对较高的原料液时反应器的排出液进行滴定分析（表5.19），结果表明，含水量不同，排出液中 Cl^- 的含量不同，即 $AlCl_3$ 在苯液中的溶解情况是不同的。含微量水的苯对离子液体中 $AlCl_3$ 的反应、提取作用可能是离子液体催化剂失活的第二个主要原因[15]。

表 5.19　三次使用含水量相对高的原料液的稳定性试验时反应器排出液的滴定分析结果

试验编号	催化剂用量 /g	流出物总体积 /cm³	进料含水量 /ppm	催化剂中 $AlCl_3$ 总量/g	检测到的 Cl^- 折 合成 $AlCl_3$ 的质量/g
1	2.78	357.0	50.0	1.68	0.0273
2	2.36	273.0	85.0	1.43	0.0545
3	2.23	400.0	35.0	1.35	0.0633

5.3.1.2　离子液体催化反应-分离技术

1. BP 公司烷基化反应器中试技术

目前，$AlCl_3$ 催化烷基化反应技术（基于"红油"催化剂）在工业上仍在应用，存在催化剂难以分离和再循环的弊端[16]。BP 化学品公司研发了氯铝酸盐室温离子液体作为酸性催化剂和溶剂用于芳烃烷基化反应的技术。其目标是评价 $AlCl_3$ 型离子液体的性能和开发相应工艺技术，重点是开发生产乙苯（苯与乙烯烷基化）和合成润滑剂（苯与 1-癸烯的烷基化）的清洁生产工艺。Akzo 公司也在开发线性烷基苯（LAB）的相关生产技术[7]。

BP 公司合成乙苯的实验在一套中试规模的循环反应器中进行（图 5.6）。新鲜原料、经外部冷却的循环物料和循环的离子液体在喷射式反应器中混合反应，反应混合物与离子液体乳浊液经重力沉降分离器将产物流与离子液体分离，产物外送而离子液体再循环。在这种气-液-液反应体系中，反应物在离子液体相中的溶解度（比如在离子液体中的苯乙烯比）和相间混合是十分重要的。这是一个工程方面因素起最为重要作用的实例。

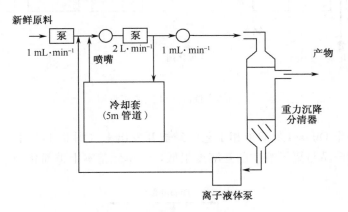

图 5.6　用于芳烃烷基化实验研究的循环反应器

在采用乙烯作烷基化剂时，经验证 [Pyridinium]Cl/AlCl₃（物质的量比为1：2）离子液体是最好的催化剂。反应可以在室温条件下进行，经过 300h 的连续运转，烷基化产物的质量很好。

很显然，该技术存在下列缺点：

（1）该流程不能调节反应物与离子液体物质的量比，加入的离子液体全部循环；

（2）重力沉降分离器中的沉降过程未被强化，分离器的容积可能较大；

（3）循环系统使用两台泵，能耗较大，能量利用率较低；

（4）使用喷嘴虽然可以实现反应料液的快速混合，但因烷基化剂（烯烃）一次在同一点加入系统，可能会导致反应区过于集中，局部温度较高，深度副反应不可控，反应选择性较低。

2. 离子液体催化的改进工艺——Difasol 双相工艺

异丁烷与丁烯烷基化生成的 C_8 产物是辛烷值高的新配方汽油的组分油。原来已有成熟的反应工艺，即 Dimersol 工艺，如图 5.7 所示。图 5.7 中（a）、（b）、（c）三段分别为反应段、产物洗涤段、产物分离段。

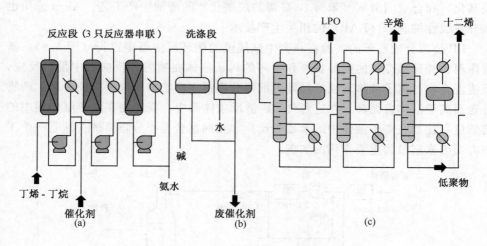

图 5.7　Dimersol 工艺流程图

一种叫作 Difasol 的双液相工艺已经被开发出来（图 5.8）。由于催化剂溶于离子液体而产品与离子液体的互溶度很低，该单元基本上被简化为一只连续搅拌

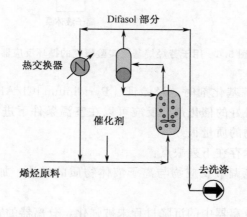

图 5.8　Difasol 的改进工艺——新的双（液）相工艺

罐反应器和一只后续的相分离器。反应热的移除通过部分有机料液循环通过冷却器实现[17]。

该工艺的特点是不用加入特殊的配体即可将催化剂固定，催化活性组分 Ni 的络合物像前述 Dimersol 工艺那样，使用商品 Ni 盐与烷基铝衍生物在离子液体中反应直接形成催化相即为离子液体相，构成双液相催化反应体系。双液相催化体系的特性如活性、选择性、再循环性能和离子液体的寿命已经在中试规模的装置上得到评价。

Difasol 技术的流程（图 5.8）中，原料连续地进入装有离子液体和催化剂的充分混合的搅拌罐反应器中。反应进行一定时间后需补注新鲜催化剂以弥补因进料中夹带的毒物导致失活的催化剂。

反应在液体状态下进行，反应器排出的两个液体相通过溢流进入相分离器，因为离子液体和聚合物较大的密度差别使重力沉降分离得以快速、完全地实现。离子液体和催化剂再循环至反应器。这一工艺已经实现 5500 h 的连续运转，丁烯的转化率和产物的选择性是稳定的，不必加入新鲜的离子液体，证明在反应条件下其活性是稳定的。与传统均相 Dimersol 工艺相比，Ni 的消耗降为原来的 1/10，辛烷的选择性提高了 5.0 个百分点。可能是因为丁烯在离子液体中的溶解度大于辛烷，因此，减少了丁烯与辛烷进一步反应形成三聚体的机会。

在双液相条件下进行该催化反应的优点是催化剂浓缩在离子液体相中。与传统的均相催化工艺相比，由于提高了催化剂的浓度，反应体积可以大大缩小。可以通过提高混合效率促进进料中的烯烃单体的二聚。已经证明，两相的混合状况严重地影响反应速率。混合程度提高，则反应加快，但是不会改变二聚反应产物的选择性。另外，分批操作的实验研究表明在有机料液相没有反应发生，这揭示出该体系的表面催化反应实质。

可见，Difasol 技术采用连续搅拌罐双液相反应器，混合效率决定宏观反应速率。反应物混合后单点进料，放热集中，不利于反应的控制。混合以及外循环的能耗可能较高。

另外，离子液体与有机相的比率对反应、分离的结果影响较大。太高的离子液体比率需要较长的离析时间并导致二聚体的选择性降低。为了兼顾充分的离析和沉降分离器尺寸的合理性，美国专利[18]已经提出使两相的分离在两个平行设置的不同的沉降区域进行，但这只是分离技术的局部改进。

3. Dimersol 和 Difasol 联合工艺

有人提出将 Dimersol 工艺和 Difasol 工艺联合起来[19]，首先是进行均相烷基化反应，其主要作用是进料的预处理，预反应；接着是一套双液相反应系统（图 5.9）。这样做的目的是确保催化剂的充分利用并且提高辛烷的产率。在使用含 60% 丁烯的进料情况下，丁烯的转化率达到 80%～85% 时，二聚体的选择性为

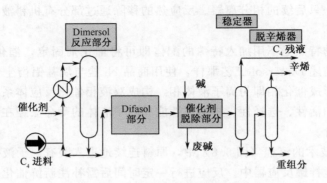

图 5.9　Dimersol 和 Difasol 联合工艺

90%～92%。

4. 丁烯二聚的双液相工艺

　　IFP[20,21]采用溶入酸性离子液体的催化剂进行 1-丁烯二聚反应的研究，获得了成功，由此提出了一套适用于工业应用的离子液体催化双液相反应工艺的原则流程。该工艺的流程如图 5.10 所示。所用催化剂是一种有机金属 Ni 络合物（Hcod）Ni（hfacac），溶解在氯铝酸盐型离子液体中，该离子液体为氯化 1-丁基-4-甲基吡啶和三氯化铝的酸性混合物，不加入烷基铝，而是加入一种有机 Lewis 碱缓冲介质的酸性。催化剂的离子液体溶液在反应开始时装入循环反应器中，循环管路中充满反应物（总体积 160 mL）。原料连续不断地进入循环，产品在一只沉降分离器中连续地分离。总活性为 18 000（TON，turnover number），二聚体的选择性为 98%，线性辛烯的选择性为 52%。

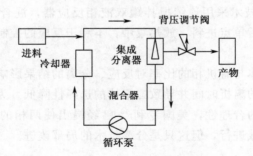

图 5.10　丁烯二聚反应的双（液）相反应工艺流程示意图

　　该反应系统虽然采用了静态混合器，但仅从流程来看，静态混合器的形式以及将其安排在集成的分离器之后的作用原理不甚明了，而且，两相混合在一起循环、反应、冷却，难以分别控制，物料在管内的混合效率也较低。原料混合后于一点集中进料,靠近进口处会局部过热,并且如果混合不好,还会影响其选择性。

5. 强制混合—反应—分离—再循环实验装置

李成岳等[22]从反应体系的特性出发,设计了既可间歇操作,也可连续操作的离子液体催化合成 LAB 的循环反应-分离装置。设计中主要考虑了以下几个方面:

(1) 反应体系为双液相,反应速率高,反应中等放热,催化剂应快速分散并与反应物料充分混合以增大相界面积、降低扩散阻力和强化传热。采用了一台喷射-静态混合组合式反应器来实现离子液体与反应料液的强制混合、反应。

(2) 根据此前在小规模间歇反应条件下的观测,由于离子液体与反应混合物的密度差较大,并且离子液体在苯相中的溶解度比较小,在停止搅拌后 10~20 s 之间离子液体与反应物料就可以完全分层。由此,设计了具有相应容积和特殊结构的沉降分离器实现离子液体与反应料液的连续快速分离。

所建立的离子液体强制混合—反应—分离—再循环烷基化实验装置如图 5.11 所示。该装置包括以下组成部分:料液循环泵、流量计(流量范围 2~20 L·min^{-1})、离子液体注入器、静态混合反应器、热交换器、液-液相分离器、离子液体收集器及必要的阀门和管道。整套装置除少部分过流部件和分离器内件采用聚四氟乙烯材质外,其余全部为透明玻璃,防腐蚀,便于观察实验现象。

采用的静态混合反应器的总长度为 1000 mm,内径为 37 mm,内装 18 只 Kenics 型螺旋片(分左、右旋交替,扭曲 180°),每只螺旋片的长度为 58 mm,其长、径比约等于 1.58。静态混合反应器一侧带有 9 个均匀分布的侧线支管(3a~3i),可以分别用于测温、取样或侧线进出料液。

在进入静态混合反应器之前,泵送的料液与抽吸注入的离子液体在文丘里混合器中分散—混合—预反应,再进入静态混合反应器中,作为分散相的离子液体随料液一起被再分散—混合,强化了热质传递,提高了宏观反应速率。与此同时静态混合元件改善了表观流速和温度、浓度的径向分布,使之均一化,也抑制了反应器内的轴向返混。

离子液体催化剂与反应料液的连续分离通过一台组合式连续沉降相分离器进行。

以 20℃时的料液物性数据粗略估算离子液体在料液中的沉降速度。20℃时,苯的黏度为 0.737mPa·s,苯的密度为 876.5 kg·m^{-3},1-十二烯的密度为 758 kg·m^{-3},烷基苯密度为 855.8 kg·m^{-3},反应混合物密度取作 850 kg·m^{-3},20℃下被苯饱和了的离子液体密度取作 1270 kg·m^{-3},利用 Stokes(斯托克斯)公式,将离子液体液滴视作刚性颗粒,计算离子液体在料液中的沉降速度 u_t:

$$u_t = \frac{d^2(\rho_s - \rho)g}{18\mu} = 3.11d^2 \times 10^5$$

式中：d 为离子液体液滴的直径。

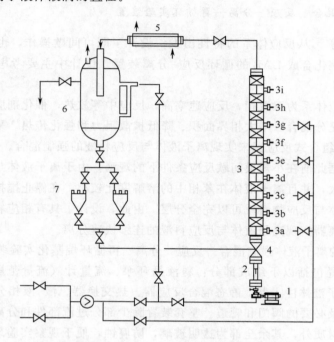

图 5.11　强制混合—反应—分离—再循环实验装置示意图
1—料液循环泵；2—流量计；3—静态混合反应器；4—离子液体注
入器；5—热交换器；6—液－液相分离器；7—离子液体收集器；
3a～3i：沿静态混合器均布的侧线支管

　　为了稳妥计，应取很小的液滴直径来计算沉降速度。由湍流理论可知，剧烈的湍动也只能将流体破碎成 $10 \sim 100\mu m$ 的微团。

　　$d = 100\mu m$ 时，$\mu_t = 0.003\ 11m \cdot s^{-1}$；

　　$d = 10\mu m$ 时，$\mu_t = 0.000\ 031\ 1m \cdot s^{-1}$。

　　在静态混合器中，作为分散相的离子液体随料液一起被切割、旋转而发生宏观混合，可以达到宏观均匀，此外则通过不同液滴之间的碰撞、合并和再分裂而发生微观混合，微观混合的程度则取决于碰撞、合并和再分裂的频率。

　　在重力沉降分离器中，主要是进行不同尺寸大小离子液体液滴的沉降。按照选定的循环流量，料液在重力沉降分离器中的平均停留时间为 $50 \sim 70\ s$，以此时间可以预知不同尺寸大小离子液体液滴的沉降距离。

　　连续液液沉降相分离器的基本形状如图 5.12 所示。其容量可以在一定范围（$10.5 \sim 12.5$ L）内调节，通过调节溢流排液阀的开关程度实现。其中，顶部进料接口 1 与高效换热器出口连接，导入混合反应后的料液；底部离子液体出口 2 将沉降分离出的离子液体经阀门控制导入离子液体集液器；右侧循环料液出口 3 导出经过沉降分离离子液体后的料液至料液循环泵，实现料液的再循环（其中，沿着分离器壁设计了循环料液上、下两个出口，由这两个出口引出的两股料液在分离器外由连通管汇合至循环料液出口 3）；产物溢流出口 4 经溢流控制阀门将产物流引出反应系统；经放空接口 5 放空；备用接口 6 备用。

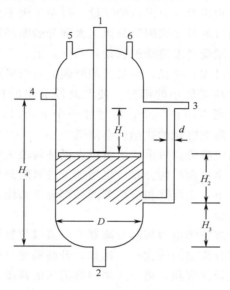

图 5.12　组合式连续液-液重力沉降相分离器示意图

1—顶部进料接口；2—离子液体出口；3—循环料液出口；4—产物
溢流出口；5—放空接口；6—备用接口

连续液-液沉降相分离器的有效容积在循环料液入口管管口平面处被分为上、下两部分。

首先，料液入口管管口平面以下的区域是重力沉降的主要区域，该区域又可以分为三个基本部分：

（1）循环料液下出口附近部分，该部分受出口液流的扰动较大，同时也受到循环料液来流的冲击。

（2）循环料液下出口以下至器底离子液体出口附近，为实现离子液体的聚并、聚集区域。

（3）除（1）、（2）外的部分，尤其是在循环料液入口管出口与循环料液下出口之间的区域是离子液体催化剂的主要沉降区域，该区域沉降效果的好坏直接影响整个分离效果。因此，分离器内件的设计与安装应围绕（1）～（3）区的分离效果合理布置，既要避免因料液短路引起分离恶化，又要尽可能缓冲从高效换热器送来的料液对沉降区的冲击，还要从结构上缩短沉降路径，加速离子液体聚并，提高沉降器分离强度。

其次，料液入口管管口平面以上的区域受料液流的扰动较小，可以使已经下部区域沉降后的料液进一步沉清，其上部的清液部分或者作为产物从产物溢流出口 4 引出反应系统，或者沿着右侧的循环料液上出口循环回反应系统。

将离开分离器时循环料液的出口设计成上、下口连通结构，然后再从上出口排出循环料液，也有特别用意。上出口的开设，避免了因下出口管路结构而可能形成的虹吸作用，下出口的开设则因为分担了大部分的循环流量从而减少料液入口管管口平面以上的区域受料液流动的扰动。另外，上、下出口连通的管路部分也可以延续沉降、沉清过程，并且，在必要的时候，可以将此管路的中间部分局部放大，形成一个流速相对较小的部分，使经此段流出的料液进一步沉降。其实，循环料液的下出口可以不止一个，每增加一个下出口，因为分担了循环流量，流速减小，下出口附近区域的扰动就会降低。

进一步，为了提高沉降分离效率，也可以在循环料液入口管管口处加装筛板布液器，既可使进料在全截面均匀分布，也增加了进料阻尼作用，减少对沉降分离的干扰。在布液器以下，至沉降相分离器圆柱部分下边缘的简体内可以安装一组平行并倾斜放置的隔板。

从整体上看，组合式连续重力沉降分离器的溢流口位置可以变更，其结果是可以在一定范围内调节分离空间的大小。比如，升高溢流口位置，可以增大料液导入管管口平面以上区域的容积，进一步增加沉清区的高度，延长料液在分离器中的平均停留时间，调节分离效果。

两只离子液体收集器除配置离子液体进、出口外还在上部分别设置了通氮气和放空管线及相应的阀门，通过调整相应的阀门可以使其中之一处于集液或通氮气吹扫与注入离子液体的工作状态。开车运行前，预先将一定量的离子液体加入离子液体收集器中。离子液体收集器事先经过标定，通过测量离子液体的容积变化及其对应的时间即可算出离子液体循环流量。

由于采用了离子液体收集器，离子液体的加入量可以单独调节，便于对反应过程进行控制。

1) 静态混合反应器中的混合

静态混合反应器可以强化主体流动的质量传递从而实现更加理想的相际分散与混合，成为强化一些过程的新手段[23]。

该流程采用的 Kenics 型静态混合器是 20 世纪 60 年代出现的一种典型静态混合器，可以加快流体由层流向湍流的过渡，并且大大强化在层流和湍流条件下的微观混合，随着 Reynolds 数的增大，在湍流条件下，其混合时间可以低至 10^{-3} s[24]。

表 5.20 给出了苯与加入的离子液体在未经文丘里管进行预混合条件下，在

所设计的这种静态混合器中混合—分散的实验结果。可以看出，由于离子液体相对较重，在物料循环流量较低时，离子液体催化剂在静态混合器内不仅不能随循环料液上升，甚至下沉；在物料循环流量大于 10.0 L·min^{-1} 时，可以实现比较理想的混合。

表 5.20　反应与分离效果的实验观测结果

苯的循环流量 / (L·min^{-1})	循环料液的表观流速/ (m·s^{-1})	离子液体循环流量 / (cm^3·min^{-1})	苯与离子液体的混合效果	分离效果
3.5	0.054	40.0	离子液体在苯相中下沉	—
5.5	0.085	40.0	离子液体随苯相上升，但分散效果很差	—
7.5	0.116	40.0	离子液体随苯相上升，但分散效果很差	—
9.0	0.139	40.0	经过 6~7 个螺旋片后料液达到乳化状态[1]	好[2]
10.5	0.163	50.0	经过 3~4 个螺旋片后料液达到乳化状态[1]	好[2]
12.3	0.190	40.0	经过 2~3 个螺旋片后料液达到乳化状态[1]	好[2]
15.0	0.233	40.0	经过 1~2 个螺旋片后料液达到乳化状态[1]	好[2]
15.0	0.233	80.0	经过 1~2 个螺旋片后料液达到乳化状态[1]	局部不好[3]
19.0	0.295	30.0	经过 1~2 个螺旋片后料液达到乳化状态[1]	不好

1) 无明显的离子液体液滴。

2) 静态混合器中的循环料液清澈，相分离器中离子液体和苯相界面清晰。

3) 相分离器循环回的料液中夹带有离子液体小液滴。

由表 5.20 的实验结果可以看出，不同的操作条件将使静态混合器内强烈混合和非强烈混合区域的相对大小发生改变。也就是说，可以通过调节料液循环流量与离子液体循环流量来控制强烈混合和非强烈混合区的容积比。

2）沉降分离器中液-液连续沉降分离

表 5.20 同时也列出了所设计的一种重力沉降分离器中液-液分离效果的观察结果。在该实验装置中，分离与混合是一对矛盾，必须都解决好。可以看出，分离效果与物料循环流量和离子液体加入速率均有关系，分离效果约束着物料循环流量和离子液体加入速率，正常操作时需要做出合理选择。考虑到

[bmim][AlCl₄]在含水的苯中可能分解及流失，分离过程的设计将更加复杂。

  3）连续循环

  根据表 5.20 中的数据，选择适宜的物料循环流量和离子液体的注入速率，例如，物料循环流量 $10\sim15$ L·min⁻¹，离子液体注入速率≤50.0 cm³·min⁻¹进行连续操作实验，结果表明可以同时保证较理想的混合、分离和物料与离子液体分别再循环。显然，若采用分离能力更强的离心沉降器，可以进一步扩大整个装置的可操作域[25]。

  4）间歇操作条件下苯与 1-十二烯烷基化反应

  在实现连续循环的基础上，进行了苯与 1-十二烯烷基化反应性能实验。可以连续操作，也可以间歇操作。

  在间歇操作条件下，应首先加入苯，开始循环，再向循环物料中加入一定量的 1-十二烯，最后加入离子液体催化剂，就可以实现烷基化反应、液-液分离与再循环。表 5.21 给出了在室温下两次间歇操作条件下烷基化反应性能测试的结果。可以看出，它与在小容量搅拌反应器中得到的烷基化反应性能数据接近[13]。

表 5.21　间歇操作条件下反应性能的实验结果

料液循环流量 /(L·min⁻¹)	循环苯与注入离子液体的体积比	取样时间 /min	反应温度 /℃	1-十二烯转化率/%	LAB 异构体的分布/%			
					2-Ph	3-Ph	4-Ph	5,6-Ph
13.5	850∶1	5.0	25.5	100.0	40.8	19.6	13.2	26.3
10.5	700∶1	10.0	26.5	100.0	41.7	21.7	12.5	24.1

注：体系中加入的苯体积为 15.0L，体系中加入的 1-十二烯体积为 500.0 cm³。

  5）连续操作条件下苯与 1-十二烯烷基化反应

  在连续操作条件下，应先开始料液循环，并且连续注入离子液体催化剂，稳定料液循环和离子液体循环之后，再从新鲜物料注入口以一定加料速率注入给定苯和 1-十二烯物质的量比的原料液，打开循环流程上的冷却器进水阀冷却循环物料，打开组合式沉降分离器的溢流出口阀自动排出料液并维持系统总料液体积不变，对于总容积不大的实验系统，在强制混合反应器自然冷却的情况下料液温度最终也会维持恒定。

  表 5.22 给出了[bmim][AlCl₄]离子液体催化苯与 1-十二烯烷基化反应连续操作的实验结果。可以看出，即使在较低的反应温度、尽可能低的催化剂、料液循环比和很低的进料苯、烯物质的量比等相对苛刻的反应条件下，也能在所开发的静态混合反应器内达到 1-十二烯 100.0% 的单程转化率。

表 5.22　[bmim][AlCl₄]离子液体催化苯与 1-十二烯烷基化反应连续操作的实验结果

表 5.22　[bmim][AlCl₄]离子液体催化苯与 1-十二烯烷基化反应连续操作的实验结果

料液苯、烯物质的量比	加料流量/(cm³·min⁻¹)	循环离子液体的流量/(cm³·min⁻¹)	反应温度/℃	1-十二烯转化率/%	2-位异构体选择性/%
6:1	40.0	19.2	30.2	100.0	41.8
6:1	80.0	9.7	29.8	100.0	40.7
4:1	80.0	10.5	30.2	100.0	39.5
2:1	80.0	9.3	35.5	100.0	37.7

注:体系中加入的苯体积为 15.0L,料液循环流量为 11.5 L·min⁻¹,取样口位置见图 5.11(3h)。

6) 沿反应管不同位置侧线连续进料的实验结果

由于烯烃在反应条件下尤其是在低苯、烯比进料时有可能催化自聚[8],从而降低主反应的选择性,该装置尝试了在低苯、烯比原料液沿反应管不同位置侧线连续进料的操作方式,并且以此来判断沿反应管不同位置侧线分布式进料的可能性。

该实验进料分别从图 5.11(3a)、图 5.11(3c)和图 5.11(3e)三个侧线入口引入,反应温度以图 5.11(3i)的检测结果为准。实验结果见表 5.23。可以发现,虽然进料位置不同,在达到取样点图 5.11(3h)处,十二烯实现了完全转化,证明所研究、开发的流程和所建立的实验装置在所考察的条件下,是可行的。

表 5.23　沿反应器不同位置侧线连续进料的实验结果

加料流量/(cm³·min⁻¹)	加料口位置	取样口位置	反应温度/℃	1-十二烯转化率/%
50.0	图 5.11(3a)	图 5.11(3h)	30.5[图 5.11(3i)]	100.0
50.0	图 5.11(3c)	图 5.11(3h)	29.5[图 5.11(3i)]	100.0
50.0	图 5.11(3e)	图 5.11(3h)	31.5[图 5.11(3i)]	100.0

注:体系中加入的苯体积为 15.0L;料液循环流量为 11.5 L·min⁻¹;料液苯、烯比物质的量比为 2;离子液体循环量为 20.5 cm³·min⁻¹。

5.3.1.3　离子液体原位补铝的探索性研究

1. 离子液体原位补铝的化学依据

前述研究已经证实,在连续流动搅拌反应条件下,在一定的流量范围内可以实现离子液体催化剂和反应料液的连续分离，从而把催化剂有效地保留在反应区内，使离子液体催化剂在运转过程中始终不致暴露在大气中，因此，得到了比间歇操作更加高效和稳定的反应结果。

因为导致离子液体催化剂失活的主要根源是原料液中含有的微量水[15]，操作模式的改变不能根本解决酸性氯铝酸盐离子液体催化剂的失活。

根据文献报道[26~29]，酸性氯铝酸盐离子液体催化剂保留了 $AlCl_3$ 作为催化剂的一些性质，即其遇水后除生成 HCl 以外，还形成一些含氧物种，最可能的含氧物种是 $Al_3Cl_9OH^-$ 和 $Al_2Cl_6OH^-$。

Zawodzinski 等[29]开展了酸性氯铝酸盐离子液体中 HCl 脱除的实验研究及相关检测工作，证明 $EtAlCl_2$ 和 $TiCl_4$ 能够有效地脱除 HCl。但是若将 $EtAlCl_2$ 和 $TiCl_4$ 应用于工业生产，代价将会很高。

文献 [30] 报道了酸性氯铝酸盐离子液体原位合成的原理和应用实例，证明在离子液体催化的反应体系中，离子液体阴、阳离子前体相遇可以在反应料液中原位形成目标离子液体催化剂。

在此，遵照原位合成的原理，我们尝试用金属铝与离子液体遇水而产生的 HCl 相互作用，由此生成的 $AlCl_3$ 应该可以弥补因离子液体中 $AlCl_3$ 水解而导致的离子液体催化剂的 $AlCl_3$ 损失，希望因此能延长催化剂的寿命。

图 5.13 给出了在金属铝存在条件下[bmim][$AlCl_4$]（为了更加明确表示化学变化的历程，以[bmim]Cl-$AlCl_3$形式表示）离子液体遇水后有可能发生的化学变化。

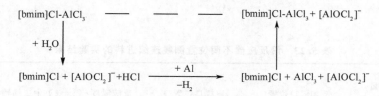

图 5.13　金属铝存在条件下[bmim][$AlCl_4$]离子液体遇水后可能发生的化学变化

关于离子液体遇水后产生的含氧物种的脱除问题，Abdul-Sada 等[31]发现可以用光气（$COCl_2$）脱除氧化物杂质，Dent 等[32]证实也可以使用毒性较小的三光气（triphosgene）代替毒性较大的光气。

光气与金属氧化物可以发生如下的反应[31]：

$$O^{2-} + COCl_2 \longrightarrow CO_2 + 2Cl^- \tag{5.1}$$

$$COCl_2 + AlOCl_2^- \longrightarrow CO_2 + AlCl_4^- \tag{5.2}$$

其中式（5.2）代表了光气与含氧物种的全部反应（$AlOCl_2^-$ 代表酸性离子液体中所有的含氧物种，如 [Al_3OCl_8]$^-$、[$Al_3O_2Cl_6$]$^-$ 或 [Al_2OCl_5]$^-$，最可

能的是 $[Al_3Cl_9OH]^-$ 和 $[Al_2Cl_6OH]^{-[31]}$）。该反应的反应物光气、产物 CO_2 都是气体，在室温条件下就能够从液体中连续地逸出，无需进行与此有关的后续分离。图 5.14 给出了 $[bmim]Cl\text{-}AlCl_3$ 离子液体在金属铝存在条件下反应—失活—再生机制。

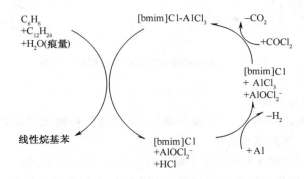

图 5.14　金属铝存在条件下 [bmim][$AlCl_4$] 离子液体催化剂
反应—失活—再生可能的机制

在传统的三氯化铝催化烷基化工艺中，也有用金属铝作催化剂的应用实例。比如，德国 Rhinpreussen 公司采用的烷基苯生产方法，是将直链石蜡烃馏分的单氯化物与烯烃混合使用，用金属铝粉作催化剂前体。金属铝在反应过程中连续地转化为活性的三氯化铝。Arco 技术有限公司的烷基化系统也使用了纯铝[33]。

Cozzi 等[34] 公开了一种改进的三氯化铝工艺专利技术，使烷基化反应在铝粉存在条件下用粉状三氯化铝作为催化剂，烷基化原料使用烯烃和氯化石蜡的混合物。

2. 原位补铝实验流程及操作

补铝实验使用的实验装置基本流程与 5.3.1.3 小节中所采用的相同，只是在静态混合反应器的出口以后的管路上加以改进，增加一个旁路，旁路上连接一只填充管，填充管内装填铝丝（图 5.15）。装载铝丝的填充管旁路称循环 2 线（path 2），另一路称为循环 1 线（path 1）。通过阀门切换，静态混合反应器的出口料液可以选择通过 1 线或 2 线。若通过循环 2 线，即可进行原位补铝实验。

补铝实验用苯作为模拟物料。离子液体催化剂与苯的混合物在循环条件下分批注水，然后观察填充管中铝丝的变化并同时测定苯中铝的含量。在实验装置的 2 线管路中的填料管中装入称量好的铝丝。水从静态混合器底部第一个侧线支管处由计量泵注入。离子液体催化剂在注水补铝后的反应活性测试在分批循环操作条件下进行。

641 g [bmim]Cl 与 983 g 无水 $AlCl_3$ 按 1：2 的物质的量比合成离子液体，

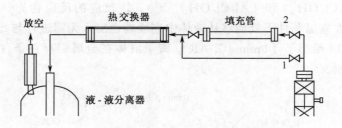

图 5.15　补铝实验装置流程局部配置示意图

一次全部装入实验装置内。

　　将铝丝［GR，99.90％（质量分数），华北地区特种化学试剂开发中心（天津）］装入循环 2 线的填充管中。

　　将 15.0 L 预先用 4Å 分子筛干燥过的苯预先注入原料储罐中。

　　向离子液体催化剂补充铝的实验在分批循环操作条件下进行。该实验旨在测试金属铝在整个操作过程中的变化，因此，对料液的温度未做特别控制。在每批注水补铝操作完成后，待苯液和离子液体完全沉降分离之后，取澄清的苯相液样做 ICP-AES 检测。

　　（1）开车前取苯相清液样，编号 ICP1。

　　（2）使苯-离子液体共同循环，经循环 1 线，苯液循环流量 16.5 L·min^{-1}，注水速率为 25.0 mL·h^{-1}，进水 1 h，共进水 25.0 mL，温度约为 35.1 ℃，停车。在苯相与离子液体沉降分离后，取苯相清液样，编号 ICP2。

　　（3）苯和离子液体沿 2 线共同循环，苯液的循环流量为 10.0 L·min^{-1}，循环 1 h，料液温度约为 24.5 ℃，停车。取苯相清液样，编号 ICP3。

　　如上重复操作三遍，共取得 9 个清液样。

　　采用间歇分批循环操作方法测试补铝实验后离子液体催化剂的活性。

　　首先将注水—补铝操作后系统中的苯液回放至实验装置的配料罐中，然后将 500mL 1-十二烯加入，再开泵抽吸料液进行循环，并注入离子液体，不开热交换器的冷却水，观察料液的温升情况。循环一定时间后从静态混合器顶部的侧线取样口取样分析料液 1-十二烯的含量，并由此判别注水—补铝操作以后离子液体催化剂的反应活性。

　　3. 补铝实验 ICP-AES 检测

　　表 5.24 给出了补铝实验中分批注水、补铝后样品铝含量的检测结果。

表 5.24　补铝实验中苯相 Al 含量的 ICP-AES 检测结果

编号	Al 浓度/（mg·L⁻¹）	编号	Al 浓度/（mg·L⁻¹）
ICP1	40.4	ICP6	95.8
ICP2	251.5	ICP7	56.6
ICP3	43.5	ICP8	189.7
ICP4	47.6	ICP9	54.0
ICP5	266.2		

可以看出，整个注水—补铝操作前后（ICP1 和 ICP9），苯相中的铝含量没有发生明显的变化，但是每一批注水操作环节之后，苯相中的铝含量却非常高。

Bercaw[35]等曾指出在氯化铝-水-苯体系中会生成氯化氢和焦化物，将使体系变得更复杂。同时，他们给出了 25 ℃时 $AlCl_3$ 在不同含水量的苯中的溶解度，$AlCl_3$ 在苯中的溶解度随着苯中水含量的升高而升高。注水操作环节之后苯相中的含水量较高，相应地会造成离子液体中的 $AlCl_3$ 大量地溶解在苯相中，同时因催化剂遇水分解而产生的大量 HCl 也积聚在体系内。

实验中肉眼观察到的最重要的现象是铝丝溶解了。铝丝与 HCl 反应生成 $AlCl_3$ 的同时也降低了反应体系的含水量，因此，补铝操作环节以后苯相中的铝含量降至正常水平，并且可以肯定：补铝操作以后，有机相消失的铝和铝丝溶解，进入体系的铝均进入了离子液体中。

在大量 Al 溶解的情况下，ICP9 内铝含量却没有大的增加，则系统内一定有 $[AlOCl_2]^-$ 形式的铝积聚起来，由于该形式的铝在苯相中几乎不溶解，苯相的 ICP-AES 检测不到。

表 5.25 给出了在进行了第一次和第三次注水和补铝后间歇反应的结果，间歇反应时未开热交换器的冷凝水，料液的温升是发生反应的标志。经过 3 次注水和补铝之后，离子液体的活性仍然很高。由此可以证明补铝是非常有效的。

表 5.25　补铝实验离子液体催化剂的活性测试

体系中加入苯的体积/L	料液循环流量/（L·min⁻¹）	1-十二烯加入量/cm³	取样时间/min	反应温度/℃	1-十二烯转化率/%	2-位异构体选择性/%
15.0	13.5	500.0	5.0	26.7～31.2	100.0	39.1
15.0	10.5	500.0	10.0	25.1～28.2	100.0	38.9

在所进行的三次注水—补铝实验过程中，一共注水 75 mL，按此水量计算，如果原料液的含水量为 30 ppm，则相当于所使用的离子液体催化剂处理料液的

量达到了 2500 kg 以上。

其实，注入的 75 mL 水按照式 (5.3) 所示的反应式至少要消耗 4mol $AlCl_3$ (530 g)，而合成离子液体时一共使用 983 g 无水 $AlCl_3$，如果没有补充的铝发挥作用，则离子液体催化剂早已失活，残余的 $AlCl_3$ 也只能使离子液体处于碱性状态，而碱性的离子液体是没有催化活性的，由此证明补铝是有效的。

$$AlCl_3 + H_2O \longrightarrow HCl + AlOCl_2^- \tag{5.3}$$

根据铝的进入量和产物流中的铝含量可以初步估算因补铝而延长的离子液体催化剂寿命。

表 5.26 对比给出了三种不同操作条件下单位离子液体催化剂（以起初的 $x_{AlCl_3} = 0.67$ 为准，原料液的含水量为 30.0 ppm）的处理能力（反应料液中的 1-十二烯实现 100.0% 的转化）。显然，补铝措施有望延长离子液体催化剂的寿命。

表 5.26 三种不同操作条件下单位离子液体催化剂的生产能力

操作模式	总料液处理量/ [cm³（料液）· g⁻¹（离子液体催化剂）]
间歇实验[12]	90
连续实验[1]	315
原位补铝实验	1755

但是，补铝不能避免离子液体中含氧离子杂质（如 $AlOCl_2^-$）的生成与积聚。我们寄希望能如文献中所述[31,32]，利用 $COCl_2$ 或"三光气"[bis（trichloromethyl）carbonate]脱除金属氧化物及含氧离子。因此，在进一步完善的流程中应当增设相应的处理系统。

再者，因补铝在反应体系中产生了 H_2，与此相关的安全问题应予充分重视。

5.3.1.4 离子液体催化苯与工业烯烃烷基化反应

在工业上，LAB 的生产主要采用长链烷烃的脱氢产物为原料，因此，离子液体催化剂也只有能够适应工业原料，才具有实际应用价值。为此作者采用中国石油抚顺石油化工公司洗涤剂化工厂 HF 催化烷基化装置的 $C_{10} \sim C_{13}$ 混合烯烃作为原料，在组成分析、粗原料精制和小瓶实验的基础上，利用图 5.11 所示的小型连续化实验装置考察了氯铝酸盐离子液体催化剂的催化性能。

1. 工业烯烃原料精制

温朗友[36]综合 GC、溴价、碘值、水分、芳烃、双烯等系列分析方法确定的工业烯烃原料的组成见表 5.27。可见，工业烯烃原料中单烯烃的组成也较复杂，烯烃碳数分布在 10～13 之间，而且大多为异构的烯烃，1-位烯烃含量很低，

2-位烯烃的含量也不高。烯烃在原料液中的总含量也不超过 10 %（质量分数），除烷烃和烯烃外，还含有杂质，如水含量达到 200 ppm，二烯烃达到 1.2 %，各种芳烃达到 2.2 %。这些杂质都有可能引起催化剂的失活。因此，对工业原料的精制，主要是有选择地去除其中可能影响催化性能的杂质。工业烯烃原料的精制分批进行。每批精制时按照一定比例加入活性白土，搅拌、保温一定时间后冷却，倾出沉降后收集清液部分再行处理。

表 5.27　工业烯烃原料的组成[36]

组成	质量分数/%	
直链烃	94.8	
支链烃	1.6	
芳烃	2.2	
二烯烃	1.2	
水	0.02	
未知物	0.18	
总计	100	
直链烃分布	石蜡烃比例/%	烯烃比例/%
$\leqslant C_9$	0.1	
C_{10}	16.5	1.6
C_{11}	31.9	3.5
C_{12}	24.6	3.2
C_{13}	12.0	1.5
总计	85	9.8

2. 小型连续反应工艺实验

采用工业原料的连续反应工艺实验在如图 5.11 所示的小型装置上进行实验时，在系统维持连续循环操作的基础上，新鲜混合原料液从静态混合反应器的 3a 号侧线支管处由一台平流泵（2PB00C 系列，北京卫星制造厂）连续注入，在 3h 侧线支管处取样，反应器出口处反应混合物/催化剂的温度以 3i 侧线支管处所测为准。每次改变反应条件后，系统运行 5.0 h 以上再取样，这时系统已十分接近稳定状态。取样时，预先在 100 cm³ 的取样瓶中加入 5.0 cm³ 水，然后打开 3h 侧线支管处取样阀放出一定量液-液混合料液后再向取样瓶中放入 80～100 cm³ 料液，迅速摇匀，利用水致催化剂失活终止反应后再进行分析。

实验时，固定系统内反应料液的总体积为 15.0 L，料液循环流量 11.5 L·

min^{-1}，新鲜原料从侧线 3a 进料口引入的速率 80.0 $cm^3 \cdot min^{-1}$ 不变，通过改变离子液体的循环流量、新鲜原料的苯、烯物质的量比和反应温度，考察了离子液体催化条件下苯与工业烯烃的反应性能。

定义产物中各种 2-苯基异构体的总选择性〔total 2-Ph selectivity（%）〕如下：

$$2\text{-苯基异构体的总选择性} = \frac{产物中各种 2\text{-苯基异构体峰面积之和}}{产物中所有烷基苯异构体峰面积} \times 100\%$$

表 5.28 为上述三种不同条件下，反应结果的比较。

表 5.28　工业烯烃原料连续化工艺实验结果对比

料液苯、烯物质的量比	进料速率 /(cm³·min⁻¹)	离子液体注入速率/(cm³·min⁻¹)	取样位置	反应温度 /℃	烯烃转化率 /%	2-位异构体总选择性/%
4：1	80.0	40.0	图 5.11(3h)	19.8	100.0	27.1
2：1	80.0	40.0	图 5.11(3h)	20.2	100.0	24.4
2：1	80.0	40.0	图 5.11(3h)	30.5	100.0	23.2

注：体系中加入的苯体积为 15.0 L，料液循环流量为 11.5 L·min⁻¹，离子液体循环流量为 20.5 $cm^3 \cdot min^{-1}$。

(1) 在 80 $cm^3 \cdot min^{-1}$ 的新鲜进料速率和离子液体循环流量高于 0.35 % 总流量的条件下，当进料中苯烯物质的量比为 4：1 和 2：1，反应温度为 20～30 ℃时，烯烃在静态混合反应器中都能实现 100.0 % 的转化。

(2) 由于烯烃和苯的浓度相对较低，在离子液体循环流量低于 0.35% 总流量时，烯烃在反应器出口达不到 100.0 % 的转化。

(3) 在 80 $cm^3 \cdot min^{-1}$ 的新鲜原料进料速率和离子液体循环流量高于 0.35 % 总流量的条件下，苯烯物质的量比 4：1 和 2：1，2-苯基异构体的总选择性均高于 UOP/HF 催化烷基化工艺（2-苯基异构体的选择性 16%～18 %），低于 AlCl₃ 工艺（32.0%），与 Detal 工艺 2-苯基异构体的选择性（25.0 %）基本相当。

(4) 虽然工业原料中非 1-位烯烃的浓度并不高，但产物中 2-苯基异构体的选择性并不低，说明即使在总反应速率较低的条件下，烯烃双键沿着碳链的位移异构过程相对于总反应速率也很快。

5.3.1.5　离子液体的负载

近年来，采取化学方法将活性组分复合在多孔载体材料表面而制成全新催化材料的技术受到广泛的重视，主要原因是催化剂负载后化学反应能够在多相条件下进行，简化了产物与催化剂的分离，同时有可能增强催化剂的活性、提高产物的选择性，并且有可能克服催化剂的不稳定性，增强再使用性能[37]。

离子液体作为环境友好的催化剂和溶剂，在化学反应中具有广阔的应用前景。但已有报道大多为间歇操作条件下直接使用时的反应结果，对有些反应来说，须加入萃取剂才能达到较好的分离效果。把离子液体负载到多孔载体上，可以把离子液体良好的催化性能与非均相过程的优点结合起来，简化催化剂与物料分离，有利于实现连续化生产[38]；选择合适的载体，还可以取得十分有效的选择性。因此，研究离子液体固载化具有重要的现实意义。

固载离子液体催化剂（supported ionic liquid，SIL）常用的载体为大孔聚合物、氧化物（SiO_2、Al_2O_3 等）、分子筛、黏土、活性炭等[8,37~44]。

典型的离子液体负载方法是浸渍法。经预处理的载体放入烧瓶中，在搅拌下慢慢加入过量的离子液体，在 50～100 ℃下搅拌过夜。用二氯甲烷回流抽提 12～24 h（时间根据载体特征及效果来确定），除去过量的离子液体。催化剂在真空下干燥，得到固载型离子液体催化剂（应在氩气气氛中保存）。选择不同的载体，催化性能相差极大[8]。

邓友全等[43]发明了一种用微孔材料装载金属络合物——离子液体的催化剂。该催化剂的制备是通过钛酸酯和硅酸酯的溶胶-凝胶过程将 1，3-二烷基咪唑和烷基吡啶类离子液体及钯络合物装载于微孔的钛硅复合氧化物中。该催化剂能够在 80～200 ℃，氧气与一氧化碳压力比为 1∶2～0∶1，总压力为 1.0～7.0 MPa 的条件下催化含氮化合物羰化反应制备氨基甲酸酯和二取代脲。该催化剂的特点是催化活性高，离子液体和钯络合物被装载或键合于载体之中，活性组分不易流失，可以重复使用，同时降低了离子液体和钯络合物的用量，有效地降低了催化剂的成本，具有良好的工业应用前景。

瓦尔肯彼尔格等[44]将离子液体固定在一种携带或包含离子液体的一种组分、或这一组分的前体的功能化的载体之上。在应用或形成离子液体之前，通过用阴离子源如无机卤化物等处理载体离子液体。可以利用阴离子来固定离子液体。或者通过如甲硅烷基团与载体共价键合对离子液体进行固定，或在合适碱的存在下在合成载体时即将离子液体引入载体中。固定的离子液体可用作 Friedel-Crafts 反应的催化剂。

作者以不同孔径大小的载体硅胶（SiO_2）通过一步和不同的两步负载方法制得负载离子液体催化剂，在间歇操作条件下进行其催化苯与 1-十二烯（以下称十二烯）反应性能的研究。

1. 载体的选择和离子液体的制备

共使用 5 种不同孔径的 SiO_2 载体，孔径最小的一种由北京佳友盛新技术开发中心提供，其他 4 种 SiO_2 载体全部由青岛海洋化工有限公司提供。

将预先合成好的[bmim][AlCl₄]慢慢滴加到预先干燥和焙烧过的载体 SiO₂（500 ℃下焙烧 3 h）上，直到载体表面由干燥变成湿润的粉末，搅拌，隔夜。过量的离子液体用二氯甲烷在索氏提取器中进行抽提，除去过量的离子液体，真空干燥后在惰性气氛中保存。

所谓两步负载法是指将 AlCl₃ 和 BMIC（也可以是近中性的[bmim][AlCl₄]）分两步进行负载。

AlCl₃ 是常用的强酸性催化剂，广泛地用于各种有机反应。已经有几个研究集体将各种负载的 AlCl₃ 用作烷烃的异构化反应催化剂的相关报道[45~50]。

由于 AlCl₃ 容易升华并且易于与硅表面的羟基发生反应，Gates 等[22]曾将 AlCl₃ 负载到硅和磺化的聚合物上用作正丁烷异构化催化剂。

在 AlCl₃ 熔盐催化苯的酰化反应过程中，Boon 等已经发现二聚体的[Al₂Cl₇]⁻ 是活性物种而 [AlCl₄]⁻ 没有催化活性[6]。

根据以上文献信息，决定离子液体两步负载方法的三种途径如下：

(1) 载体 SiO₂ 用二氯甲烷作溶剂先回流负载 AlCl₃（记作 SUPP-AlCl₃），过量的 AlCl₃ 用二氯甲烷抽提后，再用同样方法负载近中性的[bmim][AlCl₄]，制得的催化剂记作 "two-step1"；

(2) 与 (1) 相反，先负载近中性的[bmim][AlCl₄]，再负载 AlCl₃，记作 "two-step2"；

(3) 先负载 BMIC，再负载 AlCl₃，记作 "two-step3"。

2. 离子液体和载体的相互作用

Valkenberg 等[51]总结了负载离子液体催化剂制备可能采用的方法。讨论了离子液体催化剂负载前后的区别和用于催化有机化学反应的情况，把离子液体催化剂与载体的相互作用区分为不同的情况。离子液体的阴离子或者阳离子可以与载体表面的硅烷醇基团以共价键结合（图 5.16），也可以是非共价键方式的载液相（supported liquid phase，SLP）。少数情况下，催化剂的制备并非在每个步骤都使用离子液体。从化学组成角度严格地讲，这样的材料并不是固载化的离子液体，仅仅是归结为负载范畴，因为它们包含与离子液体极其相似的离子化复合体。在已有的文献报道中用于 Friedel-Crafts 烷基化反应的几种新型催化剂的活

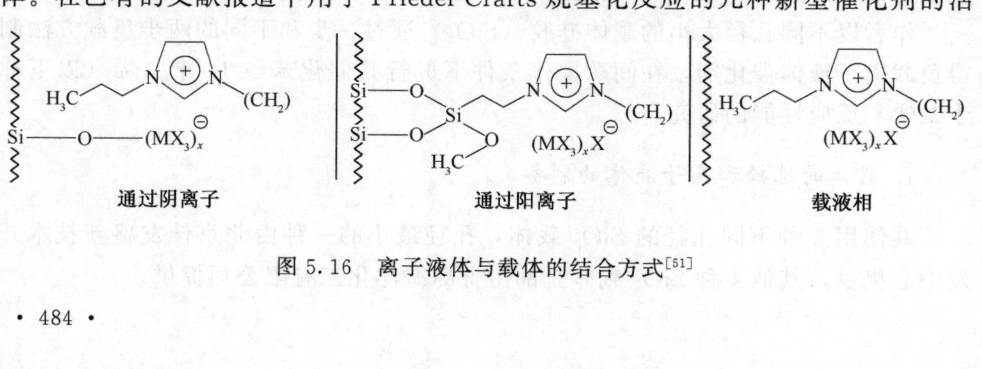

图 5.16 离子液体与载体的结合方式[51]

性最好。

　　离子液体的负载（immobilization）过程，首先是固体物质表面的修饰，由共价键连接单层的离子液体片段（如阴离子、阳离子），接着在固体物质壁面上形成多层在一定尺度上可以活动的离子液体层。该离子液体层作为催化剂相。用共价键连接的单层离子液体片段被固定在载体表面，"其他离子液体层"则以库仑作用被"固定"。

　　所谓的"其他离子液体层"实际上是以传统的"载液相（supported liquid phase）"形式存在于固体物质表面附近的。

　　固体物质表面的修饰，离子液体片段（如阴离子、阳离子）的共价键单层连接固体物质表面，实际上存在一个反应过程，如载体硅胶表面羟基与阴离子或阳离子的活性基团或组分的化学作用。

　　^{27}Al MAS-NMR 谱是获得硅铝酸盐（aluminosilicate）结构信息最有效的手段。已经证明[46,47,52]，^{27}Al 的化学位移不仅随 Al 的配位数变化，而且随配体类型的变化而变化。

　　图 5.17（a）给出的是采用孔径为 19.1 nm 的 SiO$_2$ 载体一步法负载预先合成好的[bmim][AlCl$_4$]（$x_{AlCl_3} = 0.67$）而制得的负载催化剂进行 ^{27}Al MAS-NMR

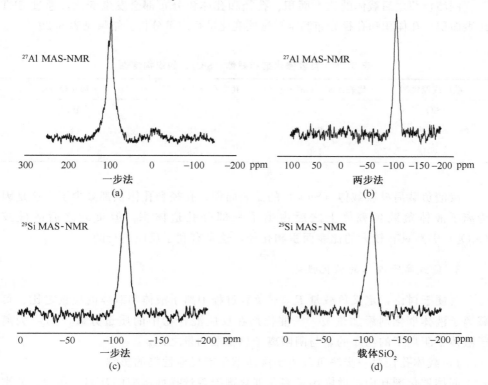

图 5.17　负载离子液体催化剂和载体 SiO$_2$ 的 ^{27}Al 和 ^{29}Si MAS-NMR 图谱

测定的结果。如文献［51］所述，化学位移 102 ppm 附近的峰对应的是纯氯铝酸盐的特征峰，因而图 5.17（a）中化学位移 101.1ppm 和 94.9 ppm 处的特征峰应归属于纯氯铝酸盐。

图 5.17（b）给出的是采用孔径为 19.1 nm 的 SiO₂ 载体用"二步法"负载制得的负载催化剂进行 ^{27}Al MAS-NMR 测定的结果。其中化学位移 101.1 ppm 和 94.9 ppm 处的特征峰应归属于纯氯铝酸盐（$x_{AlCl_3}=0.67$）。其中，-1.2 ppm 附近的峰归属纯的、未反应的无水 AlCl₃。因为它与 Sato 和 Maciel[47] 对负载无水 AlCl₃ 的检测结果是一致的。

图 5.17（c）和图 5.17（d）给出的是采用孔径为 19.1 nm 的 SiO₂ 载体用一步法负载制得的负载催化剂和载体 SiO₂ 进行 ^{29}Si MAS-NMR 分析测定的结果。可以看出，与 SiO₂ 载体相比，负载催化剂表面 Si 配位环境发生了变化，在 -91 ppm 和 -101 ppm 处 Q² 和 Q³ 信号（对应于硅原子分别带有一和两个 $-OH$ 基团）的弱化表明 Lewis 酸性的阴离子与载体表面硅烷醇基团之间发生了共价键作用。与负载 AlCl₃ 的实验现象一样[46]，负载过程中 HCl 的生成也证明了这种化学作用的存在。

浸渍负载之后载体的比表面积、孔径和孔体积分布都会发生变化，通过 BET 比表面积、孔体积和孔径分布测定对这些变化进行定量分析。结果见表 5.29。

表 5.29　负载催化剂和载体（SiO₂）的织构特性

载体或催化剂	比表面积/（m²·g⁻¹）	孔容/（mL·g⁻¹）	平均孔径/nm
SiO₂	293	1.40	19.1
一步法	241	1.13	14.2
二步法	180	0.68	13.2

浸渍负载后硅胶载体（SiO₂）的比表面积、孔径和孔体积都减少了，这是因为离子液体负载到载体上之后占据了一部分孔道体积，但负载之后的硅胶（SiO₂）仍然具有较大的比表面积和孔径，这是有利于反应进行的。

3. 负载离子液体的催化性能

为便于讨论，定义负载量 P——负载过程中离子液体与载体的质量之比、负载离子液体催化剂添加量 w——催化剂在反应混合物中的质量分数，x_{AlCl_3} 为离子液体中阴离子的物质的量与阴阳离子总物质的量之比。

1）载体孔径对一步法负载离子液体催化剂反应性能的影响

固体催化剂孔内扩散限制是多孔催化剂宏观选择性调控的基础。在此，分别采用不同孔径的 SiO₂ 载体，用一步法负载［bmim］［AlCl₄］，并进行其反应性能的实验考查。

所用离子液体为预先合成好的 $x_{AlCl_3} = 0.67$ 的 [bmim][AlCl$_4$]，负载过程所用载体与离子液体的质量比为 1:1。

表 5.30 给出了间歇条件下各负载催化剂的反应结果。从反应总体结果来看，平均孔径为 19.1 nm 的 SiO$_2$ 载体负载离子液体催化剂的性能最好，反应速率高，在 10.0 min 的反应时间内十二烯的转化率即可达到 100.0%，并且 2-苯基异构体的选择性高达 52.5%。平均孔径较小和较大的载体其负载和反应结果均不够理想，这些现象可能与离子液体催化剂在载体内、外表面上的输运行为有关。孔径较小，内扩散阻力大，既不利于室温条件下离子液体在孔内的输运，也不利于反应物烯烃和产物烷基苯在孔内的扩散、在平均孔径很小的情况下，离子液体可能在很大程度上仅仅负载至载体的外表面，最终导致反应活性很差。另外，平均孔径大于 19.1 nm 的 SiO$_2$ 载体的反应结果也不好，说明大孔径的载体有利于离子液体在载体孔内的输运，也有利于原料苯和十二烯在孔内的扩散，较大的孔径也有利于在反应条件下双键沿碳链的重排，导致 2-苯基异构体的选择性相应降低。用平均孔径为 19.1 nm 的 SiO$_2$ 载体负载离子液体所得到的催化剂相对较好地符合反应-扩散耦合的要求，得到较好的实验结果。

表 5.30 不同孔径载体负载离子液体催化剂的反应性能

载体	平均孔径 /nm	比表面积 /(m^2·g^{-1})	反应时间 /min	1-十二烯转化率 /%	2-位异构体选择性/%
1	10.0	400	60.0	14.5	50.5
2	16.2	404	10.0	100.0	48.5
3	19.1	293	10.0	100.0	52.5
4	26.5	262	10.0	68.5	50.8
			60.0	97.9	50.4
5	33.7	204	10.0	100.0	48.9

注：反应温度 20℃，料液苯、烯物质的量比为 8:1。

鉴于以上实验结果，决定在后面的负载离子液体研究中，主要采用平均孔径为 19.1 nm 的 SiO$_2$ 作为载体。

2) 负载量对一步法负载离子液体催化剂反应性能的影响

表 5.31 给出了不同负载量的一步法负载离子液体催化剂在 25 ℃ 和间歇反应条件下的催化反应性能。在所采用的色谱分析条件下未检测到二烷基取代物。

在关于离子液体催化苯与十二烯烷基化反应的前期工作[50]中已经证明在苯烯物质的量比为 8.0 时的反应结果最好，十二烯的转化率为 100.0% 时 2-苯基异构体的选择性最高为 37.4％，为了便于比较，在我们的实验中反应物料的苯烯物质的量比均采用 8.0。

表 5.31　负载量对十二烯的转化率和 2 -苯基异构体选择性的影响[1]

编号	x_{AlCl_3}	P	$W/\%$	抽提之后催化剂中的 Al 含量[2]/％	1-十二烯转化率/％	2-位异构体选择性/％
1	0.67	1.0	2	10.3	46.5	56.2
2	0.67	1.0	4	10.3	65.7	53.8
3	0.67	1.0	6	10.3	97.2	51.0
4	0.67	0.625	6	8.4	96.8	52.5

1) 反应温度为 25℃，料液苯、烯物质的量比为 8：1，反应时间为 15.0 min。
2) 由 ICP-AES 检测结果计算。

从表 5.31 中 1～3 号实验的结果可以看出，在其他实验条件相同时，十二烯的转化率随加入负载离子液体催化剂量的增加而提高。3 号和 4 号实验中，其他实验条件相同，但 P 不同，4 号实验中负载离子液体的量比 3 号实验少得多，但转化率和选择性相差不大，这说明 4 号实验中采用的负载量已足够。

在相同的反应温度和苯烯物质的量比条件下，虽然反应速率不如普通离子液体催化快，一步负载离子液体对 2 -苯基异构体的选择性比普通离子液体有很大的提高，用未负载的同类离子液体作为催化剂，在 1-十二烯的转化率接近100.0％时，2 -苯基异构体的选择性最高为 37.4％[13]，负载离子液体作为催化剂时 2 -苯基异构体的选择性提高到了 52.5％。

用量子化学半经验法（PM3）优化几何构型后，得到 1-十二烯和十二烷基苯各异构体分子尺寸的估算结果，见表 5.32。

表 5.32　用量子化学半经验法（PM3）估算的分子尺寸数据

分子	长度/nm	宽度/nm
1-十二烯	1.475	0.308
2-苯基十二烷	1.481	0.718
3-苯基十二烷	1.468	0.7218
4-苯基十二烷	1.468	0.7216
5-苯基十二烷	1.473	0.7216
6-苯基十二烷	1.471	0.7216

择形催化[53]被用来描述沸石分子筛催化剂对反应物和产物分子独特的择形选择性。已知的大量择形选择催化反应按机理可分为三大类：反应物择形、产物择形和过渡态择形反应。顾名思义，这三类反应的选择性分别是由反应物、产物和过渡态分子的扩散引起的。

仅从分子尺寸和催化剂孔道尺寸看，1-十二烯以及十二烷基苯各异构体的大小差别不大，并且平均孔径为 19.1 nm 的 SiO_2 载体已经为反应物 1-十二烯和产物十二烷基苯各异构体提供了适宜的扩散通道。我们认为在负载量也就是催化活性中心量足够多且相对稳定的情况下，产物中 2-苯基异构体选择性的提高可能主要来自孔道内壁催化活性中心相对于载体是静止的，由此决定了该尺寸孔道内发生反应的中间物（或过渡态）重排速率减缓，最终生成较高比例的 2-苯基十二烷。

3）反应温度对一步法负载离子液体催化剂反应性能的影响

采用表 5.31 中 4 号实验的负载离子液体催化剂，考察了十二烯的转化率和 2-苯基异构体的选择性随温度变化的情况，数据列在表 5.33 中。

表 5.33 反应温度对十二烯的转化率和 2-苯基异构体选择性的影响

编号	x_{AlCl_3}	P	$w/\%$	反应温度 /℃	1-十二烯 转化率/%	2-位异构体 选择性/%
1	0.67	0.625	6	5.0	47.1	59.9
2	0.67	0.625	6	25.0	96.8	52.5
3	0.67	0.625	6	50.0	100.0	51.2
4	0.67	0.625	6	75.0	100.0	47.2

注：料液苯、烯物质的量比为 8:1，反应时间为 15.0 min。

从表 5.33 中可知，在较高温度（75 ℃）和较低温度（25 ℃）下，负载离子液体催化剂都表现出了很好的反应性能，十二烯的转化率和 2-苯基异构体的选择性都很高。十二烯的转化率随温度的升高而升高，2-苯基异构体的选择性随温度的升高而降低，和普通离子液体所表现的性能变化规律是一致的[13]，其中以 25 ℃ 的结果最理想。

4）两步法负载离子液体催化剂的反应性能

表 5.34 给出了间歇反应条件下不同负载工艺制得的负载离子液体催化剂与负载 $AlCl_3$ 催化苯与十二烯的反应性能数据，并列出一步法负载效果较好的一组数据进行比较。

表 5.34　两步负载法离子液体催化剂的反应性能

编号	催化剂	反应时间/min	1-十二烯转化率/%	2-位异构体选择性/%
1	一步法	20.0	96.8	52.5
2	SUPP-AlCl₃	20.0	99.5	47.6
3	two-step1	20.0	60.8	51.5
4	two-step2	20.0	80.8	52.8
		50.0	97.4	52.3
5	two-step 3	20.0	4.87	50.7
		50.0	4.90	55.6

注：反应温度为 25℃，料液苯、烯物质的量比为 8：1。

（1）与负载 AlCl₃ 相比（2 号实验），两步负载的离子液体催化剂 2-苯基异构体的选择性普遍高于负载 AlCl₃，因为先负载上的近中性的离子液体［bmim］［AlCl₄］对烷基化反应没有活性，虽然对这时的负载量与酸强度还不太清楚，但可以推测，在所采用的负载工艺条件下，有不同于负载 AlCl₃ 活性中心的新的催化活性中心形成。

（2）就不同工艺的两步负载结果来看，4 号实验对应的负载方法（先负载近中性的［bmim］［AlCl₄］，再负载 AlCl₃，）效果最好，5 号实验对应的负载方法（先负载 BMIC，再负载 AlCl₃）效果最差。可能是 BMIC 与载体表面的物理化学作用较弱导致最终有效负载量极小，造成转化率和选择性都较差。

5.3.1.6　液、液反应的互溶度问题

离子液体和反应混合物的互溶度问题是一个备受关注的重要问题。

离子液体是一种极性很强的有机盐，一般不溶于非极性体系中，而反应混合物是由未反应的苯和十二烯、十二烷和产品十二烷基苯等组成的非极性混合物，一般不溶解极性的盐类物质，因此两者的互溶性应该很小。

关于离子液体溶解有机相的情况，作者[3]已经测定过离子液体中原料苯的溶解量，由于离子液体相在运行过程中始终被限制在反应体系内，故苯在离子液体中的溶解对于产物流的后续分离应当没有直接影响。

应该关注的是离子液体阴、阳离子在产物流股中的溶解问题，这将直接影响产品的后续分离。尤其是对于氯铝酸盐室温离子液体催化剂，原料液中含水量的大小还将导致 AlCl₃ 在产物流中溶解量的不同。

不同反应与分离条件下产物流中的氮含量直接体现了离子液体阳离子组分在产物流中的溶解情况。

1. 试剂原料产物流的元素分析结果

采用元素分析的方法分析了 3 次不同反应实验条件下产物流中氮、碳、氢元

素的含量，见表 5.35。

表 5.35　试剂原料产物流中氮、碳、氢元素的含量

样品	元素含量/%		
	氮	碳	氢
1	1.0106	91.2747	7.9371
2	1.0920	91.2320	7.7299
3	1.0502	91.0315	7.9930

可以看出，不同反应条件下产物流中氮元素的含量差别不大，除去测定过程中可能引入空气中氮气和仪器误差等因素以外，产物流中氮元素的含量也就是离子液体阳离子组分在产物流中的溶解流失情况主要取决于反应体系的性质。从氮元素含量的检测结果来看，以试剂苯和 1-十二烯为原料的反应体系，离子液体阳离子组分在产物流中的溶解流失量是不容忽视的。

2. 工业烯烃原料产物流中 N 含量的元素分析检测

为了了解采用工业原料反应时离子液体阳离子组分在产物流中的溶解情况。我们采用元素分析的方法分析了产物流和新鲜原料液中氮、碳、氢元素的含量，结果见表 5.36。可以看出，产物流中氮元素的含量与新鲜原料几乎没有差别，说明采用工业原料反应时离子液体阳离子组分在产物流中的溶解流失量很少。

表 5.36　工业烯烃原料产物流和原料液中氮、碳、氢元素的含量

样品	元素含量/%		
	氮	碳	氢
产物	0.7498	83.8519	13.4550
新鲜原料液	0.7028	84.2273	12.8028

3. 工业烯烃原料产物流中铝含量的检测

在系统维持正常运行条件下，在液-液沉降相分离器的产物出口取清液样分别用 ICP-AES 方法分析产物料液中的 Al 含量。两次不同反应条件下的 ICP-AES 检测结果分别为 16.9 mg · L^{-1}和 22.5 mg · L^{-1}。

与采用试剂原料时测出的结果相比，产物料液中的铝含量较低。

采用试剂原料时，料液中大部分为苯；采用工业原料时，料液中大部分为烷烃，由于离子液体中 AlCl$_3$ 的溶解度在烷烃中比在苯中小，使用工业原料时，因

溶解作用而导致的离子液体组分流失相对较小。

5.3.2　关键科学问题及展望

5.3.2.1　催化化学

氯铝酸盐室温离子液体催化苯与长链烯烃烷基化反应具有低温活性高、2-苯基异构体（其生物降解能力最强，残留于水体的烷基苯易降解而不长期污染水体）的选择性高于传统催化剂、离子液体与产物流几乎不互溶、密度差较大利于催化剂与产物流的分离并降低催化剂的流失等特点。离子液体作为溶剂和催化剂提供了与传统溶剂完全不同的化学环境，使得化学反应可能取得与传统化学不同的令人惊异的结果，准确地阐述与此有关的物理化学过程仍然是化学研究的重点之一。

N，N'-二烷基咪唑氯铝酸盐室温离子液体的诸多优点证明它最可能成为新一代的工业催化剂。但是氯铝酸盐离子液体在有质子存在时是一种腐蚀性液体。它的性质与无水三氯化铝近似，当该种离子液体遇含水原料液时特别不稳定，会分解形成 HCl。面向工业应用的新型酸性离子液体的研发，或者是针对氯铝酸盐离子液体的调控手段是该研究体系应用开发的关键科学问题之一。

负载离子液体催化剂是一个新的应用方向，其中离子液体溶脱流失和催化剂积炭失活仍然是一个亟待解决的问题，离子液体与载体间的相互作用以及固载催化剂再生等诸多问题需要进一步深入研究。

5.3.2.2　工艺与工程

已有工艺与工程研究尝试了技术上的可行性，没有兼顾工业应用时可能碰到的所有问题。比如，在反应—分离—再循环过程的研究中，大部分工作围绕适宜反应工艺条件的确定，反应、分离、再循环连续运行的方案等，而没有考虑到反应放热条件下系统的稳定运行问题；原位补铝措施对于延长催化剂寿命具有十分重要的作用，但是反应过程中存在含氧阴离子的积累问题以及低含水量情况下补铝的低浓度反应工程问题；工业烯烃原料烷基化反应实验的结果令人鼓舞，但由于工业烯烃原料成分的复杂性，杂质对离子液体催化剂性能影响的细节还需要进一步澄清，并且，由于没有现实可用的反应动力学，尚未涉及反应、分离过程模型化的一些问题，总之，还需要做大量、深入的工作，来推进离子液体催化苯与长链烯烃烷基化这一绿色化学技术的工业化开发。

参　考　文　献

1　陈向前．烷基苯生产和应用．北京：中国石化出版社，1994

2　de Almeida J L G，Dufaux M，Ben T Y et al. Linear alkylation. J. A. O. C. S. ，1994，71

(7):675～694

3　乔聪震. 离子液体催化苯与长链烯烃烷基化. 北京:北京化工大学博士学位论文,2005

4　Knifton J F,Anantaneni P R,Dai P E et al. Reactive distillation for sustainable,high 2-phenyl LAB production. Catalysis Today,2003,79～80:77～82

5　顾彦龙,邓友全. 室温离子液体在石油化工催化中的应用. 石化技术与应用,2002,20(2):73～78

6　Wilkes J S,Boon J A,Levisky J A et al. Friedel-Crafts reactions in ambient-temperature melton salts. J. Org. Chem. ,1986,51(4):480～483

7　Sherif F G,Shyu L J,Greco C C. ,Linear alkylbenzene formation using low temperature ionic liquid. US,5824832,1998-10-20

8　de Castro C,Sauvage E,Valkenburg M H. Immobilised ionic liquids as Lewis acid catalysts for the alkylation of aromatic compounds with dodecene. J. Catal. ,2000,196: 86～94

9　Sherif F G,Shyu L J. Alkylation reaction using supported ionic liquid catalyst composition and catalyst composition. WO99/03163,1999-01-21

10　邓友全,乔焜. 氯铝酸室温离子液体介质中 HCl 促进的苯的烷基化反应研究. 分子催化,2002,16(3):187～190

11　Qiao K,Deng Y Q. Alkylations of benzene in room temperature ionic liquids modified with HCl. J. Mole. Catal. ,2001,171:81～84

12　乔聪震,李成岳,陈标华. 离子液体催化苯与 1-十二烯烷基化反应机制的研究. 河南大学学报(自然科学版),2005,35(1):31～34

13　Zhang Y F,Qiao C Z,Zhang J C et al. The reaction performance of ionic liquids in synthesis of linear alkylbenzene. Petrochemical Technology,2003,32(10):844～846

14　Perego C,Peratello S. Experimental methods in catalytic kinetics. Catalysis Today,1999,52:133～145

15　Qiao C Z,Zhang Y F,Zhang J C et al. Activity and stability investigation of [bmim][AlCl₄] ionic liquid as catalyst for alkylation of benzene with 1-dodecene. Applied Catalysis A: General,2004,276(1～2): 61～66

16　Ellis B,Hubert F,Wasserscheid P. Ionic liquid catalyst for alkylation. WO 00/41809,2000

17　Olivier H,Commereuc D,Forestiere A et al. Process and unit for carrying-out a reaction on an organic feed,such as dimerisation or metathesis,in the presence of a polar phase containing a catalyst. US,6284937,2001

18　Bronner C,Forestière A,Hugues F. Process for separation by settling in a plurality of distinct zones. US,6203712 B1,2001

19　Wasserscheid P,Welton T. Ionic Liquids in Synthesis. Weinheim:Wiley-VCH Verlag GmbH & Co. KgaA,2002

20　Wasserscheid P,Eichmann M. Selective dimerisation of 1-butene in biphasic mode using buffered chloroaluminate ionic liquid solvents-design and application of a continuous loop reactor. Catalysis Today,2001,66:309～316

21　Ellis B,Keim W,Wasserscheid P. Linear dimerisation of 1-butene in biphasic mode using buffered chloroaluminate ionic liquid solvents. Chem. Commun. ,1999,337~338

22　李成岳,乔聪震,陈标华等. 离子液体催化苯与长链烯烃烷基化反应工艺与装置. CN200410096840. 9A,2004

23　Lemenand T,Valle D D,Zellouf Y et al. Droplets formation in turbulent mixing of two immiscible fluids in a new type of static mixer. International Journal of Multiphase Flow,2003, 29:813~840

24　Fang J Z,Lee D J. Micromixing efficiency in static mixer. Chem. Eng. Sci. ,2001,56:3797~3802

25　Qiao C Z,Li C Y,Chen B H et al. 离子液体催化苯与1-十二烯烷基化的循环反应—分离实验装置. 化工学报,2004,55(12):2038~2042

26　Zawodzinki T A,Osteryoung R A. Oxide and hydroxide species formed on addition of water in ambient-temperature chloroaluminate melts: an ^{17}O NMR study. Inorg. Chem. ,1990,29: 2842~2847

27　Abdul-Sada A K,Avent A G,Parkington M J et al. The removal of oxide impurities from room temperature halogenoaluminate ionic liquids. J. Chem. Soc. ,Chem. Commun. ,1987, 1643~1644

28　Sun I,Ward E H,Hussey C L. Reactions of phosgene with oxide-containing species in a room-temperature chloroaluminate ionic liquid. Inorg. Chem. ,1987,26:4309~4311

29　Zawodzinski T A,Carlin R T,Osteryoung R A. Removal of protons from ambient-temperature chloroaluminate ionic liquids. Anal. Chem. ,1987,57:2639~2640

30　Steichen D S,Shyu L. *In-situ* formation of ionic liquid catalyst for an ionic liquid-catalyzed chemical reaction. WO9850153,1998-11-12

31　Abdul-Sada A K,Avent A G,Parkington M J et al. Removal of oxide contamination from ambient-temperature chloroaluminate(Ⅲ)ionic liquids. J. Chem. Soc. ,Dalton Trans,1993, 3283~3286

32　Dent A J,Lees A,Lewis R J et al. Vanadium chloride and chloride oxide complexes in an ambient-temperature ionic liquid. The first use of bis(trichloromethyl)carbonate as a substitute for phosgene in an inorganic system. J. Chem. Soc. ,Dalton Trans,1996,2787~2792

33　郑富源. 合成洗涤剂生产技术. 北京:中国轻工业出版社,1996

34　Cozzi P,Giuffrida G,Pellizzon et al. Process for the preparation of linear alkylbenzenes. US 5386072,1995-01-31

35　Bercaw J R,Garrett A B. Some complexes of oxygen base with aluminum chloride in benzene. J. A. C. S. ,1956,78:1841~1843

36　温朗友. 合成直链烷基苯催化剂及悬浮床催化蒸馏工艺的研究. 北京石油大学(昌平)博士后出站工作报告,2000

37　Jyothi T M,Kaliya M L,Landau M V. A Lewis acid catalyst anchored on silica grafted with quaternary alkylammonium chloride moieties. Angew. Chem. Int. Ed. ,2001,40:2881~2884

38　Valkenberg M H,de Castro C,Holderich W F. Friedel-Crafts acylation of aromatics catalyzed by supported ionic liquids. Applied Catalysis A:General,2001,215:185~190

39　Sherif F G,Shyu L J. Alkylation reaction using supported ionic liquid catalyst composition and catalyst composition. WO99/03163,1999-01-21

40 Valkenberg M H,Sauvage E,Christovao P D C M et al. Imperial chemical industries,immobilised ionic liquids. WO01/32308,2001

41 Wasserscheid P,Keim W. Ionische Flüssigkeiten—neue "Lösungen" für die Übergangsmetallkatalyse. Angew. Chem. ,2000,112:3926～3945

42 Wasserscheid P,Keim W. Ionic liquids-new "solutions" for transition metal catalysis. Angew. Chem. Int. Ed. ,2000,39:3772～3789

43 邓友全,石峰,彭家建等. 微孔材料装载金属络合物——离子液体催化剂. CN,1389298,2003-01-08

44 瓦尔肯彼尔格 M H,萨瓦格 E,得卡斯特罗-莫雷拉 C P 等. 固定的离子液体. CN1387461,2002-12-25

45 Zhao X S,Max G Q,Song L C. Immobilization of aluminum chloride on MCM-41 as a new catalyst system for liquid-phase isopropylation of naphthalene. Journal of Molecular Catalysis A: Chemical,2003,191:67～74

46 Cai T,He M,Shi X et al. A study on structural suitability of immobilized aluminum chloride catalyst for isobutene polymerization. Catalysis Today,2001,69:291～296

47 Sato S,Maciel G E. Structures of aluminum chloride grafted on silica surface. Journal of Molecular Catalysis A: Chemical,1995,101 :153～161

48 Drago R S,Petrosius S C,Kaufman P B. Alkylation,isomerization and cracking activity of a novel solid acid,$AlCl_2(SG)_n$. J. Mole. Catal. ,1994,89:317～328

49 Drago R S,Steven C P,Chronister C W. Characterization and improvements in the synthesis of the novel solid superacid $AlCl_2(SG)_n$. Inorg. Chem. ,1994,33:367～372

50 Getty E E,Drago R S. Preparation,characterization and catalytic acidity of a new solid acid catalyst system. Inorg. Chem. ,1990,29:1186～1192

51 Valkenberg M H,de Castro C,Hölderich W F. Immobilisation of ionic liquids on solid supports. Green Chem. ,2002,4(2):88～93

52 Gray J L,Maciel G E. Aluminum-27 nuclear magnetic resonance study of the room temperature melt $AlCl_3/n$-butylpyridinium chloride. J. Am. Chem. Soc. ,1981,103: 7147～7151

53 高滋,何鸣元,戴逸云. 沸石催化与分离技术. 北京:中国石化出版社,1999